中国社会科学院创新工程学术出版资助项目

总主编：史 丹

能源和国家财富： 生物物理经济学导论

（第二版）

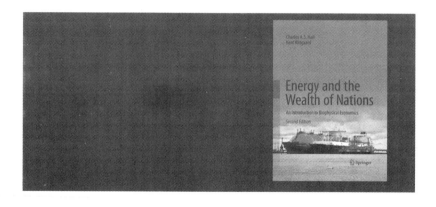

【美】查尔斯 A.S. 霍尔
【美】肯特·克利特盖德   著

史 丹   朱泳丽 译

经济管理出版社

ECONOMY & MANAGEMENT PUBLISHING HOUSE

图书在版编目（CIP）数据

北京市版权局著作权合同登记：图字：01－2021－1212

First published in English under the title

Energy and the Wealth of Nations：An Introduction to Biophysical Economics

by Charles A. S. Hall and Kent Klitgaard，edition：2

Copyright © Springer International Publishing AG，2012，2018

This edition has been translated and published under licence from

Springer Nature Switzerland AG.

能源和国家财富：生物物理经济学导论/（美）查尔斯 A. S. 霍尔（Charles A. S. Hall），（美）肯特·克利特盖德（Kent Klitgaard）著；史丹，朱泳丽译．—北京：经济管理出版社，2021. 1

ISBN 978－7－5096－7703－2

Ⅰ. ①能…　Ⅱ. ①查…　②肯…　③史…　④朱…　Ⅲ. ①生物物理学—经济学　Ⅳ. ①Q6－05

中国版本图书馆 CIP 数据核字（2021）第 015391 号

组稿编辑：胡　茜
责任编辑：胡　茜
责任印制：黄章平
责任校对：陈晓霞

出版发行：经济管理出版社
　　　　　（北京市海淀区北蜂窝 8 号中雅大厦 A 座 11 层　100038）
网　　址：www. E－mp. com. cn
电　　话：（010）51915602
印　　刷：唐山昊达印刷有限公司
经　　销：新华书店
开　　本：720mm×1000mm/16
印　　张：41. 25
字　　数：786 千字
版　　次：2021 年 5 月第 1 版　　2021 年 5 月第 1 次印刷
书　　号：ISBN 978－7－5096－7703－2
定　　价：168. 00 元

《能源经济经典译丛》专家委员会

序言
Prologue

能源已经成为现代文明社会的血液。随着人类社会进入工业文明，能源的开发利用成为了经济活动的重要组成部分，于是与能源相关的生产、贸易和消费及税收等问题开始成为学者和政策制定者关注的重点。得益于经济学的系统发展和繁荣，对这些问题的认识和分析有了强大的工具。如果从英国经济学家威廉·杰文斯1865年的《煤的问题》算起，人们从经济学视角分析能源问题的历史迄今已经有一个多世纪了。

从经济学视角分析能源问题并不等同于能源经济学的产生。实际上一直到20世纪70年代，能源经济学才作为一个独立的分支发展起来。从当时的历史背景来看，70年代的石油危机催生了能源经济学，因为石油危机凸显了能源对于国民经济发展的重要性，从而给研究者和政策制定者以启示——对能源经济问题进行系统研究是十分必要的，而且是紧迫的。一些关心能源问题的学者、专家先后对能源经济问题进行了深入、广泛的研究，并发表了众多有关能源的论文、专著，时至今日，能源经济学已经成为重要的经济学分支。

同其他经济学分支一样，能源经济学以经济学的经典理论为基础，但它的发展却呈现以下特征：首先，研究内容和研究领域始终是与现实问题紧密结合在一起的。经济发展的客观需要促进能源经济学的发展，而能源经济学的逐步成熟又给经济发展以理论指导和概括。例如，20世纪70年代的能源经济研究焦点在于如何解决石油供给短缺和能源安全问题；到了90年代，经济自由化和能源市场改革的浪潮席卷全球，关于改进能源市场效率的研究，极大地丰富了能源经济学的研究内容和方法，使能源经济学的研究逐步由实证性研究转向规范的理论范式研究。进入21世纪，气候变化和生态环境退化促使能源经济学对能源利用效率以及能源环境问题展开深入的研究。

其次，需要注意的是，尽管能源经济学将经济理论运用到能源问题研究中，但这不是决定能源经济学成为一门独立经济学分支的理由。能源经济学逐步被认可为一个独立经济学分支，在于其研究对象具有特殊的技术特性，其特有的技术发展规律使其显著区别于其他经济学。例如，电力工业是能源经济学分析的基本对象之一。要分析电力工业的基本经济问题，就需要先了解这些技术经济特征，理解产业运行的流程和方式。例如，若不知道基本的电路定律，恐怕就很难理解电网在现代电力系统中的作用，从而也很难为电网运行、调度、投资确定合理的模式。再如，热力学第一定律和第二定律决定了能源利用与能源替代的能量与效率损失，而一般商品之间替代并不存在着类似能量损失。能源开发利用特有的技术经济特性是使能源经济学成为独立分支的重要标志。

能源经济学作为一门新兴的学科，目前对其进行的研究还不成熟，但其发展已呈现另一个特征，即与其他学科的融合发展，这种融合主要源于能源在经济领域以外的影响和作用。例如，能源与环境、能源与国际政治等。目前，许多能源经济学教科书已把能源环境、能源安全作为重要的研究内容。与其他经济学分支相比，能源经济学的研究内容在一定程度上已超出了传统经济学的研究范畴，它所涉及的问题具有典型的跨学科特征。正因如此，能源经济学的方法论既有其独立的经济方法，也有其他相关学科的方法学。

能源经济学研究内容的丰富与复杂，难以用一本著作对其包括的议题进行深入的论述。从微观到宏观、从理论到政策、从经济到政治、从技术到环境、从国内到国外、从现在到未来，关注的视角可谓千差万别，但却有内在的联系，从这套由经济管理出版社出版的"能源经济经典译丛"就可见一斑。

这套丛书是从国外优秀能源经济著作中筛选的一小部分，但从这套译著的书名就可看出其涉猎的内容之广。丛书的作者们从不同的角度探索能源及其相关问题，反映出能源经济学的专业性、融合性。本套丛书主要包括：

《电力市场经济学》（*The Economics of Electricity Markets*）、《能源经济学：概念、观点、市场与治理》（*Energy Economics：Concepts，Issues，Markets and Governance*）、《可再生能源：技术、经济和环境》（*Renewable Energy：Technology，Economic and Environment*）和《全球能源挑战：环境、发展和安全》（*The Global Energy Challenge：Environment，Development and Security*）既可以看作汇聚众多成熟研究成果的出色教材，也可以说其本身就是系统的研究成果，因为书中融合了作者的许多真知灼见。《能源效率：实时能源基础设施的投资与风险管理》（*Energy Efficiency：Real Time Energy Infrastructure Investment and Risk Management*）、《能源安全：全球和区域性问题、理论展望及关键能源基础设施》（*Energy Security：International and Local Issues，Theoretical Perspectives，and Critical Energy Infrastruc-*

tures)、《能源与环境》(*Energy and Environment*) 和《金融输电权：分析、经验和前景》(*Financial Transmission Rights：Analysis，Experiences and Prospects*) 均是深入探索经典能源问题的优秀著作。《可再生能源与消费型社会的冲突》(*Renewable Energy Cannot Sustain a Consumer Society*) 与《可再生能源政策与政治：决策指南》(*Renewable Energy Policy and Politics：A Handbook for Decision-making*) 则重点关注可再生能源的政策问题，恰恰顺应了世界范围内可再生能源发展的趋势。《可持续能源消费与社会：个人改变、技术进步还是社会变革》(*Sustainable Energy Consumption and Society：Personal，Technological，or Social Change*)、《能源载体时代的能源系统：后化石燃料时代如何定义、分析和设计能源系统》(*Energy Systems in the Era of Energy Vectors：A Key to Define，Analyze and Design Energy Systems Beyond Fossil Fuels*)、《能源和国家财富：生物物理经济学导论》(*Energy and the Wealth of Nations：An Introduction to Biophysical Economics*) 则从更深层次关注了与人类社会深刻相关的能源发展与管理问题。《能源和美国社会：谬误背后的真相》(*Energy and American Society：Thirteen Myths*)、《欧盟能源政策：以德国生态税改革为例》(*Energy Policies in the European Union：Germany's Ecological Tax Reform*)、《东非能源资源：机遇与挑战》(*Energy Resources in East Africa：Opportunities and Challenges*) 和《巴西能源：可再生能源主导的能源系统》(*Energy in Brazil：Towards a Renewable Energy Dominated Systems*) 则关注了区域的能源问题。

对中国而言，伴随着经济的快速增长，与能源相关的各种问题开始集中地出现，迫切需要能源经济学对存在的问题进行理论上的解释和分析，提出合乎能源发展规律的政策措施。国内的一些学者对于建立能源经济学同样也进行了有益的努力和探索。但正如前面所言，能源经济学是一门新兴的学科，中国在能源经济方面的研究起步更晚。他山之石，可以攻玉，我们希望借此套译丛，一方面为中国能源产业的发展和改革提供直接借鉴和比较；另一方面启迪国内研究者的智慧，从而为国内能源经济研究的繁荣做出贡献。相信国内的各类人员，包括能源产业的从业人员、大专院校的师生、科研机构的研究人员和政府部门的决策人员都能从这套译丛中得到启发。

翻译并非易事，且是苦差，从某种意义上讲，翻译人员翻译一本国外著作产生的社会效益要远远大于其个人收益。从事翻译的人往往需要一些社会责任感。在此，我要对本套丛书的译者致以敬意。当然，更要感谢和钦佩经济管理出版社的精心创意和对国内能源图书出版状况的准确把握。正是所有人的不懈努力，才让这套丛书较快地与读者见面。若读者能从中有所收获，中国的能源和经济发展能从中获益，我想本套丛书译者和出版社都会备受鼓舞。我作为一名多年从事能源经济研究的科研人员，为我们能有更多的学术著作出版而感到欣慰。正如上面所言，能源经济的前沿问题层出不穷，研究领域不断拓展，国内外有关能源经济学的专著会不断增加，我们会持续跟踪国内外能源研究领域的最新动态，将国外最前沿、最优秀的成果不断地引入国内，以促进国内能源经济学的发展和繁荣。

丛书总主编　史丹

2014 年 1 月 7 日

感谢蜜娜，我在这段旅程和其他旅程中的好伙伴。

——查尔斯 A. S. 霍尔

献给我的孩子们，贾斯汀和朱莉安娜·克利特盖德·埃利斯，他们从优秀的孩子成长为优秀的成年人，还有黛博拉·约克，她让我成为一个更好的人。

——肯特·克利特盖德

前言
————————————Preface

　　我们书架上有四本书，书名或多或少都有"国富论"的字样。《国富论》是亚当·斯密 1776 年的开创性著作，是对国家财富的本质和原因的探究。最近出版的三本著作：大卫·兰德斯的《国家的财富和贫困》、大卫·沃什的《知识和国家的财富》、埃里克·拜因霍克的《财富的起源》也是如此。沃什的书相当支持当前的经济学方法，而拜因霍克的书则很关键，但所有这些书名都试图以各种方式解释财富的起源，并提出财富可能如何增加。奇怪的是，他们的词汇表中没有"能源"或"石油"这个词（一个小例外），甚至没有"自然资源"这个词。亚当·斯密或许可以原谅，因为在 1776 年，对于能源是什么或它如何影响其他事物，基本上没有科学的深入研究。然而，在一个全球每天消耗约 8000 万桶石油的时代，当油价每次上涨都伴随着经济衰退时，一个人怎么能在写一本关于经济学的书时不提到能源呢？经济学家怎么能忽视经济学中最重要的问题呢？在 1982 年写给《科学》杂志的一封信中，诺贝尔经济学奖获得者华西里·里昂惕夫问道："相邻领域的工作人员放弃了对学院派经济学目前所处的光荣孤立状态表示'严重'关切，这样的时间还要多久？"我们认为里昂惕夫的问题指向了问题的核心。经济学作为一门学科，生活在一个人为设计的自己的世界里，这个世界与现实经济体系中发生的事情只有间接的联系。这本书是对里昂惕夫问题的回应，建立了一个完全不同的、我们认为更合理的经济学方法。

　　在过去 130 年左右的时间里，经济学一直被视为一门社会科学，在这门科学中，经济被建模为生产者和消费者之间的收入循环流动，其中最重要的问题与消费者的选择有关。在这种生产企业和消费家庭之间相互作用的"永恒运动"中，很少或根本没有考虑到来自环境并再回到环境的能源和材料的必要性。在标准的经济模型中，能源和物质被忽略了，或者充其量被完全归入"土地"一词，或者更近一些，被归入"资本"一词，除了偶尔的价格之外，没有任何明确的处理。在现实中，经济学是关于物质以及服务的提供，所有这些都是生物物理世界的一部分，这个世界最好是从自然的角度来理解的，而不是从社会科学的角度。但是，在经济学的学科中，经济活动似乎不需要能量和物质来推动经济的发展，热力学第二定律也不需要。

相反，我们听到的是"替代品"和"技术创新"，就好像物质、能源和环境有无限的替代品一样。随着我们进入石油时代的后半期，能源供应以及能源生产和消费对社会、政治和环境的影响日益成为世界舞台上的主要问题，这种感觉充其量只是一种幻觉。所有形式的经济生产和交换都涉及材料的转化，而这反过来又需要能源。当学生们接触到这个简单的事实时，他们会问：为什么经济学和能源仍然是分开学习和教授的？为什么经济学只被解释和教授为一门社会科学，因为在现实中，经济学同样甚至可能主要是关于在一个受物理规律支配的世界中各种生物物理物质的转变和运动？

部分原因在于近代廉价且似乎无限的化石能源，这使很大一部分人基本上忽视了生物物理世界。没有重大能源或其他资源约束，经济学家们认为任何经济事务的速率控制步骤是贪得无厌的人类的选择，他们试图从可支配的金钱中获得最大的心理满足，市场似乎有无限能力满足这些需求和希望。事实上，廉价能源的大量存在，使任何经济理论基本上都能"奏效"，经济增长也成为一种生活方式。20 世纪，我们所要做的就是从地下开采越来越多的石油。然而，正如地质学家、石油峰值理论家科林·坎贝尔和让·拉海尔所言，随着"廉价石油时代的终结"，对于经济学和任何试图平衡预算的人来说，能源已经成为游戏规则改变者。

简而言之，这本书：

（1）对于那些想知道 2008 年金融危机之后"接下来会发生什么"的人来说，为他们提供了一个全新的经济学视角。2008 年金融危机爆发以来，西方世界大部分国家的经济增长几乎停止。

（2）总结了我们需要了解的最重要的信息，关于能源和我们潜在能源的未来。

总之，这是一本独一无二的经济学著作，它介绍了一些非常强大的观点，可能会改变你看待经济学和自己生活的方式。

查尔斯 A. S. 霍尔
波尔森，蒙大拿州，美国
肯特·克利特盖德
奥罗拉，纽约州，美国
2017 年 7 月

致谢

Acknowledgments

我们感谢圣巴巴拉家庭基金会、小罗杰·C.贝克、英国国际发展部、奋进基金会和几位匿名捐助者提供的资金支持；感谢史蒂芬·巴特尔、加文·博伊尔和吉姆·格雷出色的文字和想法；感谢米歇尔·阿诺德协助一起编纂第一版；感谢瑞贝卡·钱伯斯、阿纳·迪亚茨、迈克尔·西奥提和海瑟·西尔特布兰德为第一版提供了数据分析、编辑和图形方面的帮助；感谢泰勒·路易斯、萨拉·霍尔斯特德和贝黎娜·穆沙拉帮助编纂了第二版；感谢多年来我们的学生帮助我们思考这些问题。我们要感谢已故的伟大的霍华德·奥德姆，他教会了我们系统思考以及能源在一切事物中的重要性；还要感谢约翰·哈德斯蒂和诺里斯·克莱门特，他们让肯特认识到了经济增长的极限；还要感谢我们的经济学家同事利西·克拉尔和约翰·戈蒂，他们为这个项目和其他项目提供了宝贵的建议和批评，他们的持续合作使我们的工作更加高效；我们也要感谢施普林格的执行编辑大卫·帕克，感谢他对我们的信任；感谢莫纳·霍尔和黛博拉·约克的支持和无限的耐心；我们要特别感谢蒂娜·埃文斯，为把第一版修改成我们认为更加完善和清晰的第二版，她提供了出色和宝贵的建议。

目录
————————————Contents

第一篇　经济与经济学

第二篇　能源与财富：历史的视角

第三篇 能源、经济和社会结构

第四篇　能源与经济：科学基础

第五篇 真实经济运行背后的科学

第六篇　了解现实世界的经济是如何运作的

经济与经济学

　　经济独立于我们如何研究它们而存在。因此，在实际经济运行方式和我们研究它的方式之间可能存在显著差异。在本篇中，我们将评估我们在不同时期是如何理解和教授经济学的。第1章从如今的主导观点——新古典主义经济学开始。在第2章中，从18~20世纪的经济分析史的不同视角进行了考察，重点考察了与过去不同的理论观点，其中大部分与当前的主流观点没有多大关系。第3章从这一观点与实际经济的关系角度更密切地审查了目前的做法。当前的观点常常被发现严重不足，特别是因为它很少关注它所必然根据的生物和物质世界，而且实际上往往与之不符。第4章介绍了一种新的、不同的方法，我们可以用它来检验经济，这实际上是建立在适当的生物物理基础之上的。这种方法被称为生物物理经济学。我们在此强调能源的极端重要性。第5章增加了一个社会视角，该视角是这种创新方法的基本生物物理框架的一部分，并与生物物理框架相一致。

　　总的来说，尽管能源过去是且现在仍然是经济活动和增长的基础，但整个经济学学科对能源的关注很少。不如说，经济学对待能源就像对待其他物质资源一样：作为一种商品，有用但最终可以被其他商品替代。从历史上看，经济学家把他们的努力集中在资本和劳动力上，偶尔也会把土地作为经济驱动力。然而，能源问题就"躺"在经济现实和许多经济概念的表面之下不远。在古典政治经济时代之前，英国制造商已经学会用煤来代替日益稀缺的木炭，为他们的生产过程提供热量。1784 年，詹姆斯·瓦特为一台能够提供旋转运动的蒸汽机申请了专利。以煤为动力的工业革命不久也随之而来。经济有了一个新特点——增长。经济学家现在认为经济增长是一个正常的经济特征，但这只是一个相对近代的现象，而且它与能源供应的增加高度相关，而能源供应在 1800 年以前是不常见的。

本书由一位生态学家和一位经济学家撰写，我们目标的一部分是评估这两门学科的见解和原则在什么地方可以结合起来更好地理解经济和自然，以及它们之间的相互作用。虽然这两门学科可能看起来非常不同，但我们认为它们研究的现象在许多方面非常相似。从生物学的角度看，城市、地区和国家的经济可以看作生态系统，具有自己的结构和功能，有自己的物质和能源流动，具有多样性和稳定性。以人为本的系统可以表现出自然系统的许多特征。与此同时，生态学通常被称为"大自然的经济"。自然界的有机体和当代经济中的人类既有相似之处，也有不同之处：狮子吃瞪羚，瞪羚吃草，鳟鱼以昆虫为食，植物利用土壤和空间中的营养来吸收阳光。个人和群体发现自己处于一场无情的斗争中，以增加他们的能源收益和降低能源成本，因为只有当设法获得一个巨大的净能源平衡，他们的能力来传递其基因才是可能的。人类也是如此，但人类的不同之处在于，我们有意识地安排劳动过程，为剩余而生产，而不是直接使用。生产过剩可以追溯到新石器时代，从狩猎和采集到定居农业的转变。

当第一次看到"生物物理经济学"这个词时，大多数读者可能会问："这个词是什么意思？"答案似乎很简单："生物物理"这个词指的是物质世界，即通常由物理、化学、地质学、生物学、水文学、气象学等学科覆盖但不完全覆盖。这可以与以"社会"或"人类中心主义"（即人类为中心的）为特征的当代经济相比较。在我们社会中占主导地位的第二种观点中，人类相信他们可以制造出任何他们希望的世界、决策或经济体系——只要他们能制定正确的政策，并在足够的时间内让新技术投入使用。随后的世界成为我们新的现实和真理。

但我们必须问：我们在物理、化学和生物学课上都准备接受的强大的支配物理定律，是如何在科学家的实验室和"自然"世界之外运作的？科学家常常认为这些定律是对一个系统的约束。当人类的聪明才智应用于经济和市场时，这些约束真的会消失吗？大多数经济学教科书都会让你得出这个结论，增长只是人类行为、技术、政策和雄心壮志的问题。西方文化及其主要评论家（约瑟夫·泰恩特和贾里德·戴蒙德等少数例外）确实倾向于将问题的个人和社会方面，尤其是人类活动者及其思想，置于任何生物物理考虑之上。因此，我们把历史看作伟大领袖的行动。如果不总是战斗，通常输赢是取决于将军可以实现的生物物理资源。拿破仑曾打趣说："上帝为拥有最好大炮的一方战斗。"毫无疑问，南方在内战中拥有更好的将军，而北方拥有工业实力。北方获胜是因为生物物理问题，而不是领导力问题。

大多数读者不会反对这样一种观点，即我们生活在一个完全受制于科学基本定律和原则的世界里。这些基本定律和原则包括牛顿运动定律、热力学定律、物质守恒定律、最佳第一原则、进化原则以及自然生态系统往往会净化土壤和水，而人类调节系统倾向于破坏土壤和水的事实。经济体系是否在这些定律之外运行？20世纪看似不受约束的技术和经济扩张是否表明，当这些定律适用于经济学和满足人类的需要和欲望时，它们是不相干的，或者至少是无关紧要的？

在我们试图走出"大衰退"和持久的"长期停滞"造成的近期金融创伤之际，没有比这更重要的问题了。不幸的是，大多数人，包括大多数经济学家，都不理解或欣赏生物物理定律，尤其是应用于能源领域的生物物理定律。具有讽刺意味的是，我们在经济过程中开发和投资能源的关注使许多人脱离了维持他们生存所必需的生物物理现实。这包括我们建造住宅、在城市生活、进口食物、运输和娱乐等的方式，以及在通常与人们日常生活隔绝的地区进行能源利用活动。在这本书中，我们通过强调科学原理和更频繁地使用科学方法的综合经济学观点来研究这些问题。这些章节一起为我们提供了一个思考经济学的强有力的新方法。

1 我们今天如何研究经济学

1.1 引 言

    我们从经济学的定义开始：它起源于希腊语"oikos"，意思是与家庭有关的，所以经济学是对家庭管理的研究，亚里士多德曾在他的《政治学》中这样写道。他认为，即使家庭构成整个国家，明智的家庭管理也是自然法的一部分。但是对于亚里士多德，以及那些长期追随他的哲学思想而进入中世纪的人来说，理财或者说为盈利而生产和贷款，都是不自然的。自古代和中世纪以来，经济思想发生了巨大的变化！奇怪的是，生态学也是从那里开始的，尽管生态学家的家庭往往可以大得多。如果你在日常生活中考虑经济问题，你可能会考虑为自己提供生活必需品（希望还有一些便利设施），也就是说，你生存和快乐所需要的基本东西。你经常需要考虑在你所拥有的选择之间存在的权衡，是汉堡包和不去看电影的组合，还是喝拉面汤和看电影的组合，是用来交学费还是交房租或度假，或者说如何预算你所有的财务资源来满足自己的需求。许多收入有限的老年人必须在食物和医疗保健之间做出权衡。因此，在非常基本的观点中，经济学是关于选择的：我们拥有多少选择，以及我们应该如何在选择中做出决定。当然，经济学非常关注金钱，而经济学思想的一个基本出发点是，几乎所有人类关心的事情都是有价格的，可以用金钱买卖。主流经济学的一个初步假设是，某物的价值由其价格来表示。

    很多人喜欢谈论经济。你可以在理发店、杂货店、日托中心，以及新闻、各种政治活动和公园里听到他们的声音。人们决定是现在花钱还是为孩子的未来存钱。许多人对政府应该或不应该在经济中扮演什么样的角色充满热情。政客们谈论他们的经济计划，记者和调酒师也是如此。这些都是思考经济的合理方式，但学术经济学并不是这样进行的。相反，大多数主流经济学家建立抽象的、高度理想化的模型集。但在这本书中，我们想做得更多：我们想抓住实际经济运行的本质。要做到这一点，我们需要深入思考实际经济的构成要素。许多其他学科，如政治学、社会学，甚至生物学，并不总是很好地掌握基础知识。我们想让你们在学习一般经济学和经济学理论方面有一个良好的开端。在这里，我们将用最少的篇幅介绍几乎所有基本经济学课程的主要概念，尽管稍后我们将讨论这种方法存在的一些严重问题。

1.2　通过市场提供最大限度的人类福祉

经济学课程开始时的理念是，经济学应该专注于获得最大程度的幸福，这是由每个人的主观定义，以及每个人可以获得的资源决定的。第一个问题是，一个人应该如何花费他或她的钱来产生最大程度的心理健康？第二个问题是，经济作为一个整体应该如何运作，以帮助每个人获得尽可能多的满足感？虽然现实经济有很多方面是一个复杂的实体，但主流经济学在很大程度上关注的是所谓的"市场"。市场作为交换和贸易的场所，自古就存在。然而，在遥远的过去，它们就不那么重要了，因为大多数必需品的生产都是在家庭中进行的。直到 16 世纪，市场才成为满足日常需求的主要方式和形成价格的地方。亚当·斯密将 18 世纪英国的市场研究提升至这一时代的突出位置，这一时代以农业和小规模制造业为特征。在这里，农民们会把自己不用的剩余蔬菜和鸡蛋摆出来，用它们来换钱，买其他东西，如各种铁匠或工匠的产品。在这些环境中，购买者通常可以拿着他们辛苦挣来的钱，谨慎地选择他们生活中最需要或最渴望的东西，而不需要太多的操纵或强制权威。当代主流经济学认为，"市场"将以一种近乎神奇的方式，通过为每个成员创造尽可能多的最理想的商品和服务，为他们创造最大可能的人类福祉。用亚当·斯密的话来说："我们期待我们的晚餐，不是来自屠夫、酿酒师或面包师的仁慈，而是来自他们对自己利益的关心。"[1] 因此，在"自由市场"的情况下，经济被认为是如何工作的基本概念。消费者每次购买商品和服务，是为了获得由此带来的心理满足，其中心理满足则是一种主观意愿，而供应商也会转向生产人们想要的东西，因为这是他们自己最大的利润来源。当消费者购买额外的商品时，他们会从额外的商品中得到更少的满足感，转而购买另一种商品。

市场常常充满着近乎神秘的力量。美国前总统罗纳德·里根经常谈到"市场的魔力"[2]。其他思考经济的方式很少被考虑。大多数主流经济学家认为，经济学的基本命题在任何时间、任何地点都是正确的。今天存在的人与自然之间的经济关系同样适用于数万年前我们狩猎和采集的祖先。主流经济学家的基本假设是，中世纪的经济与今天的经济没有太大区别。而且，未来也像现在一样。

1.3 微观经济学及其自我调节的过程

当代经济学家之所以喜欢这种基本的世界观，部分原因是它表达了这样一种观点，即经济是自给自足和自我调节的。自给自足意味着经济是被分析的主要系统。它不是自然或社会等更大事物的子系统。在主流世界观中，所有的人际交往都是经济交易。自然是系统的外部，根本不值得承认。此外，如果有必要，自然可以很容易地通过"外部因素的内部化"而进入经济体系。这种内部化过程是环境经济学新兴领域的主题。

在经济学家看来，第二个概念，即自我调节，是非常重要的，因为它意味着一个经济体系，如果任其自我发展，将产生有效和公平的结果，这是一种非常理想的状态。效率意味着资源将流向其最佳用途，没有人能在不让另一个人变得更糟的情况下变得更好。公平意味着市场结果是公平的。个人的报酬取决于他们的生产力和对社会的贡献。换句话说，市场是最清楚的。如果竞争的市场力量和灵活的价格能够在没有某种形式的外部干预（如政府）的情况下展开，结果将是人民的需要得到满足，可用的经济资源将得到最佳利用，以满足人类的需要。伏尔泰的《潘格罗斯博士》（基于哲学家、数学家戈特弗里德·莱布尼茨的著作）中的一句话或许最好地诠释了这种经济学观点："这是世界所有可能中最好的。""虽然由于购买力的限制，人们可能无法满足所有的需求和欲望，但至少通过自己的自由选择，他们将产生尽可能大的人类心理满足。"按照市场倡导者的说法，这在民主化决策方面还有额外的好处：社会将生产其参与者认为最好、最理想的商品和服务，而不是那些可能"最了解"所有参与者的人（如集中规划）所提倡的东西。

交换的首要地位

19世纪30年代，经济学家弗雷德里克·巴斯夏宣称"交换是政治经济学"。他的意思是，经济学的主要内容应该是用普通货币交换商品和服务。下一章我们会讲到，之前的经济学家，自称为政治经济学家，他们关注的是很多具有生物物理基础的过程，如生产、分配和资本积累。经济学家们仍然在讨论这些金钱至上的主题，但大多只是在交换的背景下。人们的基本信念是，只要观察买卖的过程，就能充分分析复杂的经济。这种方法充斥于经济学的定义，这一定义基于相对稀缺性、交换价值循环流的概念模型以及无处不在的供需图。

1.4 稀缺性的两个定义

在经济学最初的两个世纪里，对经济学还没有一个明确的定义。在大萧条时期，牛津大学经济学家莱昂内尔·罗宾斯撰写了关于经济方法论的著作，他提出了经济学最广泛使用的定义。他认为经济学是"研究稀缺资源在不同用途之间的分配"。他的定义本身需要解释一下。分配意味着"谁得到什么"。市场把这本书分配给生物物理经济学的学生，而气动钉枪可能分配给装修木匠，拖拉机可能分配给农民。配置涉及物品，通常称为商品和服务。谁得到什么钱通常被称为分配。稀缺性的概念是主流经济学的基础，尽管它并不完全代表我们最初的想法。它与诸如鱼类、石油或洁净水的有限供应无关。主流经济学家很少处理这种绝对稀缺。如果你仔细想想，今天可能是人类有史以来资源最丰富的时代，但仍然有稀缺，更不用说巨大的贫困时期。相对稀缺的概念取决于这样一个假设，即人类拥有无限的需求，而任何资源相对于无限的需求都将是稀缺的。主流经济学家认为，相对稀缺在任何时代、任何地方都存在。生物物理学家约翰·高迪不同意这种观点。在一本名为《有限的需求，无限的手段》的关于狩猎采集型经济的文集中，高迪指出，狩猎采集型社会与我们今天的社会大不相同。他们是极端的平等主义者，没有私有财产的概念，没有什么物质欲望，相对于他们非常有限的需求，自然资源非常丰富[3]。这在很大程度上是因为他们是半游牧民族，他们必须背着所有的东西从一地到另一地。

1.5　如何看待经济结构

　　经济学家如何概念化经济？最基本的模型在所有经济教科书的第一章中都有，假设有两个部门、两个市场和四个流动。模型从个体的角度出发。在这种社会观念中，个人只有两种身份。人要么是消费者，可以在家庭中找到，要么是生产者，可以在公司中找到。任何其他身份，如种族、民族、国籍或性别，都不被考虑。即使真实的人倾向于生活在家庭中，在公司工作，但在这个模型中，他们只是其中之一。此外，他们从不直接相互作用。所有人类活动都是通过市场交易间接引发的。人们要么买进，要么卖出。还有两个市场。首先是商品市场，在这里货币可以用来交换商品和服务。其次是要素市场，在这里，"生产要素"，即土地、劳动力和资本，被交换成一种特定类型的货币，称为要素支付。土地收取租金。劳动获得工资，资本由利润和利息支付，这取决于一个人是企业家还是金融家。物质商品和非物质服务流向一个方向，而金钱流向另一个方向。重要的是交换价值的流动——人们认为有价值的东西可以兑换成金钱（见图 1-1）。价值等同于价格，而人际关系在买卖中并没有体现出来，如亚当·斯密和他母亲之间的关系，根本就没有被考虑进去。人类与自然的互动也是如此。虽然所有的商品都可能相对稀缺，但大自然并没有设置任何绝对的障碍，这些障碍无法通过资源替代、技术变革或企业创新加以克服。

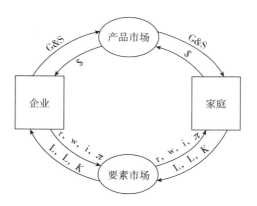

图 1-1　循环流量模型（无流出或注入）

　　在这个模型中生产要素是：土地（**L**）、劳动（**L**）、支付和资本（**K**）。要素支付由以下表示：租金（**r**）、工资（**w**）、利息（**i**）和利润（**π**）。从企业流向家庭的上层流量代表商品和服务（**G&S**），而从家庭流向企业的上层流量则以货币（**$**）的形式出现。

循环流量描述了一个经济前提，通常被称为"市场的萨伊定律"，或者简单地说，"萨伊定律"[4]。经济是自我调节的，因为从家庭到企业这一流向的钱正好等于从企业到家庭这一流向的钱。这是自我调节最简单的解释，但不是最令人信服的。首先，它不包含将生产、消费和支出转化为收入形式的机制。其次，它要求每个人把所有收入都花在当前的消费或生产上。家庭成员不储蓄，企业不投资。没有人购买进口货，公司也不出口。没有个人纳税，政府也不花钱。但是尽管有这些和那些问题，萨伊定律依然成为了经济学的基石。经历了严重的大萧条之后，经济学家，尤其是那些追随英国经济学家约翰·梅纳德·凯恩斯足迹的经济学家，开始质疑萨伊定律的观点。因此，当观察经济时，循环流量模型被扩大到包括从支出流中"流出"的钱，如储蓄、税收、进口支出，以及以投资、政府支出和出口的形式"注入"的钱。如果更多的钱从系统中流出而不是注入，那么就没有足够的钱来购买企业想要出售的所有产品。这将导致企业削减生产，雇用更少的工人。其结果是需求不足导致经济衰退。如果注入的资金多于流出的，就会有太多的资金追逐太少的商品，从而可能导致通货膨胀，或物价的普遍上涨。此外，经济增长依赖新投资的注入。

1.6　市场的供给、需求及其理论的相互作用

现代经济学的一个焦点是供给和需求的概念以及它们之间产生价格的相互作用。供给衡量的是一种商品或服务的卖家想要向市场销售多少商品或服务，需求衡量的是消费者想要购买多少商品。两者都有点棘手，例如，如果价格较低，则需要更多的商品，如果价格较高，则需要更少的商品。同样，如果价格更高，更多的供应商可能会向消费者提供更多的商品。另外，大量影响购买或出售意愿和能力的因素必须保持不变，而在现实世界中它们一直在变化。但如果我们不做这些假设，即使使用先进的统计技术，这个模型也会非常混乱，难以求解。

首先要记住的最重要的一点是，在主流观点中，供需互动同时决定了价格和数量的均衡水平。价格，特别是竞争性衍生价格，是主流经济学理论的重要调节机制。均衡也是一个有用的概念，如图 1-2 所示。这一概念源自物理学，意指没有内在变化趋势的静止状态。如果系统受到外界的扰动，经过调整后，会回到静止状态。它是由牛顿第三运动定律推导出来的，所有的力之和为零，或者对于每一个作用力都有一个相等但相反的反作用力。在这个理想化的经济

学世界里，如果价格受到破坏（如禁运），就会通过价格竞争回到原来的均衡状态。

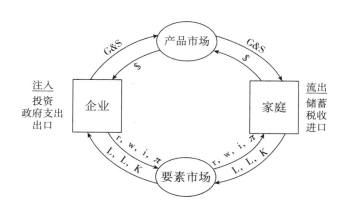

图1-2 循环流量模型（有流出或注入）

在这个模型中生产要素是：土地（L）、劳动（L）、支付和资本（K）。要素支付由以下表示：租金（r）、工资（w）、利息（i）和利润（π）。从企业流向家庭的上层流量代表商品和服务（G&S），而从家庭流向企业的上层流量则以货币（$）的形式出现。

让我们从需求曲线和需求定义开始。

需求衡量的是消费者以不同价格购买不同数量商品和服务的意愿和能力，所有影响这种意愿和能力的因素（价格除外）都保持不变。

对于那些刚接触数学建模的人来说，构建模型的一个好处是能够区分因果关系。如果有多个原因，建模就比较难了，所以为了建立模型，有一个技巧，假装你所知道的一直在变化的东西是恒定的。为了更加可信，我们给这个简化的假设起了一个拉丁名字——ceteris paribus，意思是所有其他的东西都保持不变。使用拉丁语是为了给你留下深刻印象。需求的定义有点拗口，所以让我们提供一个数学简写：

$Q_d = f(p)$ 　其他条件不变

这和长篇大论的定义差不多：你愿意或能够购买多少取决于价格。如果价格上涨，你愿意或能够买得更少。如果价格下降，你就会买得更多，只要影响你购买意愿的所有因素（除了价格）保持不变。从图形上看，如图1-3所示，价格的变化转化为需求曲线的上下波动。

需要特别注意的是，对于那些喜欢技术精确的人来说，在这个模型中，价格的下降并不会增加需求，价格的上升并不会减少需求。这是一个很多人如政客、新闻播音员、生态学家都会弄错的技术问题。价格的变化只能改变需求量。相反，只有我们假设的一个或多个常数（其他条件不变的假设）的变化可以改变需求。如果你打算正式学习经济学，你应该记住下面的清单。

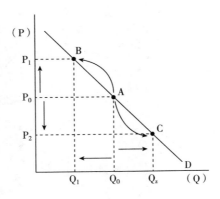

图 1 - 3

价格的变化导致需求量的变化，这被形象地描述为沿着稳定的需求曲线的运动。**P** 为价格，**Q** 为数量。

1.6.1 假定需求常数

— 收入和财富
— 口味和偏好
— 相关商品的价格
— 消费者预期
— 消费者的数量

如果你的收入增加，你可能会购买更多的商品和服务。如果你的品位改变了，比如说因为广告，你可能会买更多这个，买更少那个。如果替代品的价格上涨，你就会购买更多在考虑中的商品。如果你预期将来会有销售，你可能会推迟购买，现在就减少购买。口袋里有钱的人越多，在其他条件不变的情况下，就会购买更多。需求的变化被描述为需求曲线（见图 1 - 4）。如果向右移动，需求就增加了，向左移动表明需求减少。

供给是从卖方的角度看市场。这与需求的定义非常相似。如果你把消费者换成企业，把买的换成卖的，定义是一样的。

供给衡量的是企业以不同价格销售不同数量商品和服务的意愿和能力，所有影响销售意愿和能力的因素（价格除外）都保持不变。用数学方法表示：$Q_s = g(p)$。其中，Q_s 为供给量，g 为函数算子，p 为价格。在这种情况下，供给曲线斜率为正。这意味着公司将愿意或能够以更高的价格卖出更多的产品，所有其他因素保持不变。毫不奇怪，假定常数的列表是不同的，因为它影响的是公司的生产成本，而不是消费者的偏好。

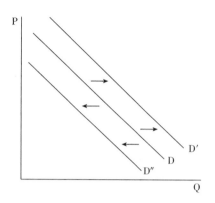

图 1-4

假设常数的变化导致需求的变化，整个曲线右移表示需求增加，左移表示需求减少。**P** 为价格，**Q** 为数量。

1.6.2　假定供给常数

— 技术
— 投入或资源价格
— 卖者预期
— 卖者数量

如果价格发生变化，供给量也会发生变化，因为在更高的价格下，更多的供应商会对销售他们的产品感兴趣（见图 1-5 和图 1-6）。这可以用图形表示为沿着稳定的供给曲线的运动。价格越高，供给量就越多，而价格越低，卖方就越不愿意或不能提供商品或服务，供给量就会下降。如果我们假设的常数改变了，供给也改变了，供给的变化表现为曲线的移动。如果供给因技术进步或较低的投入价格（如工资、能源、租金）而增加，整个曲线将向右平移，这样消费者就愿意并能够以同样的价格购买更多的商品。如果由于能源价格上涨或工资上涨等因素导致供应下降，整个供应曲线将向左平移。

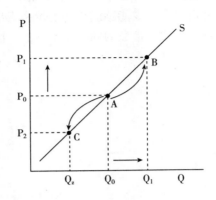

图 1-5

价格的变化导致供给量的变化，这被形象地描述为沿着稳定的供给曲线的运动。**P** 为价格，**Q** 为数量。

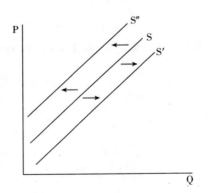

图 1-6

假定的常数变化导致供给增加，供给曲线右移表示增加，左移表示减少。**P** 为价格，**Q** 为数量。

需求与需求量、供给与供给量之间的区别是什么？为什么我们要强调这一点？学习经济学在很大程度上是为了弄清这些图表上的因果关系。让我们总结一下这些原因：

因果关系 1：价格变化导致需求量的变化（$\Delta p \rightarrow \Delta Q_d$）

因果关系 2：需求其他条件的变化导致需求的变化（Δ 假定常数 $\rightarrow \Delta D$）

因果关系 3：价格变化导致供给量变化（$\Delta p \rightarrow \Delta Q_s$）

因果关系 4：供给其他条件的变化导致供给的变化（Δ 假定常数→ΔS）

最后，我们可以用几何来表示供给和供给量之间的差异，以及需求和需求量之间的差异。给定我们假设的常数，供给是价格和数量的所有可能组合。供给量是供给曲线上的一个点。需求也是如此。

1.6.3 自我调节和供求曲线的变化

在循环流量模型的层面上，市场自我调节的论据在分析上是宽泛的，而且相当难以令人信服，但一旦将价格竞争的驱动力加入这一过程中，它就变得更加有说服力。请记住，稳定均衡的一个条件是，如果静止状态受到扰动，均衡（供需平衡的原始条件）将由系统内的力恢复。让我们首先考虑市场均衡的特点，其次考虑两个会扰乱市场均衡状态的变化。先是价格的变化。我们将追溯其中涉及的经济问题，并说明价格竞争将如何恢复最初的均衡状态。接下来，我们将考虑一个或多个假设常数的变化（其他条件不变的假设），并展示一个新的平衡条件将如何出现。

我们从假设市场处于均衡开始分析供求关系。这里供给曲线与需求曲线相交。市场过程中的讨价还价已经找到了一个价格，即供给量刚好满足需求量。在这个价格下，卖方愿意并且能够向市场提供买方愿意并且能够购买适当数量的商品或服务。

这并不意味着供给等于需求。由于供给曲线和需求曲线都代表了价格和数量的所有可能组合，所以供给与需求相等的唯一方法是将两条曲线叠加起来。这是不可能的，因为一条曲线斜率为正，另一条曲线斜率为负（见图 1-7）。

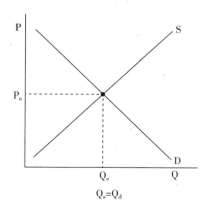

图 1-7 市场均衡
在均衡价格下，供给量＝需求量。P 为价格，Q 为数量。

接下来，假设价格上涨。同一个动作会触发两个效果。价格上涨导致需求量下降（人们会因为价格上涨而减少购买），同时也导致供给量增加（供应者看到更多的获利机会）。价格高于均衡（见图 1−8 中的 E），供给量大于需求量。经济学家称这种不稳定的局面为盈余，并认为仅凭市场力量就足以恢复先前的均衡。对卖方来说，剩余代表未售出的货物。为了消除过剩，卖方将通过降价来竞争。如果一个卖家降价，那么竞争对手也将被迫降价。价格的降低增加了需求量，减少了供给量，从而减少了盈余。如果出现相反的情况，价格跌至均衡水平以下，则需求量将超过供给量。短缺将随之而来，导致消费者相互竞争，为短缺的商品支付更多的钱。这种讨价还价一直持续到市场出现一个价格，就像变魔术一样，在这个价格中，需求量等于供给量，在这个价格中，企业愿意出售和能够出售的数量刚好等于消费者愿意和能够购买的数量。在这一点上，没有进一步的动机去改变或提高或降低价格，这样就恢复了均衡。只有价格竞争才能恢复均衡，至少理论上是这样的。

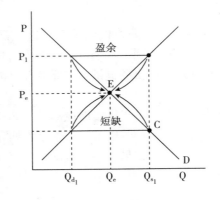

图 1−8

如果价格超过均衡水平，则供给量 > 需求量，出现盈余。卖方之间为处理未售出的货物而进行的价格竞争使价格趋于均衡。如果价格低于均衡水平，则需求量 > 供给量。短缺产生的结果是，消费者哄抬价格以获得短缺的商品。价格竞争恢复了均衡。**P** 为价格，**Q** 为数量。

接下来，假设技术改进，如一种新的更有效的能源利用。供给曲线从均衡位置开始，由于供给的其他条件的变化而向右移动。相对于起点，供给的增加导致价格的下降和数量的增加。由此引起的价格下降导致消费者增加他们的需求量，并在新的更低的价格购买更多商品。在这种情况下，效率的提高会导致更多而不是更少的资源消耗，这被称为杰文斯悖论。我们将在下一章更详细地描述它，它有助于理解这一过程背后的市场机制。如果消费者的收入随着科技的进步而改变，需求也会增加，从而推高价格和数量。新均衡将显示出一些不确定性，因为尽管我们可以很容易地说，均衡量将上升，但要确定价格将更加困难。因为供给的增加会拉低价格，而需求的增加会推高价格。我们需要更多的信息来确定（见图 1 - 9 和图 1 - 10）。

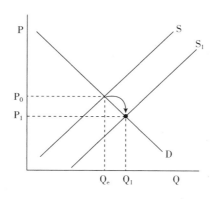

图 1 - 9

供给的变化压低了均衡价格。消费者愿意或有能力以更低的价格购买更多商品，从而建立了一种新的均衡。P 为价格，Q 为数量。

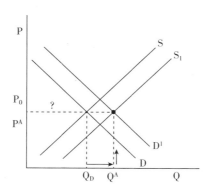

图 1 - 10

当需求和供给同时变化时，价格或数量都是不确定的。P 为价格，Q 为数量。

我们不会在任何进一步的细节上让你困扰。如果你觉得这些信息有趣，或者至少有用，你可能会想要查阅一本微观经济学原理的教科书。我们最喜欢的一本是塔夫茨大学全球发展与环境研究所的内瓦·古德温及其同事所著的《一定条件下的微观经济学》。这本书写得很好，它代表了在入门级水平介绍自然和社会极限的少数尝试之一。

1.6.4　需求和供给曲线背后

　　为什么需求曲线斜率向下？只是因为在更便宜的时候买更多的东西看起来很正常，还是因为有更复杂的原因？答案可以在边际效用理论中找到。我们将在下一章看到，这一观点在从 18 世纪 90 年代到 19 世纪 90 年代的 100 年间发展起来，它依赖于一种人类行为的哲学，叫作功利主义。18 世纪 90 年代，英国哲学家杰里米·边沁断言，人类只有两种情感：寻求快乐和避免痛苦。没有快乐和痛苦，我们什么也不会做。边沁称之为快乐感或满足感或幸福感的是效用。他认为，一个良好社会的目标是为大多数人提供最大的好处（或效用水平）。边沁还认为，每个人都是判断自己快乐的最佳人选。我们不能说我们的比你们的好。根据严格的边沁主义原则，霍尔不能声称他从他喜爱的普契尼歌剧中感受到的快乐比克利特盖德在旧金山的快银信使服务音乐会上得到的快乐更多。我们都不能声称我们的音乐偏好优于我们不完全理解的最新嘻哈音乐作品。

1.7　边际量和边际效用

　　在这一点上，我们发现有必要引出边际的概念，它将在无数的经济环境中反复出现。由单词定义的边际总是表示另外的、额外的、多出的或增量的贡献。边际效用是指多消费一单位产品所带来的满足感。就数学而言，利润总是结果的变化除以起因的变化，或 Δ 因变量/Δ 独立变量。边际效用是结果（满意度）的变化除以起因（消费）的变化。但是满意度有多大的变化呢？假设你一直在清理刷子，有人给了你一些冷的东西喝，头几口能给你带来极大的满足感，但如果你喝一加仑，最后几口就不会像第一口那么令人满意了。这叫作边际效用递减。多一个单位带来的额外满足感，在你拥有很多的时候要比你拥有很少的时候少。因为边际效用随着消费增加而减少，我们就不愿意为额外的商品消费买单。因此，需求曲线向下倾斜。你可能会意识到有一些问题。如果一个人不能比较人际效用，他怎么能把它聚合起来呢？如果你决定选修中级微观经济学课程，就会发现这一点，以及许多其他的奥秘。

　　在 19 世纪 90 年代，主流经济学家或新古典主义经济学家把供给理论建立在边际效用的基础上，只改变可变资产的名称，而不改变分析方法。如果一项投入是固定的，如土地或资本，当你在固定的土地或资本中加入更多的劳动等可变投入的单位时，额外的工作量最终会减少。这就是所谓的边际收益递减。每一增量单位的劳动产出都比上一增量少一点。结果，生产下一单位产出的边际成本增加。边际成本的上升是正斜率供给曲线的基础。

市 场 结 构

仅靠价格来实现自我监管的奇迹，就需要某种东西——价格竞争。这种东西在现实世界中可能存在，也可能不存在。早期的经济模型创造了一个抽象的世界，在这个世界里有太多的企业，没有一家能够影响市场价格，也没有一家拥有任何技术优势。这种结构被称为完全竞争，它基于一系列必须同时满足的假设：

（1）一大批小公司。

（2）每家企业都很小，不会影响市场价格。

（3）每家企业都生产完全一样的东西（同质产品）。

（4）所有的企业都有完善的知识和市场条件的完美预见。

（5）没有进入或退出的障碍。

这些假设导致了一个由弱小、无能为力的企业组成的经济体，这些企业除了对客观市场的价格指令做出反应外，别无他法。

事实上，在这样的条件下竞争是极其困难的。事实上，除了维持企业家的利益（即正常利润）外，所有的利润都将被竞争掉，所有的利益都将以尽可能低的价格的形式归消费者所有。所有的结果都应该是"有效的"。资源将流向它们的最佳用途，而个人将获得它们对总量的贡献（毫不奇怪，被称为边际产量），不多也不少。

但企业希望盈利，留住利润，并将其投资于改进的技术。早在 16 世纪，英国煤炭公司就开始以避免价格竞争为目的的垄断市场，主要是通过决定不过剩生产来压低价格。在美国，并购活动在内战后的几年里蓬勃发展（我们将在第 9 章中记录垄断权力的发展）。同样，在 20 世纪 30 年代大萧条造成的混乱中，越来越多的经济学家开始质疑这个完美竞争的理想化世界。剑桥大学（英国和马萨诸塞州）的两位经济学家提出了不完全竞争理论，即企业为了共同利益而合作，而不是相互竞争。我们将在下一章更深入地发展这一理论。这些不完全竞争模型虽然现实得多，但不能产生以效率和公平为特征的结果。相反，它们会导致生产过剩、产能过剩和剥削。大多数保守派经济学家对这些批评几乎不予理睬，尽管这些都是实际经济中至关重要的因素。

1.8 宏观经济学

在 20 世纪初，新古典经济学的概念被扩展到解释整体或总体经济。

20 世纪 20 年代，被约翰·梅纳德·凯恩斯称为"古典模型"的保守主义方法认为，整体经济与单个企业或行业遵循的供求原则相同。至少在理论上，它按照如下方式运行：从劳动力市场开始，劳动力的需求取决于工人的边际产品，通过将收到满意的薪水（工资）的边际效用与乏味的工作（工作）的边际负效用对等，一个个体劳动者自由选择他或她希望工作的小时数。由此产生的均衡保证了经济将在充分就业的情况下运行。任何失业都是工人过剩的结果，这意味着劳动力价格"太高"。减薪可以很容易地恢复平衡。萨伊定律确保，收入转化为支出，而对国内外平衡预算的承诺意味着，预算或贸易赤字存在的时间都不会超过市场调整所需的短期时间。利率，或者说货币价格，将由"可贷资金"的市场决定。在这里，对可贷资金的需求是利率的反函数，导致曲线向下倾斜。可贷资金的供应将对利率的上升做出积极反应。由此产生的市场均衡创造了一种自动平衡储蓄和投资的利率。只要没有政府或工会等外部实体扰乱这微妙的平衡，经济就会像一台平稳的机器一样运转。

这种解释一直持续到大萧条。在美国，1933 年"官方"失业率上升到近 25%，新的投资实际上是负的。换句话说，磨损的设备比更换的设备多。1929 ~ 1933 年，银行体系崩溃三次，而在高关税和"美国优先"的旗帜下，国际贸易枯竭。欧洲的情况更糟，非洲、亚洲和拉丁美洲的贫穷国家更甚之。此外，大萧条持续了近 10 年，直到为第二次世界大战进行投入才结束。在这场混乱中，约翰·梅纳德·凯恩斯的理论获得了认可。凯恩斯接受了新古典主义经济学的大部分理论，但拒绝接受萨伊定律和工人可以根据自己的效用和非效用来选择工作时间的观点。正因为如此，他认为一个成熟的、工业化的资本主义经济可以在任何产出水平上实现均衡，包括在高失业率水平上。记住，均衡意味着没有内部变化的趋势，所以在这种情况下，经济体的失业率会保持不变。法西斯主义在欧洲兴起和布尔什维克革命的一个因素就是不变的失业。凯恩斯决心拯救资本主义，其形式是倾向于政治上站不住脚的失业率和永久性的经济停滞。凯恩斯认为，大萧条的根本原因是需求不足，更确切地说，是总需求不足。总需求是所有经济部门对所有商品和服务的需求，包括消费、投资、政府支出和对外贸易。如果人们不购买所生产的所有商品和服务，过剩的库存就会积累起来。价格下跌将给苦苦挣扎的企业带来更大的压力。他们将减少生产，或许还会削减工资。但是，较穷的工人花的钱更少，恶性循环就开始了。这似乎解释了资本主义社会特有的周期性衰退和萧条。

凯恩斯提出了公共工程计划，如果这些计划失败了，他建议把钱埋在瓶子里，付钱让人把它们挖出来。他认为任何把钱交到人们手中的东西都是解决方案的一部分。他还想放弃维持物价、工资和利润下降的金本位制。凯恩斯也不相信平衡预算的固定做法。他的理由是，如果政府出现赤字，经济将以更快的速度扩张。大萧条的原因是需求不足，而解决大萧条的办法就是增加总需求。在美国，前纽约州州长富兰克林·罗斯福当选总统。他实施了一项名为"新政"的计划，以减轻美国最弱势公民的痛苦，并开始经济复苏。罗斯福提出了许多支出计划，但也提高了税收，因为他也相信平衡预算。至少可以说，复苏不温不火。在 20 世纪 30 年代的整个十年中，失业率从未低于 13%。

1.9　战后宏观经济学

第二次世界大战的投入证明了凯恩斯主义的有效性。"新政博士"被"赢得战争博士"取代。在战争期间，没有人抱怨庞大的政府或赤字开支。结果，到 1944 年，失业率下降到近 1%（我们将在第 10 章的后面部分记录战后的具体经历）。就目前而言，可以有把握地说，凯恩斯主义经济学成为了经济学理论的经典，特别是对于我们这些从 20 世纪 60 年代末开始学习经济学的人来说。但它是凯恩斯在美国发展起来的一个全新的、更为净化的版本。激进的收入再分配提议和"食利者阶层自愿安乐死"的呼吁都已成为过去。取而代之的是致力于对经济的度量和"宏大的新古典主义综合"以及对经济增长的执着关注。在大萧条之前，美国对经济活动没有统一的核算方法。为了改善这种状况，国会委托哈佛大学经济学家西蒙·库兹涅茨改进可供美国政策制定者使用的经济统计数据。尽管数据是片面的，但事实证明，这些数据在战争中非常有用。同为哈佛大学经济学家的保罗·斯威齐，因其在 1944 年诺曼底登陆日（D-Day）的统计工作而获得铜牌。战后，当期企业调查开始公布"国民收入和产品账目"。重点放在国民生产总值（GNP），即该国所有新生产的最终产品和服务的美元价值，因为衡量经济成功与否的主要标准是由最终消费者购买的最终产品，而不是卖给其他人的产品。所有的组成部分，如消费、投资、政府开支和净出口，加起来等于国民生产总值。经济增长和经济发展都被定义为国民生产总值的增长。1948 年，麻省理工学院经济学家保罗·萨缪尔森在他的教科书《经济学》中创建了宏大的新古典主义综合理论。他认为，私营部门最擅长分配资源和分配收入。政府的参与仅是为了产生有规律和持续的经济增长水平。这可以通过直接改变政府支出和税收水平（即财政政策），或通过改变货币供应水平和利率（即货币政策）来实现。如果这些政策措施能够巧妙地实施，经济学家就能对经济进行"微调"，将衰退和萧条归于历史的痕迹。如果由于总需求过低，失业率上升太多，在政治上难以接受，政府可以增加支出，也可以减少税收。美国的中央银行、联邦储备委员会，可以提供更多的资金并降低利率。如果由于总需求过大，普通商品价格开始上涨，政府可能会减少支出或增加税收，或使成本更高，资金更难获得。在保持充分就业的同时，削减货币和支出只会拉低物价。生活似乎很容易，尤其是在理论上。在现实世界中，试图控制通胀实际上增加了失业率，但英国经济学家A. W. 菲利普斯连同他著名的"菲利普斯曲线"，展示了如何以可接受的方式管理这种取舍。这是经济增长的一个小代价。这一切都是基于这样一个事实，即通货膨胀和失业至少在目前是相互排斥的。

1.10 对增长的关注

凯恩斯本人并不特别关注经济增长，而是关注总需求、经济复苏和充分就业。然而，他的同事兼传记作家罗伊·哈罗德确实在大萧条的最后一年在《动态理论》[6]上发表了一篇文章。哈罗德认为，由于心理因素，经济增长的轨迹将非常不稳定。任何行为偏离有保证的增长路径都会引发不稳定的振荡，他把这种振荡比作刀刃。8 年后，美国经济学家伊夫西·多玛发表了一篇基础性的文章也表明，经济增长的道路极不稳定[7]。他将这种不稳定性归因于"投资的双重性质"。投资是总需求的一部分，它的增长导致国民生产总值的增长。然而，投资也会产生长期的固定资本。如果存在过多的资本，生产过剩就会导致产能过剩，从而降低增长。尽管直到 20 世纪 70 年代才出现经济微调，但并不像看上去那么容易。20 世纪 70 年代为调整经济做出的最大努力，无法与国内石油产量的峰值以及国际货币协定的崩溃相提并论。与此同时，萨缪尔森在麻省理工学院的同事罗伯特·索洛出手相救。索洛在 1956 年的贡献是，在经济增长理论中，对生产函数做了一些技术上的改变[8]。他指责哈罗德假设投入的比例是固定的。索洛建立了一系列基于可替代投入（也称为柯布—道格拉斯生产函数）的方程，因此，不稳定性消失了。索洛的分析确实存在一个无法解释的巨大残差的问题，我们将在第 3 章讨论这个问题。20 世纪 50 年代，增长理论由哈罗德和多玛的著作组成。20 世纪 50 年代末，索洛的方法得到了同等的重视。20 世纪 80 年代，哈罗德和多玛的作品已被束之高阁，21 世纪，他们的作品已从新古典主义的文献中消失。其余的那些是一个无摩擦、完全竞争的理想经济中的经济增长理论。该模型预测经济将稳步增长。不幸的是，实际经济出现了停滞、金融崩溃和严重衰退。

正如我们在第 7 章中所解释的那样，20 世纪 70 年代是凯恩斯主义经济学面临挑战的时期。1944 年，在新罕布什尔州布雷顿森林（Bretton Woods）的一家豪华酒店内，谈判达成的国际货币协议已不再有效。他们在战争结束时是以经济实力为基础的。但战后的情况改变了，德国和日本迎头赶上，而在越南冒险失败的代价意味着美国再也无法兑现自己的承诺。另外，高失业率和通货膨胀同时发生。降低失业率的努力只是推高了通胀，而失业率仍居高不下。旨在降低通胀的政策没有效果，反而增加了失业率。凯恩斯主义经济学再也不能"送货上门"了。最重要的是，世界石油供应的中断导致了 20 世纪 70 年代的两次能源危机。战后美国人将获得廉价燃料视为其与生俱来的权利，但这种燃料已不再便宜。此外，每次油价飙升都伴随着经济衰退。一种更为保守的方法开始出现。货币主义经济学家认为，通货膨胀"过去一直是，将来也将永远是一种货币现象"。"问题不在于总需求过多，而在于资金过多。财政政策被认为是无效的，货币政策（货币供给和利率）开始占据政策高地"。华尔街银行家裘德·瓦林斯基提出了"供给侧"经济学的概念，并说服新当选的总统罗纳德·里根改变政策。根据供给经济学，增加总供给可以解决通货膨胀和失业问题。要做到这一点，监管成本和工资水平必须下降。由于全球能源价格下跌，这一政策也得到助力。从那时起，政策变得更加保守。正如我们在第 7 章中所展示的，被认为是自由主义者的比尔·克林顿和阿尔·戈尔通过减少政府的资金和"终止我们所知的福利"来重塑政府。2001 年世贸中心和五角大楼遇袭后，美国总统乔治·W. 布什告诉美国人"出去购物"，同时增加军费开支，煽动无休止的战争。

2008 年，年轻的美国人经历了与他们的祖父母和曾祖父母差不多的抑郁症。奥巴马政府的回应是，实施与大萧条初期赫伯特·胡佛相似的经济计划。问题资产救助计划（TARP）效仿胡佛的复兴金融公司（RFC），向银行注资数十亿美元，同时让数百万美国工薪阶层失去住房。政府在基础设施项目上的支出是整体刺激计划的一部分，随着阿富汗和伊拉克战争的活跃，军事支出继续增长。奥巴马总统积极倡导回归凯恩斯主义经济学。脱碳仅表现为言辞上的巨人，但收效甚微，因为奥巴马政府认为，承诺为实现环境目的而挑战经济增长是不合适的。它的可持续发展计划在很大程度上依赖发电技术的变革（风能和太阳能补贴），以及对页岩气和致密油进行水力压裂技术的扩散。在唐纳德·特朗普当选美国总统后，美国将面临什么仍是一个悬而未决的问题。然而，有一件事是肯定的。"让美国再次伟大"将需要在化石燃料的使用上加倍下注。到目前为止，我们为那些没有正式学习过经济学的人介绍了基本的微观和宏观经济学，并为那些学习过经济学的人做了一个简要的回顾。然而，经济学的整个学科并不局限于这些有限的问题。在历史的进程中，经济学关注的问题通常不包括在入门教科书中。我们将通过提出这些问题来结束本章，请在第 2 章的历史背景下回答这些问题。

问题 1：财富和价值的起源是什么？

我们从区分收入和财富开始讨论经济学的主要问题，古往今来，这种区别并不总是很明显。长期以来，财富一直被视为一个社会或个人可以获得的大量商品。在前工业社会，财富是大自然赠予我们的。但是，随着经济的增长和发展，财富开始被定义为人类生产的总和，换句话说，是从自然中提取的价值流的积累。自从经济理论发展以来，财富是存量还是流量的问题一直就备受争议，而对于解决这个问题从来就没有定论。这种区别也因为分析的水平而变得复杂。大多数个人认为财富是一种资产存量，能够产生一种称为收入的流量。新古典主义时期的经济学家将财富定义为一种被称为资本的存量，而"资本"已被扩展到描述所有生产要素。生态经济学家经常把自然资源称为自然资本。主流劳动经济学家将他们的学科视为人力资本的研究。最后，资本与收入的问题用来探讨财富与价值。

问题 2：财富和价值是如何分配的？

有些学派认为生产报酬的分配问题相当无趣。有些人发现这是他们分析的焦点。一般来说，古典政治经济学家发现生产问题和分配问题是相互关联的，但在分析上是可分离的。然而，新古典主义经济学家发现它们在分析上是相同的。新古典主义的生产理论，即边际生产力，也是新古典主义的分配理论。边际生产率理论认为，每一个"生产要素都将准确地获得其对生产的额外贡献"。在很大程度上，约翰·梅纳德·凯恩斯接受了边际生产率分配理论，但有一些重要的保留意见。尽管分配理论只是与能源有外围联系，但它们对经济学的重要性足以让我们对其进行具体的研究，尤其是在新自由主义时代。

问题 3：经济如何平衡供需？

自 18 世纪末以来，大多数经济学家都关注这样一种可能性，即非个人的市场竞争力量和灵活的价格能够将消费者的需求和愿望与企业相平衡。亚当·斯密首先提出了这种可能性，尽管他从未画过供需图。他的法国推广者让·巴蒂斯特·萨伊将斯密的"看不见的手"的观点编纂成"萨伊定律"。萨伊认为，生产商品和服务的过程同时创造了购买商品的收入。这就是众所周知的"供给创造自己的需求"。新古典主义经济学将"萨伊定律"作为其体系的基本组成部分。英国新古典主义经济学家阿尔弗雷德·马歇尔为我们提供了目前使用的现代供求模型。瑞典经济学家克努特·威克塞尔将分析扩展到储蓄和投资市场，得出的结论是，在充分就业的情况下，整体经济将找到平衡。凯恩斯根本不同意这一观点。相反，他认为，经济可以在产出水平上达到均衡，而产出水平远低于充分就业水平，而且经济没有表现出从低就业平衡中改变的内在趋势。凯恩斯主张政府干预经济的观点在今天仍然存在激烈的争论，但毫无疑问，他的观点发表后以及至少部分实施后，经济繁荣与萧条的周期已经缓和得多。

问题 4：资本积累的极限是什么？

虽然在重商主义时期经济学最重要的主题是财富的积累，但一旦丰富而廉价的化石燃料时代开始，处理积累和增长的方式就发生了重大变化。所有在太阳能流时代著述的理论家都发展了自我限制积累的理论。所有古典政治经济学家都有增长理论，但最终都以社会处于非增长的稳定状态而告终。但在引入廉价的石油之后，对稳定状态的关注结束了，取而代之的是市场有效运转带来的无限期增长。然而，从古典政治经济学到新古典经济学的转型，也经历了从长期积累到静态均衡的概念性转变。直到 20 世纪 50 年代，新古典主义增长理论才出现，以回应凯恩斯主义关于增长和积累的内在极限的观点。随着我们进入石油时代的后半期，我们面临着一系列新的生物物理极限，这些极限与投资过程中发现的内部极限相互作用。为了充分说明生物物理极限的作用，我们首先从历史的角度来研究积累的内在极限。

问题 5：政府的适当角色是什么？

古典政治经济学家主张政府的作用是有限的。事实上，这些有限的角色在美国宪法中得到了体现。政府应该维护产权，执行合同，保护国家不受国内外敌人的侵害，并提供公共产品。他们不应该干预市场进程或调节价格。相反，市场这只看不见的手将足以将个人利益转化为社会和谐。萨伊定律保证，整个体系将在不需要政府指导的情况下实现充分就业的平衡。因此，我们的宪法反映了当时占主导地位的经济思想。

新古典主义经济学家也接受了这一命题，并将其转化为数学命题。新古典经济学的瓦尔拉斯核心断言个人交换基于自身利益（以贸易伙伴之间相同的边际替代率形式存在）不仅使交易双方得到满足，同时任何个人都不可能在不损害他人的基础之上变得更好，在这一基础之上达到系统的一般均衡。价格是信息的完美载体，任何政府对市场过程的干扰都会扭曲市场的价格信号，使系统无法正常工作。

凯恩斯主义经济学则持有截然不同的观点。市场的私营部门运作会周期性地产生不足的需求，由于私营部门无法产生盈利性的需求，这就需要政府采取行动提供需求的来源。尽管凯恩斯本人相信长期规划的必要性，但在凯恩斯主义经济学中，几乎没有什么能证明政府对生产和盈利本身的内部机制的干预是正当的。然而，正如凯恩斯所言，越来越多的经济学家和政治家"接受"政府干预。几十年来，1930～1973 年，不管是战争时期还是和平时期，美国政府都向经济体中注入了越来越多的资金，经济也一年一年稳定地增长，凯恩斯主义的需求管理，或类似地推动了经济增长的长波，似乎运作非常好。很少有人注意到这样一个事实：这也是一个廉价石油供应不断增加的时代，按照经济学的说法，廉价石油"只是另一种商品"。

但在 1970 年美国石油产量达到峰值后，长期繁荣之后出现长期停滞，原因是油价不断上涨，人们不再对凯恩斯主义经济学及其相关的政府干预抱有幻想。这一点以及其他因素，导致了美国政治和经济保守主义的回归，与此同时，经济学专业的保守主义也在复苏。新古典主义经济学家重新坐上了没有凯恩斯主义者的马鞍，立法反映了他们的自由市场取向。然而，有人可能会说，这些"减少政府干预"政策的长期结果导致了 2008 年几近崩溃的金融危机。2010 年的大选似乎更像是两套政策之间的较量，而这两套政策在最近的历史中都没有奏效。随后的紧缩计划，如希腊的紧缩计划，并没有带来繁荣，而是导致了持续的停滞和人类苦难的增加。

问题 6：货币的角色是什么？

什么是货币？为什么货币在经济活动中扮演如此重要的角色？在历史的长河中，经济学家和哲学家从不同的角度看待货币。它是"万恶之源"吗？货币是一种简单的交换媒介，还是与文化认同和国家主权有关？货币从何而来？随着时间的推移，货币的不同用途如何影响学者们对货币的理论化？货币和债务之间有什么关系？货币必须由某种贵金属作担保吗？还是仅由经济的生产力和政府偿还债务承诺的稳定性作担保？人们能否通过调整流通的货币数量来充分控制经济，或者货币在整体经济表现中扮演相对次要的角色？货币仅是对能源的一种留置权，还是更为复杂？自从人们开始使用和书写货币以来，经济学家一直在为这些问题苦苦挣扎。不出所料，不同的学派有不同的侧重点和结果。

从历史上看，货币主要是以债务的形式存在的。楔形文字，最早的书写形式之一，实际上是债务的记录。印有统治者形象的金属货币随着军队的兴起而兴起。贵重金属是支付士兵工资的有效方法[7]。今天，货币主要代表的是债务。20 世纪 30 年代的大萧条期间，大多数发达国家都放弃了金本位制，再也没有回归。"二战"后，美元取代黄金成为国际货币，黄金在国内被停止通用。货币现在只是联邦储备系统、国家中央银行的债务。此外，我们的货币供给大部分是由支票构成的，而支票只不过是私人银行的债务，货币政策只不过是中央银行对商业银行创造额外债务的能力的授权或限制。但是，关于到底是货币驱动了经济，还是经济活动决定了系统中货币的数量，这一争论仍在继续。

随着时间的推移，货币扮演了多种角色。货币作为一种交换媒介，作为一种易被接受的方式来交易不同的商品和服务，它们的使用价值并不相似。货币也可以是记账单位。当被问及"它值多少钱"时，大多数人给出的是货币价值，而不是生产或获得商品或服务所需的劳动时间，或人与人之间的情感依恋。货币可能是一种价值储存手段。这就是为什么许多人害怕通货膨胀。它降低了货币的储存价值。不幸的是，同一种货币的不同用途并不总是同等有用。经济学家理查德·杜思韦特列出了几个应该被问到的问题，来弄清楚不同用途下的货币功能是否运作良好：

（1）谁发行的货币？许多刚开始学习的学生都很惊讶，我们的货币供给大部分来源于私人银行的债务，而不是政府。

（2）他们为什么这么做？大多数情况下，银行和任何私人企业一样，这样做是为了帮股东赚取利润。

（3）货币是在哪里创造的？它是一种国家货币，一种像欧元那样的地区性货币，还是一种像伊萨卡美元或伯克股那样的地方货币？

（4）是什么赋予了货币价值？它是由贵重金属之类的东西支撑的，还是仅是接受付款的承诺？

（5）这些钱是怎么创造出来的？人们是为国际银行这样的中央机构负债，还是为地方一级的债务和信贷体系负债？

（6）这些货币是什么时候创造的？这是一次性事件还是一个持续的过程？

（7）它的工作效果如何？钱能满足所有三个目标吗？

杜斯威特认为，单一的货币形式并不能很好地履行其所有功能，他主张不同的货币有不同的用途[9]。

1.11　生物物理经济学的必要性

在地球的极限之内生存的能力需要根本性的改变，而主流经济学并没能够指导这种系统级的转变[10]。因此，今天教的经济学忽略了几个关键因素。它忽略了一个事实，即所有的工作，包括经济生产，都是由能源的流动和储存所驱动的。然而，能源并不是模型的一部分，该模型将循环交换流视为主要系统。此外，经济学家转向政治保守主义和市场自我调节的信念，已促使他们回归萨伊定律和完全竞争的理念。但现实世界存在垄断、非价格竞争和巨大的政治权力不平等。尽管经济学家强调增长，但无论理论是否认识到这一点，经济都会产生长期的停滞。我们需要一种理论，既承认自然的生物物理极限，又承认经济增长的内在极限。本书其余的大部分内容都是这样做的。

参考文献及注释

[1] Smith, Adam. 1923. *An inquiry into the nature and causes of the wealth of nations*, 14. New York: Modern Library.

[2] 政治经济学家安瓦尔·谢赫（Anwar Shaikh）也是一位业余魔术师。当被问及是否相信市场的魔力时，他说："当然。"然后，他让一个鸡蛋消失了，接着把鸡蛋从他的询问者的口袋里拿了出来。谢赫教授接着说，魔术，就像市场一样，大部分是错觉。你看到的不一定是正在发生的事情。我们看到的是平等者之间的自愿交换。我们看不到的是生产的等级制度、高质量资源的消耗和环境的破坏。

[3] Gowdy, John. 1998. *Limited wants, unlimited means.* Washington, DC: Island Press.

[4] 注意"萨伊定律"周围的引号。这意味着我们对这个术语持高度怀疑态度。要使某物符合科学规律的标准，必须满足三个条件：现象总是发生，并且没有反例；任何科学规律都必须与其他科学规律相一致；此外，该定律可以用数学表达。满足这些条件的例子有：理想气体定律、牛顿引力定律和热力学定律。周期性衰退和萧条的存在是萨伊所谓的定律的反例。此外，上层循环的钱正好等于下层循环的钱，这一事实意味着生产过程中不会产生浪费。但是热力学第二定律说，有些功总是转化为余热。因此，"萨伊定律"违背了热力学的基本定律，并不能真正代表科学意义上的定律。

[5] Goodwin, Neva, Jonathan Harris, Julie Nelson, Brian Roach, and Mariano Torras. 2014. *Microeconomics in context.* Armonk/New York: M. E. Sharpe.

[6] Harrod, Roy. 1939. An essay in dynamic theory. *Economic Journal.* 49: 14 –33.

[7] Domar, Evsey. 1947. Expansion and employment. *American Economic Review.* 37 (1): 34 –55.

[8] Solow, Robert. 1956. A contribution to the theory of economic growth. *Quarterly Journal of Economics.* 70 (1): 65 –94.

[9] Douthwaite, Richard. 1999. *The ecology of money.* Devon: Green Bools Ltd.

[10] Raskin, Paul, Tariq Banuri, Gilberto Gallopin, Pablo Gutman, and Al Hammond. 2002. *The great transition.* Stockholm: The Stockholm Environment Institute.

2 我们如何走到今天：经济思想
简史及其悖论

2.1 引　言

本章从能源的角度来评估早期的经济理论，从这个角度上说是可能的。我们还能证明，虽然经济学没有非常明确地涉及能量，但该学科已解决许多其他重要问题，这些问题有助于我们今天理解能源如何在经济体内运作，并且提供许多与能源无关的有趣的和重要的观点。本章和接下来三章的目的是利用先前经济学派的洞见和方法，建立一个新的理论，它能更好地解释实际经济，同时比主流理论能更明确地处理人类活动的能源和生物物理限制。

2.2 盈余和稀缺

古往今来，经济学家通常从两个根本不同的起点开始讨论价值、分配和增长：相对稀缺和经济盈余。在化石燃料时代之前，经济学理论的前提是自然限制了资源的流动；换句话说，经济商品和服务绝对稀缺。19 世纪 70 年代以后，由于化石燃料的聚集力量，物理极限变得不那么重要了。关于财富如何产生的生物物理方法并未引起经济学家的注意。相反，分析的重点转向了相对稀缺的分析：即个人主观选择，同时面临有限的资金来源。这一理论的基础是这样一种假设，即个人是贪婪而理性的人，他们将获得更多物质财富作为幸福的源泉，并永远无法得到满足，对他们来说，他人的欲望和偏好是无关紧要的。任何产出水平，无论多么丰富，都无法完全满足这些无限的需求。这是一个心理问题，而不是生理问题。从这个角度看，有限的收入和无限的需求之间的冲突是经济问题。这种将稀缺视为当代经济学起点的观点，构成了我们在第 1 章中给出的经济学一般的正式定义。

经济盈余的讨论始于这样一个前提，即社会可以通过组织和技术手段生产超出其生存需要的产品。获得能量的途径很少被提及，但却隐藏在表面之下。简单地说，经济盈余是社会经济产出与生产成本之间的差额。盈余方法与波兰尼对经济学的实质定义有关。20 世纪 60 年代，卡尔·波兰尼撰写并编辑了一本关于古代经济的论文集。在古代，形成市场的价格与商品的分配方式没有多大关系。在早期帝国的贸易和市场中，波兰尼和他的同事们意识到市场可以追溯到古代，但是形成价格的市场却是一个当代现象。他的观点是，如果一个人从现代形成价格的市场的角度来观察古代社会，他很可能会错过他们可能发现的更多东西。为了更好地理解古代经济学，波兰尼对经济学提出了一个实质性的定义。我们认为，这一定义也是将能源和人类社会纳入经济的一个极好的起点。经济学的实质意义在于人类的生存依赖自然和他的同伴，指的是自然环境和社会环境的相互交流，在这一范围内，这种交流的结果是为人类提供满足其物质欲望的手段[1]。第 1 章中，实质定义关注的是人类如何改造自然……人类如何改造自然来满足他们的需求。自然被认为是丰富的。古典时期的大多数经济学家将其视为"免费的礼物"。前化石燃料时代的经济学家主要依赖经济盈余方法。但到了 19 世纪 70 年代，化石燃料时代、工业革命和消费社会开始了。对经济学家来说，可以重新制定思考经济学的基本出发点，从产生经济盈余到交换相对稀缺的商品，而不必过多考虑产品是如何产生的。与此同时，分析的重点从社会阶层转向个人，从客观的生产成本核算转向个人对主观福利或效用的评价。经济学的目标之一就是找出最优的资源配置，以最大限度地满足人类的心理需求。换句话说，经济理论的关注点由自然中获取更多转变为这样一种运用，谁得到了商品和服务，以及商品和服务如何最好地增进其主观幸福感。根据新新古典主义经济学家的观点，可以在市场自我调节的神奇中找到答案，在这种市场中，个人对自身利益的追求带来了社会和谐。虽然这一概念源自亚当·斯密的早期著作，但它由能量物理学中借用的数学"证明"（或者更好的说法是"误用"）所扩充。与此同时，行为经济学的新研究表明，几乎没有实证证据表明，人类实际上是以这种"自我为中心"的方式行事的。

2.3 作为能源盈余的经济盈余

17世纪到19世纪的经济学家没有，实际上也不能，明确地把能源作为盈余的来源，因为当时还没有正式的能源概念。然而，从太阳能流或陆地储存中提取能源盈余的能力构成了经济生产和盈余的基础。当代能源分析师理查德·海因伯格提供了一个框架，用以评估此类能源盈余的经济作用[2]。他认为，纵观历史，人类利用能源的策略有五种：接管、使用工具、专业化、扩大范围和缩减库存。接管是早期人类的主要方法，因为我们通过将地球上的一部分用以支持其他生物的生物量转移到用以支持人类，从而我们占用了更多的太阳能流。我们的祖先接管土地种植作物，首先是园艺，后来是农业，以牺牲其他物种为代价种植农作物。农业把一个复杂的生态系统变成了一个简单的生态系统。对人类无用的植物就是杂草。与人类争夺食物的动物是害虫。随着人类从非洲迁移到世界的遥远角落，他们接管了越来越多的生物承载力，经常破坏自然平衡。人类所到之处，大型哺乳动物都消失了。被称为火的化学能的迅速释放有助于人们获得剩余能量。生物物理学经济学家先驱尼古拉斯·乔治斯库·罗根称这是普罗米修斯式的创新，真正改变了物种。另一项开创性的发明是蒸汽机。此外，人类通过驯养某些动物来提升其利用太阳能流的能力，这些动物提供的动力比饲养它们所需的生物量还要多。

海因伯格的第二个策略是使用工具。人类长期以来一直在使用工具，因为工具可以提升其从其他物种和其他社会获取能量的能力，从而从生物物理系统中获取越来越多的能量。被称为武器的特殊工具帮助我们将能量集中在矛尖上，进行更有效的狩猎，以及从其他社会掠夺能量。工具在不断得到改进，从制造和使用时只需要人类能源的工具（如矛尖），发展到制造和使用时采用大量能源和外来材料的工具（如内部发动机）。随着能源过剩上升到足够的水平，并不需要所有的社会成员都必须不断地工作来提供足够的食物，人类可以开始专门从事制造工具或参军等活动。所有支持非直接农作物生产者的等级社会都依赖于此。提高农业生产力现在可以支持工匠、贵族和知识分子阶层，他们可以更好地设计和制造工具，并改进旨在获取更多能源的社会组织。

从法国重农主义者到亚当·斯密，所有古典政治经济学都承认，专业化在决定财富和价值方面发挥了作用。霍华德·奥德姆谈论了各种以自然和人为主导的系统，它们通过"自组织"来产生"最大的能量"。从这个角度看，人类并没有做任何其他生物体做不到的事情；他们只是"擅长"于此，因为他们的技术现在与化石燃料的"大块肌肉"相辅相成。

另一种能源利用策略是扩大范围或超越限制。贾斯特斯·冯·李比希发现，任何生物物理系统（尤其是农业）的承载能力的限制因素，都是相对于生长中的植物或其他生态单元的需求来说，可用性最低的因素或投入。这一限制可以通过征服或贸易来侵占其他地区的生物承载力来加以克服。重商主义实际上建立在获取其他地区太阳能剩余的基础上。后来，大卫·李嘉图将交易双方的实际目标编纂成如今被称为比较优势的学说。扩大能源使用范围所带来的贸易利益将由所有贸易方分享。以粮食和木材为燃料，适当利用农村地区的生物量，工业社会依赖城市工业中心的该能力。不幸的是，许多本应返回到农村土壤中的营养物质在城市中堆积成了废物。生态学家贾斯特斯·冯·李比希将这种商业化农业体系称为"抢劫"。范围扩大使战争、剥削和殖民成为必需，占支配地位的国家通过这些手段从其他国家窃取太阳能盈余，主要是为了以被征服和殖民国家为代价，充实和丰富本国国库。

海因伯格所描述的最后也是最成功的一个提高承载能力的策略是缩减库存。当我们能够从依赖稳定的太阳能资源转向利用不可再生的化石燃料，特别是煤炭、石油和天然气资源时，库存缩减开始出现。精细工具的发展使缩减库存成为了可能，并大大加强了这一战略。由于缩减库存这一策略，随着人口的减少，人类可以充分利用自然资源，养活更多的人口，为一小部分人口提供更高的生活水平。在化石燃料时代开始的 1800 年左右，世界人口约为 10 亿。后来，世界养活的人口是这个数字的 7 倍多。其中一半的增长来自过去 50 年的"绿色革命"，当时植物育种者将杂交谷物与肥料、其他农用化学品、灌溉和耕作等能源密集型投入组合在一起。虽然增产的好处已普及更广泛的世界人口，但并非所有人都享有粮食安全。今天世界上大约有 8 亿饥饿人口。

海因伯格还指出了缩减库存策略的三个危险。首先，化石燃料的减少造成污染。这可能以二氧化硫和氮氧化物等污染物的形式出现，污染空气，使土壤和水源酸化。经过氮和磷化肥处理的土地的径流，在河流、湖泊和墨西哥湾的密西西比河河口等地区形成了"缺氧死亡区"。其次，污染可以以二氧化碳排放的形式出现，科学家们普遍认为，二氧化碳浓度的增加是气候变化的主要驱动力。最后，陆地上化石燃料的储量是有限的。在 21 世纪初，我们正处于或接近使用这些燃料，特别是石油的全球高峰。随着这些资源越来越少和越来越昂贵，依赖这些资源的社会将经历巨大的变革，可能带来严重的经济和社会后果[3]。

当我们接近不断减少的不可再生的自然资源极限时，通过生产和消费越来越多的物质产品来满足人类需求和经济优先事项的想法应该成为一种探索，而不是盲信。在高峰后的岁月里，我们将需要面对绝对匮乏和利用能源盈余能力下降的明显可能性。我们需要重新审视几个世纪以来经济学家提出的问题。

2.4 "大 Es" 时代

古往今来，不同学派的经济分析侧重于不同的"大 E"。"这些都可以被看作一种社会结构，一种思考人们如何与经济和自然融为一体的方式。重商主义者将他们的思想系统化于对交换更好的理解上。为促进商业扩张和贸易监管，政治经济学家应如何帮助修改法律？古典政治经济学家把他们的努力引向经济政策。对他们来说，经济学的目标是为决策者提供信息。重农主义者想要改革法国的农业，鼓励大规模的商业作物生产。亚当·斯密专注于消除商业贸易限制，而大卫·李嘉图则希望对贵族增税，并进一步促进食品和工业商品的贸易。此外，托马斯·马尔萨斯想要资助贵族。里卡多和约翰·斯图亚特·米尔都当选为国会议员，他们为改变经济政策进行了有效的辩论。卡尔·马克思的理论基于对劳动力的剥削，以及对工人和化石燃料驱动机器产生的盈余进行资本重组。

新古典主义经济学理论的核心是效率和均衡，这些概念都借鉴了物理学。他们的基本信念是，经济可以独立于社会其他部分进行分析，经济将趋向于一种平衡状态，而不受政治机构的干预。凯恩斯主义经济体的"大 E"是就业。凯恩斯的天才之处在于，他认识到均衡可以发生在任何就业水平，包括非常高的、政治上不可接受的失业率。凯恩斯主张利用政府来确保高就业水平下的经济平衡。

制度经济学始于演化的过程。目前的制度经济学家专业协会被称为演化经济学协会（AFEE）。索尔斯坦·凡勃伦和约翰·康芒等制度主义者拒绝接受新古典经济学生硬的类比，他们主要关注的是经济和制度的演变和结构性变化。对于生态经济学家来说，其主要贡献是嵌入性。生态经济学家将增长的经济嵌入有限的、不完整的生态系统，有时还包括社会系统。最后，生物物理经济学从分析能源流动开始，分析能源质量和可用性的变化如何影响经济活动。

2.5 作为历史的现在[4]

我们学习历史不应只是出于无聊的好奇心。历史的教训可以为今天和明天的问题提供宝贵的教训。在我们看来，研究历史可以让我们更深刻地理解我们是如何达到目前的状态的，就像把社会科学和自然科学的方法统一起来，可以让我们更好地理解植根于社会和自然中的经济一样。

在石油时代的后半段，我们需要一套新的经济理论：既不把"大自然的恩赐"当作免费的礼物，也不假定资源禀赋神奇地出现在"天赐之物"中。此外，我们必须应对增长极限的问题。在过去，人类很大程度上是通过使用越来越多的廉价化石燃料，超越了自然施加的界限和限制。但在我们正进入的时代很可能会看到这一切的结束。随着高质量的化石燃料日益短缺，所有碳质燃料的使用都损害了我们的大气和其他自然系统，在保护我们家园的同时，用我们的方法去生存变得越来越困难。这可能意味着经济增长的终结，并将促使我们重新思考技术变革的意义。当我们开始发展适合新时代的新经济理论时，我们需要考虑过去经济学家著作中存在的许多重要问题和见解。因此，我们接下来研究早期经济学家最重要的观点。

当我们追溯今天所称的经济学的起源和发展时，我们将一遍又一遍地回到第1章中确定的六个问题。我们还将介绍一个概念，即我们认为这些问题中的每一个都与能源有关。尽管经济学家提出的问题往往会随着时间的推移而保持不变。理论的侧重点、研究方法和分析视角在不同时期有着根本的不同，经济理论可以分为六个不同的时期和"学派"。

2.6　经济思想的诸学派

不同的学派经常提出类似的问题，但对经济运行的看法却截然不同。他们写作的目的不同，使用的分析方法也不同。我们现在要问的是，他们是如何解决经济学的主要问题的。

2.7　重商主义者

在15世纪晚期欧洲探索和商业繁盛之前，中世纪的日常生活在慢慢发生改变。欧洲社会是围绕庄园和严格的等级制度组织起来的，顶端是教会和土地所有者，中间是一个小的阶级或工匠和商人，大部分是没有土地的农民。教会教义和经济学著作致力于防止生活发生变化。对于塑造中世纪封建思想的学者来说，财富的来源在于土地，特别是土地的所有权。那些拥有和控制土地光合能力的人很富有。那些没有土地的人就不富有。贵族和教会拥有土地，精心编纂的中世纪法律原则为集中土地所有权而服务。祖先要求把所有的土地都给长子。地主的女儿要嫁给其他地主的儿子。高利贷的禁令禁止商人通过收取利息来获取财富，而通过贸易手段获得的利润受到"公平价格"的限制，"公平价格"只支付生产、运输和"他们的生活地位"所必需的回报。社会流动性是一种致命的罪恶。农民，也就是农奴，主要在封建领主的土地上劳作，他们每周只有 1～2 天的时间耕种土地以维持生计。他们都给贵族交税，给教会捐 1/10 的税。

　　在历史学家芭芭拉·塔奇曼所称的"灾难性的 14 世纪"之后，持续千年的封建制度开始瓦解，到了 16 世纪初，受到贵族和教会痛斥的商人开始控制社会。财富掌握在新的人手中，他们发现了财富的新用途。艺术和音乐像商业一样繁荣发展。长途贸易时代中，探险时代和文艺复兴时代开启了。"新世界"的森林和矿山扩张了旧世界长期枯竭的资源。新商业时代的作家们开始重新定义财富的含义，从对土地及其生物量的控制，到"财产"或贵金属储备的积累。这就是重商主义经济学的本质。到了 17 世纪中叶，关于如何最好地积累财富的思想从财富本身转变为贸易所带来的收益。财产或者说财富，将流向那些实现贸易盈余的国家。控制航运和海关所能赚到的钱，与开采和提炼宝藏本身所能赚到的钱一样多。

　　重要的是，要从不同的主流经济"学派"的背景来思考这六个关键问题，因为它们在经济学的历史上不断演变。第一个可识别的经济思想流派是重商主义，它建立在长途贸易经济的基础上。商业主义以小册子的形式出现，主要是为了证明扩大贸易的合理性。尽管重商主义作家的目标和目的是实用的，但他们确实在诸如财富和价值的起源以及资本积累等问题上取得了进展。在许多方面，重商主义主要是关于收购和扩大范围。

　　重商主义作家大多是实干家，而不是学者。其中最有名的是英国东印度公司的董事托马斯·门。所有这些都认为经济努力的目的是在国库中积累财富。毫不奇怪，重商主义者认为，价值或价格的起源在于交换过程，他们的目的是控制交换的条件。他们的主要机制是殖民、商业条约和战争。在 16 世纪的大部分时间里，英国人与西班牙人争夺新世界殖民地的控制权。17 世纪是英国与荷兰争夺东印度群岛和加勒比海殖民地控制权的时期，而 18 世纪和 19 世纪初见证了英国和法国之间旷日持久的冲突。重商主义者要求他们的政府在确定贸易条件时给予援助。英国议会通过了一系列的限制（航海和贸易法案），以牺牲他们的商业对手和殖民地本身为代价，以保证贸易盈余。当亚当·斯密撰写《国富论》时，英国的霸主地位已经近在眼前。随着 1815 年 6 月 18 日对拿破仑的最后一场商业战争的胜利结束，世界安定下来，迎来了长久的和平，但这只是英国的"大英帝国的和平"。

重商主义作家主要对改变政策以增加他们的财富积累感兴趣。很少有人花时间去思考财富的历史起源。早期的重商主义者，有时也被称为牛市论者，认为贸易是从国内经济中榨取黄金的有效途径。当一个国家出口原材料时，这一论点是有道理的，因为它利用太阳能流，太阳能流有许多替代品，而进口制成品时，它利用人力，辅以风能和水能，而风能和水能很少。贸易条件，或出口价格与进口价格之比，对原材料出口国不利，它们受到该价格之比下降的影响。在这种情况下，贸易限制很好地促进了财富的积累。

然而，到了 16 世纪末，英国已经成为一个制造业国家，并向欧洲和世界出口产品。当时的商业思想转而提出一种论点，证明贸易扩张是增加一个国家贵金属库存的主要机制。最广为人知的重商主义著作是 1630 年托马斯·门所著的《英国的宝藏》，于他死后的 1644 年出版。托马斯的主要目的是说服立法者废除黄金出口禁令。他认为，如果黄金出口导致贸易顺差或出口超过进口，那么黄金出口可以促进财富的积累。为了实现这一目标，托马斯和他的追随者提倡国家的贸易管制政策。虽然重商主义者主张扩大贸易，但他们并不提倡自由贸易。

当时，由于缺乏集中的能源，提取能源盈余的能力受到限制。只有通过组织变革才能提高提取太阳能流并将其转化为具有经济价值的产品的能力，主要是通过种植园农业和奴隶劳动的形式。商业主义对如何降低生产成本没有任何见解，只有鼓励进行贸易，这有助于增加贸易收益和财富的积累。

船是用木头（生物质）建造的，由太阳能流提供动力，风可能以期望的速度朝期望的方向吹，也可能没有。然而，在商业时期速度和吨位有所提升。商业主义的信条是通过扩大贸易来扩大范围。在运输上所能赚到的钱，和在最初使用农作物和贵金属所能赚到的钱一样多。但是，由于能源的供应有限，交通的扩张和快速发展受到了限制。在商业时代，贸易尽管常常是有利可图的，但却是一项危险且缓慢的努力。

重 商 主 义 理 论

托马斯区分自然财富和人工财富。自然财富可以不用于家庭使用，主要由农产品组成。人工财富来自贸易和制造业。托马斯认为，通过贸易获取人工财富将比在国内生产自然财富更有利可图。通过实行贸易盈余政策，一个没有矿藏的国家将能够积累贵金属。在分配理论方面，重商主义作家对财富应该流向何处采取了一种等级森严的立场。贸易是规模最大的，其次是制造业，最后是农业。另一位重商主义理论家查尔斯·达文南认为，从事贸易的海员，其价值相当于三个农民[5]。英国财政部应利用贸易所得补贴贸易，并应保持低的工资水平，以限制消费，尤其是进口商品的消费。

重商主义者取得的主要进展是在货币理论方面，这不足为奇。虽然重商主义者鼓励扩大贸易，但他们并不提倡自由贸易。相反，他们认为政府应该执行一套严格的法典作为导航和贸易法案。熟悉美国历史的人可能会认识到，正是对茶叶征税、禁止阿巴拉契亚山脉以西的白人定居者耕种（以及其巨大的光合作用潜力）等法案的有力执行，促成了美国革命。重商主义者认为，只有在不等价贸易的情况下，财富才会积累。为了实现这一目标，商业力量需要维持国际收支顺差。这意味着殖民地将经历国际收支逆差。财富从殖民地流失，以充实商业强国的金库，这也是美国以外国家社会不和谐的根源之一。重商主义者在大举借债为其海外业务融资的同时，也开辟了金属或商品、货币的时代。贸易顺差使金银流入皇家国库。对他们来说，扩张性货币政策意味着获得更多的财富，而不是有意识地操纵利率和货币供给规模。实际上，重商主义者认为，政府不应采取公开行动限制黄金出口或货币供给规模。

两个重要人物代表了重商主义和古典政治经济之间的过渡。英国数学家和医生威廉·配第，在 17 世纪晚期开始探索生产成本、经济盈余和商品价值之间的关系。在他死后第 3 年即 1690 年，《政治算术》出版，他是通过这本书第一个用算术表达自己的人。由于价格对商业活动至关重要，配第试图解释价格和价值的起源。他的贡献是劳动价值论的直接前身，劳动价值论逐渐成为古典政治经济学方法的特征。然而，配第也强调了土地的重要性，减少了各种形式的经济盈余。他把土地估价作为年租金的总和，是最早将土地价值与利率挂钩的人之一。配第还借鉴了约翰·洛克的政治和经济著作，洛克强调自然与人类劳动产品之间的联系。洛克认为大自然提供了根本毫无价值的物质，而把地球上的产品变成有用的东西需要人类的劳动。

洛克与配第在自然产品的使用价值与人类劳动应用的交换价值的差异中挣扎。这一区别后来在古典政治经济学时代得到了澄清。然而，配第沿着早期的生物物理学的路线思考后推理说：“正如土地就像母亲一样，劳动是父亲，也是积极的财富原则。”[6]深受配第影响的重农主义者的法国先驱理查德·坎迪隆也持类似观点。“土地是所有财富产生的物质来源。人的劳动是产生劳动的形式。”[7]

2.8　古典政治经济学：重农主义者，
亚当·斯密、大卫·李嘉图、
托马斯·马尔萨斯和约翰·斯图亚特·米尔

　　18 世纪末，重商主义将让位给古典政治经济学。这个时代始于 1759 年左右，当时法国一支自然哲学家学派被叫作重农学派，提出了一种价值理论，将财富的起源与土地的光合作用能力以及占有土地的农业劳动力联系起来。在前化石燃料时代，农业通过土地将太阳能转化为食物。1776 年，苏格兰道德哲学家亚当·斯密发表了一篇关于国家财富的性质和成因的研究报告，将前工业化和前化石燃料制造过程与循环的一般理论联系起来。斯密的书引发了关于分配、人口的激烈争论，并适时地影响了托马斯·马尔萨斯和大卫·李嘉图的收益递减理论与约翰·斯图亚特·米尔的功利主义。这一百年来，人们对经济学的正确焦点和道德义务是什么、应该是什么进行了丰富而深刻的讨论。

　　古典政治经济学家有着完全不同的目的。重农主义者和第一位重要的古典政治经济学家亚当·斯密都希望推翻贸易管制的重商主义学说。重农主义者给了我们"放任主义"（"让我们独处"）一词，他们寻求从小农作物生产到大规模商业农业的转变。我们可以合理地断言，斯密 1776 年的《国富论》是有史以来最伟大的反重商主义著作。他不仅相信国家管制抑制了商业，而且相信重商主义阻碍了国内生产。斯密追求并发展了这样一种观点，即市场可以引导福祉的扩大，就好像是由一只看不见的手，而不是由国家监管这只沉重而看得见的手来引导。半个世纪后，大卫·李嘉图从不受监管的贸易中提炼出互惠原则。

　　古典政治经济学家作为一个学派，希望建立一门经济科学，并揭示财富的来源。他们在很大程度上是通过对经济盈余的一项实质性的、具有历史针对性的研究来实现这一目标的。他们的方法基本上是一种叙述，辅以抽象的命题和偶尔使用的数字表。所有古典政治经济学家都是以政策为导向的。亚当·斯密不仅主张结束商业限制，而且主张增加公共教育支出和高工资经济；托马斯·马尔萨斯和大卫·李嘉图就延续或废除限制从欧洲大陆进口粮食的玉米法展开了辩论。约翰·斯图亚特·米尔主张进行改革，缩小贫富差距，解放妇女。

　　这些政治经济学家把他们对财富和价值起源的分析建立在生产过程中，而不是像重商主义者那样，建立在买卖或交换的过程中。此外，他们都使用社会阶层作为分析的单位。人们熟悉的土地、劳动力和资本的"生产要素"起源于他们那个时代实际的、历史上特定的社会结构。古典经济学家感兴趣的主要问题是关于生产、积累和分配经济盈余的问题。他们的资本理论具有历史的特殊性，与积累和价值相关。"资本积累被认为是先于生产的必要条件，生产被认为是先于商品交换的必要条件"[8]。价格形成，已经成为现代微观经济学的主导，对他们来说却是次要的。

2.8.1　财富和价值的起源

对于自称为"政治经济学家"的古典经济学家来说，财富（存量）和价值（流量）正如重商主义者所认为的那样，起源于生产过程，而不是交换过程。此外，将不同古典政治经济学家联合起来的观点是，价值可以通过把生产成本相加来客观地确定。他们认为，人类的劳动，加上工具、土地和劳动过程的组织，是价值的源泉。

古典政治经济学家谨慎地做出了两种区分。他们将使用价值与交换价值分离开来。与现代新古典主义经济学家不同，一种产品不必要有价格，因为消费者觉得它有用而无需交换。商品之所以有价格，是因为大自然的产品是通过人类劳动改造的。从古典经济学到新古典经济学的转变，在价值论上是一个认识论的突破。除了区分公共财富和私人财富，劳德代尔八世伯爵詹姆斯·梅特兰在1819年写道，公共财富由使用价值组成——"人所渴望的一切对他有用或愉快的东西"。然而，私人财富是由交换价值组成的，交换价值是指稀缺的令人愉快或有用的东西。因此，对于劳德代尔来说，出现了一个悖论：私人财富的增加是以牺牲公共财富为代价的，而这恰恰是通过使自然提供的享受变得稀缺，从而使它们能够获得一定的价格[9][10]。自从新古典主义经济学取得胜利以来，今天很少有经济学家把价值和使用价值分开。他们认为财富只是以货币形式表达的交换价值的积累。但随着资源在未来变得绝对稀缺，对现有理论知识的了解以及所做出的理论区分，可能成为石油时代后半期经济理论的重要组成部分。

第一批古典政治经济学家、重农主义者断言，价值源于土地和农业劳动力，它们通过种植、收割和运输食物，占用了地球上的生物量。只有大自然创造了一个净产品。制造商们被认为是不产生价值的，因为他们只改变了土地创造的价值。从性能上看，他们没有增加净产品。

相反，在英语国家，经济理论将价值创造扩展到制造业和农业。英国政治经济学公认的创始人是苏格兰人亚当·斯密。斯密最为人所知的是他对市场这只"看不见的手"的信念，它把个人利益转化为社会和谐。他在1776年的著作《国富论》中一开始就提出了价值问题。斯密既不同于重商主义者，也不同于重农主义者。他认为，价值的起源不在于自然和农业劳动的丰饶，而在于一般的劳动，特别是劳动生产率和创造产值的劳动者的数量。财富是通过在市场上销售商品和服务而产生的价值的积累。斯密是在化石燃料广泛应用于制造业之前写作的，他的理论反映了他所处的时代。在斯密的观察中，最著名的是一个别针工厂，它使他相信，增加一个国家财富的主要方法是实行劳动分工，在那里生产过程被细分为单独的和更多生产性任务。斯密是一位道德哲学教授，他将劳动分工与自由市场的自由运行联系起来。他以一个令人惊讶的简单陈述做到了这一点，"劳动分工受到市场范围的限制"[11]。为了获得劳动分工的好处，即劳动分工后生产的商品，制造商必须有足够广阔的市场来销售它。然而，斯密几乎没有理解这一观点的一个重要限制，即由于依靠太阳能和动物的力量来运输劳动分工得到的产品，市场本身就受到了限制。

斯密还论述了劳动分工的起源。他把这部分归因于人性。除了我们的占有欲望，即增加可获得的必需品、便利和娱乐的数量，我们都有一个根深蒂固的倾向去"易物、易货和交换"。作为历史学家，斯密一直在探讨这样一个问题：任何一种特定的物品（今天被称为商品或服务）在早期和他那个时代的价值是多少。他认为，在社会的"原始和早期阶段"，在工具和私有财产发展之前，任何商品的价值都是由生产中所包含的人类劳动的数量（即用于制造某种东西的劳动时间）构成的。这是价值或价格的唯一决定因素。工人们通常可以自己制作工具。一个独特的工具制造业将不得不等待更集中的能源的应用。"劳动力是第一个价格，是最初用来购买一切东西的钱。世界上的财富最初不是靠黄金和白银购买的，而是靠劳动力购买的。例如，如果在一个猎人的国度里，杀死一只海狸的劳动成本通常是杀死一只鹿的两倍，那么一只海狸自然应该用来交换或抵得上两只鹿。"[12]在这个发展阶段，整个劳动产品属于生产者。但在以劳动分工为特征的18世纪社会中，这种情况是行不通的。当时的"现代"社会通过各种各样的设备提高了每个工人的产量，而提供设备并在作物收割前预付工资的资本所有者要求分享产出。土地所有者也是如此。斯密认为，"自然价格"或价值可以通过增加土地、劳动力和资本的自然价格来获得。斯密对此并不十分清楚，他不得不一页又一页地研究确定工资、租金和利润的自然比率。此外，斯密模仿北美印第安人建立了一个"粗鲁而早期"的社会，而斯密对北美印第安人几乎一无所知。如果他有更多的知识，他就会意识到不同猎人间不会根据工作时间进行交换。他们都想把捕获的猎物带给氏族的母亲，母亲会按照部落传统分配肉和皮毛[8]。

2.8.2　斯密对金钱的观点

这种劳动分工的观点对斯密的观点至关重要，因为他对金钱的观点依赖于此。一旦劳动分工确立，所有的人都靠交换生活。根据斯密的观点，货币的发展是因为物物交换制度有一个重要的缺陷。如果您的交易伙伴并不需要您所拥有的使用价值，则交换无法达成，反之亦然。多年来，人们选择一种特定的商品作为货币。斯密列出了一些物品，如牛、盐、鳕鱼、烟草和糖，但他认为人们最终选择金属是因为它们的耐用性。斯巴达人使用铁，古罗马人使用铜。现代商业国家选择黄金和白银，并刻印上统治者的形象，以保证货币的重量和质量。然而，斯密确实认为，所有王子和主权国家的贪婪都导致了货币贬值。

斯密关于货币的那一章也包含了几个理论观点，他主张使用价值和交换价值的分离，并认为自然价格来源于交换价值。他介绍的观点是，自然价格是土地、劳动力和资本生产成本的货币表达，并在后面的章节中解释了为什么市场价格经常偏离自然价格。也正是在这一章，斯密提出了钻石—水悖论，并解释了相对稀缺在决定自然价格方面至关重要的作用。

斯密接着解释了一些节俭的储蓄者的美德行为造就了最初的囤积。"资本因节俭而增加，因挥霍或不当行为而减少。"当节俭的人放弃立即消费时，他们就增加了资本。他们利用这些资本让勤劳的人工作，随着资本的积累，劳动分工中的潜在生产力也会提高。最后，对于斯密来说，财富增加的来源主要是人口增长带来的劳动生产率的提高和节俭储蓄者的美德行为。

下一位伟大的讲英语的政治经济学家是大卫·李嘉图，他在 1817 年提出的政治经济学原理[13]代表了古典政治经济学的明确陈述。虽然李嘉图对财富的起源几乎只字未提，但他对价值理论做出了重大贡献。李嘉图是纯粹劳动价值论的主要倡导者。他认为，当斯密把具体的劳动、生产中所使用的人类劳动时间、所需要的劳动，以及这些劳动在购买替代商品方面的价值分开时，是不正确的。

李嘉图调和了这两者，他宣称资本只是"过时的劳动力"。当时，大多数资本被称为流动资本或用于购买劳动力的预付款。由于资本可以被劳动力替代，任何商品的价值，或为销售而不是使用而生产的商品的价值，完全取决于生产中所包含的人力劳动的数量。

实际上，从理论上解决长期固定资本的问题是一个老问题。李嘉图认为，市场过程将使利润率均衡。但如果一种商品是在资本密集程度更高的过程中生产出来的，就会出现问题。因为市场会使价格相等，如果两个生产者的总资本相同，那么相同的利润率意味着以相同的价格销售商品。但是，举例来说，如果工资上涨，对劳动密集型商品的影响就会大得多。根据劳动价值论，两种劳动数量不相等的商品其价格也会不同，因为劳动价值论认为，产品的价值是劳动创造产品的功能，而不是产品的使用或从中获得乐趣的功能。但市场上的竞争将产生相同的价格。机械化似乎与劳动价值论不相容。李嘉图从来没能解决这个问题。他去世时在他书桌上发现了一份未完成的手稿。他的理论并没有像马克思所讨论的那样反映现实——效率越低，生产成本越高，利润就越低。李嘉图从未直接处理过能源问题。尽管如此，他提供了两种理论工具，它们对当今的能源分析至关重要：最佳第一原则和边际收益递减。我们将在收入分配那一节讨论这些原则。

约翰·斯图亚特·米尔在 1848 年发表《政治经济学原理》[14]时，首先提出生产是通过人类劳动对自然资源进行改造的过程。他通过表达和劳动价值论的类同关系，开始更新和修正李嘉图的政治经济学原理。但他也遇到了同样的问题，在机械化经济中，这个问题曾困扰过李嘉图。米尔认为，纯劳动价值论只适用于资本与劳动的比率相等的行业。然而，米尔知道这不是对 19 世纪中期英国经济的准确描述。相反，他又回到了斯密的加总价值理论。在他的方法中，利润是资本的自然价格和对资本家提供的服务的回报。米尔还依赖机会成本法。引用纳索·西尼尔的话，他声称，资本家牺牲了自身的消费进行储蓄和投资，利润对此种"节制"进行回报。

米尔还拒绝了经典的工资基金理论，即资本家只预支固定数额的工资。如果一个组织提高他们的工资，就会以牺牲其他人的工资为代价。这在本质上是马尔萨斯主义的起源，因为前化石能源时期生产食物的能力有限，穷人倾向于生更多的孩子，因此工资只能勉强维持生计。但是粮食产量在增加，社会秩序在 19 世纪中期发生了变化。记住，米尔的这些原则在 1848 年与《共产党宣言》同一年发表。相反，米尔认为工资是由工人和资本家之间的斗争所决定的[15]。

米尔在坚持劳动价值论的同时，也是一个功利主义者。米尔的功利主义与边沁的功利主义截然不同。边沁，你们可能还记得，他认为人们无法比较一种快乐和另一种快乐的效用。每个人都是他或她自己幸福最好的判断。米尔把较高的快乐和较低的快乐分开了。更高层次的快乐包括维多利亚时代沙龙这些东西：诗歌、歌剧和哲学对话。低级趣味可以用现代话来概括：性、毒品和摇滚乐。米尔不像斯密和其他古典主义者那样，认为所有的人都只受自身利益的驱使。他认为，人们受到更高尚动机的驱使，然后相互竞争以取得成功。从现代的角度来看，一个可持续发展的社会必须是一个公正的社会。尽管如此，功利主义还是以使用价值与交换价值分离的名义进入了米尔的价值理论。回想一下，劳德代尔把以使用价值的形式存在的公共财富，与因稀缺而需要定价的交换价值分开了。米尔最终得出结论，财富的基础不仅是那些让我们快乐的东西，或使用价值，而且是那些让我们快乐且稀缺的东西。换句话说，财富可以通过交换价值或价格之和来计算。从这个意义上说，米尔是古典政治经济学向新古典经济学完美过渡的人物[10]。

2.8.3 古典政治经济学与财富、收入分配

财富分配不均是重农主义者所解决的根本问题。法国农业生产的剩余产品很少，因为生产是在小规模的生存基础上进行的，只有基本的木质（生物质）工具和很少的施用肥料。仅有的一点盈余被用来支持凡尔赛宫的奢华宫廷，并资助了一系列专门手工制作奢侈品的奢华作坊。重农主义计划提倡的是对存在农场剩余的农业进行再投资，并按照英国模式创建大规模的商业农业。历史上第一个经济模型"经济表"旨在说明财富分配不均的问题。然而，其温和的改革与路易十六相冲突，最终注定要失败。重农主义者的最终成功是他们对后来的理论家如亚当·斯密和卡尔·马克思的影响。

重商主义者和斯密都没有把重点放在收入分配问题上。重商主义者把贸易和交换作为财富的来源，对国内经济的内部秩序几乎没有说什么。这不足为奇，因为利用化石能源从根本上改变生产过程的能力尚未被开发出来。他们的主要焦点是补贴的分配。商业主义认为一个商人抵得上几个工匠，工匠抵得上许多农夫。因此，补贴应该流向那些从事国际贸易的人。利润将在运输贸易和殖民资源的开发中产生并得到提升，而不是通过降低国内或其他地方的生产成本。斯密对收入分配的论述也相对较少，这令人惊讶，因为他是"道德哲学"教授，发表过很多文章。斯密确实认为，某种程度的不平等是自然的，它为提高生产率提供了激励。"哪里有巨大的繁荣，哪里就有巨大的不平等。产生一个富人至少对应 500 个穷人，而少数人的富裕是以多数人的贫困为前提的"。然而，与此同时，他相信："如果一个社会的大部分成员贫穷而悲惨，这个社会就不可能繁荣幸福。"[18]①斯密确实相信，从长远来看，资本积累将提高所有人的生活水平，尽管不平等将持续存在。在其最后一本巨著《国富论》中，斯密提出，致力于教育也将提高工人的地位，这是当今社会许多人普遍持有的立场。在关于工资的那一章中，斯密还详细论述了造成工资差异的因素，包括学习贸易的困难、就业的稳定性、责任的程度以及成功的不确定性[15]。斯密对那些喜欢只收获不播种的地主贵族特别反感。他认为租金主要是对那些没有从事生产性劳动的业主的垄断榨取。时至今日，"寻租者"一词仍是保守派经济学家对那些无法通过劳动或投资获得收入的人（通常是错误的）提出的最具负面意义的绰号之一。

在亚当·斯密于 1790 年去世后的这段时期，之后以英语为母语的著名政治经济学家是托马斯·罗伯特·马尔萨斯和大卫·李嘉图。令人惊讶的是，两个人

---

① 译者注：原文中注释［16］在后，缺少注释［17］，此处与原文保持一致。后文类似情况均保持与原文一致。

都对财富的来源没有特别的兴趣。马尔萨斯在他 1798 年的第一篇文章《人口的原则》中[16]，提供了一个从"野蛮"（今天称为狩猎和采集）向现代社会过渡的叙事历史。和斯密一样，他更喜欢节俭的富人阶层的（据说）美德行为，而不是挥霍无度的穷人。与斯密不同的是，他很少在有关人口的文章中讨论资本积累问题。马尔萨斯的分析是关于为什么早期社会的人口保持稳定，而不是关于为什么资本积累。

李嘉图把财富创造问题置于次要地位。对他来说，真正的问题是分配问题，而分配是根据特定的历史时期而变化的。和马尔萨斯一样，他认为把社会划分为地主、资本家和劳工阶层是自然和不可避免的。李嘉图认为，地球的整个生产的不同比例将会以租金、利润和工资的名义分配给每一个阶层，由于社会所处阶段的不同会存在本质性的差别，这主要取决于实际的土壤肥力、资本积累、人口、技术、创造力以及农业生产中运用的仪器。他说："确定规范分配的法律，是政治经济学的原则问题。"[13]

2.8.4 边际收益递减和比较优势概念的起源

李嘉图和马尔萨斯于 18 世纪末和 19 世纪初著书立说，当时土地所有者和新兴资本家之间为争夺对英国经济和社会的控制权展开了激烈的竞争。19 世纪初通过的英国《谷物法》限制了从欧洲大陆进口更便宜的谷物。通过把耕种范围扩大到质量较差的土地，而这些土地大部分是由地主阶级拥有的，这使他们受益。与此同时，这部法律提高了租金和工资，因为工资是由生活水平决定的，并最终取决于从贫瘠的土地上榨取剩余能源的成本。这限制了与之竞争的资本家的权力和收入，因为社会的大部分财富必须用于购买必要的食物，因此也就流向了土地所有者。大卫·李嘉图和托马斯·马尔萨斯就《谷物法》的效力及其对经济和社会的影响展开了激烈的辩论。这场辩论是现代经济学两项最神圣原则的起源——边际收益递减和贸易的共同收益，在技术上被称为比较优势。大卫·李嘉图一生致力于追求政治经济，废除《谷物法》，提出了无数支持新兴资产阶级利益的论点。他的主要目标是把收入和财富的分配从生产力较低的土地阶级转移到生产力较高的资本家，尽管他本人就是一个土地所有者。马尔萨斯的观点正好相反，他主张将收入和财富重新分配给土地所有者。

李嘉图提出了一种基于边际收益递减原理的租金理论，因为粮食（或"粮食供应"）的价格取决于生产成本（主要是劳动力成本）。拥有更多肥沃土地的人可以得到租金，这样种植在更肥沃、更便宜的土地上的粮食就可以与生产成本更高的粮食以相同的价格出售。李嘉图的理论也依赖最佳第一原则。农民并非傻瓜，他们倾向于首先利用最肥沃、最易获得的土地，其次是较贫瘠的土地。换句话说，在耕种的边缘，即这片最贫瘠的土地仍在生产，以满足粮食总需求。我们将在后面的章节中看到，这一原则对于解释石油峰值和随着时间的推移能源投资回报率的下降也很有用。但在前化石燃料时代，阻碍对有生产能力的商业农民和制造商进行收入再分配的唯一障碍，是烦琐的玉米法律，限制了廉价谷物的进口。如果这些法律被废除，对质量较差的土地的耕种可以推迟或取消。

李嘉图的论点是在对国家有利的背景下提出的，而不是针对某一特定阶层的利益。他的理由是，相较于各国在自给自足的基础上生产出所需的所有产品，各国之间最终商品的自由贸易将以更低的价格生产出更多的商品。他还认为，资本和劳动力在国际上是不可流动的，这一主张后来被全球化的倡导者所否定（我们将在第 8 章回到这个论点的细节）。此外，李嘉图认为，由于充满活力的营利性商业农民将他们的收益投资在改善技术（今天我们称之为技术）上，这就减少了食物的总成本，从而改善了社会，因此这样的收入再分配将提高国内经济的增长。

托马斯·马尔萨斯持相反的观点。他认为，节俭的资本家会过度储蓄，储蓄不会自动进入投资领域。结果，经济将缺乏实现利润所需的需求，经济将陷入萧条。马尔萨斯的解决方案是将财富重新分配给土地阶级，这些人将用这些财富建造纪念碑，并在周围安置没有生产价值的仆人，以确保总体需求充足。为在下一章讨论供需平衡，我们将保存论点的细节，但重要的是让读者看到，许多今天最重要的经济论点是由马尔萨斯和李嘉图所发展的，特别是李嘉图，他们考虑了今天我们称之为自由贸易的影响。

约翰·斯图亚特·米尔 1848 年出版的《政治经济学原理》直到 19 世纪 70 年代都主导着这门学科，但在价值理论方面几乎没有提供什么新内容。事实上，他认为自己的任务只不过是更新了李嘉图的理论。然而，米尔在收入分配方面确实提供了一个独特的视角。根据米尔的理论，生产受自然规律（即我们今天所说的资源的局限性）限制，正如斯密、李嘉图和其他古典经济学家所设想的那样。但是分配完全是人类自由意志的问题，人类可以改变社会制度以适应更平等的分配。因此，米尔对爱尔兰农民、工业工人和妇女的地位表示关注，并支持一系列改革，以增加他们在社会财富中所占的份额，提高他们的地位。受妻子哈丽特·泰勒的影响，米尔不知疲倦地倡导妇女在工作和家庭中的解放。米尔写道，亚当·斯密的时代已经结束，工人阶级的贫困和严重的社会冲突就是明证。和马克思一样，米尔也考虑了社会不平等和社会未来的定性方面。对米尔来说，美好的生活意味着一个更简单、更平等的社会。"我承认，一些人认为人类的正常状态正在挣扎着前进，我对他们所持的生活理想并不着迷。踩踏、挤压、肘击和踩彼此的脚后跟，构成了现有的社会生活形式，也是人类最为合意的一种生活方式，或者说，除了工业发展阶段之一的令人不快的症状之外，其他任何一种都是如此"[14]。对米尔来说，工业化带来了更大的物质繁荣，但也给工人阶级带来了许多不受欢迎和不愉快的方面，他对克服这些方面感兴趣。

2.8.5 平衡供给与需求

亚当·斯密的天才之处在于，他有能力将劳动分工带来的生产率提高与更广泛的市场事件联系起来。他认为任何商品的自然价格都可以通过工资、租金和利润的总和来确定。然而，斯密也认为，商品并不总是以自然价格出售。相反，短期供需力量可能导致价格超过或低于自然价格。任何一种商品的市场价格都是由进入市场的数量和潜在购买者购买产品的意愿和能力来决定的。斯密将这种以金钱为后盾的欲望称为"有效的需求"。如果投放市场的商品数量达不到有效需求，那些寻求购买这些商品的人将愿意为它们提供更多的钱。这些个体之间的竞争将导致市场价格高于自然价格。如果有效需求低于生产的数量，那么市场价格可能会低于自然价格。当供给市场的数量等于有效需求时，市场价格就等于自然价格。

重农主义者还没有提出任何供需理论，尽管经济表可以被认为是一个早期的循环流量模型。斯密从重农主义者那里得到的是对自由信念的肯定。市场提供了一种机制，通过这种机制，日常贸易的讨价还价将导致一种自然规律中存在的平衡趋势。这通常被称为"看不见的手"，如今许多经济学家都非常赞赏它，他们憎恨政府（或任何人）告诉个人他们应该或不应该购买什么，例如，作为对气候变化[11]担忧的回应。另外，在缺乏政府监管的情况下，实力强大的大公司在监管市场和影响个人自由方面拥有越来越大的权力。

让·巴蒂斯特·萨伊在他的政治经济学论文中指出，一个以自由为特征的市场将自动调整，以产生一种所有资源都将得到充分利用的均衡。萨伊认为，每笔交易同时也是一笔销售。没有人会在没有购买意图的情况下出售商品。货币不会因为仅是一种交换手段而被储存起来，因为它本身没有价值。正因如此，供给创造了同等规模的需求。此外，购买手段由要素支付（工资、租金和利润）的形式创造，这样就不缺乏有效的需求。因此，根据萨伊定律的原理，未售出商品的普遍过剩，以及由于需求不足而导致的萧条，在理论上是不存在的。萨伊认为，严重的供过于求当然是可能的，但一个行业的供过于求将与另一个行业的需求过剩相匹配。此外，由竞争引起的价格变化会保证市场价格与自然价格相等，而该价格变化由斯密所描述的价格波动所确保。可以说，萨伊创造了一种理想化的理论情境，在该情境中，自由市场将创造出所有物质世界中最好的。自那以后，许多人都相信这是真的。

马尔萨斯否定了萨伊定律，认为普遍供过于求是商业经济的一个决定性特征。在他的《政治经济学原理》出版前的几年，经济严重萧条。随后的骚乱使马尔萨斯警觉到实际存在的普遍过剩具有危险的不稳定影响。为了让萨伊的体系发挥作用，每个阶层都必须花掉全部收入。虽然此种情况适用于工人阶级，但马尔萨斯意识到，价格的组成部分——工资、租金和利润——也是英国较富裕阶层的收入。他认为资本家限制消费是为了储蓄。这意味着储蓄必须等于投资。但他发现，随着资本主义的发展，企业无法找到足够的渠道获得有利可图的回报。随着投资下降和储蓄保持不变，有效需求将出现短缺，预示着由于需求不足而出现的萧条的开始。正如我们已经看到的，马尔萨斯的解决方案是将财富和收入重新分配给地主阶级。作为有空闲的绅士，他们会把这些收入花在没有生产价值的私人侍从和纪念碑上，根据马尔萨斯的说法，这将有助于保持充分的需求。他们还会资助艺术，从而改善社会性质。仆人和艺术家会消费工业生产的物质财富，但不会生产它。这将抵消总体需求不足的因素。另外，正如我们之前提到的，收入再分配给贵族和绅士的主要机制是《谷物法》的延续。

李嘉图为萨伊定律辩护，并反对马尔萨斯主义的解决方案，即扩大仆人等非生产性劳动者。他认为，对于未来的生产来说，支持生产力低下的私人仆人的"益处"就如同商业仓库里的火一样。李嘉图认为，由于投资者的行为，市场力量会导致储蓄与投资的平衡。"任何人的生产目的都是为了消费或销售，他的销售目的也都是为了购买对他立即有用或有助于进一步生产的其他商品。因此，通过生产，他必然成为自己商品的消费者，或者成为其他人商品的购买者和消费者"[26]。李嘉图还批评马尔萨斯只注重消费，没有充分考虑投资本身就是有效需求的组成部分。李嘉图的论点赢得了胜利。1846 年，也就是他去世 23 年后，国会废除了《谷物法》，最终实现了他通过向资本家重新分配收入和财富来增加财富累积的目标。

2.8.6 增长、积累和稳定的状态

对亚当·斯密来说，经济增长的过程始于节俭的并进行储蓄的资本家和"看不见的手"的运作。对斯密来说，积累的欲望是人类精神中与生俱来的，表现为储蓄和投资。节俭的个人进行储蓄，投资资本进行扩大劳动和就业的分工并购买改进的设备。就业的扩大导致所有人口部门的收入增加，为扩大市场提供了手段。自从斯密在前工业时代写作以来，他就不相信改进的机械会取代劳动力。相

反，它会扩大就业。但这是稳态的开始。随着就业和生产的扩大，对劳动力的需求也会扩大。这将有助于提高工资和减少利润，从而在短期内阻碍进一步积累。要解决工资上涨和利润下降的问题，只能靠相当残酷的自然操作。增加工资将导致更多幸存的儿童。这将增加劳动力供给，并导致随后的工资下降。但是，工资的降低最终会减少劳动力供给，因为购买食品的钱越少，婴儿死亡率就越高。然而，尽管自然会对劳动力市场进行调控，但长期趋势是下降。当一个国家的人民在支持他们的生物物理能力方面得到充分补充时，工资就会降到最低的维持生活水平。只要粮食生产依靠有限的自然肥料和生命力量，农业生产力就会保持在低水平，工资就会趋向于维持生计。当低工资水平所能支持的一切都充足时，随着新的投资机会消失，利润将会下降。因此，一个充满活力的完全自由制度的命运是静止状态。斯密认为这是不幸的，因为进步状态下的生活质量是充满活力的，而静止状态下的生活是忧郁的。这种衰落状态下的生活是悲惨的。但对斯密来说，没有一个国家能近乎实现其劳动力和资本的充分补充，所以静止状态是对遥远未来的一种展望[28]。斯密对积累的分析给了经济学家两个方法论上的教训，至今仍很有说服力。缺乏经济增长是停滞不前，必须不惜一切代价加以避免。此外，在遥远的未来也发现了停止积累的悲剧。今天，经济学家、政治家和公民都倾向于遵循斯密的逻辑。经济增长是目前大多数经济政策的首要目标，许多人认为，经济增长的环境后果至少在一百年内不会发生。

斯密去世后不到十年，他或他的追随者的乐观主义就破灭了。稳定状态的到来似乎迫在眉睫，并非不远。英国哲学家托马斯·卡莱尔考察了托马斯·马尔萨斯和大卫·李嘉图之间关于积累终结的辩论，并将政治经济学称为"沉闷的科学"。对李嘉图来说，积累的主要限制是边际收益递减的存在。由于《谷物法》的存在，将耕作扩大到较贫瘠的土地上，导致收成减少，土地所有者的租金增加。租金和工资的增加将减少利润，一旦潜在利润下降到现行利率，就会导致增加生产力的投资中止。只有暂停实施《谷物法》才能消除对增长的限制。

马尔萨斯认为，人口增长长期积累的主要障碍是，人口增长的速度将很快超过提供足够粮食的能力，从而导致大规模饥荒。马尔萨斯不仅主张通过"争取瘟疫卷土重来"来限制人口，而且主张将财富转移给道德上受到约束的地主阶级。但马尔萨斯也看到了积累的内在局限。资本家倾向于过度储蓄，从而限制了有效需求，其中增加有效需求需要扩大市场和提高产量水平。他主张将财富重新分配给贵族，他们将把收入花在自己的护卫者和纪念碑上，消除有效需求的短缺，并使现代社会的一切美好事物永葆青春。对于马尔萨斯和李嘉图来说，积累的问题最终解决了财富分配的问题。

2.9 政府的适当作用

古典政治经济学理论直接继承了启蒙哲学家洛克的政治理论。洛克的基本观点是，政府存在的原因是为了保护私有财产，当政府把自己的职能限制在这一范围内时，它才能发挥最好的作用。托马斯·潘恩的名言"管得最好的政府管得最少"与启蒙运动的观点是一致的。英语世界最重要的启蒙运动文件《美国独立宣言》和亚当·斯密的《国富论》直接谈到了有限政府的适当角色，这不足为奇。

斯密认为，商业限制，特别是授予皇家特许状和实行高关税，有利于大型贸易公司，限制了竞争，并降低了公众的利益。斯密清楚地谈到了商业垄断者和他们的政府捐助者，他说："即使是为了娱乐和消遣，从事同样行业的人也很少聚在一起，但他们的谈话总是以针对公众的阴谋，或者是某种提高价格的阴谋而结束。"[16]斯密乐观地认为，随着支持商业垄断的政府消失，"完美的自由体系"将开花结果，对自身利益的追求将通过价格竞争步入社会和谐，"就像通过一只看不见的手"。

与常识相反，斯密并不反对任何形式的政府。他只是简单地不相信一个代表商业垄断者的政府应该干预市场进程，扭曲整个体系的运作。由于天赋的自由制度依赖劳动分工所带来的生产力的提高，斯密意识并察觉到了制造业中基于劳动分工的工作人员的困境。他认为，重复同样一成不变的任务会让一个工人变得"粗鲁无知，这对于人类来说是可能的"。因此，他强烈建议在教育方面增加公共开支。在《国富论》第五卷中，斯密宣称，一个主权国家有三个基本义务：提供公共防卫、维持一个独立的法庭体系来裁决财产权以及建设商业顺利运转所必需的公共工程。斯密还认为，扶贫是政府的另一个作用。根据罗伯特·海尔布罗纳[17]的数据，斯密所在的英国，1200万人口中有150万人是乞丐。除了微不足道的救济，根本不存在福利制度。斯密认为，市场的扩张可以缓解贫困。他呼吁废除《济贫法》，该法案将穷人与当地教区联系在一起，以此作为获得微薄生计的条件。有时候，他想，政府能做的最好的事情就是躲在一边。

自由放任主义，即"别管我们"，并不是斯密首创的。相反，它是上述重农主义者的智慧结晶。他们的项目包括免除繁重的赋税，如代役租金（必须为自己的财产支付租金）、分粮和强迫劳动。通过这种方式，经济盈余从农场的生产阶级流向奢华的宫廷和豪华的作坊的过程就可以停止。为了把法国农业从自给自足的小规模扩大到大规模的商业，必须对农场进行投资。只有废除这些税收，才能产生这些投资基金。

尽管古典政治经济学家之间存在分歧，但他们有一些共同的基本观点。所有人都认为，自然以土地的形式在创造价值方面发挥了作用，以及人类劳动在把自然产品转变成可销售的商品方面发挥了作用。只要土地是一种高度集中的固定生产要素，就很难扩大粮食生产。从这一观察中产生了边际收益递减的原理。此外，古典派也认为，固定数量的土地加上高生育率将使工资下降，下降到只能维持最低生活水平。所有古典政治经济学家都是以社会阶级为基础进行分析的，而且都专注于经济政策。19世纪70年代，化石燃料时代的到来把经济学理论分成两种截然不同的方法，一种基于经济盈余，另一种基于相对稀缺。卡尔·马克思是第一个理解化石碳氢化合物在改变人类劳动生产率方面的力量的政治经济学家。在《资本论》[18]第一卷出版后的3年内，新古典经济学的第一个理论就出现了。

2.10 卡尔·马克思

德国哲学家、后来成为政治经济学家的卡尔·马克思可能是第一个运用劳动价值论全面理解工业革命以及机械化和化石能源在工业革命中的作用的政治经济学家。马克思被环境学界的许多人视为一个经济决定论者。这在很大程度上来自他认为生物物理世界是"大自然的免费礼物"。正如我们已经看到的，这在最杰出的政治经济学家中是一种惯例，尤其是大卫·李嘉图，马克思欣赏他的著作。另一个经常被引用的段落来自其早期著作《哲学的贫困》，该著作是马克思对乌托邦社会主义者皮埃尔·约瑟夫·蒲鲁东的《贫困哲学》的批判。在这本书中，他说："手磨机给你有封建领主的社会；蒸汽机给你有工业资本家的社会。"对马克思来说，这不是简单的机械关系，而是人类、能量和机械之间的一套复杂的动力学关系。马克思对化石燃料在生产中的应用所带来的产量增长既着迷又赞赏。"资产阶级在其不足100年的统治期间，创造了比前几代人加起来还要庞大的生产力"[19]。据亚当·斯密说，在他那个时代，10个人采用劳动分工制度，每天生产48000根针。然而，一台制针机每小时能生产145000根针。一位女性负责管理4台这样的机器，因此每天生产近60万根针，一周生产300多万根针[20]。马克思认为这是提高劳动生产率的一种了不起的方法，他清楚地理解了能源在这一过程中所起的作用，但没有细想。根据当代政治经济学家安德烈亚斯·马尔姆的观点，蒸汽动力产生并扩展了劳动分工的作用，超越了力量、技能和耐力，并使劳动生产率大幅提高。马克思在其较为成熟的著作《资本论》中认识到，不断变化的机器和能源导致了不同的生产方式，从而导致了社会关系的变化。能源和机械的进步通过人类劳动来改变经济。

2.10.1 价值和财富的起源

马克思在《资本论》第一卷的开篇就有一章叫作"商品"。资本主义社会的基本现实，即商品具有"双重性"。它具有使用价值和价值。商品是为销售而生产的，而不是为个人使用而生产的，但如果没有使用价值就不能销售。使用价值和价值之间的区别对马克思来说至关重要，就像对早期的政治经济学家一样。使用价值是财富的来源，交换价值，或简单地说，价值是价格的唯一基础。在他后来的政治评论《哥达纲领批判》中，马克思指责其他社会主义者，他们声称劳动是所有财富的来源，因此劳动值得拥有整个产品。马克思认为，财富作为一种使用价值，也有其本质根源，资本在其创造过程中也起着一定的作用[22]。交换价值，或者简单地说，价值取决于其生产过程中所包含的社会必要劳动的平均数量，这是李嘉图劳动价值论的一个类似版本，但更为精练。

这种区别可以用对循环的分析来表现。第一个马克思称之为"简单商品流通"。一个拥有某种商品所有权的独立工匠进入了市场。他或她会卖掉那件商品，然后用所得来购买另一件商品。这里的目标是获得具有相同价值的不同使用价值（如 10 小时的劳动）。和之前劳动价值论的追随者一样，马克思假定所有商品都以其价值交换为资本的出发点。只要达到了这个目的，循环就会自动终止，尽管另一种商品的所有者可以进行另一种交换。对马克思来说，金钱是一种交换媒介。在简单的商品流通中，如果 C 代表商品，M 代表货币，则可以表示为 C－M－C。最后的值等于开始的值。

马克思将此与资本循环进行了对比。在这种情况下，金钱是欲望的对象，而不仅是一种交换媒介，或者如他所说的，是"商品价值的普遍等价物"。资本家从钱开始，购买商品，然后以更高的价格卖出。然后，这些额外的钱被重新投资，这个系统就会自我延续下去。不像大多数经济学家把资本看作一种东西，马克思把资本看作一个自我膨胀的价值过程，它表示为 M－C－M′，用 M′＞M 表示。但如果所有商品都按其价值进行交易，这怎么可能呢？答案可以从资本家以资本家身份购买的商品类型中找到。作为富有的个人，资本家可能会购买昂贵的交通工具、优雅的住房和华丽的衣服。但作为资本家，他们购买生产资料（机器和能源）和劳动力。马克思特别努力区分劳动和劳动力。劳动力，或者说单位时间的工作，是一种具有交换价值的商品。劳动力的价值是再生产工人的成本或最低工资，而最低工资在文化和历史上被定义为工人阶级消费的工资商品的平均价格，而不是以卡路里为单位的最低生物成本。劳动力也是工作的潜力。劳动是一种使用价值，是人类本质的一部分，马克思的合作者和捐助者恩格斯在《从猿到人的过渡中劳动所起的作用》[23]一文中就表达了这一点。由于劳动是人类的本质，资本家既不购买劳动，也不购买人。相反，他购买了工人在特定时间内工作的能力。如果资本家能让工人在一天的工作中生产出比生活成本更多的东西，那么资本家就能获得额外的价值，或者说剩余价值。剩余价值是利润的基础。

在化石燃料广泛使用之前，增加剩余价值的方法要么是延长工作日，要么是增加劳动过程的强度。这两项措施都有物理和社会的限制。在不增加工资的情况下延长工人的工作时间，以及实施严厉的监督措施，都引发了旷工、高辞职率、限制工作日的政治工厂法案，以及许许多多罢工现象。马克思称这种方法为绝对剩余价值。尽管从维多利亚时代以来，平均水平为每天 12～14 小时的英国工作时间有所下降，但利润并没有消失。这意味着另一种方法一定是成功的。马克思称之为相对剩余价值。古典政治经济学的基本前提是工人按其价值获得报酬。对资本家来说，把工资降低到生活成本以下并不是一个长期的选择。但是，如果资本家能够降低工资商品的成本，他们就能够降低工人的货币工资，同时保持他们的实际工资，这就是劳动力的价值。以化石燃料为动力的大规模生产实现了这一目标。此外，机械化增加了强化劳动过程的可能性。煤驱动的蒸汽机可以提供连续的动力，而且煤驱动的机器和蒸汽驱动的机器可以比其他动力驱动的机器运行得更快。

马克思的分析既有定性的，也有定量的，关注的是职业生活质量和工资。经济学家只关注定量方面，如价格下降和生产率的提高，而忽视了劳动过程中的变化。马克思对现存政治经济的批判是以定性和定量的价值方法为基础的。他认为人与人的定性关系是人与物的定量关系的基础。资本的积累依赖于直接生产者（即工人）的剩余价值的提取。利润率取决于增加剩余价值或劳动生产率。为了达到这一目的，工作的性质就失去了意义。脑力劳动从体力劳动中分离出来，先是通过劳动分工等组织手段，后来又通过化石燃料在机械上的应用。这些变化产生了许多社会影响。工人成为机器的附属物，不再指导其应用于提高产品质量，而是工人必须遵循机器的指示和节奏。所有人的头脑和手的智力统一性都被切断了，除了极少数工人外，他们的技能是如此的独特，以至于他们不容易被机器取代。由此产生的工人对产品和生产过程的疏离感将推动社会变革。马克思认为，工资有可能随着经济增长而增长，但生产的变化和劳动过程的退化不能用更多的金钱来克服。这一定性方面构成了马克思收入分配与不平等理论的重要组成部分和社会革命的必然性。

2.10.2　供给和需求

马克思斥责了李嘉图捍卫供给和需求之间的自动平衡（"萨伊孩子气的胡言乱语，但几乎配不上伟大的李嘉图"）。马克思认为，萨伊定律只适用于简单的商品流通阶段，即一个独立的工匠带着一种商品进入市场，然后把它卖出去换钱来购买另一种商品。它不适用于工业资本主义社会。在简单经济中出现这种均衡的可能性并不意味着它在现代经济中必然出现。马克思关于现代经济中总供求平衡的著作可以在《资本论》第二卷中找到，很少有人阅读它，马克思在那里讨论了交换的过程。在这里，马克思以一种抽象的、极不可能的可能性开始了非增长的资本主义经济的发展。在这种经济中，所有剩余价值都被消费掉，经济年复一年地维持在相同的水平和产出构成。他称之为"简单再生产"，与他称之为"扩大再生产"的经济增长相反。开始分析时，马克思将经济分为两个部类或"部门"。第一部门生产生产资料，今天称为资本品行业。第二部门生产消费资料。在这两个部门，总价值（V）由固定资本、可变资本和剩余价值之和组成。均衡状态要求这两个部门的产出相平衡[24]。

简单地说，马克思认为，生产资本品部门的工人和资本家的共同需求必须与消费品部门对资本品的需求相均衡。公式是 $c_2 = v_1 + s_1$，其中 c 代表固定资本或生产资料，v 代表可变资本或预付工资，s 代表剩余价值。这非常不可能，而且非常抽象。这是一个数学平衡条件。这种可能性较低的原因是，资本主义是一个具有自我扩张价值的动态体系。资本主义竞争的驱动力是提高劳动生产率的技术变革。资本家一方面限制自己的消费，另一方面又付给工人不超过最低工资的工资来积累资本。因此，没有理由相信这种抽象的均衡条件会发生在实际经济中。如果在实际经济中不满足简单再生产的条件，可能由于各种原因而发生危机。技术变革的步伐可能会导致资本劳动比率的增长速度超过劳动生产率的增长速度，从而导致利润率下降的趋势。缓慢增长的工资和技术失业可能导致有效需求不足，随着资本品和消费品部门以不同的速度增长，可能会出现不均衡。对马克思来说，部门失衡是常态，而总供给和总需求平衡的可能性只是一种极不可能的理论可能性，与资本主义的本质相矛盾[28]。

在马克思 1867 年的著作《资本论》的第一卷中，他转向了工业资本主义出现之前的积累[13]。他关于"所谓原始积累"的章节记录了这样一个过程：在工业资本主义发展之前，前手工业生产者和独立农民被那些拥有更多经济或政治权力的人强行"剥夺了生产资料"，只剩下劳动力可以出售。此外，马克思分析了商业战略的影响，财富建立在殖民、奴隶劳动和战争之上。斯密把财富和资本的起源归因于节俭的储蓄者的美德行为，而马克思则不同，他宣称"如果钱……带着满脸的血迹来到这个世界上，资本就会从头到脚、从每个毛孔都带着血和污垢滴落下来"。因此，马克思增加了或者继续增加了在不同制度下的经济如何运行的道德维度。

积累

马克思没有关于静止状态的理论。与他的古典前辈不同，马克思在化石燃料时代写作，固定的土地供给不再是限制因素。相反，他认为资本主义制度的内部矛盾可能导致其在积累结束的物质基础到来之前就进入社会主义。尽管煤炭大规模机械化的应用将价值扩大到了前所未有的程度，但对马克思来说，只有人类劳动创造了新的价值。这种机械化降低了商品的单位劳动含量，导致商品价格下降。资本家通过机械化竞争，把他们的个人商品价格降低到社会平均水平以下。但随着固定资本的扩张速度快于生产率的增长，利润将会下降。这引发了一场经济危机，从长远来看，单靠增加更多的化石燃料驱动设备是无法克服这场危机的。马克思把利润率下降的趋势称为"资本主义制度的运动规律"。第二个运动定律是垄断的趋势，因为在危机期间，资本化和管理水平更高的公司会收购那些不那么幸运的竞争对手，从而创造出规模更大的业务，这些业务由为数更少的资本家所拥有。由此引发的大萧条"解决"了利润率下降的趋势，方法是降低资本对劳动力的比例，因为坏账被冲销，工厂被关闭，以及在绝望中的工人工资更少但工作更努力，由此劳动生产率提高。在稳定状态确立之前，周期性危机日益严重，一个社会主义政党将通过制定合理的计划，把社会转变为投资过程，从而结束经济危机，开启人类历史的真正开端。

2.10.3　马克思与国家

人类历史并没有如马克思所设想的那样发展。他对社会主义的设想是，工人将利用国家使劳动过程人性化，并更公平地分配收入。与资本主义不同，这个体系不容易发生危机，也不依赖危机。增长和积累将满足人民的需要，而不是体制的必要条件。共产主义将不再需要国家，工人们可以自己管理经济。现实世界中的社会主义和共产主义倾向于以强大而不是衰败的国家为特征，工人的异化程度仍然很高。在第23章，我们将讨论一系列的环境安全界限和生物物理极限，其中我们已经超越了一些边界。我们不知道一个过度发展的系统如何能可持续发展。我们也不知道，在没有经济停滞和高失业率的情况下，一个没有活力的资本主义如何能够存在。

马克思的货币观

正如前面在对循环的分析中提到的，对于马克思来说，钱有不同的形式。它可以是一种简单的交换手段，也可以是货币资本。这些货币资本可以用来购买生产资料（固定资本）或劳动力（可变资本）。剩余价值是利润的基础，并以货币单位计算。和他的古典前辈一样，马克思在一个商品货币或以贵金属为后盾的货币时代写作。这意味着货币的数量不能像今天这样随意扩大。然而，马克思也意识到信贷的扩张，在经济危机时期，金融因素本身可能会加剧利润率下降趋势所造成的危机。

物质变换裂缝

在《资本论》第三卷中，马克思深切关注地球的命运，认为资本主义系统地破坏了其存在的物质条件：人类劳动和土壤。他深受尤斯图斯·冯·李比希的影响，他告诉恩格斯，农业化学家的工作比政治经济学家的工作更有价值。在关于地租的章节中，马克思试图将对能量和熵的新理解融入其中。李嘉图把边际收益递减的原则建立在"土壤的原始和不可摧毁的力量"的基础上。通过对李比希的认真研究，马克思认识到土壤的力量不是坚不可摧的。不如说，按照李比希的说法，大规模的商业农业（英国的高级农业）是一种"普遍的抢劫制度"。营养物质将以粮食的形式从农村的农业区运来，而不是返回土壤。不幸的是，由于物质和能量没有被破坏，这些缺失的营养物质，也就是我们现在所知道的氮和磷，在伦敦等大城市成为了污染。我们将在关于环境安全界限的第 23 章中看到，这种生物地球化学循环的破坏在现代仍然是一个问题。大规模农业垄断企业占用土地造成了人类与自然之间的代谢性裂痕，废除这些垄断对于创建我们现在所说的可持续的社会至关重要[10]。

2.11　新古典主义经济学起源

古典经济学的这一时期一直持续到 19 世纪 70 年代初。这一学科在价值、生产、分配等方面发生了深刻的变化。这种重点和分析的转变很快导致了新古典主义经济学的出现。新古典主义经济学的基础是，市场经济的呆板细节是基于亚当·斯密的"看不见的手"这一概念，或者可能是一种信念。此外，市场是通过竞争和灵活价格进行自我调节的，借用物理学的分析模型可以很好地说明这一点。这个想法的发起者是法裔瑞士人里昂·瓦尔拉斯，英国的斯坦利·杰文斯和奥地利的卡尔·门格尔，他们不太注重生产，而更注重"边际价值"，也就是说，你拥有的东西越多，它的价值就越低。从这场"边缘革命"中衍生出来的新古典主义思想，在 20 世纪初得到了全面的综合，直到 20 世纪 30 年代的大萧条之前，一直是主要的思维模式。当时，整个体系的经济崩溃使当时盛行的正统学说无法理解经济衰退的深度，也无法制定改善经济衰退的政策。在这种混乱的环境下，英国经济学家约翰·梅纳德·凯恩斯提出的理论提供了另一种选择，很快主导了同业。

凯恩斯的观点和方法与新古典主义经济学形成了鲜明的对比。新古典主义对普遍适用的理论的发展感兴趣，以物理学为模型，独立于历史背景。诺贝尔经济学奖得主罗伯特·索洛明确地表达了这一点，尽管有开玩笑的成分：我的印象是，这个行业中最优秀、最聪明的人，会把经济学当作社会的物理学来研究。世界只有一个统一的普遍模式。它只需要应用。你可以把一个现代经济学家连同他或她的个人电脑从时间机器上扔下来——也许是一架直升飞机，就像在任何时间、任何地点扔下钱的那架一样。他或她甚至不用费心询问时间和地点就能创业[26]。

英国经济学家 G. L. S. 沙克尔指出，新古典主义经济学的组织原则是利己主义[7]。但新古典主义经济学家不像斯密和古典学派那样追求自身利益，而是通过人们在市场上购买他们想要的东西的机制，将个人利益最大化。他们的方法是数学的和抽象的，并基于相对稀缺将其作为一个普遍原则。总之，新古典主义经济学是微分学与功利主义哲学的结合。经典的以社会阶级为分析单位的观点被个人的观点所取代，积累所起的作用被强调静态平衡和分配效率所取代。新古典主义经济学对增长的分析直到 20 世纪 50 年代罗伯特·索洛的文章发表才出现。

2.11.1　价值与财富

也许古典政治经济学最大的突破是在价值理论领域。古典政治经济学家都是从生产过程中创造价值和财富，价值客观地可以由生产成本计算。新古典主义经济学过去和现在都是建立在这样一个命题的基础上：价值，就像美一样，存在于观者的眼中——这是一个主观幸福感或效用的问题。他们的总目标不是追求财富的起源，而是在理想的理论条件下，市场竞争通过各种微小的或者说边际的价格波动来调节经济，这些价格波动由个人层面的竞争所驱使。完全基于自身利益最大化的自愿交易的结果，将我们引向帕累托效率（以其创始人维尔弗雷多·帕累托的名字命名），在这种情况下，没有人可以在不让另一个人变得更糟的情况下变得更好。这种状态称为帕累托效率。根据新古典主义理论，政府干预没有好处，而且危害很大，因为它会损害市场信号，市场被视为一个完美的信息载体[27]。

1870 年，经济学家面临的一个重要难题是经常被称为"钻石和水"的悖论。

水过去是现在仍然是人类生命所必需的。但由于它的储量丰富，而且在农村地区经常可供取用，所以价格并不高。用古典政治经济学的话说，水的使用价值很大，但交换价值很小。而钻石除了作为装饰品之外，几乎没有什么使用价值，但是具有很高的交换价值。古典政治经济学家将此归因于大量的人类劳动，这些劳动必须花费在开采石头、切割石头和抛光市场上。从地下获得水只需要很少的劳动。

新古典主义经济学家认为这是一个"悖论"。但从我们的角度来看，原因并不在于古典主义观点的某些根本性问题，而是因为新古典主义者没有将使用价值与交换价值分开。与古典经济学家认为交换价值独立于使用价值不同，早期新古典主义经济学家认为使用价值（现在称为效用）是交换价值的来源。因此，水和钻石的相对价格现在对他们来说成了一个悖论，因为如此有用的东西怎么会这么便宜，而像钻石这样用处不大的东西却要价这么高呢？他们的解决方式是使交换价值具有主观性。钻石之所以昂贵，是因为人们喜欢它们，它们并不特别丰富，而且人们愿意为它们支付很多钱。水很普通，但很丰富。稀缺商品价格较高。

新古典主义经济学给这个问题带来的变化是价值观念的变化。古典经济学认为，人类通过劳动行为将自然的产品转化为人类想要的东西，从而客观地创造价值。此外，新古典主义经济学家认为价值的起源是主观的。价值是由人的偏好决定的，而这些偏好是由人们在市场上选择购买什么来揭示的。至少在理论上，这是一个非常民主的过程，因为任何消费者都和其他消费者一样重要，因为他们的购买行为将向整个经济体"发出一个市场信号"，表明这个经济体应该生产什么。

这种主观的方法成为新古典主义经济学的出发点，其实践者在 19 世纪 70 年代早期开始了一种经济学的"新"方法，至今仍然主导着这个行业。他们与古典经济学家的不同之处在于，他们对财富的起源并不特别感兴趣，只是同意斯密的观点，即财富的起源可以追溯到个人的美德行为。总的来说，他们接受了财富是存量的这一观点。新古典经济学的创始人之一——瑞士经济学家莱昂·瓦尔拉斯从一开始就把经济学研究看作把自然资源的存量转化为满足人类需求的公用事业，把生产降至一个相当无关紧要的中间位置[28]。因此，新古典主义经济学家将讨论的焦点从基于经济盈余和（劳动力）生产成本的客观理论，转向基于心理稀缺的主观效用，后者最终转化为支付意愿。为了创造新古典主义经济学的核心，这一思想与功利主义哲学相结合，基于个人理性的努力增加他们的幸福的命题，也与微分学相结合。如果一种商品提供效用（更大的幸福），那么更多的商品将提供更多的总效用。

早期新古典主义思想的重点还在于边际效用，即多消费一单位商品所获得的额外效用。新古典主义经济学家认为，决定价值或价格的是边际效用，也被称为最终效用程度或者说稀缺性。边际效用随着商品消费的增加而下降。因此，第一升水的价值几乎是无限的，而随后的每一升水对消费者的主观体验就不那么有价值了。因为水是丰富的，所以不值钱。理论上的"理性消费者"被认为会继续彼此交易，直到两个交易者的边际效用相等为止。到那时，双方都不会从额外的交易中获益。没有哪个个体消费者可以通过交易而不让另一个人变得更糟。这就是所谓帕累托效率的起源。读者应该注意到，具有讽刺意味的是，尽管新古典主义的价值概念基于"经济稀缺"，但这只是相对稀缺，而不是绝对稀缺。尽管工业化使大量商品成为可能，但新古典主义经济学家只是从个人无限需求的角度来讨论稀缺。

新古典主义经济学的理论假设是，在货币经济中，消费者将继续购买"一套"两种或两种以上的"商品组合"，尽管它们的附加价值越来越小。因此，他们经历了边际效用递减。当边际效用比率等于价格比率时，消费者将停止购买，从而导致"消费者均衡"。这可以用图 2−1 来描述。效用在无差别曲线上是常数，记作 U_0。它的斜率是边际效用之比。预算约束 B_0 的斜率等于外生价格比率。

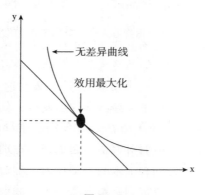

图 2−1
当无差异曲线的斜率（或边际替代率）刚好等于预算约束的斜率时，达到消费者均衡。在这一点上，消费者与市场以同样的速度权衡利弊。

换句话说，当消费者以与市场相同的速度用商品 x 交换商品 y 时，她或他将处于最佳状态。随着价格的变化，均衡地位也会发生变化，价格的降低通常会导致购买量的增加。虽然最初的假设要求不同人之间不能相互比较效用，但它们可以用数学方法进行聚合。对于每一位学习中级微观经济学的学生来说，标准的"通过仪式"是将这些变化分解为收入和价格效应，并推导出一条向下倾斜的需求曲线，尽管这种假设完全不现实。

以消费者为基础的价格理论要取代以生产成本和社会阶层为基础的经典价值理论，更不用说主导经济思维了，必须存在一定数量的消费者群体。这种消费阶层最初是通过将化石燃料应用于经济生产，从而压低食品价格而形成的。19 世纪 30 年代早期，农业的工业化开始压低食品价格，而将煤炭应用到机械上所带来的生产率提高，压低了向工人出售的工资商品的价格。此外，机械化还伴随着管理人员队伍的增加，这扩大了新兴中产阶级的规模，他们的收入使消费和市场得以扩大[29]。

到 19 世纪晚期，新古典主义经济学家将边际效用方法扩展到生产分析，从而扩展了他们早期的边际主义根源。他们认为生产函数反映效用函数，有效生产也产生效用均衡。生产要素价格比率（如工资和利润的比率）被效用理论方程式中的价格比率所替代，而边际生产力的比率，或者说由于额外一个因素变化引起的产出变化，取代了边际效用的比率。生产者均衡发生在两个比率相等时。此外，在古典政治经济学中发现的生产与分配之间的理论区别已经不复存在。在新古典经济学中，生产理论和分配理论是一回事。新古典生产理论没有明确地处理能源，但正是这些函数本身建立在热动力能量学的基础上[30]。典型的生产函数被简化为只包含资本和劳动力作为生产产出的自变量。

2.11.2 分配的边际生产率理论

经典的分配观点与米尔的观点截然不同。新古典主义的生产和分配理论实际上是相同的，而不是像米尔那样将支撑生产和分配的机制分离开来。在 19 世纪 70 年代边际革命之后的 20 年里，以稀缺和效用为基础的新古典主义经济学仅是一种需求理论。生产仍然是基于经典的成本原则。但是古典理论使用了经济盈余的方法，这就带来了剥削的可能性——一个阶级创造的价值被另一个阶级所占用。只有把生产置于边际效用的基础上，消除剥削的可能性（至少在理论上），边际主义才会成为新古典主义经济学。其基本思想是，每一个生产要素（土地（T）、劳动力（L）和资本（K）所赚取的边际产量（或增量对总产出的贡献），不会多也不会少，因为理性的个体会遵循市场的价格信号。结果是平等的——一个人的报酬完全取决于他对社会的贡献。因此，劳动的边际产量等于工资率（w）和利润（π），等同于资本的边际产品，其中租金（r）是由土地的边际产品决定的。这可以加起来产生总产出（P）：

$$P = MP_L \times L + MP_K \times K + MP_T \times T$$

其中，P 为总产出，MP_L 为边际劳动产量，L 为劳动，MP_K 为边际资本产量，K 为资本，MP_T 为边际土地产量，T 为土地。

不幸的是，这个方程只能在有限的数学条件下成立。英国经济学家霍布森指出，如果劳动的边际产量超过平均产量（或产出弹性为正），$MP_L \times L$ 的产量可以超过总产出进行分配。但这只有在一个或多个因素（如劳动力、资本）没有得到边际贡献的情况下才有可能实现。在随后的几年里，新古典主义传统中的经济学家们得出了一些优雅的解决方案。然而，它们满足两个条件。一次方程是线性的，要么因为它们没有指数，要么因为指数加在一起为 1，就像柯布—道格拉斯生产函数那样。这个函数必须是线性齐次的、一次的，等于零。此外，生产必须表现出规模报酬不变[49]。

当产出随着所有投入的增加而成比例地增长时，确实存在不变报酬。1928年，数学家查尔斯·柯布和经济学家保罗·道格拉斯发表了一篇关于收入分配长期趋势的文章。他们最感兴趣的是，尽管工业结构和美国在世界经济中的地位发生了重大变化，但为什么收入分配仍然保持稳定。然而，本文最著名的是柯布—道格拉斯生产函数：

$$Q = aK^\alpha L^{1-\alpha}$$

其中，产量（Q）等于资本（K）和劳动（L）的产出。希腊字母 α 表示资本收入分配的份额，而其余部分（$1-\alpha$）是劳动份额。柯布和道格拉斯估计，资本占国民收入的 25%，劳动力占 75%。事实是，这两个指数增加了一个确定不变的规模收益和资源的可替代性。土地象征着所有的自然资源，在以前的大多数评估中都使用过土地，但是土地和能源都被排除在方程式之外。把这两项归入资本的范畴都不恰当，因为资本作为一种生产性资产，没有能源基本上是无用的。但是，如果所有的投入都是替代品，该理论意味着，即使明确地包括这些投入，社会也可以在实际上缺乏资源或能源的情况下维持甚至增加其产出水平。新古典经济学的失败在于在生产的基本方程里包含了能源，这大大困扰着许多生物物理科学家，包括诺贝尔化学奖得主弗雷德里克·索迪、人类学家莱斯利·白、生态学家霍华德·奥德姆和他的学生罗伯特·科斯坦扎和查尔斯·霍尔，以及训练有素的经济学家菲利普·米卢斯基和其他包括尼古拉斯·杰奥尔杰斯库·罗根在内的经济学家。在这些新古典主义方程形成近一个世纪之后，克利夫兰等[31]和莱纳·库梅尔[32]研究显示，90% 生产力的增长可以归因于净能源的增加，劳动的生产率主要取决于所使用的能源对劳动者产能的补贴，资本非常重要，因为它是使用能源的方式。更明确地说，当能量被纳入柯布—道格拉斯类型函数时，它对生产变化的决定作用要比资本或劳动力重要得多。为什么这个基本的、经验上无可争议的概念没有被纳入一般的经济思维，这令我们和上述著名科学家感到惊讶。

　　边际生产率理论至少在数学上可以被证明能够产生公平或公正，但只有在被称为完全竞争的条件下才能实现。正如在第 1 章中所看到的，这种假设的市场结构需要创建一个抽象的模型，在这个模型中，同样无能为力的公司在一个非个人的市场中遇到完全理性的消费者。此外，企业必须愿意在长期均衡中接受零经济利润。在这种模式下，企业家只能赚取"正常"利润，也就是他们可以通过为他人打工赚取工资。1934 年，经济学家琼·罗宾逊证明，只有在完全竞争的条件下，这种结果才是公平的。在完全竞争中，工人的工资与他们的价值成正比。工人的工资是他们个人的生产力和公司销售的额外产量的价值的结合。从技术上讲，这被称为边际产量值（MRP）。它是生产劳动的边际产品（$MP_L = \Delta Q/\Delta L$）乘以边际收益（$\Delta TR/\Delta Q$），这里总收入（TR）等于公司销售其产品所获得的所有钱，$TR = P \times Q$。边际物质产值是边际收益乘以价格。由于只有在完全竞争中，边际收入等于价格，边际收益产品与边际物质产值是相同的。然而，在不完全竞争中，只要企业对价格有一定程度的控制，边际收益就会小于价格。这意味着边际收益产品（工人的工资）小于边际物质产值（工人的价值）。罗宾逊夫人把这称为剥削。她和我们都认为这是正常的，而不是例外的情况[33]。

　　总之，新古典主义经济学家建立了一个数学上优雅的结构，建立了一个非剥削性的分配理论。解释分配的函数与描述生产的函数相同。这两种理论是无法区分的。然而，该理论依赖现实世界中不存在的结构：完全竞争、无限且可逆的投入替代和规模报酬不变。此外，它们没有赋予能源任何特殊的角色——它只是另一种商品。尽管如此，经济学专业的学生经常接受这种完全竞争模型的专门训练。它是唯一已概念化的市场结构，其中分配是公平的，剥削不能存在，但它与人类活动的现实是矛盾的。

2.12　大多数经济学家忽略的：工业化的影响

　　财富的生产和积累自其诞生之初就一直是经济学的核心问题，但能源是生产中一个关键因素的概念，在过去（现在）通常被边缘化（如果有的话）。重农主义者明白土地是财富的起源，但他们对土地作为捕获太阳能的方式并将其转化为有经济价值的东西如作物或木材，这些作物或木材通常从长期消耗的土壤上生长的缺乏营养的植物的光合作用中获得，仅有很少或没有明确的理解。不足为奇的是，早期经济学的重点是理解和解释土地在整体生产中的首要地位。但是，由于资源的开采需要大量的人力劳动，而且报酬分配不均，他们理所当然地认为劳动是重要的。马尔萨斯认为,他那个时代贫瘠的农业将把人类的数量限制在他那个时代的水平。

但是,自从人类发现了煤,后来又发现了石油,我们从事包括农业生产在内的经济工作的能力就大大提高了。在这些新资源中发现的能量密度导致了人类状况的迅速转变。人口在过去的一千年里几乎没有增长,在 19 世纪初达到了 10 亿,到 2017 年已经飙升到近 75 亿。

很少有经济学家,如威廉·斯坦利·杰文斯和卡尔·马克思,明确提出了能源问题。杰文斯在 1860 年发现,所有的经济活动都回到了煤炭。马克思认识到,没有煤炭就不可能有大规模的经济生产,并强调了煤炭和机械在提高劳动生产率方面的作用。我们现在知道,能源是所有经济问题的核心,很可能对经济学家通常的经济增长目标产生严重影响,甚至是限制。但即使是马克思和杰文斯在他们最重要的著作中也只是间接地提到了能源[34][35]。

随着时间的推移,人类建造了由工厂、精炼厂、桥梁、汽车、郊区住宅和购物中心组成的经济基础设施,现在可以比过去任何时候对自然施加更大程度的控制。然而,那些在 19 世纪纺织厂工作的工人的工作条件往往是可怕的和可憎的,就像当代非洲、亚洲和拉丁美洲的大多数纺织工人的工作条件一样。化石燃料时代的繁荣并没有平等地影响到世界上多样化的人口。然而,就获得物质商品而言,对大多数人来说,经济形势并不比今天好[36]。这在很大程度上是因为化石燃料的补贴,每个人在单位时间内创造的财富比过去多得多。

因此,人类通过使用化石燃料增加了获取和积累资源的能力。虽然我们接受的训练是把经济看作由货币运行的,但从我们的角度来看,货币只是我们记录债务、促进交换和获得剩余能源和劳动力的手段。以化石燃料为基础的经济给予我们每个工业化国家的人未来学家巴克明斯特·富勒所说的"能源奴隶"时代的 60 ~ 80 倍,你拥有的钱越多,你就能拥有越多的能源仆人。为什么经济学家们在发展自己的理论时,大多忽略了工业革命的重要性,这是一个相当神秘的问题。

2.12.1 供给和需求

如今,英语国家的大学和学院教授的大部分微观经济学入门理论,不过是阿尔弗雷德·马歇尔 1890 年在《经济学原理》一书中阐述的新古典主义理论的最新版本[37]。马歇尔是最早将边际效用与需求联系起来的人之一,他将单个需求曲线汇总为市场需求曲线。通过将供需联系起来,马歇尔推断,当个人决定向市场供应工时,直到工资的边际效用等于工作的边际负效用时,劳动力市场就会达到均衡。这一不切实际的观点虽然遭到凯恩斯的否定，但仍然构成了现代劳动经济学的理论核心。

马歇尔还基于资源可替代性进行分析。消费者将根据额外效用与必须支付的价格之比，用一种商品替代另一种商品。理性消费者会用相对便宜的商品来替代相对昂贵的商品，只要幸福或效用几乎保持不变，当所有商品的边际效用与价格之比相同时，替代就会结束。这就是所谓的边际相等原理。马歇尔的分析模式同样适用于公司和消费者。公司理论始于"代表公司"，它没有表现出任何市场、能源或技术上的优势。他把他的分析分成几个阶段。短期内，一个因素（资本）是固定的，但劳动力可以变动。这段时期受边际生产力递减的支配。如果一个公司在固定的投入基础上增加可变的投入，最终产出的增长率开始下降。李嘉图在与马尔萨斯的辩论中首先阐明了这一观点，但马歇尔将其正式化。

边际收益递减的开始意味着边际成本的增加。如果每个额外的劳动者产出更少，一旦收益开始递减，企业就需要以额外的成本雇用更多的工人，以产生同样的产出增量。在平均可变成本最小值点以上的边际成本曲线成为供给曲线。这成为个体企业利润最大化的基础。利润将在边际成本等于边际收入或销售额外产品获得的额外收入时达到最优化。由于边际成本曲线等价于供给，边际收益可以等于需求，这一点也代表了供给与需求的交点。马歇尔将任何超过正常利率的利润称为"准租金"，都将被公司间的价格竞争所抵消（见图2-2）。

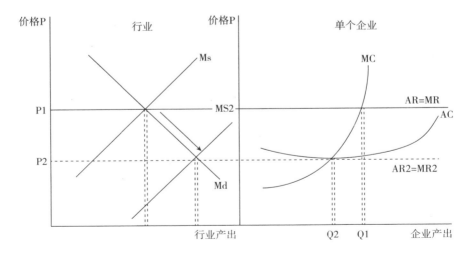

图2-2
马歇尔称任何超过正常利率的利润为"准租金"，都将被公司间的价格竞争所消除。

在马歇尔的观点中，所有的生产要素在长期都是可变的。因此，需要将可变投入应用于固定投入的边际收益递减无法发挥作用。长期成本由规模经济调节。传统的古典政治经济学家假定，资本家会增加固定资本和流动资本，直到按比例获得固定收益为止，在这种情况下，产出会随着投入的增加而成比例地扩大，而额外资源的投资所产生的收益不会超过投资的价值。但马歇尔认为没有一个先验的理由来假设固定报酬。土地在生产中扮演主要角色的时代，马歇尔跟随李嘉图，认为规模有一种按比例递减的趋势。但在这个自然制约作用减弱、化石能源的应用可以显著提高生产力的时代，投资回报呈递增的趋势[29]。这呈现了一个抛物线型的长期平均成本曲线，其中按比例计算的固定收益代表了可实现的最低成本。

在马歇尔的新古典主义综合理论中，市场将自我调节以产生长期均衡，其中边际收入 = 边际成本 = 价格 = 最小短期平均成本 = 长期平均成本。此时利润被迫达到"正常"水平，结果就是配置效率。配置效率发生在市场价格完全覆盖所有潜在的增量成本和资源流向其最有利可图的用途时。无法实现规模报酬不变的企业只能以高于平均成本的价格生产，并将因价格竞争而被迫破产。由于企业层面的供给可以加总为市场供给，而市场需求只是个体需求的总和，因此市场层面的供需平衡是最有效的资源配置。几乎所有经济学家，包括大多数生态经济学家，都深信市场有效配置的观点。

到 20 世纪 20 年代，供需分析已扩展到描述整体经济中主要部门的运作。马歇尔认为，劳动的供给是由劳动的负效用决定的，而劳动的需求是由边际生产率通过劳动力价格或工资率的微小调整决定的。如果工资低于均衡水平，就会出现短缺，导致相互竞争的雇主为了吸引工人而提高工资。失业是劳动力过剩，是由于工人要求的工资超过均衡的工资而造成的。因此，解决失业问题的办法是降低工资。在许多方面，新古典主义或市场模型为管理层提供了尽可能少支付劳动力的逻辑依据。

经济学家克努特·威克塞尔基于市场自发平衡的理念，对储蓄和投资市场（称为可贷资金）进行了分析。储蓄被指定为利率（货币价格）的正斜率函数。那些有足够收入进行储蓄的人将因利率上升的诱导而增加储蓄。投资与利息呈负相关。在较高的利率下，借贷成本上升，利润较低的投资项目将被削减。市场将找到自己的均衡利率，储蓄将等于投资。

2.12.2 无限增长的新古典主义观点

新古典主义经济学家对经济的未来持有截然不同的观点。继续大幅度提高生产力的潜力（化石燃料使之成为可能，虽然没有提到）使积累和增长问题退居次要地位。消费只受到预算限制。然而，理性的消费者会通过用更便宜的商品来替代更昂贵的商品，从而使他们的幸福最大化，这样消费就可以无限期地增长。在生产方面也有类似的过程。最初，最理想的情况是供给与需求达到平衡。虽然考虑到对利润进行再投资可能导致经济增长，但重点显然是静态均衡。直到后来，在20世纪30年代的大萧条时期，一种新古典主义的增长理论才开始出现。约翰·希克斯爵士提出了替代弹性的概念，这意味着在实践中，昂贵、不可靠的劳动力可以被更廉价、更可靠的资本所替代。他认为一个进步的社会需要积极的弹性。换句话说，进步的代价是财富从劳动力向资本的再分配。这将使增长无限期地持续下去。

威廉·斯坦利·杰文斯的著作中存在一个明显的例外。在杰文斯巩固他作为边际主义者的声誉之前，他创作了之前提到的实证著作《煤炭问题》。杰文斯的理论基于马尔萨斯的理论，但他认为限制因素已经从玉米转向煤炭。他对可持续性或资源保护没有特别的兴趣。相反，他想保持英国在世界上的工业和帝国统治。这些都依赖于大规模生产工业的发展，特别是纺织制造业，工业依赖于充足的廉价煤供应[10]。但杰文斯认为，没有可能找到一种可靠而廉价的煤炭替代品，英国的煤矿正在慢慢枯竭。这将使英国的大部分人口过剩（或许无法获得食物），并从本质上为回归稳定状态创造条件。虽然杰文斯没有提供令人满意的解决方案，但他的文章代表了在化石燃料时代绝对匮乏的经济后果的初步实践[29]。对于杰文斯来说，英格兰的伟大依赖于对日益衰落的资源的过度利用，他对未来充满恐惧。"我们必须在短暂但真正的伟大和长期持续的平庸之间做出重大选择"[34]。今天，许多人仍然对这一前景感到恐惧，这将使向生活于自然极限的过渡变得更加困难。

杰文斯悖论，今天称为反弹效应，表明资源效率的提高会增加资源的使用。如果你回顾一下第1章的供需图，反弹效应就不那么矛盾了。相对于稳定的需求，资源效率的提高增加了资源供给，压低了价格。较低的价格增加了需求量和资源的使用。萨弗里低效的蒸汽机用的煤很少，因为几乎没有人买得起。瓦特的发动机导致了煤炭使用量的扩大，因为该发动机的效率足以与水力发电竞争，并最终占据主导地位。

2.12.3 积累与增长

新古典主义增长理论是对凯恩斯主义经济学家罗伊·哈罗德和伊夫西·多玛的批判。哈罗德和伊夫西·多玛分别提出，由于体系内部的动力，资本主义经济的增长路径将是不稳定的。我们将在下一节详细回顾他们的工作。1956 年，罗伯特·索洛提出，哈罗德—多玛方法的缺陷在于，他们规定方程的方式存在缺陷。索洛认为，哈罗德—多玛模型使用的是固定比例的劳动力和资本。当他用柯布—道格拉斯函数代替这些固定系数时，不稳定性消失了，市场的功能将导致稳定的增长轨迹。索洛成功地将一个社会问题转化为一个技术问题，并在长期内维持了自我调节市场的新古典主义理想[37]。

不幸的是，索洛的模型存在大量无法解释的残差。如前所述，莱纳·库梅尔通过在生产函数中添加能源，很好地解释了残差。索洛的解释是，残差是由于技术变革造成的，技术变革可以在不增加劳动力和资本的情况下增加产出[38]。在这种方法中，技术变化是外生的，表现为"天降甘露"，而不是在模型的参数范围内确定的。20 世纪 80 年代中期，在经历了 1981～1982 年"大萧条"以来最严重的衰退之后，新古典主义经济学家试图将技术变革建模为积累和增长过程的内生过程。保罗·罗默和罗伯特·卢卡斯等经济学家提出理论，认为对创新和"人力资本"的投资是经济增长的重要决定因素。这些模型通常被称为"AK"模型，因为所有的输入都被指定为资本的一种形式，不再有土地、劳动力和资本之分。现在有自然资本、人力资本、物质资本和货币资本。因此，教育和培训支出对未来以及在适当的政府活动范围内都是重要的，政府的政策应着重于创新和竞争。该模型假设边际生产率在总体水平上是恒定的，因此不会因为资本的增加而下降。模型还倾向于将完全竞争作为基本的市场结构。虽然短期垄断利润可能会转移到研发部门，但自由进入市场将在长期使这些利润均等。

新古典增长理论的当前发展状态被称为动态随机一般均衡理论（DSGE）。动态是指随着时间的推移而发生的变化，这是成长的本质。随机并不只是作为概率性的使用，而是指在此层面上经济受随机误差的影响。如果所有错误都是随机的，那么政策处方本质上是无关紧要的。该模型是在瓦尔拉斯一般均衡理论下建立的。如果你还记得，一般均衡认为，个体的代理人会在彼此之间进行交易，他们对价格有着准确的认识和预见，直到没有一个交易者能变得更好，直到另一个交易者变得更差。这被称为帕累托效率。由于所有的代理人都具有相同的关于现在和未来的完美信息以及相同的推理过程，所以它们可以被看作完全相同的，整个经济可以归结为一个具有代表性的代理人。技术变革是一种随机误差，并被视为无摩擦的，尽管技术变革对现实世界中的一些人有利，而对另一些人有害。此外，用詹姆斯·K. 加尔布雷斯的话来说，资本主义被视为一个完美或近乎完美的系统，类似于无摩擦的物理系统，它能适应随机冲击，并导致稳定的增长轨迹[38]。DSGE 的两个主要变体是基于完全竞争的真实商业周期理论和新凯恩斯主义经济学，后者允许一些垄断竞争的价格设定。

2.13　索尔斯坦·凡勃伦以及美国制度主义者

制度主义作为一种经济思想流派，关注的是随着时间的推移，社会制度的结构性转变，而不是价格的形成，这是理解经济如何运行的关键。制度变迁影响人的行为，人的行为又影响制度变迁。制度主义的主要支持者——索尔斯坦·凡勃伦，与其说是一位经济学家，不如说是一位社会批评家，因为他在科学、政治、人类学、哲学、历史以及经济学方面都有广泛的阅读和写作。凡勃伦最为人所知的是他对新古典主义经济学的尖锐批评，他与当时的货币理论家欧文·费雪以及他自己的导师、边际生产率理论的创始人约翰·贝茨·克拉克等重量级人物展开了较量。凡勃伦对新古典主义经济学的批判，源于他对科学的积极研究，尤其是达尔文进化论。凡勃伦继承了达尔文的"血统"，并基于随机变异和自然选择进行了修改，其方式与其他"社会达尔文主义者"，如赫伯特·斯宾塞和威廉·格雷厄姆·萨姆纳截然不同。萨姆纳专注于人类的竞争性和"适者生存"。凡勃伦将人类好胜或掠夺的一面与利他主义并置，利他主义表现为"改进技艺的本能"或父母的倾向。凡勃伦的改编作品确实与达尔文关于非人类世界进化的观点有一个重要的不同之处。人类可以通过在一代人的时间内改变自己的行为来适应生物物理世界的变化。在这种背景下，凡勃伦的大部分作品都有严格意义上的修辞：说服的艺术。凡勃伦敦促他的读者适应镀金年代"工业巨头"的金钱剥削和欺诈行为。

在他1898年发表的第一篇文章《为什么经济学不是一门进化科学》中，凡勃伦提出了人类行为的功利主义理论，并将其归类为"前达尔文主义"。他断言，理性的、以自我为中心的"经济人"的功利主义观点是错误的，因为它们既不考虑个人的适应，也不考虑市场机制。市场机制塑造个人行为，并反过来被行为所塑造。对于凡勃伦来说，个体的经济生活是一个累积的适应过程，经济主体和社会环境是最后适应的结果。该观点与以下观点大相径庭：一成不变的个人拥有各种利己的偏好集，这一偏好集由于市场机制未曾改变。用凡勃伦的话说：人类的享乐主义概念就是对快乐和痛苦进行快速的运算，快乐的欲望在刺激的推动下，使快乐和痛苦就像一个同质的球体在振荡，使它在这个区域移动，但却保持不变。它是一个孤立的、确定的人类数据，除了从不同方向替代它的冲击力之外，其处于稳定的平衡状态。在基本空间内按照自我规定，它对称地围绕自己的精神轴旋转，直到平行四边形的力施加下来，然后它遵循合力的路线。当冲击力耗尽时，它就会停下来，就像之前一样，这是一个自我约束的欲望球体[39]。

据《凡勃伦宝库》的编辑里克·蒂尔曼说，凡勃伦的作品围绕着二元性和冲突展开。一些主要的冲突包括迷信与科学、商业与工业、掠夺性剥削与好战敌意、和平友好与工人效率之间的冲突。这些冲突出现在他所有的主要作品中。[40]。

凡勃伦最著名的著作是他 1899 年提出的有闲阶级[41]理论。正是在这里，他创造了"炫耀性消费"一词。从历史和人类学的角度，凡勃伦分析了经济盈余（基于能源盈余）的增长对一个不需要工作的阶级的发展所起的作用。凡勃伦的分析始于狩猎和采集社会，以及定居农业的出现（用当时的话说，这被凡勃伦称为野蛮和未开化）。战争和体育等掠夺性活动带来了最高的社会地位，人们模仿这些上层阶级来提高自己的幸福感。凡勃伦认为，如果不了解上层阶级的偏好，普通人的效用偏好是无法理解的。在这部作品中，他开始运用他的直觉概念，这一概念贯穿于他的其余作品中。凡勃伦使用本能的方式与动物行为学家不同。对凡勃伦来说，本能更像是倾向，它们是有目的的、习得的行为。

1904 年，凡勃伦在他的《企业理论》[42]一书中，对企业与工业的区别、掠夺的本能和工艺的本能进行了精细化。经济活动（赚钱）是建立在掠夺本能的基础上的，而生产产品则是建立在工艺本能或为了做好工作而做好工作的基础上的。为了金钱利益而有意识地否认效率的过程是蓄意破坏。他在《企业理论》中也阐述了他的商业周期理论。凡勃伦是最早将垄断集中和金融分析纳入其分析的学者之一，他指出，经济不稳定的原因在于过度资本化和信贷膨胀。从根本上说，企业有一种过度借贷的倾向，其根源是对未来盈利能力的高估。当银行和债权人意识到这一点时，他们收回贷款，引发了一连串的破产和清算。当对未来收益的预期再次与现实相符时，破产就会停止，直到下一轮投机过度再次推动这一周期。凡勃伦认为垄断的增长和政府开支的浪费可能会阻止周期性的不稳定，但他并没有表现出很大的乐观。

凡勃伦从未阐明过收入分配理论，尽管他花了大量时间批评他的导师约翰·贝茨·克拉克的边际生产率理论。他认为，补偿等于努力的假设是完全站不住脚的，因为没有可靠的方法来衡量个人在社会环境中的贡献，特别是当基于掠夺本能的金钱活动是这一过程的基础时。凡勃伦对禁欲和等待的理论进行了嘲讽，这些理论认为，那些尽量避免辛苦工作的缺勤业主有理由收取经济租金。他还认识到，由于经济过程，工资是受管理的，而不是竞争市场供求关系的结果。凡勃伦是工会的热心支持者，尤其是世界上的工业工人，他提倡在工作场所实行民主，而不是由掠夺者进行独裁统治。

经济学家莉西·克拉尔断言，企业与工业之间的这种区别，以及管理价格的概念，对于理解石油时代后半期石油行业的动态至关重要。以沙特为首的欧佩克意识到，如果油价维持在过高水平太久，依赖石油的北方工业国家将会找到替代品，而且会很快找到替代品。从历史上看，企业的发展战略一直是限制生产，以维持"正确"的管理价格，凡勃伦称之为"破坏"。然而，尽管价格波动和石油峰值，石油行业的动力和力量并没有被否定[43]。随着水力压裂等新技术的出现，如果不看石油行业的制度结构，就无法完全了解未来的前景。索尔斯坦·凡勃伦的理论是一个很好的起点。

2.14 凯恩斯主义经济学

凯恩斯主义经济学的起源可以追溯到 1936 年《就业、利息和货币通论》的出版[44]。在这本著作中，凯恩斯最感兴趣的是不确定性是如何导致资本投资下降和总储蓄失衡的。他的结论是，由于投资下降，经济活动的总体水平会周期性地下降，从而导致对商品和服务（总计或全国合计）需求水平的总体下降。除非受到外部力量的刺激，否则经济可能会停滞在一个以失业率上升为特征的平衡点上。凯恩斯将大萧条归因于市场经济无法长期维持对商品和服务的足够需求，以及新古典主义经济学的错误政策。新古典主义经济学主张通过削减工资来降低企业成本，从而降低了消费需求。凯恩斯认为，收入应温和地从富人向穷人重新分配，主要通过创造就业机会和政府在衰退期间刺激需求的方式实现。凯恩斯在某种程度上提倡经济计划和限制贸易。

20 世纪 50 年代，一种更为"商业友好"的凯恩斯主义经济学诞生了，尽管它可能有些腐败，但主要是在美国。大多数经济学学生了解到，凯恩斯主义主要是关于政府利用其征税和支出的权力（称为财政政策），以及它对货币价格和数量的控制（货币政策），来保持经济平稳。几十年来，在许多人看来，凯恩斯主义经济学似乎是周期性商业衰退的长期解毒剂，直到 20 世纪 70 年代，在美国石油产量达到峰值以及随后的"能源危机"之后，凯恩斯主义经济学本身成为长期经济停滞的受害者。凯恩斯主义经济学不再能够"交付经济稳定增长的货物"。新古典主义经济学从 20 世纪 80 年代开始强劲复苏，直到 2008 年全球金融危机和随后的衰退。最近，凯恩斯主义经济学在某种程度上得到了复兴，但在经济政策和经济理论中也存在着对凯恩斯主义措施的大量抵制。截至 2017 年，对于什么样的经济模式有效、什么样的经济模式无效，人们还没有达成明确的共识。

总的来说，经济，尤其是资本主义经济，正遭受着强劲的扩张和衰退周期。

随着工作场所的关闭和就业人数的减少，经济衰退往往会给人们带来巨大的困难。与新古典主义前辈不同，约翰·梅纳德·凯恩斯提出了一种理论，认为这些周期是由内部冲突造成的。市场作为一个系统并没有自我调节能力。凯恩斯在1936年的著作《就业、利息和货币通论》中指出，一个成熟的市场经济体系可以在远低于充分就业水平的情况下达到均衡。因此，不能让市场自行恢复平衡（特别是如果已经"平衡"），而是通过存在大量失业的人来恢复平衡。凯恩斯认为自己是一个"温和的保守主义者"，他的主要兴趣在于拯救市场经济，使其摆脱周期性衰退和高失业率的最糟糕特征。凯恩斯认为，储蓄和投资的不平衡导致了对商品和服务的总需求不足，而不是相信市场竞争的力量和灵活的价格会纠正萧条的弊病。凯恩斯并不希望用另一种形式的组织和治理来取代资本主义，而是认为，明智地使用政府政策，可以提高总体需求水平，从而在衰退时期降低失业率。在20世纪50年代，自称凯恩斯主义者的新一代经济学家会试图"微调"经济，在经济收缩时增加支出，在经济扩张过快导致物价上涨时减少支出。他们认为，随着时间的推移，这些举措往往会平息经济波动。有人可能会辩称，实际上这种做法是有效的，因为美国经济的比例波动已大幅度降低，甚至远低于人们普遍接受凯恩斯观点之前的水平。我们将在战后经济秩序这一章中探讨这一时期。

2.14.1　凯恩斯和驯服经济周期

自亚当·斯密以来，约翰·梅纳德·凯恩斯对经济理论在日常经济学中的应用影响最大，几乎无人能及。他接受了票面价值、效用理论和边际生产率理论，对价格形成相对不感兴趣。他对劳动力市场的批评确实基于这样一个观点：工资是"黏性的"，不会随着工人们试图保护自己的生活水平而下降。然而，这并非凯恩斯的独创，因为他的新古典主义导师阿瑟·塞西尔·庇古曾研究过这个问题。

约翰·梅纳德·凯恩斯对收入分配几乎只字未提，他所提出的观点也自相矛盾。在《就业、利息和货币通论》第2章中，他指出，古典的就业理论有两个前提。首先，工资等于劳动的边际产量。这就建立了对劳动力的需求，因为资本家只会雇用劳动力，直到劳动力的边际产量等于当时的均衡工资。到那时，他们将停止雇用更多的工人。其次，新古典主义理论认为，工资的边际效用等于工作的边际负效用，或者从挣来的工资中获得的快乐等于所做的工作的不快乐。换句话说，当前的工资足以产生所需的劳动力。尽管凯恩斯拒绝了前提二，但他毫无保留地接受了边际生产率理论。但这意味着降低工资可以扩大就业。不幸的是，这与凯恩斯的大部分主要观点不一致。凯恩斯的主要观点是，只有当人们有足够的钱购买他们生产的产品时，经济才能在充分就业状态下实现均衡。

在《就业、利息和货币通论》第 10 章中，凯恩斯讨论了储蓄与支出在刺激经济中的关系。具体来说，他研究了消费倾向（或额外收入中花掉的一部分）所扮演的角色。凯恩斯在考虑总体投资和就业时，运用了 R. F. 卡恩的乘数原理，该原理认为，收入增长的幅度等于消费倾向，也就是说，消费总量随着收入的升降而变化。$k = \Delta C / \Delta Y$，其中 C 代表消费，Y 代表总收入。但凯恩斯意识到，储蓄主要来自富人，他称之为"储蓄阶层"。"如果穷人的储蓄占收入的比例低于富人，那么财富的再分配将导致更大的总支出和更大的乘数效应，以及收入和就业的更快速增长。"但凯恩斯从未提出过收入再分配政策。相反，他间接地解决了这个问题，呼吁扩大公共工程[44]。

总的来说，许多经济学家，尤其是古典经济学家，对社会不同阶层之间的财富分配问题进行了深入的思考。我们可以说，他们的言论，以及其他类似言论，至少在过去二三十年里，对经济政策的实际实施产生了巨大影响。这是因为税收和其他基于他们思想的政府政策往往由于工业革命，使巨大财富的分配更具有公平性，尤其是在美国和欧洲。

这两个关于整体市场功能的结论，为约翰·梅纳德·凯恩斯对新古典主义经济政策的批判提供了背景。对约翰·梅纳德·凯恩斯而言，问题不在于整体或总供给能否与总需求均衡，而在于充分就业时这种平衡能否实现。凯恩斯在 1936 年的著作《就业、利息和货币通论》一开始就接受了除两项外的所有新古典主义假设。他反对萨伊定律和马歇尔的观点，即劳动力的供给是由工资的边际效用和工作的边际负效用相互作用决定的。这两个最初命题的变化，是否构成了该行业革命性的变化，或者像凯恩斯本人所认为的那样，是一个"温和保守主义"的问题，一直以来都是，而且很可能将继续是一个相当有争议的问题。但凯恩斯的保守主义并不关乎国内支出。他认为 20 世纪 30 年代的企业经济受到内外因素的制约。内部因素是持续的严重失业和社会混乱，这是大萧条的特征。外部因素是法西斯主义和布尔什维克主义这两种交替体系的存在，凯恩斯对此极为反感。凯恩斯的保守主义来自他对拯救和延续自由企业体系的渴望。他的温和来自这样一种信念：放任经济自行其是，等待市场力量的胜利，将不足以解决大萧条带来的问题。

20 世纪中叶盛行的正统观点是基于储蓄决定投资水平的观点。此外，为了实现总的供求平衡，需要储蓄和投资的平衡。一个简化的版本修改了循环流动模型（本质上是对萨伊定律的描述），已适应的现实是，并非所有公司和家庭成员都将所有的钱花在当前消费上。当个人将收入的一部分存起来、当对收入征税、当购买外国商品时，钱就会从系统中"流出"。另外，当企业进行投资时、当政府购买商品和服务时，或当一个经济体在国外市场销售商品并从中获得收入时，收入就会流入这个体系。因此，传统的循环流动模型可以通过流出和流入来扩展。

考虑到 20 世纪初的惯例，即在政治上承诺实现平衡预算，即政府支出与税收相等，以及平衡进出口的国际金本位，凯恩斯面临的主要问题是，储蓄与投资能在多大程度上达到平衡？除非储蓄和投资达到平衡，否则产品的总供应（投资增加了）和对产品的有效需求（消费支出增加了）将不会在充分就业时达到平衡。他认为，要在充分就业的情况下实现宏观经济平衡，关键是为过剩储蓄找到充足的投资渠道，而不是削减工资。此外，当时流行的正统观点是，将储蓄和投资市场视为可贷资金的市场。竞争性的市场力量将导致储蓄者和投资者根据价格调整资金数量，从而使市场找到一个平衡储蓄和投资的均衡利率。凯恩斯强烈反对这种做法。在他的分析中，储蓄依赖收入，而储蓄只会随着收入的增加而增加。投资取决于预期利润和利率。储蓄和投资是不同变量的函数。凯恩斯认为，没有理由让计划（或事前）储蓄等于现实（或事后）投资。钱少的工人购买的产品更少，迫使企业再次减少投资。经济螺旋式地陷入萧条，当达到平衡时，平衡处于低产出和高失业率的水平。但如果利率不是由可贷资金市场决定的，那么利率由什么决定呢？对凯恩斯来说，利息是一种货币现象。金融体系中的货币数量取决于货币供给（货币当局在政治上决定）与投资者持有现金（称为交易需求）或将余额投资于金融证券（称为投机需求）的偏好之间的相互作用。货币在现代经济中发挥着重要作用，没有货币，经济就无法运行。凯恩斯认为，投资的根本问题在于不确定性。现在，当进行投资时，处于不可改变的过去和未知的未来之间。尽管有经济学家和数学家的努力，但长期投资所带来的不确定性使新古典微观经济学理论的理性计算基本上不可能成立。未来充满不确定性，自由放任经济的自我调节能力不同于新古典主义理论。凯恩斯认为，财富积累的目标是现在就进行投资，以便在遥远的未来获得回报。但我们对未来的认识是不确定的。凯恩斯在 1937 年出版的《经济学季刊》上发表了一篇题为《就业通论》的文章。凯恩斯说：在背景中提到过的概率演算，理应能减少不确定性，达到确定性本身的计算状态……让我解释一下，所谓“不确定”的知识，我的意思并不仅是要把已经确定的东西和仅可能的东西区别开来。从这个意义上说，轮盘赌游戏不受不确定性的支配，胜利的希望也没有形成。或者，再一次，生命的期望只是稍微不确定甚至天气也只是有一定的不确定性。我使用这个词的意义是，欧洲战争的前景是不确定的，或者说铜的价格、20 年后的利率、一项新发明的过时或 1970 年私人财富所有者在社会体系中的地位，这些都是不确定的。关于这些问题，没有科学依据来形成任何可计算的概率。我们就是不知道[45]。

货币的使用允许一种方法，以避免一个人的所有资产被永久固定和不可改变。这就决定了凯恩斯所谓的投机性货币需求。但投机活动受到悲观和乐观浪潮的影响。虽然产出和就业的主要驱动力是投资，但消费水平在决定总需求水平方面也很重要。与储蓄一样，消费额主要取决于收入水平。消费的比例（边际消费倾向）受到乘数效应的影响。由于穷人的支出占其收入的比例高于富人，凯恩斯认为，收入再分配可能会影响收入增长的某些提升。考虑到投资的不确定性，以及在利率较低时通过货币创造来扩张经济的局限性，凯恩斯允许政府进行支出，以确保经济的总需求与充分就业水平的收入保持平衡。我们将在本章的最后一个问题中回到他的方法上来。

关于经济学的这个主要问题，即经济学家如何看待供给是否可能平衡需求，以及如何引导经济摆脱资本主义特有的令人不安的繁荣与萧条模式，我们应该得出什么结论？乐观主义者可能会指出，大多数经济学家认为，企业层面的供给是市场供给的总和，同样，市场需求只是个人需求的总和。这些力量在市场层面共同作用，充分平衡了需求和供给，并在某种程度上实现了资源的最有效配置。几乎所有经济学家都深信市场有效配置的观点。但经济周期依然存在，尽管在凯恩斯巨著出版及其中部分政策实施之后，经济周期占 GDP 的比例要低得多[31]。即便如此，以凯恩斯为代表的各国政府是否或在何种程度上应该承担赤字支出，以恢复疲弱的经济，如今仍受到激烈的争论。愤世嫉俗者可能会说："纵观经济学史，经济学家们往往持有强烈的信念，而这些信念实际上往往相互矛盾。"相比过去，今天，我们对于哪个是正确的几乎没有更好的认识。这对今天任何关注经济学的人来说都不奇怪。

这一问题和其他经济学问题所缺少的是对可能成为当今经济学最关键问题的思考：能源和其他资源问题及环境恶化。问题始终是如何利用大自然的丰富资源，并动员力量将其转化为财富和就业。我们或许可以理解这是如何产生的，因为经济学基本上是在适当的科学之前发展起来的，但在资源和环境的新信息下，经济学几乎纹丝不动，可能大多数经济学家今天不认为有任何理由过于担心资源或环境的局限性。

2.14.2　积累和增长

凯恩斯主义经济学在 20 世纪 30 年代失败的增长经济和大萧条中获得了突出地位，但令人惊讶的是，它并非特别以增长为导向。相反，它侧重于解释需求不足和不确定性在造成萧条中的作用，以及仅依靠市场来产生足够需求以结束萧条是徒劳的。凯恩斯增长理论直到 1939 年大萧条末期才出现。凯恩斯的合作者兼传记作家罗伊·哈罗德以他所谓的"实际增长率"（G）和"保证增长率"（G_w）之间的冲突开始了他的"经济动态论文"。实际增长率是每年产出变化的百分比，即（$x_1 - x_0$）/x_0。保证增长率遵循凯恩斯主义传统的贸易周期心理理论。凯恩斯关于"动物精神"在投资过程中所扮演角色的观点，最令人难忘。正是增长速度让各方都感到满意，他们既没有生产出高于或低于正确数量的产品，也没有生产出足以维持增长速度的产品。保证增长率是由储蓄倾向的比例或储蓄相对于收入的变化（$s = \Delta S/\Delta Y$）和生产一单位产出所需的资本产品值（C）所决定的。数学上表示为：$G_w = s/C$。不稳定性来自这个基本方程。如果产出过剩，而 G 超过 G_w，那么每单位产出的资本物品的实际增长就会低于期望的水平，并通过库存损耗的方式导致资本存量的不必要减少。投资者将进一步增加他们的资本存量，导致 G 从 G_w 进一步移动。差距越大，对进一步扩张的刺激就越大。如果实际增长率低于保证增长率，就会出现产能过剩，导致投资动机下降。由于投资过程的内部动态造成了正反馈循环和经济不稳定。用哈罗德自己的话说：偏离均衡，而不是自我纠正，将会自我加剧……独特的保证增长率是由储蓄倾向和技术及其他因素所需的资本数量共同决定的。只有生产者坚持这一方针，他们才会发现，总的来说，他们在每个时期的生产既没有过剩，也没有不足。在离心力作用的"场"的两侧，离心力的大小随着离保证线的任意一点的距离而变化。偏离被保证的线会诱导你离它更远。前进的运动平衡是一个高度不稳定的均衡[46]。

在一篇 22 页的论文的第 17 页，哈罗德介绍了自然增长率（G_n）的概念。我们提到页码是因为索洛之前提到过，哈罗德在他 1956 年的论文中提出，哈罗德的冲突是在保证增长率和自然增长率之间，而不是像哈罗德所主张的保证增长率和实际增长率之间。人口、工作/休闲偏好、资本积累和技术决定了自然增长率，自然增长率被定义为这些因素所允许的最大增长率。此外，保证增长率和自然增长率没有内在的一致趋势。如果保证利率超过自然利率，由于社会和经济力量受到自然利率中所发现的系统生物物理极限的限制，就会出现萧条（或停滞）。保证利率必须降至自然利率，而这只能通过长期失业来实现。哈罗德的政策建议是"（通过公共工程、财政和货币政策）操纵适当的保证利率，使其等于自然利率"（哈罗德，1939）。

哈罗德的自然增长率可以用生物物理的方法来解释，即把能源的数量和质量以及大气和海洋的吸收能力作为自变量。根本问题仍然是，能够带来最大利润的有保证的增长率超过了自然增长率，但现在这一比例要大得多。经济停滞和失业仍将产生，短期内可能取得成功的刺激措施不会纠正长期问题。这个问题将在整个经济中产生影响，包括劳动力和金融市场。再加上信息技术带来的结构性变化，减少了制造业和服务业对人力工人的需求，短期刺激政策可能会成功地提高增长率，但不会导致充分就业[38]。劳动力市场结构性转变的影响将不会完全通过失业率来衡量，而是通过工资和劳动力参与率的缓慢增长以及长期就业不足来衡量。在缺乏重大的社会结构调整的情况下，将保证利率降至自然利率将是一个困难的问题。能源价格最终将上涨，因为供需互动所创造的起伏已被地球物理现实所超越。最可能的情况是，在我们无法获得足够的化石燃料之前，依赖增长的金融市场可能会在下跌之前剧烈波动。至少可以这么说，以债务为基础的全球经济将会发现这是困难的。在一个非公有制经济中，资本主义社会很可能在这段时间内因分配冲突而四分五裂。生活在自然的限制范围内的问题比技术乐观主义者所认为的要困难得多。我们需要的是将就业与经济扩张脱钩。

哈罗德的论文发表7年后，伊夫西·多玛阐述了一个类似的增长与不稳定理论，尽管他从未读过哈罗德的著作，直到他自己的论文被出版商发表。他在战后不久发表的两篇论文中明确指出了经济增长与就业之间的关系[47][48]。就业的扩大不仅取决于国民收入的增长，而且取决于国民收入的增长率。就业增长需要国民收入和有效需求（消费＋投资）持续增长。在做了一系列简化的假设，包括没有时间滞后，使用净储蓄和投资，价格水平不变，但劳动力和资本的比例不固定之后，多玛提出了一个模型，为静态凯恩斯体系添加了动态元素。新的投资只是资本积累。它增加了国民收入，也增加了经济的生产能力。不幸的是，由于技术、劳动力和获得新资源机会的增加，创造充分就业的国民收入将不足以在下一次创造充分就业。多玛批评了通过降低价格来增加收入的主流（新古典主义）方法，因为在他观察到的垄断经济中，价格下降是罕见的。

多玛论证的实质在于投资的双重性。新投资是一种典型的资本积累。作为支出的一种形式，投资增加了总需求和国民收入。然而，在供给方面，投资也增加了生产能力。这种不稳定性来自这样一个事实：刺激需求是短期的，而扩大产能是长期的。产能过剩降低了对新资本形成的需求。从这个简单的认识出发，多玛开发了一个模型，包括了供给侧和需求侧的投资增长。

如果 Y ＝国民收入，α ＝边际储蓄倾向，那么 $1/\alpha$ 等于乘数（k），说明支出增加将在多大程度上转化为国民收入的增加。多玛还断定，σ 表示经济的生产潜力，或者更准确地说，投资的平均社会生产力。用 σ 来衡量增加一美元国民收入所需的资本金额。从供给的角度来看，σI 代表一个经济体可以产生的总产出。从需求方面看，$\Delta I 1/\alpha$ 表示总需求。在均衡状态：

$$\Delta Y = \Delta I 1/\alpha = \sigma I$$

为维持稳定的充分就业，投资与国民收入必须不断以 $\alpha\sigma$ 的百分率增长，这等于复利。为了扩大就业以跟上资源供给、技术和劳动力的增长，增长型投资必须永远保持增长速度。这即使不是不可能，也是不太可能的，因为过剩产能的累积阻碍了投资增长。多玛的模型是传统的乘数—加速器模型。平衡增长是困难的，因为要有高乘数，就必须有高边际消费倾向。要想有一个同样高的加速器，一个人必须有很高的储蓄倾向。由于边际储蓄倾向和边际消费倾向之和为1，所以这个看似简单的数学条件不可能存在于现实世界中。多玛的结论是，产能过剩在竞争经济中不会成为问题，因为那些拥有过多资本的公司将会破产。然而，在垄断经济中，产能过剩将是私营部门无法独自解决的一个长期问题。多玛表示，政府需要扮演投资银行家的角色，以保持扩张资金的流动。

2.15 生物物理经济学

到目前为止，提到的大多数经济学派都或多或少地以增长为导向。当时和现在的主要分歧是，如何才能最好地实现增长？古典政治经济学家和新古典经济学家在实现积累和增长时倾向于关注市场过程。马克思探索了制约积累过程的内在矛盾。凯恩斯主义经济学依赖政府的作用，在私人经济无法提供增长刺激的时候提供增长刺激。如果没有增长，就业将停滞不前，人类福祉将下降。在古典主义早期，增长主要可以通过组织手段来实现，通过技术变革增加物质产出的能力几乎不存在。只有在古典政治经济学、新古典主义和凯恩斯主义经济学的后期，才有可能通过利用能源密集的化石燃料大幅提高产出。那么，我们在本书中提倡的生物物理经济学的目的应该是什么呢？显然，它必须处理一个越来越依赖矿物燃料库存的世界，这些库存的耗竭，以及在耗竭时实现增长的难度越来越大。与功利主义者不同的是，生物物理经济学考虑并鼓励这样一种可能性，即人类可以通过获得不断增加的物质财富之外的其他方式获得幸福——这些财富无法用不断减少的资源生产出来。因此，它把分配问题又带回了中心舞台：几代人以来，这个问题一直受到压制。如果馅饼越来越大，那么每个人都能分到更大的一块。但如果馅饼的大小没有增加，每个人应该得到多大一块？

生物物理经济学为基于高质量化石燃料的经济即将不可避免地终结敲响了警钟，同时也为增长经济学的终结敲响了警钟。它还提供了重要的说明，说明所提供的许多替代能源中，哪一种很有可能通过为评价替代能源提供指导方针而获得成功。我们如何才能在自然的限制下生活得更好，这是一个我们再也不能推迟或纳入一系列不受现实约束的方程式的问题。但要回答这一系列全新的问题，我们必须首先评估经济学家们是如何解决这些古老的问题的，因为这些问题与这些新情况的关系，就像它们与被问及的情况的关系一样。换句话说，在相当长的一段时间里（最多一个半世纪），在最有利的情况下，总体富裕水平逐年提高已成为常态。这在早期经济学家写作的时候是不正确的，现在看来也不再正确了。因此，我们必须再次关注他们的问题，但我们需要在包含能源视角的同时做到这一点。

2.16　总　结

在这一章中，我们记录了各个时代经济思想的发展，如果可能，我们将重点放在能源所扮演的角色上。我们还试图强调实际经济中发生的重大转变，并探讨它们如何影响经济思想的进程。在古代和中世纪世界，经济思想和写作倾向于证明一小部分精英通过土地所有权控制社会的主流社会秩序是合理的。集体的特权和义务被编纂成自然法，个人的自我进步被谴责为一种致命的罪恶。到16世纪初，个人主义出现在探索的年代、文艺复兴和启蒙运动时期。

第一个公认的学派倡导扩大贸易，被称为重商主义。他们的基本理论认为，财富的起源可以在交换的过程中找到，买低卖高。真正赚钱的是殖民时期对运输贸易的剥削和控制。到18世纪中期，财富和价值可以通过加总生产成本而不是计算销售额来决定的观点开始出现。第一个学派——重农学派，认为所有的价值都来自"土地的自然馈赠"和改变自然馈赠的农业劳动。18世纪晚期，劳动创造价值的观念成为一种规范，亚当·斯密和大卫·李嘉图就是这样阐述的。价值和价格可以通过加总生产成本，特别是劳动力成本来客观地确定。

斯密、李嘉图和托马斯·马尔萨斯生活在太阳流时代。畜力、生物量和水是主要的、有限的能源。能源集中在固定的土地供应上，而固定的土地数量导致收益递减和人口增长对有限的粮食种植能力造成压力。有限的能量密度有助于解释生产的小规模。虽然所有的古典经济学家都主张资本积累和经济增长的政策，但他们都认为，一个经济体的最终命运将是一个不稳定的静止状态。特别是李嘉图和马尔萨斯，他们就社会收入的分配展开了激烈的辩论，他们都主张将收入重新分配给自己喜欢的阶层，因为阶级是分析的主要单位。李嘉图倾向于把钱交给新兴的资本主义阶级，他们会把钱投资来推动经济发展，而马尔萨斯则倾向于支持土地贵族，他们会把钱花在舒适和私人仆人上，确保有足够的支出，防止经济停滞和萧条。

约翰·斯图亚特·米尔是一个转型人物。他最初是劳动价值论的倡导者，但后来普及了功利主义的原则，而功利主义后来成为新古典经济学的特征。米尔仍然相信经济的命运处于平稳状态，但与他的前辈不同，他认为这样的状态可能优于一个不断增长的经济体，在这个经济体中，个人为了获得成功而互相踩在对方的背上。

卡尔·马克思是工业革命的第一位经济学家。他认识到化石燃料驱动机械的生产能力，以提高劳动生产率，增加财富和收入。但是马克思的分析方法是寻找矛盾。同样的经济力量增加了财富和收入，也扩大了对劳动力的剥削。对工人剩余劳动力进行资本重组的经济过程，为内部利润率下降和经济危机创造了条件。导致财富增加的资本积累过程也有系统地破坏了其存在的物质条件——工人和土壤。与之前的古典政治经济学家不同，马克思感兴趣的是向下一个社会的过渡，而不是现存资本主义形式的延续。

马克思《资本论》第一卷出版后的 10 年间，经济理论发生了根本性的认识论突破。边际革命发生了，价值的确定是在交换领域，而不是在生产过程中。此外，价值现在取决于个人的主观幸福感，而不是客观计算劳动时间。社会阶级不再是一个恰当的分析范畴，古典政治经济学的历史特殊性让位于普遍理论。积累的焦点让位于对静态平衡的探索。当生产过程被置于边际效用基础上时，19 世纪 70 年代的边际主义成为新古典主义经济学。供求图出现了，经济学的目的就是决定价格。到了 20 世纪 20 年代，新古典主义的方法已经超越了个人的福祉，开始把经济当作一个整体来对待，就好像它是一个单独的市场。竞争和灵活的价格成为自我调节的方法，不仅针对个别市场，而且针对整个经济。

在 19 世纪末 20 世纪初，索尔斯坦·凡勃伦等制度经济学家对新古典主义的人类行为观、完全竞争观以及自律观进行了强烈的批判。对于凡勃伦和他的追随者来说，价格形成不应该成为经济学的焦点。相反，通过结构和制度变革实现的经济演变才是深入理解经济运行方式的途径。与马克思一样，凡勃伦的理论也是建立在冲突与矛盾之上的：商业与工业之间的冲突，工艺伦理与掠夺伦理之间的冲突。

尽管新古典主义经济学的主导地位能够经受住凡勃伦观点的考验，但它不可能轻易经受住大萧条的破坏。在失业率高达 25% ~ 50% 、工业生产崩溃的时代，自我监管的理念已经声名狼藉。这种社会混乱为检验约翰·梅纳德·凯恩斯的观点提供了一个绝佳的机会。凯恩斯认为，经济均衡可以发生在任何产出水平，甚至是导致高失业率的水平。凯恩斯主张通过扩大总体或总需求来降低失业率。他不相信私人经济能够产生足够的需求，因此他主张政府支出的作用是解决方案。然而，凯恩斯主义经济学不是关于创造经济增长，而是关于复苏和稳定。如果说有什么能"证明"凯恩斯主义经济学有效，那就是经济复苏，尤其是伴随着"二战"的美国经济复苏。即使是最保守的立法者，也很少关注预算赤字对战胜法西斯主义的影响。

战后出现了凯恩斯主义和新古典主义的增长理论。凯恩斯增长理论强调经济的不稳定性，而新古典增长经济学强调资源的替代将导致稳定的增长路径。凯恩斯主义和新古典主义的辩论是 20 世纪 60 年代的特征，但当凯恩斯主义经济学的政策无法解决同时出现的衰退和通胀问题时，它便声名狼藉。新古典主义经济学在 20 世纪 80 年代重新成为经济思维的主导模式，并一直是当今学生学习经济的主要方法。

然而，我们需要一个更全面的理论，因为主流的凯恩斯—新古典主义综合理论排除了能源的关键作用，并低估了地球生物物理系统的破坏。这就是生物物理经济学试图填补的空白。幸运的是，我们可以从过去的经济分析中学到许多经验教训，尤其是古典政治经济学的分析。我们希望你们对历史在塑造未来中所起的作用有了更好的理解和鉴别。

问题

1. 你认为把自然科学和经济学结合起来是个好主意吗？为什么？

2. 一个城市像一个自然生态系统吗？有什么不同呢？

3. 在这一章中，你从早期经济学家那里得到了什么观点，你认为哪些观点对理解我们目前的状况可能很重要？

4. 你能想到 150 年前的"石油峰值"吗？这和今天有什么关系吗？

5. 你认为为什么经济学家在他们的基本方程式中忽略了能量？他们这样做有道理吗？

6. 被称为重农主义者的早期经济学家认为财富来自何处？

7. 定义相对稀缺和绝对稀缺。

8. 什么是经济盈余？

9. 海因伯格的"获取能量的五种策略"是什么？

10. 讨论四个主要的经济问题的其中之一。

11. 列出四个主要的经济学派以及与之相关的一个观点。

12. 什么是自然资本？

13. 重农主义者、古典经济学家、新古典主义经济学家的财富来源是什么？你自己呢？

14. 什么是"国富论"？这和这本书的书名有什么关系？

15. 请说出大卫·李嘉图提出的一个伟大的经济学观点。

16. "钻石 VS 水"的悖论是什么？这个问题是如何解决的？

17. 凯恩斯认为我们怎样可以减少资本主义经济的巨大波动？

18. 古典政治经济学对财富分配有什么看法？

19. 讨论比较优势。

20. 什么是"最佳第一原则"？

21. 卡尔·马克思对共产主义感兴趣吗？

22. 米尔考虑过财富分配吗？

23. 柯布—道格拉斯生产函数遗漏了什么重要的因素？

24. 关于经济能否平衡供需，主要有哪两种观点？

25. 哪位早期经济学家对今天的经济学基础课程影响最大？

参考文献

［1］ Polanyi, K., C. Arensberg and H. Pearson（eds）1957. *Trade and Market in the Early Empires：economies in history and theory*. Glencoe：Free Press.

［2］ Heinberg, R. 2003. *The party's over*. B. C. Canada：New Society Publishers, Gabroiola Island.

［3］ Foster, John Bellamy, and Fred Magdoff. 2009. *The great financial crisis*. New York：Monthly Review Press.

［4］ This chapter heading is taken from Sweezy, Paul. 1953. *The present as history*. New York：Monthly Review Press.

［5］ Rubin, I. I. 1979. *A history of economic thought*. London：Pluto Press.

［6］ Rubin, p. 73.

［7］ Rubin, p. 75.

［8］ Graeber, David. 2014. *Debt：The first 5000 years*. Brooklyn/New York：Melville House.

［9］ Daly, Herman. 1998. The return of the Lauderdale paradox. *Ecological Economics*. 25：21 – 23.

［10］ Foster, John Bellamy, Brett Clark, and Richard York. 2010. *The ecological rift*. New York：Monthly Review Press.

［11］ Smith, Adam. 1923. *An inquiry into the nature and causes of the wealth of nations*, 17. New York：Modern Library.

［12］ Adam Smith. 1923. p. 47.

［13］ Ricardo, David. 1962. *Principles of political economy*. Cambridge：Cambridge University Press.

［14］ Mill, John Stuart. 2008. *Principles of political economy*. Oxford: Oxford University Press.

［15］ Dobb, Maurice. 1975. *Theories of value and distribution since Adam Smith*. Cambridge: Cambridge University Press.

［16］ Malthus, Thomas. 1960. *Principles of population*. New York: Dutton. p. 128.

［17］ Heilbroner, Robert L. 1953. *The Worldly Philosophers: The Lives, Times and Ideas of the Great Economic Thinkers*. Touchstone.

［18］ Marx, Karl. 1976. *Capital*. Vol. I. London: Penguin Books.

［19］ Karl Marx and Frederick Engels. 1848. *The communist manifesto*.

［20］ Tucker. 1978.

［21］ Malm, Andreas. 2016. *Fossil capital*. London: Verso.

［22］ Marx, Karl. 1941. *Critique of the Gotha program*. London: Lawrence and Wishart.

［23］ Engels, Frederick. 1940. *The dialectics of nature*. New York: International Publishers.

［24］ Sweezy, Paul. 1942. *Theory of capitalist development*. New York: Monthly Review Press.

［25］ Marx. 1976. pp. 925 – 926.

［26］ Solow, quoted in Perelman. 2006. *Railroading economics*. New York: Monthly Review Press.

［27］ Michel DeVroey. 1975. The transition from classical to neoclassical economics. *Journal of Economic Issues*. 9: 415 – 439.

［28］ Passinetti, Luigi. 1979. *Lectures on production*. London: Palgrave Macmillan.

［29］ Klitgaard, Kent. 2009. Time for a change in economic theory. *Proceedings of the 61st Annual Convention of the New York State Economics Association I*: 54 – 63.

［30］ Mirowski, Philip. 1989. *More heat than light*. Cambridge: Cambridge University Press.

［31］ Cleveland, CJ, R. Costanza, C. A. S. Hall, and R. Kaufmann. 1984. Energy and the United States economy: A biophysical perspective. *Science* 225: 890 – 897.

［32］ Kummel, R. 1989. Energy as a factor of production and entropy as a pollution indicator in mac-roeconomic modeling. *Ecological Economics*. 1 （1）: 161 – 180.

［33］ Robinson, J. 1939. *Introduction to the theory of employment*. London: Macmillan.

［34］ Jevons, W. S. 1865. The coal question: An inquiry concerning the progress of the nation and the probable exhaustion of our coal mines. MacMillan and Company, London and Cambridge.

[35] Marx, Karl. 1993. *Capital.* Vol. III. London: Penguin Books.

[36] Roser, M. 2017. The short history of global living conditions and why it matters that we know it. *Published online at Our World in Data. org.* Retrieved from: https://ourworldindata. org/a-history-of-global-living-conditions-in-5-charts/[Online Resource].

[37] Alfred Marshall. 1890. *Principles of economics.*

[38] Galbraith, James K. 2014. *The end of normal.* New York: Simon and Schuster.

[39] Veblen, Thorstein. 1919. Why economics is not an evolutionary science. In *The place of science in modern society*, ed. Thorstein Veblen, 73. New York: B. W. Heubsch.

[40] Tilman, Rick. 1993. *A Veblen treasury.* Armonk: ME Sharpe.

[41] Veblen, Thorstein. 1965. *The theory of the leisure class.* New York: Augustus M. Kelley.

[42] ——. 1965. *The theory of business enterprise.* New York: Augustus M. Kelley.

[43] Krall, Lisi. 2014. An institutionalist perspective on the economy and the price of oil. In *Peak oil, economic growth and wildlife conservation*, ed. J. E. Gates et al. New York: Springer.

[44] Keynes, John Maynard. 1964. *The general theory of employment, money and interest.* New York: Harcourt, Brace, and World.

[45] ——. 1937. The general theory of employment. *Quarterly Journal of Economics.* 51: 209 – 223.

[46] Harrod, Roy. 1939. An essay on dynamic theory. *The Economic Journal.* 49: 14 – 33.

[47] Domar, Evesy. 1947. Expansion and employment. *American Economic Review.* 37 (1): 34 – 55.

[48] ——. 1946. Capital expansion, rate of growth, and employment. *Econometrica.* 14: 137 – 147.

[49] Robinson, Joan. 1934 Euler's theorem and the problem of distribution. *The Economic Journal.* 44 (175): 398 – 414.

3 我们今天研究经济学存在的问题

3.1 引 言[1]

这本书的第 1 章总结了我们是如何进行经济学研究的，以及我们对现代西方世界中这种方法的解释。第 2 章介绍了这样一种观点，即当代对经济学的理解只是人类理解经济运行方式中的一种。20 世纪见证了新古典主义经济学（NCE，也被称为瓦尔拉斯经济学）的优势地位，实际上是知识上的主导地位。基本的 NCE 模型将经济描述为企业和家庭之间自我维持的循环流动，由人类主要以物质主义、自我为中心和可预测的方式行事的心理假设驱动。不幸的是，NCE 模型违反了许多物理定律，与人类的实际行为不一致，这使它成为一个不现实的理论，并不能很好地预测人们的行为。最近，一系列的实验和物理证据以及理论突破表明了实证与新古典主义理论之间的脱节。尽管这些批评的内容丰富且有效，但很少有经济学家认真质疑构成其应用研究基础的新古典主义范式的有效性，然而乔治·阿克洛夫和理查德·泰勒等行为经济学家正是因为质疑理性假设而获得诺贝尔奖。这是一个问题，因为政策制定者、科学家和其他人都向经济学家寻求重要问题的答案。"私有化""自由市场""消费者选择"和"成本效益分析"的优点被大多数实践经济学家以及许多商界和政界人士认为是不言而喻的。事实上，证明这些概念是正确的证据是相当渺茫和矛盾的。因此，这一章是对经济理论的强烈批判，在这里指的是 NCE。

我们对 NCE 进行了综述，特别关注了 NCE 与生物物理现实之间缺乏联系以及其对人类行为的不充分表征。当所有的批评都作为一个整体考虑时，很明显，

NCE 框架建立在一个站不住脚的基础上，必须找到解释经济现实的其他一些基础。NCE 的作用非常有限，不能指导我们处理我们这个时代最关键的问题，如石油和天然气的枯竭、气候变化、金融危机、不平等和自然的破坏。最后，我们概述了人类行为和经济生产的交替特征。

用传统经济学方法对经济问题进行适当评估

在我们开始之前，我们希望强调，存在着传统的"经济"问题，我们相信传统的经济程序是准确和适用的。例如，我们对企业和个人使用的成本和收益的会计程序没有异议。一个人必须只用美元来平衡自己的账户，尽管人们可以从能源支持的角度来考虑这些美元的意义。我们的问题是形成经济思维基础的理论。这一理论是更为复杂的经济思维的基础。

3.2　NCE 的一些基本误解

NCE 的大厦是建立在误解和过时的世界观的基础上的。这些误解不仅是无害的寓言，它们还是制定经济政策和提炼文化态度的基础。因此，大多数经济学家的世界观和政策处方只能被描述为"基于信仰的"，因为 NCE 的许多基本原则与经济现实不符。

3.2.1　误解 1：生产理论可以忽略物理和环境现实

实体经济受制于自然的力量和规律，包括热力学、物质守恒和一系列环境要求。NCE 没有认识到或反映这样一个事实，即经济活动需要的投入和服务是在有限的生物物理世界的，而有限的生物物理世界往往因经济活动而减少和退化。

3.2.2　误解 1a：经济可以独立于它的生物物理矩阵来描述

NCE 从一个抽象的交换关系模型开始，该模型只考虑商品、服务和货币之间的抽象交换关系，这种抽象交换关系不切实际地局限于市场、公司和家庭的世界中。实体经济也需要自然世界的物质和能源来允许这种交换，并且受到经济活动所必需的物质和能源转换的限制。在《经济学原理》课程的头几天，学生们会接触到经济的循环流量模型。这种对经济的概念性设想是一种独立于生物物理系统及其规律的自我包含和自我调节的系统。只有两个部门——家庭和企业，商品和服务从企业流向家庭，生产投入（土地、资本和劳动力）从家庭流向企业。如第 1 章所示，所有的人际交往都发生在市场中。企业通过支付租金、工资、利息和利润，在要素市场上获得土地、劳动力和资本的产权。家庭中的消费者可以用金钱来换取商品和服务。所有的交换都是自愿的，都是为了追求自身利益。对于这种模式来说，在这个基本水平上，要自我调节从企业流向家庭的资金（要素支付的总和）必须等于商品和服务的总支出。没有节省下来的钱，也没有利润被企业保留用于再投资。但更重要的是，从热力学的角度来看，生产所需的物质和能量输入被简单地排除在模型之外。

当投入物被转化为商品和服务时，无论是货币价值还是物理材料都不会因受热或侵蚀而损失。因此，循环流动模型代表了一个不可能存在的经济系统的抽象概念。

稀缺的概念与生物物理现实是脱节的，因为它从来不是绝对的，而只是相对于无限的需要。如果我们面临一种资源的限制，如果受到适当的货币激励和受保护的财产权驱使，富有想象力的人类头脑总是会创造一种替代品。没有任何投入是关键的，因此，从长远来看，绝对匮乏或任何特定资源的需求都不是问题。因此，在 NCE 世界，经济可以同时经历相对稀缺和无限增长。在市场中形成的竞争性价格确保了资源的最佳利用。

尼古拉斯·乔治斯库 - 罗根和他的学生赫尔曼·戴利是第一批指出这种生产描述的荒谬之处的人。实体经济不可能存在于全球生物物理系统之外，而全球生物物理系统对于提供能源、原材料以及能够在其中运行和吸收废物的环境至关重要[2][3]。要使经济模型与现实相一致，他们的第一步是将经济置于全球生物物理系统中。一些自然科学家已经更进一步。有几位作者[4][5][6][7]清楚地证明了 NCE 模型是不可接受的，因为首先它的边界划得不正确，其次由于它既没有能量输入，也没有熵损失，该模型实际上是一个永动机。今天的许多经济学家，包括最近的许多诺贝尔奖得主（如保罗·克鲁格曼、阿马蒂亚·森、约瑟夫·斯蒂格利茨、乔治·阿克洛夫和埃莉诺·奥斯特罗姆），都对当代模型持有绝对的保留意见。在这一段中引用的大多数作者、本书的作者，以及许多其他的物理和社会科学家都没有兴趣对基本的 NCE 模型进行简单的修正。相反，这些科学家和其他人认为，NCE 模型的核心是不正确的。尽管货币可能在商品和服务之间无限期地循环，但如果没有来自大自然的持续投入和产出，实体经济体系就无法存在。

3.2.3　误解 1b：经济生产可以不考虑物理工作来描述

新古典主义经济学家的生产模型不需要任何具体的物质投入，而只是企业和家庭之间现有实体的交换。推动经济进程的不是物质资源的可得性，而是仍被广泛使用的柯布—道格拉斯函数所描述的人类智慧。产量（Q）仅是资本（K）和劳动力（L）的函数。

$Q = AK^\alpha L^\beta$，其中 α 表示资本占产出的份额，β 代表劳动占产出的份额，$1 > \alpha > 0$。此外，$\alpha + \beta$ 必须为 1，所以 $\beta = 1 - \alpha$。资本和劳动力的乘积再乘以某个常数 A，即所谓的"纯技术变革"，或全要素生产率。

在这个模型中，技术独立于土地和资本的投入，将测度的要素（即资本和劳动力）贡献从经济总产出的增长率中减去，计算为"残差"[8]。不出所料，残差会随着时间的推移而增加。因此，大多数经济学家认为，技术很难衡量，但可以无限制地提高经济的生产力。假定技术的回报不会递减，就没有必要担心物理工作或任何生产性投入的缺乏。

把纯粹的技术变革作为经济增长的驱动力，这使早期的新古典主义经济学家几乎忽略了能源在推动现代经济发展中至关重要的作用[8]。相反，许多自然科学家和一些经济学家得出结论说，20 世纪经济活动的爆炸式增长主要是通过扩大使用化石燃料能源而提高了工作能力。事实上，新古典主义经济学家的技术残差在能源作为投入被纳入时消失了。近几十年来，对德国、日本和美国来说，能源作为生产要素的重要性超过了资本或劳动力[6]。进一步地，艾尔斯和沃尔[9]发现，"技术"的大部分改进只是简单地增加了所使用的能源数量，或者提高了使其达到工作完成点的效率。尽管 NCE 模型声称，技术本身推动了工业经济，但从历史上看，它一直是一项主要为找到新能源和进行应用的技术。

自然科学家可以针对霍尔等 2001 年发表的新古典主义基本模型提出更多、更具体的批评。这些批评对新古典主义经济学所采取的基本方法是毁灭性的，综合起来意味着我们不可能赋予新古典主义基本模型任何有效性。

3.2.4　具体的批判 1：热力学

当代经济学及其基本的家庭企业市场模型（见图 3 - 1）只对热力学第一定律有些许关注，对第二定律则完全没有关注。事实上，第二定律与被称为循环流量的概念模型是完全不相容的。在循环流量图中，没有任何值因为浪费或熵而丢失。具体地说，在使用能量时，没有能量的有用功的耗散，因此该模型不需要输入新能量。这是一个严重的概念缺陷，在成功应对污染、资源稀缺和枯竭挑战上，构成了设计经济政策的障碍。实际上，热力学的两条定律告诉我们，"没有能量转换和熵的产生，世界上什么都不会发生"。其结果是：①工业生产和生物生产的每一个过程都需要能源的投入。②由于不可避免的熵的产生，在一定的环境温度下，有价值的能量（称为烟，即有效能）转化为无用的热量（称为无效能），通常物质也被耗散。这导致污染，并最终耗尽较高等级的矿物燃料和原料资源。③在日益自动化的过程中，以食物为动力的人力可以而且曾经被能源驱动的机器所取代。这提高了劳动生产率，因为每个工人都能做更多的实际工作。但这也使许多劳动力越来越过剩。

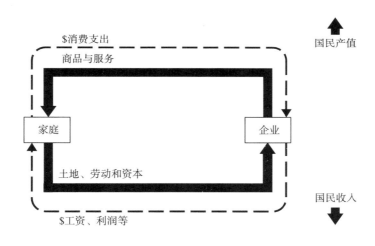

图 3 – 1

　　新古典主义关于经济运行的观点。家庭向企业出售或出租土地、自然资源、劳动力和资本，以换取租金、工资和利润（要素支付）。企业将生产要素结合起来，生产商品和服务，以换取消费支出、投资、政府支出和净出口。这一观点本质上代表了永动机。同时可见图 1 – 1。

　　虽然热力学第一定律和第二定律是经过最彻底测试和验证的自然定律之一，并且明确指出，不可能有一台永动机（即一台机器不需要烟的投入），基本的 NCE 模型是永动机，没有材料要求也没有限制（见图 3 – 1）。大多数经济学家已经接受了这一不完整的模型，并将能源和其他资源置于他们的分析中不重要的地位。这种方法没有把经济置于自然的范围之内，而是把自然的所有限制都降到了自我调节市场体系的次要地位。通过巴尼特和莫尔斯[34]的分析，大多数经济学家都坚定了这种态度。他们发现，在 20 世纪上半叶，没有迹象表明原材料（由通货膨胀修正后的价格决定）日益稀缺。然而，他们的分析虽然被几乎所有对损耗问题感兴趣的经济学家引用，但严重不完整。卡特勒·克利夫兰指出，资源的浓度和质量的下降没有转化为更高的价格谋求稳定的质量，唯一的原因是能源价格的下降[10]。因此，尽管许多自然资源对经济生产至关重要，但正是由于它们具有历史上丰富的可获得性，经济学才能够赋予它们较低的货币价值。

3.2.5　具体的批判2：边界

新古典经济学的基本模型（见图3－1）未包含边界，边界则是以任何一种方式表明经济活动的物理需求或影响。我们相信至少图3－1应该像图3－2那样包含必要的资源和废弃物的产生。再进一步探索这一评估，我们认为图3－3是应该用来更详细地表示经济运行的物理现实。它显示了能量和物质跨越边界的流动，这些"自然恩赐"的储集层与文化改造的领域分隔开来。在文化改造的领域内，分界表示它们进一步转变为最终需求的商品和服务的不同阶段。在经济学入门课程中，应该向每个学生展示这样的图表，以便正确理解经济过程在现实世界中的运作方式。反映必要变化的另一种方式是图3－4，它给出了标准经济学家对一个人在经济中所扮演角色的看法，而图3－5给出了一个生物物理的观点，即一个人在1年的经济运行中究竟需要什么样的生物物理材料。关于生物物理观点更高级、更详细的概念模型将在第5章中阐述。

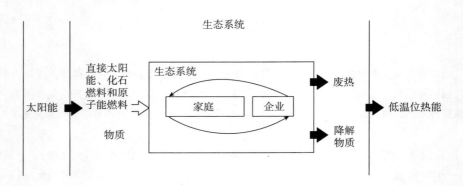

图3－2

我们的观点，基于生物物理的观点，使图3－1符合现实所需的最小变化。我们增加了基本的能源和物质投入与产出，如果要实现图3－1中所示的经济过程，这些投入和产出是必不可少的。

资料来源：参考文献［3］。

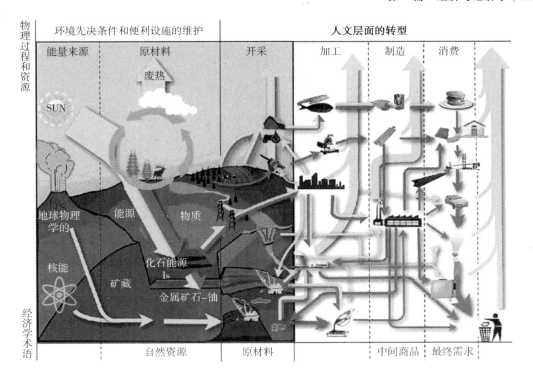

图 3 - 3

一个更全面、更准确的实体经济体系运作模式。这是我们可以接受的最小概念模型，用来表示实际经济是如何运作的。自然能源驱动地质、生物和化学循环，产生自然资源和公共服务功能。采掘部门利用经济能源开发自然资源，并将其转化为原材料。原材料被制造业和其他中间产业用于生产最终产品和服务。这些最终产品和服务由社会部门按最终需求分配。最终，非循环材料和余热作为废物返回到环境中。

图 3 - 4

传统经济学家对 1990 年经济生产过程中一个人的投入和产出的看法（或者可能是对这种看法的一种讽刺）

资料来源：参考文献［32］。

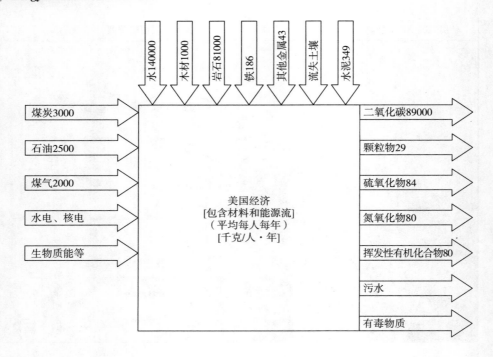

图 3－5

在同一年内实际的物质、能量流动与一个人在经济中的参与有关。

资料来源：参考文献 [32]。

3.2.6 具体的批判 3：验证

自然科学家希望理论模型在应用或进一步发展之前得到检验。不幸的是，具有深远影响的经济政策往往建立在经济模型的基础上，尽管这些模型优雅且被广泛接受，但却没有得到验证。经济学家定期检验许多假设，如收入对消费的影响或税率对经济产出的影响等主题经常受到线性回归甚至非线性统计方法的严格限制。然而，关于 NCE 的意识形态世界观的问题并不经常受到检验。理性、以自我为中心的偏好等行为假设，以及更高水平的物质消费与幸福感之间的联系，如果有，也并不总是能够得到检验。新古典主义经济学家认为它们是"保留的假设"，不需要经验验证。验证也被证明是困难的或不可能的，因为古典和新古典理论最初都是使用存在于前工业社会和农业社会的生产要素概念发展起来的[14]。这些理论已或多或少地原原本本地应用于现代工业世界。工业化及其后果的基本理论没有增加任何规定。正如诺贝尔经济学奖得主华西里·里昂惕夫所指出的[12]，许多经济模型"无法以任何可察觉的方式推进对实体经济体系结构和运行的系统性理解";相反,它们是建立在"一系列看似合理但完全武断的假设"的基础上的,这些假设导致了"精确陈述但不相关的理论结论"。

虽然我们对理论假设或模型的发展没有异议,但它们通常应该被作为假设提出,也就是说,作为关于事物如何运行的一个好的假设或猜测。这就是科学方法的工作原理,也是我们了解世界实际运作的最有力的方法。然后这些假设就可以得到验证,如果它成立,就可以被推进到一个理论中,或者最终成为一条定律。但是,尽管有一些经济学家恰当地使用假设,但还没有人试图将经济学的主要理论模型建立为一组可测试的假设。相反,经济学是由一系列逻辑结构构成的,这些逻辑结构具有一定的意义(从有限的角度来看),但几乎不包括实际经济体系的运行方式。我们认为,经济学家应该采用这一观点,检验那些假定的假设,而不是把对自我调节市场的信念当作一种信仰。

大多数非经济学家并不欣赏当代经济学所到达的程度,充斥着武断的假设。名义上客观的操作,如确定一个项目的最低成本、评估成本和效益,或计算一个项目的总成本,通常使用明确的和假定客观的经济标准。事实上,这种"客观"分析基于任意和方便的假设,产生逻辑上和数学上容易处理的模型,但不一定正确。

权威经济学家们经常从经济的基本新古典主义模型开始,使用"基于物理"的模型,多少有些新奇。在新古典生产理论中,价格向量是由生产要素空间的产量梯度给出的,就像守恒的物理力的向量是由实际空间中势能梯度给出的一样[13]。相当不完善的经济类比不应与物理学中的热力学动态机理模型相混淆,不可避免的是,模糊的经济模型也不能因此更精确,因为它们之间的概念相去甚远。

3.2.7 误解 2:消费理论可以忽略人类的实际行为

传统的新古典经济学模型不现实的第二个主要原因是,该模型假定人类作为个体行事,并不在意他人如何看待他们。这些被称为"以自我为中心的偏好"。然而,自亚里士多德时代起,我们就知道人类是社会性动物。无论我们拥有多少物质享受,很少有人愿意完全与世隔绝地生活。有趣的是,大多数经济学家都对亚当·斯密表示敬意,但很少有人读过他的原著。如果你选择不走这条路,我们建议你阅读斯密的《道德情操论》。在这本书中,他用数百页的篇幅详细描述了社会认同如何支配我们的行为,以及人类既有利他主义的一面,也有个人主义的一面。但是,就像 NCE 生产假设违反了物理学原理一样,它对人类行为的假设既不符合大量的心理学和神经学研究,又不符合人类的日常经验。众所周知,真正的人是参考别人的，也就是说，一个人如何评价某种经济成果取决于其他人如何评价它。市场商品的消费不能等同于个人的幸福，这一点也得到了充分的证实。然而，NCE 的基本行为假设需要以自我为中心的消费者，他们的幸福根本上，甚至仅依赖于他们对市场商品的消费。行为的文化背景被认为与新古典主义经济学分析无关，因为它强调的完全是孤立个体的行为。

3.2.8 误解 2a："经济人"是一种科学模型，能够很好地预测人类行为

标准新古典经济学理论的核心是体现在"同质人"或"经济人"身上的人类行为模型。经济学教科书通常以一个关于人性的非常笼统的陈述开始，很快就被编纂成一套严格的数学原则，这些原则基于这样一种观点："人们根据自我为中心的、一贯的、持续的、有序的和行为良好的偏好，通过消费市场上的商品，实现自身福祉的最大化。"然而，当代行为经济学、神经经济学和博弈论的大量研究表明，认为人是完全或大部分以自我为中心的假设是错误的[15][16][17]。例如，亨里希和他的同事研究了 15 个社会的行为，从坦桑尼亚和巴拉圭的狩猎采集者到蒙古的游牧者，研究实验结果后得出结论："在任何被研究的社会中，都不支持权威的（NCE）模式。"在实验环境和现实条件下，人类总是做出有利于强化社会规范的决定，而不是那些导致他们自身物质利益的决定[18]。金蒂斯描述了几个实验，这些实验表明，人类比 NCE 的"理性"行为者模型所允许的更无私，也更有报复心。如果这些人在实验性交易中"作弊"，人们将做出惩罚并再也不会遇到这些人，即使这对人们自己意味着巨大的金钱损失。人类不是简单地以自我为中心，而是高度重视他人"遵守规则"，善待他人。

孤立个体行为的中心反映在观念上即消费者至上，意味着在市场经济中，消费者的行为是独立的。阿克曼和海因策林[19]指出，经济正统观念的兴起使消费者成为分析的中心。其理念是生产者对消费者的偏好做出反应，而不是反过来。然而，我们都知道，事实上，消费者的品位受到了严重而微妙的操纵，公司为了增加市场份额而向我们投放大量广告。尽管如此，在正统的经济分析中，个人的中心地位和卓越地位排除了任何对个人行为背景的分析或强调。

3.2.9 误解 2b：市场商品的消费可以等同于幸福，金钱是任何事物的普遍替代品

大多数经济学教科书简单地将效用等同于幸福，并假设效用可以通过收入间

接衡量，而无须对这个问题进行任何实质性或正式的讨论[20]。收入越高，个人（以及社会）的状况就应该越好。然而，有相当多的证据表明，在某一特定点之后，收入是一种地位商品；也就是说，如果每个人的收入都增加了，社会福利就不会有什么长期的增长。这意味着，如果目标是改善社会福利，仅是旨在增加人均收入的政策可能收效甚微。

长期以来，心理学家们一直在争论和记录各种各样的幸福，包括个人、社会和遗传因素的。这些因素包括基因易感性、健康、亲密关系、婚姻、教育以及收入[20]。一般来说，富裕国家的人比贫穷国家的人更幸福，这是事实，但即使是这种相关性也很弱，而且幸福数据显示出许多异常[21]。例如，一些调查显示，尼日利亚人比奥地利、法国和日本的富人更幸福[22][23][24]。经过一定的发展阶段，收入的增加并不能带来更大的幸福。例如，近几十年来，美国的实际人均收入大幅增长，但报告的幸福指数却下降了[25]。

当经济学家将效用等同于 NCE 模型中的收入时，这就影响了经济学家的政策建议，进而影响了自然世界。阿罗和他的同事[26]认为，"可持续性"就是简单地保持收入的贴现流。无论自然世界的具体特征发生什么变化，留给后代的实际收入与现在持平或更高，至少会让他们与现在一样富裕。按照这个推理，如果保存得完好无损，在生态系统服务中，一个热带雨林的折现值是 10 亿美元，但如果是明确出售，则能产生 20 亿美元的贴现投资流量，那么当前一代的道德责任就是砍伐热带雨林。有了 20 亿美元，未来的一代就可以购买另一片雨林或其他价值相同的东西，剩下 10 亿美元。这是一些经济学家用来为地球生态系统和对物种进行破坏辩护的逻辑[27]。

3.2.10 新古典主义模型为何未能处理分配问题

对新古典主义模型的另一种不同但极其重要且刺耳的批评来自约翰·高迪最近的著作[27][28]。高迪以罗尔斯的福利模式为出发点（这里的"福利"等同于"效用"）。福利经济学的基础是，每个人获得的福利与实际可支配收入的增加成比例。因此，如果一个人有 2000 美元而不是 1000 美元可支配（或者价格只有1000 美元的一半），那么他或她的"富裕程度"将提高两倍。这个概念也使用了帕累托最优的思想。罗尔斯和帕累托方法都假定个人福利和金钱之间存在线性关系。因此，如果一个人变得比别人富有五倍（如从 1000 美元到 5000 美元），这就相当于五个人变得比之前富有两倍（如每个人从 1000 美元到 2000 美元）。这是福利经济学背后的一个重要概念，并不断被用作发展计划的逻辑，发展计划往往最注重增加国民生产总值，而对谁获得收益的关注相对较少。这当然避免了发展中国家内部的争论，即发展往往使那些有资源的人富有，而对那些没有资源的没有什么帮助，甚至说使他们更贫困。根据罗尔斯—帕累托逻辑，或者至少是大多数当代新古典主义经济学家所采用的逻辑，如果财富总量增加了，那么财富分配就不重要了，或者至多是相当次要的。整个经济前景往往与社会观念有关，即人们的富裕与否取决于他们自己的努力，而不是由于他们无法控制的因素。

高迪通过总结最近大量的心理学调查，反对经济学家关于分配不是一个重要问题的观点。这些调查表明，人类的福利和幸福并没有随着收入的增加而线性增加，而是呈曲线下降的趋势。因此，用一定数量的钱为穷人提供基本的生活必需品会产生更多的幸福和福利，而富人手中同样数量的钱所产生的幸福或福利则要少得多。奇怪的是，这个结论也是通过思考边际价值的概念得出的，即某物的第一个单位比其他单位有更多的价值——这一事实很容易被边际主义新古典主义经济学家所忽视。相反，货币的边际效用被假设为常数。否则，新古典主义的收入分配理论就无法产生效率和公平。最后，高迪和金蒂斯认为，近年来广泛的社会研究完全破坏了作为福利和新古典经济学基础的"价值中立"假设，并对新古典经济学的所有基本原则提出了质疑。

3.2.11　经济学家们是怎么看待这些想法的

大多数传统经济学家根本不考虑传统经济学的这些问题，而是非常严格地遵循公认的新古典主义模型。但也有部分例外。诺贝尔经济学奖得主罗伯特·M.索洛在1974年考虑过这样一种可能性："实际上，没有自然资源，世界照样可以生存下去"，因为技术为替代不可再生资源的因素提供了选择[11]。最近，索洛指出："重要的是，如果不使用一些自然资源，生产就无法进行。"显然，需要就经济生产与自然资源，特别是能源之间的关系以及实际需要多少资源进行更多的分析和实证工作（其中一些我们将在后面几章中提供）。今天的许多经济学家，包括最近的许多诺贝尔奖得主（如阿克洛夫、克鲁格曼、森、斯蒂格利茨）都对当代模型持有绝对的保留意见，尽管没有人明确支持生物物理的替代方案。

我们可能会问，为什么经济学家对生物物理的替代选择如此不关注。传统的新古典主义认为能源和材料不重要的观点可以追溯到新古典主义经济学的早期。最初，关注的焦点不是财富的产生，而是"市场的效率"和财富的分配。纯粹的商品交换模式从不考虑生产开始。通过对理性消费者行为的一系列数学假设，证明了通过市场上的商品交换，所有消费者的效用都达到最大化的均衡状态。这种（完美的）市场的好处通常被认为是自由市场经济学的基础。它揭示了为什么贪婪的或至少是"利己"的个体相遇的市场会起作用。后来，当这个模型扩展到包括生产时，财富的有形产生问题必须与财富的分配问题不可分割地结合起来。在新古典主义的均衡概念中，利润最大化企业行为的活动产生了要素生产率（例如，资本、劳动力和能源的各自贡献）等于要素价格的情况。这意味着在传统的经济分析中，生产要素对物质财富产生的贡献的权重是由要素成本份额决定和评估的。因此，大多数经济学家认为能源的重要性只相当于其成本（通常很小），仅占所有商品和服务成本的 5% ~ 10%。

与他们的古典前辈不同，新古典主义经济学家甚至懒得在他们的分析中包括事物实际上是如何构成的过程。它们只是把输入价格放入一个函数中，然后自动生成价格和产量。这就是经济学家低估能源作为生产要素的历史根源，因为在工业市场经济中，能源成本平均仅占总要素成本（以及 GDP）的 5% ~ 6%。因此，经济学家们要么完全忽视了能源作为生产要素的作用，要么认为能源投入的变化对产出变化的贡献仅相当于能源在成本中所占的 5% ~ 6% 的小份额。这导致了一场关于 1973 ~ 1975 年和 1979 ~ 1981 年两次能源价格暴涨的影响的长期辩论，尽管提供的物理能源更少，当时能源成本上升到 GDP 的 14%。正如我们下面所示，霍尔等（2001）更明确地指出，能源在生产中比劳动力或资本更重要，尽管这三者都是必需的。奇怪的是，能源的低价格是其重要性的原因，而不是它不重要。200 年来，经济从能源中获得了巨大的利益，而不需要转移大部分产出。这是因为我们基本上无露为获得能源付出代价，而仅是开采能源的成本。同样，生物圈有限的排放吸收能力对未来经济增长的重要性似乎超过了它目前（几乎消失）的价格。建立在图 3 - 1 假设基础上的新古典模型不能通过要素投入的增长来解释经验观测到的产出增长，总有很大的残差，这是一个统计上的"剩余"，不能用分析中使用的因素，在本例中是通过资本和劳动力来解释。这在形式上归因于经济学家所谓的"技术进步"或"人力资本"的改善，即工人技能和教育的长期增长。甚至罗伯特·M. 索洛也说过，"这……导致了对新古典主义模型的批评：它是一种增长理论，让经济增长的主要因素无法得到解释"[11]。正如我们将在下面讨论的，在增长理论中，以成本份额来衡量一个因素是一种不正确的方法。

事实上，人类经济使用化石燃料和其他燃料来支持和授权劳动力，生产和利用资本。然后将能源、资本和劳动力结合起来，将自然资源升级为有用的商品和服务。因此，经济生产可以看作将物质升级为高度有序（热力学上不可能的）结构的过程，包括物理结构和信息。当经济学家谈到在连续的生产阶段"增加价值"时，人们也可能会提到通过使用自由的、无限制的和可用的能量（㶲）来"增加秩序"。在物质生产的"硬领域"中考察经济学的观点被称为生物物理经济学，在这个领域中，能源和物质库存及流动是重要的。它必须补充社会领域的观点。

3.2.12 为什么理论重要

正是在政策层面上，NCE 的意识形态本质才得以最彻底的展现。大多数经济学家用理性代理人、确定性和完美信息但并不真实存在的 NCE 世界来替代实体经济的复杂现实和不确定性。在现实与新古典主义模型不一致的地方，现实越来越多地通过政策被迫遵循新古典主义模型[29]。新古典主义经济学家通常认为，人们总是理性地、持续地对价格信号做出反应，因此，经济政策的目标是分配产权和"合理定价"。由此推论，对人们有价值的东西是有价格的，没有市场形成的价格的任何东西必然缺乏价值。从理论上讲，价格能够反映任何商品或服务的所有相关属性以及人们所看重的一切。我们其余的人被要求将这些假设和分析的有效性建立在信念的基础上，并将我们越来越多的复杂决策转向几乎不受监管的市场和成本效益分析。这种强调经常导致基本的与政策有关的失败和问题主要包括：

（1）NCE 的最终政策目标不是直接纠正任何一个特定的问题，而是正确地用其他一切来评估问题，使市场的"计算机器"能够建立优先次序。注重建立"一般市场均衡"往往意味着忽视正在审议的政策问题的基本细节，特别是难以或不可能确定价格的政策问题（如石油枯竭、环境退化和全球气候变化）。因此，当我们购买一加仑汽油时，我们只为把那一加仑汽油加到油泵上而付费，而不是为找到一加仑新的汽油来替换它，或者如果石油耗尽导致无法替换，我们还需要支付其他费用。

（2）NCE 模型在"必需的"和"想要的"之间，在生产的商品之间，或在包括能源在内的具体生产投入之间没有质的差别。我们发现有用的每样东西都被当作抽象的商品来对待，可以用其他任何东西来代替。绝对匮乏并不存在，在某些广泛的范围内，也不存在任何具体条件被认为是人类生存所必需的。价值是用相对价格表示的相对事物。因为没有一件事是必不可少的，资源和商品之间的替代将会发生，直到一种商品的边际价值对所有商品都是一样的。在这一点上，理性的个体做出了最优的选择，所有最优选择的总和将把我们引向"所有可能世界中最好的"。因此，在商场里，富裕的青少年对不必要但广告铺天盖地的衣服或小玩意的偏好，与不那么富裕的人支付的医疗保健或教育费用的偏好一样，在每一美元的支出中，都得到了同等的权重。

（3）该模型假设总收入是衡量幸福感的一个完整而充分的指标。从操作上讲，这意味着政策的总成本和总收益可以仅通过将所有受影响的孤立个人收入的货币变化相加来确定。这意味着相对收入的影响对个人来说并不重要，例如，一个穷人损失 1000 美元可以通过一个亿万富翁收入增加 1100 美元得到更多的补偿。同样，新古典主义经济学家认为偏好是社会环境的外生因素。然而，许多研究发现，相对收入效应很重要，有时这些效应可以完全抵消总收入的增长，而总收入的增长一直是 NCE 的主要目标。一个人对收益或损失的价值取决于其他人得到了什么、每个人相对于其他人的收入、收入变化的"公平性"，以及 NCE 模型中没有包括的其他各种社会因素。

（4）NCE 模型中的"可持续性"意味着仅维持人均收入的贴现流动，而不是其他任何东西，如生物多样性、石油库存、人类健康或社会凝聚力。这就是所谓的"弱可持续性"。然而，为了生活在自然的限制之内，我们需要达到强有力的可持续性的条件，这就要求从一种资源的枯竭或生态系统退化中获得的利润重新投资于发展替代办法或恢复退化的系统。这需要从更大的视角来看待市场系统如何运作以及如何与生物物理世界相连接[29][30][31][32]。因此，一个人不可能仅通过聚集许多单独的有效市场结果，就作出社会决定来实现最佳的宏观经济规模。

（5）或许最重要的是，新古典主义模型没有提及不同群体的相对力量，他们通过昂贵的捐款、支持媒体广告或仅通过自己的大规模购买模式来影响政客，从而影响"自由市场"。其结果是富人越来越富，穷人越来越穷。反对政府角色的广告活动在一定程度上削弱了许多项目，这些项目在一定程度上有助于缓解贫富差距。关于这一主题有丰富的文献[33]，其中许多对新古典主义模型极为批判，但许多公众仍然认为市场是分配经济产品和服务的最佳方式，尽管缺乏令人信服的证据证明这是正确的。例如，塞克拉清楚地表明，政府可以比私营实体更有效地提供服务，但似乎很少有公民理解这一点。皮凯蒂和塞克拉的工作，以及其他收入分配学者的工作，将在第 23 章中进行更详细的阐述。

NCE 主导着政策的制定，但在应对当今世界的主要问题方面却提供了一个不充分的工具箱：全球气候变化、生物多样性丧失、石油枯竭、荒野消失，以及贫困和社会冲突等顽固不化的问题。它被用来作为"华盛顿共识"的基础，而"华盛顿共识"一直并继续向发展中国家输出，基本上没有对其有效性或现实基础进行评估，并存在巨大的社会和环境问题[30][31]。我们被引导着相信，我们最紧迫的环境和社会问题可以通过模拟有效的市场结果来解决，就好像这本身就为所有困扰我们的问题提供了灵丹妙药。然而，我们知道，市场效率的概念是建立在一个站不住脚和有缺陷的基础上的，在这个框架内并不能更好地描述真正的市场经济。新古典主义经济学的延续，通常排除其他可能的方法，本质上是在经济学的许多领域用信仰取代理性、科学和实证检验。我们必须超越这种"以信仰为基础"的经济学，找到一种更有启发性的方式来理解经济活动，并为决策提供信息，这样我们的政策就不仅是粉饰现状。

问题

1. 新古典经济学的一些"误解"是什么？你同意这些都是误解吗？为什么？

2. 为什么经济的循环流动模型与热力学定律不一致？这有可能吗？

3. 尼古拉斯·乔治库斯–罗根和他的学生赫尔曼·戴利是经济学家，为什么他们如此批判传统经济学？

4. 在新古典主义经济学中，经济生产力通常被表示为资本和劳动力的函数，你同意这个观点吗？为什么？

5. 在你看来，在经济分析中应该使用什么适当的界限？你能画一幅图来表示这些边界吗？

6. 验证是什么意思？为什么这对经济模型来说常常是困难的？

7. 传统经济学认为经济人的主要特征是什么？

8. 你认为花更多的钱会让你更快乐吗？为什么？你认为你认识的富人比穷人更幸福吗？

9. 1000美元的收入增长对富人和穷人的意义相同吗？这与一般经济学家对帕累托最优的观点有什么关系呢？

10. 为什么新古典主义经济学家试图对经济学产生一种"价值中立"的方法？在你看来，他们在多大程度上成功了？

11. 为什么理论在经济学中很重要？

12. 在传统经济学中，可持续性通常意味着什么？这个定义有什么问题吗？

参考文献

［1］ This chapter is derived in part from Gowdy, J. , C. Hall, K. Klitgaard, and L. Krall. 2010. The end of faith-based economics. *The Corporate Examiner* 37：5 – 11, and Hall, C. , D. Lindenberger, R. Kummel, T. Kroeger, and W. Eichhorn. 2001. The need to reintegrate the natural sciences with economics. *BioScience* 51：663 –673.

［2］ Georgescu-Roegen, N. 1975. Energy and economic myths. *Southern Economic Journal* 41：347 –381.

［3］ Daly, H. 1977. *Steady-state economics*. San Francisco：W. H. Freeman.

［4］ Cleveland, C. , R. Costanza, C. Hall, and R. Kaufmann. 1984. Energy and the U. S. economy：A Biophysical per spective. *Science* 225：890 –897.

［5］ Hall, C. , C. Cleveland, and R. Kaufmann. 1986. *Energy and resource quality: The ecology of the economic process.* New York: Wiley Interscience.

［6］ Hall, C. , D. Lindenberger, R. Kummel, T. Kroeger, and W. Eichhorn. 2001. The need to reintegrate the natural sciences with economics. BioScience 51: 663 – 673. Also: Kummel, R. , J. Henn, and D. Lindenberger. 2002. Capital, labor, energy and creativity: Modeling. *Structural Change and Economic Dynamics* 3: 415 –433.

［7］ Wilson, E. 1998. *Consilience: The unity of knowledge.* New York: Alfred Knopf.

［8］ Denison, E. F. 1989. *Estimates of productivity change by industry, an evaluation and an alternative.* Washington, DC: The Brookings Institution.

［9］ Ayres, R. , and D. Warr. 2005. Accounting for growth: the role of physical work. *Change and Economic Dynamics* 16: 211 –220.

［10］ Cleveland, C. J. 1991. Natural resource scarcity and economic growth revisited: Economic and biophysical perspectives. *In Ecological economics: The science and management of sustainability*, ed. R. Costanza, 289 – 317. New York: Columbia University Press.

［11］ Solow, R. M. 1974. The economics of resources or the resources of economics. *American Economic Review* 66: 1 – 14. Also Solow, R. M. 1994. Perspectives on growth theory. *Journal of Economic Perspectives* 8: 45 –54.

［12］ Leontief, W. 1982. Academic economics. *Science* 217: 104.

［13］ Mirowski, P. 1989. *More heat than light.* Cambridge: Cambridge University Press.

［14］ McCauley, J. L. , and C. M. Kuffner. 2004. Economic system dynamics. *Discrete Dynamics in Nature and Society* 1: 213 –220.

［15］ Gintis, H. 2000. Beyond Homo economicus: Evidence from experimental economics. *Ecological Economics.* 35: 311 –322.

［16］ Camerer, C. , Loewenstein, G. 2004. Behavioral economics: past present and future. In: Camerer, C, Loew-enstein, G. Rabin, M (Editors), *Advances in behavioral economics*, Princeton/Oxford, Princeton University Press 3 –52.

［17］ Henrich, J. , et al. 2001. Cooperation, reciprocity and punishment in fifteen small-scale societies. *American Economics Review* 91: 73 –78.

［18］ http: //www. youtube. com/watch? v = u6XAPnuFjJc.

［19］ Ackerman, F. , and L. Heinzerling. 2004. *Priceless: On knowing the price of everything and the value of nothing.* New York/London: The New Press.

［20］ Frey, B. , and A. Stutzer. 2002. *Happiness and economics: How the economy and institutions affect well-being.* Princeton: Princeton University Press.

[21] Diener, E. , M. Diener, and C. Diener. 1995. Factors predicting the well-being of nations. *Journal of Personality and Social Psychology* 69: 851 – 864.

[22] Brickman, P. , D. Coates, and R. Janoff-Bulman. 1978. Lottery winners and accident victims: Is happiness relative? *Journal of Personality and Social Psychology* 36: 917 – 927.

[23] Blanchflower, D. , and D. Oswald. 2000. *Well-being over time in Britain and the U. S. A.* , NBER working paper no. 7481. Cambridge, MA: National Bureau of Economic Analysis.

[24] Lane, R. 2000. *The loss of happiness in market economies.* New Haven/London: Yale University Press.

[25] Meyers, D. 2000. The funds, friends, and faith of happy people. *American Psychologist* 55: 56.

[26] Arrow, K. , P. Dasgupta, L. Goulder, G. Daily, P. Ehrlich, G. Heal, S. Levin, K. Goran-Maler, S. Schneider, D. Starrett, and B. Walker. 2004. Are we consuming too much? *Journal of Economic Perspectives* 18: 147 – 172.

[27] Gowdy, J. 2004. The revolution in welfare economics and its implications for environmental valuation. *Land Economics* 80: 239 – 257.

[28] Gowdy, J. , and J. Erickson. 2005. The approach of ecological economics. *Cambridge Journal of Economics.* 29 (2): 207 – 222.

[29] Makgetla, N. , and R. Sideman. 1989. The applicability of law and economics to policymaking in the third world. *Journal of Economic Issues* 23: 35 – 78.

[30] Hall, C. 2000. *Quantifying sustainable development: The future of tropical economies.* San Diego: Academic Press.

[31] LeClerc, G. , and Charles Hall, eds. 2008. *Making development work: A new role for science.* Albuquerque: University of New Mexico Press.

[32] Hall, C. A. S. , R. G. Pontius, L. Coleman, and J. -Y. Ko. 1994. The environmental consequences of having a baby in the United State. *Population and the Environment* 15: 505 – 523.

[33] Sekera, June. 2016. *The Public Economy in Crisis.* New York: Springer; Piketty, Thomas. 2014. *Capital in the Twenty-first Century.* Cambridge, Massachusetts: The Belknap Press.

[34] Barnett, H. , and C. Morse. 1963. *Scarcity and Growth.* Washington, D. C. : Resources for the Future.

4 生物物理经济学：物质基础

在第 1 章中，我们回顾了现代（新古典主义）经济学是如何作为一种以社会科学为基础的分配"稀缺"资源的方法运行的，包括管理经济运行模式的假设背后的哲学。在这种方法中，市场被视为一种特别重要的手段，作出经济决定和指导生产资源分配。

第 2 章回顾了早期的经济学方法，其中许多是基于对实体经济中生物物理基础的更明确的理解和认识。因此，尽管今天大多数真正思考经济学的人可能认为，主导经济学的概念模型（新古典主义循环流量模型）是唯一可能的、正确的思考经济学的方法，但还有许多其他选择。事实上，从第 2 章可以明显看出，我们可以用许多非常不同的方式来思考经济学，这些方法至少可以准确地描述实体经济中正在发生的一些重要方面。我们只是碰巧生活在这样一个时代：一种占主导地位的形式排斥了构成经济学的其他世界观。

许多批评直指这种占主导地位的"新古典主义"模式。第 3 章模型对传统经济学的知识基础所存在的许多问题进行了彻底和严厉的审查。它特别关注出现的概念和逻辑问题，从经济学应该只基于社会科学的假设开始。而事实上现有的基础经济的生产和运输商品和服务的规定，所有这些都必须发生在有物质和能量的现实世界中，因此最好使用自然科学研究。专业经济学家作为一个群体，往往有不了解或不感兴趣的东西，批评已经在他们的学科领域提出。从某种意义上说，专业经济学家成功地围绕着自己的"马车"来保护自己的核心信念，无视批评，继续他们的工作，不受批评的影响，也不受批评在描述现实或做出预测方面成功与否的影响。

在接下来的两章中，我们将向读者介绍另一种我们认为更为恰当和准确的经济学方法——生物物理经济学。这一概念有着非常悠久的历史，它始于石器时代经济学家们的一种认识，即一个人的物质幸福取决于自然，人类可能从自然中获得的东西，以及做到这一点是困难或容易。作为人类转入农业的第一阶段，由于他们所拥有财富的大部分是用来"投资"天文台、寺庙和一些试图理解并恳求他们的神提供降雨、丰收等的活动，我们知道他们大量地关注经济生活的物质条件。人们可能没有很好地理解所产生的力量，或者没有很好地理解产生经济产出的力量，但是他们知道这些力量很重要。例如，安东尼·阿韦尼的工作已经引领了考古天文学的一门全新学科。他令人信服地证明，整个城市（如墨西哥太阳和月亮神庙周围的区域）的建造是为了确定太阳相对地球的运动，从而更好地理解种植时间。虽然我们不能采访这些人，因为他们已经去世很久了，但我们可以研究（或者直到最近才可以）世界各地几乎没有受到工业化影响的各种文化，看看他们是如何运作的，它们的运作方式是否与现代新古典主义经济学家的假设相符。当人类学家卡尔·波兰尼对一系列工业化前的"民间"社会进行研究时，他发现，尽管市场交易一直存在，但大多数人都在交易他们的过剩商品[1]。商品不是专门为销售而生产的，市场也不构成价格。社会通过贸易、互惠和再分配来分配我们现在所说的商品和服务。换句话说，经济学更多地是基于物质基础，而不是金钱。我们把这种物质基础称为"生物物理经济学"。

4.1　生物物理经济学基础

正如我们在第一部分导言的第一句话中所说，经济独立于我们如何看待或选择研究它们而存在。此外，我们注意到，在过去的150年里，由于或多或少的偶然原因，经济学家们选择了社会科学和一种不恰当的、过于简化的分析模型作为我们对经济和经济系统进行定义和分析的基本概念基础。事实就是如此，尽管实际的经济和社会活动一样，都与生物物理有关。实际上，现有的经济必须建立在许多基础之上，包括提供商品和服务所需的物质和能源，以及将这些商品和服务从企业转移到家庭或从家庭转移到企业的 NCE 认可的市场互动。早期重农学派和古典经济学家对此有很好的理解。奇怪的是，从 19 世纪 70 年代左右开始，经济学不知何故变成了一门社会科学，而且在很大程度上一直是这样。在这个以社会科学为基础的模型中，物质世界只由物质世界中的物品价格来代表。

4.2 什么是生物物理经济学

生物物理经济学是以实际经济系统的生物学和物理特性、结构和过程为概念基础和基本模型的一种经济分析系统。它有两个组成部分：生物物理科学本身以及与科学和其他社会科学，如心理学和人类学相一致的经济分析。它承认，几乎所有财富的基础都是自然，并将大多数人类经济活动视为（直接或间接）增加对自然的利用以创造更多财富的一种手段。因此，它侧重于从能源和物质的角度研究实体经济的结构和功能，尽管它经常考虑这种结构和功能与人类福利和货币流动（即美元）之间的关系。这些流动往往与能源流向相反[2]。从生物物理学的角度看，一个人的工作被看作用他的工作时间（其货币价值与个人控制的社会能源流动有关）换取通过工资和薪金获得一般经济的能源流。这种"一般经济"包含了从地球上开采能源而产生的商品和服务，预计会对这些商品和服务产生一些需求。目前，我们每消费 1 美元，就需要大约 5 兆焦耳（相当于半杯 8 盎司咖啡杯的油或同等能量）来产生所购买的商品或服务。随着通货膨胀，1 美元的能源随着时间的推移而减少，因此在 1970 年，人们 1 美元可以获得的能源（用于生产商品和服务）大约是今天的 10 倍。1954 年，为霍尔送报纸提供动力的冰淇淋只花了 5 美分，但生产它所需的能量与今天大致相当。生物物理经济学家可能会问："你花了多少分钟的劳动才赚到那 5 美分？""以你现在的薪水，你会花更多或更少的时间来买那个冰淇淋蛋筒吗？""如果你的薪水很高，它是否与你所控制的社会能量流相称？"或者"当你花了你的工资，世界上有多少不可再生资源被耗尽了，你对大气的变化做出了多少贡献？"

图 3－1 是大多数经济学入门教材中表示经济的"公司和家庭"关系图。我们发现，这个模型代表了大多数经济学理论和教学的基础，代表真实的事情必须发生在一个真实的经济中却是没有用的。正如霍尔等所发展的，这种表示违反了热力学定律（这是任何真实的东西都无法做到的），边界完全不充分和不正确，也没有使用科学的方法进行测试[3]。我们认为，可以用来表示实体经济的最简单的图表，比图 3－1 复杂得多，也准确得多，这就是图 3－3。这张图中包括（从左到右）：①能源（主要是太阳），对任何经济都是必不可少的；②通过自然和半自然生态系统在地球表面循环的物质；③以人为主导的开发、加工、制造、消费环节。箭头表示物质和能源通过经济的转移。人类活动使用化石燃料对原材料进行精炼，直到热量散失，这些材料要么作为废物释放到环境中，要么回收到系

统中。根据这张图，我们可以认为经济过程中最重要的活动是水循环的正常运作，因为几乎所有的经济生产和制造都是极度耗水的。从传统经济学家的观点来看，水循环并不重要，因为我们几乎不为此付出任何代价。此外，一位生物物理经济学家会认为，它重要是有很多原因的，而且只有当我们能够以很少的直接货币成本从自然中获取服务时，我们才能在今天的经济中拥有高水平的财富。世界化石能源使用量和经济活动的增加情况如图 4 - 1 所示。

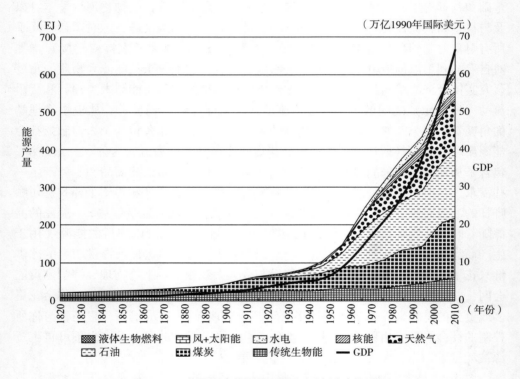

图 4 - 1　世界化石能源使用量和经济活动的增加

生物物理经济学的一个基本前提是，财富基本上是通过将能量应用于自然资源而产生的，起初是通过人类的肌肉、役畜或木材，以及越来越多的化石燃料来产生财富。几张农业收割机的照片能够很好地反映出来（见图 4 - 2 和图 4 - 3）。对社会能源成本的研究表明，过去几个世纪，随着化石燃料的开发，能源变得便宜得多（见图 4 - 4）。

图 4 - 2　1900 年左右，总共 33 匹马力

图 4 - 3　2000 年左右，总共 200 匹马力

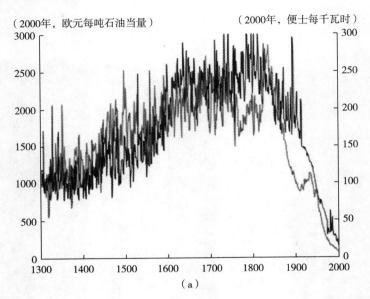

（a）

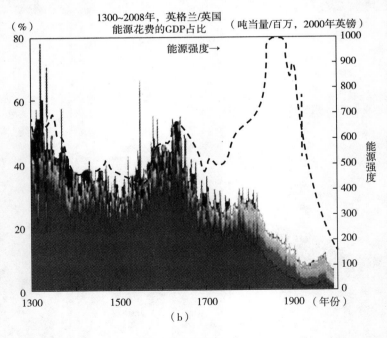

（b）

图 4-4

（a）全球经济的效率，由国内生产总值与能源使用的比率决定。（b）英国能源支出占 GDP 的百分比。

资料来源：（a）来自罗杰·富盖（2010）。（b）来自得克萨斯州凯里金大学。

4.3　生物物理经济学的概念来源

生物物理经济学有三个主要的思想来源：①早期经济学家的思想，如弗朗索瓦·魁奈和18世纪重农主义者，自称为"经济学家"，以及19世纪后半叶和20世纪初的一些经济学家。②关于生态系统如何运作的概念性思考。③20世纪末，来自不同学科的学者们提出了一个关于地球局限性的新观点，以支持不断增长的人口。克利夫兰等1984年在《科学》杂志上发表了一篇题为《美国经济的生物物理分析》的封面文章，文章的标题是"生物物理"。由于人们对21世纪头十年的"石油峰值"运动以及2008年开始在纽约锡拉丘兹举行的一系列生物物理经济学会议产生了极大的兴趣，这些概念得到了进一步的支持。与会者于2015年正式成立了国际生物物理经济学协会，该组织将每年举行一次会议。下面将更详细地阐述这些思想。

4.4　早期经济学家的生物物理基础

当前经济学和经济学家对社会科学的关注与早期经济学家的情况并非特别相似，早期经济学家更有可能问"财富从何而来"，比当今大多数主流经济学家的观点都要正确。总的来说，这些早期的经济学家从自然生物物理世界开始他们的经济分析，可能只是因为他们有常识，也因为他们认为早期重商主义者的观点不充分，重商主义者强调财富（如贵金属）来源于采矿或贸易。第一个正规的经济学派——法国重农学派，把土地作为创造财富的基础[4]。托马斯·马尔萨斯著名的"论人口的原则"继续了生物物理的角度，其中有六篇文章都认为，人口将指数式地增长，因为似乎任何人，除了出身高贵的，都不太可能控制"两性激情"——除非在某种程度上的"审查"因素，减少了出生率或死亡率增加。由于马尔萨斯不相信工人阶级的"道德约束"，认为节育是一种"罪恶"，他建议采取一种相当严厉的社会政策来提高穷人的死亡率。马尔萨斯认为，养活这一指数增长的人口所需的农业生产只能线性增长，即生长速度比人类要慢。他还反对进口更便宜的欧洲谷物，因为有限的粮食供应保证了他的主顾——拥有土地的贵族的租金不断上涨，并挤压了竞争对手资本家的利润。正是这种观点认为，人类的前景受到粮食供应不足的限制，阶级冲突不可避免，这使维多利亚时代的哲学家托马斯·卡莱尔给经济学贴上了"沉闷科学"的标签。

正如亚当·斯密和其他古典经济学家在第2章所记载的那样，他们关注的是土地，尤其是劳动力，作为一种征用自然世界所产生的资源的手段，然后将资源转化为我们认为构成财富的物质。后来，随着人口（以及农业生产总量）的扩大，普遍需要使用质量越来越差的土地，大卫·李嘉图对此发表了重要的看法。马克思认识到自然在创造财富中所起的重要作用。他对大规模农业对土壤质量的长期负面影响非常感兴趣，坚信资本主义剥削土地就像剥削劳动力一样，资本积累的过程在人与自然的有机联系中制造了一种代际裂痕。

因此，许多经济学家在概念和哲学上取得了重要的进展，这些进展构成了建立生物物理经济学的基础。早期经济学家魁奈、马尔萨斯、卡莱尔、斯密、李嘉图和马克思都在不同程度上认识到生物物理投入和过程对经济的重要性。此外，肯尼斯·博尔丁在他的论文《即将到来的太空船地球经济学》中关注的是在一个有限的星球上持续经济增长的不可能性："任何认为指数增长可以在一个有限的世界里永远持续下去的人，要么是疯子，要么是经济学家。"尼古拉斯·乔治斯库—罗根是哈佛大学毕业的经济学家，他发现传统新古典主义经济学的知识结构具有极大的误导性，并详细描述了传统经济学的失败之处。他最突出的贡献是能源和经济误解以及熵定律和经济过程。但是，生物物理经济学的真正基础是由他的学生赫尔曼·戴利奠定的。戴利通过一系列优秀的书籍和演讲，研究了现代经济对生物物理的需求。他的主要观点是，我们不可能无限期地增长，任何增长都将对地球造成不可接受的破坏。他思考这个问题的主要工具是"稳态经济学"的发展，即一种不以增长为基础的经济学。此外，他是批评传统经济学的知识基础的第一批人之一，当然也是最深思熟虑的人之一，因为传统经济学并不是从物理系统的生物物理现实出发的，在为任何经济活动提供所需的材料和能源时物理系统是必要的。它也没有考虑熵的极限效应。戴利扩展了卡尔·波兰尼关于嵌入式经济的概念，将经济作为地球生态系统的一个子系统。他的深思熟虑和温和的性格使他能够从经济共同体内部对经济共同体提出非常尖锐的批评。然而，戴利的许多追随者大多来自经济学这门学科外，而不是本学科内。其他对生物物理经济学做出重要贡献的经济学家包括约翰·高迪和莉西·克劳尔，尤其是他们将人类视为超社会物种的研究，以及新石器时代初期生产过剩所发挥的关键作用。

4.5 生态学作为思想的源泉

生态学作为一种理解自然的概念，至少可以追溯到古希腊的西奥弗拉斯特斯。在 20 世纪上半叶，乌克兰和俄罗斯等国的许多科学家都充分认识到自然系统正常运行的经济重要性。但生态学作为一门自我理解的学科，在 20 世纪中叶之前几乎不存在。其中一个重要事件是尤金·奥德姆的《生态学原理》的出版，另一个事件是霍华德·奥德姆（尤金的弟弟）的《环境、权力和社会》的出版。后者是一项雄心勃勃的尝试，旨在利用能源流量图显示各种自然生态系统和人类社会之间的共同点。因此，我们可以以将自然溪流、森林或草原等生态系统视为经济系统[2][5]（见图 4-5）。这些系统有"经济"结构用来生产（光合作用），通过交换过程（例如，通过植物吸收营养和捕获的能量，植物和动物吸收的水，以及食物链转移的过程，在物理环境和生物间转移物质和能源）进行生产（光合作用）、消费（放牧、捕食、呼吸）、转让"货物"（食品、矿物质）。它们的不同之处在于，人类经济是人类有意识努力的结果，是人类将自然改造成人类想要的样子所消耗的能量的结果。

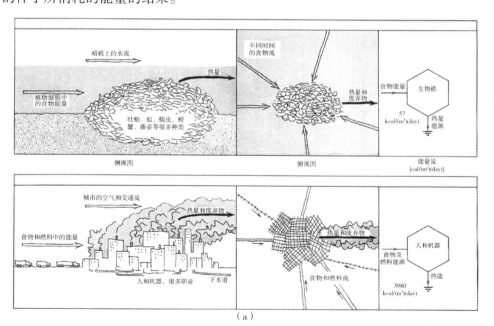

（a）

图 4-5

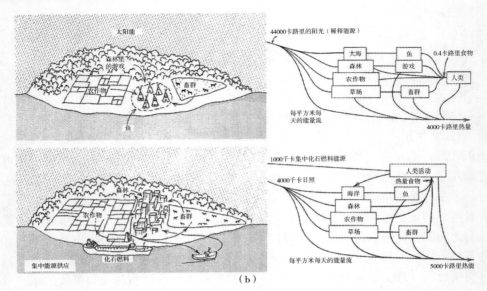

图 4 – 5（续）

（a）自然中牡蛎礁城市与人类城市的相似性。两者都必须通过从其他地方进口食物和清除废物来获得补贴。（b）农业制度与工业制度的比较。

资料来源：参考文献［2］。

从对这些自然生态系统的研究中获得的一个极其重要的见解是热力学观点的重要性。例如，路德维希·玻尔兹曼早在 1880 年就充分认识到能源对生物学的重要性，但在现代经济学发展的时期，能源作为一个概念并没有得到很好的理解。如果热力学在现代经济学形成阶段得到更好的发展，经济学作为一门学科是否会像物理学、化学和生态学那样建立在热力学的基础上，这个问题无法回答，但看起来很可能会[6]。

随着热力学的发展，生态学家开始理解，如果没有持续不断的能量输入，生态系统中高度有序的分子会随着时间的推移退化成完全随机的组合。只有不断输入来自太阳的能量，绿色植物所捕获的这种能量，以及到系统中其他组成部分的有效能量转移，使生态系统及其组成部分对抗所有事物中随机性的一般趋势（通常称为障碍或熵增加的趋势）。生态系统经常被称为"自组织"实体；生态系统内的有机体，也许还有生态系统本身，相互作用，以建立一种能够更好地捕获和利用可用能量的生物结构[7]。生物体 DNA 中的蓝图是通过自然选择进行微调的，因此能量可以被用来捕获、重新排序和维持生物体中额外的能量和分子，以我们称之为生命的其他极不可能的模式存在。能量被捕获并用于生成生物结构，而生物结构反过来又通过自然选择维持、复制，有时甚至改变自身。尽管额外使用化石燃料（见图 4 - 5），但将这一概念转移到人类经济中并不需要太多的想象，因为两者都是基于生物物理学的。这是霍华德·奥德姆在《环境、权力和社会》等刊物上发表的[8]。

霍华德·奥德姆为自然和经济系统提出的一个特别有趣和重要的概念是"最大功率原理"（MPP）。奥德姆和他的同事、物理学家理查德·平克顿从简单的物理系统着手，如阿特伍德的机器（一个简单的滑轮，带有两个篮子，允许能量输入和反作用力的不同负载[9]）。然后他们改变了力（在较重的下降的篮子中的重量）和力（在上升的篮子中的重量"货物"）之间的比例。他们发现，每一单位时间可以做的最大有用功（如功率）出现在当较重篮子的重量是上升篮子重量（重力）的两倍时。如果篮子的重量更平均，每趟旅程和每单位输入的能量就能运送更多的"货物"，但即使效率更高，机器的运转速度也会更慢。相反，当篮子的重量非常不同时，货物运送速度非常快，但每次运送的"货物"并不多，当篮子落地时，大部分输入的能量都变成了热量。单位时间内最大的有效功是当两个重物的比例，也就是力的比例为 2∶1 时。奥德姆和平克顿在那篇论文中还有很多其他的例子，包括经济的类比。其基本思想是，在一个竞争激烈的世界里，一个人的效率再高也不过分，否则他的竞争对手就会在你还没来得及开发资源之前就开发了。结果并不总是令人满意的。例如，如果美国选择更慢地使用中东的石油，这会为中国开发更多的石油打开大门吗？

我们大多数人不会认为自然系统是"真正的"经济，因为这个术语倾向于保留给包括人类、人类过程、市场交易、货币和（或）其他以人为本的活动的系统。然而，实际的经济（包括纽约州锡拉库扎市或哥斯达黎加的经济）实际上受到与自然生态系统相同的热力学力和定律的制约，并且与它们有许多共同之处——结构、功能、能源需求、物质循环等。在我们看来，现代城市、农业系统甚至整个国家实际上都是工业生态系统。由于许多人类建造的系统（如城市）的结构比自然系统包含更多的非生物和动物群体，因此建造和维护它们的能量需求要大得多，必须从系统外部供应。今天，这不仅需要通常的太阳能投入，而且需要大量化石燃料和能源密集型材料的集中，而这些反过来又在世界其他地方产生巨大的"生态足迹"。因此，这些"真正的"经济既是关于社会或人类参与的交易，也是关于物质的流动、能源的使用和耗散。

因此从这个角度研究自然系统，许多以霍华德·奥德姆[2][8]为首的生态学家已经准备好从能源和物质的角度来研究经济，并且他们已经有了概念上的、测量的和建模的工具来做这些。他们发现，他们已经准备好接受赫尔曼·戴利和极少数其他经济学家的观点，并与他们"串通一气"，但传统新古典主义经济学家对此毫无兴趣。

4.6　增长极限

导致生物物理经济学发展的第三个主要思想来源是一系列令人震惊的、许多人会说悲观的关于未来的科学报告，这些报告发生在 1970 年左右。其中最重要的，或者至少是最受关注的，是保罗·埃利希的"罗马俱乐部"的《增长极限》[10] 和《人口炸弹》[11]。《增长极限》是由麻省理工学院的杰伊·弗雷斯特创建的一个计算机模型的结果，该模型最初是由他的学生丹尼斯·梅多斯、多内拉·梅多斯、约根·兰德尔斯和威廉·贝伦斯三世改进并发布的。该模型是对人口的一个非常基本的预测，包括出生率和死亡率、人均工业产量、人均粮食产量、污染和不可再生资源，它被建模为一个随着时间推移而枯竭的实体。"标准运行"的结果在一段时间内促进了人口、粮食产量和工业产量的增长，但最终由于污染或资源枯竭而导致严重的并发症，从而导致人口严重下降。研究人员在许多方面改变了他们的假设，看看他们是否能生成一个稳定的场景。与直觉相反，增加投资或控制污染物只能够推迟负面影响。在这个模型中，只有通过极端的人口控制和消除所有的投资才能得到稳定的未来。模型及其批评者将在第 12 章进一步讨论。人口炸弹讨论了不断增长的人口以及关于人类使用越来越多的地球资源来支持他们有关的许多问题。这也预示了人口持续增长的可怕后果。虽然埃利希最极端的预测没有成真，但事实上，他预测的许多方式我们都已经经历了[12]。

根据壳牌石油地质学家 M. 金·哈伯特[13] 的预测，美国和世界都无力继续增加石油产量，这些报告在现有担忧的基础上，又增加了对人口增长和污染的担忧。哈伯特假设，随着时间的推移，不可再生资源的使用将会增长，然后大约以一个正常形状（钟形）曲线下降，最初快速增长，然后在大约一半的资源被消耗时达到一个（或多个）峰值。同样，这一预测的结果有些模棱两可：石油仍然丰富且相对便宜（尽管比过去更贵），但全球传统石油已停止增长或接近停止增长。但一个国家的分析显示，大多数国家的石油产量确实与哈伯特曲线相当接近[14]。正如我们稍后讨论的，其中一些对全球的预测的时间可能有点不准确，而预测的基本模式却非常准确。

这些报告以各种方式暗示，相对于支持人口增长所需的资源基础而言，人类人口似乎正变得非常庞大，尤其是在相对较高的富裕水平上，而且一些相当严重的人口和文明"崩溃"似乎正在蓄积之中。与此同时，许多科学期刊上发表了很多关于众多环境问题的新报告，如酸雨、全球变暖、多种污染、生物多样性的丧失和地球保护臭氧层的损耗。在 20 世纪 70 年代和 80 年代初的石油短缺、排队买汽油以及一些电力短缺都似乎给一种观点带来可信度，即我们的人口和经济在很多方面超过了世界对人类的"承载能力"，即世界用来支撑人类和他们越来越丰富的生活方式的能力。

大学聘请了许多生态学和环境科学等以前不太知名的学科新人，学生们对资源和环境问题的兴趣大增。虽然环境经济学的课程被添加到一些大学的目录中，但大多数经济学家忽略了这些问题，或者，如果有的话，将自然建模当成经济的一部分，并将环境因素作为理性人对价格激励做出的反应添加到清单中。尽管受自然限制的经济概念在 20 世纪 70 年代初开始在政治经济学家中发展，以生物物理约束为基础的外部增长限制的概念，受到主流经济学家圈子的冷遇[15]。尽管18 世纪以来，经济学家们就一直在写增长的内在极限，但这些新著作提出了一种新的可能性：我们的未来也将受到自然的限制。从历史上看，人类已经能够通过使用越来越多的能量来解决手头的问题，从而超越自然的限制。但无论是在能源供应方面，还是在使用能源的后果方面，我们是否已接近这些极限？如果是这样，主要在全球北方，便利的时代、富裕的增长和人类福祉的增长[15]，可能会被量入为出甚至衰退所取代。这条消息并不受欢迎。吉米·卡特总统在电视上讨论了美国人节约能源的必要性，甚至在白宫屋顶安装了太阳能收集器。他说，美国人民应该把能源危机视为"道义上的战争"。"对很多人来说，人类似乎已经达到了地球支持我们物种的能力极限。"

然而，大多数经济学家不接受资源的绝对匮乏或增长极限的概念。他们表示，恢复增长只是需要实施一系列适当的激励措施和市场化改革，同时摒弃绝对限制的危险理念。一系列严厉的报告出现，针对那些用"极限"观点写文章的科学家（如帕塞尔等[16]）。

他们认为，经济体已经建立了与市场相关的机制，可以应对短期（相对）短缺。在市场激励的驱动下，技术创新和资源替代将解决长期问题。早期反核运动的评论家贬低了这样一种观点，即使用更少的电力或用更安全的能源发电根本不可行。对他们来说，那就是制造更多的核能，或者"在黑暗中冻结"。

1985 年中期，随着国际生态经济学学会、国家分会和《生态经济学》杂志的发展，这三种思路更加正式地融合在了一起。在某种意义上，许多学会和期刊，虽然从事了重要的研究，但过多地关注环保商品和服务的美元价值，经济决策发生的制度环境[17]，并继续致力于新古典主义模型和分析，多数忽视了损耗的问题。大约 20 年后，国际生物物理经济学学会成立。从 2016 年开始，《生物物理经济学与资源质量》杂志的创办致力于发表完全基于生物物理经济学的论文。越来越多的经济学家同意生物物理学家的观点，认为有必要改革经济学的基本概念，以反映能源的重要性。[18]

4.7 我们能用生物物理经济学做什么

到目前为止，生物物理经济学主要关注五个问题：

（1）新古典经济学的不足之处（见第3章）。

（2）将生物物理现实纳入经济学的必要性（见第3、第4、第5章）。

（3）化石燃料革命对经济增长的重要性（见第4、第6、第7、第8、第9、第10、第11章）。

（4）增长的极限是一个真实的（如果是复杂的）问题（见第12章）。

▶这包括石油峰值、能源投资回报率（EROI）下降。

▶可再生能源能替代化石燃料吗？

（5）在生物物理经济学改进和产生更好的EROI预算和方程的需要（见第18章）。

在我们的日常生活中，金钱是一个非常现实的问题，因为我们可以得到报酬或兑换金钱，从而获得食物、燃料或住房。此外，许多似乎密切相关的财务实践，如会计、簿记和简单地平衡一个人的支票簿，都是以钱为基础的，具有很大的实际重要性和显而易见的现实性。事实上，我们这些提倡生物物理经济学的人认识到，货币作为交换媒介是有用的。当然，作为交换媒介，没有什么可以替代货币成为适当的记账依据和正常的日常使用来获得所需的商品和服务。但是经济学背后的理论是什么呢？这是理解我们经济中货币日常使用的最佳方式吗？我们不这么认为，这是显而易见的。其他人不同意。传统经济学对上层人士是有用的，因为它证明了当前的经济秩序是合理的。它认为持续消费越来越多的东西是幸福的关键，并认为私营企业经济是有史以来最好的经济。最重要的是，传统经济学是以金钱为基础的，而金钱是衡量和获取价值的关键。因此，即使是最神秘的经济学也有一定的吸引力，因为它使用金钱，这在大多数人的心目中很容易理解。

但重要的是要明白，现代形式的货币是法定货币或"法令货币"。因此，它没有内在价值，而只有在代表社会或其代表愿意接受付款时才有价值。政府接受货币支付税款。我们也使用金钱来获得能源或能源衍生产品，以产生商品或服务，然后将提供给持有钱的人。因此，货币是一种留置权，意思是对能源（或已使用的能源）以及劳动力、商品或货币本身的合法要求。正如我们在第1章中所看到的，货币既可以作为资本，也可以作为投机的媒介。货币创造是银行盈利的方式，但归根结底，货币可以被理解为对能源的留置权。

让我们举个例子。在纽约，人们可以花一美元买到美味的、高品质的百吉饼（加奶油芝士和/或熏鲑鱼）。在这一美元的背后是许多生物物理活动，每一种都必须发生。路易斯安那州必须使用天然气来制造肥料，然后再由密西西比河顺流运到内布拉斯加州，在那里，一辆拖拉机用石油将肥料撒在土地上，并种植小麦种子。后来，拖拉机使用更多的柴油来收割小麦，然后通过铁路运到纽约，磨成面粉。电被用来混合面粉并煮熟水。能源被用来制造化肥厂、驳船、拖拉机、铁路等。生产百吉饼所需的所有工作都需要消耗体力，而美元是我们记录能量的方式。一部分美元用于支付每一步所消耗的能量，另一部分用于支付给指导工作的人员（即劳工及管理人员）。工人的工资或资本家通过利润获得的收益也需要能源。大约 5 兆焦耳（1 升油的 1/7）的能量被用来制作一个百吉饼。

除了上面给出的问题，或者与以上问题重叠，我们还可以询问生物物理经济学是如何被其实践者应用的。第一个，也是最普遍的应用是可视化经济是如何运行的，以及理解每一步是如何需要能源的。仔细研究图 3-3 可以看出这一点。这导致了一些不明显的含义。例如，如果一个人希望生活在自然的生物物理极限之内，那么世界上富裕国家的人们需要谨慎地考虑日常生活中使用和具有的能源，并据此采取行动。

生物物理经济学的第二个主要应用是现实地评估贫穷国家经济扩张的潜力。世界上大部分地区都相当贫穷，有许多努力旨在改善穷人的生活，有些取得了成功，有些则没有那么成功。在过去的 60 年，整体上穷人的命运有了相当大的改善。事实上至少自 1820 年以来，根据一项研究，与过去 90% 的人生活在极度贫困中相比，现在只有 10% 的人生活在极度贫困中，主要是在南半球[15]。有些人可能对罗瑟的数字相当乐观，因为地球上大约 1/3 的人口每天生活费不足两美元。这些增加的财富从何而来？主要原因是持续的工业革命，它使用化石燃料取代了生命动力，最重要的是，增加了粮食产量（见图 4-1、图 4-2、图 4-3）。

然而，我们许多负责为发展筹资的机构，如世界银行，都有一种占主导地位的观点，即重要的不是把钱花在公共部门，而是把一个国家的财政运作尽可能多地移交给私营部门。人们普遍认为私营部门比政府部门更有效率。对这一问题的实证分析并没有清楚地表明情况如此，事实上往往相反[19]。将政府通常承担的职能私有化会更好，这种极端的观点被称为"华盛顿共识"。近几十年来，这种观点被用来指导拉丁美洲的发展，往往带来灾难性的后果。生物物理经济学方法已被用来研究这些常常被误导的政策和可能为穷人带来希望的替代方案[21]。

生物物理经济学的第三个应用是了解当今世界的一些重要趋势，帮助我们为一个可能截然不同的未来做准备。这些趋势包括长期停滞、石油峰值和 EROI 下降。还有一系列关于减少碳排放和可再生能源是否能取代某些重要的化石燃料的问题。

4.8　长期停滞

北半球，从第二次世界大战结束到 20 世纪 70 年代，一旦欧洲从战争中恢复过来，经历了历史上前所未有的能源使用增长，在某种程度上能源效率和经济产出大幅度增加（见图 4 – 1）。但 20 世纪 70 年代以来，世界上大多数工业化经济体的增长率都有所放缓。20 世纪 80 年代以来，美国、欧洲和日本的经济经历了增长下滑，而当前世界经济增长的主要驱动力是中国和印度，尽管它们也可能在下降（见图 4 – 6）。截至 2017 年年中，欧洲和日本的国内生产总值（GDP）已经停滞了 10 年或 20 年。在过去的十年里，美国的 GDP 增长率约为 1%，大约是自内战以来 1.9% 的历史水平的一半，与人口增长大致相同，因此人均财富没有增长。经济学家对这些基本停滞不前的经济体进行了大量的讨论和争论[23]，很大程度上集中在经济内部因素上：消费者支出、债务、银行、赤字支出和凯恩斯主义——过去被广泛用于"启动"经济增长的政府赤字支出是否或为何不再像过去那样发挥作用。在下一章中，我们将更广泛地讨论关于长期停滞的主流和非正统观点。

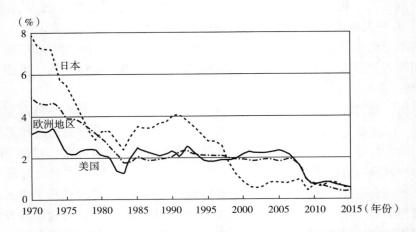

图 4 – 6　日本、欧洲和美国的经济增长，随着时间的推移呈现出普遍的下降趋势

生物物理经济学可以提供这样一个解释[24]。大多数生物物理经济学的信徒认为（许多其他人一样），传统的经济学（新古典主义）存在根本性的缺陷（见第3章）。生物物理经济学认为，资源的丰盈程度下降和增长的停止之间有一种普遍的关系，其中资源的丰盈程度下降反映在更低的产量以及石油和其他重要燃料的EROI（见图4-7）。墨菲和霍尔提出了一个模型，该模型以生物物理经济学为基础，对经济周期进行了解释，似乎与经济的实际行为相一致（见图4-8）。截至2015年年中，这种情况更为明显，当时油价为每桶100美元。在撰写本书时，油价约为每桶50美元，以历史标准衡量仍处于高位，而且相对于20世纪90年代的强劲增长而言，目前的油价仍处于高位。经济合作与发展组织中经济增长最快的国家是美国，尽管增长率仍然很低。在美国，天然气虽然不像石油那么有价值，但仍然是工业的优良燃料，价格非常低廉，大约是长期价格的1/4，这反映了来自如宾夕法尼亚州的马塞勒斯页岩等水力压裂地区的产量。这可能是美国经济增速略高于其他经合组织国家的原因。奇怪的是，石油和天然气公司在赔钱的时候还在钻探新油井。

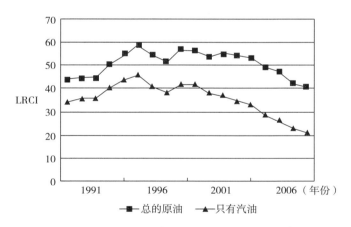

图4-7　EROI下降的例子（挪威石油和天然气）

资料来源：参考文献［37］。

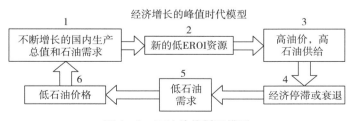

图4-8　石油价格循环模型

资料来源：参考文献［38］。

生态学中可能还有另一个有用的生物物理概念。尤金·奥德姆在 1969 年写了一篇好的论文，表现了在连续时间内生态系统的行为，也就是说，自建立或殖民在某一地点，如一个生态系统在一片荒地或一个新的填满的水族箱中得以发展，直到生态系统达到"高潮"，它不再积累生物量。起初，随着生物量的建立，产量（从阳光中获取能量）和呼吸（所有生物利用能量维持新陈代谢）都迅速增加，光合作用大于呼吸作用（见图 4-9）。两者之间的差异代表了生物量增加所吸收的能量。但是在某一时刻，不断增加的生物量的呼吸作用等于植物的产量，系统停止积累生物量。在稳定状态下的生物量受到呼吸作用（即用于维护）的限制，能源成本与从进入的太阳能中获取能量的收益一样大，并且系统也适应了这一点。这发生在世界各地，因为大多数生态系统受到太阳辐射（或水）的限制，而不是无限期地增长，而是达到稳定的生物量水平。奥德姆认为，人类社会最初也将迅速增长（即新的建筑超过维修要求，导致基础设施的积累），但随后将接近平衡，因为维持基础设施的能源成本变得非常大。这与大多数经济学家预期的经济无限期增长大不相同。那么，拥有庞大基础设施（如道路和城市）的现代高度发达经济体是否已经达到了这样一个阶段：所有可用的能源都用于"维护新陈代谢"，以支持现有的基础设施，而几乎没有可用的能源用于净增长？

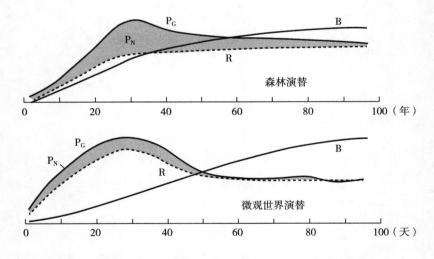

图 4-9 扰动后的演替（或生态系统演替的开始）的概念

随着时间的推移，在一个新的生态系统中（如在一片新的森林空地上），光合作用和呼吸作用都增加了，尽管最初光合作用增加得更快，从而产生更多的生物量。最终，不断增加的生物量消耗越来越多的能量用于呼吸，所以光合作用和呼吸作用是相等的（称为"顶极"）。

资料来源：参考文献 [39]。

能解释长期停滞吗？我们现有的以增长为导向的经济模式是否仍然合适（见图4-10)？或者，仅说经济增长反映了能源的增长就足够了吗？正是能源的增长才使经济增长成为可能，而曾经容易廉价获得的能源，现在却不再是这样了。无论如何，生物物理经济学的方法对于理解长期停滞似乎非常有用，我们应该比迄今为止探索得更多。

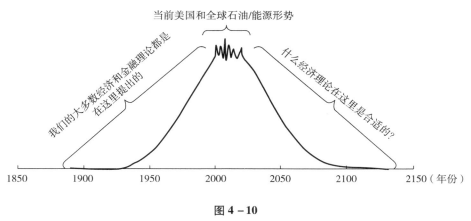

图 4 - 10

相对于一般增长、停滞与化石燃料的最终产量下降和可用性，我们的经济模型发展间的关系。

　　与此同时，我们在化石（和其他）燃料供应方面面临的主要问题不是它们在地球上的总量（还有大量剩余供给），而是它们的质量。为了生存和繁荣，所有物种都必须平衡获取所需资源（包括额外能源）的能源成本与被开发资源中的能源（或其他属性）之间的关系。这适用于肉食动物，他们在猎取食物的过程中必须将在追逐过程中消耗的能量、成功的机会和从猎物身上获得的能量进行比较。同样，人类狩猎要想生存，就必须产生相对其自身投资能量的大量剩余能源。它也适用于现代人类工业经济，尽管它们的不同之处在于，投入和获得的能量不是内部新陈代谢的，而是外部的（身体外部的）能量。因此，研究我们的能源未来的一个至关重要的问题是燃料的能源投资回报（EROI）。要把化石和其他燃料从地下开采出来并投入社会，就需要投资。这些投资包括能源和美元，正如我们需要从金融投资中获得利润一样，我们也需要从能源资源中获得净能源利润，以使社会得以继续。我们将在第18章和第19章中更全面地发展这些概念。

　　也许现在对我们来说最重要的政策问题是我们应该如何进行能源投资。如果我们要维持我们已经建立的庞大的人类基础设施，就需要进行巨额投资，而这仅是为了对抗不可避免的熵的产生，而熵的产生是自然所要求的。在我们走向未来时，EROI 是我们必须作出的决定的一个极为重要的组成部分，但它本身并不充分。我们目前在了解我们的情况方面面临的主要问题如下：

（1）EROI 的明显持续下降将大大限制我们投资新能源技术的选择，无论它们可能是什么。

（2）需要专业、客观的方法来收集所需的数据，评估替代能源和相应要求。这样的评估似乎必须来自同行评审或政府资助的项目。

（3）传统经济学完全不能胜任这项工作。

4.9　为什么大多数传统经济学家没有更多地关注生物物理经济学

经济学家很少关注生物物理经济学，很大程度上是因为到目前为止，经济增长似乎还没有达到令人崩溃的极限。也许最基本的问题是马尔萨斯是否已经被现代社会不断发展的技术所终结。大多数经济学家会回答："是的，马尔萨斯式的担忧已经平息，主要是因为技术的不断进步。"根据布里奇[25]，"有一个对后稀缺的描述——一个后工业化（市场产生的）资源必胜信念——资源稀缺性不再对经济发展构成限制因素……在过去二十年中，新自由主义对市场化和私有化的处方已经控制了几乎所有领域的公共政策"。

但已经有至少三个生物物理因素似乎至少同样重要：美洲对过剩的欧洲人的开放，欧洲人潜在的竞争对手——当地印第安人在实质上灭绝，农业产业化产生了巨大的粮食产量增加以及移除了将土地作为一个固定的生产要素的束缚，而将土地作为固定的生产要素是马尔萨斯整个理论所依赖的。第四个因素可能是技术本身，虽然大多数技术都与工业化有关，因此我们可以把技术和工业化看作一起作用的力量。随着经济盈余的不断增加，经济学从凯恩斯开始，越来越关注消费，并与社会科学越来越紧密地联系在一起。与此同时，经济生产的概念越来越集中于资本作为一个抽象但关键的概念，而劳动被重新构成为"人力资本"，土地被简单地省略了。最近，为了给自然赋予价值，生态经济学家将生物物理股票命名为"自然资本"，这些资本随后产生的流动被称为自然资源。但是，至少大部分发达国家的能源、食品和可支配收入的持续丰富，往往会缓解经济学家对资源限制的担忧，从而缓解对生物物理经济学的需求。另一个问题是，经济学作为一门学科往往是"封闭的"，意思是完全封闭在自己内部。

许多经济学家认为，由于能源成本仅相当于 GDP 的 5% 左右，因此与其他经济领域相比，能源成本的重要性微不足道，我们不必过于担心未来可能出现的能源短缺。但如果这种廉价能源大量减少会怎样呢？对我们许多人来说，这似乎是不可避免的。在 20 世纪 70 年代石油紧缺、经济遭受重创的十年里，当能源和矿产占 GDP 的比例升至 12% 时（这种情况可能很快就会再次发生），经济后果极为不利。汉密尔顿[26]发现，只要能源成本接近 GDP 的 10%，经济就会衰退。有人可能会说，如果从当前的经济中减去目前 5% 的 GDP 能源成本，剩下 95% 的 GDP 将不复存在。换句话说，我们非常幸运，我们必须只支付开采成本，而不是全价值的生产成本、对社会的价值，或大自然母亲可能收取的重置成本（如果有机制允许她这么做）。全价将必须包括自然资本折旧的费用，包括燃料本身及其开采、运输和使用中所破坏的自然，以及确保资源可得性的军事费用。我们目前几乎不支付这些费用。如果我们的运气耗尽，这些成本也会随之而来（很有可能就是这种情况），经济学将成为一场全新的球赛，人们的注意力将回到生产上来，这将导致人们对货币和能源投资产生一种新的思考方式。因此，有充分的理由从生物物理和能源的角度以及从社会和市场的角度来研究经济。最初这可能是一个艰难的飞跃，但一旦这个想法被提出，观念上的转变应该会变得明显和可取。

4.10 我们是否变得更有资源效率

对社会的物质需求继续增长，尽管很少有实证数据支持这样一种流行的观点，即经济在将资源转化为经济生产方面正变得更加高效。事实上，大量的经验数据表明，许多经济体的效率正在下降[27][28][29]，尽管几乎所有地方的总消费都在增长（这句话的一个部分的例外是自 1980 年以来的美国经济，似乎 GDP 的增长在某种程度上快于资源使用的增长——尽管大约一半的所认为的效率的提高是通过增加比例更高质量的燃料的使用，如一次电力）。一个极其重要的问题变成了：从奴隶到役畜，从水力发电到煤炭，从石油和天然气到……其他什么？石油是能源之路上的过渡元素吗？或者液体和气体石油是一次性的、高度浓缩、相对环保、高能源投资回报（EROI）的优质燃料，我们将永远不会再看到如此大规模的能源？我们怀疑是后者。第二个我们还不知道答案的关键问题是"谁将在创新/替代和消耗之间赢得竞争"。就来自美国的石油而言，大自然似乎是赢家，因为 EROI 已从 1970 年的至少 30：1 降至 20 世纪 90 年代末的 18：1[30][31]。随着时间的推移，我们越来越多地将更高质量的能源（如电力）投入石油生产中，克利夫兰对这一事实进行了适当的修正，"质量修正"后的 EROI 下降得更为剧烈，降至约 11∶1[32]。即使新油田越来越难找到[33]，我们遗留下来的大型油田的 EROI 仍在继续下降。同样，尽管技术上有了巨大的进步，但在美国获得一吨纯铜的能源成本却在增加，因为最好的矿石早已不在了[31][32]。

在目前的生产、消费和增长速度下，基本上没有任何一种资源可以被认为是真正可持续的，因为所有这些资源都得到了廉价石油的补贴。如生态旅游这样的"可持续性"项目，以及如哥斯达黎加[20]这样的"可持续性"地区的整个经济，实际上都是不可持续的，因为它们对石油的依赖日益增加，这就意味着债务不断增加。增长导向的经济学家的假设导致了对成千上万的昂贵的度假胜地的大量经济和能源投资，这些度假胜地位于许多可爱但被贫困所困扰的热带地区，这样的地区基于这样一种假设，生活在那里的人们可以而且应该无限期地依靠从工业世界短暂财富上掉下来的面包屑生活。随着对地球上最优质、最容易开采的能源的不断开采，廉价石油的供应已经枯竭，而对石油产品的需求继续增长，世界未来很可能会遇到一些非常艰难的局面。作为一个社会，我们必须认识到有必要建立一个更加以生物物质为基础的经济体系，其中包括关注物质性事物，如水、土壤、粮食、木材、其他纤维，并且最重要的是能源。经济必须再次把重点放在提供粮食、衣服、住房、基本交通和其他必需品等最基本的问题上。它必须为我们所面临的关键问题（如能源消耗和影响、土壤侵蚀、过度捕捞、水资源管理、财富分配的巨大不平等）提出真正的解决办法，这些问题由于我们临时拼凑的"解决办法"——廉价石油而迄今被忽视。我们必须非常仔细地重新考虑，由于杰文斯悖论，任何效率的提高都可能带来什么[33]。我们必须以全新的方式来考虑迫切需要的国际发展援助，我们不能允许对新古典主义经济学面具下的所谓优点抱有不合理的信念，这一面具被用来神圣化席卷欠发达国家的大规模新殖民主义[34]。如果《增长的极限》所带来的严峻后果真的成为现实，我们会谴责那些出于"道德"原因将人口问题从美国政府议程中剔除的政客吗？那些愚蠢地反对该模型的效用，或者更普遍地说，反对用生物物理方法来解决地球问题的经济学家呢？难道我们把他们关进监狱是因为失去的生命？是因为他们鼓励我们在错误的地方投资？

4.11　生物物理经济学是一种用综合传统方法来创造财富的手段

我们可以总结出三种最重要的经济学方法：重农主义者（专注于土地）、古典经济学（专注于劳动力）和新古典经济学（专注于资本）。这些似乎是经济学完全独立的概念方法。然而，所有这些都可以从生物物理的角度理解为对他们那个时代的主要能源的适当关注。当经济的主要能源输入是太阳时，土地是很重要的：农民将生态系统的太阳能利用成为人类和牲畜的口粮，而木材提供了最重要的热源，因此土地成为重农主义者所强调的财富来源。在 18 世纪末和 19 世纪，工人越来越多地集中在工厂里，他们的体力劳动对生产过程非常重要。随着时间的推移，拥有大型太阳能采集地的地主乡绅们被新的磨坊主取代，取而代之的是工业家，他们用更集中的煤炭和石油能源指导新的生产系统。因此，重农主义者，如魁奈的观点，在他们所居住的时间和地点是正确的，当时从土地上获取的太阳能创造了最多的财富。与魁奈同时代的亚当·斯密生活在英国，在他所处的时代和地点也是正确的，当时手工劳动正日益成为创造财富的主要方式。90 年之后，当手工业者被不熟练的工厂工人取代，土地贵族被工业资本家取代时，马克思能够对控制不同类型和不同数量的能量流的新阶层之间的关系作出深刻的洞见。也许今天新古典主义经济学家把注意力集中在资本上是部分正确的，资本是利用化石能源的手段。不幸的是，当把所有的投入都看作资本时，就比资本主要指生产手段的时候更难看出这一点。

这些"主流"生产函数没有强调的是每个生物物理经济学家都知道的真理：能源做的工作是生产财富，而且对财富的分配也至关重要，无论这种能源是来自土地、劳动力还是资本辅助的化石燃料。艾尔斯和沃道里斯[35]、库梅尔[36]、霍尔和高[29]表明，工业社会财富的产生几乎完全是那些社会能源使用的一个线性函数，当对所使用的能源的质量（如煤与电）和实际应用于该过程的能源量（如电弧与贝西默炉）进行适当的校正时，相关性变得越来越紧密。很多，也许是大多数技术最终都是关于这些东西的。现在似乎很明显，财富是由人类社会将能源用于开发自然资源而产生的。大自然用太阳能和地质能量来产生原材料，以人为本的"工作流程"将这些原材料作为商品和服务带入经济中。随着时间的推移，这些过程通过技术变得更加强大，这些技术主要是使用更多或更高质量的能源来完成工作。如果让大多数自然科学家构建一个生产函数，能源将是他们首先考虑的因素，因为他们接受过这样的训练，而且从统计上看，能源是最重要的因素——从经验上看，它比资本或劳动力更重要[36]。新古典主义经济学把生产看作个人偏好最大化的另一个例子，而生物物理经济学则把生产看作科学家对待工作的方式——将投入转化为使用能量的产出，同时遵循热力学定律。

4.12 总 结

在过去的几百年里，我们对生活的期望是建立在不断扩大的土地（如美洲）、能源和能源投资回报的基础上的。这让世界上大多数富人产生了一种期望，即他们至少有可能改善自己的物质生活，而对许多人来说，这确实发生了。我们从各个方面的经济学家的声明中都能听到，我们正面临着这样一种局面：许多年轻人对未来的期望不再高于他们的父母。事实上，这个问题经常进入政治舞台，因为政府未能使经济增长，而其他一些政府哲学有某种魔力，能够恢复他们认为正常的增长，这种增长他们认为是一种与生俱来的权利。在某种程度上，普通民众经济增长的放缓，显然是因为权力越来越多地落入富人手中，他们往往只关注自己的利益。我们大多数人不再生活在民主政体中，而是生活在富豪统治下，即富人统治。但其他一些事情也在发生：马尔萨斯终于赶上了我们，如果不是现在（很可能是现在），那么它很可能很快就会出现。如果不累积巨额债务，无论从货币方面还是从能源和环境方面，全球人口及其富裕就再也无法得到支持。我们所看到的每一个地方都存在着严重的环境问题，其源头就是气候变化的潜在影响。在某些圈子里，气候变化确实受到了很多关注。但我们相信，与能源供应和 EROI 相关的问题对我们未来社会的潜在影响可能会同样大，甚至更大。这两种影响很可能在同一时间框架内发生，可能在未来几代人或更早的时间内发生。希望在分析和公共媒体中对 EROI 的理解和使用将有助于缓和我们面前的硬着陆，因为高质量的化石燃料已经让世界上 73 亿人口中的许多人以旧的标准生活在相对奢侈的环境中。

但是，无论是我们的经济学家还是我们的政治家，都没有处理这个问题的概念基础或思维模式，仍然依赖于思维模式，在这种模式下，社会的唯一操作杠杆是在经济内部，而且往往是某种未经检验的政治意识形态。相反，经济学家必须明白，决定人类历史并可能继续决定人类历史的因素，有很大一部分来自当前经济之外，而且远不那么容易受到内部操纵。生物物理经济学是解决这一问题的一剂良药，但还远远不够。我们需要一种全新的教育方法，包括我们如何共同努力，面对一个对我们的能源和经济增长限制越来越大的世界（见图 4 - 10）。我们目前的经济概念和数学模型不仅不合适，而且一旦我们进入这个未来，还会产生巨大的误导。

我们的论文《碳氢化合物与人类文化的进化》的附录中可以找到更多合适

的参考文献。(Nature 426 no. 6964. p. 318 – 322)

▶www. nature. com/nature/journal/v426/n6964/extref/nature02130-s1. doc

参考文献

［1］Polyani, K. 1957. Trade and market in early empires in 1957.

［2］Odum, H. T. 1971. *Environment, power and society.* Wiley Interscience (2nd edition 2005 Columbia University Press).

［3］Hall, C. A. S., D. Lindenberger, R. Kummel, T. Kroeger, and W. Eichhorn. 2001. The need to reintegrate the natural sciences with economics. *Bioscience* 51 (6): 663 – 673.

［4］Quesnay, F. 1766. Analyse de la formule arithmetique du Tableau Economique de la Distribution des dispenses annuelles d'une nation agricole. *Journal de agriculture, du commerce et des finance*; Christensen, 1989. Historical roots for ecological economics-biophysical vs. allocative approaches. *Ecological Economics* 1: 17 – 36; Christensen, 2003. Economic thought, history of energy. *In Encyclopedia of energy*, ed. C. Cleveland, 117 – 130. Elsevier.

［5］Ricklefs, R. E. 1976. *The economy of nature.* Chiron: Portland.

［6］Hall, C. A. S. 2017. *Energy return on investment: A unifying principle for biology, economics and development.* New York: Springer.

［7］Odum, H. T. 1988. Self organization, transformity, and information. *Science* 242: 1132 – 1139; Odum, H. T. 1995. *Ecological and general systems.* Boulder: University Press of Colorado; Odum, H. T. 1995. Self organization and maximum empower. *In Maximum power: The ideas and applications of H. T. Odum*, ed. C. Hall, 311 – 330. University Press of Colorado; Brown, M. T. and C. A. S. Hall (eds). 2004. Through the macroscope: An H. T. Odum primer. *Ecological Economics* 178 (1 – 2): 1 – 294.

［8］——. 1973. Energy, ecology and economics. Royal Swedish Academy of Science. *AMBIO* 2 (6): 220 – 227.

［9］Odum, H. T. and R. Pinkerton. 1955. Time's speed regulator. American Scientist.

［10］Meadows, D., D. Meadows, J. Randers, and W. H. Behrens. 1972. *The limits to growth: A report of the Club of Rome's project on the predicament of mankind.* New York: Universe Press.

［11］Ehrlich, P. 1968. *The population bomb.* New York: Ballantine Books.

［12］ Ehrlich, P. R. , and A. H. Ehrlich. 2016. Population, resources, and the faith-based economy: The Situation in 2016. *BioPhysical Economics and Resource Quality* 1 (1): 1 –9.

［13］ Hubbert, M. K. 1969. Energy resources. In *The National Academy of Sciences-National Research Council, Committee on resources and man: A study and recommendations*. San Francisco: W. H. Freeman.

［14］ Hallock, J. , P. Tharkan, C. Hall, M. Jefferson, and W. Wu. 2004. Forecasting the limits to the availability and diversity of global conventional oil supply. *Energy* 29: 1673 – 1696; Hallock, Jr. , John L. , Wei Wu, Charles A. S. Hall, Michael Jefferson. 2014. Forecasting the limits to the availability and diversity of global conventional oil supply: Validation. *Energy* 64: 130 – 153.

［15］ Roser, M. 2017. The short history of global living conditions and why it matters that we know it. Published online at Our WorldIn Data. org. Retrieved from: https: //ourworldindata. org/a-history-of-global-living-conditions-in-5-charts/ [Online Resource] May10, 2017.

［16］ Passell, P. , M. Roberts, and L. Ross. 1972. Review of limits to growth. *New York Times Book Review*.

［17］ Klitgaard, Kent, and Lisi Krall. 2012. Ecological economics, degrowth, and institutional change. *Ecological Economics* 84: 158 – 196.

［18］ Steve Keen. 2017. podcast. https: //www. youtube. com/watch? v = BAjN6 bG7XzM; http: //www. eclectications. com/#post3.

［19］ Sekera, J. 2017. The public economy in crisis. *A call for a new public economics*. New York: Springer.

［20］ Hall, C. A. S. 2000. *Quantifying sustainable development: The future of tropical economies*. San Diego: Academic Press.

［21］ McKibben, W. 2017. The race to solarpower Africa. *The New Yorker June* 26, 2017. New York.

［22］ Gordon, Robert. 2016. *The rise and fall of American economic growth*. Princeton: Princeton University Press.

［23］ Galbraith, J. 2014. *The end of normal*. Simon and Shuster N. Y. ; Irwin, N. 2016. We're in a low growth world; how did we get there? The upshot. August 6 2016; Hans Despain. 2016. Secular stagnation: Mainstream versus Marxian traditions. *Monthly Review* 67 (4).

［24］ Hall, C. A. S. , and K. Klitgaard. 2006. The need for a new, biophysical-based paradigm in economics for the second half of the age of oil. *Journal of Transdisciplinary Research* 1（1）：4 – 22.

［25］ Bridge， Gavin. 2001. Resource triumphalism：Postindustrial narratives of primary commodity production. *Environment and Planning* 33：2149 – 2173.

［26］ Hamilton，J. D. 2009. Causes and consequences of the oil shock of 2007 – 08. *Brookings Papers on Economic Activity* 1（Spring）：215 – 261；Hamilton，J. D. 2011. Nonlinearities and the macroeconomic effects of oil prices. *Macroeconomic Dynamics*，15，472 – 497.

［27］ Ko，J. Y.，C. A. S. Hall，and L. L. Lemus. 1998. Resource use rates and efficiency as indicators of regional sustainability：An examination of five countries. Environmental Monitoring and Assessment 51：571 – 593.

［28］ Tharakan，P.，T. Kroeger，and C. A. S. Hall. 2001. 25 years of industrial development：A study of resource use rates and macroefficiency indicators for five Asian countries. *Environmental Science and Policy* 4：319 – 332.

［29］ Hall，C. A. S.，and J. Y. Ko. 2004. The myth of efficiency through market economics：A biophysical analysis of tropical economies，especially with respect to energy and water. *In Land*，*water and forests in the tropics*，ed. M. Bonnell，40 – 58. UNESCO. Cambridge University Press，Cambridge UK.

［30］ Hall，C.，C. Cleveland，and R. Kaufmann. 1986. *Energy and resource quality：The ecology of the economic process.* New York：Wiley Interscience.

［31］ Guilford，M. C.，P. O'Connor，C. A. S. Hall，and C. J. Cleveland. 2011. A new long term assessment of EROI for U. S. oil and gas production and discovery. *Sustainability* 3：1866 – 1887.

［32］ Cleveland，C. 2005. Net energy from the extraction of oil and gas in the United States. *Energy* 30：769 – 782.

［33］ Hall，C. A. S. 2004. The myth of sustainable development：Personal reflections on energy，its relation to neoclassical economics，and Stanley Jevons. *Journal of Energy Resources Technology* 126：85 – 89.

［34］ LeClerc，G.，and C. A. S. Hall，eds. 2007. *Making world development work：Scientific alternatives to neoclassical economic theory.* Albuquerque：University of New Mexico Press.

［35］ Ayres，R.，and V. Voudouris. 2014. The economic growth enigma：capital，labour and useful energy? Energy Policy 64：16 – 28；Ayres，R.，and B. Warr. 2005. Accounting for growth：the role of physical work. *Structural Change and Economic Dy-*

namics 16: 181 – 209.

[36] Kummel, R. 2011. *The second law of economics: Energy, entropy, and the origins of wealth.* New York: Springer.

[37] Grandall, L., C. A. S., Hall, and M. Hook. 2011. Energy return on investment for Norwegian oil and gas in 1991 – 2008: Sustainability: Special Issue on EROI. 2050 – 2070.

[38] Murphy, D. J, Hall, C. A. S. 2011. Energy return on investment, peak oil, and the end of economic growth. Annals of the New York Academy of Sciences. *Special Issue on Ecological economics.* 1219: 52 – 72.

[39] Odum, E. P. 1971. The strategy of ecosystem development. *Science* 164: 262 – 270.

5　生物物理经济学：经济学视角

5.1　引　言

从一开始，生物物理经济学就致力于将自然科学和社会科学的研究方法统一起来，以理解人与自然的相互作用。本章探讨了更好地实现这一目标的方法。我们相信，这样一种统一的研究方法将使我们更深刻地了解我们在这个潜在的能源短缺和气候危机的世界上所面临的当前和未来问题。通常自然科学和社会科学的研究是分开进行的。生态学和生物物理学是自然科学，而经济学和社会史是社会科学。我们凭什么能把它们统一起来呢？

这种统一并不像看上去那么简单，因为方法不仅在自然科学和社会科学之间有很大的不同，而且在社会科学本身之间也有很大的不同。与许多自然科学不同，社会科学很少依赖于受控的实验室实验。如果有人想要验证营养不足会对幼儿学习结果产生负面影响这一命题，那么从伦理上讲，人们就会怀疑是否应该设立一个对照组，喂饱他们，同时剥夺实验组足够的食物。这在道德上应该受到谴责。随着科学方法的不断使用，所有实践者都相信自然科学的原则。所有的自然科学都必须符合热力学定律和进化论的基本原理。量子力学领域统一了物理和化学。所有的自然科学都有这些出发点。社会科学的情况则不一样。主流经济学家一开始就认为，个人是对激励做出反应的理性参与者。我们的目标是找到一套正确的激励机制，使具有利己主义倾向的人相互合作。然而，许多心理学家不愿意接受理性行为者模型。此外，一些人试图证明经济学家的简单假设。人类学家主要研究小规模社会，关注文化。社会学家把大规模的现代社会放在首位。政治学家认为，政治过程决定行为，而新古典主义经济学家很少重视研究社会或政治制度[1]。此外，社会科学通常具有目的性。但目标意识意味着深入研究混乱世界中的人类实际行为以及构成一个良好社会的基本差异。一个良好的社会是一个市场原则充分的社会，还是一个集体社会，其中政府是公共利益的代理人？投票是否意味着民主，还是所有社会阶层的大规模参与都是必要的？一个好的社会是一个平等的社会，还是一个以巨大的财富回报个人努力的社会？社会科学对这些问题争论了很长时间，直到今天还没有从根本上解决。我们对这些问题没有明确的答案，而是认为能源在为我们的社会提供物质基础方面所发挥的作用成为需要进行争论的一部分。如果不了解能源在改变我们的工作方式、消费方式和相互交往方式方面的关键作用，我们就怀疑这些争论能否得到解决。

在本章中，我们不能代表所有的社会科学，尽管随着时间的推移，将更多的社会科学家及其各种方法融入生物物理经济学是一个重要的目标。理论和方法上的多样化比单一的学科方法更能理解复杂问题的各个方面。当然，由于我们产生了生物物理经济学，我们将重点放在生物物理科学与经济和历史分析的结合。获得高质量能源对于决定生产什么以及如何生产至关重要。发现和开发能源资源是在经济背景下进行的。例如，煤炭资源丰富，其能源投资回报率（EROI）超过了风能和太阳能等多种替代能源。然而，与此同时，煤矿正在关闭，工人下岗，老板申请破产。生物物理经济学的目标是理解自然界和人类经济中存在的可能性之间的这种复杂的相互作用。

在前一章中，我们从生物物理科学的角度概述了一套潜在的生物物理经济学原理：

（1）新古典经济学的不足。

（2）将生物物理现实纳入经济学的必要性。

（3）化石燃料革命对经济增长的重要性。

（4）增长的限制是一个现实的（如果是复杂的）问题：石油峰值和下降的能源投资回报率 EROI。我们必须问这样一个问题：可再生能源能否替代化石燃料？

（5）需要为生物物理经济学改进和产生更好的 EROI 估计值和方程。

在本章中，当我们从社会科学方法转向生物物理经济学时，这个清单需要做一些修改。第一个原则是生物物理经济学需要包括经济学。我们需要研究经济本身，而不是把人类所有的经济活动都归结于能源获取问题。最重要的一点是，社会和经济原则必须与科学的基本规律和其他行为科学的研究相一致。说到这里，让我们扩大上面的列表：

（1）生物物理经济学必须超越对新古典经济学的批判。

（2）我们已经在许多书和文章中这样做了，包括第3章。从根本上说，我们需要超越理性、利己、享乐、个人主义的经济人在完全竞争的理想世界中运作的正统观念，代之以对在社会和制度环境中的更广泛理解。此外，生物物理经济学需要超越这样一种观点，即研究价格形成应该是经济学的根本目标的观点。

（3）在第一点的基础上，我们需要将经济现实纳入生物物理经济学。

（4）我们生活在一个以大型跨国公司为特征的世界经济中，这些公司从长远来看能使利润最大化，而且往往比它们所在国家的政府更有权力。此外，工业企业，而不仅是银行，往往是复杂的金融机构。通用汽车的主要利润来源于其融资业务——通用汽车承兑公司，该公司也销售住房抵押贷款。在金融、保险和房地产（FIRE）行业占国内生产总值的比重从1970年的30%左右上升到现在的90%以上的时代，我们再也不能接受资本仅代表生产资料的观点[2]。生物物理经济学中的经济学必须反映出我们所生活的实际经济的全球化、金融化和垄断性。

（5）人们可以很容易地观察到化石燃料使用与经济活动之间的联系，但生物物理经济学必须更深入地解释这种联系。

（6）换句话说，将燃料使用量增加与整体经济表现和劳动生产率联系起来的因果机制是什么？在第8章中，我们开发了这样一种联系。最根本的问题是，当煤炭价格昂贵、水轮发电基本上是免费的时候，为什么煤炭驱动的蒸汽机会取代水作为动力来源？答案在于人类劳动和化石燃料之间的联系。水力发电厂主要设在农村地区，那里很难获得足够和训练有素的劳动供给。在英国曼彻斯特等城市中心，大量的工人已经做好了准备，能够仅为维持生计的工资而工作。化石燃料动力源的持续动力使制造商和发明家能够生产自动机械，不仅取代了大量的工人，而且还减少了生产过程中对熟练工人的需求[3][4]。企业领导人不希望仅因为高质量的能源供应减少或能源价格上涨，就放弃盈利、资本积累和经济增长的计划。他们经常在空间上重组劳动过程，并根据技能要求和工人数量来实现他们的目标。化石燃料与经济表现之间的因果关系贯穿于人类劳动之中，而从太阳能向陆地能源的过渡，促成了一场名副其实的劳动生产率革命。

（7）增长的极限是经济的，也是生物物理的，因为资本积累的过程是自我限制的，即使没有生物物理的限制。

（8）在资本积累过程的内在动力中，存在着许多限制增长的因素，导致经济增长长期缓慢。20世纪30年代以来，经济学家将这种现象称为"长期停滞"。大多数学派，从最保守的学派到最进步的学派，都对经济增长缓慢的原因进行了估量。我们要断言，发展停滞的生物物理经济学理论的最佳起点在于非正统的政治经济学和制度经济学，而不是新古典主义理论，生物物理力学理论将生物物理极限与投资的内在动力联系起来。在此背景下，我们将探索一个更现实的解释，即技术变革在经济发展中发挥的作用，基于划时代或不受约束的创新，从根本上重新调整经济和社会秩序。回答关于采用替代能源的问题将需要一种技术变革的现实理论，该理论基于实际历史实践和权力关系。

（9）发展一个更正规的生物物理经济学分析是一个很好的长期目标，目前的大量研究都是朝着这个目标进行的。然而，在缺乏坚实概念模型的情况下，寻求一套正规的分析工具是有一定危险的。诺贝尔经济学奖得主保罗·克鲁格曼抓住了这个问题的本质，他说："经济学职业之所以误入歧途，是因为经济学家作为一个群体，把披着令人印象深刻的数学外衣的美误认为真理。"[5] 在经济学中，许多方程通过约束人类实际行为来拟合这些方程。如果结果不符合市场经济产生效率、公平和人类福祉最大化的理念，那么实际行为就会被简单地忽略。纳入集中产业（或垄断势力）对新古典主义理论造成了极大的危害。这就是为什么垄断被视为后来添加的东西。此外，数学是非常有用的。它可以让我们把面对的大量数据转换成可识别的模式，从而更容易分析。然而，数学本身并不能取代建立在经济和生物物理现实基础上的理论。为此，我们需要建立一个严格的概念模型，其分析前的设想以生物物理和经济现实为基础。我们将在本章后面提出这样一组模型。

5.2 生物物理经济学思想的选择历史

在这一节中，我们将回顾目前的作者和他们的同事先前关于生物物理经济学的著作。由于生物物理经济学有一个历史方法作为其核心方法论的一部分，其中提到的许多文章包含了对更广泛的文献的评论。"生物物理经济学"一词在20世纪80年代首次被查尔斯·霍尔及其同事卡特勒·克利夫兰、罗伯特·科斯坦扎和罗伯特·考夫曼明确使用。在一篇名为《能源与环境》的论文中[6]，作者测试了几个关于能源使用与经济活动的假设，发现国民生产总值（GNP）和劳动生产率与能源使用密切相关，特别是在校正了能源质量之后。

5.2.1 能源和美国经济

在1940～1970年的长期经济扩张中，实现了稳定物价、充分就业和增加人均财富的经济目标。然而，1973年后，这些目标之间变得不相容。增加支出带来的不是稳定的物价、充分的就业和繁荣，而是同时出现的衰退和失业。凯恩斯主义的工具不再有效，凯恩斯主义理论陷入混乱。文章作者通过引入生物物理因素，如石油消费、投资的能源回报和资源质量的改善，对1973年后漫长停滞期的开始提出了另一种解释。文章列出了几个目标和假设。这种方法是从热力学和生产的角度来研究宏观经济学，而不是通过传统的新古典主义观点——根据人类的偏好，通过商品和服务的交换来创造幸福。他们认为，产品将物质和能量的组织结构升级为熵更低的商品和服务。生产是一个需要可用的自由能源的工作过程。对经济生产的全面分析需要包括热力学。此外，资源质量的变化影响到开采能源的容易程度和成本以及物质和能源的经济产量。

他们认为，经济政策必须纳入资源的物理属性，以免预测和政策建议不够准确和有效。在这篇文章发表之前的90年里，他们使用时间序列和横截面分析的普通最小二乘方法研究了燃料使用、经济产出和劳动生产率之间的关系。他们发现，对于时间序列和横截面估计，判定系数（R^2）为0.98。这显示了经济产出和燃料使用之间的密切联系。他们发现，劳动生产率的提高在很大程度上是由于直接能源使用的增加以及资本设备所体现的间接能源使用的增加。这是一个很好的例子，通过生物物理评估有助于理解社会过程（劳动生产率增加）的生物物理基础（每个工人每小时消耗的能量增加）。此外，他们发现，价格水平的变化与货币供应相对于能源实物供给的变化有关，但他们担心，尽管技术发生了重大变化，但定位、提取和提炼燃料的能源成本已经上升。技术使以前无法获得的资源在经济上可行，但代价是提高开采的能源强度。1939年以来，每单位燃料的经济产出下降了60%。石油发现在20世纪30年代达到顶峰，石油产量在20世纪70年代达到顶峰。从那时起，能源投资回报率从20世纪60年代中期的30∶1下降到1977年的18∶1和2007年的10∶1。他们的结论是，如果国家希望保持经济增长，就必须找到与化石燃料具有相同EROI的替代燃料。在没有这些发现的情况下，能源供应和质量将是经济持续增长的一个限制因素。

5.2.2　经济过程的生态学

霍尔、克利夫兰和考夫曼在1984年发表《科学》论文之后，于1986年出版了一本名为《能源和资源质量：经济过程的生态学》的专著。在这本书中，他们使用系统生态学的原理来分析经济过程，在经济中定义了如何利用能源将自然资源转化为商品和服务，以满足社会的物质需求。能源和经济系统包括一个基本的相互作用的生态系统，其机制不能通过孤立地看待生态系统和经济来理解。了解能源在人类事务中的作用几乎与所有环境和经济问题有关，因此能源应该是分析的重点。他们表示，他们的动机是对以化石燃料消费为基础的人类主导的生态系统的着迷，以及对当前经济理论现状的不满。他们认为，经济活动的能源基础不是决定经济现象的全部因素，而是补充标准经济分析的一个重要组成部分。这本书提供了详细的热力学分析、人类活动的能源需求，以及能源投资回报的概念。

本书介绍了不同经济学思想流派的细致审查方法，这些思想流派可以作为对发展得不充分的古典主义经济学的替代选择，其中包括古典政治经济学的知名人物，如重农主义者亚当·斯密、大卫·李嘉图和卡尔·马克思，同时还有知名度较低的名人，如谢尔盖·波多林斯基、弗雷德·科特雷尔、弗里德里克·索迪以及威廉·奥斯特瓦尔德，他们将生物物理现象纳入了他们的社会和经济分析中。他们还列入了一系列的图和概念模型，如经济活动作为来源于太阳能的持续性过程，从其中提取、生产、消费和产生废弃物，通过生态系统和经济，伴随着嵌入能量流的经济模型，最终到废热。这些模型出现在霍尔和同事的其他文章中，以及本书的第一版。在理论发展的早期阶段，他们只是在能量和物质的生物物理流动中插入一个交换值的循环流动。在本章的后面，我们将介绍一些更复杂的方法。该书详细分析了从传统石油到太阳能等多种能源的可用性，并对农业、进口石油、天然气、煤炭和核能的 EROI 进行了非常详细的研究，包括当时未预料到的成本。书中继续介绍了燃烧化石燃料的一般影响，包括大气中二氧化碳浓度的变化、人类对碳循环的影响、海洋酸化和农作物生产。该书以一篇社论结尾，论述了经济增长这一信号浮标的衰落，以及随着石油的可开采性和数量的下降，社会面临的严峻选择。

5.2.3　历史视角与当前研究趋势

第二年，卡特勒·克利夫兰发表了一篇关于生物物理经济学的历史观点和当前研究趋势的文章[8]。他与霍尔、考夫曼和科斯坦萨合作，对 1984 年和 1986 年首次出现的主题进行了补充。忽视物理规律使标准经济学无法充分理解能源质量变化对基本支持服务和废物吸收的经济意义。此外，劳动和资本等经济生产要素依赖低熵物质和能量。无论是资本还是劳动力，无论是单独还是联合，都不能创造自然资源。始于重农主义者和古典政治经济学家，克利夫兰提供了一个更详细的历史经济分析。然后，他将热力学定律与波多林斯基的著作更详细地结合到经济理论中，并得出结论：经济增长的最终极限不在于生产关系，而在于物理和经济定律。在本章的后面，我们将论证，对生长过程更全面的理解将源于对生产关系中发现的生物物理和内部极限相互作用的更全面的理解。克利夫兰通过关注弗雷德里克·索迪、阿尔弗雷德·洛特卡和技术官僚运动来扩展他的分析。前者对生物物理学的基本原理进行了经济分析，后者发起了关于最大权力的讨论。特别值得一提的是 M. 金·哈伯特，他首先阐述了石油峰值理论，并断言工业和化石燃料时代只是人类历史上一个短暂的阶段。哈伯特和洛特卡的工作反映在开创性的系统生态学家霍华德·T. 奥德姆的工作中，他开发了一种使用能量定律分析人与自然结合系统的系统方法论。生态模型文章展示了生物物理经济学是如何通过伊利诺伊大学能源小组的实证工作得到加强的。该小组开发了一个基于能源流动的投入产出模型，并据此计算直接和间接能源成本。

尼古拉斯·乔治斯库－罗根和他的学生赫尔曼·戴利因将热力学定律，尤其是熵定律正式纳入经济学理论而受到特别的赞扬。乔治斯库－罗根断言热力学是具有经济价值的物理，是所有物理定律中最经济的，由于它来自萨迪·卡诺对人类创造的蒸汽机的实验。这把经济过程当成单向而非循环的，低熵能量和物质在生产过程中转化为高熵废物。但人类感兴趣的是介于两者之间的步骤。然而，要在人类世界中创造幸福，需要人类的能动性。低熵物质和能量是必要的，但不是充分的。

文章最后阐明了这样一个原则，即由于缺乏生物物理原理，经济增长理论无法对长期趋势作出可行的预测，因为将大量无法解释的统计残差归因于对外生技术变化的模糊和简单化的概念。从生物物理学的角度来看，标准经济学理论需要关注资源质量的变化如何对人类的经济产生影响。

5.2.4 重新整合自然科学和经济学的需要

2001 年，查尔斯·霍尔和他的同事在《生物科学》上发表了一篇文章，呼吁减少与经济学相关的学科之间的隔离[9]。他们首先宣称，在市场中分配的财富必须在自然界中产生。作为自然界的一部分，生产必须遵循物理、化学和生物学的规律。不幸的是，标准的经济模型忽视了生产的关键方面。但事实并非总是如此，因为古典政治经济学理论的基础更为本质。重农主义理论把土地作为生产财富的最基本组成部分。对于亚当·斯密、托马斯·马尔萨斯和大卫·李嘉图这样的古典政治经济学家来说，土地作为一种固定的生产要素，导致边际收益递减，工资趋向最低生活水平。卡尔·马克思可能是化石燃料时代的第一位政治经济学家，他完全理解煤炭驱动的机器在增加，有时甚至取代人类劳动，从而提高生产率方面的潜力。到 19 世纪 70 年代，古典政治经济学被新古典经济学所取代，所以今天世界上大多数的经济决策都是基于与自然不一致的模型。霍尔等认为新古典主义理论是不充分的，因为首先它没有建立在生物物理世界的基础上；其次经济学的基本原则是逻辑假设，而不是经过检验的假设。它们不包含流经金融体系的能量流，而是完全专注于市场和交易所。他们建议用一个将经济嵌入必要的能量流的模型来取代循环流模型，该模型首次引入经济过程的生态学中。他们也批评主流理论的验证过程。关于人类行为的基本假设，如占有欲、理性和以自我为中心的偏好，从来没有进行过统计检验。经济学家断言，这些都是"保持不变的假设"，不需要测试。然而，从生物物理的角度来看，这些假设应该经过经验验证。

作者接着问了这样一个问题，为什么新古典主义经济学赋予自然如此低的价值？传统经济学家这样做是因为发达的工业经济体仅将其经济产出的 5% ~ 6% 用于能源，因此，按照经济学家的货币标准，能源的价值较低。尽管化石能源为我们每个人提供了相当于 70 ~ 80 个"能源奴隶"去做过去的体力劳动，但能源通常不包括在新古典主义生产函数中。然后，文章扩展了合著者之一雷纳·库梅尔之前的工作，他在罗伯特·索洛 1956 年发表的著名文章《对经济增长理论的贡献》中提出的基本生产函数中加入了能源和创造力。索洛将资本和劳动力作为方程中唯一的自变量，这些方程的结构允许对投入的充分替代（通过使用柯布—道格拉斯生产函数）。虽然该模型产生了稳定的增长路径，取代了罗伊·哈罗德和埃夫西·多玛早期模型的波动性，但它也产生了高达 70% 的无法解释的残余，索洛将其归因于技术改进（这被称为"索洛残余"）。当库梅尔和同事，将能源和创造力纳入独立变量的列表，在计算了所有独立变量的弹性（或%Δ 结果/%Δ 起因）并且测试他们 LINEX 功能后，残差几乎消失了。能源几乎解释了所有的"索洛剩余"，而且比资本或劳动力更强大。其社会影响包括预测昂贵的劳动力将继续被廉价的资本和能源所取代。价格并不总是反映稀缺性和重要性，必须根据能源和材料的需要仔细地重新考虑可持续发展的目标。在欠发达国家，基于新古典主义经济学的政策可能导致债务的过度膨胀，而人类倾向于为生物物理原因引发的事件寻求政治解释。这项分析的生物学意义基于以下事实：农业、医疗技术、野生动物管理和保护都需要能源。人类的幸福源于将能量从自然食物链和过程重新导入人类终端。最后，人口过剩、地下水污染以及碳循环和大气成分变化，这些不是外部性，而是化石燃料系统的一部分。

5.2.5 近代生态经济学的早期历史

2004 年，英格丽·洛普可撰写了评论文章"生态经济的早期历史"[10]。她提出了一些关于研究的社会和内部过程的方法论问题，以探寻通往知识严谨的道路。她还将制度背景和政治因素，以及广泛的社会影响包含在内。她认为，早期的生态经济学在其会议和《生态经济学》期刊的页面上对各种各样的观点持相当开放的态度。早期的生态经济学将经济概念化为描述自然的术语，而对热力学的关注揭示了一些几乎被遗忘的作者，甚至连尼古拉斯·乔治斯库—罗根在撰写《熵定律与经济过程》时都不知道。这些作者在 20 世纪 70～90 年代为生物物理现实中的经济学奠定了基础。这或许可以用英国经济学家米克·康芒的话来进行最好地概括，"如果不了解能源，你就无法理解人类过去 200 年的历史。我们本可以积累大量的资本，但如果没有化石燃料的开发，它就不会为我们做这些事情。能源是你做事所需要的，做事是经济学的全部"。

洛普可列出许多重要的主题和观察，其中大部分与能源质量有关。其中包括一种观点，即单位国内生产总值能耗下降是使用高质量燃料的结果。在劳动生产率方面，技术变革依赖于每个劳动者使用更多化石燃料的资本，所以劳动生产率的提高可以归因于化石燃料。农业利用太阳能，但现代化石燃料驱动的农业效率要低得多。投入产出等经验模型以及分布理论分析了能源税的影响。她还提出了一些问题：价格与直接和间接能源投入相关吗？实体能源是否能很好地衡量商品和服务的价值？洛普可讨论了系统理论所扮演的角色，尤其是其中源自伊利亚·普里高津的工作，以及法国规制学派等制度主义经济学家，虽然在许多制度主义期刊中，她承认环境分析中只占一小部分。早期的生态经济学是研究人员的聚会场所，这些研究人员致力于这样一种观点：环境问题和生物物理极限需要认真对待。

5.2.6 一个新的基于生物物理学的范例

2006 年出版的《石油时代后半期经济学需要一种新的、基于生物物理学的范式》[11]一书，标志着查尔斯·霍尔与肯特·克利特加德之间的首次学术合作。文章以人们熟悉的新古典经济学批判开始，指出了著名经济学家和诺贝尔奖得主对基本概念模型的怀疑。但文章也对生态经济学提出了新的批评。洛普可调查文章上面提到，生态经济学开始呼吁跨学科的研究和致力于方法论的多元主义。根据作者的说法，到 2006 年，生态经济学已经放弃了它的根基，本质上已经成为主流环境经济学的一个分支，专门研究生态系统服务和自然资本的货币价值。

霍尔和克里特加德接着重申，古典政治经济学从一种更以生物物理学为基础的方法，向放弃生物物理学现实的转变，过渡到新古典经济学，将其研究议程局限于基于享乐主义人类行为和完全竞争市场的交换过程的研究。文章批评了使用新古典生产函数来排除能源和能源质量作为自变量，表明这些模型没有产生准确的结果或预测。作者认为，经济学不应该仅是一门以牺牲生物物理科学为代价的社会科学；同时指出生物物理经济学的目标是研究实际经济的生物和物理特性、结构和过程；并以系统生态学的方法为出发点。文章最后提出了一个问题："我们是乐观还是悲观？"报告的作者乐观地认为，在利用资源方面有比目前优越得多的方法，但他们也悲观地认为，决策往往取决于市场进程。

5.2.7　EROI，石油峰值和经济增长的结束

2011 年发表的 21 篇文章，展示了构成生物物理经济学的理论多样性。大卫·墨菲和查尔斯·霍尔在《生态经济评论》上合作发表了一篇论文[12]。过去40 年来，化石燃料使用量的增加推动了经济增长。考虑到更便宜、更容易开采的常规石油正在枯竭，取而代之的是深水油井和加拿大油砂等质量较差、成本更高的非常规资源，未来增加全球供应的能力令人怀疑。这种情况产生了一系列反馈，作者称之为经济增长悖论。鉴于低成本燃料来源的枯竭，进一步增加石油的使用将需要能源价格的上涨；高油价降低了对燃料的需求量，从而抑制了经济增长。因此，如果我们不改变管理经济的方式，过去 40 年的经济增长不太可能持续下去。

从历史上看，石油消费与经济增长之间存在着紧密的相关性，除了几次供应中断外，石油供应一直与需求保持同步。1970 年以来，石油消费增长了 40%，GDP 增长了两倍。然而，自美国石油产量在 1970 年见顶以来，每一次油价飙升都伴随着一次衰退。这篇文章表明 1973 年的石油短缺产生了四个影响：

（1）石油消耗量下降了。

（2）资本存量和现有技术变得过于昂贵，无法在更高的能源价格下运行。

（3）制成品的边际成本增加了。

（4）运输燃料价格上涨。

扩张时期则呈现出相反的趋势。较低的油价和较高的消费表明经济正在增长。在经济扩张时期，油价平均为每桶 37 美元，而在经济衰退时期，油价平均为每桶 58 美元。在扩张性年份，石油消费每年增长 2%，而在衰退期则下降3%。作者认为，油价上涨与长期扩张不相容。支持这一观点的证据包括：现在的产量超过了发现量，尽管油价不断上涨，但石油产量依然持平，而且大多数容易被发现的石油已经被发现。2004～2008 年，世界石油供应的增长主要不是来自新能源的增加，而是来自沙特闲置产能的减少，这些年来，沙特闲置产能从6% 下降到了 2%。尽管油价上涨，石油产量却趋于平稳，这是一个与标准经济

理论相矛盾的经验现象。墨菲和霍尔在回应石油峰值理论的批评者时，对那些认为只要有正确的价格激励，就会有足够替代品的批评者说："你无法生产你找不到的东西。""在同样的价格和质量上，没有任何东西可以替代传统石油。"

　　然后，文章转向对能源投资回报的分析。作者引用了能源分析师内特·加格农的研究，他指出，所有上市国际公司的石油 EROI 从 20 世纪 90 年代的 36 : 1 降至 2004 年的 18 : 1。这是由于石油新能源的生产比旧能源更加能源密集，以及提高采收率技术的使用寿命较短。在此期间，墨西哥坎塔雷利等油田的石油产量急剧下降。作者预测，未来几年常规石油产量将继续下降。这使追求经济增长的照常经营战略由于经济增长悖论而站不住脚。可以从对这一悖论的生物物理解释中找到经济停滞和衰退的原因。经济增长刺激石油需求。增加的石油产量只能从较低的 EROI 来源得到满足。随着开采成本的上升，石油价格也在上涨。价格上涨阻碍了经济增长，而经济收缩减少了对石油的需求。需求减少导致价格下降。石油峰值很可能以"起伏的高原"的形式出现，而不是完美的高斯最大值。但是最终，价格更高、EROI 更低的燃料将抑制未来的经济增长。

5.2.8　生态经济学与制度变迁

　　利西·克拉尔和肯特·克里特加德也在 2011 年发表了一篇对主流生态经济学的生物物理学批判，以及主流生态经济学无法理解在地球有限的范围内实现经济公正所必需的变化[13]。他们首先认识到嵌入式经济作为概念模型的重要性。然而他们批评生态经济学以评价自然资本和生态服务的形式，为找到自然的正确价格耗费了太多的努力；在理解资本主义经济的基本基础和内在逻辑上花费的努力太少。这在很大程度上是由于许多生态经济学家对新古典主义方法的喜爱，以及他们不愿将根本的社会和体制变革视为实现可持续性的必要因素。这将导致对系统动力学的理解过于粗糙。例如，在科斯坦萨等的《生态经济学导论》中，作者调查了早期的经济思想，克利夫兰也是如此。然而，读者看到的这些作者分析的精髓是斯密没有劳动分工，马尔萨斯和李嘉图没有谷物法，马克思没有危机理论。早期对政治经济史的生态处理主要侧重于阐明古典政治经济史中发现的生物物理原理，但没有对这些理论提出的政治和经济条件有广泛的理解。此外，戴利还提供了新古典主义的标准，即设定边际效益等于边际成本，以决定何时在宏观经济层面停止生产。然而，问题不只是何时停止，而是如何停止。

　　克拉尔和克里特加德认为生态经济学已经分裂成两个分支，一个专注于评估自然资本，另一个专注于发展稳定状态的经济，这两个分支都来自赫尔曼·戴利的原创著作。戴利认为，当经济运行良好时，它会做三件事。它分配商品和服务，分配收入，决定宏观经济规模。他提出了评估这些目标的标准和方法。戴利还断言，这三个类别可以从分析上分开。配置的标准是效率，效率最好留给市场。分配应以公正为基础，宏观经济规模应以可持续性为基础，或在地球的限度内生活得很好。最后两个特性需要根据计划。但是，在一个产生不平等、商品和服务都依赖增长，同时又不使人口陷入贫困、失业和机会缺失的体系中，如何规划正义和增长的缺失呢？此外，在实际经济中，社会经济剩余的再投资过程中，配置、分配与宏观经济规模是统一的。赫尔曼·戴利并不是第一个对这些类别进行分析分离的人。1947 年，保罗·萨缪尔森的"新古典主义大综合"也做了同样的事情。萨缪尔森和戴利的不同之处在于，萨缪尔森认为收入分配问题和配置问题都可以通过市场来解决，政府应该负责促进经济增长。相反，戴利支持一种稳定的、无增长的经济，通过限制物质和能源对经济系统的产出，同时提高其效率，使福利和发展可以脱离经济增长。

然而，正如商业历史学家阿尔弗雷德·钱德勒在《看得见的手》一书中所指出的那样，工业革命的效率提升是通过提高生产量实现的。这就造成了公司增长需求和减少增长的生物物理需求之间的冲突。此外，资本主义企业从最小的企业家到最大的跨国公司，其目的是降低成本，扩大市场份额，将利润投入规模经营中。克莱尔和克里特加德断言，公司层面的盈利逻辑与消除宏观经济层面的增长是不相容的。为了实现稳定的状态和任何可持续性的希望，必须突出该制度的基本逻辑。作者认为，生态（和生物物理）经济学最好的服务方式是尽快抛弃新古典主义的意识形态，建立一个更好的基于非正统政治经济学和制度经济学的理论。他们简要介绍了当今盛行的主要非正统学说和制度学派：社会结构的积累性、每月评论学派、发展的无增长性等途径。重点是资本积累的逻辑与促成资本积累的社会机构之间的兼容性。文章最后引用了托马斯·杰斐逊的话。"法律和制度必须与人类思想的进步携手并进。随着科学的发展和进步，随着新发现的面世、新真理的揭示，人们的行为方式和观念也会随着环境的变化而变化，制度也必须与时俱进。

5.2.9　生态经济学、经济衰退与制度变迁

第二年，克利特加德和克罗尔继 2011 年的文章之后，对非正统学说和制度理论进行了更全面的解释[14]。它们以美国和全球的投资率、利润、生产率和国内生产总值的形式，提供了经济增长时代即将结束的证据。他们将这种下降归因于能源质量下降和成本上升的生物物理限制以及资本积累过程的内在动力。有证据表明，20 世纪 70 年代以来，经济产出的增长速度一直在下降，就业与投资和

最终需求的百分比增长率有关。与此同时，总产量自 1970 年以来增长了两倍。正是这种增长所产生的废水的绝对积累对环境造成了压力。这就造成了我们同时增长过快和过慢的困境。经济增长率不足以支持就业的增长，但速度太快，无法在自然生物物理的极限内生活。作者认为，如果生态和生物物理经济学家没有对失业和经济停滞的社会层面给予足够的关注，他们关于生活在地球生物物理极限之内的宝贵见解将被全人类忽视或否定。这造成了一种困难的情况，如果经济系统在达到其内部极限的同时也达到了生物物理极限，向可持续经济过渡将是极为困难的。要理解这个历史时刻可能的转变轨迹，我们必须理解经济与生物物理世界作为一个复杂系统的相互作用，并理解边界、投入、产出和反馈机制。主流经济学、新古典主义经济学和凯恩斯主义经济学并没有为现代的系统分析提供足够的基础。作者重申，他们呼吁采用基于非正统政治经济学和制度经济学的模型，作为生物物理经济学社会组成的可行模型的基础。主流凯恩斯主义和新古典主义理论都没有充分认识到伴随生物物理增长极限而来的内部增长极限的存在。非正统的政治经济学和制度经济学将增长的社会限制纳入其理论的核心，因此比主流分析更符合生物物理方法。

18 世纪以来，政治经济学家一直在撰写有关经济体系的文章。斯密、李嘉图、约翰·斯图亚特·米尔和马克思都对经济如何运行进行了全面、系统的论述。在 20 世纪 30 年代末和"二战"后不久的时期，伊夫西·多玛、阿尔文·汉森和罗伊·哈罗德等凯恩斯主义经济学家对投资过程的内在动力如何导致周期性不稳定和长期停滞进行了分析。政治经济学家保罗·巴兰和保罗·斯威兹调查了这些经济学家的著作，以及奥地利学派、马克思主义和制度传统的著作，提出了一种理论，认为有产生盈余的能力，问题在于如何利用盈余。如果不能找到足够多的方式来消费盈余，其结果将是长期停滞或低增长率。20 世纪 80 年代，从研究劳动过程和劳动力市场的制度变化如何影响繁荣和停滞的长期波动，演变成了一种被称为"积累的社会结构"的思想流派。到了 20 世纪 90 年代，这种分析经过提升，包含了更多的宏观经济变量。他们认识到，新自由主义的出现，以私有化、重新武装和从劳动到资本的财富分配为基础，预示着一种新的社会顶层积累结构的出现。新自由主义时代扎根于以增长为导向的政策，而该政策却不能产生增长。21 世纪的头十年，许多新自由主义政策得以实施，其平均增长率仅比 20 世纪 30 年代大萧条时期高出 1‰。新自由主义者呼吁回归价格竞争的市场原则，以恢复经济增长和稳定。然而，从历史上看，调节机制一直是周期性的萧条，而不是由竞争驱动的价格微调。克利特加德和克罗尔在文章的结尾呼吁建立一个新的经济框架，重点放在增长的内部极限和生物物理极限之间的相互作用上。他们提出的疑问是，在维持地球生物物理完整的同时，全球化和垄断的跨国公司，以及为其利益服务的各国政府，其体制安排是否能够提供足够的就业机会。

5.3　碳氢化合物和可持续发展的幻想

2016 年，肯特·克利特加德在《月刊》特刊上发表了一篇题为"碳氢化合物与可持续发展的幻想"的文章[15]，以纪念巴兰和斯威齐的《垄断资本》出版50 周年。克利特加德认为，尽管能源问题在巴兰和斯威齐的著作中只起了很小的作用，但是他们提出了一种很好的方法来分析当前的能源困境和生物物理极限，在资本积累过程的动力学中发现了极限。他记录了最近资源质量的下降、石油价格上涨的经济影响，以及最近煤炭公司的破产。对垄断资本理论进行了简要的总结后，克利特加德接着说，垄断的形成与碳氢化合物的开发紧密相关。从16 世纪中叶开始，伦敦豪斯特曼协会控制了英国煤炭的贸易，以限制产量，并将价格维持在标准石油公司的水平，从而形成国内垄断，成为全球第一家强大的跨国公司。他结合了化石资本理论，认为如果没有煤炭作为工业机械的动力，工业革命可能永远不会发生。正是从太阳能向陆地能源的转变，使早期的实业家能够充分约束劳动力，压低工资，降低工资商品的价格。

如果正如巴兰和斯威齐所言，垄断资本主义的正常阶段是经济停滞，那么繁荣时期的原因是什么？《垄断资本》一书的作者提供了证据，证明战争及其后果以及划时代的创新推动了经济增长超过正常水平的时期。克利特加德指出，所有推动繁荣的划时代创新，如蒸汽机、铁路和汽车，都是化石燃料密集型的。他还提到斯威齐给尼古拉斯·乔治斯库—罗根的一封信（这封信后来由乔治斯库—罗根的博士生约翰·高迪赠予肯特·克里特加德），它不仅体现了斯威齐与乔治斯库之间的密切的个人和专业联系，还表明了划时代的创新与乔治斯库—罗根提出的改变物种的"开创式创新"之间存在着密切的联系。在斯威兹最后一篇月度评论文章《资本主义与环境》中，斯威兹将日益严重的环境破坏不仅归因于化石燃料消耗的增加，还归因于资本积累本身的动力。资本主义依赖资本积累，而在生物物理极限下实现生命所需的去增长和稳定状态，与一个需要永远增长的体系是不相容的。我们需要一个以体面工作、公平分配和尊重自然极限为基础的体系，而不是以不平等和无休止的扩张为基础的体系。

5.4　向生物物理经济学的经济学理论发展

生物物理经济学理论必须与生物物理科学的原理相一致。这种理论还必须建立在对实际经济运行方式的坚实历史理解的基础上。迄今为止，生物物理经济学的经济学论据主要寄身于新古典主义经济学的不足之处，以及在新古典主义经济学之前对古典政治经济学有更深刻理解的要素寻求之中。正如在第2章中所看到的，古典政治经济学家大多要么生活在一个早于化石能源的时代，要么于化石经济形成时期被书写。对他们来说，土地是一种固定的生产要素，勉强能产生产出。向镶嵌在氢和碳的化学键里的巨大生产力的过渡，使经济学家们不再去思考绝对匮乏、维持生计的工资以及必然到来的稳定状态的制约因素。现在所有的稀缺性都与个人对物质享受的贪得无厌有关。经济学成为研究交换过程和价格形成的学科。20世纪80年代以来，这种批评经常出现在生物物理经济学文献中。新古典系统的边界描绘得不正确，因为它们既不包括高质量的能量输入，也不包括废热。新古典经济学忽略了热力学第二定律。消极或自我抵消的反馈机制主导了新古典主义框架。没有这些，自我监管将是不可能的。此外，新古典主义分析忽略了积极反馈。积极的或自我持续的反馈可能产生临界点，并需要根本性的、系统性的变革。莫里斯·多布·巴布[16]指出，所有的新理论都是以对旧理论的批判开始的。然而，现在是时候开始建立一个基于新方法和新思想的生物物理理论了。简而言之，现在是将现实经济系统的内部极限与生物物理极限在理论上联系起来的时候了。虽然当代新古典主义经济学家肯定有可能对生物物理经济学做出贡献，或者范式的技术可能有用，但由于新古典主义框架与生物物理科学的不一致，生物物理经济学往往会拒绝新古典主义的主导框架。例如，我们不主张拒绝所有货币量化的标准方法。那么，在哪里才能找到一个复杂的框架，使人们能够在能源质量、可用性和经济结果之间建立因果关系呢？

现在是时候开始构建这样一个理论了。我们认为，这一理论始于我们今天所经历的实际经济。经济全球化、集中化，并由金融需求驱动，是时候抛弃完全竞争这一不切实际的抽象概念了。一个可行的生物物理经济理论必须符合已知的科学规律和其他社会科学学科的研究水平，如人类学、政治学、心理学和社会学。它包括嵌入式经济的概念，其中经济是社会和自然的子系统。经济嵌入更大的社会的概念可以追溯到卡尔·波兰尼，而经济嵌入生物物理系统及其能量流的概念至少可以追溯到尼古拉斯·乔治斯库－罗根和他的学生赫尔曼·戴利。这些概念都是抽象的，但与纯交换经济的概念相比，它们更加现实和完整。生物物理经济学还应包括一种技术变革理论，即技术变革既体现在经济中，又不像许多新古典增长理论那样以"天降甘露"的形式出现，并能导致经济和社会的深刻的社会和地理重组。生物物理经济学理论也应该认识到，过去 40 年的缓慢增长不简单是一种反常现象，也不是糟糕政策选择的结果。相反，长期停滞在我们当前的体系中根深蒂固，就像经济的本质一样。缓慢增长是积累过程变化的结果。这些变化甚至在资源质量下降和 EROI 下降之前就开始发生了。经济有它自己的内在动力，与生物物理约束一起运作。我们在接近这样一个世界，可能增长缓慢、能源短缺和气候受到损害，了解这两套增长限制是至关重要的，以解决为世界大多数人口提供合理收入和体面工作的问题。

5.5　长期停滞、垄断资本理论和积累制度

阿尔文·哈维·汉森在 1938 年出版的《全面复苏或停滞》一书中创造了"长期停滞"一词，旨在解释大萧条的第二次崩盘，并将凯恩斯的就业不足均衡理论延伸至长期[17]。1937 年美国的失业率从当年的 14% 上升到 1938 年的 19%，直到"二战"开始才降至"个位数"。用汉森的话说，1937 年的经济衰退早在"全面复苏"之前就开始了。汉森认为，一个成熟的经济体，其基本的工业基础设施早已"从无到有"，未来将面临有限的投资机会。过去划时代的创新，如铁路和汽车，不太可能为未来提供充满活力的投资。此外，已经到达该国的地理边界，人口增长正在下降。此外，战后"婴儿潮"开始后，汉森在《生活》杂志上发表了一篇文章，宣称孩子是对抗衰退的内置工具，因为支持他们的支出将增加总需求。他认为，经济停滞是由投资不足造成的，而投资不足可能由许多原因造成，包括限制购买力和消费需求的收入不平等、产能过剩和市场饱和。随着投资机会的消失，汉森呼吁政府采取持续和大规模赤字支出的政策，以提供私营部门无法提供的需求。战后长期的经济扩张和新的汽车热潮似乎使汉森的理论沦为一个有趣的历史理论，直到 20 世纪 70 年代经济开始停滞。45 年后，哈佛大学前校长、世界银行副行长、新自由主义设计师劳伦斯·萨默斯告诉美联储，美国再次陷入长期停滞。从拒绝到接受，主流经济学家的反应各不相同。主流评论，被称为"长期停滞的主流观点"（MISS），分为两个阵营。保守的经济学家倾向于将增长放缓责难于供给因素，如气候和政府法规将限制生产率增长、提高业务成本，劳动力市场功能失调，工人的技能和可用的工作不匹配，缺乏基础设施支

出，零售业停滞。没有人提到能源质量下降是一种供应限制。自由主义经济学家倾向于支持需求方面的解释，如减少与下列相关的资本投资：数字经济（相较于钢厂或发电厂，银行服务器和网络连接需要更少的投资基金）、由之前金融危机产生的债务积压、不够灵活的信贷市场——不能够允许一个足够低的利率（本质上是负的）使货币政策能够产生充分就业[18]。汉斯·德斯潘认为，自由主义和保守主义的主流方法都没有抓住问题的本质：这种长期停滞建立在资本积累过程的内在机制。

20 世纪 30 年代初以来，左派学者就已经理解了这种联系。与凯恩斯同时代的迈克尔·卡莱茨基在《通论》出版 3 年前用波兰语发表了《凯恩斯的整个体系》（以及更多著作），他断言竞争的自然结果是垄断集中。垄断程度可以通过衡量在劳动力、机械和能源等主要成本之上，通过价格加成的能力来计算。这对于生物物理经济学理论来说是一个至关重要的因素，因为它意味着在现代经济中，价格是由供给和需求控制的，而不是由需求决定的。如果生物物理经济学不仅是主流经济学的另一个分支，它需要发展一套复杂的管理定价理论，尤其是在能源方面。卡莱茨基还认识到，投资的最大悲剧在于它是有用的，而且很容易被过度建设。他还意识到，在需求管理和法定货币时代，商业周期是政治性的，可以被政府政策操纵。约瑟夫·斯坦德尔追随卡莱茨基的脚步，断言内生因素，尤其是寡头垄断的集中，是长期停滞的根本原因。在竞争激烈的经济中，由于产能闲置而导致的利润率下降将意味着破产。但是在集中经济中，大公司通过减少数量而不是降低价格来适应市场条件。垄断的增加因此提高了利润率，但也增加了过剩产能。尽管毛利润可能会上升，但产能过剩会降低净利润率，投资也会停滞不前，因为投资者认为，在能够利用现有资本设备的情况下，建造新的资本设备不会带来足够的利润[18]。

保罗·巴兰和保罗·斯威齐在 1966 年的著作《垄断资本》中也分析了成熟的资本主义经济。他们的书在政治经济学家中引发了值得深思的争议，因为他们认为，马克思对利润率下降趋势的观察是由价格竞争驱动的。但是，一旦马克思的预测——竞争性企业被集中化和集中化的产业（现在称为寡头垄断）所取代，利润率下降的趋势就应该被经济盈余上升的趋势所取代。通过古典经济剩余的概念，或产出值与生活消费、重置投资和之间的差异，他们认为，现代资本主义是由大公司（或寡头垄断）所控制的，他们通过价格管理、避免价格竞争、扩大市场份额、降低生产成本来实现长期利润最大化。20 世纪 60 年代的这一假设在21 世纪第二个 10 年得到了大量证据的支持。20 世纪 50 年代以来，前四大公司控制了 50% 或更多的市场，行业数目从 5 个增加到 185 个。美国前 200 强企业的毛利润已从 1950 年的 14% 左右升至 2008 年的 30% 左右。

因此，经济盈余往往会上升，需要通过找到足够的消费渠道来消化。否则，产量将会下降，长期停滞将会出现。巴兰和斯威齐指出，有三种方法可以吸收不断增长的经济盈余：消费、投资、直接浪费。为了分析消费增长到足以避免停滞的水平，巴兰和斯威齐记录了"销售努力"的发展。大规模消费并不是理性消费者在受到收入约束的情况下最大化他们的主观效用的结果，但一个有意识的努力追逐利润的企业和国家，为确保消费水平足以吸收经济盈余，他们通过创建过去并不存在的需求和产品来实现这样的消费水平。投资直接吸收经济盈余，但同时又创造出更多需要在下一个时期被吸收的盈余。计划报废或过度军费开支等浪费，包括战争本身也可能成为潜在的吸收剂。巴兰和斯威齐的研究表明，如果没有浪费，市场经济将陷入长期停滞。如果他们是正确的，通过减少浪费走向可持续发展可能会加剧我们当前经济结构中已经出现的经济停滞。如果经济依赖不断增长的消费，那么在自然的范围内很好地生活将是相当困难的，特别是在生产商品和服务所需的化石能源的质量正在下降的情况下。在我们这个时代，信贷的过度扩张当然有可能以同样的方式出现。当然，在合理的计划经济中，通过大规模公共投资于非化石交通和建设非化石基础设施，可以促进就业，改善环境。然而，巴兰和斯威齐认为，由于垄断资本主义的权力关系，大规模公共投资无法充分吸收经济产生的经济盈余。与私营部门有效竞争的公共投资将受到限制。他们的观点似乎具有当代的相关性，因为目前美国和欧洲都在讨论政府作为需求管理器的角色。

由于长期未吸收的盈余，集中的工业经济的正常状态是缓慢增长或长期停滞，而不是新古典主义经济学假定的稳定增长路径。事实上，经济学文献也将长期停滞称为"斯威齐正常状态"。然而，如果停滞是经济的正常状态，如何解释20世纪60年代那样的繁荣时期呢？一种生物物理学的解释是，长期的低油价使劳动生产率得以提高。然而，垄断资本主义理论增加了一个不同的维度。巴兰和斯威齐将繁荣归功于战争及战争带来的后果或划时代的创新。第二次世界大战结束后，美国崛起为全球霸主。美国控制着世界金融体系，直到20世纪40年代末成为世界上唯一拥有核武器的国家，战后拥有世界上唯一能养活自己的产业。到20世纪70年代，国际货币协定已经瓦解，德国和日本在工业上赶上了美国，美国花费数十亿美元在东南亚打仗。具有划时代意义的创新刺激了需求和就业、吸收了大量的投资资本、创造了无数的外围产业、导致了大规模的地理转移，而这些创新不常发生。巴兰和斯威齐只列出了三个：蒸汽机、铁路和汽车。所有这些创新都是由廉价和可用的化石燃料推动的。没有汽车，我们就不会有购物中心、郊区住宅、快餐，也不会有足球妈妈。在能源质量和可用性不断下降的时代，是否会有另一种方式来吸收过剩？当然，互联网和社交媒体提供的就业和投资水平远不及这三种创新，尽管它们是当今许多人生活中无处不在的一部分。发展一种理论，将化石燃料的使用与积累机制、就业需求联系起来，将很好地服务于生物物理经济学。

20 世纪 80 年代，斯威齐和哈利·麦格多夫在他们的期刊《月刊》上把注意力转向了金融机构的崛起。他们反对主流观点，即金融工具的爆炸式增长正在拖累实际投资。相反，他们断言，并有相当多的统计证据支持，正是因为实体经济停滞不前，而且没有有利可图的投资，尤其是在石油时代的后半段，投资基金正流向金融、保险和房地产（FIRE）。金融、保险和房地产（FIRE）在国民生产总值中所占的比重从石油时代下半叶初（1970 年）的 30% 左右增加到 2010 年的 90% 以上[2]。坦率地说，由于军事开支、金融投机和炫耀性消费的共同作用，经济没有出现更严重的停滞。这些是经济增长，甚至是缓慢增长的主要驱动力，如果不从根本上重组社会机构，如何实现可持续发展？

5.6 积累的社会结构

政治经济学和制度经济学的进一步探索集中在短期商业周期、长期扩张和停滞趋势以及经济活动发生的制度结构之间的相互作用。在这些探索中，最富有成果的是积累理论家的社会结构研究。许多在这一传统中写作的经济学家将积累的社会结构定义为盈利发生的制度背景。与巴兰、斯威齐和麦格多夫不同，他们是在大萧条时期长大的，他们代表了在"二战"后漫长的扩张时期达到学术成熟的新一代，对长期停滞的观点提出了质疑。相反，他们接受了尼古拉·康德拉蒂夫的长波理论，并开始将它们的扩张和收缩阶段与劳动条件的变化联系起来。康德拉蒂夫的理论被哈佛经济学家约瑟夫·熊彼特接受，作为对长期衰退的另一种解释，他的理论被他强大的智力竞争对手汉森所接受。尽管熊彼特本人非常保守，但他培养和支持了具有各种政治倾向的年轻学者，包括保罗·斯威齐、保罗·萨缪尔森和尼古拉斯·乔治斯库－罗根。自由新古典主义、新马克思主义和生物物理经济学的根源都可以追溯到熊彼特。

20 世纪 70 年代和 80 年代体制的复兴表明，市场的运作是在社会体制的范围内进行的。就像将经济嵌入一个有限的、不完整的生物物理系统，这迫使我们思考主要系统的极限，将市场的功能嵌入一个社会系统迫使我们思考市场与更广泛的机构之间的相互作用。大卫·戈登和他的同事将这种宏观经济周期和制度背景的相互作用称为社会积累结构（SSA）。SSA 是资本积累发生的制度背景。在某些历史时期，这些制度普遍支持盈利，SSA 进入扩张阶段。经济进入了一个长期的增长周期[19]。然而，在某种程度上，制度条件发生了变化，SSA 崩溃，随之而来的是 20~25 年的下跌。菲利浦·奥哈拉简洁地总结了这一立场，他说："这个体系需要某种'公共产品'或体系功能来促进协议、条约、组织、沟通和信息，以缓和冲突和不稳定，否则所谓的'自由市场'将在很大程度上消失。"[20]

SSA 经历了不同的探索、巩固和衰退阶段。例如，20 世纪早期工业革命时期的 SSA 在大萧条中崩溃。进步资本家探索创新的生产和销售方式。当它们取得成功时，一套新的体制安排将得到巩固，并成为长期增长的基础。最终，20 多年后，如技术、世界权力安排和劳工组织等变量的变化导致了 SSA 的衰退。在衰退中，世界经济开始停滞，以停滞为基调的新的长波接踵而至。

鲍尔斯、戈登和魏斯科普夫[21]将社会积累结构的决定因素从劳动条件扩展到更广泛的世界关系和国内考虑范畴。战后的 SSA 是建立在美国霸权、在有限的资本—劳动协议中对工会的认可、限制大公司之间的价格竞争，以及基于经济增长的政治学的资本—公民协议的基础上的。战后的 SSA 无法在 20 世纪 70 年代初存活下来，当时布雷顿森林体系相继失效，美国石油产量达到顶峰并开始下降，同时还进入了滞胀时代。这场冲突发生在一个经济和政治目的都需要增长但却无法实现增长的体系之间。经过一段时间的僵局，新的新自由主义 SSA 开始建立在更加保守的目标上。这些目标有：①商品和资本自由流动的国际壁垒的消除；②国家从监管活动中撤离；③国有企业和公共服务的私有化；④向累退税的转变；⑤资本—劳动协议的结束；⑥新的竞争对相互竞争的寡头垄断行为的取代；⑦对企业精神和自由市场意识形态的信念[21]。随着不平等、停滞、日益加剧的资源稀缺，以及被投机融资加剧的夸张的正反馈循环，为系统的长期稳定创造了难以为继的条件，最近 SSA 走向终结[22]。

SSA 应该为长期可持续增长提供制度框架，至少在其崩溃之前是这样。然而，如果人类对自然影响的每一项科学衡量都表明我们做过头了（这似乎是可能的），那么就不可能在重新增长的基础上配置一种新的社会积累结构。相反，我们需要的是去增长，一种去积累的社会结构。但与此同时，政府和企业的主要权力结构及其配套的制度结构认为，要实现稳定繁荣的经济就需要增长，没有增长就被视为经济危机。沃尔夫森和科茨直率地指出：资本主义确实显示出强大的积累动力。这种驱动力是其核心特征之一。资本主义能否在没有资本积累的情况下生存下去是值得怀疑的——如果没有一个"不断扩大的馅饼"，资本主义将被冲突撕裂[23]。

每月评论学派与积累的社会结构方法的根本区别在于长期停滞与长波、划时代的创新与体制改革。积累的社会结构学派认为，全球经济正在经历新一轮的竞争，而每月评论学派则看到了另一种形式的寡头竞争。SSA 学派还认为，合适的社会制度可以带来另一个长期增长时期。在资源质量下降的时代，这一点更难让人相信，但从这两种方法中都可以学到许多重要的教训。最重要的是，这些例子将他们的理论建立在历史上和社会制度背景下发生变化的现有经济中。我们相信，作为一个良好的起点，虽然不是一个确定的终点，他们可以作为生物物理经济学一个可行的增长理论。

5.7　方程和概念模型

在我们仓促地形成一套描述生物物理经济学的方程式之前，我们应该首先建立一个坚实的概念模型。主流经济学的方程是由分析前的观点推导出来的，即经济是自给自足的，通过价格竞争实现自我调节。我们拒绝这两种观点。与其在错误的概念模型上重建方程，现在是时候为更好的起点提出候选项了。

在第 3 章中，我们提出了一个模型，在这个模型中，经济被嵌入一个更大的生物物理系统中，该系统依赖太阳能的流动，以可见光的形式进入，以废热的形式离开。然而，该模型首先在能源和资源质量方面获得进步：经济过程的生态学，在经济中放置了一个简单的循环流量模型，该模型也嵌入环境中。后来的研究表明，生物物理经济以太阳能流量、化石能源、开采、生产、分配和废弃物为基础，循环流量模型以一种不充分的方式来模拟其中复杂的相互作用。在这个模型中没有机构或实际的人类行为的角色。我们必须做得更好。

我们想提出三个候选的概念作为生物物理经济学的起点。第一个是生态经济学家赫尔曼·戴利提出的早期视觉模型[24]（见图 5 - 1）。嵌入式经济的建模是他最伟大的成就之一。戴利将一个不断增长的开放型经济置于一个有限的、无法生存的生态系统中。然后他区分了两个世界，一个是充满自然资本但基本上没有人造资本的空洞世界，另一个是充满人造资本但自然产品已严重枯竭的完整世界。该模型的主要目的是表明需要建立一个运行在自然的有限限制内的稳定经济。霍尔等也建立了该模型，如图 3 - 3 所示。

第二种是由美国马萨诸塞州梅德福市的塔夫茨大学全球发展与环境研究所（GDAE）的涅瓦·古德温、乔纳森·哈里斯和他们的同事开发的另一种视觉模型[25]（见图 5 - 2）。这种模式不仅将经济置于生态环境中，还将其置于社会环境中。并不是所有的人际交往都是交换关系。在现实世界中，有些人与人之间的互动并不涉及金钱的转移。这部分经济被称为核心部门。主流经济学模型中的经

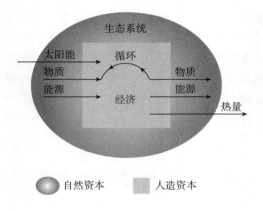

图 5 − 1

这张图是赫尔曼·戴利建立的基本生态经济学模型。这说明经济是嵌入在生态系统中的，同时也说明了低熵太阳能向高熵热的转化。

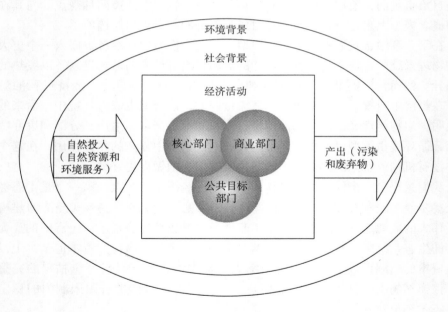

图 5 − 2

这种模式不仅把经济置于生态环境中，而且也置于社会环境中。

济部分称为商业部门，而该模型增加了政府、非政府组织和非营利企业的公共目标部门。维恩图的使用显示了各部门之间直接的、个人的互动，而不仅是由市场调节的间接互动。

第三种方法是发展经济学家凯特·拉沃斯提出的，也是类似的方法。她用这种方法来模拟自己致力于为人类创造一个安全、公正的生存空间[26]（见图 5－3）。她断言，新古典主义经济学的视觉图都是错误的，需要用着眼大局、培养人性和对经济增长持怀疑态度的图来取代。她的概念模型展示了一个不仅包括市场，还包括家庭生产、政府和所有重要的公共资源的经济系统。

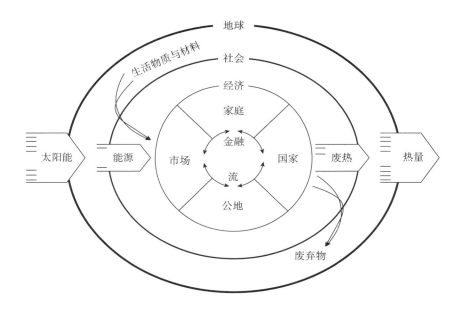

图 5－3

显示了一个不仅包括市场，还包括家庭生产、政府和所有重要的公共资源的经济系统。

GDAE 附属的公共政策分析师琼·色克拉[27]最近的工作清楚地表明，在新自由主义时代，公共服务和公地的概念是如何遭受打击的。我们认为，一项值得欢迎的补充是将公地恢复到分析前视野的突出位置。

这些模型都不能完全满足生物物理经济学的需要。所有模型都对能源的作用相当模糊。然而，与基于享乐主义的人类行为、完全竞争和纯粹交换的循环流模型相比，它们是一个更好的起点。当我们得到充分详细说明的概念模型时，就会得到一组方程。

参考文献

[1] Gintis, Herbert. 2007. A framework for the investigation of the behavioral sci-

ences. *Behavioral and Brain Sciences.* 30: 1 – 16.

[2] Foster, John Bellamy, and Fred Magdoff. 2012. *The endless crisis.* New York: Monthly Review Press.

[3] Malm, Andreas. 2015. *Fossil capital.* London: Verso.

[4] Braverman, Harry. 1974. *Labor and monopoly capital.* New York: Monthly Review Press.

[5] Paul Krugman. 2009. How did econimists get it so wrong? *New York Times.* September 2.

[6] Cleveland, Cutler J. , Robert Costanza, Charles A. S. Hall, and Robert Kaufmann. 1984. Energy and the US economy: Abiophysical perspective. *Science* 225: 890 – 897.

[7] Hall, Charles A. S. , Cutler J. Cleveland, and Robert Kaufmann. *Energy and resource quality: The ecology of the economic process.* New York: Wiley Interscience.

[8] Cleveland, Cutler J. 1987. Biophysical economics: Historical perspectives and current research trends. *Ecological Modelling* 38: 47 – 73.

[9] Hall, Charles A. S. , Dietmer Lindberger, Reiner Kümmel, Tim Kroeger, and Wolfgang Eichhorn. 2001. The need to integrate the natural sciences with economics. *Bioscience* 57 (8): 663 – 673.

[10] Røpke, Ingrid. 2004. The early modern history of ecological economics. *Ecological Economics* 50: 293 – 314.

[11] Hall, Charles A. S. , and Kent Klitgaard. 2006. The need for a new, biophysically-based paradigm for economics in the second half of the age of oil. *International Journal of Transdisciplinary Research* 1 (1): 4 – 22.

[12] Murphy, David J. , and Charles A. S. Hall. 2011. Energy return on investment, peak oil, and the end of economic growth. In *Ecological economic reviews*, ed. Robert Costanza, Karin Limburg, and Ida Kubiszewski, vol. 1219, 52 – 72. Boston: Blackwell on behalf of the New York Academy of Sciences.

[13] Krall, Lisi, and Kent Klitgaard. 2011. Ecological economics and institutional change. In *Ecological economic reviews*, ed. Robert Costanza, Karin Limburg, and Ida Kubiszewski, vol. 1219, 247 – 253. Boston: Blackwell on behalf of the New York Academy of Sciences.

[14] Klitgaard, Kent A. , and Lisi Krall. 2012. Ecological economics, degrowth, and institutional change. *Ecological Economics* 84: 185 – 196.

[15] Klitgaard, Kent A. 2016. Hydrocarbons and the illusion of sustainability.

Monthly Review 68 （3）：77 – 88.

　　［16］ Dobb, Maurice. 1975. *Theories of value and distribution since Adam Smith*. Cambridge：Cambridge University Press.

　　［17］ Alvin Hansen. 1938. *Full recovery or stagnation?* New York：W. W. Norton and Company. Alvin Hansen was Kent Klitgaard's "academic grandfather", the dissertation supervisor of Sam Rosen, who was Klit-gaard's dissertation supervisor. Other PhD students of Hansen included Evsey Domar and Hyman Minsky.

　　［18］ Despain, Hans G. 2015. Secular stagnation：Mainstream versus Marxian traditions. *Monthly Review* 67 （4） .

　　［19］ Gordon, David M. , Richard Edwards, and Michael Reich. 1982. *Segmented work, divided workers*. Cambridge：Cambridge University Press.

　　［20］ O'Hara, Phillip. 2006. *Growth and development in the global political economy*, 17. London：Routledge.

　　［21］ Bowles, Samuel, David M. Gordon, and Thomas Weisskopf. 1990. *After the wasteland*. Armonk：M. E. Sharpe.

　　［22］ Kotz, David. 2009. The financial and economic crisis of 2008：A systematic crisis of neoliberal capitalism. *Review of Radical Political Economics* 41：395 – 317.

　　［23］ Wolfson, Martin, and David Kotz. 2010. A reconceptualization of the social structure of accumulation theory. *In Contemporary capitalism and its crises*, ed. T. McDonough, D. M. Kotz, and M. Reich, 79. Cambridge：Cambridge University Press.

　　［24］ Daly, Herman. 1996. *Beyond growth*. Boston：The Beacon Press.

　　［25］ Neva Goodwin. J. Harris, J. Nelson, B. Roach, and M. Torras. 2014. *Microeconomics in context*. Armonk：M. E. Sharpe.

　　［26］ Raworth, Kate. 2017. *Donut economics*. White River Junction：Chelsea Green.

　　［27］ Sekera, June. 2016. *The public economy in crisis：A call for a new public economics*. New York：Springer.

能源与财富：历史的视角

前五章主要集中在经济学上，也就是我们研究经济的过程。它包括对我们今天和过去使用的主要方式的回顾，以及对今天主要形式的批评。它提供了一个基于将自然科学和社会科学纳入经济学考虑的替代视角。接下来的三章更多地关注经济本身，包括它们的历史和生物物理基础。我们认为，这些综述巩固了利用生物物理方法来理解实体经济的优点。

6　人类及其经济的进化

前五章主要集中在经济学上，也就是我们研究经济的过程。本章更多地关注经济本身，包括其历史和生物物理基础。

6.1　历史上对过剩能源的正式思考

许多来自不同学科的自然和社会科学家对人类与财富生产的长期关系进行了深入的思考。他们中的许多人已经得出结论，从过剩能源的角度来思考社会如何随着时间的推移而演变，是最好的一般方法。人类历史，包括当代事件，本质上是关于开发能源和技术的。这不是我们学校所教授的观点，在我们占主导地位的历史中，能源的作用基本上是缺失的。相反，人类历史通常以将军、政治家和其他人士的角度来看待。但是，这些将军、政治家和其他人士，不管他们从事何种事务，他们的选择、成功和失败都极其依赖所能获得的能源和其他资源。

本章将发展另一种观点，即从能源供应，特别是过剩能源的角度，可以更好地了解过去文明和其他历史事件的命运。能源过剩（或净能源）的广义定义是在计算了获取能源的成本之后剩余的能源量。能源文献中有大量的论文和书籍强调能源过剩的重要性，认为能源过剩是许多物种生存和生长的必要标准，包括人类以及科学、艺术、文化，甚至文明本身的发展。尽管都承认，如人类发明、营养循环和（其他许多事物间的）熵等其他问题可能很重要，但都认为，关键在于能源本身，尤其是过剩的能源。问题不只是是否有多余的能源，而是有多少、什么种类（质量）以及比率是多少或以什么比率交付。这三个因素的相互作用决定了净能量的流动，从而决定了一个特定的社会，无论是现代社会还是古代社会，是否有能力将人们的注意力从种植足够的粮食或获得足够的水转移到贸易、战争或奢侈品上，包括艺术和学术。事实上，到目前为止人类不可能通过演化时间做到这一步，甚至是从这一代到下一代，不存在某种形式的净的正能量，他们不可能建造这样综合的城市和文明或在战争中浪费太多的能量，使过去没有大量的剩余能量。

6.2　人类社会的史前：以自然为条件生活

人类必须首先养活自己，其次产生足够的净能量来生存、繁殖和适应不断变化的条件。虽然在当今工业社会中，只有一小部分人担心吃得不够饱，但对许多工业化程度较低的南方国家来说，获得足够的食物仍然是一个主要问题。纵观历史，对食物获取的关注也占据了人类的大部分时间。我们认为人类的 200 万年左右，至少 98% 的时间里，作为人类养活自己的主要技术是狩猎和采集。当代的狩猎采集者，如非洲南部喀拉哈里沙漠的阿贡人，在我们能够理解的范围内，可能与我们的长期祖先的生活方式接近。李和拉帕波特等人类学家的研究证实，当今（或至少是最近）的狩猎采集者和迁移的耕种者的行为方式，似乎是在最大化他们自己的能源投资回报。

理查德·李研究了阿贡人的能量学，而他们相对不受现代文明的影响[1]。在电影《诸神一定是疯了》中，人们可以很容易地看到他们文化中尽管被传奇化了但迷人的一面。对于狩猎采集者来说，生活基本上就是接受自然的存在，并找到依靠这些资源生存的方法。关键的挑战是获得所需的食物能量。对于阿贡人来说，是由妇女采集蒙贡果和男子狩猎羚羊和其他动物。蒙贡果是最丰富的资源，提供了阿贡人消费的大部分能量和蛋白质，尽管这一过程特别消耗能量，但提供了饮食中所需的额外的蛋白质。阿贡人的生活是不错的，至少在他们与文明有重大接触之前是这样（见图 6-1）。根据李的研究，阿贡人每天工作的时间比生活在工业社会的人少得多，他们把很多时间花在休闲活动上。年轻女性从 9 岁开始就倾向于性活跃（这被认为是正常的），但直到 18 岁左右才会怀孕，那时她们已经储存了足够的身体脂肪，所以才有可能怀孕（即当年轻女性没有足够的过剩能量来孕育胎儿时，人体似乎可以保护她们免于怀孕）[2]。然而，阿贡人的生活并不总是那么简单，因为他们生活在沙漠中，需要水和食物。在他们的祖国博茨瓦纳，只有相对较少的水坑，在其中一个水坑附近扎营是必不可少的（见图

6 - 2）。蒙冈戈树随机分布在喀拉哈里沙漠的这一地区，所以刚开始，阿贡人可以从相对较短的旅行中获得所需的食物。随着时间的推移，他们耗尽了触手可及的坚果（和野味），所以他们每天必须走越来越长的路去收集足够的蒙刚戈坚果来养活家人。在某一时刻，他们需要在一天的徒步旅行中收集所有的蒙刚戈坚果，然后他们必须走更长的路，连夜赶路才能获得这些坚果。因为他们在往返途中吃了很多食物，所以他们吃掉了出去获得的很大一部分食物。这大大增加了他们的能源投资，降低了我们所说的他们的能源投资回报或 EROI（见图 6 - 3 和第 13 章）。从某种意义上说，这使他们有必要进行额外的投资，去搬到一个新的水坑上。

图 6 - 1

　　阿贡人，当代的狩猎采集者，可能代表了所有我们的祖先在拥有大量的时间时是如何生活的，甚至比农业开始以来的时间更多。

资料来源：《科学》杂志。

　　根据李的说法，在正常情况下，从阿贡人的沙漠环境中，他们的生活方式会产生相当积极的投资回报（即产生大的剩余），也许他们自己投资在狩猎和采集的每个 1 千卡可以获得平均 10 千卡的回报。新的研究表明，狩猎可能比采集拥有更高的 EROI[2]。在正常时期，这些文明有充足的食物，人们倾向于利用从他们较高的 EROI 生活方式所获得的剩余时间来社交、照顾孩子和讲故事。不利的一面是，会有周期性的困难时期，如干旱，在这期间可能会发生饥荒。尽管周期性的干旱、疾病和战争，偶尔或者经常，造成巨大的损失，但我们的祖先很可能在大部分时间里都有一个相当积极的 EROI。因此，即使阿贡族，以及其他狩猎采集者，都拥有相对较高的 EROI，可能是 10∶1，人类人口在很长一段时间内趋于相对稳定，从数百万年前到 1900 年左右几乎没有逐年增长。因此，即使这种相对较高的能源回报，也不足以产生长期的人口净增长。

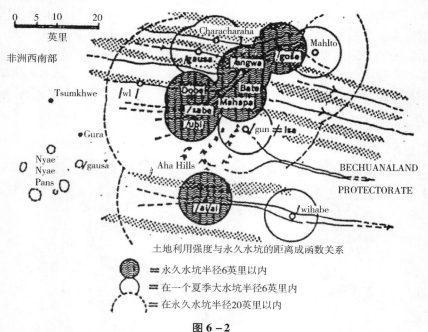

图 6－2

喀拉哈里沙漠里各种水坑的地图，阿贡人据此随着季节的变化而迁徙。在一个水坑区域，易于获得的食物用尽了，就必须转移到另一个水坑。

资料来源：Lee（1973）。

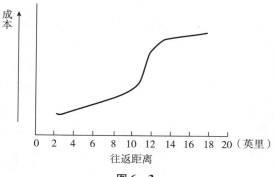

图 6－3

阿贡人 EROI 的决定因素。在大约 11 英里的距离上，由于需要额外一天的时间，能源成本会大幅增加。当阿贡人在 1 天的步行时间内吃完了蒙刚戈果，他们必须在 2 天的步行时间内进行大量的投资来获得新的坚果供应。

资料来源：Lee（1973）。

越来越明显的是，我们石器时代狩猎采集者的祖先，作为今天的狩猎采集者，往往是相当好的猎人。这种狩猎能力对早期世界的大型鸟类和哺乳动物造成了巨大的环境影响。随着人类在世界各地的迁徙，他们在每一个新的地方都遇到了那种巨大的、天真的食草动物——我们今天在地球上任何地方都是看不到的。例如，新到北美的人发现了巨型海狸、犀牛、大象的两个种类、骆驼等。人类到达澳大利亚时发现了巨大的不会飞的鸟类，而第一批进入意大利的人类发现了大型海龟。如今，这些大型动物已不复存在，除了非洲，几乎没有超过 100 ~ 200 公斤的动物了。这些大型动物在人类到达之前就已经大量存在（见表 6 - 1）。当然，野牛、熊、驼鹿和麋鹿体型庞大，虽然活动范围大大缩小，但它们仍与我们同在。

表 6 - 1 巨型（陆地）动物的灭绝

	灭绝的	幸存的	合计	灭绝的百分比（%）	大陆（km^2）
非洲	7	42	49	14.3	30.2×10^6
欧洲	15	9	24	60	10.4×10^6
北美洲	33	12	45	73.3	23.7×10^6
南美洲	46	12	58	79.6	17.8×10^6
大洋洲	19	3	22	86.4	7.7×10^6

注：五大洲第四纪晚期（10 万年前）陆生大型动物（ >44 公斤的成体体重）灭绝及现存的种类。后来经改编，参见参考文献［3］，马丁（1984）之后又公布了关于灭绝和现存的欧洲巨型动物的数据。对于大洋洲来说，可能有多达 8 个类别在人类到来之前就已经灭绝了（罗伯茨等，2001）。如果是这样，就减少了可能由人类活动导致的大规模物种灭绝的数量和比例。

资料来源：参考文献［32］。

是什么导致了它们的灭绝？有两个相互矛盾的假设。第一种假设是，由于一万年前气候迅速变暖，他们可能死于气候变化的某种影响。第二种假设是人类猎杀这些动物直至其灭绝。这些大动物以前没有理由害怕任何像人类一样又小又微不足道的物种，也没有理由害怕人类可以走到这些动物面前，用长矛刺进它们的身体。非洲仍然有许多非常大的食草物种，可能是因为动物与人类共同进化，随着人类慢慢成为更熟练拥有更好武器的猎人。在人类出现较晚的世界各地，大多数或所有较大的动物在人类出现后的 2000 年内就消失了。这当然支持是人类使很多动物灭绝的这一观点[3]。这些相同的动物物种在之前的许多气候变化中幸存下来，这一事实支持了人类导致物种灭绝的观点。因此，人类对环境的重大影响并不新鲜。

6.2.1 非洲起源和人类迁徙

所有现有的证据都表明，人类及其祖先是在非洲进化而来的，而非洲是我们发现人类化石或证据的唯一地方，这些化石或证据可以追溯到 170 万~180 万年前[4]。在 200 万年或 250 万年前的东非进行一次精神时间之旅。你将置身于人类进化和发展的摇篮中。值得注意的是，你可能会发现不止一种，而是六种早期人类（或原始人类），从黑猩猩到大猩猩，每一组都彼此不同。这些原始人类大多是在森林向干旱草原过渡的小迁移带中发现的。我们继续学习更多关于我们祖先的知识。20 世纪 90 年代发现的化石，似乎是生活在 400 万~600 万年前的人类祖先，这在那些决定我们血统的人当中引起了极大的兴奋。这种动物名叫阿迪比克斯·拉米达斯（简称阿迪），它直立行走，但大部分时间仍在树上度过（见图 6-4）。发展具有对生拇指的手具有很强的自然选择能力，与所有手指都在一边的手相比，拇指能更牢固地抓住树枝，这使人类预先适应了我们现在的手，这对未来的农业和工业环境以及乐器等便利设施非常有用。

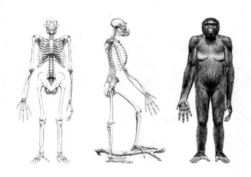

图 6-4
阿迪，即阿迪猿始祖，是一种新发现的化石，既不是人类也不是猿，但它可能代表了大约 400 万年前的人类祖先。

最近的研究发现，人类步行 100 米所消耗的能量仅为同体型黑猩猩的 1/4 左右，因此，很明显，人类更倾向于选择高能效的步行，而不是像黑猩猩那样同时具有步行和爬树的能力。也许大部分的阿迪都制造或者说至少使用某种工具，因为我们现在知道，即使是黑猩猩也有相当惊人的能力制造许多不同类型的工具，包括石砧。他们的大部分工具都是由有机材料制成的，因此保存得不是很好，所以我们对黑猩猩或原始人的工具制作历史知之甚少。到大约 250 万年前，我们的祖先已经发展出相当复杂的方法来制作石刀和矛尖，方法是用一块石头反复敲击另一块石头，而且常常是复杂的模式。甚至有一些古老的"工业综合体"，例如，在肯尼亚的奥杜瓦伊峡谷，在这个地方有希望找到我们祖先的信息（见图6-5）。矛尖和刀刃实际上是能量技术—能量（力）—集中装置，当人类手臂的力量集中在一条直线或一个点上时，它可以使力量倍增（见图6-6）。这使人类得以开发许多新的动物资源，并最终在较冷的土地上定居下来。我们的祖先使用石器大约有250万年，相当于人类的10万代。

图6-5　奥杜瓦伊峡谷
在这里发现了许多非常早期的人类遗骸以及早期的石器制造的"工业"遗址。
资料来源：来自顺亚网站。

图6-6　矛头

这些石头矛尖和刀片或多或少是一系列技术进步的第一个，有助于增加人类利用的能量流，从而极大地扩展了人类在他们的环境中利用各种植物和动物资源开发可用的能量，这也大大增加了他们生活的气候范围，因为他们有能力杀死大型动物，用它们的皮毛做衣服（见图6-7）。另一项重要的新能源技术是火，它使人们在较冷的气候中保持温暖，但更重要的是增加了植物食品的可变性和实用性，因为烹饪打破了植物（而不是动物）细胞所具有的坚硬细胞壁。许多人可能在不到200万年前离开了气候相对温和的非洲。在今天的中东、格鲁吉亚和印度尼西亚发现了当时人类及其工具的遗骸[1]。到100万年前，人类遗骸在整个亚洲都很常见，但奇怪的是，直到50万～80万年前，人类才出现在欧洲。欧洲的第一批类人殖民者似乎不是我们的直系祖先，因为从形态学上讲，现代人（俗称"克鲁马尼昂人"，与早期的"尼安德特人"不同）似乎是在大约10万年前的一次单独迁徙中离开非洲的。在人类学文献中，有非常激烈的争论，关于这些群体是我们的祖先，还是只是早期人类的"克鲁马侬族"。现代DNA分析似乎更倾向于单独的种群概念，其中一些在3.5万～4万年前就已经混合了，似乎在2015年，他们的一些基因与克鲁马侬种群的基因混合。

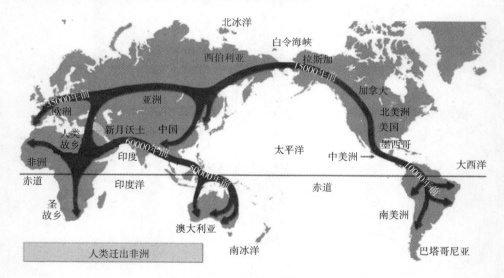

图6-7 人类的迁徙模式

所有的人类都起源于非洲，但后来通过各种途径建立了新的族群。

人类迁出非洲后发生的众多变化之一是，人类往往会失去黑色素，而黑色素是一种保护色素，可以帮助生活在非洲的人避免各种皮肤病，如皮肤癌。当人类长时间暴露在更少的阳光下，同时用兽皮覆盖他们的皮肤时，他们并没有从使人类皮肤中产生维生素D的阳光中受益。这使人类更容易患上佝偻病。佝偻病是一种使人虚弱的维生素缺乏症，容易导致骨折。由于深色黑色素保护皮肤，但也会降低其生成维生素 D 的能力，深色皮肤在常年日照较少的地区不太有利。因此，肤色，一种经常被错误地认为具有文化重要性的东西，仅是人类离开或不离开热带地区的一种合理的进化反应。

6.2.2 农业的曙光：增加自然能源流动的位移

大约 1 万年前，在底格里斯河和幼发拉底河流域附近——今天的伊拉克，发生了一件大事[6][7]。由于那里可食用植物的数量很少，人类以前完全受限于他们开发完全自然食物链的有限能力。他们发现，可以通过投资一些种子来为未来提供更多的食物，从而极大地增加给自己和家人的食物能量。这种情况是如何在古代发生的已经不为人知了，但是正如贾里德·戴蒙德在《枪炮、病菌和钢铁》[8]一书中所描述的那样，这可能是由于人们观察到，在他们自己厨房的堆肥（垃圾区），从已被故意或无意丢弃的种子中，产生了新的作物。这导致猎人和采集者进行农业实验，随着气候变暖，更多的实验成功了。这对人类的影响是惊人的。首先，人类平均营养水平下降，这似乎与直觉相悖。在证明这一点的最好的研究中，拉里·安吉尔的研究是其中之一，他研究了安纳托利亚过去 1 万年左右埋葬的人的骨头。安纳托利亚大致相当于现在的土耳其和希腊的边境地区[9]。安吉尔确定了他在古代墓地中发现的骨头的年代，并能从这些骨头中了解到许多曾经住在那里的人的情况。例如，他们的身高、一般身体状况以及营养质量等功能，都可以由骨骼的长度和强度来决定。骨骼还可以通过耻骨上的疤痕显示一个妇女生育的孩子数量，通过骨骼中产生骨髓的区域的表现来判断这个人是否患有疟疾，等等。数据显示，随着农业的出现，人们变得更矮、更小，这表明营养质量下降。事实上，那个地区的人们直到 20 世纪 50 年代才恢复了他们狩猎采集祖先的身材。虽然农业可能使第一批农学家在他们自己的能源预算方面具有优势，但随着人口的扩大，过剩的能源相对迅速地转化为更多的人，他们仅够维持之前的营养水平。或者，正如下面概述的那样，更多的农民的净收益被转移到工匠、牧师、政治领导人和战争中，留给农民自己的就更少了。农业的一个明显后果是，人们可以定居在一个地方，因此以前人类游牧的正常模式不再是常态。随着人类在同一地方居住的时间越来越长，将自己的能量投入相对永久性的住所开始变得有意义，这些住所通常由石头和木头制成，用来储存剩余的能量。这为今天的考古学家留下了更持久的文物。

农业的第二个主要结果是，随着经济专业化变得越来越重要，社会阶层大幅度增加。例如，如果一个人特别擅长制造农具或理解成功的耕作的逻辑和数学

（即最好的种植日期），村里的农民用他们的一些谷物交换他的工具或知识是有意义的，这开创了市场的存在，或至少使其正式化。从能源的角度来看，相对低质量的农业劳动力（因为很多人拥有必要的技能）被用来交换专家的高质量劳动力。专家的工作可以被认为具有更高的质量，因为其每小时劳动能够产生更高的农业产量。必须投入相当大的精力通过学校教育和学徒制来培训那样的人。必须在学徒的生产力相对较低的时候养活他或她，因为预期他们在未来会有更大的回报。因此，即使不那么直接，我们也可以说，工匠的投资能量回报（EROI）高于农民，而且通常工匠的工资和地位也高于农民。高农业产量产生的盈余可以被储存，导致建造和控制粮仓的人可以集中政治权力。

最终，农业的概念传遍了欧亚大陆和非洲（见图6-8）。随着农业的发展，农民的大量净盈余和某些地区的永久定居，出现了一种新的现象：城市和城市化的其他表现形式。第一个出现这种情况的地方似乎是底格里斯河和幼发拉底河流域，最早的城市之一被称为乌尔，我们从它派生出"城市"一词。今天我们称之为苏美尔文明和苏美尔人民。当时（大约4700年前）有许多伟大的城市和地区，包括吉尔苏、拉格什、拉尔萨、马里、特尔卡、乌尔和乌鲁克。这些城市都是在原先森林茂密的地区发展起来的，从遗留下来的废墟中大量的木材可以看出这一点，尽管今天这个地区基本上没有树木，也没有城市。事实上，在公元前2400年森林就消失了，到公元前2000年，港口和灌溉系统淤塞或需要越来越多的工作来维持，土壤变得贫瘠和盐碱化，大麦产量从每公顷2.5吨下降到不足1吨，苏美尔文明已不复存在。世界上第一个伟大的城市文明，事实上是第一个伟大的文明，耗尽并摧毁了它的资源基础，在1300年的时间里消失了。

早期农业的地理区域

图6-8 早期农业的起源

资料来源：参考文献［32］。

　　人类与栽培品种（人类栽培的植物）之间的相互作用也极大地改变了植物本身。所有的植物都有被食草动物吃掉的危险，从细菌到昆虫，再到大型食草哺乳动物或以前的食草恐龙。植物对这种放牧压力的进化反应是产生各种防御，包括物理保护（如刺，特别是沙漠植物中丰富的刺）和更常见的以生物碱、松节油、单宁等为形式的化学保护。这些化合物通常以植物的能源成本为来源，通过抑制消耗或对那些能吃它们的特殊食草动物榨取高能源成本，给食草动物或潜在食草动物造成沉重负担，因为对有毒化合物进行解毒的能源成本非常高[13][14]。人类也不喜欢这些通常是苦的、有毒的化合物，几千年来，人类一直在保存和种植那些味道更好或人类喜好的具有其他特征的植物的种子。部分例外是，芥菜、咖啡、茶、大麻和其他植物，如果我们只吃这些，它们的苦生物碱是有毒的，但却是一种有趣的小剂量膳食补充剂。因此，总的来说，我们的栽培品种抵御昆虫的能力相当差，导致了外用杀虫剂的发明和使用，产生了复杂的后果。我们的许多品种现在无法在野外生存，已经与人类共同进化成相互依赖的系统。来自外太空的游客可能会得出这样的结论：人类已经被玉米植物捕获了，它们把人类当作奴隶，尽可能地让它们的生活舒适和多产。与此同时，各种害虫本身也在适应人类的集聚以及人类不断种植和储存的食物，这些害虫往往对人类造成灾难性的影响[15]。例如，拥挤是传播具有潜在传染性的疾病的主要因素，如急性呼吸道感染、脑膜炎、斑疹伤寒、霍乱和疥疮。

　　大约在农业于世界各地发展的同时，人类有了另一个极其重要的发现——冶金学。在冶金学出现之前，人类使用的所有工具基本上都是直接从大自然中获得的，如石头可以追溯到大约5万年以前（见图6-6），而工具由越来越复杂的材料制成，如木头、骨头、鹿角等。根据庞亭（1992），铜冶炼的第一个证据是在公元前6000年左右，于安纳托利亚发现，尽管来自各大陆的冶炼残留物几乎是同时存在的，只是时间稍微晚了一点，但这意味着到公元前5000年左右，可能有许多民族的人在冶炼上有大致相同的想法（见图6-9）。最终，非常专业的熔炉被开发出来，从5千~1万年前在非洲、欧洲、南美洲和亚洲的考古发掘中就可以看出这一点。随着时间的推移，早期的铜和青铜工具被铁取代，因为人们学会了用木炭生火。我们使用金属工具大约有8000年的历史，或者说大约有400代人。所以，作为一个物种，我们的大部分历史是没有金属工具的。转变的一个重要组成部分是石器可以用非常小的能源投资制作，基本上体力就能完成，而金属工具需要更大的投资，如砍伐树木、制造木炭，当然还有木材本身的能量。早期冶炼在技术上可能效率不高，但至少在初期有优势，因为可以获得非常优质的矿石。

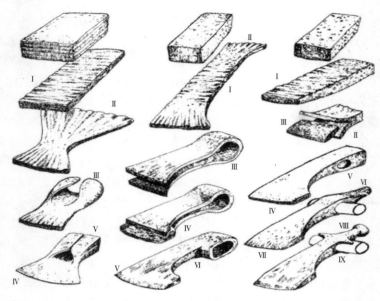

图 6 – 9 早期冶金学

资料来源:《国家地理》。

　　相比于直接来自大自然的材料,提炼的金属材料有许多优势:金属更坚硬,可以制作更锋利的刀刃,提升了人力进行切割的工作,尖锐的刀片和矛头将能量集中到更小的表面,增强了人类利用自然的过程,例如,相较于用石斧砍树,加快了人类利用铜斧砍树的速度。佩林(1989)在《森林之旅》一书中记录了人类森林砍伐的大幅度增加。他在这本书中指出,大规模森林砍伐是一种古老的现象,到基督时代,印度、中国和地中海大部分地区的森林已被彻底砍伐。在大多数情况下,最严重的森林砍伐是为了获得冶金燃料。

　　场景通常是这样的(克里特岛就是一个很好的例子)。一群人会发现并开发一个丰富的矿藏,如铜。这种金属在贸易中会很有价值,人民会变得富裕。砍伐树木用于冶炼,也为农业清出了土地,人民的财富和福利不仅因为金属贸易而增加,而且因为砍伐树木后肥沃的森林土壤成为了农业区域。在大约一个世纪的时间里,一切都会很顺利。但是,一旦肥沃的森林土壤暴露在农业和雨水中,它们就会受到侵蚀,农业产量就会下降。随着矿藏和土壤的枯竭,这种文明将会衰落,直至土崩瓦解:这意味着受供养的人口数量将急剧减少。根据佩林(和其他许多人[10][12][16][17])的说法,这个过程在整个历史中一再发生。印度和希腊分别经历了三次大规模的森林砍伐,每次人口数量减少,森林就会重新生长。例如,伟大的文学作品——修昔底德的《伯罗奔尼撒战争》,就是关于受到大的资源和环境事件巨大影响的作品(如雅典人用于冶炼银和造船的丰富的森林资源的枯竭)。尽管直到最近，历史学家才开始考虑这类资源问题[10]。

其他重要的能源相关事件也发生在这些史前时期。也许最重要的是驯养有用的动物，其中一些早于农业，而另一些同时发生。至少在两个方面，动物的驯养和畜牧业的日益复杂化对增加人类的能源资源很重要。首先，由于这些动物吃的是人类不吃的植物材料，这大大增加了人类可以从大自然中获取的能量，尤其是在草原上。其次，牛，特别是马，作为役畜大大增加了人类的能量输出（见表6−2）。这种力量对运输、农业准备（后来才有的）和战争都很有用。然而，一匹马并不一定能提高通信的速度，因为在一天之内，一个健康的人就能跑过一匹马。

表6−2　人类可用机器的输出功率的进化

机器的马力	
人推杠杆	0.05
公牛拉重物	0.5
水轮	0.5～5
凡尔赛宫给水装置（1600）	75
纽科门蒸汽机	5.5
瓦特蒸汽机	40
船用蒸汽机（1850）	1000
船用蒸汽机（1900）	8000
汽轮机（1940s）	300000
煤炭或核电站（1970s）	1500000

动物技术的使用在欧亚大陆传播的故事，是由戴蒙德[8]优雅地发展起来的。大多数重要的家畜来自欧亚大陆，他们在同一纬度上更容易生长。我们最重要的动物，羊、牛、马、猪和鸡，在欧亚大陆被"圈养"起来，发展成为今天的家畜。随着人们对驮兽的日益熟悉，道路和大篷车技术的发展，长途贸易也随之发展起来。与此同时，航海和航海技能也得到了发展和传承，科特雷尔在书中很好地论述了在船上使用风力的重要性，以大大提高一个人的工作量（载货）。不同文化间的贸易丰富了许多人类群体的知识和生物资源。

随着农业、定居和商业的发展，记录越来越需要得到保存，大约在公元前3000年正式的写作同时在埃及、美索不达米亚和印度（也许还有其他地方）发展起来。写作使技术得以代代相传，并在不同的文化间传播。不断地，这些新技术增加了人类利用的能源，人口缓慢而无情地增加。这些旧记录使我们能够估计一些早期的人口变化模式（见图6−10）。他们认为，记录的人类人口并不存在一个连续的规律性增长，而是一个周期性的增长和下降。有时这表现为灾难性的下降和某种人口的实际或绝对停止，更普遍的是，曾经把他们团结在一起的政治结构的终结。爱德华·迪伊[18]认为，人类人口增长主要与三个方面有关：首先是圈养动物，其次是农业的发展，最后是工业革命。我们仍在经历后者，因为全球人口增长仍然强劲，尽管速度比几十年前略低。

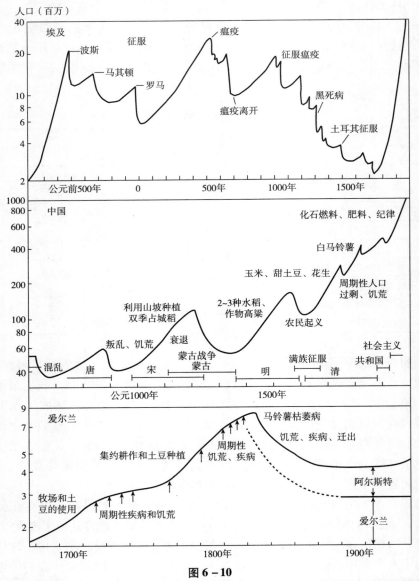

图 6—10

埃及、中国和爱尔兰的人口变化，这些地区有相对发达的官僚机构，因此有很好的数据。

资料来源：参考文献［34］。

6.2.3　人类文化的进化就是能源的进化

正如我们一直指出的，人类开采周围越来越多资源的能力发生的大多数重大变化，要么与能源使用量的增加直接相关，要么明显相关。矛尖和刀是能量集中的装置，火可以使人类获得更多的植物能量，农业大大提高了人类食物的土地生产力……人类控制越来越多能源的能力的进化，如风能和水能的进化，在弗雷德·科特雷尔半个多世纪前出版的《能源与社会》一书中得到了最好的阐述[19]。科特雷尔一生中大部分时间都在做铁路工人，后来在大学里当教授。科特雷尔和我们一样，总是对人类活动所蕴含的能量印象深刻，他把重点放在开发他称为"转换器"的东西上，这是一种开发新能源的特殊技术。

科特雷尔的早期章节集中在畜牧业和农业，它们作为开发生物能源的手段，然后是水和风能。他展示了一个城市位于河流下游的历史重要性，这样，自然的水流将使这个城市可以很容易地开发所有上游资源，如木材、农产品、野味和矿石。当然，这总是有一个问题：驳船是单向航行的，所以每次航行都必须在分水岭的顶部建造一艘新的驳船。此外，船员们必须步行或以其他方式返回上游。然而，一艘驳船能承载的货物要比一个人（在任何距离内最多只能携带约 25 公斤）或一匹驮约 100 公斤的驮畜（如马）大得多。因此，使用一艘载着 10 吨货物和 4 名船员的驳船，使每个人的效率提高了 25 ~ 100 倍。这个过程在密西西比河一直持续到 19 世纪，直到蒸汽船时代。划木筏的人只是在旅行结束时把木筏拆成小块，然后用驳船来运木材。

帆船的发展同样增加了人类搬运工人所需要的能量。根据科特雷尔的计算，早期的帆船，如腓尼基人使用的那种（或多或少相当于今天的黎巴嫩），使人类的负重增加了 10 倍，到了罗马时代晚期，增加了 100 倍。罗马人需要从埃及进口大量谷物，部分原因是他们耗尽了自己的土地。但是，根据科特雷尔的说法，罗马人并不是唯一关注这种谷物的人，最初，罗马人把很多谷物输给了海盗。这就要求罗马人用重兵把守的狭窄战船运送谷物，船上的士兵吃掉了相当一部分谷物。因此，罗马人必须进一步投资能源——清除地中海的海盗。一旦做到这一点，适当的广角航行商船就可以使用，埃及最终成为罗马人的一个巨大的净能源来源。科特雷尔还举出了许多其他例子，说明随着时间的推移，人类对能源的使用越来越多，其中包括关于英国铁路、蒸汽动力和工业化的农业发展的非常有趣的章节。

6.2.4　帝国的可能性、发展和毁灭

农业及其产出的大幅度增加带来了粮食的集中和储存、专业化以及通过更多

人口获得军事政治权力的可能性。这些概念在戴蒙德、泰恩特、庞亭和其他学者方面都得到了精辟的评论。从我们的能源角度来看，由于大规模能源投资的高回报率（EROIs），农业获得了巨大的能源盈余。因此，农业大大提高了人们创造文化和文化产品的能力。我们在古代文化遗留下来的文物中，如乌尔的主要建筑（见图6-11）、寺庙建筑群和中国的长城中，都能看到这些。我们今天所看到的这些古代文明，形状优美，并小心翼翼地由石头拼在一起，当我们更仔细地挖掘时，还发现了更复杂的装饰品、陶器和金属家用器具。再深挖一点，我们就会发现过去文明留下的其他令人印象深刻的文物：灌溉系统将水带到很远的地方，并将大量堆积的石头建成金字塔。这些人工制品意味着相对于狩猎者和采集者来说，他们有巨大的能源盈余，这可能是因为他们的大部分大型公共工程项目都是为了让农民在非种植或收获季节有事可做。

图6-11　乌尔古城遗址

在狩猎采集的文化中，除了按性别和年龄划分之外，不同的人所做的事情通常差别不大。农业盈余带来了更多的劳动分工，也带来了更高的工资、地位和更大的社会权力差异。这种分工最终导致了政治权力的极端差异。随着职业军人越来越普遍，这种力量得到了增强，这在古代亚述文化中得到了体现。大多数人没有什么地位或财富，只能耕种土地或料理家务。只有非常小比例的大的土地所有者、商人、技术官僚和政治领导人过着越来越富裕和奢侈的生活。随着时间的推移，贫富差距急剧扩大。

随着财富和权力的集中，中央粮仓变得越来越重要，军事力量和战争变得越来越制度化，帝国的发展机会越来越多。帝国被定义为在一个中央地方和首领统治下的大片地理区域，并通过我们可能称之为公务员或官僚（尽管"副官"可能更准确）的人来维持。泰恩特和其他人^[12]发展了一种模式的概念，他们认为这种模式在历史上一再发生。一个城市或地方文化通过有效的农业、矿业或贸易以及由此带来的人口和经济增长而变得非常成功。通常情况下，它变得越来越富有，允许它的剩余能源支持士兵和征用越来越大的土地周围的边缘地区，同时剥削被征服的人民的能源盈余。由于战争代价高昂，这座城市通过他们的财富、可利用的潜在的剩余能源信号，给其他城市留下印象，这变得越来越重要。因此，大量的公共投资投入在公共建筑、寺庙、行政中心、市场、道路、食品储存设施等方面。如果他们成功了，外界人士就会认为，与这种最强大的文化结盟是有意义的，即使是以牺牲农产品、贵金属或其他材料等形式的贡品为代价。这样，文化就会扩展，而且往往会延续很多次。

在某种程度上，文化，通过它的成长，开始耗尽最初使它变得丰富的资源。另一个问题是，随着文化在线性维度上的增长，将资源（如税收谷物）转移到中心城市的能源成本变得越来越高。如果各省感觉到中心城市的困难，它们可能会变得更加不安，要求增加对中心城市军事力量或地位象征的投资。泰恩特说，最终，中心城市和各省的居民都厌倦了高税收，这样的高税收主要是为了新陈代谢维护，也就是维持中心城市所需的食物、道路和军队。由于收入减少，物质和社会基础设施得不到维护，导致帝国的崩溃。泰恩特是一位考古学家、生态学家和历史学家，他说这种情况在史前和历史中反复发生（他在第 1 章中给出了 20 多个例子）。庞亭和查尔斯·瑞德曼一样，在许多详细的例子中发展了类似的场景，并且更加强调资源消耗。

6.3 地中海文化

从发展和维护所需的能源和其他资源的角度，有一些对早期文明的兴起和崩溃相当详细的评估。地中海文化是开始思考这些问题的好地方，原因有很多。首先，当代世界许多最重要的思想，包括作为一种政府形式的民主，我们所知的数学，以及艺术和文化的概念，都起源于这个地区。其次，地中海世界为我们提供了一套记录充分、研究充分的例子，让我们探索和理解能源和其他资源塑造事件的重要性，这些事件是我们许多人从传统历史记录中认识到的。最后，该地区今天仍然是一个充满活力，有时充满争议的地区，许多问题可以追溯到很久以前。本书的许多读者都受过该地区历史的教育，这使我们有机会通过我们不同的基于能源的分析视角来审视我们熟悉的领域。

6.3.1 希腊

当代西方民主国家的历史通常可以追溯到古代雅典及其周边城市，即现在的希腊。2500 年前，这些城市充满生气，充满活力，经常是富有的城市取得了一些真正非凡的成就，包括打败了比现在强大得多的波斯军队，创造了一些仍然伟大的人文建筑、雕塑、文学和关于政府的思想。雅典和它的姐妹城邦也是具有腐败、专横、经常争吵的文化，并且在无意义的战争中浪费了"美好生活"的宝贵机会。最重要的城邦是雅典和斯巴达。今天，我们记住雅典是一个不可思议的艺术、思想和名人的熔炉，而斯巴达则是一个完全由年轻人为战争做准备所主导的文化（"斯巴达条件"在今天被用来形容严酷、不舒服和艰苦的条件）。雅典也是一个军国主义和帝国主义文化，擅长海上作战。雅典和斯巴达多年来一直处于不稳定的休战状态，最终以互不信任和同盟关系的转变而告终。从公元前 431年到公元前 404 年，修昔底德优雅地讲述了美国和这些国家及其盟友这 20 多年来的激烈战斗[20]。修昔底德曾是雅典的一位将军，在雅典即使输掉一场战斗，像修昔底德所遭遇的那样，代价就是被开除出军队。这给了他时间来写一部全面的历史（伯罗奔尼撒战争，一部经典的历史），描述战争期间发生的事情，这是一个持续了几十年的僵局。

佩林在《森林之旅》一书中对伯罗奔尼撒战争进行了一项有趣的能源相关分析。佩林从森林和军事活动所需的森林能源以及为战争提供资金所需的财富产生的角度对伯罗奔尼撒战争进行了调查。今天任何访问希腊的人都会对这里几乎完全没有茂密的森林留下深刻的印象，因此，想到希腊及其南部伯罗奔尼撒半岛森林茂密，都会感到相当好奇。柏拉图说，直到公元前 6 世纪，在他所处的时代之前不久，雅典周围的山丘为他提供了巨大的建筑木材，他现在仍能在雅典的建筑中看到这些木材，这些山丘上甚至还生活着对牲畜构成威胁的丛林狼。佩林认为，这些丰富的森林可能拯救了希腊，使其免于波斯的统治，因为这些森林为他们提供木材来建造雅典舰队，使雅典人在萨拉米斯击败波斯国王薛西斯。随后，希腊建造了一支规模更大的有 200 艘海军舰艇的军队，以便雄心勃勃的雅典能够成为希腊最强大的海军力量。然而，由于雅典人对燃料和建筑木材的强烈需求（包括建造帕台农神庙所需的巨大木制起重机），以及在附近城镇劳里翁发现的一条巨大的方铅矿脉，雅典人正面临木材短缺。这些矿石可以用木炭作为能源进行冶炼，生产白银，然后用于新船队、帕台农神庙等公共工程和个人奢侈品。虽然巨大的矿藏使雅典变得极其富有和强大，但这是以牺牲该地区许多森林为代价的。这成为一个大问题，因为波斯人仍然控制着东部和北部的木材供应地区，特别是斯特雷蒙山谷。为了保证雅典的木材供应，10000 名雅典人被派到这条河的入海口去殖民，结果被当地人屠杀了。第二次入侵更为成功，至少在几年的时间里，他们占领了港口城市安菲尔波利斯。后来，雅典失去了这座城市（这就是修昔底德所输掉的那场战役），在接下来的几十年乃至几个世纪里，雅典一直在为获取木材而苦苦挣扎。

伯罗奔尼撒战争主要发生在雅典和斯巴达之间，但也包括其他希腊城邦。这对所有的参与者来说都是毁灭性的。由于所有的武器和战争手段都使用木材，它耗尽了希腊南部剩余的森林，因此土壤受到侵蚀。战争甚至蔓延到西西里岛，雅典人对西西里岛发动了进攻，但没有成功，他们妄图夺取森林，建立一支庞大的舰队。与此同时，斯巴达夺取了属于雅典和其他国家的半岛上的森林保护区。斯巴达于是转向马其顿，建立了新的联盟，并建立了一支新的舰队。与此同时，瘟疫进入雅典，大大减少了士兵的数量。斯巴达人与他们以前的波斯敌人结盟，用波斯森林建造了一支新的舰队。他们抓住了雅典舰队和他们在岸上寻找食物的船员，雅典最终被永久性地击败，这座城市变得一贫如洗，没有燃料，也没有太多的食物。因此，尽管我们从战役、将军等词语了解到战争，但其中大部分的背景是关于能源（冶炼银子以支付军队和获取木材，冶炼金属以制造武器和盔甲）和其他资源（如制造船舶的木材）的，能源和资源的损耗，导致了最终的结果。雅典的黄金时代已经结束，这座城市对我们当代文化的贡献也结束了。

6.3.2　罗马

罗马建于公元前 750 年左右（根据被遗弃的双胞胎罗穆卢斯和莱姆斯的传说，这对双胞胎应该是由一只母狼抚养长大的），最初是相邻的一群山城，后来逐渐融入了一座城市。罗马通过贸易和军事征服不断扩张，直到它包含了罗马人所知的大部分世界。罗马人很早就认识到，通过征服和随后的税收比通过其他方式更容易获得财富，因此不断扩大其疆域。在那些被征服的人中，征服和征税当然不是特别受欢迎，但强大的罗马军事力量强加的"罗马和平"实际上减少了许多地方冲突。直到公元前 400 年，这座城市一直由一系列国王统治，直到当它变成一个主要由贵族组成的元老院统治的共和国。

罗马帝国从公元前 44 年左右当尤里乌斯·恺撒自封为皇帝时，到公元 476 年持续了 500 年，尽管君士坦丁堡的东部地区持续了 1000 多年。帝国在公元 117 年达到其最大疆土，它包含了基本上地中海的所有区域，包括现在意大利、法国、西班牙、英国、希腊和埃及的所有或大部分地区，以及北非海岸、叙利亚、中东和黑海周围地区（见图 6 - 12）。罗马鼎盛时期大约有 100 万人口（其中只有 10% 是公民），整个帝国囊括了 7000 万人口。这个帝国的建立、维护和管理基本上都靠人力——由每年参加战役的步行公民士兵来完成，尽管船只也曾在地中海上使用过，但他们利用遍布整个帝国的精心设计的石路（因此"条条大路通罗马"）。在 18 世纪之前，罗马帝国可能是世界上人口最多的城市。养活大约 100 万人的任务是一项伟大的事业，特别是在保证向罗马公民免费提供粮食的法律通过之后。罗马人对埃及的入侵和征服不仅是因为恺撒对克利奥帕特拉的欲望，还因为在意大利的土地被罗马农民耗尽后，为获得支持罗马人的食物供给。幸运的是，对埃及人和罗马人来说，尼罗河每年的洪水使埃及的土地肥沃起来。这种情况每年都会发生，直到 20 世纪 60 年代阿斯旺大坝关闭。在罗马集中的工匠，以及罗马帝国内部的"罗马和平"，给许多人带来了前所未有的经济繁荣，而罗马的工程和建筑（大量借鉴希腊和其他国家的建筑）在整个帝国内创造了大量的、往往是伟大的公共工程。被抽干的沼泽，创造了新的农田，终结了疟疾。虽然罗马主要被认为是一个军国主义的帝国力量，并且产生日常生活和影响的可能更多的是这样一些功能，广泛和非常有效的贸易、工程和农业。

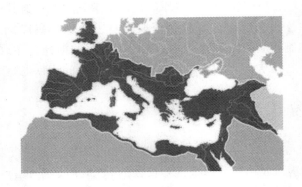

图 6 – 12　罗马帝国的最大版图

资料来源：参考文献 [35]。

　　虽然罗马皇帝较多贪污，并且残忍和腐败，但他们中最优秀的人都信奉文明和公民的崇高思想。先后有好皇帝和坏皇帝以及其他领导人，他们往往代表着不同的阶层。例如，凯撒大帝虽然出身贵族，但却特别代表普通公民阶级的利益，虽然杀害他的人也声称自己更代表普通罗马公民的利益。无论如何，就像雅典鼎盛时期一样，这是文明的一个非凡时期。在历史的镜头下，包括马库斯·奥勒留在内的一些领导人显得相当开明。18 世纪的历史学家爱德华·吉本写过《罗马帝国的衰落》，他对那段时期的描述是最好的，至少是最雄辩的[21]。吉本认为公元 2 世纪的罗马可能是人类历史上最伟大的时期：

在公元2世纪，罗马帝国包括了地球上最美丽的部分和人类最文明的部分。这个庞大的君主国的边界由古代的名望和纪律严明的勇士守卫着。温和而有力的法律和礼仪的影响逐渐巩固了各省的联合。他们的和平居民享受和滥用财富与奢侈的好处。自由宪法的形象得到了一定程度的尊重：罗马元老院似乎拥有至高无上的权力，并将政府的所有行政权移交给皇帝。在80多年的幸福时期，公共管理由于涅尔瓦、图拉真、哈德良和安东尼二世的德才得以执行。

如果有人被要求确定世界历史上人类最幸福和最繁荣的时期，他会毫不犹豫地指出从多米提安去世到科莫多斯登基这段时间。在美德和智慧的指引下，罗马帝国的大部分地区都是由绝对权力统治的。四任皇帝都以坚定而温和的手腕控制着军队，他们的品格和权威受到了自然而然的尊重。涅尔瓦、图拉真、哈德良和安东尼谨慎地保留了民事管理的形式，他们为自由的形象感到高兴，并乐于认为自己是负责任的法律部长。如果当时的罗马人能够享有理性的自由，这些王子理应享有恢复共和国的荣誉。

然而，总是有经济问题，而且通常与自然资源有关，包括谷物和木材，以及无法维护产生这些资源的太阳能系统。罗马人的一般消费总是超过收入。由于离罗马越来越远的森林被砍伐，变成了农业用地，而农业用地的生产力往往随着时间的推移而下降，因此，诸如木材之类的普通和必要的原料越来越难以获得。为了满足开支，政府不断贬值黄金和白银货币，导致极端的通货膨胀，沃克详细讲述了这样一个吸引人的故事[22]。罗马银币的掺假率从公元63年的2%到公元270年的100%。主要的银矿，如力拓的里约热内卢银矿，已经枯竭。由于银币掺假，其购买力成比例下降。

铅可能也有影响，因为古罗马人的骨头含铅量很高，这可能反映了铅在管道和酿酒中的用途。然而，人类仅靠太阳能加上自身（或奴隶）的肌肉力量就能做到的事情是相当了不起的。也许最好得出这样的结论：建立和维护罗马的能量很难仅靠罗马人的肌肉力量和意大利的农业，而是在不同省份（和他们的土地上）数以百万计的被征服的人们，他们通过种植必要的粮食和砍伐必需的木头，维持罗马的财富集中水平。据佩林计算，卡拉卡拉的浴场要运转一年，需要1.14亿吨木材，这确实是一个惊人的数量，需要用人力或马的力量运送百十英里。随着时间的推移，罗马人"变得软弱"，雇用或强迫他人服兵役和种植粮食。在公共建筑和体育设施（如果可以用这个词来形容）上投入了大量资金，其中最重要的是竞技场，成千上万的外来动物被带到这里，与奴隶作战。他们甚至在竞技场里举行海战，用水淹没了内部。显然，好莱坞也有先例。但到了公元200年，帝国开始面临土壤被侵蚀、瘟疫、农作物歉收、渴望财富的德国人和亚洲人蚕食等情况。最终，哥特人、西哥特人和汪达尔人成功地攻占了这座城市，通常公认为在公元 476 年，这座城市彻底沦陷。

从我们的角度来看，对罗马的衰落和灭亡（除了吉本的不朽著作）最有趣、最有洞察力的是约瑟夫·泰恩特[12]的分析，他从每一项活动的能源成本和收益的角度考察了整个过程。古人获得财富的主要方式是征服。无论一个地区积累了多少财富，都是太阳能缓慢积累的结果。这包括丰富的矿产资源，因为这些金属必须通过人类的太阳能活动来开采，然后用木头来冶炼燃料。显然，这是一项艰苦的工作，许多人宁愿选择更容易的（尽管可能是致命的）征服之路。随着罗马帝国变得更强大，维护和保卫各省也变得更加复杂，最终罗马本身也变得更加复杂。泰恩特认为，增加复杂性通常是解决问题的方式。但是，由于其复杂性所带来的高能源成本，最终会使其使用产生反效果。泰恩特在一个非常引人注目的叙述中发展了关于复杂性如何，如通过维护遥远的政府官僚机构、驻军、通信等，从更遥远的省份进口粮食，这加剧了帝国的能源流逝，并且最终导致其易衰败和受入侵。基本上，维持中央行政和军事控制的必要投资变得越来越昂贵，并且适得其反，特别是当一个帝国的边界越来越远离中央的控制时，需要增加运输和维持其他人民遵守的能源成本。结合泰恩特和经济学家的话，我们可以考虑复杂性的边际收益递减，泰恩特向我们展示了这种情况一次又一次地发生，最终导致了大多数帝国的崩溃。

我们对罗马帝国的未来 500 年所知甚少，部分原因是很少有历史学家像我们对罗马帝国时代那样，对后来发生的事件作出如此全面的评估。这些年通常被称为"黑暗时代"或"中世纪"，并且只剩下这些。重要的是要记住，生活仍在继续，不管我们所愿为何，我们想叫罗马人或意大利人继续生活在意大利（正如法国人生活在高卢等）。农业和林业利用太阳能维持了人类几千年的生活，人们生活、爱、战斗和死亡，有人口增长，有时由于瘟疫人口削减。他们有时留下石头，有时留下文学作品，但通常只留下更贫瘠的土壤和森林。剩下的知识、文化和文明往往在修道院和更远的东方文明中保存下来。

6.3.3 伊斯兰文明的崛起[23]

先知穆罕默德，最初是一个商人，但最终成为一个政治和宗教领袖，在公元 7 世纪统一了阿拉伯半岛。他的追随者在他的影响下扩张了帝国，因此在他死后的一百年内，他们控制了从中亚到中东、从北非到西班牙的大片地区。帝国在 1200 年再次扩张，成为有史以来最大的陆地帝国。虽然帝国，包括政治管理，有相当多的种族远没有达到中央集权，人民因对伊斯兰教的忠诚（或被其征服）团结在一起，他们使用阿拉伯语，古兰经由阿拉伯语编写。在西方，他们以残暴著称，一旦征服了，穆斯林领导人往往相对宽容，只要被征服的人缴纳税款，他们就会放任行政单位内的其他人（包括基督徒和犹太人）各行其是。当时，穆斯林帝国的大部分经济都是以农业或放牧为基础的。同样，征服通常是通过步兵或骑兵，所以我们可以假设，经济和扩张几乎完全建立在太阳能和生物质能源基础上。

公元 7 世纪阿拉伯人征服埃及后，穆斯林世界越来越集中在开罗。最初，穆斯林回避海战，甚至海上贸易，专注于通过贸易、自愿皈依或有时征服的方式进行陆上扩张。日复一日，主要的社交场合更多的是关于贸易而不是征服。例如，穆斯林沿着漫长的"丝绸之路"与中国进行定期的陆路贸易。

最终，他们成为了海员，最初专注于阿拉伯海，然后是印度和非洲海岸。例如，斯瓦希里这个名字就反映了他们在非洲的长期存在。在阿拉伯语中，斯瓦希里的意思是海岸。阿拉伯商人把起源于埃塞俄比亚的咖啡带到世界其他地方，这反映了对最好的咖啡的科学证明，即咖啡阿拉比卡。

拜占庭人，也就是中世纪早期东罗马帝国的残余，越来越多地使用船只攻击埃及和其他阿拉伯属地，造成了巨大的破坏。再一次，利用太阳能为船只制造木材，利用风能为船只运送大量的人和货物，为那些能够利用太阳能的人提供了巨大的动力。作为回应，伟大的阿拉伯领袖哈里发阿卜杜勒—马利克在 7 世纪晚期发起了一项伟大的造船计划。这个项目的基地在埃及，但是埃及几乎没有树木，也没有足够的面积来建造坚固的船只。许多 170 英尺长的大雪松从黎巴嫩进口，这是非常昂贵的。因此，造船工作不得不转移到现在的突尼斯，那里当时森林茂密。一支非常强大的舰队占领了西西里（拥有大片森林），并在西班牙建立了滩头阵地。随着时间的推移，地中海从本质上变成了一个阿拉伯湖，就像之前的罗马湖一样。唯一挑战这一点的是威尼斯人，他们可以进入波河和阿迪格河流域的森林。因此，风能的开发使穆斯林能够征服并持有巨大的新土地，并通过贸易创造巨大的财富。他们是近 1000 年来地中海世界的主人（或者更久，考虑到今天北非的大部分是穆斯林）。

在许多接受伊斯兰教为自己宗教的人当中，有欧亚大陆中部的突厥人，他们建立了一个非常强大的帝国，从今天的君士坦丁堡附近开始，最终在奥斯曼帝国的影响下扩展到整个伊斯兰世界。他们也向西传播，最终于 1683 年在维也纳停止。据隆多·卡梅伦说，虽然这不是一个紧密结合的帝国，但它持续并传播了很长一段时间，因为它没有征服那些被它战胜的人，只是要求不过度的税收。与残酷的镇压相比，这种对待帝国的方式似乎是相对成功的。阿拉伯语的影响在欧洲文化中传播开来，例如，阿拉伯语在英语中留下了"兵工厂"（最初是建设用房）、"代数"和"算法"等词汇的印记，它们都反映了在我们现在所说的欧洲"黑暗时代"，穆斯林世界在数学方面取得的巨大进步。最近，一个重要的 GIS 工具 IDRISI，是以 12 世纪伟大的阿拉伯－西西里的地理学家命名的。

穆斯林世界，奥斯曼帝国，经常发现自己与基督教世界处于直接竞争之中。几个具体的事件脱颖而出。穆斯林控制的耶路撒冷受到基督徒入侵，这一入侵被称为伟大的十字军东征（1095～1099 年，1147～1149 年，1188～1192 年，1202～1204 年，1217～1221 年，1228～1229 年，1248～1250 年），反映了欧洲日益增长的财富、权力和某些人所说的傲慢。这一入侵不仅代表了那些忠诚的、爱冒险的人试图从"异教徒"手中夺取"圣地"，还代表了掠夺、强奸、贸易和商业影响力得到延伸的机会。第一次十字军东征让耶路撒冷的居民措手不及，当这座城市从"异教徒"手中夺回时，基督徒发起了一场主要以穆斯林为主（也包括基督徒）的血洗。随后的十字军东征在军事上都没有这么成功。其中一些相关事件尤其险恶。在第四次十字军东征中，欧洲骑士和他们的追随者（修补匠、铁匠、妓女等）厌倦了步行和骑马，在威尼斯停留，试图购买前往圣地的船票。威尼斯人，狡猾的商人和政客，带着他们的黄金买通道路，把全副武装的人装上船，出发前往他们所说的圣地。威尼斯人与君士坦丁堡的居民有一些旧时的宿怨，君士坦丁堡当时是古老神圣的罗马帝国的基督教残余。在旅途中，他们绕道而行，毫不知情的骑士们被安置在君士坦丁堡前，威尼斯人声称君士坦丁堡就是耶路撒冷。当他们问威尼斯船长为什么这座城市装饰着十字架时，他们被告知这是穆斯林的诡计。因此，他们袭击了这座城市，最终征服了居民，抢劫、强奸、掠夺持续了几个月。威尼斯人不仅收到了船的旅费，而且确保了君士坦丁堡至少在一段时间内，不会再对他们在爱琴海和亚得里亚海的商业利益（如该地区的木材）构成威胁。从长远来看，这个计划可能会适得其反，因为后来削弱的基督教城市君士坦丁堡在 1453 年被来自东部的伊斯兰入侵者攻陷，威尼斯帝国和基督教在该地区的重要性逐渐减弱。那些如此希望的人可能会说，上帝的确以神秘的方式工作。

因此，今天许多伊斯兰教徒对西方开采该地区石油资源的敌意已不是什么新鲜事，今天仍然存在许多穆斯林文化对西方动机的极大不信任。由于西方已经如此依赖穆斯林世界的石油，许多人对这种关系持怀疑态度也就不足为奇了。

6.3.4　费迪南德和伊莎贝拉的永久遗产

穆斯林和基督徒发生冲突的另一个地方是西班牙。穆斯林从南部穿过地中海来到西班牙，从 9 世纪到 13 世纪控制了伊比利亚半岛的大部分地区。在那里，他们发展了非常复杂的农业和园艺系统，并在本质上接受了不同的其他文化。大约从 10 世纪开始，基督教的影响从北方渗透进来，1492 年最终以费迪南德国王和伊莎贝拉王后驱逐摩尔人和犹太人而告终。同样在 1492 年，因费迪南德国王和伊莎贝拉王后也支持哥伦布，他们的名字为大多数美国人所熟知。这一结果对西班牙经济来说是灾难性的，因为摩尔人是比基督徒更老练的农业学家，至少对伊比利亚半岛南部来说是这样，而且许多有技能的犹太人被迫离开。这些摩尔人和犹太人中的许多人可能是作为殖民者来到美洲的，他们觉得在西班牙不再受欢迎。西班牙的财富最初是建立在复杂的农业和贸易基础上的，当新世界的居民在奴隶、木材燃料和风力发电的帮助下开采黄金、白银和其他矿物时，只有西班牙对他们进行了野蛮的剥削，这才恢复了部分西班牙的财富。西班牙出口到新大陆的粮食生产体系是以养牛为基础的，因为这是信仰基督教的西班牙人所推崇的体系。位于中美洲和南美洲的复杂的农业系统（如广阔的梯田）被从西班牙引进的非常原始的以牛为基础的大庄园系统所取代，甚至被摧毁。在西班牙南部和中美洲，牛群被赶出牧场，放牧在生产力更高的美洲原住民花园里，那里通常是高度梯田化的，代表了几代人对人类能源的谨慎投资。由于牛每年每公顷的粮食产量比作物少得多，这些粮食能源系统的总生产力大大降低。因此，在某种意义上，费迪南德和伊莎贝拉的行动摧毁了两个伟大的农业系统，取而代之的是简单的放牧系统，它们可能只有 1/10 或 1/20 的能力为人类生产可用的食物能源，但却有更大的能力为哈森达斯庄园创造货币收入。

整个森林，如玻利维亚南部的森林，都被砍伐了，以提供采矿所需的木材和冶炼所需的能源。例如，玻利维亚南部塔里哈地区的大部分地区都被砍伐了，以支持波托西的银矿开采，木材在骡子和奴隶的背上水平移动了近千公里，垂直移动了数千米[24]。砍伐森林导致了地球表面某些最广泛的侵蚀，覆盖了近 500 万公顷土地。西班牙靠进口黄金致富，但奇怪的现象发生了。西班牙人在新大陆的努力使旧世界的黄金数量增加了一倍，但它的价值却下降到不足原来的一半。所发生的一切与一个现代国家印刷过多货币时的情况没有什么不同——通货膨胀。黄金几乎没有实用价值，而是一种交易媒介。欧洲真正的财富来自田野、森林、渔业和工匠，也就是说，财富来源于这样的投资，把太阳能和人类（偶尔还有风能和水能）的能量投入这样的过程，把原材料变成真正的财富：食物、衣服、住所、工具、器皿等。这些黄金中的大部分最终都流入了欧洲的大教堂。

6.3.5　地球上的其他区域

当欧洲生活在"黑暗时代"时，独立且往往非常复杂的文化正在中国、印度和美洲发展，这些国家的人口都比欧洲多得多，而且往往也更复杂。同样，在很大程度上这些都是太阳能驱动的农业文化，这些国家依赖于年复一年的密集的人类劳动，当然还把太阳作为一种能量的来源。一些以草为基础的游牧文明，包括成吉思汗领导的蒙古文明，也建立了非常广泛的帝国，在他的统治下，其疆土几乎到达了欧洲。在美洲，幅员辽阔的城邦发展、繁荣，最终走向崩溃。例如，今天墨西哥的奥尔梅克人、玛雅人以及秘鲁的印加人早在欧洲人到来之前就已经经历了这种命运，但更普遍的是在欧洲人到来之后。但是，正如我们在地中海部分开始时所说的，这些文化并不是我们这里的重点。

6.4　前工业化的"现代"社会能量学：瑞典和荷兰

德泽乌[25]和乌尔夫·松德贝里[26]对荷兰和瑞典的前工业化太阳能经济进行了几次特别全面的分析。这些分析表明，仅用植物材料就可以生产出一种非常重要的基于能源的经济机器。然而，从长远来看，这些"可再生"系统最终将趋于枯竭，它们需要相对较低的人口密度（与目前相比）才能成功。

1640～1740年，荷兰人在鹿特丹附近的代尔夫特市附近建立了非常有利可图的陶瓷业。即使在今天，购买到以代尔夫特冠名的非常精美的瓷器也是很有可能的。制陶需要耗费大量的能源，因为原材料（基本上是带有金属装饰的黏土——以代尔夫特特有的蓝色为例）必须加热到高温。荷兰的燃料最初是泥炭，部分是腐烂的泥炭藓，这些在荷兰的低洼地区非常丰富。直到今天，被称为开拓地的矩形大洞仍然保留着在四个世纪前开采泥炭的地方。

桑德伯格为瑞典对当时的经济进行了一次特别彻底的能源分析。1550年，瑞典绝大多数是农村地区，非常贫穷。瑞典大部分地区太冷，不适合农业生产，因为农业主要集中在该国南部。大多数瑞典人居住在广阔的森林里，他们砍伐树木来烧炭，木炭有多种用途，最重要的是用来冶炼丰富的银、铜，特别是铁矿石。因此，瑞典当时在自然资源方面有两项特殊的资产：广袤的森林和丰富的铁矿石。为了生产铁，必须使用高温（1000℃以上）。仅使用木材是不可能达到的，但可以使用木炭，木炭基本上是在木材没有氧气的情况下加热，所以它几乎是纯碳。把几十到几百棵树木堆成一个覆盖着泥土的结构，然后把这堆火点燃，让它闷上几天，这才制成木炭。

1600年，大约15%～20%的瑞典人在分散于森林里的小家庭中生活。他们的房子又小又简单，大多数人都在烧炭。生产出来的木炭被送往当地的金属加工中心，铁矿石和铜矿变成了金属工具。1600～1800年，瑞典铁厂的主要产品是非常好的大炮。荷兰人是第一个充分利用这些大炮的人，他们把大炮装在军舰上，这使他们在欧洲海上统治了大约100年，直到英国人在这个项目中变得更出色。荷兰人投资大炮是因为大炮允许他们从其他国家偷取任何他们想要的东西。至少在新兴的商业资本主义经济的规则（尽管不是被征服和被殖民的地区）下，这被认为是公平的游戏。

随着时间的推移，越来越多的瑞典森林被砍伐和烧毁，由于树木在寒冷的气候中生长缓慢，最终瑞典的森林几乎全部被毁。瑞典人面临着严重的能源危机，许多人在冬天冻僵了，因为他们没有足够的燃料和食物。大约从 1850 年开始，大批瑞典人移居美国，特别是到美国中西部的北部，在那里他们在白雪和松林中感到宾至如归。

克罗比[27]评论了与其他国家相比，欧洲人对世界的特殊侵略和贪婪。到 1641 年，荷兰的贸易和军事帝国扩张到遥远的马来西亚，在那里，荷兰的堡垒和风车仍然可以在马六甲找到。如果其他国家想在荷兰人统治的水域进行贸易，他们要么向荷兰人进贡，要么损失一些船只和港口。因此，荷兰人变得非常富有。因此，瑞典森林的光合作用能量被荷兰人转化为海洋的主导力量，荷兰人利用风力驱动的船只来装载瑞典大炮，这些大炮远非陆军可以比拟的。这些能量也为荷兰市民带来了很高的舒适感，使他们有闲暇创作一些世界上最伟大的艺术作品。当时和现在一样，富裕拥有广泛使用能源的来源。但荷兰人的富裕也没有持续多久，因为正是 1647 年英国在马六甲海峡击败荷兰人，才使英国一跃成为商业强国。18 世纪的大部分时间都花在英法冲突上。最后，在 1763 年"七年战争"和 1805 年英国海军在特拉法加取得伟大胜利的时候，英国在世界海洋上建立了霸权，开始了漫长的"不列颠和平"时期。

然而，纵观世界历史，大多数人仍然非常贫穷。社会往往通过产生有限的社会期望和机制来适应这些恶劣的环境，这些社会期望和机制使人们只能适应这些非常有限的经济环境和机会。一个人的奖赏能够在死后获得，或者是谦卑地侍奉上帝，或者是在休闲时获得（在许多社会中，男人几乎不工作，而是把一天的大部分时间花在咖啡馆，或抽香烟或大麻上，而女人则像照看孩子一样照料田地或商店）。幸运的是，死亡率很高，人口的增长并没有超出土地的承受能力从而无法养活那里的人。人们可能和今天一样幸福，甚至比今天更幸福。我们不知道，但大多数人的经济状况仅略高于维持生命、生养孩子所需要的水平。很少有敢于冒险的人会参军，到遥远的地方去开发新的资源和剥削其他民族（如几百年前猖獗的欧洲殖民主义，以及更早的十字军东征）。当美洲大陆开放的时候，大量的欧洲人准备搬到新的"空"大陆去，试图改善他们的命运，有时他们很少注意到大陆上已经居住着大量的美洲原住民。换句话说，一旦物质上的机会出现，很多欧洲人就会准备好尝试改善自己的财务状况。即便如此，几乎对所有人来说，谋生都极其困难。这通常是通过艰苦的体力劳动来完成的，如砍伐树木、耕作、采矿或在工厂工作。例如，殖民时期的美国人的记录显示，他们几乎把所有的时间和金钱都花在了生存上，尽管他们这么做可能是出于适当的舒适。把钱花在娱乐上的概念对大多数人来说根本不存在，因为在这些以太阳能为基础的社会中，相对很少有富余的财富或富余的能源。

纵观历史，在许多社会中，攻击另一个城市或国家，窃取他们所积累的任何财富，都被认为是可以接受的。虽然对我们来说这听起来具有攻击性，但在古代，它受到了很多人的高度重视。历代伟大作家都以赞许的笔法，一遍又一遍地记述着一个国家的领导人掠夺另一个国家，为自己和自己的国家带来荣耀和财富的故事。北欧的维京人生活在生产力很低的北部地区，在长达 1000 年的时间里，他们通过袭击欧洲大部分地区并对其实行恐怖统治来获取财富。通过完全利用太阳能，以及木炭制造的铁钉、武器和羊毛帆建造和装备了木制的维京船。欧洲人利用太阳能（同样是风能和木炭，再加上种族灭绝和殖民）从美洲土著人那里偷走了整个大陆，上帝、火药和欧洲细菌都站在欧洲人这一边[8][27]。今天，这一进程继续通过"全球化"的经济原则进行，许多人主要把这一原则看作较发达国家将其从较不发达国家获取资源和廉价劳动力合法化的一种手段。其他人则认为贸易对所有人都有利。

我们在这里停止讨论历史，因为我们在第 8～10 章会更详细地讨论工业社会的历史。同时，我们也为那些想更深入地思考能源和文明"进步"的人提供了一些参考文献[29][30][31]。

6.5 对人类历史有些愤世嫉俗的看法

从今天的角度来审视古人关于战争的观点，是非常令人印象深刻的。《普鲁塔克的生平》[28]是一本关于古希腊和古罗马著名人物的书，由一位杰出的罗马历史学家在几千年前写成。一位作者（查尔斯·霍尔）以充沛的精力读了这本书，由于他的古典教育经历，他想让自己变得更好，曾经在梅瑟维小姐的严厉注视下，一个受过良好教育的人的标志局限于他高中两年成绩平平的的拉丁语。他还对那些声誉持续了数千年的领导人的特点很感兴趣。他对自己的发现感到十分惊讶：普鲁塔克挑出来表扬的最大的一群人，是通过掠夺其他城市的文化而留下了自己的印记。普鲁塔克津津乐道地讲述了这些人是如何给自己的城市或地区带来名望和财富的，显然没有讽刺意味。这些过去的伟大领袖似乎只是抢劫和掠夺太阳能产业积累的利润。人类历史在很大程度上是关于集结军队来强奸和掠夺，以及关于其他人努力反击这些强盗。现代的意大利、苏格兰和许多其他欧洲国家都有许多古老的石头防御工事，这些工事一定花费了古代居民大量的时间和精力来建造。更强大的加农炮的发展降低了这些防御工事的效能，直到它们被重建成更强大的规格。

美国也在征服和掠夺上建立起来，从早期这一明显的例子可以看到，英国和西班牙人偷取了印第安人的土地，形成了美国的军事远征，占有了现在的加州；从 19 世纪 20 年代到 50 年代，通过武力从墨西哥人手里夺取了现在美国西南部的其他地方。当美国不知怎么的"忘记"取得落基山脉南部的这片低地时，他们在 1853 年的加斯登购买中从墨西哥买下了这片低地。因为一种称为全球化的新帝国主义形式的发展，典型的帝国在 20 世纪似乎已经衰败，在世界上饥饿和任处置的人中，民族主义和种族冲突滋生。

偶尔，我们可以定量地一窥帝国扩张所需要的巨大投入，以及普通人在帝国扩张和崩溃期间所遭受的苦难。在历史上的大部分时间里，人们对能源知之甚少，但我们可以略知一二，做一些粗略的计算。拿破仑以拥有 366 门大炮的"坎农公园"而闻名，每门大炮都能投掷 6~12 磅重的铁球。他把这台强大的机器带到了俄罗斯，这是一场不可思议的、最终导致他的大部分军队死亡的灾难性战役。库兹涅佐夫领导下的俄国军队没有反抗拿破仑那架上了油的军事机器，而是在他面前退却了。俄国军队只在波罗底诺短暂停留，进行了几次顽强的抵抗，然后就消失了，留下拿破仑后来被"冬天将军"打败。军事历史学家约翰·基冈计算出了为坎农公园提供食物所需的能量。300 多门大炮需要 5000 匹马来拉动，加上士兵和卡车司机来驾驭马匹和大炮。这些人每天需要 12 吨食物，而马需要 50 吨干草，所以需要更多的马来为拉大炮的人和马带来燃料。基冈的主要观点之一是，纳尔逊在特拉法加的舰队通过开发风能，以 1/5 的物流成本运送了六倍的火力。这表明能够开发相对较大的能源资源的重要性，在这里指的是风能。

在连续三个夏天里，一位作者（查尔斯·霍尔）碰巧读了三本关于欧洲历史和一些重要的军事侵略以寻求帝国的史书：第一本是彼得·梅西的关于 1696 年彼得大帝及其攻击南部进入克里米亚半岛，第二本是菲力浦·德·希刚（拿破仑军队中的贵族）记录的 1804 年拿破仑进攻俄国的战役，第三本是安东尼·比弗的《斯大林格勒》，故事讲述了 1942~1943 年纳粹德国渗透到俄罗斯最远的点。每一本书都是对大规模军事行动的精辟总结。但令人震惊的是，第三本书中的第一张地图与前两本书中的基本上是同一张地图，几乎有相同的国界，都以波罗的海、黑海、莫斯科和里海地区为中心。每本书都讲述了入侵军队由于征服的"荣耀"所获得的巨大成功和热情，但由于在被摧毁的入侵地区，要供养马匹、坦克和士兵，入侵的军队最终被农民军、气候和燃料的匮乏而轻松打败。士兵、军官和平民百姓被夹在两者之间，他们的痛苦是巨大的。每本书中，关于他们的屠杀和野蛮行径的故事在各方都是骇人听闻的。尽管花费了大量资源，但这些战役都没有获得任何额外的领土。1942 年，受过良好教育的德国军官深知拿破仑在俄国遭遇的可怕撤退，他们日复一日地看着温特将军把同样可怕的命运强加给他们自己的军队。最后，这一切都显得如此愚蠢。除了欧洲人对美洲原住民（和其他原住民）的屠杀和取代，似乎自 1800 年（可能更早）以来，大部分土地一直掌握在最先到达那里的人手中。但这当然不能阻止许多侵略，因为野心勃勃的将军和领导人试图征服其他国家的土地。

因此，在历史上的许多时期，人们只能依靠自己的资源生存，而获取个人或国家财富的主要途径是通过战争剥削他人。历史的大部分可以被看作一个群体开发或控制其他群体的一系列尝试，要么直接窃取他们的财富（表现为贵金属、珠宝和建筑物中净太阳能的长期逐渐积累），要么获取他们的资源。在化石燃料时代极大地提高了我们在国内创造财富的能力，以及相互残杀和制造苦难的能力之前，我们结束了简短的历史回顾[23]。我们确实注意到一种乐观的模式：存在傲慢欧洲人的殖民、征服造就的帝国和持续不断的国际冲突的漫长时代似乎在第二次世界大战结束后已成为过去。随着工业化的兴起以及化石燃料及其技术所带来的巨大财富增长能力，加上对其他国家文化的日益欣赏和战争成本的不断增加，帝国和征服其他国家的概念似乎已基本停止。但是，由于各种其他原因，战争及其苦难仍在继续，通过经济手段剥削他人也在继续。

帝国的反复崩塌

这里有几条历史格言很重要。第一，"历史是由胜利者书写的"；第二，人类过去的大多数努力几乎或根本没有被记录下来。对这个问题思考最多的学者是考古学家，而对这个问题最有发言权的考古学家（以及人类学家、历史学家和能源分析师）是约瑟夫·泰恩特。泰恩特的代表作是《复杂社会的崩溃》（尽管我们发现他 1992 年的论文《战争的进化后果》同样令人信服）。这两本书都是非常好的读物。泰恩特列出了至少 36 个曾经伟大的文明，它们今天仅以一系列岩石和其他坚硬材料的形式存在，通常在沙漠下面。这样的例子不胜枚举。只要参观一下墨西哥城或贾拉帕等地的人类学博物馆，就能了解过去有哪些令人难以置信的文明，以及有多少文明已经崩塌。

为什么大多数军事侵略都以失败告终？为什么那么多曾经自豪而强大的文明会如此彻底、如此迅速地分崩离析？原因可能有很多，但我们相信泰因特提出并总结的基于能量的机制提供了最好的线索。

6.6　总　结

所有的生命，包括所有表现形式的人类生命，主要依靠当代的阳光运作，阳光以大约 1.4 kW/m^2（$5.04 \text{ MJ/m}^2\text{/h}$）的速度进入大气层顶部。其中大约一半到达地球表面。这种阳光做了大量的工作，这是所有生命包括所有经济活动所必需的。阳光在地球表面所做的主要工作是从表面（蒸发）或植物组织（蒸腾作用）中蒸发水分，而植物组织（蒸腾作用）反过来产生上升和净化的水，这些水以雨水的形式落回地球表面，尤其是在更高的海拔。雨水反过来产生河流、湖泊，并提供滋养植物、动物和文明的水。地球表面的差温加大会产生风，使蒸发的水在世界各地循环，阳光当然会维持适宜居住的温度，这个温度是自然生态系统和人类主导的生态系统进行光合作用的基础。自人类进化以来，这些基本资源几乎没有变化（除了冰河时代的影响），因此前工业化时代的人类基本上依赖于一个不断变化但有限的资源基础。随着时间的推移，人类通过技术开发更大一部分自然太阳能的能力增强了，最初是用矛尖、刀和斧头来集中人类的肌肉能量，然后是用农业、金属、水坝，现在是用化石燃料。

农业的发展使从土地中获得的光合能量转移到人类能够并希望食用的少数几种植物（称为栽培品种）或人类控制的食草动物中，这些光合能量是从自然生态系统中的不同物种中获取的。奇怪的是，从长远来看，农业带来的每单位土地粮食产量的大幅增加并没有增加人类的平均营养，主要只是增加了人口数量。当然，它也允许城市、官僚机构、等级制度、艺术和更强大的战争的发展。在人类存在的大部分时间里，所使用的大部分能源都是有生命的——人或役畜——它们都来自最近的太阳能。通常大部分的工作都是人类自己做的，通常是奴隶，但更普遍的是体力劳动者，以这样或那样的方式。几千年来，从一开始5000多年前的帝国时期直到大约1850年煤蒸汽动力的广泛使用时期，任何大规模的农业或公共工程所使用的能源的主要来源是大量的人力，主要但不总是奴隶或近似奴隶（即农奴）。根据一种说法，基奥普斯金字塔基本上代表了尼罗河文明当时大约300万人的全部剩余能量，建造这个金字塔需要10万人在20年的时间里工作。第二个非常重要的太阳能来源是木头，佩林、庞亭和斯米尔在书中详细描述了木头的迷人细节。地球表面的大片区域——伯罗奔尼撒半岛、印度、英格兰的部分地区，以及许多其他地方——已经被砍伐了三次或更多，原因是人类文明砍伐树木作为燃料或材料，从新开垦的农田中繁荣起来，然后随着燃料和土壤的枯竭而崩溃。考古学家约瑟夫·泰恩特叙述了人类发展文明的普遍趋势，即不断扩大的范围和基础设施最终超过了社会可获得的能源。

自然生物系统受制于自然选择，以及在我们之前的前工业化文明高度依赖的不仅是从有机来源中获得的少量能源盈余，而是大量盈余，或者大的净能量，从而支持了讨论中的整个系统——在一个进化的自然群体或文明中。大多数早期文明留下了我们现在参观和惊叹的人工制品——金字塔、古城、纪念碑等，必须有巨大的能量过剩才会产生这些，尽管我们很难计算出那是什么。今天的一个重要问题是，过去能源过剩的极端重要性在多大程度上适用于当代文明，因为当代文明拥有巨大的能源过剩，但可能会受到威胁。

过剩的能源和当代工业社会

除了太阳能，当代工业文明还依赖化石燃料。今天，化石燃料在世界各地开采、提炼，并送往数千英里以外的消费中心。这些燃料加速了太阳能的开发，并使粮食生产、水运和卫生设施得到了巨大的发展。在过去的 100~200 年里，这些发展使人类人口得以大幅增长。对许多工业国家来说，化石燃料的最初来源是它们自己的国内资源。美国、英国、墨西哥和加拿大就是很好的例子。因为很多这些最初的工业国家，已经从事能源开采业务很长一段时间，他们往往都生产和使用最先进的技术和最贫困的燃料资源，至少相对于许多国家最近开发的燃料资源来说。例如，截至 2017 年，美国，最初拥有世界上最大的石油的国家之一，只生产其使用的大约一半的石油；加拿大的常规石油的生产已经开始严重下滑，墨西哥最近吃惊地发现他们曾经最大的油田坎塔雷利，其产量至少提前十年开始急剧下降。虽然新的石油资源正在被开发（见第 13 章），但这些资源来自产量相对较低和价格昂贵的油井。与此同时，全球人口继续增长，尽管速度在下降（见图 6-13）。下一章将更详细地探讨石油在我们社会中的作用。

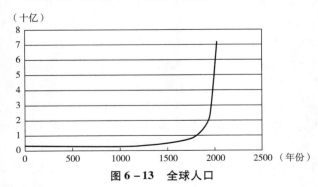

图 6-13　全球人口

资料来源：联合国。

问题

1. 讨论几个前农业时期人类如何利用太阳能的例子，以及他们获得的能源与他们个人能源投资的关系。

2. 矛尖和能量有什么关系？

3. 农业如何为人类集中能源？这个过程如何支持更大的人口？

4. 人类对火的利用为人类开辟了巨大的新的农业粮食资源。你能解释一下它们之间的联系吗？

5. 农业剩余与人类专业化有什么关系？

6. 许多以前占主导地位的人类文化已经崩溃，你能举个例子吗？你认为发生这种情况的原因是什么？

7. 说出费迪南德和伊莎贝拉统治时期的至少两项重要遗产。

8. 过剩的能源对文明意味着什么？

参考文献①

［1］Lee，R. 1969. Kung Bushmen subsistence：An input-output analysis. *In Environment and cultural behavior*，ed. A. P. Vayda，47 – 79. New York：Natural History Press.

［2］Shostak，Marjorie. 2000. *Nisa：The life and words of a Kung Woman*. Cambridge，MA：Harvard University Press. Glaub，M. and C. A. S. Hall. 2017. Evolutionary implications of persistence hunting：An examination of energy return on investment for Kung Hunting. *Human Ecology* 45：393 –401.

［3］Martin，P. S. 1973. The Discovery of America. *Science* 179：969 –974.

［4］This analysis is based mostly on a series of papers in Science magazine of 2 March 2001.

［5］Culotta，E.，A. Sugden，and B. Hanson. 2001. Humans on the move. *Science* 291：1721 –1753.

［6］De Candolle，A. 1959. *Origin of cultivated plants*. London：Hafner Publishing Co.

［7］Sauer，C. O. 1952. *Agricultural origins and dispersal*. New York：American

---

①　献给化学家弗雷里克·索迪和威廉·奥斯特瓦尔德、人类学家莱斯利·怀特、考古学家和历史学家约翰·佩林、系统生态学家霍华德·T. 奥德姆、经济学家尼古拉斯·乔治库—罗根、能源科学家瓦茨拉夫·斯米尔以及其他一些相关领域的专家。

Geographical Society.

[8] Diamond, Jared. 1999. *Guns, germs and steel: The fates of human societies.* Norton: W. W & Company, Inc.

[9] Angel, J. L. 1975. Paleoecology, paleodemography and health. *In Population ecology and social evolution*, ed. S. Polgar, 667 – 679. Paris: Mouton Press.

[10] Perlin, John. 1989. *A forest journey: The role of wood in the development of civilization.* New York: W. W. Norton & Company, Inc.

[11] Michener, James A. 1963. *Caravans.* New York: Ballantine Books.

[12] Tainter, J. 1988. *The collapse of complex societies.* Cambridge, UK: Cambridge University Press.

[13] Abrahamson, W. G. , and T. N. Taylor. 1990. *Plant-animal interactions.* New York: McGraw-Hill Encyclopedia of Science & Technology.

[14] Feeny, Paul. 1970. Seasonal changes in oak leaf tannins and nutrients as a cause of spring feeding by winter moth caterpillars. *Ecology* 51: 565 – 581.

[15] McNeill, W. H. 1976. *Plagues and peoples.* Garden City: Anchor Press/Doubleday.

[16] Ponting, C. 1992. *A green history of the world: The environment and the collapse of great civilizations.* Saint Martens: Penguin Books.

[17] Carter, V. G. , and T. Dale. 1974. *Topsoil and civilization.* Norman: University of Oklahoma Press.

[18] Deevey, Edward S. , Jr. 1960. The human population. *Scientific American* 203: 194 – 204.

[19] Cottrell, F. 1955. *Energy and society.* New York: McGraw-Hill.

[20] Thucydides T. 1954. *History of the Peloponnesian war.* Trans. R. Warner. New York: Penguin Books.

[21] Gibbon, E. 1776. et Seq. *The decline and fall of the Roman empire.* Vol. I. New York: Random House.

[22] Walker, D. R. 1974. et Seq. The metrology of the Roman silver coinage. Part I. From Augustus to Domitian. Part II. From Verva to Commodus. Part III. *From Pertinax to Uranius Antonius.* Oxford: British Archaeology Report. Supplementary Series 5, 22, 40.

[23] Adas, M. 1993. *Islamic and European expansion.* Philadelphia: Temple University Press.

[24] Hall, C. A. S. 2006. Integrating concepts and models from development eco-

nomics with land use change in the tropics. *Environment*, *Development and Sustainability 8*: *19 – 53.*

［25］ Zeeuw, J. W. 1978. Peat and the Dutch golden age. The historical meaning of energy-attainability. A. A. G. *Bijdragen* 25: 3 – 31.

［26］ Sundberg, U. 1992. Ecological economics of the Swedish Baltic Empire: An essay on energy and power, 1560 – 1720. *Ecological Economics* 5: 51 – 72.

［27］ Crosby, Alfred. 1986. *Ecological imperialism*: *The biological expansion of Europe*, London: Cam-bridge University Press. 900 – 1900.

［28］ McFareland, John W. 1972. *Lives from Plutarch*. New York: Random House.

［29］ Thomas, D. W., J. Blondel, P. Perret, M. M. Lambrechts, and J. R. Speakman. 2001. Energetic and fitness costs of mismatching resource supply and demand in seasonally breeding birds. *Science* 291: 2598 – 2600.

［30］ Odum, H. T., and R. Pinkerton. 1955. Time's speed regulator: the optimum efficiency for maximum output in physical and biological systems. *American Naturalist* 43: 331 – 343.

［31］ Hall, C. A. S. 2004. The continuing importance of maxi-mum power. *Ecological Modeling* 178: 107 – 113. Brown, M., and C. A. S. Hall. The H. T. Odum Primer: An annotated introduction to the publications of Howard Odum.

［32］ Wroe, S., J. Field, R. Fullagar, and L. S. Jermin. 2004. Megafaunal extinction in the late Quaternary and the global overkill hypothesis. *Alcheringa* 28: 291 – 331.

［33］ Taylor, G. F. 1951. *The Transportation Revolution*, 1815 – 1860. New York: Holt, Rheinhart and Winston.

［34］ Lieth H., Whittaker R. H. （eds） 1975. Primary Productivity of the Biosphere. *Ecological Studies* （*Analysis and Synthesis*）, vol 14. Berlin, Heidelberg: Springer.

［35］ Tylcote, R. 1992. A History of Metallurgy. Institute of Materials.

7 能源、财富和美国梦

美洲是人类最后定居的主要宜居大陆。当第一批亚洲人（"美洲原住民"或"印第安人"），然后是欧洲人（以及他们作为奴隶或劳工从非洲和亚洲带来的人）定居美洲时，他们发现巨大的土地上没有（或无法找到）其他人类，这片土地上有着令人难以置信的丰富的资源。从人口相对密集、社会和经济分层的亚洲和欧洲移民过来，美洲人代表着巨大的资源、人均力量和开发这些资源从而创造财富的自由。这当然是一个众所周知的故事，被讲述给大多数美国孩子听，这些故事的重点是我们的祖先的各种英雄活动，但这也是一个关于能源的故事。

7.1 移民美洲的浪潮：先是亚洲人，
然后是欧洲人

大多数科学分析都支持这样一种观点，即人类首次来到美洲是在 1 万至 2 万年前的低海平面时期，当时大量的水被困在冰河时代的冰川中（然而，我们应该尊重许多印第安人的观点，包括一些印第安科学家，"他们一直在这里"）。当美洲原住民到达这片大陆时，他们发现基本没有其他人类，而是有惊人的自然生态系统，以及巨大的野生动物资源（他们的主要资源基础）。由于这些人是熟练的猎人，拥有非常有效的工具（矛、弓和箭，以及高度进化的狩猎社会体系，以及后来的农业），他们有了巨大的经济繁荣，在美洲的人数增加到大约 5000 万人。但这种巨大的经济增长是有代价的：许多原本在它们的饮食中非常重要的物种的灭绝。例如，我们知道一万年前，在今天的美国，有两种大象，以及 10 英尺高的海狸和巨大的树懒。这些物种和许多其他大型物种（统称为巨型动物，意思就是"大型动物"）在人类出现后不久就消失了。当科学家们争论气候变化和人类捕猎对这些动物的影响程度时，毫无疑问，无论人类走到地球上的哪个地方，大型动物都在不久后消失了[1][2]。与此同时，美洲的其他人在许多地区过度开发土地，导致其崩溃，即整个社会的规模和复杂程度急剧下降。例如，尤卡坦半岛的玛雅人和现在的危地马拉就发生过这种情况[2][3]。这种崩溃是否会发生在今天的欧洲裔美国人身上，这个问题已经被这些作者和其他许多作者讨论过，他们中的大多数人认为这有明显的可能性。

　　从 1492 年开始，进入美洲的第二波人类来自欧洲。他们带来了一整套全新的植物、动物和技术[4]。从我们目前的角度来看，这一事件的基本结果是，1492年美洲绝大多数人直接被欧洲人杀死，或者被他们带来的疾病杀死，如《枪炮、病菌与钢铁》[5]中描述的那样。这不是一个美丽的故事，今天将被称为种族灭绝[6]。因此，人口总数再次维持在非常低的水平，因为从欧洲来的新移民或多或少不过是补偿了原人类居民的净减少。从未来三个世纪的经济学角度来看，这意味着每个欧洲移民及其子女的人均资源仍然是巨大的。美国确实是一片充满机遇的土地，因为那里有大量未开发的资源，可供分享的人并不多。大约从 1700 年到 1890 年，西部总是有一个"空旷的边疆"，土地开放给那些有野心和勤奋的人，给他们提供了许多机会。当然，欧洲裔美国人很少想到这些"空"的土地上已经居住着大量的美洲原住民，这些原住民偶尔定居，但往往是游牧式的、非工业的生活方式，实际上已经很好地适应了以可再生资源为基础的可持续生存。整个大陆的经济从一个相对可持续的发展到一个明显不可持续的发展。独立战争的最大原因基本上是资源匮乏——跨阿勒格尼边境的切断，首先是在 1763 年通过《宣言法》，然后在 1775 年，随着《魁北克法》更大力度的实施，切断了这条边境。之后不久就爆发了公开反抗[7]。

　　欧洲人带来的技术（如采矿、冶金、铧式犁、深海捕鱼等，加上一系列自私的误解（如"雨随犁而来""天定命运"）的发展），导致了可再生（如土壤、树木、鱼、野牛）和不可再生（如金、银、煤炭）资源的大规模开发，以及对于很多人来说，尽管不是所有人，看似无限的财富的开发，这一方式很符合波兰尼的定义经济学。美国人的发明创造无疑增加了他们利用资源的能力，并开发了重要的新产品和新工艺，其中包括电灯泡、洲际铁路、汽船、大批量生产的汽车和电报。正如我们之前所说，大多数思考美国为何变得如此富有的人将财富归因于现有的或移民的欧洲人口产生的特定行业，或上帝的保佑。也许很少有人想到美国拥有如此巨大的、基本上未被开发的资源基础和非常低的人口密度（与欧洲相比）。换句话说，美国人均享有大量资源。阿尔弗雷德·克罗斯比[4]认为，因为欧洲人独特和自私的侵略性，他们特别擅长殖民世界的其他地方和开发他们所殖民地方的资源。作为证据，他指出，除了欧洲人（他们殖民了北美、南美、南非、澳大利亚和新西兰——所有有温和气候的地方）或曾被欧洲人（非洲奴隶及其后代、中国工人）迁往美国西部的人，今天世界上所有的人基本上都是公元1000年的样子。这种关于欧洲人本质上的侵略性以及他们成功开发他人和他人资源的能力的观点，是贾里德·戴蒙德极为成功的著作《枪炮、病菌与钢铁》的精髓，该书也关注欧洲人拥有的某些地理优势。欧洲人不一定是优秀的发明家，但他们非常善于应用火药、农业、畜牧业、冶金、文字通信等。所有这一切都转移到美国，在那里，人们满怀热情地将其应用于一个拥有丰富的未开发资源的大陆，如我们所说，包括作为燃料的木材和草、夏季雨水充沛的土壤、丰富的矿藏等。因此，来自欧洲的移民发现，按照欧洲的一般标准，他们可以拥有大量肥沃的土地，而这些土地的肥沃程度基本上取决于他们的主动性和精力。这就是"美国梦"的开始——由大量普通个人开发大量太阳能的能力。

改造自然是一项艰苦的工作。在过去，当这项工作主要靠自己的肌肉完成时，一个人的身体所能完成的转化量是困难的，而且在规模上是有限的。过去的富人往往是通过他人的努力工作，通过社会习俗，如低工资的劳动，以及农奴制和奴隶制来实现这一点的。想想150年前美国南部种植园主可爱的房子和安逸的生活吧，他们富裕的生活方式是在数十至数百名工人在清理森林、种植和收割庄稼的过程中形成的。事实上，奴隶制度在《圣经》和许多古代历史记载中经常被提及。奴隶制的生活并不好（委婉地说），甚至许多奴隶的主人也越来越讨厌这个概念。美国内战结束了奴隶制，但事实上，之前的奴隶继续在土地上工作着，来自爱尔兰、意大利、中国和其他地方的贫穷的移民者按照"努力工资"或受契约约束的仆人做着重体力的工作，奴隶制仍然在继续。人们在这项工作中得益于马的体力，燃烧木头获得的体力劳动以及落水带来的功率。帆船和偶尔的风车利用了风能，越来越多的煤被用于铁路和工厂。但总的来说，在世纪之交，大多数工作仍然是由人类劳动和动物协助完成的。这并不是说大多数人不快乐，通常他们是快乐的。但是，财富的产生是一个艰难的、汗流浃背的过程，而且以今天的标准来看，大多数人都非常贫穷。

7.2 工业化和孤立主义

到了18世纪晚期，新能源正在被开发，尤其是新英格兰地区，那里有丰富的水力资源，按照当时的标准，可以建造大量的新工厂，生产纺织品、鞋子、化学品以及各种铁制工具和设备。这使工人大量集中在曼彻斯特、新罕布什尔、洛厄尔、马萨诸塞州、波士顿和纽约市等，这些城市得以发展。水力机械大大增加了工人在一小时内所能生产的货物量（即劳动生产率），以及至少部分新英格兰人的后续财富。与此同时，随着森林被砍伐为农业用地和新英格兰的宅基地，欧洲人向东南地区扩展，然后向西扩展到几乎整个中西部地区，那里为各种各样的当地工业提供了大量的木材燃料[8]。鱼类和其他海洋生物也很丰富，为了获得鲸油——照明的主要来源，马萨诸塞州的海员们使世界上大量的鲸鱼大幅度减少。19世纪初，英国和德国已经开始他们伟大的产业转型，利用太阳能能源中煤炭生成巨大的新的大量高温热，与用水力、木材或木炭相比，这样的高温热能够做更多的工作。这项技术被转让给了美国，美国拥有非常丰富的煤炭储量。1859年，埃德温·德雷克上校钻探了美国的第一口油井，煤油开始取代鲸油成为照明的首选。以世界标准衡量，新工业化产生的巨大财富使"工业巨头"变得极为富有。再加上他们和工人之间的巨大财富差距，为19世纪90年代创造了"镀金时代"这个短语。但这并不是一种平稳的增长模式，无论贫富，因为周期性的经济衰退导致许多人的财富严重流失。大多数人仍然贫穷，或者至少远离富裕，挣的钱勉强够维持生活和成家。不过，相较欧洲和大多数其他国家，在美国，尽管存在收入差距，但财富分配相当公平，部分原因在于许多人有能力通过耕种和一把斧头获得土地及其太阳能（一旦印第安人被取代）。

7.3　斯宾托油田和富裕社会的开始

1901年发生了一件特别的事。整个社会财富的产生（特别是在美国和大部分欧洲地区）发生了突然的改变，正如世界上财富的总量甚至人均财富，至少有中等财富的人口比例有了很大的上升（见图7-1）。在一系列类似事件中，或许唯一最重要的事件是1901年得克萨斯州博蒙特的斯宾托油田的开发，这让人们重新认识到，石油的发现、销售和使用可以为许多人创造巨大的财富（见图7-2）。在斯宾托出现之前，人们肯定已经发现并开发了石油，但个别油田相对稀少、面积小、开发难度大，年产量只有数百或数千桶。仅斯宾托一家就改变了这一切，日产量高达50万桶，相当于美国石油产量的两倍。当时人们认识到，只要石油业务的投资相对较少，就可以为许多人带来大量财富。不久，人们发现，其他领域的生产率几乎与斯宾托一样高。其他人研究相对较小的投资如何能产生

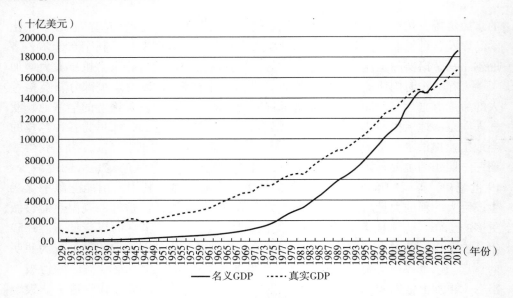

（十亿美元）

图 7 – 1　美国名义 GDP 和实际 GDP（2005 年美元）

资料来源：美国商务部。

图 7 – 2　1901 年得克萨斯州博蒙特的斯宾托油田

资料来源：得克萨斯州能源博物馆。

大量的资金，通过使用斯宾托开发的理念和技术，石油产量迅速增长。不仅在得克萨斯州和路易斯安那州，而且在印度尼西亚、波斯、罗马尼亚和许多其他地区也有了大量的新发现。随着石油产量的逐年增加，这个国家的财富也以前所未有的速度增长。石油最初是用作煤油的，但很快一种废弃产品——汽油，作为汽车燃料被发现有了重要的新用途。于是，许多人的富裕时代开始了，也就是所谓的超级富裕时代。这使许多经济学家和政治家认为每年3%甚至5%的经济增长是"正常的"，而实际上这是一件非常新鲜的事情。这种以石油为基础的增长在全球范围内日益蔓延，并一直持续到现在。

石油（和能源更普遍）使用的指数式的增长以及至少持续到20世纪70年代"石油危机"的美国财富的指数式增长（见图7-3），很好地契合了我们更一般的能源角度，它侧重于所需的原材料和任何过程中所需要的能源，包括经济生产。很简单，正是能源使我们的经济能够进行变革，将这些材料提炼和加工成我

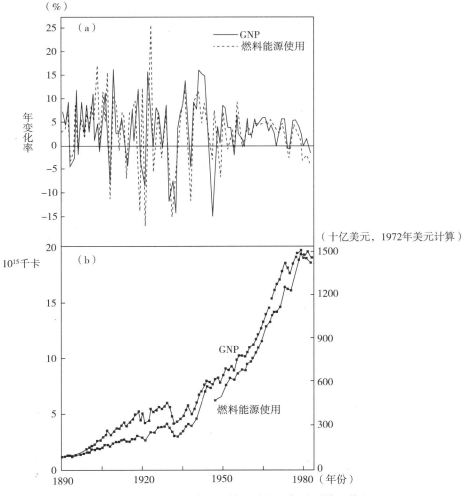

图7-3 与美国经济使用的总能源一起绘制的总收入

资料来源：参考文献［21］，美国能源情报署的原始数据。

们所希望的经济产品和服务。当然，我们还需要其他一些东西，如获取和使用能源的技术，以及一个支持性的政治和经济环境，但财富生产的驱动因素是进行经济生产工作的能源。为了更清楚地说明这一点，我们将更详细地研究可能是有史以来最大规模的财富创造——以"美国梦"为代表的巨额财富的创造。

7.4 "美国梦"的创造与传播

20 世纪初，以欧洲裔美国人为主导的美国正在成为世界新兴的农业和工业巨人。1900 年，美国主要依靠煤炭、木材和动物能源运营，但随着新油井的出现和使用汽油的汽车、卡车和拖拉机的发展，石油变得越来越重要。大型水坝是在大量石油和燃煤机器的帮助下建成的，为许多农村地区带来了灌溉用水和电力，为每个美国人提供了大量的生物物理能源。第一次，整个国家的很大一部分人口变得相当富裕，有些人变得格外富裕。这种巨大的财富与能源使用的增加有关，而且显然依赖于能源使用的增加，能源使用的增长速度几乎与财富的增长速度完全相同，这使每个工人的生产力都大大提高（见图 7－4 和表 7－1）。

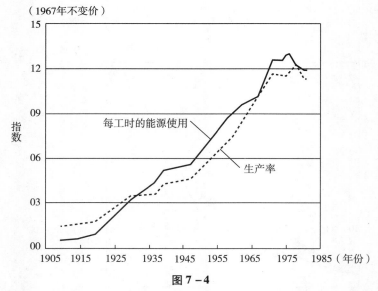

图 7－4

1905～1984 年，当停止数据采集时，美国工人每小时的平均劳动生产率（以不变美元计算）和能源消耗（以不变美元计算）。

资料来源：参考文献［21］。

表 7 - 1　了解能量单位及其转换

有用的转换：	
1 卡	4.1868 焦耳
1 千卡	4187 焦耳
1 英热	1.055 千焦
1 千瓦时	3.6 兆焦
1 色姆	105.5 兆焦
1 升汽油	35 兆焦
1 加仑汽油	132 兆焦
1 加仑柴油	140 兆焦
1 加仑酒精	84 兆焦
1 捆好的干木材	26 十亿焦
1 桶油	6.118 十亿焦
1 吨石油	41.868 十亿焦（=6.84 桶）
一些基本的能源成本：	
1 公吨玻璃	5.3 十亿焦
1 公吨铁	21.3 十亿焦
1 公吨铝	64.9 十亿焦
1 公吨水泥	5.3 十亿焦
1 瓦吨氮肥	78.2 十亿焦
1 公吨磷肥	17.5 十亿焦
1 公吨钾肥	13.8 十亿焦
1 焦耳	捡起一张报纸
1 兆焦	一个努力工作 3 小时的人
3 兆焦	一个努力工作 1 天的人
11 兆焦	一个人 1 天所需的食物能量
1 十亿焦	7 加仑汽油的能量
1 万亿焦	火箭发射
100 百亿亿焦	美国一年的能源使用量（2009 年）
607 百亿亿焦	世界一年的能源使用量（2015 年）

注：在某种程度上要感谢 R. L. 贾菲和 W. 泰勒在麻省理工学院能源物理 8.21 课程提供的能源信息卡。

　　奇怪的是，即使美国在基本交通上越来越依赖化石燃料（主要是铁路），人们在旅途的两端也越来越依赖马匹来运送人和货物。因为烧煤的铁路会产生大量的噪声，而且气味难闻，尤其是因为它们会释放出火花，经常导致房屋着火，所以它们往往被禁止进入市中心。因此，直到 1920 年左右内燃机占据主导地位之前，货物和乘客都倾向于通过太阳能（即草）驱动的马车，将其从铁路出口运送到市中心。

在过去的一个半世纪，美国被认为是世界上最富有的国家，或许更重要的，在这样一个地方，不论出生背景，拥有很多固定的技能和努力的人，只要足够努力，都可以赚大量的钱。对于许多工薪阶层的美国人来说，他们的梦想不是富裕，而是稳定——一份稳定的工作，一所自己的房子，支付账单的能力，度假的能力，老年有保障的能力，或者为孩子带来更好的生活。这种经济上的成功通常归因于居住在其境内的人的特点、他们的基因、他们的努力工作、上帝的恩惠或其他一些因素。教育通常被认为是重要的，传统上美国在高等教育的数量和质量上领先于世界，特别是在研究生水平上。在美国，这本书的许多读者可能正在上经济学或商科课程，以学习致富所必需的技能。拥有更多的钱会让你生活得更好，这一观点是消费行为经济学理论的核心，而消费行为理论又是现代经济思想的基础。我们将在第 14 章更详细地解释这个观点，包括没有明确的令人信服的证据证明它是正确的。更好的教育将带来更多的财富，这一想法也深深地根植于美国人的心灵之中，从国家成立的第一天起，学校就被预留出来（根据《西北法令》），主要就是出于这个原因。

事实上，在美国获得财富的能力很大程度上是北美大陆曾经拥有的不可思议的资源基础的结果。这些包括原始的巨大森林，巨大的能源和其他地质资源，如鱼、草，也许最重要的是，在生长季节降雨地区的肥沃的深层土壤。虽然世界上许多其他地区也拥有或曾经拥有类似的巨大资源基础，但美国还有其他几个有些独特的重要特征。事实上这些资源被高强度开发只有几百年（正如在欧洲或亚洲几千年以来一样），巨大的海洋把其他想要我们资源的人分隔开来，在过去极低的人口密度（即使现在也是）导致人均资源非常大并且仍相对较高（见表 7－2）。人口密度低的原因有很多。也许时间是最重要的。据我们所知，人类在北美，至少在任何规模上，只存在了 1 万年或 1.5 万年，而欧洲只有 5 万年，非洲和亚洲则要长得多。此外，1492 年以后原始原住民人口大量减少。最后，人口增长率减缓，这是在人类变得更加富裕时普遍观察到的——这发生在美国（见表 7－2）。

表 7－2　2009～2010 年美国和其他国家的人口数量和密度

	总人口（千人）	密度（人/平方公里）
世界（陆地）	6828134	46
孟加拉国	162221	1127

	总人口（千人）	密度（人/平方公里）
巴勒斯坦领土	4013	667
南韩	46456	487
波多黎各	3982	449
荷兰	16618	400
海地	10033	362
印度	1182328	360
英国	62041	255
牙买加	2719	247
德国	82689	229
巴基斯坦	169792	211
中国	1338153	139
尼日利亚	154729	168
法国	62793	113
美国	309535	32
阿根廷	40134	14
俄罗斯	141927	8
格陵兰	57000	0.026

资料来源：维基百科。

7.5　被大萧条分隔的两次世界大战

到了 20 世纪初，美国公民中弥漫着强烈的孤立主义情绪，他们对欧洲及其根深蒂固的竞争和频繁的战争深感怀疑。美国在很大程度上是出于自愿与欧洲乃至世界其他地区进行隔绝。经过长时间的推迟，美国加入了第一次世界大战，大大加快了其与世界其他国家的联系，尽管美国国内的反战情绪特别强烈。事实上，时任总统伍德罗·威尔逊的连任竞选口号就是"他让我们远离战争"。温斯顿·丘吉尔最先意识到了石油和以石油为基础的运输的军事价值，在战前他就开始了将英国舰队从煤炭向石油转变。然而，英国没有石油。英国议会在战争爆发9 天后，通过了对英波石油公司（现在的英国石油公司）的担保合同，从而开启了石油依赖度日益增长的西方世界与石油丰富的中东之间长期且经常引发争议的联系。1914 年的马恩河战役中，面对可能的大规模军事失败，法国人用出租车将 6000 名法国士兵从巴黎紧急送往战场，帮助他们取得了巨大的胜利，这充分体现了石油的价值。石油也首次被用于飞机和原始坦克。这场战争从以煤为动力的轮船、铁路和数百万匹马开始，以一场日益以石油为基础的冲突结束。因此，石油增强一切的能力，包括军队执行大规模屠杀和对军队的屠杀，都被极大地增强。

战后，美国经历了长达十年的和平时期，除了 1921 年的经济大萧条，美国的富裕程度大大提高，这在很大程度上是由石油产量的不断增加所推动的。然而，回过头来看，很明显，这种富裕在很大程度上只是纸面财富或投机所得。从当代的角度来看，石油价格的上涨形成了资产泡沫。投机是指人们购买土地或其他资源不是为了自己使用，而是希望以后能以更高的价格卖给别人。为了做到这一点，20 世纪 20 年代的银行贷出的钱远远超过了它们实际拥有的资产（即"保险库里的钱"或房屋所有权）来支付贷款。简单地说，人们可以把银行想象成一个地方，人们把多余的钱存起来"以备不时之需"，而其他人可以借钱买房。由于大多数房主都想保住自己的房子，并将努力偿还贷款，因此这通常被认为是一种相当安全的贷款方式，至少在银行家做足功课并确定借款人有能力这么做的情况下是如此。早期的资本主义（许多人归因于意大利佛罗伦萨美第奇家族的崛起）下，银行也把这个钱的一部分借给其他人作为投资资本使用，也就是说，用钱来启动或扩大业务、购买设备、建造建筑物等，这是预期使用它们赚更多额外的钱。银行借出的钱越来越多，超过了它们在保险库里的钱，甚至超过了账面上的钱。诺贝尔奖得主保罗·萨缪尔森写道，这可能起源于古代的金匠，他们为储存黄金提供收据或票据。最终，当史密斯夫妇意识到并非所有的存款人都能同时取回他们的黄金时，这些纸币开始作为货币流通。这两种程序都允许银行向那些把钱存入银行的人支付利息。传统上，银行所有者和董事（有时是政府监管机构）的谨慎态度，导致银行家将银行相当大一部分资金存放在实际的银行金库中，这样，拥有这些资金的人可以随时提取。然而，所有的银行都生活在"银行挤兑"的恐惧中，也就是说，有太多的人想同时把钱从银行取出来。一些猜测一直伴随着我们，但在 20 世纪 20 年代末，它变得越来越大。这是因为在不断扩张的经济中，土地和证券的价格被推高到远高于其实际价值的水平，原因是人们预期未来的价格会更高，因而支付了越来越高的价格。1929 年 10 月 20 日，投机者被现实追上了，因为财富的巨大损失，这一天被称为"黑色星期二"，人们记得这样的一天，至少根据传说，许多投资者在华尔街大楼跳楼自杀。在那之后的几天里，投机者和其他投资者损失了 1000 亿美元，这是一笔巨款。虽然当时只有不到 2% 的美国人持有股票，但华尔街崩溃的影响向下渗透到了当地的银行，这些银行为了保护自己和当地经济而贷出的资金要少得多。投机者从他们的股票经纪人那里借钱，而股票经纪人反过来又从银行借钱。资产价值的巨大损失使投资者无法偿还经纪人的贷款，而经纪人也无法偿还自己的贷款。随之而来的是银行挤兑，到1931年，破产数量上升到5000多家。不久，将近20%的美国人失去了工作。

这就是我们现在所知的"大萧条"时期的开始，当时美国陷入了一段经济增长缓慢或负增长、失业率高以及20世纪30年代普遍存在的金融困难的漫长时期。美国总统赫伯特·胡佛此前在欧洲抗击战后饥荒方面表现出高超的技巧，他将大萧条的主要原因归因于"1914～1918年的战争"，以及结束战争的和平条约带来的经济后果。这种态度助长了美国人的孤立和个人主义，而这种孤立和个人主义在媒体的推波助澜下变得更加强烈，尤其是在中西部各州。颇具影响力的《芝加哥论坛报》的出版商发起了一场狂热的运动，以阻止美国卷入任何国际纠葛，如在美国加入第一次世界大战之前帮助英国。他甚至认为胡佛试图应对大萧条初期的温和改革，以及他与国际领导人不温不火的接触都是危险的，甚至称胡佛为"历史上最伟大的国家社会主义者"。这很讽刺，因为今天胡佛通常被认为是我们最保守的总统之一。胡佛相信，随着时间的推移，经济会自我纠正。他以一个在街角卖苹果的失业男子为例，说明个人的工作有助于所有人的经济复苏。

事实上，经济变得更糟了，在下一次选举中，这个国家拒绝了胡佛，转而求助于富兰克林·罗斯福。罗斯福以财政保守派的身份参选，并相信预算平衡。这种信念导致他提高税收来支付社会项目。因此，他的"新政"并没有提供巨大的财政刺激。但罗斯福还一直相信这样一种理念，即政府应该努力改善人民的生活，特别是在困难时期，他越来越相信为了"促进"经济，政府应该花更多的钱，即使是借来的。这种信念（本质上，但不是明确的凯恩斯主义）采取了多种形式，从创造就业机会的项目，如平民保护队和劳动进步管理局，到社会保障和劳动关系改革。包括自由派和凯恩斯主义经济学家在内的大多数经济学家都认为，这种做法实际上没有产生足够的赤字支出，不足以大幅推动经济复苏。这就导致了与"二战"相关的公共开支的大幅增加，在"二战"期间，由于政府开支和政府债务的大幅增加，经济获得了巨大的增长。对平衡预算的承诺在战争期间消失了，利用赤字支出刺激经济以及促进战争帮助创造的社会结构，这导致了长期的经济快速增长。人们不太了解的是，所有这些经济扩张都需要廉价的石油，这确立了我们对石油的长期结构性依赖。政府开支的增加和国家垂死的工业力量的复兴，显然是赢得战争和维持不断提高的生活水平，从而实现美国梦的主要因素。

然而，对许多人来说，罗斯福（以及后来的几任总统）对经济的干预是一种诅咒，因为他们认为政府应该置身事外，不干涉他们认为属于人民自己的私人事务。但在当时，他们的声音很微弱。"新经济学家"的时代即将开始，他们的理论依据是约翰·梅纳德·凯恩斯的著作，但强调经济增长高于其他所有目标。在那个时代，经济学家们相信他们已经"战胜了商业周期"。新经济学家认为，明智地运用有关税收、支出、货币和利息的审慎政策，可以提高市场效率，使萧条成为过去。然而，这种信心不可能持续到 20 世纪 70 年代以后，那是一个以高失业率和高通货膨胀为特征的时期。在 21 世纪头十年，政府监管有效性的问题再次出现在我们面前，其恶毒程度是 20 世纪五六十年代的经济学家几乎无法想象的。

从我们的能源角度来看，特别有趣的是，大萧条时期美国能源供应非常充足。东得克萨斯油田是美国除阿拉斯加普拉德霍油田外最大的油田，于 1930 年被发现，那是大萧条的第一年。石油很便宜，但实际上没有市场。但当美国经济最终开始复苏时，尤其是在 20 世纪 40 年代，有大量能源为这种扩张提供了动力。因此，很明显，人们不仅需要可用的廉价能源，而且需要额外的经济条件来促进经济增长，这是我们在第 5 章中讨论的问题。

与此同时，日本是一个相对较小的国家，没有庞大的资源基础，几个世纪来一直向内看，现在日益工业化，必须向外看它所需要的资源。1905 年，日本人在对马岛海峡战役中战胜了一支庞大的俄国舰队，在此鼓舞下，他们建立了一支庞大的现代化舰队。多达一半的日本国民生产总值都用来建立自己的军事机器，这样的扩张占用了他们大部分可用的资源，例如，日本家庭鼓励用大米把他们的男孩——未来的士兵喂得强壮，而女孩只喝大米煮的水。日本为了煤炭和铁入侵中国和韩国，并开始向外扩张进入太平洋，如冲绳岛。20 世纪 30 年代，美国通过谈判达成条约，并在太平洋地区进行有限的军事建设，努力遏制日本的帝国野心。日本人意识到他们经济的扩张依赖可靠的石油供应。这些石油是在荷兰东印度群岛（现在称为印度尼西亚）发现的。1941 年，美国军舰用一种很大程度上被忽视的公开的战争行为封锁了日本获取石油的通道。日本军方中最激进的声音认为，保护他们石油资源的唯一方法是对美国太平洋舰队进行致命打击。因此，1941 年 12 月 7 日，当日本人袭击夏威夷群岛瓦胡岛上的美国海军基地时，美国与世界其他地方的隔绝就戛然而止了。袭击发生后的第二天，富兰克林·德拉诺·罗斯福总统要求国会宣战。德国和意大利随后向美国宣战。1939 年在欧洲爆发的第二次世界大战开始于美国。在许多方面，这是世界上第一次以石油为基础的战争，并且在许多方面，它大大加速了世界的工业化。丹尼尔·耶金[10]在其关于石油的非常全面的著作《石油大博弈》中对石油在第二次世界大战中的作用进行了特别深入的阐述。

1941 年日本轰炸美国舰队开始了真枪实弹的战争，尽管正如所指出的，这不是太平洋上的第一次战争。战争在欧洲结束，意大利和德国军队战败，法西斯和纳粹政府投降。同样，化石燃料的可得性或缺乏性发挥了关键作用。战争快结束时，德国失去了非洲和中东的石油供应，只能用煤炭生产有限数量的汽油，开创了目前正在考虑的用煤炭生产液体燃料的同样技术（称为费歇尔·托洛普希）。然而，一旦盟军获得空中优势，德军的生产设施就被盟军的轰炸摧毁了。美国公司发明并生产了 100 辛烷值的航空燃料，使用了更大的压缩力和更强大的发动机，从而帮助英国赢得了其和盟国的战争，最终获得了普遍的空中优势，这一事实本身就是空中优势的来源。到战争后期，德国人的液态石油已经消耗殆尽，他们不得不用骡子把第一枚弹道导弹（V－Ⅱ型火箭）运到发射台。在太平洋战场上，日本人的石油也非常短缺，因为缺乏燃料，只有单向的石油供应，他们最初不得不把世界上最大的战舰留在港口，然后把它投入最后一场战斗。他们使用松节油作为燃料，驾驶一些自杀式飞机，试图击沉本书作者之一霍尔的父亲在冲绳乘坐的那艘船。霍尔的朋友兼同事中川昭和小时候清楚地记得，他所在的日本村庄里所有的松树都被连根拔起，制成松节油作为燃料。战时第一次使用原子弹武器后，战争于 1945 年结束，再一次代表了人类能源使用的巨大增长，不仅是核爆炸本身能源使用的增长，还在用于分离铀的同位素时，同样的大量化石和水电能源的使用增长。直到美国强大的工业实力占据主导地位，这只是一个时间和技术问题。也许普利策奖得主、历史学家大卫·肯尼迪说得更准确，他说这场战争是靠俄罗斯人和美国机器赢得的。并且，我们加入了石油让他们运作。

7.6　许多人富裕程度的提高

在国内，发生了一些独特的事情。随着战争成就重新点燃被大萧条摧毁的美国经济，参战人民的生活水平有所提高。1939 年，失业率超过劳动力的 17%，1944 年降至 1.2% 以下。经济产值在短短 6 年内增长了一倍多。战争年代也发生了巨大的社会变革。妇女进入有偿劳动大军的人数是空前的，她们往往在文员和生产工作中获得高薪。几乎没有可以花钱的地方，储蓄占收入的比例上升到历史最高水平，提供了大量的投资资金。人们补衣服，回收金属，在汽油定量配给的鼓励下，停止了开车，以帮助战争。非洲裔美国人在劳动力匮乏的工厂里找到了相对高薪的工作，开始了融入白人社会的缓慢而痛苦的过程。大萧条时期的特点是劳资冲突，但随着各大工会在战争期间签署了不罢工承诺，企业利润、工资和福利双双增加，劳资冲突也随之减少。

随着战争的结束，更大的变化也随之而来，这些变化极大地影响了人们追求富裕的动力。工人、雇主和政府之间的一种新的社会契约正在创造过程中，这种社会契约为一个强大的国家提供了"战后繁荣的支柱"[11]。这些维持繁荣和社会稳定的手段是基于国内经济增长和巨大的国际力量（军事和经济），具体来说：

（1）至少，在战后一段激烈的罢工活动之后，资本和劳工之间达成了基本协议，尤其是在最大的跨国公司和最大的制造业工会之间，通过提高工资的形式让劳工分享生产率的提高，从而促进了这一协议的达成。

（2）美式和平。"二战"后，美国成为军事和经济的主导力量，拥有世界上大部分的核武器和黄金，同时也是最大的石油出口国。此外，国际货币体系以美元为主要货币进行了重新调整，部分准备金银行体系实现了国际化，允许货币供给的扩张以适应全球经济增长。

（3）资本与公民之间的协议。大规模寡头垄断、政府和普通公民围绕着两个基本前提团结在一起：经济增长将取代再分配，成为改善福祉的手段；政府的政策应该集中在廉价核能和其他能源的供应以及反共产主义上。

（4）资本主义之间竞争的遏制。19世纪90年代以后形成的紧密的寡头垄断控制了破坏性的价格竞争，并允许大公司通过价格领先、市场分工和广告使用等机制来控制竞争。起初，美国是世界上主要的生产国，在战争结束时拥有唯一可行的工业经济。稳定的寡头竞争的基础是市场份额，而不是价格。

这些模式的一个关键组成部分是当时劳动生产率的大幅提高。这使行业所有者和劳动者，尤其是最大的公司的所有者和劳动者，能够做得越来越好。强调的少但回顾起来非常清楚的是，让这四个支柱扩大经营，通过一些新的和一些旧的但目前很少开发的石油、天然气和煤田大规模提高产量是可能和必然的。所以，一旦经济引擎开始，尽管战争本身消耗了约70亿桶石油（与美国最近一年的消费量大致相同），但仍有大量高质量的能源可供使用。美国的人均能源消耗量是几十年前的几倍。

此外，在亚拉巴马州的马斯尔肖尔斯等地，美国用纳税人的钱建造了大量的军火设施。这些设施使用的是哈伯—博世工艺，发明于第一次世界大战前的德国，以制造氨[12]。这一化学过程第一次使人类能够直接接触到大气中大量的氮，这些氮对军火、农业和化学工业极为宝贵。在哈伯和博世完善他们的化学合成之前，硝酸盐的主要来源是肥料以及在南美洲海岸发现的大量鸟粪和在阿塔卡马沙漠发现的硝酸钠。秘鲁和智利曾为获取鸟粪而打过鸟粪战。但最终，鸟粪的开采超过了补给，资源也就消失了。我们需要找到另一个来源。大气中78%的成分是氮（N_2），但由于二氮分子（即 N_2）中有三键，这使大气中的氮很难获得。

直到 1909 年，发现只有闪电的巨大能量或某些特定的藻类和细菌才能打破这些化学键。火药和化肥依赖于数千年来鸟类聚集的稀有硝酸盐沉积物的开采。弗里茨·哈伯——众多最重要的科学家中的其中一个，发现通过加热和压缩空气与天然气的混合，即通过合适的催化剂，N_2 分子可能会分裂，变成氨（NH_3）。这反过来又可以与硝酸盐结合（硝酸盐对空气中的氮添加氢和大量的能量，再加上本身由氨氧化生成）生成硝酸铵，硝酸铵是火药和重要肥料的基础。1946 年，当不再需要大量炸药时，美国联邦政府问这些工厂是否还有其他用途。来自农业院校的回答是：是的，我们可以用它来大幅度提高农业产量，这就是所发生的。这种"农业的工业化"使粮食生产摆脱了过去对粪肥的依赖，而且由于机械的发展，种植粮食所需的美国人要少得多。这增加了农村人口的大批离去，转而城市工业工作岗位增加，石油、天然气和煤炭使用量增加以及大量财富产生。在 20 世纪的过程中，美国继续从一个相对贫穷、以农业为主的农村国家转变为一个日益工业化和城市化的国家，同时在这个过程中，据大多数人所说，美国变得更加富有。与此同时，完成所有这些经济工作所需的能源呈指数级增长（见图 7 - 3）。新的经济理论被推出来解释财富的巨大增长，然而，记录这一过程的人基本上没有提到能源允许和促进了这样的扩张。

欧洲和日本的工业被战争摧毁了。除了美国，所有交战的国家都看到他们的工业和基础设施被毁，而盟国，尤其是英国，对美国债台高筑。新的和平将是美国主导的和平，条件由美国人决定。美国领导的马歇尔计划帮助重建了饱受战争摧残的欧洲经济。在经历了大约 15 年的萧条和战争之后，国际货币体系需要认真重建。自 17 世纪商业时代起，金本位就一直是国际贸易的基础。1944 年，在新罕布什尔州一个名为布雷顿森林的滑雪胜地召开了一次国际货币会议。在新体系布雷顿森林协定的支持下，美元取代了黄金，成为国际贸易和投资的基础。只有美元是用黄金来表示的；所有其他货币的价值都以美元表示。从本质上说，世界其他国家愿意用他们自己的货币向美国提供无息贷款，只是为了持有美元。美国从世界范围的新格局中获益良多。1948 ～ 1966 年，美国在海外的投资价值以每年近 9% 的速度增长。同期，贸易条件或出口价格与进口价格之比增长了24%。美国人是在买方市场（即条件对买方有利）上购买的，并且美国公司在卖方市场上销售。最终，美国企业获得了关键的原材料和额外的廉价能源，尽管当时美国是全球最大的石油出口国。美国的工业实力和货币控制为日益富裕奠定了重要基础。美国在经济和能源使用方面都变得非常强大。

大萧条时期出现了大量的劳资冲突。到 20 世纪 30 年代末，为赢得认可、提高工资和改善工作条件，强大的工会组织了起来。但战争的巨额开支带来了就业机会、相对繁荣以及资本与劳动力之间的相对和平。在战争结束后立即发生了一系列罢工活动后，大企业与其雇员之间的关系趋于稳定。1948 年，通用汽车公司和美国汽车工人联合会签订了一份划时代的合同。在这份合同中，汽车工人联合会放弃了对公司联合管理和控制技术发展轨迹的要求。作为回报，他们以更高的工资和福利获得了公司利润的更大份额。该合同将工资增长与生产率或人均产出的增长挂钩。在美国和平的这种氛围下，劳工稳定性和生产力（即工人投入的每小时附加值）快速增长，1948～1979 年，美国制造业工人的税后收入增长了50% 以上。这是企业将赚取的部分财富转移到美国工人口袋的原因。比大多数因素更重要的是，这种基于从提高生产率中共享收益的新社会契约，帮助建立了美国梦。大多数经济学家很少理解能源与经济繁荣之间联系的一个具体例子是，工人工作 1 小时所生产的以美元计价的产品所需的能源总量。劳动生产率的提高使雇主可以在提高工人工资的同时获得更高的利润。这种生产率的提高通常归因于技术进步。不太为人所知的是，劳动生产率的增长与每个工人每小时消耗的能量成正比（见图 7-4）。当时的美国劳动生产率是欧洲工人的两到三倍，不是像通常认为的那样因为工人努力或更聪明，而是因为他或她拥有大型机器使用两到三倍多的能源帮助他做这项工作。同样，通常被完全归因于技术的东西，实际上同样是基于增加廉价能源的可用性，而美国的廉价能源比大多数其他国家都便宜得多。

7.7　政府的作用越来越大

至少从重农主义者和亚当·斯密时代开始，政府就应该尽可能少地参与经济。这种观点从大萧条开始就被搁置一边，并一直延续到战后岁月。结束大萧条的策略"新政"不仅创造了一系列政府机构，还试图让联邦政府参与经济规划。这一计划在第二次世界大战中得到了增强和扩展，这无疑是美国历史上最伟大的公共工程计划。战后，国会通过了一项名为《1946 年就业法案》的法律。该法案授权政府实施税收和支出政策，以实现合理的充分就业、稳定的物价和经济增长。在这个"新（凯恩斯主义）经济学"的时代，有时是有意制造预算赤字的。它们成为经济政策的重要工具，而不是必须不惜一切代价避免的危险失常。增加的支出通常由债务而非税收提供资金，支出为经济注入了更多的购买力，以帮助维持战后的富裕。政府制定了新的计划来补贴住房抵押贷款和自有住房，这是扩大实现美国梦的一个重要组成部分。社会项目支出也有所增加。1968 年，一项由国家支持的老年人健康计划"老年医保"被通过成为法律，以补充大萧条时期建立的退休保险计划（社会保障）。第一次，对大多数美国工人来说，变老不再意味着贫穷。这项法案代表了 20 世纪 60 年代一系列社会支出计划的高潮。在林登·约翰逊担任总统期间，用于维持收入计划和教育的支出有所增加，这位总统展望了"伟大的社会"。但随着美国更深地卷入越南旷日持久的战争，军事开支也有所增加。然而这种消费扩张最终加速了美国梦走向终结，但随之而来的是 20 多年的繁荣和越来越多美国人的富裕。美国足够富裕，可以在医疗保健和教育上投入更多资金，并为那些以前被排除在总体经济扩张之外的人创造更多的机会。即使在发动战争的时候，总体富裕程度也在提高——至少在战争初期是这样。工资和利润继续上涨，至少对很大一部分人来说是这样。

推动这种日益繁荣的动力是经济增长，即以我们一年生产的商品和服务的美元价值表示的物质经济增长（这被称为国内生产总值或 GDP）。经济增长的燃料是这样一种社会结构，提倡增长，扩大国际市场和指数式增加石油、煤炭和天然气的使用，能源使用的增加几乎与经济增长成直接比例——化石能源在扩张经济中做着实际的工作。1945 ~ 1973 年，GDP 增长了一倍多，从大约 1.8 万亿美元增长到 4.3 万亿美元（如 2000 年）。能源唾手可得，而且非常便宜，随着"美好生活"越来越多地通过广告来销售，使用能源的激励也越来越多。

7.8　20 世纪 70 年代的"石油危机"：提示经济增长会受到限制

随着 20 世纪 70 年代的临近，美国成功故事的四大支柱开始断裂。欧洲和日本在技术和经济增长方面赶上并超过了美国。新技术、更严格的监管环境以及一种新型的合并（跨国企业集团）破坏了制造业严格的寡头控制。这将在 20 世纪 80 年代和 90 年代进一步破坏公司结构的稳定。中东及其他地区国有石油公司的崛起，对资本主义间竞争的控制构成了另一种威胁。布雷顿森林体系被抛弃，美国石油产量在 1970 年达到顶峰。1973 年，美国经历了几次"石油供应冲击"中的第一次，这似乎是第一次给所有人的美国梦合唱注入了一种刺耳的脆弱性声音。在 20 世纪 70 年代以前，美国社会的几乎所有阶层——包括劳工、资本、政府和民权组织——都团结在持续经济增长的议程后面。增长可能受到资源或环境限制的想法，或者更具体地说，我们可能缺乏提供能源的化石燃料，这一想法根本不是这个国家大多数公民理解或对话的一部分。但在 20 世纪 70 年代，情况发生了变化。

经济学家的通俗说法是，经济开始"过热"。随着工人将25年前社会契约带来的红利花在他们在大萧条和战争中被剥夺的许多商品上，大众富裕的程度提高，消费者支出从1945年的1.1万亿美元增加了一倍多到1970年的近2.5万亿美元（以2000年美元计算）。随着美国经济在战后的重新调整，在人口、消费信贷和企业利润稳步增长的推动下，投资支出也从大约2300亿美元上升到2000年的4270亿美元。在约翰·肯尼迪总统的"新边疆"和美国总统林登·约翰逊的"伟大社会"期间，社会项目的扩张驱动了政府支出，而越南战争的成本，用2005年的不变价格计算，在相同的20年期间，从1950年的4050亿美元增加到1万亿美元以上。失业率以相对稳定的速度下降，从1958年的6.5%下降到1969年的4%。制造业工人税后时薪从1948年的每小时2.75美元左右升至1970年的每小时4.5美元左右，这两项都以1977年的美元计算。随着消费增长速度超过生产能力（考虑到相对温和的失业率水平），物价开始上涨。"逐渐上升的通胀"的幽灵开始进入经济学家和公民的词典。

1973年，美国（以及世界大部分地区）经历了第一次"能源危机"。9月，原油价格为每桶2.90美元（几十年来几乎保持不变），到12月飙升至11.65美元。几周内，汽油价格突然从每加仑30美分飙升至65美分，而可用的供给却在下降。美国人开始受制于汽油管道、其他能源价格的大幅上涨以及两位数的通货膨胀。家庭取暖油变得越来越贵，电力、食品甚至煤炭也变得越来越贵。很少有人知道美国的石油产量在1970年达到顶峰并开始下降。具体的起始价格上涨开始于一台推土机，1970年这台推土机把从波斯湾到地中海的石油管道压裂，在美国石油生产的高峰期，美国再次在以色列与埃及的军事战争中补给了以色列军队。中东西方傲慢的悠久历史，以及石油使用的指数式增加，这些都设置了这样一种情境，即一个微小的事件都可能产生巨大的影响。1979年，世界经历了另一次石油危机。根据美国能源情报署的数据，目前美国国内原油的美元价格从1978年的每桶14.95美元升至1980年的每桶34美元。按2017年的价格计算，这将接近每桶90美元。结果是，1980年的汽油价格再次上涨，平均每加仑1.36美元，相当于2017年的3.70美元。当美国支持的雷扎·巴列维政府崩溃后，伊朗的新伊斯兰共和国撤回了对美国的石油供给，这一事件的直接反应是美国油价的上涨。美国再一次无力为自己的消费提供支撑。许多1974年的经济弊病，如大萧条以来最高的失业率，在20世纪70年代末和80年代初反复出现的物价上涨，是由于石油输出国组织（OPEC，包括许多在波斯湾盛产石油的国家，如委内瑞拉和印度尼西亚）带来的供给限制，石油又再次变得更难获得、更加昂贵。

美国变得习惯在每天的报纸上，将能源作为主题，特别是在美国的北部，话题经常是用木头作为燃料使房子暖和，或者是当时的日本进口汽车和熟悉的福特和雪佛兰的燃油效率。美国曾经是世界上最强大的经济体，但随着美国在"二战"后帮助恢复的那些国家的企业如今成为有力的竞争对手，美国经济受到了冲击。这在一定程度上是由于能源价格，曾经在美国更便宜的能源价格，现在在世界各地实际上变得一样，其结果是，价格较高的美国劳动力不能再被更便宜的美国能源所补偿。相反，美国的实际工资开始下降。到20世纪70年代末，日本汽车工人的时薪已经超过了美国工人。1982年，失业率升至近10%，这是自20世纪30年代大萧条以来闻所未闻的数字，而各种商品的价格则以每年近10%的速度增长。但是，根据经济学家著名的菲利普斯曲线，失业和通货膨胀应该是成反比的。这里它们在同时增长，就是所谓的滞胀。劳动生产率停止增长，这也是前所未闻的（见图7-4）。这则消息如此糟糕，以至于里根政府停止收集有关这一重要经济参数的数据。对许多人来说，世界似乎正在分崩离析。

滞胀很难用标准凯恩斯理论来解释，但从能源角度却很容易解释：随着能源价格上涨和供应下降，美国经济中流通的美元的增长速度超过了新能源用于经济工作的速度。结果，每一美元购买的商品和服务都减少了，这被视为通货膨胀。此外，相对垄断的公司结构允许企业以更高的价格形式转嫁增加的生产成本。随着更多的社会产出需要获得经济运行所必需的能源，从食品到包装的一切成本都受到了上涨的压力。这导致了失业的增加，因为可供购买的钱变少了。事实上，加上能源和历史的观点，就可以为滞胀提供一个现成的解释：由于能源使用日益受到（供给和价格上涨）限制，经济出现了收缩。而且，正如我们所说，由于能源供给的收缩大于美元供给，也存在通货膨胀。这一解释说明了能源分析的力量以及排除能源基本作用的纯经济模型的不足。在系统语言中，经济模型几乎完全集中于系统的内动力学，但对强制函数的变化不敏感，因为能源没有包含在模型结构中。

7.9 增长的极限

正如我们在第4章中所阐述的那样，一系列关于未来的相当悲观的报告出现了，其中最重要的是"罗马俱乐部"对经济增长的限制[13]、保罗·埃利希的人口炸弹，以及哈伯特对未来石油生产可能的分析。这些报告以各种方式暗示，相对于支持它们所需要的资源基础来说，人类人口似乎正在变得非常庞大——特别是在相对较高的富裕水平，而且看来可能会出现一些相当严重的人口和文明"崩溃"。

7.10 摇摇欲坠的繁荣支柱

回顾过去，我们现在可以说，战后繁荣的支柱在 20 世纪 70 年代和 80 年代初开始受到侵蚀，社会领域的变化也开始变得复杂，并加剧了廉价石油供给下降带来的生物物理变化。尽管石油市场已经稳定，廉价能源在 20 世纪 80 年代后期回到美国，但经济结构的变化是长期的。经济停止了指数级增长，虽然继续线性增长，但速度在下降，从 20 世纪 60 年代的 4.4%，到后来几十年的 3.3%、3.0%、3.2%、2.4%，再到大约 1%。许多以前的"美国"公司走向国际，把生产设施搬到海外，那里的劳动力更便宜，尽管便宜到足以支付额外的运输费用，但美国的石油不再更加便宜，和其他地方的石油价格一样。当生产设施转移到其他国家时，劳动力成本的下降超过了成本，全球化进程加快。制造业的生产率增长（以前与工人每小时消耗的能源的增加密切相关）开始放缓，从 1966 ~ 1973 年的 3.3% 降至 1973 ~ 1979 年的 1.5%，到 20 世纪 80 年代初基本上为零。公用事业和运输等能源密集部门的增长率下降幅度更大，而建筑业和采矿业的每小时产出实际下降。随着生产力的增长放缓，工人时薪的增长也随之放缓，从 1948 ~ 1966 年工人时薪每年增长 2.2%（这将导致工人在 32 年内收入翻倍），到 1973 年的 1.5%，再到 1979 年的 0.1%。企业利润也从 20 世纪 60 年代中期的近 10% 下降到 1974 年的略高于 4%。对资本和劳动力来说，情况似乎都很糟糕[16][17]。

主流经济学家似乎无法解释这一现象。他们的统计模型依赖于每个工人的设备数量、受教育水平和劳动力经验，留下了更多无法解释的因素。即使是该行业的生产率权威爱德华·丹尼森也不得不承认，这 17 种最佳模型只能解释问题的一小部分。幸运的是，另外两种方法给出了更好的解释。与"社会积累结构"（SSA）方法相关的经济学家（鲍尔斯等[18]）开发了一个统计模型，该模型解释了 89% 的下降，并将生产率增长放缓的大部分（84%）归因于工作强度的下降。根据战后的社会契约，工会能够通过一系列限制工人努力程度的工作规则来限制提速。尽管监管人员的数量有所增加，企业（尤其是制造企业）却无法随意增加每个工人的产出，尤其是在不增加工资的情况下。生物物理方法也产生了有希望的结果。霍华德·奥德姆十年来一直在写能源在经济中的重要性，其他人也是如此[19][20]。1984 年，著名期刊《科学》上刊登了一篇文章，卡特勒·克利夫兰、查尔斯·霍尔、罗伯特·科斯坦扎和罗伯特·考夫曼[21]发现，他们可以解释 20 世纪 70 年代石油危机后燃料能源的下降对产出增长下降的 98% 的影响。他们还用能源术语解释了经济学的许多基本属性，这种方法引入了生物物理经济学的概念。这两个概念（生物物理经济学和积累的社会结构）是相互联系的，因为燃料密集型机械的增加是进行密集型工作的一个因素[22][23]。

美国在国际舞台上也面临着越来越多的困难。"二战"后不久，美国用最新的技术重建了欧洲和日本，到 20 世纪 70 年代，这些昔日的"二流贸易伙伴"变成了激烈的竞争对手。欧洲和日本对能源效率的投入远远超过了美国，由于战后需要重建，它们拥有更新的资本设备。此外，这些国家的劳资关系远没有国内那么有争议。贸易条件或出口价格与进口价格之比从 20 世纪 60 年代初的约 1.35 降至 1979 年的仅 1.15。除了美国面临的困难之外，世界货币体系在 20 世纪 70 年代初开始分崩离析。在新罕布什尔州布雷顿森林建立的这一体系，有赖于美国作为世界上生产率最高的经济体，以及美国愿意让其他国家赎回其持有的美元黄金。然而，随着生产率和贸易条件的下降，以及越南战争不断上升的成本，最终导致美元相对其他货币大幅贬值。理查德·尼克松总统暂停了美元与黄金的自由兑换。国际贸易体系现在是一个人人享有的自由体系，而新的、更加混乱的体系导致企业利润下降。尽管尼克松、福特和卡特总统尽了最大的努力，但他们还是无法打破工会力量和低失业率所导致的劳动力成本上升的政治僵局。有些东西不得不放弃。

1979 年，《商业周刊》的编辑认为，为了恢复国家的富裕，劳工必须学会接受更少的工资。《华尔街日报》呼吁采用"供给侧经济学"，即通过减少政府环境和其他监管措施来提高自然资源的开采率。同年，在康科德州议会大厦的台阶上，新罕布什尔州前演员、加州州长、当时的总统候选人罗纳德·里根宣布，"为了国家变得更富，富人必须变得更富"。里根赢得了 1980 年的总统大选，并制定了被积累主义者社会结构称为的"商业优势计划"或《华尔街日报》所称赞的"供给侧经济学"。这构成了美国政治向右的急转弯。相较于增长限制，里根政府更加关注通货膨胀，立即与工会产生了正面冲突，通过提高利率，从而严重限制经济中货币数量的政策，进而限制就业，创造了严重的衰退，从而进一步约束了工人。到 20 世纪 80 年代中期，住房抵押贷款的利率为 20%，商业贷款几乎同样昂贵。为了增强美国在世界上的力量，他们制定了一个侵略性的军事建设计划，并恢复了前总统西奥多·罗斯福所说的"大棒外交"。通货膨胀率下降，企业利润上升，但这些胜利是有代价的。随着生活在贫困之中的美国人的百分比从 11% 跃升至 13% 多一点，失业率升至近 10%，不平等增加，而富裕家庭（年收入超过贫困线收入的 9 倍）从 1979 年的低于 4% 到 1989 年的近 7%。与早些时候相比，大多数美国人认为经济一团糟。很少有人将其归咎于能源，但回顾过去，我们可以说，战后繁荣的支柱在 20 世纪 70 年代和 80 年代初受到侵蚀，因为廉价能源的供给不再是无限的，这导致了经济和社会领域的变化，而这些变化已开始影响繁荣。

7.11　20 年的能源喘息

到 20 世纪 80 年代中期，汽油价格再次下跌，经通胀调整的（2010 年）原油价格从 1980 年的每桶 98.52 美元跌至 1998 年的每桶 15.84 美元。阿拉斯加的普拉德霍湾新油田是美国发现的最大油田，它增加了我们的石油产量，在一定程度上缓解了其他国内油田产量的下降。在世界各地，许多早期的发现在 20 世纪 70 年代变得值得开发，廉价的外国石油涌入市场。因此，能源作为一个话题逐渐淡出了媒体的视野，在大多数人的认知中也是如此。对大多数人来说，能源危机"得到解决"的原因是，市场可以通过从更高的价格中产生激励来运作。事实上，这在很大程度上是正确的，尽管国内生产逐年持续下降（见图 7 - 5），但国外石油日益从其他国家进口到美国，我们从由石油生产电力到煤炭（通常更脏但更丰富的能源形式）到天然气（通常更清洁的形式）再到核能。因此，通过价格信号和替代品，看起来经济确实对市场力量的"看不见的手"做出了反应。尽管 20 世纪 70 年代的经济停滞，正如 GDP 增长率的下降所表明的，在世界上的

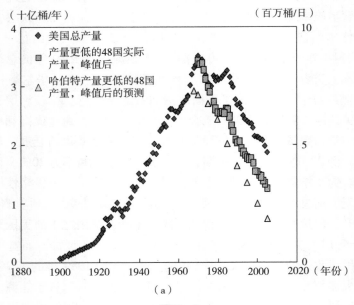

（a）

图 7 - 5

（b）1860~2013年，美国油田的原油产量

图 7 - 5（续）

（a）与哈伯特 1969 年预测的石油产量较低的 48 个国家相比，美国（包括阿拉斯加和不包括阿拉斯加）的常规石油产量。（b）延长至 2017 年的石油产量（日产量达数百万桶），其中包括非常规石油。尽管美国国内石油产量有所增加，但截至 2017 年，其石油消耗量仍有近一半来自进口。

资料来源：2006 年剑桥能源研究协会。

成熟经济体中一直持续到今天，但保守的经济学家认为这是正确的，而资源悲观主义者打了退堂鼓。

到 20 世纪 90 年代初，通货膨胀已经消退，世界经济以每年 3% 的速度增长。对大多数人来说，通货膨胀修正后的汽油价格是能源短缺的最重要的晴雨表，由于外国石油大量涌入，汽油价格稳定下来，甚至从 1980 年 3 月的每加仑 3.41 美元大幅下降到 1998 年 12 月的每加仑 1.25 美元（见图 7 - 6）。这些新财富的大部分不是通过为工资工作产生的，而是通过持有股票而产生的。工资下降，资产激增，但与历史上早些时候一样，股票所有权并没有在整个经济中平均分配。股市的大部分收益都来自收入最高的 1% 人群。越来越多的景观中充满了非常大的房子，这些房子远远超出了一个家庭的基本需求，主要是作为奢侈品购买的，是为了获得某种地位或投机——也就是说，在未来几年以更高的价格出售。这一过程是由市场力量推动的，因为对大多数美国人来说，住房既是投资也是栖身之所。房子通常是一个人最大的资产或财富宝库。然而，大房子，尤其是那些充满无数电器的房子，也是奢侈的能源使用者。因此，尽管许多电器的效率已经提高了很多，但不断下降的实际能源价格与市场力量相结合，产生了越来越多使用更多能源的大房子。关于能源或资源短缺的讨论基本上从公共话语中消失，或者说有关热带森林和生物多样性的环境影响的新问题和课程取代了这样的讨论。以基尼系数衡量，富人和穷人之间的收入不平等绝对增加了，与其他工业化国家相比也大大增加了（见图 7 - 7 和表 7 - 3）。的确，在第一次"镀金时代"之后的 100 多年里，美国似乎已经进入了一个新的"镀金时代"。

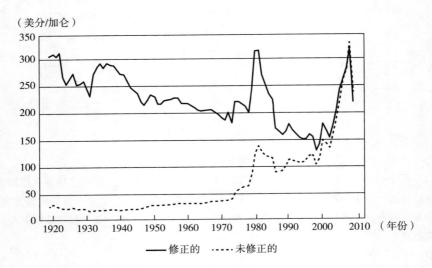

图 7 - 6　经通胀修正和未修正的美国汽油价格（2005 年的美元）

资料来源：美国能源部。

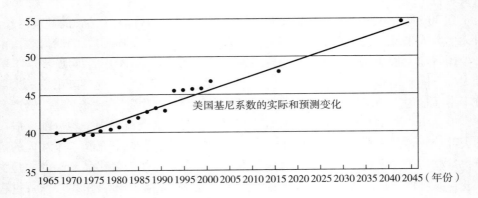

图 7 - 7

美国的基尼系数，指的是收入最高的 **20%** 的人与收入最低的 **20%** 的人的收入之比。这张图显示，**1970** 年左右以来，美国的贫富差距越来越大，最富有的 **20%** 的人在经济蛋糕中所占的比例越来越大，而最穷的 **20%** 的人所占的比例越来越小。

资料来源：SustainableMiddleClass.com。

表 7 - 3 选定的一组国家的近期基尼指数。

日本	24.9
瑞典	25.0
德国	28.3
法国	32.7
巴基斯坦	33.0
加拿大	33.1
瑞士	33.1
英国	36.0
伊朗	43.0
美国	46.6
阿根廷	52.2
墨西哥	54.6
南非	57.8
纳米比亚	70.7

注：数字越低，财富分配就越公平。

资料来源：可持续发展 http://middleclass.com。

在美国，以总统罗纳德·里根为首的保守派成功说服许多过去不关心政治，甚至是工会的人相信，他们自己的保守主义在诸如家庭、社会、宗教和枪支所有权等方面的问题可以通过保守的经济和政治组织得到很好的解决，而这些组织在历史上反对劳动人民的利益。这些团体及其在政府中的代表非常反对政府干预个人的"自由"，特别是对市场的干预。因此，他们反对，例如，政府计划生产能源替代品（如太阳能或石油的合成替代品），认为市场力量在指导能源和其他一切投资方面更优越。他们还倾向于反对基于环境保护而限制经济活动，甚至发起运动，对诸如全球变暖等环境问题的科学调查表示怀疑（然而，重要的是要指出，许多保守的人对保护自然非常感兴趣）。尽管卡特总统安装在白宫屋顶上的太阳能收集器运行良好，但里根总统做的一件特别的事就是拆除了它们。这些新的保守势力倾向于反对政府限制这些自由的政策（即汽油里程标准及车速限制）。自由派和保守派都倾向于支持自由贸易，因此促成了许多美国公司或它们的生产设施迁往海外，因为那里劳动力更便宜，污染标准往往不那么严格。其中一个影响可能是，随着污染和昂贵的重工业转移到海外，对经济效率（单位能源使用的 GDP）的提高做出了重大贡献。例如，强大的联邦计划，以改善太阳能收集器以及类似的计划往往被作为政府干预取消。到 2000 年，美国似乎已经从 20

世纪 70 年代的停滞和 80 年代及 90 年代初的衰退中复苏，尽管繁荣是建立在债务水平不断上升的基础上的，就像 20 世纪 80 年代中期一样。股票价值开始稳步增长，许多美国人的总体经济状况使他们对市场机制普遍感到满意。苏联的解体及其在东欧影响力的终结，有效地结束了冷战，自由市场经济学方法开始主导经济学专业。约翰·梅纳德·凯恩斯强调政府干预，在战后繁荣的黄金时代被视为正统，而他的观点却在美国许多顶尖的研究生院声名狼藉。20 世纪 80 年代末，在保守党人玛格丽特·撒切尔的领导下，英国取得了明显的成功，这进一步推动了保守党的自由市场经济学方法发挥了作用。乔治·赫伯特·沃克·布什和比尔·克林顿的总统政府都推行了自由贸易议程，并削减了社会项目支出。随着市场的"自由化"，从咖啡、棉花到石油等基本商品的价格下降了 100% 以上。美国的贸易条件有了很大改善，但非洲和其他发展中地区的贫困率和债务却大幅上升。例如，在这些地区，咖啡种植者不得不相互竞争，争夺富裕国家有限的市场。

当然，我们对能源的看法不同。首先，里根和乔治·H. W. 布什大部分的经济扩张用来支付债务，因此，这些所谓的在财政上持保守态度的总统（和代表大会），即使纠正通货膨胀和 GDP 增长，他们的管理实际上也产生了更多的债务，甚至比所谓的"自由消费的自由主义者"富兰克林·罗斯福在早些时候为国内所做的项目产生的债务更多。重要的是要了解，尽管美国和英国在"保守派"政府的管理下，经济表现似乎要好得多，但两国都碰巧在有保守派领导人的时期，石油和能源价格普遍较低（不那么保守的比尔·克林顿和托尼·布莱也从中受益）。在美国，能源支出占 GDP 的比例从 1981 年的 14% 下降到 2000 年的 6%。这实际上给美国人带来了 6% ~ 8% 的额外可支配收入（不需要基本的食物、住所和衣服），这些钱可以花在大房子和股票上。此外，作为大多数基本商品的一项投入，石油价格的下降降低了一般通货膨胀率。在英国，玛格丽特·撒切尔因其国家的经济复苏而广受赞誉，但很少有人将她的成功归因于一个简单的事实：在她执政期间，北海的巨大油田投产，大大降低了以前的进口成本。由于大部分石油销往海外，政府获得了巨大的收入，从而可以减少其他税收。显然，仅凭保守主义并不能完全解释英国的成功，因为当时名义上的社会主义荷兰也在经济上做得很好，这得益于格罗宁根广阔的天然气田，其利润使社会福利惠及所有人。能源分析师道格·雷诺兹[24] 给出了一个强有力的解释，苏联的解体通常被归因于美国采取的强有力的行动，实际上主要是由于在过去三年里苏联的石油产量部分崩溃，这减少了中央政府的收入而且导致了诸如无力支付军事养老金等问题。所以，再一次，这些关于能源的历史数据帮助解释了一些问题，这些问题通常只归因于政治或经济领导。当然，一个更困难的问题是，当丰富的资源"地毯"

从经济下被拉出来时，如何很好地进行治理，在我们写这本书的时候，是一个非常重要的问题。

7.12　对 2000 年以来油价上涨的政治和经济反应

21 世纪初，油价再度上涨，"科技泡沫"破裂，美国过高的股市下跌了近 20%。那些特别受益于 20 世纪 90 年代大量过剩财富的人，往往将资金转向房地产市场，因为人们认为，房地产投资比科技投资更安全。克林顿政府发起并在布什竞选期间得到鼓励的政府项目，是为了让更多的人出于政治和社会原因住进自己的房子。2006 年左右，油价略有回落，但随后在 2007 年迅速上涨，2008 年上半年更是大幅上涨。对于那些博览群书的人来说，不同的石油行业分析师提出了一套新的经济预测。M. 金·哈伯特的追随者，包括科林·坎贝尔和推赫雷[25]，警告说石油生产的"峰值"很快就会到来，廉价石油的终结几乎肯定会随之而来，并带来重大的经济后果。新布什政府显然掌握着石油产量下降前景的内部信息，它呼吁在阿拉斯加野生动物保护区开采石油，并加强石油和天然气的开发。人们几乎没有注意到的是，2004 年全球石油产量停止增长。科林·坎贝尔在里斯本召开的石油峰值研究协会会议上曾预测，全球石油可能会出现起伏的高原，而不是陡峭的峰值。他认为，最初的石油短缺将导致价格上涨，从而导致经济衰退、需求减少、经济复苏和一个新的周期。这一基本模式似乎正是 2004 年至 2017 年中发生的事情。

股市继续对油价变化敏感，道琼斯指数在 1998 年经通胀因素调整后的峰值后继续艰难上涨（见图 7 - 8）。虽然在某种意义上（高就业和更加富裕的人不断增加财富），21 世纪经济表现不错的前 7 年，随着房地产投机和债务飙升，许多人质疑多少显而易见的富裕是真实的，有多少是基于债务的。1997 ~ 2005 年，金融业债务占 GDP 的比重从 66% 增加到 100% 以上。家庭债务相应地从 GDP 的 67% 上升到 92%。许多私人和公共养老金体系都基于这样的假设，即股票将继续以 8% 或更高的历史增长率增长，就像 20 世纪 90 年代末的"繁荣时期"（但仍是投机时期）所看到的那样。当股市泡沫在 2000 年消失时，人们发现许多大公司在养老基金中投入的资金远远不够。许多一辈子辛勤工作、期望能有一份丰厚而稳定的养老金的工人发现，他们几乎一无所有。有些人很幸运地得到了联邦政府的救助，但这笔基金中没有足够的钱来支付一部分将失去养老金的人。法律要求公共机构履行养老金义务，但公共机构却损失了约 5000 亿美元。以国内生产总值的增长衡量，包括联邦政府在内的所有形式的债务的增长速度都超过了整体经济的增长速度。在克林顿总统执政期间的最后一年，联邦政府收取的税收比其支出多了大约 550 亿美元。到 2003 年，受收入分配中高端人群减税和军费开支增加的推动，截至 2006 年，债务飙升至 5000 多亿美元。为了避免通货膨胀，联邦政府没有"印"更多的钱，而是越来越依赖亚洲的贷款来支付账单，尤其是中国。这些贷款，以及 20 世纪 80 年代的贷款，将成为在读本科或研究生的年轻人的巨大经济负担，但我们的政府不愿增税或削减总支出。截至 2006 年，伊拉克和阿富汗的战争每月花费超过 80 亿美元。2008 年金融危机之后，情况只会变得更糟，布什总统、奥巴马总统和现在的特朗普总统正在创造新的赤字纪录（见图 7－9）。各种各样的医疗保健计划意味着未来联邦政府巨大的开支需求。此外，个人的生活已经远远超出他们的能力，通过大量信用卡进行借贷。还有另一个看不见的债务，那就是社会基础设施的延迟维护，如桥梁、道路、堤坝、学校等，更不用说清洁的水、土壤和生物多样性等自然基础设施的退化。

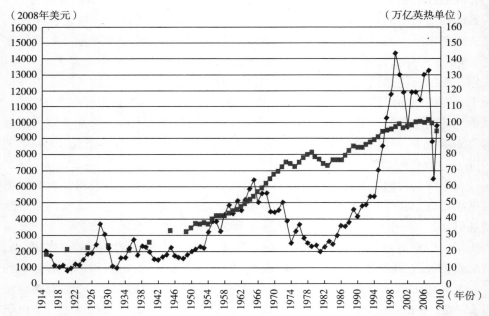

图 7－8

剔除通胀因素后的道琼斯工业平均指数（2008 年美元）与美国经济使用的总能源在同一图表空间内进行了缩放。在很长一段时间内，斜率是非常相似的，但道琼斯指数在美国能源消耗总量附近盘旋，对这条线的偏离大概反映了心理方面的因素（图由威廉·塔布林提供）。

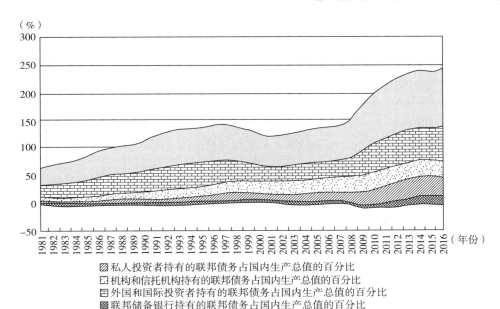

（%）

私人投资者持有的联邦债务占国内生产总值的百分比
机构和信托机构持有的联邦债务占国内生产总值的百分比
外国和国际投资者持有的联邦债务占国内生产总值的百分比
联邦储备银行持有的联邦债务占国内生产总值的百分比

图7-9 联邦债务总额占GDP的百分比

资料来源：维基共享。

这些债务在能源方面意味着什么？2008年，美国欠日本、中国和其他国家的银行和养老基金等实体约8000亿美元。如果我们一次性还清这些债务，并且那些收到这些美元的人（如日本丰田退休工人）选择把钱花在牛肉、鱼、米饭，或美国的福特汽车上，用美国经济中每单位经济活动所需的平均能源计算（大约8 MJ/美元），大约要花费价值64exajoules的能量来生产这些商品，相当于100亿桶石油或我们已知石油储量的一半来生产这些外国人购买的产品。支付利息将收入转移到债务持有人手中，效果几乎相同。换句话说，由于我们的巨额外债，其他国家的人民拥有巨大的留置权。在我们剩余的能源储备上，或者在任何替代能源上。如果债务负担过重，解决这个问题的一个办法就是恶性通胀。1918年《凡尔赛和约》签订后，德国有义务向法国和英国支付约300亿美元的"赔款"。他们用"硬通货"偿还国际债务，而这些债务大多是从美国银行借来的，同时他们用贬值的马克偿还自己的国内债务。其影响是德国货币大幅贬值（见图7-10）。价格每天上涨近21%，每3.7天上涨一倍。1918年，1马克可以买到0.4克黄金。到1923年11月，购买同样数量的黄金需要1000亿德国马克。这极大地破坏了整个金融体系，并间接导致了纳粹党的崛起。此外，当20世纪30年代初的危机使美国银行体系陷入瘫痪时，美国的银行要么不愿，要么无法继续向德国提供贷款，德国拖欠其赔款，英国和法国暂停向美国偿还战争债务。随之而来的国际贸易和金本位制的坍塌是大萧条持续的深度和长度的主要因素。东非国家津巴布韦经历了这样的恶性通货膨胀，通货膨胀率每天都在翻倍。因此，尽管美国继续拥有巨大的财富和创造财富的潜力，但它可能会越来越受到廉价能源短缺的制约。我们对其他国家和自然的债务也使我们的财政未来潜在地不稳定。我们需要小心使用传统和生物物理会计的系统分析来决定什么是真正的财富生产，什么不是，是否存在像过去一样的许多未来增长潜力来还清这些债务，以及未来能源成本上升的可能影响是什么。

图 7 − 10
　　上了年纪的德国人用大量辛苦挣来的马克买了一条面包，而这些马克已经完全失去了价值。

　　2008 年下半年发生的金融"危机"为我们的分析增加了另一个维度。数十年来的许多备受尊敬的金融公司要么倒闭，要么被指控从事风险过高甚至相当可疑的金融业务。随着住房和华尔街价格暴跌，许多人的储蓄从减少1/3到减少1/2，政府被要求救助各种各样的金融实体。在撰写本章之际，要判断 2017 年的股市扩张是过度投机和"非理性繁荣"，还是华尔街真正的新方向，还为时尚早。我们怀疑，如果华尔街要在 2007 年的基础上继续可持续增长，就需要找到巨大的新能源供应，或者前所未有的、不太可能的效率提高。除此之外，许多美国人将不得不极大地永久性地调整他们对通过股市创造财富的看法，或许还有对整体经济增长的看法。对许多人来说，这种转变在经济上、智力上和情感上都将是困难的，这是一种有所保留的说法。

2008 年上半年油价的大幅上涨是否直接导致了 2008 年下半年的经济崩溃，我们将在第 18 章进行更全面的分析。与此同时，请注意，从 2000 年左右开始，美国能源使用量的总体增长开始趋于平稳（见图 7 - 8）。因此，如果产生真正的财富依赖于能源的使用，我们相信，我们已经离开了拥有不断增长的能源和财富的一个长时期，进入了这样一个时期，不可能再生产更多数量的能源，甚至跟之前一样的数量。

当我们在 2017 年准备第二版时，美国经济是好是坏，这取决于你是谁。一位截然不同的总统和一群顾问承诺"让美国再次伟大"，却没有明确告诉我们这意味着什么。他还承诺每年恢复 4% 的经济增长。在任何地方环境法规和保护都是宽松的，这应该有助于经济增长，但很可能对许多人产生不利影响。石油，尤其是天然气的价格很低，根据我们的分析，这应该有助于经济增长，但到目前为止，结果充其量是不温不火。许多石油公司没有盈利，投资也在减少，这可能会限制未来的产量。财富越来越集中在最富有的人手中，因此全国大约一半的财富由 1% 的人拥有。总统说，我们正在成为一个巨大的能源出口国，但我们仍然进口一半的石油。可再生能源正在增长，但仍只占我们能源供应的一小部分。机器人使用的增加可能会对劳动力的需求产生不利影响。美国经济的一些部门或多或少已经从 2008 年的危机中恢复过来，但其他部门却没有。上市公司股票市值很高，但具有潜在的不稳定性，就业率也更高。但工资并没有恢复，中产阶级的收入充其量也只是停滞不前。在撰写这篇文章时，油价处于温和水平，因此我们可能从这个角度预计会出现一些增长。第 10 章和第 13 章进一步讨论了这个问题。目前仍没有具有国家影响力的经济学家试图理解经济与资源之间的关系。

7.13　为什么能源问题不断出现

在新千年的头 17 年里，原油和汽油的价格大幅上涨或下跌，鉴于此，许多人开始重新考虑能源问题。为什么"石油危机"不断发生？尽管保守人士声称，市场进程和技术考虑到了任何对能源资源供给的"增长限制"和"物理限制"已经过时，但世界能源短缺和价格波动仍在继续。为什么中产阶级的收入如此频繁地下降，而未能像过去那样增值呢？

从长期来看，市场和技术一直是使人类能够增加财富和物质福利的一种手段。但是，财富并非凭空而来，而是来自能源的使用和物质资源的开发。因此，财富增加的一个相关和必要的方面也是同样的因素，使我们能够和鼓励我们变富有的市场和技术同样使我们能够和鼓励我们更快地使用世界的资源。很有可能，我们正开始达到地球能力的极限，该能力以低廉和容易的方式提供我们认为理所当然的资源。周期性的油价上涨是一个小小的提醒，提醒我们最终必须付出代价，因为正如我们常说的，大自然掌握着主动权。人类的确是勤劳和有独创性的，但这种勤奋和独创性仍然需要地球本身提供原材料和燃料，而这些是大多数财富生产和吸收我们的废弃物的能力的基础。人类似乎正在通过工业化的间接影响增加对经济的能源和经济成本，例如，来自海洋变暖的飓风造成的破坏增加、海平面上升、可能的作物产量下降、热带土壤变干、洪水和龙卷风的频率增加等。斯特恩报告[26]说，缓解未来全球变暖对环境的影响所付出的代价可能是现在采取行动减少我们对地球影响的代价的 20 倍。这就是为什么我们必须在我们的经济学中包括更多的自然科学的原因之一，我们在整本书中都这么做。

7.14　债务、不平等，以及谁得到了什么

　　无论美国财富总量的未来如何，有几个明显而令人不安的趋势将影响能源供给的未来。首先是近年来债务的巨大增长（见图 7 - 9），因此，近期的明显繁荣在很大程度上是建立在债务的基础上的，而当债务扩张速度超过收入和财富增长速度时，经济运行的能力是非常靠不住的。债务的限制构成了增长的限制。由于富兰克林·罗斯福政府（尤其是在"二战"期间）的支出远远超过收入，美国（当时）产生了巨额债务。自那以来，债务经济进一步升级。主流经济学家的标准答案是，经济增长允许我们背负债务，而不会对经济的其他部门构成威胁。世界经济面临的关键问题是，今天是否有能源来促进甚至允许经济增长，从而使今天和未来的债务变得可以偿还？如果传统的内部增长限制，如需求和生产力，符合生物物理的限制，每一个经济问题都会变得更加困难。石油峰值的时代很可能是经济衰退的时代。

　　美国的悠久历史是以中产阶级的力量为基础的。然而，自 20 世纪 60 年代以来，资本和财富越来越多地集中在富人手中（见图 7 - 7）。美国战后的历史是建立在工人和穷人的收入扩大的基础上的。这为"二战"后世界产出的巨大增长提供了收入。但近年来，越来越多的美国财富集中在富人手中，主要由于扩张的金融市场和税收政策越来越有利于富人，至少相对于过去早些时候的税收政策是这样，那个时候（在第二次世界大战）富人收入的税收高达 94%。正如我们将在第 10 章中更详细地描述的那样，在 20 世纪 80 年代削减了累进税，20 世纪 50

年代初以来，公司税收负担一直在下降。从历史上看，不平等的加剧也面临着限制。当收入过于集中在顶层时，就像 19 世纪 70 年代、90 年代和 20 世纪 20 年代那样，随之而来的是一场大萧条，因为公民缺乏购买工业产品的购买力。产能过剩加剧，投资下降，失业率飙升。从许多方面看，这就是美国今天所面临的局势。

7.15　我们是否看到了美国梦的终结

我们将在本书中继续探讨的一个核心问题是，这个美国梦（或欧洲梦、中国梦，或其他任何人的梦）是否可持续，以及我们可以做些什么来长期维持它。可持续发展是经济学中一个相对较新的问题，但它正越来越多地出现在许多经济学家的议程上。当然，什么是可持续性，在很大程度上取决于谁在提出这个问题。对人类学家或发展经济学家来说，可持续经济可能意味着在面对来自其他文化或实体的竞争或侵略时仍能持久；对保护生物学家来说，可持续经济可能意味着不会降低生物多样性；而对资源导向型的人（如我们自己）来说，它可能意味着"不生活在地球的生物物理手段之外，以支持相应的文化"。我们更喜欢对可持续性的一个简洁的生物物理定义。为了可持续发展，一个经济体必须无限期地生活在自然的极限之内。换句话说，从长远来看，一个经济体必须在不过度消耗或降解生物物理系统的能源和物质流及物理环境的背景下存在，其中生物物理系统包含并支持了经济活动。一个可持续的经济必须不仅能够提供工作，而且在理想情况下，还能够为那些构成"经济"的人提供有意义的工作和有意义的生活。按照这个定义，我们离可持续发展非常遥远。对我们来说，每天在媒体上看到的宣称是可持续的许多"绿色"实体，实际上需要使用化石燃料、不可再生燃料或其他可消耗资源，这是不诚实和不道德的。事实上在这些方面，一种产品或流程比竞争对手稍微好一点或更环保一点（或可以让它们看起来更环保），这并不会让它们具有可持续性。

从历史上看，特别是在第二次世界大战之后，维持繁荣和社会稳定的手段是国内的经济增长和国际上的巨大力量（军事、货币、生产力）。生产力的提高和成本的控制是这些支柱的基础，它们依赖于廉价的石油，而忽视了许多环境问题，如二氧化碳的排放。由于我们不能再这样做，因为生物物理的限制，成熟市场经济所特有的停滞的内在趋势进一步恶化。随着这些繁荣支柱的削弱，梦想而不是噩梦的前景也在衰败[27][28]。尽管对于那些在舒适的环境下阅读本书的人来说，这种衰败似乎还很遥远，但对于埃及、叙利亚、尼日利亚、委内瑞拉和其他曾经富裕的产油国来说，现实是，经济和社会动荡如今已成为日常生活的事实。这一点在纳菲兹·艾哈迈德的《失败的国家，崩溃的系统：政治暴力的生物物理诱因》[29]一书中得到了很好的证明。我们认为，理解这本书，并调整我们的经济抱负，以适应可能出现的新的生物物理现实，是极其重要的。

我们的观点的基础是什么？生活在自然的极限中意味着什么？归根结底，问题在于维持人类生存所需的人均资源存量和流量（以及达到何种物质福利水平）以及大气层和海洋能够在多大程度上处理人类经济的废物。美国和其他地方的人口数量继续大幅增加（见图 7 – 11）。例如，当霍尔 1943 年出生时，美国大约有1.37 亿人，世界有略多于 20 亿的人。现在美国有 3.3 亿多人口，世界上有 70 亿人口。因此，构成我们国家和全球经济基本投入的资源，必须除以大约三倍以上的人口，而这只是在一个人（不完整的）生命期间。在读者的一生中，全球人口可能会翻一番，或者至少再增加 50%。我们最重要的开采资源是石油，虽然目前还不清楚全球石油产量是否永久地达到了峰值，但显然人均石油使用量在1978 年左右达到了峰值（见图 7 – 12）。换句话说，（直到最近）越来越多的世界人口使用越来越多的石油。传统经济学家认为，这并不是至关重要的，因为各种技术已经使人类能够从我们使用的资源中产生更多的资源或更多的财富。虽然我们不反对技术创新很重要的观点，但我们也将在后面的章节中说明，这个概念是多么误导人，不能成为我们和孩子未来的唯一解决方案。

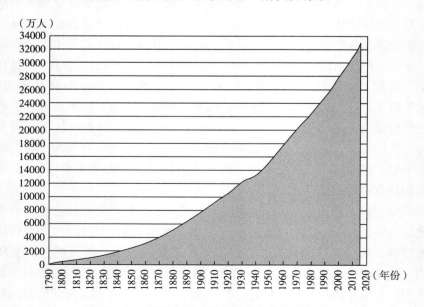

图 7 –11 美国人口（不包括许多美洲原住民）

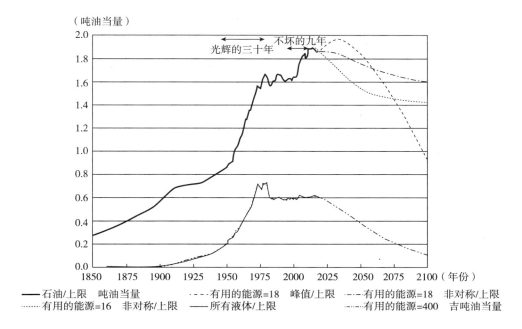

（吨油当量）

图7－12　预测世界人均一次能源和石油使用量

　　我们可以从考虑石油开始，石油可能是我们最重要的资源，除了阳光、清洁的水和土壤。我们所做的大多数事情都是基于廉价的石油[19][20][21]。我们居住的地方，我们为工作所做的，我们有多少闲暇时间以及如何花钱，我们的食物的价格，我们可以承受多少我们的大多数购买和教育……不一而足，在很大程度上依赖廉价的石油供应充足。例如，养活我们每个人一天需要的能量大约有一加仑的石油，在我们其中之一的学院，提供本科教育需要约80桶的石油，而维持我们所需要的所有商品和服务的供应，相当于每天10加仑石油的能量，这些商品和服务通过经济活动获得。在以前，这种富裕水平只属于社会的一小部分精英阶层，通常由奴隶劳动或契约奴役提供。最终的结果是，今天我们每个人都有60～80个"能源奴隶"在执行我们的命令，有效地"砍柴和运水"。

　　石油和天然气令人难以置信的地方在于，人们几乎完全不了解它对普通美国人的重要性，也不知道它对我们的经济有多么重要。2006年，在美国石油峰值研究协会（ASPO－USA）的一次会议上，丹佛市长希肯卢珀表示："这片土地最初是阿拉帕霍和夏安部落定居的。土著人赖以生存的一切，包括食物、衣服、住所、工具等，都来自野牛。他们举行了许多仪式来感谢和欣赏野牛。我们今天对石油的依赖就像土著人对野牛的依赖一样，但我们不仅不承认这一点，而且大多数人对此也一无所知。"关于石油的另一个关键问题是"石油峰值"，到2017

年，全球常规石油产量不再明显增加，可能实际上在下降（见图7－13）。几乎可以肯定，在不久的将来，随着我们进入，用科林·坎贝尔的话来说，在"石油时代的后半期"，这个数字将大幅下降。

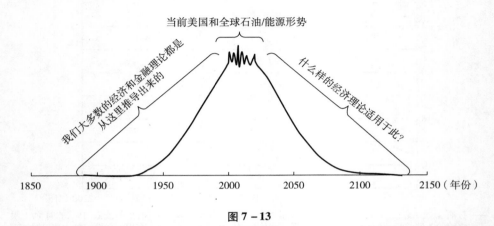

图 7－13

我们的经济概念与哈伯特曲线关于全球石油总使用量之间关系的概念性观点。我们的大多数经济概念都是在能源使用量不断增加的时期提出的。他们可能难以解释目前石油峰值时期的经济事件。在能源供应下降期间，他们将如何应对？

我们的结论是肯定的，美国梦是勤奋和聪明的人们在一个相对良性的政治体制下努力工作的产物，这个政治体制以各种方式鼓励商业，但所有这些都需要巨大的资源基础，相对于使用他的人数来说。其中一个关键问题是美国丰富的石油和天然气资源。1970 年，美国是世界上最大的石油生产国。但在 1970 年（和天然气的 1973 年，尽管也许会有第二个峰值），有一个明确的美国石油产量峰值，尽管全球石油产量持续增加，缓冲了美国（和其他国家）的当地峰值，显然在 2010 年，全球石油产量已经达到了自己的巅峰，而来自世界各地的需求持续增长。这种供给和需求之间的不匹配导致石油价格的急剧上升，我们相信至少在某种程度上造成了许多经济问题，包括股市下跌、次贷房地产泡沫破灭、许多金融公司的失败，以及 50 个州中的 40 个正式破产，并且有许多普通美国人的可支配收入大幅减少。正如后面第 19 章所述，我们认为，所有这些经济问题都是石油依赖型社会开始出现真正的石油短缺的直接后果。

7.16　美国梦的未来

马孔多（墨西哥湾漏油地点）最终吸引了媒体和政界的目光。是时候冷静地反思全球能源困境了，而不是做出下意识的反应。一次能源生产和消费对经合组织的生活方式有多重要？它与经济增长、税收收入以及与所有养老金、制造业、食品生产、国防、休闲、舒适和安全的支出有关。2010 年 6 月 16 日，能源分析师尤安·米尔斯在《石油桶》（欧洲）上发表的这段话，总结了我们的困境。在美国艰难应对石油泄漏对环境和经济造成的可怕后果之际，这场灾难是否标志着，为支持渔业和娱乐业而寻找新石油的时代已经结束？渔业和娱乐业正在为这一影响而恸哭。该事件会成为我们保持国家富裕这一希望的转折点吗[27][28]？如果我们最终通过举债过上了入不敷出的生活，本来寄希望于像深海钻井这样的技术能够永远延续美国梦，然而却看到美国梦开始破灭。十年后，事实证明这次石油泄漏并没有带来什么改变。美国经济活动继续有增无减，但几乎没有增长，贫富差距越来越大，因此美国梦似乎越来越超出更多人的掌握。这在多大程度上与石油生产和供应增长的根本停止有关？

不仅美国，欧洲和日本的经济增长也比过去低得多。在欧洲，经济增长已经停滞了 10 年，这就是所谓的"长期停滞"。这在 20 世纪的经济学中是前所未有的，但现在似乎已经在许多地方得到了证实。这意味着要满足养老金计划是非常困难的（因为投资不会像以前那样回报），而且银行里的钱也赚不到利息。那些仍然认为经济应该增长的人，最终陷入了非常糟糕的财务状况。通常，这与更普遍的石油和化石燃料增长的中断有关。这是许多州在履行养老金义务、帮助学生等方面遇到困难的原因，或许也是许多州对政府不满的原因。

富兰克林·罗斯福在大萧条之后和"二战"期间积累了巨额债务，以重建经济。除了比尔·克林顿，自那以后的所有总统（包括罗纳德·里根）都比富兰克林·罗斯福在新政期间增加的债务（考虑到通货膨胀和经济规模）更多（见图 7-9）。如果不再有廉价的能源，经济还会继续增长吗？如果美国人的可支配收入越来越少，会有什么样的工作呢？我们还想要更多的劳动生产率吗？这通常意味着用越来越多的能源补贴每个劳动者。还是我们想要更低的劳动生产率，也就是更高的能源生产率，通过用越来越多的劳动力补贴每一种越来越有价值的能源单位，来保持我们的人民就业？如果股市不再按实际价值增长，我们将如何保持和提高养老金的价值？我们的内部城市呢？我们能找到雇用那些急需工作的人的方法吗？人口增长是增强了我们的经济福祉，还是只是把我们剩余的未开发资源分给越来越多的人？在能源衰退时期，我们是否需要一种全新的经济学方法？美国梦在未来究竟意味着什么？我们能否用更少的物质享受和更多的休闲时间来创造一个新的美国梦？这些问题会限制我们支持和教育孩子的能力吗？这些是一系列新的经济问题，需要用一种新的方式来思考经济学。本书的其余部分将尝试提供一些信息来回答这些问题。

问题

1. 生物物理这个词是什么意思？它与经济学有什么关系？你会用什么词来比较它呢？

2. 什么因素可能影响你自己在生活中的经济成功？

3. 尽管重农主义、古典主义或新古典主义经济学很少讨论能源问题，但请你解释一下这些经济思想流派是如何关注各自时代主要的能源流的。

4. 为什么斯宾托油田对美国来说是具有重大经济意义的事件？

参考文献

［1］ Martin, P. S. 1973. The discovery of America. *Science* 179: 969 – 974.

［2］ Tainter, J. 1988. *The collapse of complex societies*. Cambridge: Cambridge University Press.

［3］ Diamond, J. 2004. *Collapse: How societies choose to fail or survive*. New York: Viking Press.

［4］ Crosby, Alfred. 1986. *Ecological imperialism: The biological expansion of Europe*, Cambridge, UK: Cambridge University Press 900 – 1900.

［5］ Diamond, J. 1997. *Guns, germs and steel: The fates of human societies*. New York: Norton.

［6］ Zinn, Howard. 1980. *A people's history of the United States*. New York: Harper and Row.

［7］ The two greatest causes for war among the perhaps one third of the colonial population who supported independence was basically resource scarcity—the cutting off of the trans—Allegheny frontier, first in 1763 by means of the Proclamation Act, and then later in 1775, with greater enforcement, with the Quebec act. Open rebellion soon followed.

［8］ Perlin，J. 1989. A forest journey：*The role of wood and civilization*. New York：Norton.

［9］ Greene，A. N. 2008. *Horses at work：harnessing power in industrial America*. Cambridge：Harvard University Press.

［10］ Yergin，Daniel. 1991. *The prize：The epic quest for oil，money，and power*. New York：Simon & Schuster.

［11］ Bowles，S. ，D. Gordon，and T. Weisskop. 1990. *After the wasteland*. Armonk：ME Sharpe.

［12］ Smil，V. 2001. *Enriching the earth. Fritz Haber，Carl Bosch and the transformation of western food production*. Cambridge：MIT Press.

［13］ Meadows，D. ，D. Meadows，and J. Randers. 2004. *Limits to growth：The 30-year update*. White River：Chelsea Green Publishers.

［14］ Ehrlich，P. 1968. *The population bomb*. New York：Ballantine Books.

［15］ Hubbert，M. K. 1969. Energy resources. *In The National Academy of Sciences-National Research Council，Committee on Resources and Man：A Study and Recommen-dations*. San Francisco：W. H. Freeman.

［16］ Hardesty，J. ，Norris C. Clement，and Clinton E. Jencks. 1971. The political economy of environmental destruction. *Review of Radical Political Economics* 3（4）：82 – 102.

［17］ England，R. ，and B. Bluestone. 1971. Ecology and class conflict. *Review of Radical Political Economics* 3（4）：31 – 55.

［18］ Bowles，S. ，D. Gordon，and T. Weisskopf. 1990. *After the wasteland*. Armonk，New York：M. E. Sharpe.

［19］ Odum，H. T. 1973. *Environment，power and society*. New York：Wiley Interscience.

［20］ Daly，Herman. 1973. *Towards a steady-state economy*. London：W. H. Freeman and Company，Ltd. Tables.

［21］ Cleveland，C. ，R. Costanza，C. Hall，and R. Kaufmann. 1984. Energy and the U. S. economy. A biophysical perspective. *Science* 225：890 – 897；Hall，C. A. S. ，C. J. Cleveland and R. Kaufmann. 1986. *Energy and Resource Quality：The ecology of the economic process*. New York：Wiley Interscience. 577.

［22］ Jorgenson，D. W. ，and Z. Grilliches. 1967. The explanation of productivity change. *Review of Economic Studies*：249 – 283.

［23］ Maddala，G. S. 1965. Productivity and technical change in the bituminous coal industry. *Journal of Political Economy*: 352 – 265.

[24] Reynolds, D. 2000. Soviet economic decline: Did an oil crisis cause the transition in the Soviet Union? *Journal of Energy and Development* 24: 65 – 82.

[25] Campbell, C., and J. Laherrere. 1998. The end of cheap oil. *Scientific American* (March): 78 – 83.

[26] Stern, N. 2007. The economics of climate change. *The stern review*. Cambridge: Cambridge University Press.

[27] Luce, E. 2010 Goodbye, American Dream. The crisis of middle-class America. *The Financial Times*. 30 July 2010.

[28] Brinkbaumer, K., M. Hujer, P. Muller, and T. Schulz. 2010. Is the American dream over? *Das Spiegel*.

[29] Ahmed, N. 2017. *Failing states, collapsing systems: Bio-Physical triggers of political violence*. New York: Springer.

8 石油革命和油料时代的前半部分

8.1 石油时代的前半部分[1]

本章将重点介绍化石燃料（煤、天然气和石油）的重要性，特别是石油（天然气和汽油，有时只是汽油）。首先我们想问为什么是石油（尤其是汽油）？为什么石油如此重要，为什么我们很难摆脱它？要做到这一点，我们需要从更广泛的角度看一看人类所面临的能源形势。太阳能，无论是直接的还是由植物捕获的，过去和现在都是世界或人类经济运行的主要能源。它在数量上是巨大的，但在质量上是分散的。正如我们在前一章中所谈论的那样，人类文化史可以看作各种新方法的向前发展，这些新方法利用各种转换技术开发利用太阳能，从矛尖到火再到农业，到现在集中的古代化石燃料能源。直到最近几百年，人类的活动还受到阳光及其直接产物的漫反射性的极大限制，因为这种能量很难捕捉和储存。现在化石燃料既便宜又丰富，它们提高了大多数人的舒适度、寿命和富裕程度，也增加了人口数量。

但也有不利的一面，因为化石燃料主要由碳构成。使用以碳为基础的燃料会产生一种气体副产品——二氧化碳（CO_2），这似乎是不受欢迎的。如今，由于气候变化和海洋酸化等环境影响，我们的经济需要"脱碳"，而二氧化碳的增加似乎正是这些环境影响的原因。这些影响很可能在未来变得更加重要。因此，人类已经做出了相当大的努力来研制不以碳为基础的燃料或能源。迄今为止，这一努力完全失败了，因为根据美国能源情报署汇编的数据，大多数年份的二氧化碳排放量仍在增长（除非出现衰退）。有这么多明显的选择，我们为什么不能摆脱碳呢？为什么我们的大多数能源技术仍然依赖碳的化学键（大多数通常以碳氢化合物的形式与氢结合）？

答案就在基础化学中：迄今为止，唯一有效且大规模捕捉和储存太阳能的"发明"技术就是光合作用。人类将光合作用的产物用于所有或大部分燃料，仅仅是因为在我们需要的规模上没有其他选择。这是因为，作为我们燃料的来源，大自然更倾向于将太阳能储存在动植物的碳氢化合物中。原因是这些元素丰富且对生物体来说"便宜"，而且最重要的是，它们能够形成还原性或含能量的化合物。氢气和碳，基本上不以其基本形式存在于地球表面，它们是如此的重要，植物进化了这样的技术去分解水和大气中的二氧化碳，从而获得氢和碳，它们结合氢和碳，以及一点点氧气和碳水化合物，形成能量丰富的碳氢化合物。在元素周期表中，没有任何其他元素是足够丰富的，并且能够立即进行这样的还原。例如，氮以 N_2 的形式大量存在，但能量分裂的代价要高得多，而硫则不那么容易得到。此外，碳有4个价电子，能够与其他原子形成4个键，因此具有非常复杂的生物学结构。与氢成键大大增加了分子中储存能量的能力。因此，植物和动物都是以碳和氢为基础的，因为大自然别无选择。人类文明进化之所以能有效地利用这种碳氢化合物能源，主要是因为他们别无选择，只能利用光合作用的产物。现在我们被二氧化碳困住了，同时我们试图弄清楚是否有可能有一种能量上可行的替代方案。

8.2 工业革命

从1750年左右的小规模开始，到1850年左右，人类使用的碳氢化合物发生了相当显著的变化，从最近捕获的木材、水和太阳能，到威力更大的化石燃料。这是"工业革命"的开始，尽管更恰当的名称应该是"碳氢化合物革命"。人类已经开始了解如何使用化石燃料（即旧燃料）中发现的更集中的能量。他们为什么要这么做？答案很简单。人们想做更多的工作，因为这样做是有利可图的。他们想要更多的原材料转化成有用的东西，他们可以吃，可以交易，可以卖。化石碳氢化合物的能量密度比碳水化合物（如食物和木头）大，因此它们可以做更多的工作——更快地加热东西，在更高的温度下，操作更快、更强大的机器等（见表8-1）。第一个大规模使用的化石碳氢化合物是煤，第一次大规模的使用是在19世纪，然后是20世纪的石油，现在越来越多的是天然气。1750年以来，全球使用碳氢化合物作为燃料的数量增加了近800倍，仅在20世纪就增加了约

12 倍，这使我们的经济获得了巨大的增长（见图 8 - 1）。经济学家通常称经济活动的快速增长为发展。以碳氢化合物为基础的能源对人类发展的三个主要领域很重要：经济、社会和环境[2]。最重要的是，碳氢化合物极大地提高了人类从事各种经济工作的能力，通过使用卡车和拖拉机等化石燃料机器，极大地提高了人类利用自身肌肉或动物肌肉工作的能力。也许最重要的是，这项工作包括粮食产量的巨大增长。

表 8 - 1　石油和其他化石燃料的能量密度（可能因特定燃料而有所不同）

燃料类型[a]	MJ/l[a]（兆焦/升）	MJ/kg[a]（兆焦/千克）	kBTU/Imp Gal（千英热/英国标准加仑）	kBTU/US Gal（千英热/美加仑）
常规汽油	34.8	~47	150	125
高级汽油		~46		
液化石油气（60% 丙烷，40% 丁烷）	25.5 ~ 28.7	~51		
乙醇	23.5	31.1	102	85
甲醇	17.9	19.9	78	65
酒精（10% 乙醇和90% 汽油）	33.7	~45	145	121
E85（85% 乙醇和15% 汽油）	33.1	44	143	119
柴油	38.6	~48	167	139
生物柴油	35.1	39.9	152	126
植物油（使用每克9.00 千卡）	34.3	37.7	148	123
航空汽油	33.5	46.8	144	120
喷气燃料、挥发油	35.5	46.6	153	128
喷气燃料、煤油	37.6	~47	162	135
液化天然气	25.3	~55	109	91
液态氢	9.3	~130	40	34

注：煤 29，生物质 15 - 28 MJ/GJ。a 表示 Mj/l = 兆焦/升。燃烧总热和燃烧净热都不能给出从反应中得到的机械能（功）的理论值（这是由吉布斯自由能的变化给出的，汽油大约是 45.7 兆焦/千克）。从燃料中获得的实际机械功（与耗油量成反比）取决于发动机。汽油发动机可以达到 17.6 兆焦/千克，柴油发动机可以达到 19.1 兆焦/千克。有关更多信息，请参见特定制动油耗。

英国的工业革命始于 1750 年左右的煤炭革命，但到 1960 年左右，世界石油的使用已经超过了煤炭，石油仍然是我们最重要的能源。现在我们生活在一个石油时代。有人说我们现在生活在一个信息时代或后工业时代。两者都只是部分正确。我们绝大多数生活在石油时代。你可以四处看看，所有的交通、食品生产、塑料制品、大部分的工作和休闲、大部分电力以及所有的电子设备都依赖气态石油，尤其是液态石油。这已经是，而且将继续是，石油和碳氢化合物的时代。也许工业革命应该被重新命名为"碳氢化合物革命"，因为这就是所发生的事情——人类从使用各种碳水化合物作为他们从事经济工作的主要手段转向使用碳氢化合物。

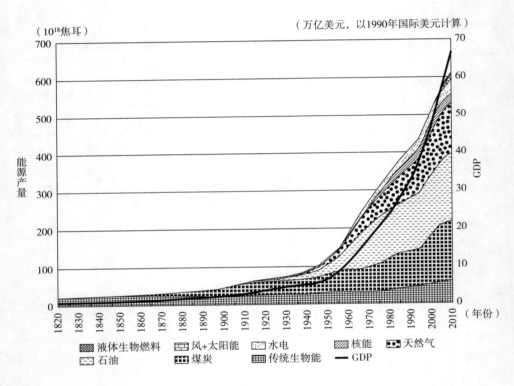

图 8 - 1

1750 年以来，人类使用碳氢化合物作为燃料的全球使用量增加了近 800 倍，20 世纪增加了约 12 倍。最普遍的结果是，人类从事各种经济工作的能力得到了极大的提高，大大提高了他们靠自己的肌肉或用役畜的肌肉所能做的事情。

这是石油和更普遍的碳氢化合物时代的一个原因，对于大多数工业化的[4]和发展中经济体[5]来说，能源使用和经济活动之间仍然有很强的联系（见图8 -1）。一些人认为，通过技术和市场，我们在使用能源方面正变得更有效率。但这方面的证据充其量是模棱两可的。由阿杰伊·古普塔进行的尚未发表的自上而下的宏观经济分析（即只需用经通货膨胀调整的 GDP 除以总能量使用）表明对于世界上大多数国家来说，能源使用和经济活动之间有非常强的联系，用经通货膨胀调整的 GDP 衡量，没有国家在将能源转换为 GDP 的过程中变得或多或少有效的一般趋势。一个明显的例外是美国，其单位国内生产总值能耗比例明显下降。能源分析师罗伯特·考夫曼表明，尽管在燃油效率（由化石燃料价格上涨驱动）方面有一些真正的改善，但效率的提高主要是由于转向高质量的燃料，特别是富裕国家在经济结构调整过程中，将重工业转移到海外以减少污染或找到更便宜的劳动力[6]。根据影子统计组织的数据，1985 年以来，美国一直在对官方通胀指标进行系统性的"篡改账目"，也就是说，为了让政府看上去不错，官方故意低估了通胀。纠正上述任何一项或全部行动，美国经济中所认为的效率改善都将大大降低。此外，古普塔的数据清楚地表明，各国发展的主要方式（即变得更加富裕）是通过使用更多的能源来做更多的经济工作[7]。

能源价格对宏观经济表现的几乎每一个主要方面都有重要影响，因为能源直接和间接地用于所有商品和服务的生产。经济增长的理论模型和实证分析都表明，能源利用率的下降将对经济产生严重影响[8]。例如，美国在"二战"后的大多数衰退都是在油价上涨之前发生的，油价变化往往与石油和天然气净进口国的股价及其回报率呈负相关[9]。能源价格也是通胀和失业的关键决定因素。人均能源消耗和社会指标如联合国的人类发展指数之间有很强的相关性，尽管这种关系对低收入群体来说比对高收入群体更为重要——换句话说，增加能源使用在改善生活质量上对穷人比对富人更为重要[10]。相比之下，利用碳氢化合物来满足经济和社会需求是我们最重要的环境变化的主要驱动力，这些环境变化包括全球气候变化、酸沉降、城市烟雾和许多有毒物质的释放。增加获得能源的机会提供了耗尽或摧毁曾经丰富的资源基础的手段，从装备长矛的人类每次新的入侵所造成的大规模灭绝，到通过如过度捕捞和集约农业以及其他类型的发展而破坏自然生态系统和土壤。哈佛大学生物学家 E. O. 威尔逊将目前的大规模灭绝归因于他所称的河马效应：栖息地破坏、入侵物种、污染、人口（人类）和过度放牧。所有这些活动都是能源密集型的。每一项新技术所允许的人口增长以及社会对以前丰富的资源的过度依赖使这些问题更加恶化。能源是一把双刃剑。

8.3　石油峰值：我们能依赖石油多久

石油的关键问题不是我们什么时候会用完，而是我们什么时候才能不再增加甚至维持石油的生产和使用。我们认为，"石油峰值"，即人类无论付出何种努力都无法再指望增加石油产量的时候，或多或少是现在，这将成为人类面临的最重要的问题。这个关键问题可以从两个层面来理解：首先是一个简单的事实，随着时间的推移，石油的数量会减少，而不是增加；其次是对石油的性质和属性有一个更全面的了解，这是我们接下来要做的。尽管全球石油峰值的确切时间仍有一些争议，但很明显，它一定很快到来，因为我们每年使用的石油是我们发现的石油的 2 ~ 4 倍。更明显的是，我们原来每年 3% 或 4% 的增长率自 2004 年以来已经下降到 0% ~ 1%，人均石油供给也在下降。

目前，石油供给约占世界非直接太阳能的 32%（天然气约占 20%），未来的大多数评估表明，如果在地质、经济和政治上可行，石油需求将大幅增加。虽然非化石能源（如光伏和风能）的使用正在迅速增加，但它们仅占全球能源使用量的 2% 左右。虽然太阳能的比例预计会增加，但预计在无限的未来，只要有可能，化石燃料的绝对数量将会增加。我们对未来石油的可用性了解多少？对即将到来的石油短缺的预测和石油行业本身一样古老，文献中充斥着"乐观主义者"和"悲观主义者"之间关于石油储量和其他可用资源的争论。我们需要了解四个主要问题，以便评估未来石油的供给情况，进而评估其他碳氢化合物的供给情况。我们需要知道储量的质量、储量的数量，随着时间的推移可能的开采模式，以及谁获得石油，谁从中受益。所有这些因素最终都会影响石油生产和使用的经济效益。

8.4 石油质量

与大多数其他能源相比，石油是一种极好的燃料，相对容易运输和用于许多用途，能源密度很高，可开采，能源成本相对较低，（通常）对环境的影响也较小。我们所说的石油实际上是一个由多种碳氢化合物组成的大家族，其物理和化学性质反映了这些碳氢化合物的不同来源，特别是不同程度的自然加工过程。基本上来说，石油是浮游植物在深海厌氧海洋或淡水盆地中未被氧化，由沉淀物所覆盖，然后被加压蒸煮 1 亿年得到的[11]。总的来说，人类首先开发了短链"轻质"石油资源的大型储集层，因为大型储集层更容易发现和开采，而轻质油提取和精炼所需的能源更少[12]。这种"易开采的石油"的枯竭需要我们开采越来越小、越来越深、越来越多的近海和越来越巨大的资源。首先必须找到石油，然后开发油田，之后小心地开采到石油通常需要几十年的时间周期。地下的石油很少像我们在油罐里所熟悉的那样。它更像是一块浸过油的砖，在那里，石油必须通过向集水井施压缓慢地被挤压出来。石油流经这些"含水层"的速度主要取决于石油本身和地质基质的物理性质，也取决于石油背后的压力，而石油最初是由井里的气体和水提供的。逐步枯竭还意味着，以前通过气压和水压等自然驱动机制开采出来的老油田的石油，现在必须使用能源密集型的二次开采和强化技术开采。随着油田的成熟，通过向结构中泵入更多的气体或水，迫使原油通过基质进入集水井所需的压力越来越大。20 世纪 20 年代以来，提高采收率（EOR）是一系列使用洗涤剂、二氧化碳和蒸汽来提高产量的过程。开采速度过快会导致"含水层"的压实，或使水流破碎，从而降低产量。因此，我们生产石油的实际能力取决于我们是否有能力在我们能够合理进入的地区不断发现大型油田，我们是否愿意投资勘探和开发，以及我们是否愿意不过快地生产石油。因此，技术进步是在与高质量资源的耗竭赛跑。

石油资源质量的另一个方面是，石油储量通常由它们的确定性和开采的难易程度来定义，分为"已证实的""很可能的""可能的"或"推测的"。此外，还有重油、深水石油、油砂和页岩油等非常规资源，开采起来能源消耗非常大。因此，尽管世界上还有大量的石油，但由于我们发现并消耗了最好的油田，实际油田的质量正在下降。现在要找到下一个油田需要越来越多的能源，而且由于油田的质量往往较差，开采和提炼以供我们使用的石油需要能源也越来越多。

8.5 石油数量

对现存常规石油资源数量的大多数估计是根据"专家意见"，即地质学家和其他熟悉某一特定地区的人经过仔细考虑的意见（见表 8-2）获得的。最终可采资源（URR，通常写作 EUR）是油田、国家或世界的石油总产量，包括迄今为止开采的 1.3 万亿桶石油。URR 将决定未来石油产量曲线的形状。最近对世界 URR 的估计有两大阵营。关于石油储量还有很多争议，或者说是各种各样的观点（见表 8-3）。更低的估计值来自几个高调的分析师，他们中的许多人是退休的石油地质学家，在石油行业中待的时间很长，他们表明 URR 不大于约 2.3 万亿桶（换句话说，其中 1.3 万亿桶我们已经使用了，剩下 1.0 万亿桶供我们将来提取），甚至可能更少[12]。美国地质调查局（USGS）的"低"估计是，这个数字可能在 2.4 万亿桶左右，一半来自新发现的石油，另一半来自储量增长，这是对现有油田可用石油的增加估计。"中间"估计为 3 万亿桶，最高的可信估计为 4 万亿桶（见表 8-4）。后三个值来自美国地质调查局（US Geological Survey）2000 年的一项非常全面的研究，如果没有其他因素，这项研究往往涵盖了其他估计的范围[13][14][15]。甚至在那项研究中，较低的值往往来自作为他们员工

表 8 – 2　官方能源统计数据有多可靠

OPEC	2003 年底 (10⁹ 桶)	消耗的占比（%）	所有表明的 (10⁹ 桶)	剩余储量（10⁹ 桶）（截至 2004 年）				BP 解释的估计值
				PFC	ASPO	Salameh	BP	
伊拉克	28	22	127	99	62	62	115	完全被发现的
阿拉伯联合酋长国	19	31	61	42	49	37	98	完全被发现的
科威特	32	35	91	59	60	71	97	完全被发现的
利比亚	23	39	59	36	29	26	36	
沙特	97	42	231	134	144	182	263	完全被发现的
阿尔及利亚	13	50	26	13	14	11	11	
尼日利亚	23	50	46	23	25	20	34	高估计值
伊朗	56	51	110	54	60	64	131	完全被发现的
委内瑞拉	47	58	81	34	35	31	78	完全被发现的
卡塔尔	6.8	62	11	4.2	4.1	4.6	15	完全被发现的
印度尼西亚	20	75	27	6.7	9.4	12	4.4	
共计	365		870	506	492	520	882	

注：石油行业的统计数据并不像葡萄酒行业的统计数据那么糟糕，但它们仍然相当糟糕。考虑到目前的价格和技术，对油气储量以及工程师和地质学家估计未来可以从活跃的储层或有希望的地质构造中开采出的石油量来说，尤其如此。石油行业最重要的三个统计数据汇编机构是英国石油公司（BP）、《石油与天然气杂志》和美国能源部（DOE）的能源情报署。它们不审计、检查或质疑不同来源提供给它们的信息，它们使用不同的定义，如油气储量。有传言说，其中一个原因是他们害怕，如果他们提出了尴尬的问题，这些数据来源就会被"切断"。出于好奇，我（史密斯）查看了 12 月 21 日出版的《石油与天然气杂志》第 20 ~ 21 页的"全球储量与产量观察"表格。在 200 多个值得联合国统计承认的政治辖区中，有 107 个国家榜上有名，因为它们拥有"已探明"的石油或天然气储量，或者两者兼备。一个国家的油气储量估计每年都应该（上升或下降），原因有五个。事实上，如果工程师和地质学家的工作做得正确，它们几乎不可能保持不变。这五个原因包括新发现、旧估计的修正，以及显而易见的产量。然而，我注意到，在参考的表格中，只有 29 个国家（占总数的 27%）报告没有石油储量，也没有改变去年的估计数字。其他 78 家（占总数的 73%）的报告显示，今年的数据与去年完全相同。这包括一个国家被广泛认为将其"官方"估计值夸大了超过 100%。一些"不变的国家"包括印度尼西亚、伊拉克、科威特、挪威、俄罗斯和委内瑞拉。具有讽刺意味的是，挪威是少数几个公布油田良好生产数据的国家之一。你可以自己得出结论。我认为天然气的情况稍微好一点，但还不足以让人相信所有重要生产商 USGS 2000 的数据。

资料来源："伊朗的石油储备不足一半"，"欧佩克的石油储备被夸大了 80%"。来源于 mushalik@tpg. com. au 和 http：//www. energiekrise. de/e/aspo_ news/aspo/newsletter046. pdf。来自刘易斯·L. 史密斯。

表 8 - 3
世界上还有多少石油是高度不确定的。例如，"储量"被
夸大为大于 3000 亿桶的"资源"。

1.1 万亿	被消耗的	统计可靠性	生产前景	技术基础
实际储备：0.9 万亿桶	被证实的 >90%	已证实的石油地质储量——高可信度 已被开采的——清晰的采收率 未被开采的——好的采收率	通过实际油藏管理和性能的增长	通过现有技术提高的采收率
	很可能的 >5%	可能的石油地质储量——确信的 已被开采的——预采收率 未被开采的——相当的采收率	通过圈定、测试和开发的增长	现有技术的明显机会
	潜在的 >5%	潜在的石油地质储量——低可信度 钻过孔的——低采收率 未被钻孔的——采收率可能较差	通过定价、圈定或提高采收率的技术实现的增长	提示性数据和潜在的机会
应急资源：1.1 万亿桶	资源：不经济的数量和商业性	可能存在，但未被圈定的油气地质储量	目前盈利能力或技术不足	可获得，但缺乏良好的储层和流体数据
预期和投机资源：2 万亿桶	石油、天然气、页岩、抗燃油和待发现资源（投机性展望）	技术上存在但物理上不可接近的碳氢化合物 概念上可能的碳氢化合物，包括乙烯	通过勘探和相关技术的未来决议	一般地质、地震和/或物理指标

资料来源：来自 mushalik@ tpg. com. au。

表 8 - 4　发布的世界石油最终采收率估计

产量（万亿桶）	采收率
USGS，2000（high）	3.9
USGS，2000（mean）	3.0
USGS，2000（low）	2.25
Campbell，1995	1.85
Masters，1994	2.3
Campbell，1992	1.7
Bookout，1989	2.0
Masters，1987	1.8
Martin，1984	1.7
Nehring，1982	2.9

续表

产量（万亿桶）	采收率
Halbouty，1981	2.25
Meyerhofff，1979	2.2
Nehring，1978	2.0
Nelson，1977	2.0
Felinsbee，1976	1.85
Adam and Kirby，1975	2.0
Linden，1973	2.9
Moody，1972	1.9
Moody，1970	1.85
Shell，1968	1.85
Weeks，1959	2.0
MacNaughton，1953	1.0
Weeks，1948	0.6
Pratt，1942	0.6

资料来源：参考文献［1］。

的地质学家，越来越多的美国地质调查局的经济学家的观点认为，更大的数值反映了价格信号将允许通过技术改进利用低等级的石油，同时早期保守估计将会有所修正。这一相对较新的美国地质勘探局方法是基于美国和其他几个有良好记录的地区的经验。新的总数基本上假定，世界各地的石油储量将以与美国相同的技术、经济激励和效率水平开发。虽然时间会告诉我们，这些假设会在多大程度上得到实现，过去10年的数据表明，大多数的国家正在经历的生产模式更符合最终可采储量的低估计，而不是中等或更高的估计（URR）[16][17]。美国和欧洲能源机构（AIE和IEA）等其他机构的估计越来越低。（在我们看来是最好的）石油专家科林·坎贝尔的一项评估显示，现在每发现一桶石油，就生产和消耗2～4桶石油（见图8-2）。有人会认为，找到和生产更多石油的最好方法就是更多的钻探，但事实上，至少从我们过去一直具有的水平来看，油气的发现几乎与钻井速度是相互独立的，因为确定下一个好的钻探地方需要时间（见图8-3）。第13章考虑了新钻井技术（水平钻井和"水力压裂"）的影响。

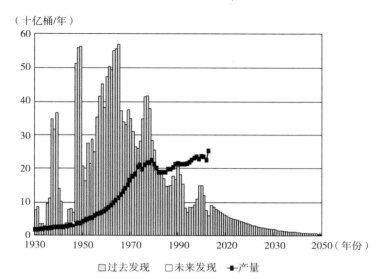

图8-2　在全球范围内，常规石油的发现率和产量已更新到最初发现冲击的年份

注：还有一种方法可以将此数据作图，方法是将"修订和扩展"归因于修订年份，而不是最初冲击的年份。这夸大了近年来的发现率。

图8-2　在全球范围内，常规石油的发现率和产量已更新到最初发现冲击的年份

资料来源：科林·坎贝尔（1998）。

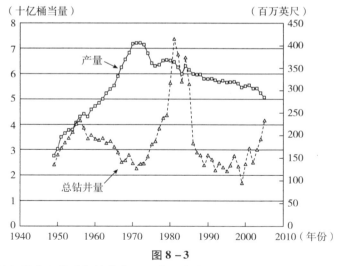

图8-3

石油和天然气的生产似乎与钻井作业无关。在美国，除了图上标出的最初几年中，钻探工作与石油和天然气的发现率和（这里给出的）产量之间基本上没有任何关联。直到1970年，产量一直在增加，然后达到顶峰，之后稳步下降，尽管钻井工作量有了巨大的增加，随后又有所减少。当油价高时，钻井速度往往会上升，反之亦然。

资料来源：美国环境影响评价（自2007年起，没有任何资料可供查阅）。

8.6   随时间推移的使用模式

马里恩·金·哈伯特推导出了最著名的石油生产模型，他提出，随着时间的推移，石油的发现和生产将遵循一个单峰的、或多或少对称的钟形曲线（见图8－4）。当50%的 URR 被提取出来时，产量就会达到峰值（他后来认为可能有多个峰值）。这一假设似乎主要是基于哈伯特的直觉和他在研究许多油田模式方面的丰富经验。这是一个不错的猜测，正如他在 1956 年做出的著名预测：美国石油产量将在 1970 年达到峰值，而事实的确如此[15]。哈伯特还预测，美国天然气产量将在 1975 年左右见顶，美国也确实见顶了。不过，自那以来，美国已显示出复苏迹象，而且继 2010 年之后，基于"非常规"和"页岩"天然气的产量将出现第二个峰值。他还预测，全球常规石油产量将在 2000 年左右见顶。事实上，传统石油产量在 2005 年之前一直在增长，2005 年之后，正如地质学家科林·坎贝尔早些时候预测的那样，传统石油产量似乎进入了一个振荡或"波动高原"。

在过去的 10 年里，一些"新哈伯特主义者"使用几种不同的哈伯特方法预测了全球石油产量峰值的时间（"石油峰值"）[15][24]。这些对全球峰值时间的预测范围从对 1989 年的一次预测（1989 年做出）到对 2005～2015 年的多次预测，再到对 2030 年的一次预测[18]。这些研究大多假设，全球 URR 总量约为 2 万亿桶，当最终资源的 50% 被开采出来时，石油产量将达到峰值。对未来石油峰值的预测始于一个假设，即最终可开采的石油量很大。我们到底能重新获得多少石油？上面引用的美国地质调查局的研究给出了 2.3 万亿桶的低估计（他们声称超过这个数字的概率为 95%）和 3 万亿桶的"最佳"估计。一项分析将哈伯特型曲线的左侧与实际产量数据进行了拟合，同时将曲线下的全球 URR 总量限制在 2 万亿、3 万亿和 4 万亿桶。预测其峰值将出现在 2004～2030 年[19]。勃兰特[20] 表明，哈伯特曲线对大多数后峰值国家（包括绝大多数产油国）是一个很好的预测。其他近期的和复杂的哈伯特型分析由考夫曼和希尔[21]、纳沙威及其同事[22] 提出，他们表明常规石油约在 2013～2014 年达到顶峰，符合低的 URR 估计，至少只要看起来似乎没有比这个时候有更多可采的石油了[12]。如果是这样的话，高峰可能会被 10～20 年所取代。这些研究没有考虑到的一个重要问题是，大部分留在地下的石油将需要越来越多的能源来开采。

最近的曲线拟合方法的结果显示，无论预测的时间如何，预测的趋势都是一

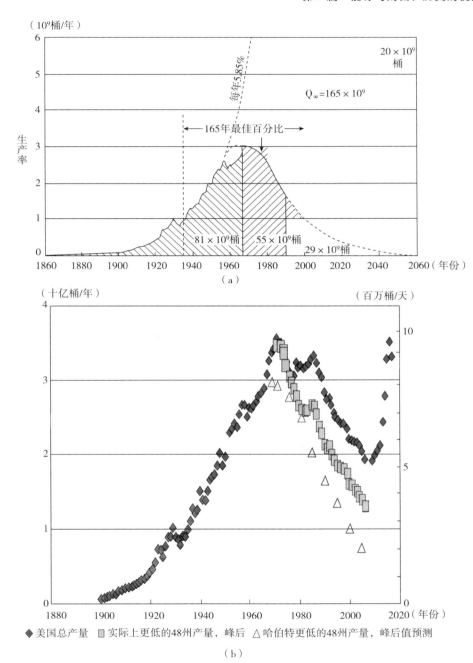

（a）

（b）

图 8 - 4　哈伯特曲线

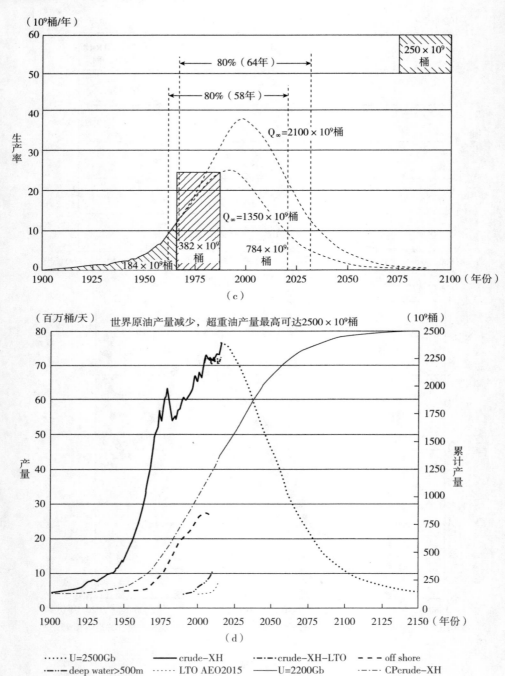

（c）

（d）

...... U=2500Gb　　—— crude-XH　　—·—· crude-XH–LTO　　– – – off shore

—·— deep water>500m　　······ LTO AEO2015　　—— U=2200Gb　　—·—· CPcrude-XH

图 8－4　哈伯特曲线（续）

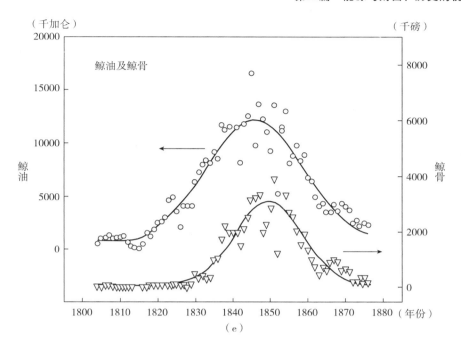

图 8 - 4 哈伯特曲线（续）

（a）美国过去。（b）美国现在。（c）世界过去。（d）世界现在数据。**XH = 超重（油砂）；LTO = 轻致密油（如"压裂"油）。棕色线通常被认为是"常规"油。细线是拉黑尔的预测。（e）美国捕鲸业。损耗是巨大的：90% ~ 99% 的鲸鱼物种被杀死。**

资料来源：（a）哈伯特（1969）；（b）2006 年剑桥能源研究协会，作者更新；（c）参考文献［15］；（d）推赫·雷；（e）乌戈·巴迪。

致的，即在几年内达到顶峰，然后下降。这与我们使用的石油至少是我们发现的石油的两倍的事实是一致的。对世界石油产量的其他预测既不依赖 URR 的假设，也不依赖"曲线拟合"或"外推"技术的使用，而仅是基于过去的产量增长，画出未来的直线。根据美国能源情报署（EIA）（2003）的一项预测，2025 年全球石油供给将比 2001 年的水平高出 53%[13]。美国能源情报署审查了另外五个世界石油模型，发现所有模型都预测未来 20 年的石油日产量将增加到 1 亿桶左右，远远超过 2001 年的 7700 万桶。其中一些模型依赖 2000 年美国地质调查局对石油的 URR 的更高估计。给经验评估蒙上阴影的是，官方的估算将"非常规"资源（尤其是天然气液体，但也包括"重型"和"超深水"石油，以及生物衍生乙醇）纳入了"石油"的经验估算。如果不包括这些因素，那么传统石油的产量与 2005 年以来基本持平（见图 8 - 4（d））。

应该指出的是，无论采用何种方法，我们所研究的大多数石油供应和油价预测（如剑桥能源研究实验室所做的预测，以及可能出现的"峰值后哈伯特"分析的例外）都没有良好的记录。经济和制度因素以及地质因素是美国1970年石油产量达到峰值的原因，这一点现在已是一个公认的事实[23][24]，而这些因素被明确地排除在曲线拟合模型之外。因此，哈伯特模型（及其变体）对48个产量较低州的准确预测的能力（或运气），未必能用于推测其他地区。

此外，哈洛克等的一项出色的研究（在我们看来出色，但注意，霍尔是其中一名作者）假定在哈伯特曲线的基础上，使用美国地质调查局的低、中、高URR估计值，对所有主要产油国做出了预测[13]。10年后，他们又回来了，对比了石油生产的实际情况和他们的预测[16][17]。他们发现，绝大多数产油国遵循的是哈伯特曲线；大多数国家在2012年达到峰值，大多数国家遵循的路线与美国地质调查局对可用石油的低（与中或高）估计值一致。例外的是一些非常大的石油生产国（如伊拉克、伊朗），由于政治事件，它们的发展轨迹仍不确定，或者对它们来说，现在下结论还为时过早。全球常规石油产量的实际数据当然显示了，在撰写本章时，全球常规石油产量至少在2005～2015年左右或撰写本章时处于起伏的高原状态，甚至可能达到峰值（见图8-4（d））。当然，过去每年3%~4%的增长率已经放缓。考虑到从20世纪40年代到21世纪初期，石油产量年复一年地持续增长，而这种放缓发生在油价大幅上涨时期，这是令人震惊的。很明显，许多国家已经出现哈伯特型峰值，[17]其他资源如鲸油和磷也是如此（见图8-4（e））。

那么，为什么全球石油产量会下降，或者至少不再增加？主要原因是大部分的石油生产都来自非常大的油田（被称为"大象"），而自20世纪60年代以来，我们发现的大象非常少。现在这些大型油田正在老化，其中许多油田的产量正以每年2%~10%的速度下降。因此，虽然我们确实发现了更多的新石油供应，但这些新油田的产量仅相当于现有油田的1/5左右，因此预计产量将下降（见图8-5）。《石油评论》编辑克里斯·斯克里博斯基表示，全球400个最大油田中，至少有1/4在走下坡路，而新发现的石油（其中多数规模不大）似乎不可能弥补大象数量的下降。

经济预测未能很好地解释美国的石油产量。在第二次世界大战后，石油产量往往随着油价的下跌而增加，反之亦然，这一行为与传统经济理论的预测完全相反。经济学理论还假定，油价将沿着"最优"路径走向瓶颈价格——该价格高到足以导致石油需求量开始降至零。此后，至少在理论上，市场标志着向替代品的无缝过渡。事实上，即使存在这样一条路径，价格也可能不会平稳上涨，因为经验证据表明，生产者对价格上涨的反应不同于对价格下跌的反应[24]。在2008

年的总统竞选中，经常听到人们对油价上涨的反应是"钻，钻，钻！"事实上，除了 20 世纪 50 年代早期，几乎没有证据表明钻井速度与常规油气产量之间存在任何关系。思考这个问题的一种方式是"大自然掌握着主动权"。换句话说，石油产量将更多地取决于地质可能性，而不是人类的努力或经济水平[12]。与基本经济理论的重大背离破坏了管理传统石油供应枯竭的实际政策，即这样一种信念，认为竞争性市场将从石油中平稳过渡。到目前为止，我们几乎没有看到这种情况发生的证据。

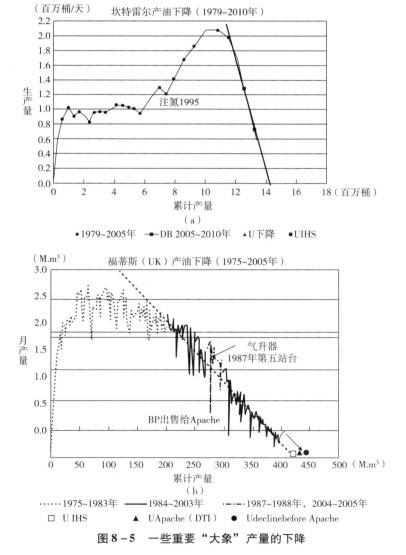

图 8-5 一些重要"大象"产量的下降

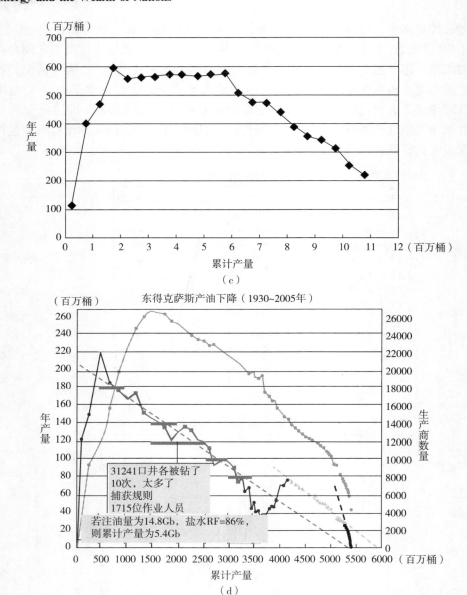

图 8-5 一些重要 "大象" 产量的下降（续）

（a）墨西哥的坎特雷尔曾经是世界第二大油田。（b）北海的福蒂斯油田。（c）普拉德霍油田，美国最大的油田。（d）东得克萨斯，美国第二大油田。

资料来源：推赫·雷（2006）。

无论石油峰值的确切细节或日期是什么，用科林·坎贝尔的话来说，很明显，我们正处于从石油时代上半叶到石油时代下半叶的过渡时期[25]。上半叶和下半叶都同样依赖石油，但不同之处在于，石油使用量从每年增加到持平，然后减少。

8.7　石油净能

我们的观点是，问题不在于地球上还有多少可开采的石油。我们一致认为，有很多，可能（但可能不是）接近估计的上限。但辩论中缺少的是，这些石油中有多少可以在获得显著或是任何净能源收益的情况下开采出来。这些都是关于石油峰值的老生常谈，但大多数评估都是在没有净能源成本的情况下做出的[26]。如果我们对从石油中回收的净能源进行时间序列分析，就会发现（如果目前的趋势继续下去），在几十年内，所有这些数据都显示出盈亏平衡点。因此，我们认为，在我们能够利用美国地质调查局（USGS）[13]等给出的更大储量估计值很久之前，我们就会达到能源收支平衡点（见图 8 − 6）。换句话说，地下的石油总量不是一个相关的数字。相反，我们需要知道，在获得可观的能源净利润的情况下，可以开采多少能源。获取额外石油的能源成本，以及这可能如何影响 URR，这些重要问题将在第 18 章中讨论。

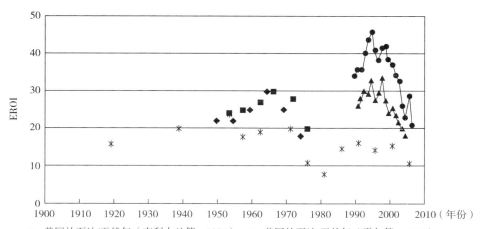

◆　美国的石油/天然气（克利夫兰等，1984）　　■　美国的石油/天然气（霍尔等，1986）

▲　全球的石油/天然气（盖格农，2010）　　　＊　美国的石油/天然气（吉尔福德等，2011）

●　挪威的石油（格兰戴尔，2011）

（a）

图 8 − 6

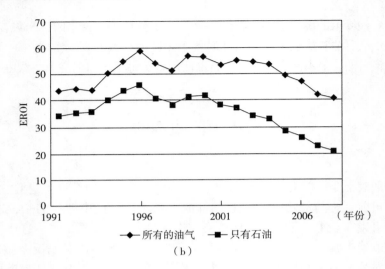

（b）

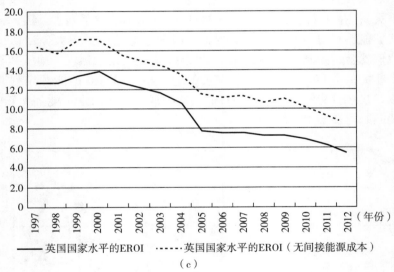

（c）

图 8 - 6（续）

（a）对美国石油产量的三种估计，以及对挪威和所有独立石油公司的估计。（b）挪威石油的 EROI，油气的 EROI。人们可以看到重要的北海油田的开发，及其逐渐枯竭的影响。（c）英国所有燃料的 EROI，包括只有直接的能源成本以及直接和间接的能源成本。参见布兰德等（2017）。

资料来源：霍尔等（2014）及其参考文献。

与此同时，对所有化石燃料可用性的最现实预测表明，在 10 ~ 20 年之内，甚至包括非常规燃料[32]。此外，为限制气候影响所作的努力可能对使用施加了额外的限制。无论这些问题如何得到解决，很明显，未来的经济增长计划不能像过去假定的那样，将有足够的精力来实现这一目标。

8.8 石油地理

全世界近 200 个国家都在使用石油，但只有 42 个国家生产了大量石油，其中 38 个国家出口了大量石油。这一数字正在下降，因为北美和南美、北海、印度尼西亚和许多其他地区曾经丰富的资源已经枯竭，以及由于许多出口国国内对石油的使用日益增加。在未来几十年里，中东和苏联以外的出口国数量将会下降，甚至可能大幅下降，这反过来又将大大降低石油供应的多样性，石油进口国达到 160 个左右[27]。这种对西非、苏联，特别是波斯湾石油依赖的增加具有许多战略、经济和政治意义。世界上大部分石油储备都是在那些对美国或西方国家并不特别友好的国家发现的，部分原因是西方长期以来"脚踏实地"地掠夺石油或干涉产油国政府。美国发现石油和天然气的 EROI 从 20 世纪 30 年代的 200∶1 以上下降到 2010 年的 5∶1 以下，产量从 20 世纪 70 年代的 30∶1 左右下降到今天的 10∶1 以下（见图 8 - 6）。中国对石油需求的大幅增长及其庞大的货币储备也可能产生重大影响，因为即使油价上涨，中国人也应该没有什么困难为石油买单。另外，使用石油的效率可能正在提高，因此许多经合组织国家，石油的使用很少或没有增长，甚至下降。

8.9 获取石油的能源和政治成本

石油供应的未来通常用经济术语来分析，但经济成本可能取决于其他成本。在我们早期的工作中[26][27]，我们总结了美国获得石油和其他能源资源的能源成本，并发现，总的来说，能源投资的能源回报（EROI，见第 18 章）随着时间的推移，石油和大多数其他能源的产量呈下降趋势。这包括通过交易（需要能源的）商品和服务来获得石油的能源成本[26]。同样，全球石油和天然气产量的 EROI 也从 20 世纪 90 年代的约 36∶1 下降到 2006 年的约 19∶1[27]。换句话说，有了我们所有的超级技术，我们可以继续开采石油和天然气，但随着我们耗尽最好的资源，每桶能源成本继续上升。这也适用于世界其他地方的这样的估计，我们知道，用委内瑞拉的重油和阿尔伯塔省的油砂生产油液需要很大一部分能源，以及来自天然气的大量氢供给[28]。在阿拉伯半岛发现或生产新石油供应的经济成本非常低，这意味着它具有非常高的 EROI 值，这反过来又支持了在未来几十年生产将集中在那里的可能性。替代性的液体燃料，如从玉米中提取的乙醇，其 EROI 非常低，甚至可能获得投资于种植和蒸馏乙醇的化石燃料的正收益[29]。一个社会的运转需要一个比 1:1 大得多的 EROI，因为制造机器也需要能源，机器需要使用能源、饲料、住房、火车和为必要的工人提供医疗保健等（见第 19 章）。

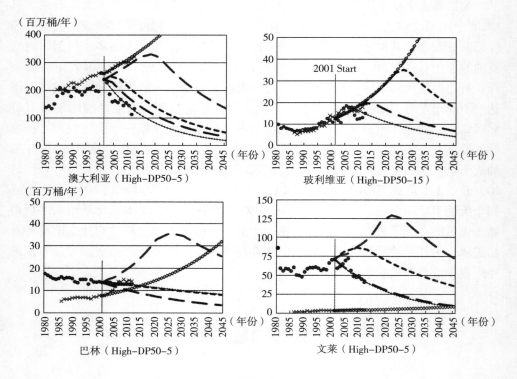

图 8 - 7
　　大多数产油国的典型石油生产模式显示出常规石油的共同哈伯特曲线模式。点代表数据；线表示 2004 年对石油储量的低、中、高估计的预测（垂直线）；十字架和钻石代表消费。
　　资料来源：哈洛克等（2014）。见所有其他主要生产国。

　　任何一个看新闻的人都能意识到那些拥有最多石油的国家和那些进口石油的国家之间的文化和政治差异的重要性。这些因素在未来几十年将如何发挥作用是极其重要的，但也无法预测。剩余的大部分石油储量位于俄罗斯南部、中东、北非和西非，那里的一些民众认为，在过去半个世纪里，西方大国未能制定出公平的政策来解决中东的冲突。中央情报局代表英伊石油公司（今英国石油公司 BP）推翻民选总理穆罕默德·摩萨德博士，伊朗人对英伊石油公司所扮演的角色记忆犹新。另外，石油出口国赚取的巨额收入在其各自的人口中分配得非常不均，这增加了内部和外部的压力，要求对人类发展采取更公平的办法。政府改革的新压力极大地增加了许多中东产油国的不稳定性——至少在未来几年里，油价也不稳定。许多动荡的部分原因是这些经济体无法为其不断增长的人口提供足够的就业甚至粮食，有些人会说这是不可能的。我只想说，在未来的几年里，国际和国家恐怖主义、推翻现有政府以及蓄意扰乱供应的风险将继续存在。此外，石油出口国可能希望将石油留在地下，以维持其目标价格区间。因此，存在相当大的政治和社会不确定性，可能导致现有模型预测的可用石油数量减少。

8.10　深水和极端环境

尽管我们将开采多少石油仍存在相当大的不确定性，但最终有一点是明确的：石油越来越难找到[25][33]。从增加能源和环境成本来获取石油这一点可以看出。事实上，从十年前我们就开始对那些被认为难度大和昂贵的区域（如深海）进行勘探和开发，因此新的美国钻探努力有一半都发生在海上。技术上惊人的发展，使这种新的勘探成为可能：没有锚定在海底的钻井船，由 GPS 系统和巨大的推进器保持在原地，钻绳可以穿过 2000 米深的海洋和 5000 米甚至更多的岩石，等等。2010 年墨西哥湾"深水地平线"漏油事件让所有这些行动都受到了公众的关注，人们首先提出的问题之一是：为什么我们要在如此困难和具有潜在危险的环境中工作？答案是，虽然在这些深度发现的油田似乎是唯一尚未开发的大型油田——换句话说，我们先开发最容易的油田，然后再开发最难的油田。因此，如果我们要继续拥有石油，我们就需要进行这些昂贵而危险的操作。对这一问题最有趣的分析来自泰恩特和帕泽克[34]，在他们的研究中，作者提出了这样一个问题：我们是否已经将我们"帝国"的复杂性扩展到了这样一个程度：将能源本身运送到"帝国"中心的能源成本超过了从能源中获得的收益。他们指出，这可能类似于其他古代帝国（如罗马）的扩张，直到达到管理维持社会所必需的复杂性的极限[35]。我们在支持维持石油流动的军事化方面所做的巨大努力也可能得到类似的分析。

罗伯特·赫希和他的同事在几篇极具洞察力的论文中提出了与开发新石油或

其可能替代品有关的最后一个重要问题[36][37]。他们的基本观点是，寻找石油的替代品（如果确实存在一个替代品）的一个关键元素就是时间——也就是说，即使可以找到一个可行的替代品（并且他们检测，例如，页岩油、生物质燃料，并且即使他们大大增加了车辆的汽油里程数）并且假设政府（或私人）计划可以用来开发，钱也不是问题，仅仅为了找到更多的方法也需要几十年的时间。换句话说，如果我们能够将液体燃料的使用量维持在石油峰值水平（也许是2005～2010年的水平），那么建设所需的基础设施将需要数十年时间。爱丽丝·弗里德曼[38]出色地评估了卡车对我们目前生活方式的重要性，以及没有足够的石油来运营卡车的影响。这是一个非常发人深省的观点。

8.11　天然气情况如何

石油通常指液态和气态碳氢化合物，包括石油、天然气液体和天然气。因此，如果不考虑天然气，关于石油的一章是不完整的。天然气常与石油联系在一起，尽管它也有其他可能的来源，包括煤层和富含有机物的页岩。石油是一种天然碳氢化合物，其原始植物材料通常由数百至数千个相连的碳组成，已被地质能量裂解或分解为（理想情况下）8个碳（辛烷值）。如果继续裂化到极致，碳键就会完全断裂成一个碳，通常被四个氢分子包围，这种气体被称为甲烷。这使天然气成为理想的燃料，因为氧化氢比氧化碳释放更多的能量和更少的二氧化碳。甲烷比氢更容易获得、储存和移动，部分原因是小得多的氢分子更容易渗出。当天然气被储存在一个储罐中时，一些较重的馏分会以天然气液体的形式析出，这些材料基本上可以直接或作为炼油厂的原料使用。天然气曾被认为是石油生产过程中不受欢迎和危险的副产品，并被燃烧到大气中。随着时间的推移，它的商业价值被认可，一个复杂的管道系统发生演变。现在天然气或多或少与煤炭联系在一起，成为美国和世界上第二重要的燃料。一个重要的问题是：如果石油价格下跌，天然气能否取而代之？它甚至可以被用来驱动汽车，而且对发动机的改动最小，并且它基本上取代了石油在电力生产中的作用。它不像石油那样能源密集，也不像石油那样可运输，但它很接近石油，因为它是清洁的，所以它有许多特殊用途，如用于烘烤，用作塑料和氮肥的原料。

从2010年开始，人们对马塞勒斯页岩等"非常规"天然气能否为美国带来能源复兴充满了兴奋和争论。虽然人们已经知道，在某些页岩中存在着大量的天然气，但由于页岩地层太薄，传统的直井无法截留太多的天然气，因此很难开采

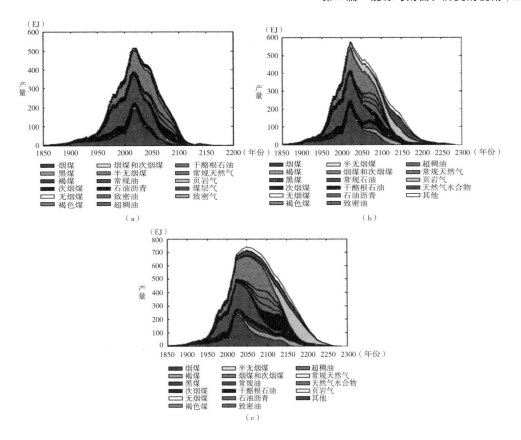

图 8-8

使用低（a）、"最佳"（b）和高（c）供应估算的所有化石燃料的未来使用数据和预测。其他研究人员也发现了类似的模式。

资料来源：莫尔等（2015）。

出来。新技术，包括水平钻井和压裂，或用高压水对岩石进行"水力压裂"，使大量天然气得以生产。但是，由于环境影响几乎不为人知，而且可能很大，并且需要成千上万口井才能获得大量的天然气，因此这些井的钻探程度存在很大争议。不太为人所知的是，我们最了解的那些地区（如得克萨斯州的巴内特页岩）的大部分天然气来自相对较少的"最有效点"，而整个地区的天然气产量可能在短短 15 年内经历一个完整的哈伯特周期。与此同时，常规天然气产量已经见顶并下降到峰值的一半以下，所以到目前为止，各种非常规天然气只是在弥补常规天然气产量的下降（见图 8-9）。因此，随着石油产量和可用性的下降，天然气很可能变得非常重要，它将把石油时代延长几十年。但到那时，这种情况也将不复存在，美国国内的石油或天然气产量将所剩无几。读这本书的年轻人将不得不面对石油时代的衰落甚至终结。

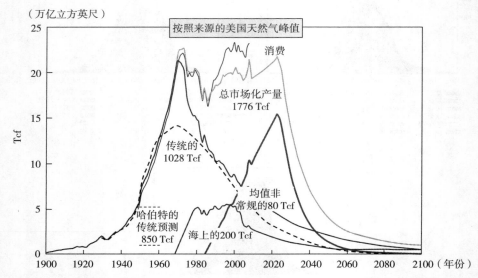

图 8-9 美国传统、深水和非常规（如页岩气）天然气过去和预计产量的模式

资料来源：布莱恩·塞尔，《可持续性》，2011 年。

8.12 未来：其他技术

世界上的碳氢化合物不会耗尽，或许在短期内来自非常规来源的石油也不会耗尽。稀缺的将是廉价的石油，正是这种石油推动了工业和经济的增长。剩下的是大量的低品位碳氢化合物，它们在经济上、能源上、政治上，尤其是环境上，都可能要昂贵得多。随着传统石油变得越来越难获得，社会有很大的机会对不同的能源进行投资，这或许是我们第一次摆脱对碳氢化合物的依赖。关于每一种方法的可行性和可取性，有各种各样的选择，也有同样广泛的意见。核能面临着巨大的障碍。过去几十年的经验表明，如果考虑到所有公共和私人成本，核电站的电力可以是一种可靠和基本安全的电力来源，尽管是昂贵的电力形式。由地震和海啸引发的福岛核事故可能会使许多国家不太可能继续扩张。其他尚未解决的问题包括，核能产生的高放射性废物在数千年里仍然具有危害性，可能存在核武器扩散，以及是否有足够的铀来对全球能源供应做出重大贡献。这些都是强加给后代的高成本。即使改进了反应堆设计，核电站的安全仍然是一个重要问题。商业核能能完全脱离核武器的扩散吗？这些技术、经济、环境和公共安全问题能被克服吗？使用钍燃料的新反应堆能否在扩大燃料供应的同时减少铀产生的危险副产品的问题？当我们基本上每年都在增加化石燃料的使用时，这些问题仍然没有得到解答。

可再生能源带来了各种各样的机遇。一些人认为，在经济可行性、可靠性、公平获取，特别是环境效益方面，它们明显优于碳氢化合物。但与传统化石燃料相比，几乎所有这些可再生能源的能源投资回报率都非常低。在有利的位置，风力发电具有较高的 EROI（18∶1 或以上）。光伏（太阳能电动）电力的成本大幅下降，使它在没有电网的地区成为可行的选择。尽管在系统层面上考虑，有些人认为，由于投入往往是化石燃料，产出是电力，所实现的 EROI 要高得多，但 EROI 仍然相对较低，也许只有 4∶1 或更少[39]。这两种太阳能都需要非常昂贵的备份或传输系统来补偿间歇生产，因为它们只有 20% ~ 30% 的时间可用。如果适当重视环境问题，在某些情况下生物燃料发电比传统的碳氢化合物发电更具竞争力。目前从粮食中生产液体燃料的 EROI 相对较低[34][35]。许多人提倡氢是一种能源载体，而不是能源，因此需要某种燃料来分裂水或运行其他生产氢的过程。此外，由于小分子容易泄漏和难以储存，还有许多问题需要克服。从可再生能源或电力驱动水解中产生的氢目前对大多数应用来说是昂贵的，但它值得进一步研究和发展。

然而，所有这些替代方案的一个令人不安的方面是，作为能源输送系统（即包括备份、传输等），它们的 EROI 都比我们希望它们替代的化石燃料低得多，这是它们在大多数应用中经济可行性较低的主要原因。我们将看到，这种情况可能正在迅速改变[32]。但是，要实现可再生能源占一半的使用量将是一件极其棘手的事情。补贴和外部因素，包括社会和环境因素，都增加了这种评估的困难，但却没有得到很好的理解或总结。

8.13　这些供应不确定性的社会重要性

许多曾经引以为傲的古代文化已经崩溃，部分原因是它们无法维持能源资源和社会复杂性[35]。我们自己的文明已经严重依赖大量廉价碳氢化合物，部分是为了补偿其他资源的枯竭（如通过化肥和远程渔船），因此评估我们的主要能源替代品似乎很重要。石油在数量和质量上都是最重要的。石油投资继续增加，但供应仍然持平，并可能下降。一些最有希望的新油田结果令人非常失望[32][33]。2016 年的全球调查结果是仅占全球使用量的 10% 左右。如果我们确实正在接近一些人预测的石油短缺，那么它几乎没有反映在石油价格上，而且在替代能源方面的投资很少达到替代化石碳氢化合物所需要的规模——如果确实有可能。不幸的是，大多数决策者都抱有这样的幻想，认为市场以前已经解决了这个问题，以后还会这样做。此外，越来越多的美国公民认为，政府的项目太过无效，无法解决任何问题，包括能源问题。我们认为这是灾难的根源。科学没有得到应有的充分、有效或客观的利用，这就加剧了这样的灾难。政府未能为良好的能源分析提供适当的资金，导致"科学"在媒体和决策中占据主导地位，而媒体和决策的作用基本上是支持那些支持"科学"的人预先确定的立场。2017 年官方石油供应模型的状况在某些方面与哈伯特的时代没有什么不同：存在广泛的意见，很少或没有客观可靠的概述。

在这个时候，这个问题是至关重要的，因为如果文明要在未来 50 年生存下去，无论我们需要什么来取代现有的常规石油、天然气甚至煤炭，都必须进行巨额的新投资。现在的能源成本只是从现有储量中提取燃料的成本，而不是在这些燃料耗尽后找到替代品。随着能源价格的上涨，即使我们知道替代燃料的研发和基础设施应该是什么样子，市民可能也不会太过兴奋，不会为一个开发替代燃料研究和基础设施的项目支付更多的钱。根据我们最好的能源分析师之一瓦茨拉夫·斯米尔的说法，目前除了降低我们对能源的胃口之外，似乎没有什么真正好的选择[40]。科学能做些什么来帮助解决这种不确定性？我们的主要结论是，这些关键问题可以而且应该成为公开科学分析的领域，在公开的会议上，"各方"都参加并辩论，并向客观分析人员提供财政资源，以减少不确定性和了解不同的假设。这种分析应该通过专业性、同行评审过程、统计分析、假设生成和测试等来进行，而不是简单地通过选择专家的意见或博客上的俏皮话来进行。这些问题应该成为公开竞争的政府资助项目、研究生研讨会甚至大学本科课程的基础，我们的经济学课程应该至少成为关于真实生物物理资源（如碳氢化合物储量）和市场机制的基础。此外，我们需要更加认真地考虑其他替代方案，包括实施这些方案的能源成本，以及发展一个低能耗社会的必要性。这些似乎都不是美国或大多数其他工业国家现有政府或政府机构计划的一部分。

问题

1. "石油时代的上半期"是什么意思？
2. 什么是能源密集型材料？

3. 我们被告知生活在一个"信息时代"。你是否支持或反对这种说法。

4. 石油峰值是事实还是概念？捍卫你的观点。

5. EUR 是什么意思？它与石油峰值有何关系？

6. 哈伯特的基本观点是什么？

7. 如果地球上还有大量的石油，这是否意味着在可预见的未来有足够的石油供应？为什么？

8. 为什么天然气与石油相关？

9. 相对于我们可能从地球上开采出来的剩余石油，"廉价石油"意味着什么？

10. 有了这么多的替代品，你为什么认为我们仍然如此依赖石油和其他碳氢化合物？

感谢　我们感谢 S. 乌尔贾蒂，R. 考夫曼，让·拉海尔和 C. 列维坦进行了讨论。

参考文献

［1］ Derived，with substantial modifications and permission from Hall，C.，P. Tharakan，J. Hallock，C. Cleveland，and M. Jefferson. 2003. Hydrocarbons and the e-volution of human culture. Nature 426：318 – 322. Updates on EROI are available in a special issue of the Journal Sustainability（2011）and Hall，C. A. S.，J. G. Lambert，S. B. Balogh. 2014. EROI of different fuels and the implications for society. *Energy Policy* 64：141 – 152.

［2］ Munasinghe，M. 2002. The sustainomics transdisciplinary metaframework for making development more sustainable：Applications to energy issues. *International Journal of Sustainable Development* 5：125 – 182.

［3］ Interlaboratory Working Group. 2000. Scenarios for a clean energy future. Lawrence Berkeley National Laboratory LBNL-44029，Berkeley. http：//www. ornl. gov/ORNL/Energy_ Eff/CEF. htm.

［4］ Hall，C. A. S.，D. Lindenberger，R. Kummel，T. Kroeger，and W. Eichhorn. 2001. The need to reintegrate the natural sciences with economics. *BioScience* 51：663 – 673.

［5］ Tharakan，P. J.，T. Kroeger，and C. A. S. Hall. 2001. Twenty-five years of industrial development：a study of resource use rates and macroefficiency indicators for five Asian countries. *Environmental Science & Policy* 4：319 – 332.

[6] Kaufmann, R. K. 2004. The mechanisms for autonomous increases in energy efficiency: a cointegration analysis of the US energy/GDP ratio. *The Energy Journal* 25: 63 – 86; Wiedmann, T. O., Schandl, H., Lenzen, M., Moranc, D., Suh, S., West, J. and Kanemotoc, K. (2012). The material footprint of nations. Proceedings of the National Academy of Sciences of the United States of America. 112, 10, 6271 – 6276.

[7] Gupta, A. 2015. Energy and GDP for various countries and the world.

[8] Smulders, S., and M. de Nooij. 2003. The impact of energy conservation on technology and economic growth. *Resource Energy Economics* 25: 59 – 79.

[9] Sadorsky, P. 1999. Oil price shocks and stock market activity. *Energy Economics* 21: 449 – 469. See also Hall, C. A. S., Groat, A. 2010. Energy price increases and the 2008 financial crash: a practice run for what's to come? The Corporate Examiner. 37: No. 4 – 5: 19 – 26.

[10] Lambert, J., C. A. S. Hall, S. Balogh, A. Gupta, and M. Arnold. 2014. Energy, EROI and quality of life. *Energy Policy* 64: 153 – 167.

[11] Tissot, B. P., and D. H. Welt. 1978. *Petroleum formation and occurrence*. New York: Springer-Verlag.

[12] Campbell, C. J., and J. H. Laherrère. 1998. The end of cheap oil. *Scientific American* 278: 78 – 83; see also Jean Laherrère's discussion of uncertain definitions of oil reserves at ASPO France and his (and other's) papers at http: //theoilage. org/the-oil-age-journal/.

[13] United States Geological Survey (USGS). 2003. The world petroleum assessment 2000. www. usgs. gov; Energy Information Administration, US Department of Energy. 2003. International outlook 2003. Report no. DOE/EIA-0484 (2003), Table 16 at http: //www. eia. doe. gov/oiaf/ieo/oil. html.

[14] ——. 2000. United States Department of Energy long term world oil supply. http: //www. eia. doe. gov/pub/oil_gas/petroleum/presentations/2000/long_term_supply/index. htm.

[15] Hubbert, M. K. 1969. *Energy resources (Report to the Committee on Natural Resources)*. San Francisco: W. H. Feeeman.

[16] Hallock, J., P. Tharakan, C. Hall, M. Jefferson, and W. Wu. 2004. Forecasting the availability and diversity of the geography of oil supplies. Energy 30: 207 – 201.

[17] Hallock, J. L., Jr., W. Wu, C. A. S. Hall, and M. Jefferson. 2014. Fore-

casting the limits to the availability and diversity of global conventional oil supply: Validation. Energy 64: 130 – 153.

[18] Lynch, M. C. 2002. Forecasting oil supply: Theory and practice. *The Quarterly Review of Economics and Finance* 42: 373 – 389.

[19] Bartlett, A. 2000. An analysis of U. S. and world oil production patterns using Hubbert-Style curves. *Mathematical Geology* 32: 1 – 17.

[20] Brandt, A. R. 2007. Testing Hubbert. *Energy Policy* 35: 3074 – 3088.

[21] Kaufmann, R. K. , and L. D. Shiers. 2008. Alternatives to conventional crude oil: When, how quickly, and market driven? *Ecological Economics* 67: 405 – 411.

[22] Nashawi, I. S. , A. Malallah, and M. Al-Bisharah. 2010. Forecasting world crude oil production using Multicyclic Hubbert model. *Energy & Fuels* 24: 1788 – 1800.

[23] Kaufmann, R. K. , and C. J. Cleveland. 2001. Oil Production in the lower 48 states: Economic, geological and institutional determinants. *The Energy Journal* 22: 27 – 49.

[24] Kaufmann, R. K. 1991. Oil production in the lower 48 states: Reconciling curve fitting and econometric models. *Resources and Energy* 13: 111 – 127.

[25] Hall, C. A. S. , and Ramirez-Pasualli, C. 2013. *The first half of the age of oil. An exploration of the works of Colin Campbell and Jean Laherrere.* New York: Springer.

[26] Cleveland, C. J. , R. Costanza, C. A. S. Hall, and R. Kaufmann. 1984. Energy and the United States economy: A biophysical perspective. *Science* 225: 890 – 897.

[27] Hall, C. A. S. , J. G. Lambert, and S. B. Balogh. 2014. EROI of different fuels and the implications for society. *Energy Policy* 64: 141 – 152.

[28] Hall, C. A. S. (ed) . 2011. Special issue of journal "Sustainability" on EROI Sustainability: 2011 (3): 1773 – 2499. Includes: Guilford, M. , C. A. S. , Hall, P. O'Conner, and C. J. , Cleveland. 2011. A new long term assessment of EROI for U. S. oil and gas: Sustainability: Special Issue on EROI. Pages 1866 – 1887; and Sell, B. , C. A. S, Hall, and D. , Murphy. 2011. EROI for traditional natural gas in Western Pennsylvania. Sustainabilities: Special Issue on EROI. 2011. Pages 1986 – 2008; Hall, C. A. S. 2017. Energy Return on Investment: A unifying principle for Biology, Economics and sustainability. Springer Nature, N. Y.

[29] Gagnon, N. , C. A. S. Hall, and L. Brinker. 2009. A preliminary investigation of energy return on energy investment for global oil and gas production. *Energies* 2

（3）: 490 – 503.

[30] Poisson, A. , and C. A. S. Hall. 2013. Time series EROI for Canadian oil and gas. *Energies* 6 (11): 5940 – 5959.

[31] Murphy, D. J. , C. A. S. Hall, and R. Powers. 2011. New perspectives on the energy return on investment of corn based ethanol. *Environment, Development and Sustainability* 13 (1): 179 – 202; Giampietro, M. and K. Mayumi. 2009. The biofuel delusion. Earthscan, London.

[32] Masnadi M. S. and Brandt, A. R. （2017） . Energetic productivity dynamics of global supergiant oilfields, Energy & Environmental Science, 10, 1493 – 1504; Mohr, S. H. , Wang, J. , Ellem, G. , Ward, J. and Giurco, D. （2015） . Projection of world fossil fuels by country. Fuel 1 （141）, 120 – 135.

[33] Hakes J. 2000. Long term world oil supply: A presentation made to the American Association of Petroleum Geochemists, New Orleans, Louisiana. http: // www. eia. doe. gov/pub/oil _ gas/petroleum/presentations/2000/long _ term _ supply/index. htm.

[34] Tainter, J. , and T. Patzek. 2011. Drilling down: The Gulf oil debacle and our energy dilemma. New York: Springer.

[35] Tainter, J. 1988. *The collapse of complex systems*. Cambridge: Cambridge University Press; Ahmed, Nafeez. 2016. Failing States, Collapsing Systems: Biophysical Triggers of Political Violence. Springer Nature.

[36] Hirsch, R. , R. Bezdec, and R. Wending. 2005. Peaking of world oil production: impacts, mitigation and risk management. U. S. Department of Energy. National Energy Technology Laboratory. Unpublished Report.

[37] Hirsch, R. 2008. Mitigation of maximum world oil production: Shortage scenarios. *Energy Policy* 36: 881 – 889.

[38] Freidemann, A. 2016. *When the trucks stop running. Energy and the future of transportation*. New York: Springer.

[39] Prieto, P. , and C. A. S. Hall. 2012. *Spain's photovoltaic revolution: The energy return on investment*. New York: Springer. The issue of what is the proper EROI for solar fuels is quite contentious: see e. g. Hall, Charles A. S. 2017. Will EROI be the primary determinant of our economic future? The view of the natural scientist vs the economist. Joule 1 （2）: 3 – 4.

[40] Smil, Vaclav. 2011. Global energy: The latest infatuations. *American Scientist* 99: 212 – 219.

能源、经济和社会结构

　　化石燃料密集型社会的发展对经济创造财富和提高人类物质生活水平的能力产生了许多明显的影响。也许不那么明显的是，这一发展给予那些控制能源获取渠道的人经济和政治权力，也使许多其他社会变革成为可能。本部分将介绍在美国（以及世界其他许多地区）发生的一些变化。

9 石油革命 II：集中的力量和集中的工业

9.1 引 言

在前几章中，我们探讨了能源的历史发展与人类社会发展之间的联系。更多的能量让人类做更多的工作，包括创造更多的财富和更多的人。对于那些不精通物理科学的人来说，我们用焦耳作为能量的标准测量单位。1 焦耳是使质量为 1 千克的物体在水平无摩擦表面上以 1 牛顿的恒力加速 1 米所需的能量。1 焦耳大约等于 1/4 卡路里。我们更熟悉的单位是千卡（通常写为卡路里），例如，在食品包装的背面。1 千卡是 1000 卡路里，相当于 4 千焦耳。因此，如果你喝了一杯含有 100 千卡热量的饮料，也就是喝了 418 千焦耳热量。在第 15 章，我们从科学的角度探讨了能源和功率之间的关系。功率是做功的速率，通常用瓦特来衡量。从物理学的观点来看，功率是由功引起的每单位时间或功所使用或消耗的能量。最常见的功率单位是瓦特，其中 1 瓦特 = 1 焦耳/秒。

但是功率在政治和经济背景下意味着别的东西，这里我们想把功率的定义扩展到更广泛的社会科学和日常生活中使用功率的方式。对许多人来说，英语是一门很难学的语言，因为同一个单词，在这里指的是功率，也可能有其他意思。根据《牛津英语词典》，功率除了在物理学中使用的意思外，还指"对他人拥有控制权或权威，或为提升特定群体、生活方式等的地位或影响力而采取的行动"。这一定义似乎同样适用于社会领域，这一章反映了物理和社会对功率的观点。在大多数情况下，任何经济或社会力量的背后都有物质力量。后者不能像体力那样被清晰而明确地衡量，但它们都是清晰相关的。当经济运行的物质力量是太阳能时，经济和政治力量往往在狩猎和采集时代广泛分布。然后，在新石器时代转型之后，土地所有权非常集中于贵族手中。拥有土地的人截获了大量的太阳能，并倾向于拥有大量的政治权力。化石燃料是一种集中的能源，其使用量的增加往往会使经济和政治权力集中在更少的地区。因此，在 19 世纪和 20 世纪初，政治权力倾向于从地主贵族转移到那些在城市拥有工厂的人手中，然后越来越多地转移到那些拥有能源的人手中。

9.2　石油与经济集中度

在第 6 章中，我们提出了科学意义上对能源和权力的控制的概念，能源和权力导致了社会意义上的产量和地位、财富和权力的增加。石油燃料的发展使体力劳动的能力得到了以前难以想象的提高，也使经济力量空前集中。无论是国家（20 世纪的美国、英国和德国），还是企业或个人，都是如此。除了铀和钚等可裂变元素外，从来没有，也很可能永远不会有像石油这样浓缩的能源。与此同时，在经济意义上，很少有行业像标准石油的"老房子"那样集中。集中的经济和物质力量同时出现在美国和其他地方。在过去的一个世纪里，数百家小型石油公司合并成"七姐妹"，基本上控制着全球的勘探和生产。产业结构革命与大型垄断企业发生在同一历史时期，这并非偶然。

经济集中就是垄断的过程。我们使用"垄断"一词，不是在一个由单一卖方组成的行业的狭隘背景下，而是在一个由几家非常大的公司主导的行业的更广泛的意义上（这里的技术术语是寡头垄断）。在大多数发达国家，垄断或集中的工业既不罕见也不反常。这是事实，尽管主流经济学家青睐的教科书上的商业模式是：许多无力的公司在非个人市场上以最大效率配置资源的竞争性行业。相反，经济集中是企业自身控制其经济环境和保护其实现长期利润机会的一项明确战略[1]。企业控制的经济力量经常受到一系列内外部力量的威胁：新产品和市场、技术变革、政府监管，最重要的是产能过剩和破坏性价格竞争的加剧。如果一家公司扩大了生产能力，却不能销售产品，或者只能以更低的价格销售产品，那么它的利润就会蒸发。大企业的历史在很大程度上是一个应对产能过剩和避免价格竞争的故事，通常是通过获得有利的政府支持。在保护利润不受降价影响的策略上，也许没有人比 19 世纪的钢铁大王安德鲁·卡内基更清楚地表达对这一策略的绝望之情：

政治经济学说，生产商品的成本不会低于成本。这是真的，亚当·斯密这样写道，但今天它不是完全正确的……今天制造业在拥有数百万美元投资和成千上万工人的巨大的机构上运营，相较于检查他的生产成本，制造商亏本运营的成本更低。罢工确实会很严重。虽然继续生产可能会很昂贵，但制造商很清楚，停产将是毁灭性的……制造商年复一年地平衡他们的账面，却发现他们的资本在每一次连续的平衡中都在减少……正是在这样的土壤中，任何有希望的缓解都是受欢迎的。多年来，制造商处于病人的位置，普通学校的每一位医生都徒劳无功，而现在，制造商所处的境地就是，他们很可能成为任何江湖骗子的牺牲品。组合、联合、信任——他们愿意做任何尝试[2]。

卡内基最初的想法是公司通过控制市场来控制价格（如垄断）是愚蠢的。卡内基钢铁是一家技术上充满活力的公司，它可以从降价中受益，因为它可以以更低的成本生产出比所有竞争对手都多的产品。起初，该公司通过降低价格、收购实力较弱的竞争对手来寻求竞争优势，而不是通过垄断。然而，卡内基钢铁公司最终将成为"钢铁托拉斯"垄断的核心，就像美国钢铁公司（其本身被银行家摩根大通的利益所吸收）一样。正如我们将看到的，通过降价实现集中的同样现象，将成为那个时代最大的托拉斯机构、石油革命的捍卫者——标准石油的特征。

9.3　为什么研究垄断

我们认为，必须为石油时代的后半段发展一套新的抽象理论和经济理论。所有有关经济运行原理的理论都是在石油供应不断增加、能源投资回报率高的时代发展起来的。在石油供应不断下降的时代，这些理论会奏效吗？要建立一个新的理论，我们不需要抛弃过去的一切。相反，我们需要改进以前的方法，使其适应生物物理约束和增长限制的新时代。但是，更重要的是，我们需要从理解经济的角度，认为经济确实存在，开始这样的理论发展，这不是简单的一个无能为力的公司出于低的消费价格和稳定的一般均衡的利益考虑，被动接受市场的客观力量，并放弃大量经济利润。相反，实际存在的经济是由在国内和国际基础上运作的大型企业主导的。这些公司希望控制市场力量，这些力量不仅威胁到短期利润，也威胁到它们的长期利润增长。这些力量包括毁灭性的价格竞争、不断上升的生产成本、周期性的衰退、产能过剩、不受欢迎的税收和监管，以及快速技术变革带来的不稳定影响。

　　对集中经济的研究是重要的，超越了个体生产者或消费者的微观经济水平；垄断的影响对整体或总体宏观经济同样重要，甚至更重要。一些人认为，由于资本形成的内在动力，以及集中行业中大型企业的定价和产量决策，垄断经济往往会停滞不前，而不是增长。简单地说，集中的经济并不总能创造出所需的增长，提供充分就业和减贫等其他值得称赞的社会目标。19世纪的大萧条带来的问题往往有利于企业集中，解决这些问题的办法已成为20世纪和21世纪各种经济和社会问题的根源。市场经济基本上受到两套限制。一套熟悉的内部限制，围绕着资本形成和投资的过程、商业周期以及与其他公司竞争的不确定性。工业集中战略最初是为了超越这一套限制而发展起来的。另一套限制正在产生越来越大的影响，在该时代的下半部分，一套外部的，或生物物理的增长的限制，作为早期增长战略所必需的原材料变得越来越有限。石油时代后半期的经济学将需要理解经济活动内部和生物物理极限之间的相互作用。在这个新时代，由于诸如石油峰值、EROI下降、气候变化以及海洋和土壤肥力退化等生物物理限制，继续高速增长是极不可能的。让我们在能源价格持续下降、经济力量集中和大规模工业发展的背景下，开始研究石油革命（见图9-1）。

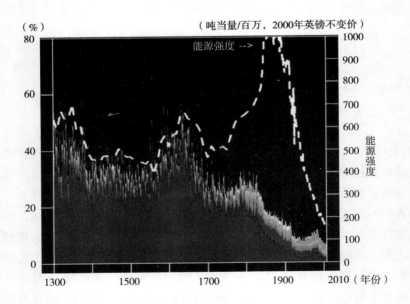

图9-1　1300~2010年能源开支占英格兰GDP的比重

资料来源：凯里·金。

9.4　石油和社会革命

1850 年，"文明"世界在夜间主要被鲸油照亮，随着一个又一个鲸鱼物种被捕杀到濒临灭绝，鲸油正经历着自己的盛衰。19 世纪 50 年代末，欧洲人从手工挖掘的石油中定期提炼煤油。一种带有玻璃烟囱的灯的发明，可以减少烟雾并使火焰变亮，这大大增加了对煤油的需求。但是，只有找到充足和廉价的供应，煤油才能成为"新曙光"。限制因素是人工挖坑的成本，解决办法是在不久就被称为钻井的地方中找到的。美国第一口商业上可行的油井是由一个名叫埃德温·德雷克的推广者开采的，为了给农村居民留下深刻印象，支持他的银行家给他起了个"上校"的绰号。德雷克和他的钻井工人于 1859 年 8 月在宾夕法尼亚州的泰特斯维尔附近发现了石油。在德雷克成功开发油井后，不到一年半的时间里，又有 75 口油井投产。早期的成功创造了新的繁荣城镇，如"皮托尔镇"和"石油之城"。宾夕法尼亚石油地区的石油产量从 1859 年的 300 桶/天飙升到 1861 年的 300 万桶/天。由于供应激增，油价从 1861 年 1 月的每桶 10 美元跌至 1861 年 6 月的每桶 10 美分。不到一年，需求扩大，石油价格再次上涨至每桶 7 美元以上。

当我们进入下半年石油的时代，一个时代特点是石油的增长下降以及石油的能源投资回报率（EROI）下降，物价上涨，人们不应该忘记，石油时代的上半叶是恰恰相反的：增加的产量、高 EROI、定期价格暴跌、生产过剩。在 19 世纪 60 年代和 70 年代，许多小型生产商开始合并。这种日益增长的垄断集中度似乎是一种应对利润下降、价格下跌和容易获得的资源的生产过剩导致破产的战略。此外，新产业的法律基础源于英国旧普通法的"俘获规则"原则。地下的石油属于上面土地的主人。但是，由于地下的石油是一个可以被少数人开采的共同石油池的一部分，所以开采的动机是尽快开采出尽可能多的石油，这一过程被称为"冲洗式开采"。在石油地区，没有任何地方比宾夕法尼亚州的皮托尔镇更能体现过度的生产和投机。随着石油的发现，房地产价格飙升，尤其是当石油产量增加到每天 6000 多桶时。吊杆竖立在无数的小空地上。快速开采破坏了下垫层，使很大一部分石油无法开采，这主要是由于地下压力的崩溃。房地产价格和城镇也随之崩溃。

尽管石油井口已不复存在，但宾夕法尼亚石油地区的整体产量仍在继续增长，内战结束时达到每年 360 万桶。鉴于产量如此之高，生产商很难为产量找到足够的市场，这也是该行业在达到峰值前几年的另一个特点。建造原油管道是为了避免由糟糕的道路和顽固不化的卡车司机造成的瓶颈，蒂特斯维尔石油交易所于 1871 年开业，试图缩短供需之间的联系。正是在这个交易所，目前的长期合约价格结构、短期"现货市场"价格，以及非常长期的期货市场建立了[3]。

一旦烟囱灯在美国变得普遍，煤油需求的扩大在很大程度上是内战结束后出现的总体经济扩张和政治稳定的结果。经济活动的增加影响到该国的许多初级工业，并将伴随制造业和运输业的规模和范围的增加。南北战争后，出现了全国性公司的建立，长期固定资本的扩张，以及对手工业的取代，这些手工业在地方规模上运营，拥有半熟练的操作和集中管理。这也是美国依赖化石燃料的开始。浓缩燃料的能量密度与新的劳动组织相结合，使生产率和产量大幅度提高。新的大规模产业为大型企业提供了控制因素的机会，而这些因素往往是在较早的竞争性经济中任凭命运处置的。

9.5　标准石油公司的崛起

没有一家公司像标准石油公司那样与经济实力的集中紧密相关。标准石油公司在美国内战后的俄亥俄州的克利夫兰以一种温和的贸易伙伴关系起家，并在 19 世纪末成为美国最大、实力最强的公司，以及全球首家跨国公司。到 20 世纪中叶，它已成为世界上最大的公司。标准石油公司最初兴起于石油革命的第一阶段——提供煤油照明。

一条通往俄亥俄州克利夫兰的新铁路线的建设，使克利夫兰成为一个理想的炼油中心。1865 年，一位名叫约翰·大卫·洛克菲勒的年轻商人成为这座城市最大的炼油商。炼油工业仍然具有竞争力，炼油技术简单到足以排除先进技术作为进入壁垒。其结果是大量的小生产商和激烈的价格竞争。随着洛克菲勒炼油能力的增长，他意识到他需要找到市场来消化产量。为了确保盈利，洛克菲勒制定了一个多管齐下的战略，其核心是以比竞争对手更低的成本生产高质量的产品。"标准石油"这个名字源于该公司煤油的质量。标准石油公司能够控制质量，所以标准石油公司的煤油中含有的危险副产物——汽油的量可以忽略不计。成本控制是通过大规模生产、降低运输成本和纵向一体化的结合来实现的，纵向一体化是指在内部基础上集中工业的所有阶段，从提炼、销售到运输。直到后来，当新的油田被发现时，这个标准才被重新纳入石油开采中。标准石油公司降低运输成本的主要方法是使用铁路回扣，标准石油公司的生产规模使其成为可能。商业历史学家阿尔弗雷德·钱德勒的报告称，第一条铁路——从克利夫兰到纽约市的湖滨铁路，在 1872 年心甘情愿地将每桶石油的运输成本从 2.00 美元降至 1.35 美元，以换取标准石油公司每天运送 60 车石油的保证。增加的产量使铁路和标准石油公司受益，允许更持续性地使用铁路的生产力[4]。标准石油公司随后将其石油出口退税政策扩大到石油的装运以获得退税，或当其竞争对手装运一桶石油，标准石油公司获得 25 美分退税。能源分析师丹尼尔·耶金表示："这种做法的真正含义是，它的竞争对手在不知不觉中补贴了标准石油公司。很少有其他的商业行为能像这些退税一样激起公众对标准石油公司的反感——当他们最终被"知道"的时候"[3]。

价格不稳定、成本控制和产能利用率等问题是该行业自成立以来的一个常规特征，但由于 1871 年金融恐慌和 1873 ~ 1879 年持续的经济萧条导致整体经济活动下降，这些问题进一步恶化。钱德勒报告称，批发商品价格指数在 1869 年为151，在 1886 年跌至 82[4]。标准石油公司精炼煤油的产量在 19 世纪 70 年代持续增长，但其以有利可图的价格销售产品的能力却没有增长。标准石油公司应对破坏性价格竞争威胁的策略是整合。在今天的技术术语中，这被称为横向整合，或为了控制市场价格而吸收潜在竞争对手。因此，标准进行了纵向和横向的整合，并日益成为该行业唯一的玩家。

合并是标准石油公司最喜欢的整合方式，降价是它的战术手段。规模经济和较低的运输成本降低了生产成本，使该公司得以比潜在竞争对手更低的价格销售产品。当面对一家不愿出售的独立生产商时，标准石油公司让他们"汗流浃背"。他们将提高产量，直到市场价格跌破竞争对手的生产成本。标准石油公司将以优惠的价格收购濒临破产的公司，然后限制产量，使价格再次攀升。在这个过程中，他们把最有能力的高管引入了公司的管理层。到 1881 年，标准控制了90% 的煤油市场，70% 的产品销往欧洲。到 19 世纪 80 年代中期，标准石油公司控制了 80% 的市场份额[4]。尽管这个国家拥有有史以来最大程度的垄断控制，但标准联盟仍然容易受到外部势力的攻击，并以多种不同的方式做出反应，以消除这些威胁，为石油市场带来稳定和控制。

价格竞争并不是标准石油公司所面临的唯一威胁。其他包括新的供应来源和新的运输方式，以及法律挑战。一个威胁是，独立生产商试图打破标准公司对铁路运输的控制，从石油地区到美国东部市场建立自己的管道。1879 年，标准石油悄然收购了潮汐管道公司，并在两年内有效控制了管道运输。另一个问题是，首先在俄亥俄州利马发现了宾夕法尼亚油田以外的油田。额外的生产大量涌入市场，导致价格下跌。经过多次辩论，标准利益集团绕过石油交易所，直接参与石油生产。到 1891 年，标准控制了大约 25% 的石油产量。标准公司成功地建立了一个真正的综合公司，从抽取到提炼，从运输到销售[3]。

到 19 世纪 90 年代中期，标准公司已经成为一个完全整合和垂直整合的公司。这种商业组织形式使标准公司能够通过与竞争对手合并和定价的方式，经受住对其价格控制策略的法律挑战。1882 年，标准石油公司成立了完全合法的标准石油信托公司。这些运营公司的股票被割让给了俄亥俄州的标准石油公司，以换取信托证书。有关公司发展方向的决定，是由一群董事代表标准石油信托公司的股东做出的，而非代表独立运营公司的利益。当流行的说法集中在定价上时，信托基金的第一个行动是控制成本。他们减少了炼油厂的数量，集中生产。40%的石油产量来自三家炼油厂，每加仑成品油的平均成本从 1.5 美分下降到 0.5 美分。标准石油公司扩大了营销手段，以确保新扩大的生产有足够的网点，并成立了全资子公司——大陆石油公司和肯塔基州标准石油公司作为营销公司[4]。公众的意见和愤怒导致 1890 年通过了《谢尔曼反托拉斯法》，该法禁止了贸易限制的阴谋。然而，《谢尔曼反托拉斯法》并不打算处理通过纵向一体化降低成本的利益，而只是处理通过横向一体化来确定价格的利益。通过扩大规模和控制市场来削减成本，标准得以经受住三次重大挑战，在 20 世纪中期成为世界上规模最大、利润最高的公司。

19 世纪 90 年代开始，几个州对洛克菲勒家族以及约翰·D. 洛克菲勒本人提起了诉讼。1907 年，联邦政府向巡回法院提起诉讼，指控标准石油公司违反了《谢尔曼反托拉斯法》。巡回法院裁定政府获得胜诉，标准石油公司向最高法院提起上诉。1911 年，最高法院确认了联邦巡回法院的判决：标准石油公司曾密谋限制贸易。标准石油信托公司被拆分为 34 家独立的运营公司，其中最著名的是新泽西州的标准石油公司、纽约州的标准石油公司（纽约美孚石油公司）和加利福尼亚州的标准石油公司。尽管是被拆分后的，新泽西石油公司（后来的埃克森美孚）仍然是美国第二大工业公司[4]。泽西标准石油公司特别有趣，为了规避州一级的法律挑战、公众对信托的反对以及金融市场对信托证书的普遍接受，该公司利用了 1889 年在新泽西州刚刚通过的控股公司法。控股公司法允许制造企业购买其他公司的股票，并发行自己的证券用于收购。控股公司取代信托基金成为整合和兼并的合法工具，并比信托基金对定价和产出决策提供了更严格的控制。更加有效和统一的管理能够对运营公司的所有阶段进行控制[5]。1899 年，标准石油信托公司以控股公司的身份重组——新泽西州的标准石油公司，其资本从 1000 万美元增加到 1.1 亿美元，并控制着其他 41 家公司的股票[3]。

9.6 对标准帝国的进一步挑战

一种新的法律形式、纵向一体化和对世界煤油市场的实际控制并没有使标准石油公司完全免受外部对其控制和盈利能力的威胁。他们将在 19 世纪末面临新的挑战。这些挑战来自新的和大量的供应来源，包括国外和国内的生产和销售的新竞争对手。得克萨斯州、俄克拉荷马州和加利福尼亚州发现了新的国内供应源。伴随着这些发现而来的是一些实力强大的新公司，这些公司如今就像标准石油公司的名字一样为人熟知：德士古、海湾和加州联合石油公司。俄罗斯、罗马尼亚、印度尼西亚以及 20 世纪初的波斯——这些丰富的供给源也开始投入生产。这些新石油的发现催生了荷兰皇家壳牌和英国石油等新的国际公司。石油工业的另一个根本性变革发生在同一时期：煤油被电灯取代。接下来，另一项新的创新——汽油动力汽车将为石油工业带来巨大的新增长和利润来源。

9.7　新的来源和新的竞争对手

标准石油公司来自宾夕法尼亚州油田的石油最初满足了国内和世界需求。这种情况在 19 世纪后半叶发生了改变。里海沿岸石油的存在曾被马可·波罗记载过。到 1872 年，第一口井取代了手工挖的坑，到 1873 年，约有 20 家小型炼油厂位于俄罗斯巴库市。在诺贝尔家族的资助下，该行业迅速扩张，从 1874 年的不足 60 万桶，增至 1888 年的 2300 万桶。诺贝尔兄弟石油生产公司完全整合在一起，向后退就是油井、油轮和仓储设施，向前进就是精炼和营销。仅俄罗斯对煤油的需求就不足以吸收巴库炼油厂的产出。短暂的冬日和对光照的需求无法克服俄罗斯农民的贫困。诺贝尔家族的成功带来了新的竞争者，罗斯柴尔德家族买下了从巴库到黑海港口巴通的铁路。俄罗斯煤油现在能够与之前控制欧洲市场的标准石油竞争。这家美国公司随后发动了价格战，从而巩固了他们的国内帝国。但总部位于俄罗斯的公司进行了反击。诺贝尔家族在英国建立了一家营销公司，而罗斯柴尔德家族在技术上改进了巴库—巴图姆铁路，并最终建造了一条管道。到 1891 年，俄罗斯在世界煤油出口中所占的份额上升到 29%，与此同时美国的出口也相应下降了[3]。

罗斯柴尔德家族尤其面临着一个困扰已久的问题，在石油时代的上半叶这个问题曾是该行业的一个特征：如何将新供应来源的扩大生产和精炼所产生的盈余进行营销。他们把目光转向东亚，找到了一个名叫马库斯·塞缪尔的代理商，将他们的产品销售给广泛的商人和贸易商网络。19 世纪 90 年代初，塞缪尔开发了散装油轮，以降低运输成本。到 1893 年，他打通了新开通的苏伊士运河，从通往亚洲的传统航线绕过好望角，缩短了 4000 英里。同年，塞缪尔成立了一个油罐辛迪加，以减少石油储存领域毁灭性的价格竞争。到 1902 年，通过苏伊士运河运输的 90% 以上的石油由塞缪尔的壳牌石油公司控制。

另一个对标准石油控制的威胁是在印度尼西亚（当时是荷属东印度群岛）苏门答腊岛发现石油之后。1885 年第一口成功的油井完工，1890 年该油井在荷兰皇家公司的赞助下集中生产。到 1892 年，荷兰皇家建造了一条从油田到沿海炼油厂的输油管道，到 1897 年，石油产量比两年前增加了 5 倍。标准公司以前在印度尼西亚销售煤油，并认为荷兰皇家公司是一种威胁，他们希望将荷兰皇家公司纳入标准公司的业务。相反，标准石油公司遭到了拒绝，合并该公司的谈判开始，很快更名为荷兰皇家壳牌。亚洲的生产商和销售商希望有更大程度的集中力量，来承受他们认为是标准公司固有的降价策略[3]。这家新公司将幸存下来，成为世界上最大的石油公司之一。

除了国际上对其海外市场的挑战，标准公司在 1911 年被最高法院下令解散之前的 20 年里，在国内市场的影响力也有所下降。首先，宾夕法尼亚独立的石油公司，以纯石油的名义联合起来，在美国东海岸建造了一条石油管道来销售他们的石油产品。其次，早在 1885 年，宾夕法尼亚油田的产量就已经达到顶峰，并开始严重下降。宾西法尼亚州的地质学家说："令人惊奇的石油展览只是一个暂时的、正在消失的现象，年轻人将会看到它自然地结束。"到 1900 年，整个阿巴拉契亚盆地的石油繁荣已经结束。最后，在 19 世纪 90 年代早期，南加州发现了大片油田。到 1910 年，加州的 7300 万桶石油产量占世界总产量的 22%，主要由独立的联合石油公司（现在的优尼科石油公司）控制。标准石油公司最终在加利福尼亚油田开始运作，于 1907 年建立了加利福尼亚标准石油公司（现雪佛龙公司）。然而，石油行业的巨大变化发生在 1901 年 1 月，因为之前在第 6 章中提到的斯宾托油田的发现。最初的油井每天生产 7.5 万桶原油，新的石油热潮开始了。土地价值暴涨，人口从 1 万猛增到 5 万。在一次类似于宾夕法尼亚石油地区的经历中，大量的小租约导致了斯宾托本身超过 400 口油井的投产。油价暴跌至每桶 3 美分。最初的推动者需要市场来销售他们的石油，并以每桶 25 美分的长期价格找到了一个可能的买家——马库斯·塞缪尔的壳牌石油。在俄克拉荷马州的另一个油田的发现进一步加剧了斯宾托发现造成的供过于求。产能过剩的普遍问题不仅导致油价下跌，而且在这种情况下，就像在皮托尔镇一样，高峰产量会耗尽油井的产能。1902 年，也就是俄克拉荷马州油田发现的第二年，斯宾托的地下压力坍塌了。

得州工业的稳定将落在匹兹堡的银行家（梅隆）身上，他们为最初的运作提供了资金。最初的发起人被解雇，与壳牌重新谈判合同，梅隆开始发展一家以石油开采和精炼为基础的垂直整合公司。他们的首要任务是解决新建炼油厂和管道网络造成的产能过剩问题。该公司进行了重组，并进一步融入全国市场，成为众所周知的海湾石油公司。此外，另一个重要的公司——德士古，建立在扩大运输、储存、炼油能力和梳理重要的政治关系上。

每一项发现都会给市场带来新的石油供应过剩和价格下跌。这进而创造了不断向新市场扩张的需求。标准石油公司对该行业的控制明显在下降。1880 年，标准控制了全国 90% 的煤油精炼。到 1911 年，也就是它解散的那一年，这家前垄断企业控制了国内 65% 的煤油产量，而面对新油田的发现和新竞争对手，它在国际市场也出现了同样的下滑[3]。然而，尽管标准石油公司的控制权在下降，它的利润和产出却在增加。21 世纪将带来煤油时代的终结，但随着我们进入内燃机和汽车时代，石油需求急剧膨胀。

9.8　失去的市场和找到的市场

正如我们所说，在石油革命的第一阶段，石油的主要用途是照明。然而，煤油市场在 19 世纪末几乎消失了。1879 年托马斯·爱迪生完善了白炽灯，并于 1882 年开始发电。爱迪生确保电力价格具有竞争力。电力克服了煤油的许多缺点，如烟雾、煤烟和氧气的使用。但是电力的使用并不是立即的。最初的发电厂位于负荷中心附近，直到采用交流电为止，都是由燃煤活塞发动机驱动的，噪声很大，而且很脏。此外，电力被认为是危险的，也是 20 世纪初席卷美国东北部城市中心的无数大火的起因。克利特加德年轻时曾做过多年的修复木匠，他明白了其中的原因。他观察并纠正了许多情况，即电力以 240 伏的电压通过裸线进入城市住宅，用陶瓷绝缘体将电线与放置电线的干燥屋顶梁隔开。但是，一旦从技术上克服了这些安全限制，用电力来照明和发电就会迅速流行起来。1885～1902 年，对灯泡的需求从每年 25 万只飙升到 1800 万只。1890 年，只有 15% 的城市铁路和有轨电车使用电力。到 1902 年，94% 的城市将电作为动力[4]。作为温室气体的碳排放问题在理论上几乎没有得到认可。改用电力实际上消除了使用马作为驮畜所带来的非常严重的公共卫生问题。

电力从根本上改变了生产过程。当工厂由中央电源、蒸汽或水提供动力时，工厂的布局由与中央电源的距离决定，电力通过危险而低效的滑轮和传送带系统输送到使用场所。工厂必须是一个占地面积小的多层建筑。半成品在楼层之间的移动浪费了很多时间。随着电动机的出现，可以把电源分散到单个机器上，从而使宽敞的单层棚屋成为可能。在这里，我们再次看到能源在提高生产力方面的作用。同样的工业集中过程也发生在电气工业本身。1892 年，纽约银行家摩根大通将爱迪生电气与汤普森—休斯顿合并，成立了通用电气，后者仅与西屋电气共享市场。在寡头垄断的共同行为类型中，西屋电气和通用电气定期共享专利[5]。

9.9　石油时代

在石油革命的第一阶段，汽油是一种危险的副产品。但随着内燃机汽车的发明，汽油成为主要的石油产品。1895 年，汽车在欧洲得到认可，不久之后，汽车开始成为席卷美国的个人交通工具。1900 年注册了 8000 辆汽车，到 1912 年，大约有 100 万辆汽车行驶在公路上[3]。一年后，福特在密歇根州的海兰帕克建造了第一条装配线，充分利用了电动汽车和单层棚生产的可能性。在汽车工业的早期，汽车是由熟练工人（通常是自行车机械师）组装而成的，他们从车轮开始组装每一辆汽车。汽车只不过是富人的奢侈品。福特 1908 年推出的 T 型车售价 850 美元，当时是一笔巨款。在高地公园的建设之后，工厂的汽车由一些半熟练的工人在一条连续的流水线上组装起来。由于生产规模的扩大，材料和劳动力的生产量增加，T 型车的价格随着生产成本的下降而下降。1925 年，第一次汽车热潮达到顶峰，一辆 T 型车卖出了 240 美元。大规模生产使汽车从奢侈品变成了工人买得起的东西。福特工人的工资高于行业平均水平。1915 年，福特开始了他著名的"5 美元一天"计划，几乎将行业标准工资提高了一倍，主要是为了节约成本。以前，装配线的工作被认为是如此不体面，以至于福特工厂很难留住足够的工人。1913 年，旷工率为 10.5%，人员流动率达到 470%。仅 1913 年一年的营业额就接近 200 万美元。所以福特提高了工资来留住他的工人。"没有慈善机构参与……我们想支付这些工资，这样企业才能建立一个持久的基础。"我们在为未来建设，低工资的企业总是不安全的。支付每天 8 小时的 5 美元是我们有史以来最好的成本削减举措之一。

随着价格的下降和信贷的提供，汽车的销量和注册量稳步增长，1925 年达到 2300 万辆。大萧条时期，汽车登记数量下降，"二战"期间，由于汽车工厂被改造成生产坦克和飞机，没有生产新车出来。此外，汽油和轮胎在战争期间实行配给。第二次汽车热潮开始于战后，并对国家产生了持久的影响。1950 年，美国注册了 4000 万辆汽车。这一数字在 1962 年攀升至 6500 多万，到 2007 年超过 2.5 亿。

汽车被经济学家称为"划时代的创新"。很少有其他类似的技术变革有资格得到这个"称谓"。一项划时代的创新不仅要吸收大量的资本投资，而且必须为其他行业的投资创造更多的机会。巴兰和斯威齐认为只有三项创新改变了社会，吸收了足够的资本，创造了新的产业和流程——蒸汽机、铁路和汽车。对此，理查德·杜波夫补充了电气化，迈克尔·佩雷尔曼主张必须考虑电脑化[5][7][8]。1929 年，汽车不仅吸收了大量的固定资本，占制造业增加值的 6.3%，而且创造了无数的周边产业。修理店、汽车影院、汽车旅馆、加油站和快餐业的存在都要归功于汽车。汽车本身依赖石油作为能源。的确，所有划时代的创新都是能源密集型的，汽车的确属于当时最能源密集型产品之列。此外，这些创新受到的工业集中程度与石油工业相似，主要原因是相同的：需要使生产合理化、降低成本、扩大市场份额和避免破坏性的价格竞争。

9.10　由于能源集中而引起的工业集中

在大量使用化石燃料之前，生产基本上是在使用熟练工人的小商店的基础上组织起来的。熟练的工艺大师一般负责所有或多个生产阶段，并同意负责学徒的培训。在完成学徒期后，新工艺工人被大师认为是适合外出以获得独立的无监督的工作。事实上，他们被称为熟练工。经过长时间学习他们各自行业的技术和业务技能，熟练工可以上升到大师的级别。被称为行会的大师协会集体决定价格和质量标准。这个小企业的世界并没有表现出微观经济学教科书中所描述的那种价格竞争。作为一种制度结构，行会限制了可能毁掉大师财富的竞争类型。相反，行会给前工业化经济带来了稳定。因此，竞争是企业有效经营所必需的现代观念，并不是历史规范。

替代组织的例子很少。到 19 世纪 20 年代，大型纺织厂出现在新英格兰的洛厄尔和劳伦斯、马萨诸塞州和新罕布什尔州的曼彻斯特等地，这些地区的河流湍急。这些工厂不仅雇用了比一般小商店更多的工人，而且他们的组织也没有遵循每个初级工人最终都会成为大师的原则。早期纺织厂的劳动力主要是来自新英格兰农场的年轻女性，这些农场的工作通常枯燥而艰苦，人们期望这些工作只是暂时的。

在内战结束后的几十年里，美国经济经历了一个被经济史学家理查德·杜波夫称为"大跨越"的过程，以及我们所说的工业化或碳氢化合物经济的发展。这一过渡导致主要利用当地自然能源的地方和区域经济转变为一个以大规模工业、大规模生产和使用矿物能源为基础的经济，这些能源通常来自遥远的地方。

铁路是国家的第一笔大生意。在美国第一次大萧条之后，铁路建设于19世纪40年代末正式开始。在19世纪40年代初，这条铁路只有2300英里长，19世纪40年代增加了5100英里的铁轨，19世纪50年代又增加了21400英里。内战后，铁路建设显著增加。在19世纪80年代，铁路建设的增加达到顶峰，又修建了74700英里。当铁路运输被汽车取代，货运主要由卡车运输时，铁路已经成为美国第一个大型企业。铁路在19世纪50年代占国内私人投资总额的15%，在19世纪70年代和80年代占18%[10]。此外，铁路扩大了通信网络，因为电报线是沿着铁路通行权修建的。建设可行的交通和通信基础设施对整个经济的转型至关重要。回想一下标准石油公司是如何通过现有的铁路网络来实现更低成本的运输，从而巩固了对炼油业务的控制。有效的运输和通信基础设施大大提高了管理全国市场的能力。

在19世纪70年代大萧条之后的几年里，随着工业化的不断发展，经济发生了根本性的转变。不仅生产规模增加了，而且劳动组织也增加了。就像标准石油公司一样，控制成本成为大型企业之间竞争的一个基本要素。工作被细分到亚当·斯密自己几乎无法想象的程度。竞争的本质是以提高生产力为基础的。手工业工人在制造业中被一群不熟练的、半熟练的移民劳动力所取代，这些人满足于单调的、重复性的计件工作，以获得稳定的工资。在实现机械化、运输和实施详细分工的能力背后，是可获得的廉价能源。商业历史学家阿尔弗雷德·钱德勒简洁地阐述了这一问题："廉价的煤炭允许在靠近商业中心和现有劳动力池的地方建设大型蒸汽驱动工厂。在热利用工业中，工厂很快就取代了工匠和手工业者……然后，煤提供了能源，使工厂有可能取代工匠、小磨坊主，并且'外放分工办法'成为许多美国工业的基本生产单元"[4]。

9.11 威胁和机遇

钱德勒还提出了一个重要观点，即以廉价能源为基础的交通革命，进一步改变了产品的分布。现代企业并不是随着大规模生产的出现而诞生的，而是需要大规模生产与大规模分配的统一。如果一家公司生产的产品超过其销售能力，那么生产更多产品或投资资本设备的动机就会下降。这将是今后几年经济发展中反复出现的一个主题。资本积累是私营企业经济增长的引擎，它是由资本货物投资带来的。投资滞后期导致经济下行，低迷经济的低利润潜力进一步降低了企业为投资资金寻找有利可图的出路的能力。在整个19世纪，用于投资的净国民生产总值（或国民生产总值减去折旧）的百分比稳步攀升，从 19 世纪 40 年代的 10% 升至 19 世纪 70 年代的 18%，再到 19 世纪 90 年代的 20%[5]。这种投资水平的增长加剧了生产大于消费可能产生的问题。正如安德鲁·卡内基所认识到的那样，大型公司会尝试任何方法来替代倒闭；放弃资本设备所包含的可观成本的后果是不可想象的。购买资本设备的成本通常促使大多数公司领导人集聚，以保护他们的资本投资不受价格竞争的影响。

各种形式的经济集中，如纵向一体化、横向一体化、信托公司和控股公司，是对一系列长期问题的反应，这些问题困扰着美国企业，它们在市场不断扩大、技术迅速变化、金融不确定性和廉价能源供应的新世界中经营。集中燃料无疑打开了低成本生产和运输的远景，这在利用化石燃料之前是前所未闻的，但只有廉价的能源不足以保护生产者免受资本积累的内部限制，比如生产过多而无法获利的趋向。从这个角度来看，垄断对一个竞争激烈的经济体来说并不是一个小的偏差。相反，这是竞争过程的最终结果，因为企业试图控制自己的经济环境，通过避免可能毁掉它们的竞争行为来保护利润和潜在增长。从本质上讲，美国工业革命的历史既是廉价能源的历史，也是垄断集中的历史，最好将其理解为这些因素的结合。

因此，经济集中化并非像今天主流微观经济学理论让我们相信的那样，是竞争过程中的一个错误，而是一种明确的战略。

就在新古典主义经济学家们完善"完全竞争"这一优雅理论的同时，卡内基、洛克菲勒等石油行业巨头也在谴责"恶性竞争"的破坏性影响。对于理论家来说，价格竞争对于他们的经济完美观是必要的。资源流向利润最高的用途，而市场体系迫使竞争对手以尽可能低的成本生产，并将节省下来的成本以低价转嫁给消费者。最后系统达到了稳定的平衡。无论如何，确保完全竞争均衡的唯一方法是忽略固定成本问题。事实上，经济学家最初假定没有进入壁垒，这就排除了对长期固定生产资产成本的分析。但实业家是在现实世界中经营的，在现实世界中，大规模的工业需要大量的固定资本投资。与此同时，如果多生产一单位产出的成本（经济学家称之为边际成本）较低，现实世界的生产者将面临一个两难境地：竞争将市场价格压低至工业家能够盈利甚至收回固定成本的水平以下。

标准竞争经济学理论认为，竞争会使价格下降到边际成本的水平。从理论上讲，企业家愿意接受正常的利润率，因为为了赢得更多的客户，竞争对手会降低价格而使其他一切利润消失。此外，该系统是稳定的，没有变化的趋势。但在现实的商业世界中，那些没有盈利也没有利润增长前景的经理人很快就会失业。如果一个现实世界中的实业家借钱购买大型设备，然后发现价格下降到生产一个单位产品的水平，该公司将永远无法产生足够的收入来偿还债券持有人和银行家。

在现实世界的例子中，人们可能会想到铁路，大部分成本在轨道和机车上，很少成本在廉价燃料或劳动力上，或者在现代世界的航空公司。钱德勒总结了铁路的状况，他说：

> 铁路之间的竞争与传统的小型、独立的商业或工业单位之间的竞争几乎没有相似之处。铁路竞争呈现出一种全新的商业现象。以前从未有过或非常少的与大型企业竞争相同的业务，从未有竞争对手背负如此高的固定成本。在19世纪80年代，固定成本不随运输量变化，平均占总成本的2/3。这种成本的持续压力很快使铁路管理人员相信，对直通车不加控制的竞争将是毁灭性的……对铁路管理人员和投资者来说，这种竞争的逻辑似乎是所有人的破产。[4]

9.12　工人权力的丧失和财政权力的增加

由于长期的投资热潮和对每个工人的能源补贴的增加，劳动生产率继续提高[11]。1889～1919年，生产力平均每年只增长1.6%。在1920～1921年经济衰退之后，直到20世纪50年代末，年均增长率为2.3%。电气化等新工艺提高了工业效率，汽车新技术进一步降低了运输成本。当然，这些创新依赖充足的廉价化石能源供应，其中大部分来自加利福尼亚、得克萨斯和俄克拉荷马州新发现的能源。但消费者需求的增长没有生产力或科学管理等组织创新那么快，导致工资增长跟不上生产。购买力的缺乏加上投资热潮的消退，为大萧条创造了条件。汽车销售在1925年达到顶峰，比整体投资的顶峰早一年。东部主要城市的摩天大楼建设陷入停顿。汽车和摩天大楼需求的下降降低了对钢铁的需求，而钢铁需求的下降进一步降低了对煤炭的需求。另一个对投资的打击是，飓风席卷了南佛罗里达，摧毁了贯穿南佛罗里达的铁路，以及约翰·D. 洛克菲勒的早期合伙人亨利·弗拉格勒所推广的基斯家族，并终结了郊区住宅的投机热潮。

然而，尽管实体经济正在"走软"，但在保证金购买的推动下，对金融证券的需求继续上升。投资者购买股票时，只需拿出股票价值的一小部分（保证金），然后从经纪人那里借来其余部分（这就是今天所说的杠杆）。据约翰·肯尼斯·加尔布雷斯称，此类贷款的数量（经纪人的看涨市场）是投机活动最准确的指数，因为这些贷款是用来购买股票的，而不是实际资产。在20世纪20年代早期，这些贷款的数量是10亿～15亿美元。到1927年，市场增长到35亿美元。1928年，经纪人的看涨贷款增加到40亿美元，到1929年，增加到60亿美元。随着所有这些债务推动的购买，股票价格在1929年夏天出现了令人印象深刻的上涨，增强了市场的乐观情绪，并进一步增加了对看涨贷款的需求。但有关实体经济潜在疲弱的报告，在 1929 年秋季开始削弱一些有见识的投资者的信心。尽管投资银行家的信心仍然很高，但到了 10 月，市场开始动摇。美国国家城市银行的查尔斯·米切尔认为，美国经济的潜在基本面是健康的，人们对经纪公司的看涨贷款给予了太多关注。米切尔说，没有什么可以阻止股票的上升趋势[11]。

9.13 大崩盘

1929 年 10 月 29 日，股市崩盘。股票价值暴跌 260 亿美元。按相对价值计算，股市损失了 9 月市值的大约 1/3。经济很快陷入萧条。国民生产总值从 1929 年到 1930 年下降了 12.6%，失业率从 1929 年的 3.2% 上升到 1930 年的 8.7%，1933 年达到顶峰 24.9%。但考虑到不到 2.5% 的美国人拥有股票，这是如何发生的呢[12]？

部分原因在于美国银行系统的疲软，特别是农村银行，长期资本不足，在紧急情况下没有足够的资金偿还储户。他们的大部分储备金已经出借出去了。即使在经济繁荣时期，每年也有超过 500 家公司倒闭。然而，在股市崩盘后，银行倒闭的危机有所加剧，其中包括城市的货币中心银行。在股市崩盘后，高杠杆投资者无法偿还他们的经纪人，而经纪人反过来又无法偿还银行。到 1930 年底，又有 1352 家银行（高于正常的 500 家）倒闭。由于胡佛政府收紧信贷并提高利率，部分是为了惩罚投机者，部分是为了支撑英镑，政策的决定加剧了银行体系的崩溃。此外，在股市崩盘和银行倒闭浪潮之后，国际金本位制变得不可用。根据当时的金本位制度，所有贸易逆差都必须在年底以黄金支付。但黄金也扮演着国内货币的角色。在现行制度安排下平仓国际账户意味着减少一个国家的国内货币供应。这加剧了由银行和金融市场崩溃已经引发的通缩趋势。此外，结束第一次世界大战的《凡尔赛条约》要求德国支付 330 亿美元的赔款。德国人从美国银行大量借款，以支付对英国和法国的赔款。英国和法国用这笔赔款偿还了向美国银行的贷款。美国银行体系的崩溃使德国无法获得更多贷款。德国因此拖欠了赔款，英国和法国暂停了对战争债务的支付。国际贸易体系完全崩溃，在一个长期萧条的世界里加速了敌对行动的重新出现[12]。

从大萧条和随后的世界大战中崛起的世界，从根本上改变了，认为市场将找到自身有效均衡的意识形态，受到了大萧条深度近乎致命的打击。新政和凯恩斯的《就业、利息和货币通论》确立了政府干预经济的作用。金本位形式的商品货币将让位于政府发行的法定货币。国际石油供应仍将掌握在盟国手中，石油很快将正式以美元计价，很快就会被称为石油美元。简而言之，战后的社会和经济秩序将很快被美国这个政治强国、拥有经济实力的大型企业以及石油这个能源和动力来源所主导。控制石油的权力变成了控制世界其他地区的政治权力。

9.14 总 结

在南北战争之后，美国经济从一个基于熟练工人、手工具、自然能源如木材和草的小规模的、地区性的努力变成一个大规模的、由廉价的化石能源驱动的国家经济，长期固定资本以机器和工厂的形式存在，利用不熟练的操作工。早在美国石油产量达到峰值之前，美国经济就经历了无数次周期性衰退，包括19世纪70年代、90年代和20世纪30年代的三次大萧条。在此期间，大型产业的压力变得非常大，许多企业由于竞争性的价格下降而走向破产。在企业破产的情况下，通过整合和兼并的方式实现产业的集中是最受青睐的策略。到19世纪90年代，两场兼并运动产生了我们今天所认识的大企业的大部分特征，从少数几家控制着大部分工业产出的公司，到非价格竞争的兴起，如竞相降低价格和扩大市场份额。横向合并的目的是消除破坏性的价格竞争，纵向一体化通过将生产、分销和营销的所有方面置于中央管理的控制之下，并创造规模经济，从而降低了成本。到20世纪末，这些集中的行业已设计出各种机制，如信托公司和控股公司，以应对伴随价格竞争而来的长期生产过剩和产能过剩问题[9]。

大公司和集中工业的发展是工业革命本身的一个基本部分，并受到矿物燃料革命的推动和鼓励。许多经济史学家都记录了垄断集中度的上升在美国经济经验中所扮演的角色。然而，很少有人关注廉价能源所扮演的角色。由于我们认为，经济学应该既是一门社会科学，又是一门生物物理科学，因此，重要的是将能源和能量作为物理实体的发展，同它们所允许和产生的社会和经济因素联系起来。我们可以通过从物理意义上看权力背景下的经济权力的发展，来更好地理解经济在历史和当代是如何运作的。正如军事或政治力量经常得到巩固一样，国家和企业的力量仍然在努力巩固其经济实力。

尽管巨大的技术变革、煤和石油等廉价能源的可用性、经济集中度和组织创新的存在，经济仍经历着过山车式的扩张，随后是萧条或衰退。即使在像20世纪30年代这样的廉价能源充裕的时期，由于技术、投资、生产力、需求和过剩产能的内在动力，经济也经历了衰退。从历史上看，随着蒸汽机、铁路、电气化和汽车等划时代创新的出现，这种内在趋势会周期性地逆转，从而实现生产率、投资和经济增长的长期扩张。所有这些创新都是能源密集型的，依赖于廉价能源的供应。数字革命的总体影响是能源密集型的，它可能是也可能不是划时代的重大创新，但正如 2001 年和 2008 年的主要经济衰退所显示的那样，它似乎没有解决其他革命所固有的问题。

随着廉价能源时代的结束，集中经济的命运将会如何？换句话说，生物物理约束与现有的内部限制是否会结合在一起，导致经济增长的终结？另一个划时代的创新将迎来另一个经济增长的繁荣时代，这种可能性有多大？某种"绿色"能源能做到这一点吗？当几乎每一项关于人类对地球影响的科学测量都表明我们已经过度了的时候，这种情况会发生吗？如果我们已经超过了地球的生物物理极限，我们就会严重怀疑我们是否能够通过增长实现可持续发展。但经济增长是垄断经济的核心。我们如何协调在生物物理极限内生活的需要与为下一代创造就业和机会以及减少贫困的需要之间的关系？至少在历史上，所有这些都依赖增长。本书其余的大部分内容将集中在这个问题上。

问题

1. 化石燃料时代的出现如何导致政治和经济力量的集中？

2. 什么是寡头垄断？

3. 第一次大规模使用石油是什么时候？它替代了什么资源？为什么？

4. 什么是纵向一体化？

5. 什么是横向一体化？标准石油公司是如何做到的？

6. 我们看到煤油代替鲸油，电力代替石油，两者都相当迅速。你认为什么会取代电呢？

7. 为什么煤油时代的终结不意味着标准石油时代的终结呢？

8. 亨利·福特关于保证他的福特汽车销量的想法是什么？

9. 什么是划时代的创新？你能举三个例子说明它们是如何与能源相关的吗？并且你相信一些与能源相关的创新正在发生吗？

10. 煤炭的崛起与熟练工人有什么关系？

11. 你能就竞争在经济中的作用给出几个观点吗？

12. 1890 年《谢尔曼反托拉斯法》的目标是什么？

13. 你认为 20 世纪初的基本商业环境与今天有很大不同吗？为什么？

14. "市场会找到自身有效均衡的意识形态，在 20 世纪 30 年代的大萧条中受到了近乎致命的打击。""新政和《就业、利息和货币通论》确立了政府干预经济的作用，并着重指出私营部门无法单独创造足够的总需求来维持充分就业。"根据今天的经济形势来讨论这两句话。

15. 工业资本主义的一个普遍问题是，经济通常无法吸收非常高产的化石燃料经济产生的所有产出。在 20 世纪 50 年代，有哪些方法来处理这个问题？

16. 廉价石油的终结将如何改变我们工业经济的运行方式？

参考文献

［1］ Galbraith, John Kenneth. 1967. *The new industrial state*. Princeton: Princeton University Press.

［2］ Carnegie, Andrew. 1889. The bugaboo of the trusts. *North American Review* 148: 387.

［3］ Yergin, Daniel. 2008. The *prize*: *The epic quest for oil*, *money*, *and power*, 6. New York: Free Press.

［4］ Chandler, Alfred. 1977. *The visible hand*: *The managerial revolution in American business*, 321. Cambridge, MA: The Belknap Press.

［5］ Duboff, Richard. 1989. Accumulation and power. New York: M. E. Sharpe.

［6］ Pascualli, R. C., and Hall, C. A. S. 2012. *The first half of the age of oil. An exploration of the works of Colin Campbell and Jean Laherrere*. Springer, NY.

［7］ Perelman, Michael. 2006. *Railroading economics*. New York: Monthly Review Press.

［8］ Baran, Paul, and Paul M. Sweezy. 1966. *Monopoly capital*. New York: Monthly Review Press.

［9］ Piore, Michael, and Charles Sabel. 1984. *The second industrial divide*, 49 – 72. New York: Basic Books.

［10］ Hacker, Louis. 1940. *The triumph of American capitalism*. New York: Simon & Schuster.

［11］ Galbraith, John Kenneth. 1988. *The great crash* 1929, 68 – 107. Boston: Houghton-Mifflin.

［12］ Kennedy, David. 1999. Freedom from fear: *The American people in depression and war*, 1929 – 1945. New York: Oxford University Press.

10　20 世纪：增长与碳氢化合物经济

10.1　引　言

　　21 世纪初的经济不只是 19 世纪经济的一个大的版本。它们根本上是不同的。本章论述了美国经济从 20 世纪中叶到 2008 年金融危机和经济衰退以及以后的发展历程。巴拉克·奥巴马以极大的乐观情绪当选美国总统。但 2010 年，由于糟糕的经济增长和 2016 年右翼"平民主义"唐纳德·特朗普当选，保守派卷土重来。要回答这个关键的问题，我们需要仔细研究历史的模式，并仔细研究科学数据，我们将在本章的其余部分进行研究。

　　第二次世界大战结束后的几年中，美国的财富和权力都在上升。在经历了大萧条的停滞和战争年代的牺牲之后，又有一大批美国人相继富足。美国经济的"黄金时代"就是从大萧条的深渊中诞生的。这个时代的特点是美国在经济和军事上的国际力量不断增长。从世界其他地方流入的财富得到了更广泛的分享，劳动人口的比例也比工业革命以来的任何时候都要高。拥有住房成为更大比例人口的现实，这可以通过一项收入实现。迪士尼的《明日世界》展示了"未来之屋"，里面全是电器，充满未来主义的设计，几乎没有注意到隔热或节能。保护和牺牲的日子一去不复返了。宽敞的汽车穿过新建的高速公路，从遥远的郊区来到加州阿纳海姆的迪士尼乐园。他们带来了很多孩子，因为"婴儿潮"刚刚取得进展。未来看起来很有希望。这是一个基于廉价石油和经济增长的未来。

　　但 1955 年迪士尼乐园开业后的那一年，却是一个值得警惕的年份。1956 年，埃及将苏伊士运河收归国有，短暂中断了向欧洲运送廉价而丰富的石油，并威胁到现有的国际秩序。罗杰·雷维尔和查尔斯·基林首先开始测量大气中的二氧化碳浓度，M. 金·哈伯特在他的著名论文中预测，未来仅 15 年，美国国内石油产量将达到峰值。但学者的这些警示性预测被忽略了，因为北非的危机很快得到了控制。在那个时代，美国人似乎可以做任何事情，包括通过物质的富足和持续的增长来建立幸福的梦想。

回顾一下：那是一个和平的时代，按照美国的方式和平。其他工业化国家的能力也遭到了破坏。但战争使美国工业从大萧条的深渊中重新焕发了生机。没有其他国家的工业产出能与美国匹敌。美国的国家和国际政策没有把欧洲国家视为严重的竞争对手，而是寻求支撑它们受到破坏的基础设施，以及它们对商品（尤其是美国商品）的需求。此外，美元取代了被否决的金本位。由于美元不断走强，世界其他国家愿意以本国货币向美国提供无息贷款，以持有美元。由于包括石油在内的世界资源都是以美元计价的，该国可以在买方市场买进，在卖方市场卖出，因为贸易条件（或出口价格与进口价格之比）一直对美国有利。随着外国将石油美元用在美国财政部发行的债券上，石油生产企业的大部分收入都回流到了美国经济中。

美国商界可以视世界如己出。几乎没有外国竞争威胁到美国的寡头垄断，美元是国际货币，而美国的需求稳定且不断上升。政府承诺利用其经济政策来限制早期工业时代特有的残酷竞争，战争动员本身对商业非常有利。反垄断政策似乎更倾向于阻止新公司扰乱产业平衡，而不是拆分那些刚刚帮助赢得战争的老的集中型产业。一个又一个行业，如汽车、早餐麦片和石油炼制，都轻松地归入"三大行业"或"四大行业"。事实上，一场新的合并运动即将开始，其基础是将看似无关的行业的公司集中在一起，组成企业集团。最后，这是一个廉价石油的时代，美国仍然是世界上主要的石油生产国。20 世纪 30 年代的重大发现在大萧条时期几乎没有什么用处，而且确实使美国为盟国的战争提供了 70% 的石油。廉价的石油，加上前面提到的结构变化，在未来几年帮助推动了大规模消费、经济增长和军事力量。

"好时光"即将结束。到 1970 年，随着美国石油产量达到"低产量的 48 州"的峰值，哈伯特的不祥预测被证明是准确的（这并不包括阿拉斯加的储备，因为阿拉斯加直到 1959 年才成为一个州，因此在哈伯特的计算中没有被包括在内）。1973 年和 1979 年的石油价格冲击了经济，威胁着人们的生活方式和经济增长。美国生产商再也没有多余的产能来阻止外国生产商使用"石油武器"。这是见证石油输出国组织（OPEC，简称欧佩克）崛起的时代。20 世纪 70 年代和 80 年代初是滞胀或同时出现通胀和衰退的时期。根据主流凯恩斯主义理论，只有当需求继续增长超过支持充分就业的水平时，通胀才会发生。但即使在大量失业的情况下，物价仍在上涨。凯恩斯主义政策似乎不再奏效。如果政府推行扩张性政策，通胀就会恶化。如果它削减开支或提高税收以减少预算赤字，或使资金更难获得，失业率将飙升至政治上不可接受的水平。此外，1944 年在新罕布什尔州布雷顿森林构想并诞生的国际货币协定，在自身的重压和美国的政策下宣告破裂。这些协议是建立在美国愿意以每盎司 35 美元的价格将美元转换为黄金的基础上的。到 20 世纪 70 年代初，外国投资者的债权超过了黄金供应量。1971年，理查德·尼克松总统关闭了黄金窗口，开启了国际货币政治的新时代——一个对美国经济增长不利得多的时代。

外国所持有美元的扩张部分是基于美国在海外的商业扩张，部分是由于军事开支的增加，如基地租金的支付、付给当地工人和公司的工资和利润，以及外国军事人员的开支。东南亚的战争并不顺利。兰德公司分析师、受人尊敬的新古典主义经济学家丹尼尔·埃尔斯伯格在向政府高层官员通报情况后当场表达了失望之情。高层官员却转身向全国讲述了一个乐观得多的故事。埃尔斯伯格于 1971年向《纽约时报》公布了"五角大楼文件"，其中显示了对战争策划者和政府官员的评估与《纽约时报》的脱节。埃尔斯伯格在理查德·尼克松的"敌人名单"中获得了一个位置，并被称为"美国最危险的人"[1]。埃尔斯伯格的判断是正确的，到 1975 年 5 月 1 日，北越坦克突破了美国大使馆的大门，宣告了美国迄今为止最长的战争的结束。1979 年，伊朗国王的"友好"政府倒台。随着毛拉掌权并宣布成立"伊斯兰共和国"，建立民主政府的希望破灭。油价飙升，《商业周刊》在 1979 年 3 月 12 日的特刊中哀叹"美国实力的衰落"[2]。贸易条件开始对美国不利，企业利润下降了[3]。

美国和欧洲大部分国家一样，采取了更为保守的态度。罗纳德·里根在美国和玛格丽特·撒切尔在英国取得政权后，开始开发新的经济政策，从典型的凯恩斯主义的意识形态出发，基于降低税收、重整军备、反工会活动、减少国内消费，以及减少商业和金融条例，出台限制性货币政策来降低通货膨胀。其他国家的情况也在发生变化。德国、瑞典、法国和意大利的社会民主党政府也被保守派所取代。受油价下跌和冷战军费开支的影响，苏联未能达到勃列日涅夫时代后政治局所要求的先进社会主义状态，米哈伊尔·戈尔巴乔夫所要求的开放（Glasnost）和重组（Peristroika）导致了苏联的解体。中国共产党开始公开拉拢企业家。美国在冷战中胜利了，除了跨国资本主义，没有其他可行的选择。然而，尽管在北海和阿拉斯加北坡发现了大量新石油，但长期来看，经济增长并没有做出反应。债务也在膨胀，从 1980 年的不足 5 万亿美元增加到 1990 年的约 15 万亿美元。在不到十年的时间里，美国从世界上最大的债权国变成了世界上最大的债务国。克林顿政府完成了"里根革命"的工作,全面解除了对美国金融服务业的管制,用拟议中的环境立法换取了北美自由贸易协定（NAFTA）,并结束了"我们所知的福利"。在乔治·W.布什执政的八年里,经历了两场没有结果的战争,以及债务经济的爆炸式增长,最终以2008年的金融崩溃和房地产危机告终。同年夏天,油价升至历史高点。在本书第一版付印时,金融危机已经演变成自大萧条以来最严重的经济衰退。

2008年,巴拉克·奥巴马满怀乐观地当选美国总统,但2010年保守派卷土重来,2016年的选举结果是保守派控制了美国政府的所有三个部门。巴拉克·奥巴马当选美国总统以来的10年,见证了通过水力压裂技术从致密页岩中开采石油和天然气技术的不断进步,同时油价也有所下跌。经济增长率从21世纪头十年萧条水平的1.3%上升到21世纪第二个十年乏力的2.1%。到2016年,失业率从10%下降到不足5%。然而,工资并没有随着生产力的提高而提高。标志性的卫生保健立法《平价医疗法案》不断受到攻击,而且人们并不像预想的那样负担得起费用。这对我们来说并不奇怪。医疗保健仍然掌握在集中的制药公司和保险公司以及垄断医院手中。垄断限制产量并提高价格,这是他们的基本商业模式。要回答这个问题,我们需要从历史上理解我们是如何走到今天这一步的。关于这个问题,本章的其余部分将进行讨论。

10.2　历史前奏：大萧条和战争

我们的论点是,经济史上的事件不能仅用社会和经济力量来解释。能源的作用必须被包含在内。对能源可用性和使用情况的纯粹分析也不能单独解释我们目前的情况。相反,它们应该结合起来分析。历史上,美国经济经历过三次大萧条,分别是19世纪70年代、19世纪90年代和20世纪30年代。这一切都发生在化石碳氢化合物的发现和开采之后。获得和使用能源的能力使生产得以急剧扩大,因为集中和高度密集的新能源可以超越人类的力量和技术限制。但是,经济仍然受到产品销售能力、市场开拓能力和实现生产力增长能力的制约。如果不这样做,经济就会陷入萧条。19世纪中叶以来,经济繁荣末期的过度投资一直是经济的特征。另一个因素在石油工业中发挥了作用。1930年,大萧条的第一年,是石油发现的高峰期。由于市场不景气,石油只能被储存起来。严重的经济衰退可能源于石油等关键资源的缺乏,但也可能源于这些资源的过剩。从20世纪50年代以来,被描述为一个经济增长的时代。20世纪50年代和60年代是"黄金年代"，而 70 年代则是经济停滞的年代。20 世纪 80 年代，经济增长有所复苏，但债务负担飙升。创建赌场经济的长期后果在 2008 年显现。但未来预示着什么？我们是要通过社会改组来超越我们目前的问题，还是要通过一套外部的、生物物理的限制来扩大现有的社会限制，从而产生一个紧缩的时代。要回答这个关键的问题，我们需要仔细研究历史规律，同时仔细研究科学数据。

20 世纪 30 年代的整整十年里，世界经济陷入萧条。1932 年的美国总统大选中，两位候选人对大萧条的起源持有截然相反的观点。当时的总统赫伯特·胡佛认为，大萧条的起因是第一次世界大战，以及随后结束战争的《凡尔赛和约》。获胜的同盟国在"肢解"奥斯曼帝国时，重新绘制了中东版图。奥斯曼帝国在战争中站在德国和奥匈帝国一边。新地图显示出一种奇怪的现象。人口众多的地方几乎没有石油，石油储量丰富的地方几乎没有人。奥匈帝国也被瓦解，建立了奥地利和匈牙利两个新国家。尽管德国没有一个帝国，但它被剥夺了非洲殖民地，被迫承担战争的全部责任，并向英国和法国支付了约 330 亿美元的赔款。德国也去工业化了，莱茵河以西的地区也非军事化了。没有工业资金支付赔款，德国经济基本上陷入瘫痪。为了支付赔款，它们从美国的银行借钱（在第一次世界大战之前的十年里，德国人也从美国的银行借了很多钱）。随后，英国和法国用这笔赔款来偿还他们从美国获得的战时贷款。美国在战后成为国际债权人。然后，美国的银行把钱贷回了德国。1929 年的股市崩盘以及随后的 20 世纪 30 年代初的银行业崩溃，破坏了这个不稳定的体系。由于无法或不愿继续下去，美国银行停止了对德国的贷款，德国随后拖欠了对英国和法国的赔款。英国和法国再也没有资金来偿还它们借给美国银行的贷款。没有来自美国的资金注入，这个体系崩溃了，世界贸易消失了。美国国会通过了对特定农产品征收高达 67% 的高保护性关税，以保护本国市场。胡佛总统不情愿地签署了霍利—斯穆特关税法，尽管遭到了美国最著名经济学家的反对。英国建立了帝国特惠制，德国考虑实行经济自给自足的政策。1929 年世界贸易总额为 360 亿美元，1932 年降至 120 亿美元[4]。

国际金本位加剧了这样的关税和贸易状况。根据该法案的规定，一个国家有义务每年偿还黄金贸易逆差。然而，由于黄金也具有国内货币的功能，各国不得不抽干本国货币，以平衡其国际收支。从理论上讲，这是为了降低价格，使一个国家的出口对潜在的进口国更具吸引力。实际上，货币的减少不仅引发了物价下跌（通货紧缩），还引发了失业、经济衰退和国际上对债务国货币的投机。恐慌的美国投资者撤回了他们的存款，在 1930 年引发了一场银行业恐慌。面对如此大规模的黄金外流，英国在 1931 年暂停了金本位制，加剧了银行从国际存款中提取黄金的困境。此外，胡佛还通过立法提高税率，以增加税收，平衡国内预算。他认为，平衡国家预算将为银行系统提供急需的流动性。然而，随着财富创造和税收收入的下降，经济进一步陷入萧条。联邦预算陷入 27 亿美元的赤字，这是美国历史上和平时期最大的赤字。大部分赤字是胡佛时代的政策造成的，当时的政策是通过向陷入困境的经济部门注入资金来刺激经济。

国会在 1931 年通过了《格拉斯—斯蒂格尔银行法》，通过将投机性证券交易（投资银行业务）从接受存款和发放贷款中分离出来，这不仅使银行系统更加安全，而且也可以使国家的中央银行（美联储）从其持有的财产中释放大量的黄金从而扩大货币基础。1932 年，国会通过了《联邦住房贷款银行法》，该法案允许银行提交抵押贷款票据，以便在美联储重新贴现，并允许银行使用抵押贷款作为抵押品，以获得急需的资金贷款。最后，胡佛提议成立重建金融公司（RFC），允许政府直接向陷入困境的金融机构贷款。国会最初将 RFC 的资本金定为 5 亿美元，并授权其最多借款 15 亿美元。RFC 是问题资产救助计划（TARP）的前身，该计划是在乔治·W. 布什政府末期为应对 2008 年的金融危机而制定的。1932 年的反应就像 2008～2009 年的反应一样复杂多变。进步人士称之为"富人的社会主义"。《商业周刊》称赞 RFC 是"迄今为止，政府和企业想象力所能指挥的最强大的进攻力量"[5]。

然而，考虑到胡佛认为大萧条源自国外的立场，他的国内政策既不温不火，又受制于他对国际经济运行方式的看法。胡佛仍然坚持自愿原则，不得不勉强接受 RFC 这样的机构。但更重要的是，他更加坚定地信奉古典经济学中最神圣的两条原则：相信预算平衡以及毫不动摇地忠于作为国际经济关键要素的金本位制。当金融体系迫切需要增加信贷和支出时，他提高了利率和税收，这在很大程度上是因为他认为，不这样做将增加黄金的流失，并危及英国等盟友和贸易伙伴的地位。

胡佛的民主党对手——纽约州州长富兰克林·罗斯福对大萧条的起因有着完全不同的看法。他认为其原因主要是国内的。当时，候选人富兰克林·罗斯福的身边围绕着几位哥伦比亚大学的学者，这些学者被《纽约时报》的一名记者称为"智囊团"。他的主要经济顾问是雷克斯福德·图格韦尔，他是阿尔文·汉森和保罗·斯威齐等经济学家所倡导的"停滞论"的拥护者。罗斯福开始接受图格韦尔的观点，即成熟的经济已经到达了它的边界，不会有划时代的重大创新出现。问题在于资本生产过剩，而不是资本短缺，以及消费不足的另一面。1932 年 5 月 22 日和 9 月，罗斯福分别在佐治亚州亚特兰大的奥格尔索普大学和旧金山联邦俱乐部发表了两次演讲，阐述了他对消费不足的看法。英联邦俱乐部的演讲值得详细引用，因为它预示了即将到来的新政的基调。新政的内容是消费而不是生产，是公平而不是增长。罗斯福的主题是如何处理普遍的生产过剩，他认为这是大萧条的原因。这种生产过剩也成为石油工业的特点：

我们的工厂建成了。目前的问题是，在现有条件下，它是否没有过度建设。我们最后的边界早已到达，实际上已经没有更多的自由土地了……我们不能邀请来自欧洲的移民来分享我们无穷无尽的财富。我们现在正在为我们自己的人民提供一种单调乏味的生活。显然，这需要重新评估价值。仅是建造更多的工业工厂、建造更多的铁路系统、组织更多的公司，这样的帮助是危险的。只要他愿意建造或开发，我们把一切都给了伟大的推动者或金融巨头，然而他们的时代已经结束了。现在我们的任务不是发现或开发自然资源，也不是生产更多的商品。管理现有的资源和工厂，为我们过剩的生产寻求重建外国市场，解决消费不足的问题，更公平地分配财富和产品，这些都是严肃而不那么引人注目的事情[6]。

新政既不是一个清晰的计划，也不是经济增长的宣言。相反，这是一套有时相互矛盾的实验，目的是为了实现拯救、恢复、改革和重组的目标。罗斯福的助手根据不完整的信息，并与胡佛的财务顾问合作，宣布了全国银行假日，关闭了资不抵债的银行，通过 RFC 对它们进行了资本重组，并重新向充满信心的公众开放。罗斯福的"炉边谈话"本身就有助于恢复饱受打击和围攻的公众的信心。作为智囊团的首席顾问和组织者，雷蒙德·莫雷认为，这些努力在 8 天的时间里从根本上拯救了资本主义[7]。

从那时起，富兰克林·罗斯福政府就为总统的政绩设定了标准。在他执政的头 100 天里，他通过了 16 项主要法案，其中大多数反映了他对生产过剩的担忧，以及他的正统财政观念，这种观念要求他相信预算平衡。反思一下，这种正统的财政理论，在一定程度上可以解释这样一个事实：在大萧条期间，失业率始终居高不下。

除了银行法案，最初 100 天还通过了《啤酒和葡萄酒法案》，该法案的目的是在禁酒令废除之前增加税收，而《经济法案》的目的是削减联邦预算中的 5 亿美元。罗斯福提出了两项法案来解决顽固的失业问题。平民保护队（CCC）让 25 万年轻人从事美化乡村的工作，并参与防洪和林业项目。联邦紧急救济法案将联邦资金直接注入已经枯竭的州金库，用于失业救助。在国会成立田纳西河谷管理局（TVA）的头 100 天里，对能源的担忧也是立法的一个重要组成部分。联邦政府在阿拉巴马州的马斯尔肖尔斯修建了一座大坝，为硝酸盐的生产提供动力。硝酸盐不仅是炸药的原料，也是化肥的原料。大坝建成太晚，无法用于战争，一批私营公用事业公司成功阻止了进步的共和党人乔治·诺里斯让联邦政府运营大坝的努力。该法案不仅赋予了运营大坝的权力，还赋予了田纳西河流管理局防洪、防治水土流失和砍伐森林的职责，以及修建更多的大坝，为贫困的南方农村地区供电。

表 10 - 1　1929 ~ 1940 年美国失业率

年份	失业率（%）
1929	3. 2
1930	8. 7
1931	15. 9
1932	23. 6
1933	24. 9
1934	21. 7
1935	20. 1
1936	16. 9
1937	14. 3
1938	19. 0
1939	17. 2
1940	14. 6

资料来源：《美国历史统计》。

　　面对自 1929 年以来房屋建设下降 95% 的局面，国会成立了业主贷款公司（HOLC），而不是像纽约参议员罗伯特·瓦格纳所建议的那样致力于大规模扩建公共住房。HOLC 阻止了违约的激增（每天高达 1000 起），并在抵押贷款中引入了标准的会计做法。紧随其后的是 1934 年联邦住房管理局的成立。传统上，抵押贷款需要 50% 的首付和短期的、只付利息的贷款。如果房主勤于还款，这张票据将再融资 5 年。但是，当银行系统在 1929 ~ 1933 年多次崩溃时，银行根本无法为贷款再融资，即使那些保住工作的房主能够支付利息。联邦住房管理局用低首付、长期（最长可达 30 年）、低息、摊销贷款取代了这些传统抵押贷款，这些贷款的本金和利息均按月偿还。此外，联邦住房管理局为这些抵押贷款提供了违约担保。尽管有保险，银行家还是不愿意为联邦住房管理局提供贷款。一些人担心政府的干预，而另一些人则担心持有低收益资产 30 年左右。为了减轻银行家的担忧，国会随后成立了联邦全国抵押贷款协会（FNMA，更广为人知的名字是"房利美"），将抵押贷款捆绑成可在短期市场上出售的证券。在 1968 年私有化之前，FNMA 一直是一家成功的政府公司[8]。

　　国会以消费不足为由通过了农业调整法案。该法案旨在恢复工农业之间的平衡，并通过限制农作物产量来提高农业收入，以提高农产品价格。增加的农村收入将为购买工业产品提供资金。该法案是通过增加农业加工者的税收来支付的。头 100 天的标志是通过了《国家工业复兴法》。NIRA 和 AAA 的目标不仅是复苏，而且是在合理的经济规划的基础上对经济进行重组，以取代新近失败的市场体系，作为价格和产出监管的基础。然而，最高法院在 1935 年发现 NIRA 和 AAA 是违宪的。自由派反垄断改革者路易斯·布兰代斯也加入了保守派阵营，他反对暂停反垄断规定。

国家工业复兴法（NIRA）建立了国家复兴管理局（NRA）。它提供了一系列复杂的代码，根据这些代码，企业通过遵循打击生产过剩的需要，获得资金。该法案还允许工会集体谈判，并规定了最低工资和最高工时，该法律实际上暂停了反垄断法。经济学理论认为，垄断限制产出并提高价格，这是一种为弥补价格下跌和生产过剩而量身定做的策略。这使联邦政府能够合理地计划整个行业的产量和价格。该法律还设立了公共工程管理局（PWA），旨在管理大规模和雄心勃勃的基础设施建设议程。PWA 不仅负责建设与能源有关的项目，而且还承担了稳定南部平原油田近乎无政府状态的责任[9]。第一次世界大战后，对石油短缺的担忧抬头。两大石油的发现缓解了这些担忧。有趣的是，在 20 世纪 20 年代汽车热潮的顶峰时期，在西得克萨斯和俄克拉荷马州的二叠纪盆地发现了石油。与往常一样，新增的大量石油供应压低了油价。1926 年每桶 1.85 美元的油价在 1930 年平均只有 1 美元左右。然后，在 1930 年，东得克萨斯又有了一个巨大的发现，这个发现使宾夕法尼亚州、斯宾托和加利福尼亚州的西戈纳尔山产出的总和相形见绌。东得克萨斯油井每天又增加了 50 万桶石油供应。因此，在供过于求的市场，油价再次跌至每桶 10 美分的低位，加剧了大萧条导致的本已不断下跌的油价水平。得克萨斯铁路委员会成立于民粹主义时代，旨在对铁路施加控制。该委员会承担了通过监管运输来监管石油生产的责任（尽管其合法性令人生疑）。铁路委员会的策略是"支持定量配给"，即将石油运输限制在石油储量的一小部分。得克萨斯州和俄克拉荷马州（州际商务委员会采用了类似的策略）出现了问题，当生产商生产的石油超过配给的份额时，就会非法运输后来被称为"热油"的石油。问题变得如此明显，以至于得克萨斯州州长罗斯·斯特林宣布东得克萨斯州处于叛乱状态，并呼吁得州游骑兵队和国民警卫队平息问题。

NRA 首先被要求实施其规范，以减少竞争，刺激经济复苏。然而，问题已经够严重了，1933 年 8 月，新任命的内政部长哈罗德·伊克斯被告知油价已跌至每桶 3 美分，于是他把东得克萨斯油田的监管纳入了内政部的管辖范围。根据 NRA 制定的《石油法》，伊克斯有权为每个州设定月度配额。在全国步枪协会和内政部的支持下，油田的无政府状态有所缓和。然而，当国民共和制于 1935 年被宣布违宪时，另一部法律——《康纳利热油法》被制定出来，以维持石油价格的稳定[10]。直到 20 世纪 70 年代，得克萨斯州铁路委员会一直在有效地减少恶性竞争，稳定价格。哈伯特的同事、石油地质学家肯尼斯·德费埃斯在 1971

年从《旧金山纪事报》上读到，该委员会指示石油公司，它们可以按照其产能的100%进行生产。他意识到，美国的石油供应确实已经见顶[11]！罗斯福政府对最高法院关于 NIRA 和 AAA 法案违宪的裁决做出回应，于1935年启动了一项广泛而渐进的改革、重组和再分配议程，通常被称为"第二个新政"。1935年通过了《社会保障法》，为老年人提供养老金。从表面上看，它是为了减少失业而设计的，通过将老年人从劳动力中剔除来减少失业，它是基于私人保险而非失业救济金的原则而建立的。再一次，罗斯福的正统财政政策要求该计划的资金来源必须是累退的工资税，而不是财政部。税收的增加排除了任何大规模的刺激作用。《社会保障法》还规定了对受抚养儿童的援助，后来修改为对有受抚养儿童的家庭的援助（AFDC），很快成为20世纪60年代"伟大社会"福利计划的支柱。随着工程进度管理局（WPA）的成立，政府也成为了雇主。WPA 为修建数英里高速公路、公共建筑和大学校园的建筑工人创造了就业机会。WPA 还雇用了工程师、作家和艺术家。在项目的第一年，WPA 雇用了300多万人，在机构的整个生命周期中雇用了850万人[12]。

进一步的规定推进了金融体制改革。美联储被赋予了更大的权力来进行公开市场操作，包括购买和出售现有的美国国债，这在放弃金本位制后是必要的。此外，为了实现公平的目标，税收法案创造了一种强有力的累进所得税，体现了新政的理念。罗斯福的计划当然是折衷主义的，是累进税和累退税连同增加的支出的结合。它并不依赖如约翰·梅纳德·凯恩斯那样清晰阐述的经济理论。最高收入者的税率高达79%，同时遗产税也很高，旨在减少财富的代际传递。也许改革时期最重要的法律是国家劳动关系委员会的成立。参议员罗伯特·瓦格纳也将一项规定（第7A章节）列入国民退休制度。这一章节设立了工会，工会以前被视为"限制贸易的阴谋"，工会作为工人在集体谈判过程中的合法代表，会增加工资，服务于再分配的目标，但也会带来劳动和平。新委员会将以一场受监督的选举取代组织罢工。它也是推动资本—劳工协议发展的工具，而资本—劳工协议将成为战后繁荣的关键支柱。1938年，随着《公平劳动标准法》的通过，新政表面上宣告结束。该法案确立了每周40小时的标准工时，并进一步巩固了最低工资标准[13]。尽管新政成功地确立了重大的结构性改革，树立了自那以来从未出现过的对政府的信心，但它从未成功地消除顽固的失业幽灵。此外，新政的政策并不用来促进经济增长。这与公众意见相反。它会尝试相互矛盾的政策，看看是否奏效。它还相信平衡预算，因此大多数支出项目都伴随着增税来支付。正如凯恩斯后来告诉我们的，这降低了"乘数效应"，也就是说，直到第二次世界大战，这导致了非常缓慢的复苏。随着第二次世界大战的来临，政府政策的重点将发生重大变化。

10.3　第二次世界大战和大萧条的结束

　　美国于 1941 年 12 月 8 日加入第二次世界大战。然而，当罗斯福总统在 1940 年 12 月正式宣布美国为"民主的军火库"时，这个国家已经为陷入困境的英国提供了一年多的食物、武器和急需的石油。1939 年以来，美国一直向盟国提供战争物资。历史学家大卫·肯尼迪简明扼要地阐述了这一事实：这场战争是靠俄罗斯人和美国机器赢得的。"美国在第二次世界大战中给联盟带来的最大的有形资产是其工业的生产能力"[14]。虽然战争结束了大萧条，但大萧条的条件也有助于为战争动员。战争开始时，近 900 万工人失业，全国一半的生产能力处于闲置状态。到战争结束时，这台令人印象深刻的经济机器生产了近 30 万架飞机、5777 艘商船、556 艘海军舰艇、近 9 万辆坦克和 60 多万辆吉普车。在战争期间使用的 76 亿桶石油中，有 60 亿桶来自美国。鉴于 20 世纪 20 年代末和 30 年代初的巨大发现，美国在 370 万桶的日产量中拥有每天 100 万桶的巨大盈余。到战争结束时，石油产量已上升到每天 470 万桶。此外，圈状的 8 环汽油（辛烷值）的技术变革使更高的压缩比率可以被使用，而且这种昂贵的工艺有市场保证，这使石油工程师可以提炼 100 个辛烷值的航空汽油。因此，美国飞机能够飞得更远，机动更灵活，速度和动力比德国和日本的对手高出 30%。美国提供了 90% 以上的 100 辛烷值航空燃料。长途战斗机的发展使护航掩护可以覆盖至关重要的跨大西洋油轮航线，而这条航线此前曾被德国 U 型潜艇活动摧毁。此外，新型远程轰炸机摧毁了德国的煤气化（费歇尔—特洛普希）工厂。战争结束时，德军指挥官接到命令，要用马匹和骡子运送部队和装备，节省下来的宝贵汽油只被用在战争中。航空胜利使日本使用燃料的战争机器严重受损，他们不得不把世界上最大的战舰留在港口，因为缺乏燃料，他们试图用松节油搭载他们技术先进的三菱战斗机（著名的日本零式战斗机）[15]。

　　战争使美国发生了很大的变化。它是世界历史上唯一一个在战争期间生活水平提高的交战国。经济集中度将会提高，为了支持战争，工会的好战性将会被驯服，妇女和非裔美国人将会以前所未有的数量进入工业生产和文书工作的行列。1939 年的失业率超过 17%。到 1944 年，这一比例降至 1.2%。不仅失业率下降，而且该国的经济实力还吸收了 300 万的新增劳动力，以及 700 多万以前被排除在积极劳动力参工率之外的工人，其中主要是妇女。也许最重要的是，从经济政策的角度来看，罗斯福政府的议程从稳定和社会公平转向越来越多的生产。第二次世界大战见证了增长经济学的诞生。

在政府政策的怂恿下，战时工业集中度提高了。所有采购合同的 2/3 授予了 100 家公司。其中最大的 33 家公司占了所有政府合同的一半。税后公司利润从 1940 年的 64 亿美元上升到 1944 年的 110 亿美元。战争结束时，政府以极低的价格向私营企业移交了 170 亿美元的政府资助的工厂和设备。其中 2/3 被 87 家公司收购。生产技术的变化是产量增加的主要原因。从坦克到飞机，再到自由号轮船，一切都是用机械化的劳动分工建造的，这就消除了 20 世纪 20 年代汽车工业对综合技能的需求，这些综合技能之前已被如此成功地使用。为了应付由于缺乏关键投入和资金过多而引起的价格上涨，价格管理处（OPA）将实行全面的工资和价格管制。尽管如此，战争期间的通货膨胀率为 28%，农产品价格上涨了 50%。共和国初期以来，农场的情况就不那么好了。有组织的劳工因其缓慢增长的工资和"工会会员资格保留条款"中的无罢工承诺而获得奖励。"工会会员资格保留条款"确保了企业"唯工会会员雇用制"，该制度要求将工会会员身份作为雇用条件。工会会费是由公司自己通过工资扣除来收取的。汽油是限量供应。标准"A"优惠券的拥有者每周将收到 1.5~4 加仑不等的汽油，这取决于他们的位置。少数幸运的有"X"优惠券的人（如医生、神职人员）仍然得到无限的供应。1941~1943 年，汽油消费量下降了 30%[16]。

为了给战争提供资金，罗斯福政府提高了税收。降低了最低收入者的免税标准，使大约 1300 万新纳税人进入了这个体系。当代扣所得税的创新首次出现时，他们在工作中支付税收。最高边际税率提高到 94%，因此富人将大部分收入用于缴税。尽管增加了税收，但由于美国将国民生产总值的一半用于战争开支，新税收仅能支付战争成本的 45%。其余的都是借来的。作为爱国义务，劳动人民购买战争债券，由好莱坞演员（包括罗纳德·里根）和流行音乐家等名人出售给他们。商业银行也尽了自己的一份力，他们对国债的购买从 1941 年的不足 10 亿美元增加到 1945 年的 240 多亿美元[17]。1945 年 8 月，这场旷日持久的毁灭性战争结束了。战争的起因主要是为了寻找石油和土地，为不断增长的德国人口种植粮食。美国强大的生产能力让四面埋伏的轴心国难以承受。红军阻止了纳粹向里海油田的挺进。隆美尔的坦克没油了，输掉了北非，为盟军的入侵和胜利打开了大门。日本控制印度尼西亚石油供应的目标从未实现。由于缺乏发动战争机器的燃料，又受到燃烧弹和原子弹的猛烈攻击，日本于 1945 年 8 月 14 日投降，从而结束了战争。日本伟大的海军上将山本幸子曾在美国学习，他明白，由于美国拥有巨大的工业潜力，日本永远无法赢得这场战争。

10.3.1 战后的经济和社会秩序

美国以前所未有的经济、政治和军事实力从战争中崛起。这个国家是世界上唯一的工业强国，因为它的传统对手在战争中遭到了重创，而且它提供了世界上大部分的石油。欧洲城市一片废墟。同盟国债台高筑，而美国是世界上最大的债权国。战争结束时，同盟国在新罕布什尔州的布雷顿森林开会，重新配置国际货币体系。与上一场世界大战的结果不同，没有任何借口说要回到金本位制。金本位制发挥了如此糟糕的作用，并帮助创造了导致下一场战争爆发的贫困条件。美元"和黄金一样好"，巨大的优势流向美国，巩固了其主导地位。基本大宗商品以美元计价，美国无须应对国际价格波动。有足够的资金将美国企业扩展到遭受重创的欧洲和亚洲市场，美国的出口大幅增长，外国直接投资也大幅增长。仅美元就以黄金计价，世界其他货币与美元挂钩。作为回报，美国同意以每盎司35美元的黄金价格兑换外币。为了重建饱受战争蹂躏的欧洲，国际货币会议创立了国际复兴开发银行，简称世界银行。他们将为基础设施的重建提供大规模贷款——道路、桥梁、发电厂、炼油厂、办公楼和工厂。为了提供充足的流动资金，即随时可用的资金，国际货币基金组织应运而生。此外，该基金还负责买卖货币，以便使货币以商定的汇率与美元保持平衡。由于保护性关税和以邻为壑的政策使用使世界贸易枯竭，并在国际上助长了大萧条，会议还制定了关税和贸易总协定（关贸总协定），以鼓励自由和开放的贸易。人们相信，相互贸易的国家不会开战。尽管会议遵循凯恩斯主义路线，但英国代表约翰·梅纳德·凯恩斯提出的建立国际清算联盟的计划并未被接受。凯恩斯的计划提供了一个框架，在这个框架下，拥有巨额贸易顺差的国家将把资金重新分配给拥有巨额贸易逆差的国家，以保持贸易平衡在合理范围内。美国不仅是世界上最强大的国家，它还是世界上最大的债权国。美国代表没有心情采纳凯恩斯的计划，他们有能力阻止其实施。尽管与会者希望有一个功能更全面的世界贸易组织，但关贸总协定就足够了。世贸组织最终于1995年成立。然而，美国确实用自己的马歇尔计划补充了世界银行的资金。

10.3.2 马歇尔计划

马歇尔计划背后的理论思想由乔治·马歇尔将军构想，是经济和政治上的。许多西方国家的政党，如意大利、西德、法国、荷兰，甚至英国，都在战后的混乱中发现了社会主义和社会民主的吸引力。从某种意义上说，马歇尔计划是试图拯救工业化世界的资本主义。

美国向欧洲经济提供了近 90 亿美元，以加强欧洲民主国家的金融市场和生产能力，防止其本土社会主义运动的发展。其中大部分（高达 80%）用于购买美国出口产品。马歇尔计划的制定者认识到，没有任何单一市场经济能够在经济停滞的海洋中蓬勃发展。马歇尔计划让无数年轻学者接受了"美国生活方式"的教育。这也保证了美国公司能够进入以前受保护的殖民地市场。美国还同意为了更大的自由贸易利益而牺牲国内一些正在衰落的工业。当时，这对美国商业的扩张非常有利。美国的外国直接投资从 1950 年的 118 亿美元增加到 1970 年的 760 亿美元。海外业务利润占总利润的比例也从 20 世纪 50 年代初的 7% 上升到了 70 年代初的 21%。与此同时，纽约各大银行高达 46% 的存款来自国外[18]。

在国内，经济形势发生了变化。随着国际经济成为一个利润丰厚的收入和利润来源，大公司开始与劳动力分享更多，以实现劳动和平，并为其产品创造一个国内需求来源。他们既可以获得不断增长的利润，也可以获得不断上涨的工资。在"底特律条约"之后，生产率谈判成为大型工业的模式。由于工资随着生产力的提高而提高，劳动者有很强的动力提高生产力。自从少量的民主被写入工作规则，工资被退休养老金和医疗保险补贴所补充，曾经好斗的工人现在在维护他们曾经与之斗争的制度上有了很大的利害关系。因此，20 世纪 50 年代的生产率（或人均产出）年增长率为 2.9%，60 年代为 2.1%。相比之下，在经济停滞的 70 年代，这一比例降至 0.3%，而在本应繁荣的 80 年代，这一比例"恢复"至每年 1%。20 世纪 50 年代和 60 年代，工资平均每年增长 2.9% 和 2.1%，同期国民生产总值分别以 3.8% 和 4.0% 的速度增长。企业利润依然强劲。

从 20 世纪 40 年代末马歇尔计划实施到 1973 年抵制石油运动，税后利润以每年 7% 的速度增长。在 20 世纪 70 年代的滞胀时期，这一比例降至 5.5%[19]。美国民众在结束战争时，储蓄相对于收入的累积达到了美国历史上的最高水平。工资上涨，失业率下降，物价得到控制，消费受到增税、爱国主义和战争所需大量重要物资的制约。著名经济学家约翰·梅纳德·凯恩斯在《就业、利息和货币通论》中提出，过度储蓄的累积是大萧条的主要原因。但战后的美国并非如此。10 年的经济萧条和 5 年的战争剥夺了美国人的消费，美国人又一次像 20 世纪 20 年代的 10 年一样，处在再次成为消费者的边缘。经济学家称之为"被压抑的需求"。

积累的储蓄加上额外的工人和企业收入转化为不断增长的消费支出，特别是在汽油、汽车和住房方面。从战争结束到 20 世纪 60 年代中期，资本形成以每年 3.5% 的速度增长；从 20 世纪 60 年代中期到 1973 年经济危机开始，资本形成以每年 4.3% 的速度增长。制造业的马力从 1939 年的 499.3 万美元增加到 1962 年的 15149.8 万美元。消费支出总额从 1940 年的 708 亿美元大幅增加到 1950 年的 1910 亿美元，1970 年达到 6176 亿美元。汽油和汽车的消费也增加了。1943 年，也就是战争期间最后一辆汽车被制造出来的那一年，美国只售出了 100 辆汽车，但到 1950 年，660 多万辆汽车被贴上了新标签。滞胀前的数据在 1965 年达到顶峰，当时有 900 多万辆汽车离开了展厅。人们可以看出，对汽车狂热的人群来说，不祥的事情正在发生。到 1970 年，乘用车销量下降到低于 1950 年的水平。住房市场也存在类似的情况。在大萧条最严重的时期，只有 22.1 万套（公共和私人）新住房开工。1950 年，美国的建筑承包商和贸易工人建造了近 200 万套住房。在那之后，无论经济繁荣还是衰退，每年都会有超过 100 万套新房建成。然而，到 1970 年，只有 150 万套新房建成。这些住在郊区的新房主搬到了他们的新家，其中许多人是由于联邦住房管理局的抵押贷款，或者退伍军人管理局提供的更具吸引力的抵押贷款（没有首付，抵押贷款不仅得到了保险，而且得到了担保）。汽油消费从战时的 33.2 万美元飙升到 1970 年的 5.5 万亿美元[20]。汽油价格仍然很便宜，因为当时仍占全球石油产量 52% 的美国相对没有受到全球事件和 1956 年苏伊士运河危机等价格飙升的影响。1950 年，每桶石油价格为 2.77 美元，经通胀调整后为 25.10 美元。直到 1974 年，也就是 20 世纪 70 年代第一次石油危机期间，石油的实际价格才超过这一水平[21]。因此，令人难以置信的廉价燃料资源加速了工业化的全面进展。

10.3.3　中东重要性的出现

美国石油公司加强了它们在至关重要的阿拉伯半岛的地位，该半岛很快成为全球最大的原油来源。1933 年，加州标准石油公司获得了最初的特许权，支付了 17.5 万美元的预付金，如果发现石油，还将额外的 50 万美元支付给伊本沙特国王。加州标准石油公司很快就将德士古公司纳入财团，成立了沙特阿美公司（阿拉伯—美国石油公司）。1933 年，胡佛总统的财政部长安德鲁·梅隆领导的海湾石油公司获得了科威特新发现石油的 50% 的份额，这一特许权将与英伊石油公司（不久将成为英国石油公司）分享。战争结束后，沙特阿美发现它们没有足够的市场运作来处理从沙特油田开采出来的所有石油。他们与新泽西州的标准石油公司（不久将成为埃克森）和纽约的标准石油公司（不久将成为美孚）组成了一个更广泛的财团。沙特阿美克服了壳牌和英伊石油在欧洲市场的垄断地位，对产能过剩的担忧也有所缓解。做多原油、做空市场的海湾石油公司与做多市场、做空原油的壳牌组成了一个财团。扩大生产、提高销售能力的基本条件已经具备。经济增长的时代是建立在一种社会结构的基础上的，这种社会结构的积累与商业优势和大量廉价石油相适应[22]。1991 年，诺贝尔经济学奖得主保罗·萨缪尔森在《石油大博弈》封底所作的推荐简明扼要地阐述了这一问题。"丹·耶金清晰而优雅地探索了全球商业的活力，这种活力帮助塑造了现代经济，并推动了我们所依赖的经济增长。"

紧随其后的战后时期也是非殖民化时代。在整个非洲和亚洲，一个又一个国家获得独立。产油国采取行动，提高李嘉图式租金的份额，或恢复对其宝贵资源的纯粹所有权。19 世纪晚期和 20 世纪早期最初的特许权给了国际石油公司对石油的所有权，以支付最初的付款和商定的每桶使用费。那些做出让步的国家有兴趣让石油公司尽可能多地开采石油，同时提高它们的收入。然而，石油公司从来没有忘记过石油行业的过剩和价格下跌的历史。因此，这些公司有动机将生产限制在他们可以销售的范围内，而这些公司负责生产。上述石油交易导致了一种紧密的寡头垄断，意大利实业家、意大利石油总公司（AGIP）的负责人恩里科·马太伊将其称为"七姐妹"（新泽西标准、纽约标准、加利福尼亚标准、海湾、德士古、英国石油和荷兰皇家壳牌）。您可能还记得，寡头通过限制产量、维持稳定的价格和加强对生产、营销和分销的控制，追求长期利润最大化的战略。新泽西的标准石油公司担心它们在委内瑞拉的特许权会被国有化，于是同意"五五分成"。这笔交易很快就传到了中东产油国，潜在的不稳定局面有所缓解，尽管石油公司付出了更高的代价。版税将按照可能与市场价格不同的官方"原油牌价"支付。在交易进行时，公布的价格普遍高于市场价格，而市场价格由于石油产能的巨大过剩而保持在较低水平。这就把租金的更大份额转移到生产国。然而，美国政府为美国石油公司提供了帮助，因为美国税法中的一项条款缓解了成本上涨的压力。该条款允许石油公司将新缴纳的租金计入税收，并从它们在美国的承付款项中扣除。石油行业的稳定基本上是由美国公民买单的。但石油价格低廉，储量丰富，收入不断增加。在美国没有发生税收叛乱。然而，正如我们在第 6 章中看到的，新的竞争形式可以破坏寡头垄断结构的稳定。希望进入中东生产的独立石油公司，如美国盖蒂石油公司和恩里科·马太伊的 AGIP，只是提供了更大份额的租金作为进入价格。生产国的殖民从属时代开始结束。然而，石油公司和政府对新的租金分摊计划的默许，为未来几年提供了稳定[23]。

10.3.4 经济增长的时代

战争结束时，重建繁荣时代的一切准备就绪。美国公司获得了广阔而有利可图的国际市场。几乎没有任何外国公司能够与之进行有效的竞争。美国是世界上经济和军事最强大的国家。世界货币体系是以美元为基础的。美国工人的工资随着生产力的提高而增长。其结果是，生产率的增长，其中很大一部分来自廉价石油的应用[24]，推动了盈利能力的提高，而工资的提高，以及历史上前所未有的储蓄，成为消费爆炸式增长的基础。这场战争比任何事情都更证明了凯恩斯主义经济学——基于赤字支出和公共基础设施融资的有效性。在这个时代，美国凯恩斯主义者，现在把他们的方法称为"新经济学"，开始把凯恩斯的著作从一个基于不确定性和投机问题的理论转变为经济增长的先驱。

1945 年是美国历史上罢工人数最多的一年，因为工会试图弥补工资控制和战争期间签署不罢工承诺所造成的损失。在美国汽车工人联合会和通用汽车签订了被称为"底特律条约"的集体谈判协议后，对生产率谈判和有限的资本—劳动力协议的普遍接受部分解决了这一困境。国会还不顾杜鲁门总统的否决，通过了《国家劳工管理法》（更广为人知的是《塔夫特—哈特利法》），限制了工会的权利。此外，国会在新经济学家的建议下采取了行动，以应对人们的担忧，即一旦 1946 年通过的《就业法案》结束了对战争的刺激后，大规模失业将会出现。这项措施最初是参议员罗伯特·瓦格纳提出的"充分就业法案"。瓦格纳的提议赋予每个美国人法定的工作权利。如果他们在私营部门找不到工作，政府将为他们创建一个工作，就像他们在大萧条时期在工程进展管理局（WPA）的赞助下所做的那样。该法案将由对雇主征税来支付。毫不奇怪，美国商界反对这项法案。他们不仅不喜欢对他们征税，而且普遍认为，如果没有解雇工人的权力，就不可能提高劳动纪律和生产率。最终的立法是政治妥协的结果。该法案要求政府推行能够"合理"实现充分就业、稳定物价和经济增长的政策。增长将是实现另外两个目标的机制。经济学家塞缪尔·鲍尔斯、戴维·戈登和托马斯·韦斯科普夫认为，这使劳工运动的传统目标——充分就业和收入再分配——陷入了僵局，取而代之的是经济增长的迫切需要[25]。该法案还要求总统向国会提交年度经济报告，并要求成立一个经济顾问委员会。

走向经济增长战略的运动，从经济顾问委员会（CEA）的工作开始，尤其是在莱昂·基瑟林于 1949 年升任主席之后，在凯恩斯的著作中根本没有明显体现出来。随着婴儿潮带来的人口增长，军事技术开始影响平民世界，随着以前的农田被改造成郊区住宅，新的疆域出现了。在凯瑟琳的想象中，增长可以实现两个超出理性充分就业的目标。如果经济增长，可以在不提高税收、不从高收入者那里拿走税收的情况下，向社会收入分配底层的人提供更多，这可能会对生产和利润产生负面影响。理事会坚定地认为，只有增长才能"把社会公平和经济激励之间的古老冲突降到可控的程度，在充满活力的经济中，这一冲突阻碍了企业的进步"[26]。随着经济蛋糕越来越大，好处可以更容易地与更多的经济部门分享。增长的另一个必要条件是冷战的需要。1949 年苏联引爆了一颗原子弹，1950 年杜鲁门总统指示国务院和国防部为新的世界现实制定一套新的优先事项。由国家安全委员会编写的最终文件是 NSC-68。经济增长是该战略的核心。只有通过经济增长，美国才能实现其国内的优先目标，即实现合理的充分就业和稳定的物价，但与此同时，为其武装"友好"附属国的新军事目标提供资金，而这正是"杜鲁门主义"的核心。然而，杜鲁门对经济增长的态度有些温和，而后来的总统德怀特·艾森豪威尔则相当冷淡，更倾向于采取价格稳定的策略。自由增长议程的真正时代将出现在约翰·肯尼迪和林登·约翰逊担任总统期间。

那个时代的"新经济学家"相信，他们已经征服了商业周期，经济衰退和萧条将成为历史。通过财政政策（税收和支出）和货币政策（货币供给和利率），新经济学家可以对经济进行微调，仿佛它是一台运转良好的机器。如果经济表现疲软，政府可以刺激经济，增加的支出将转化为产出和就业的扩大。如果物价上升到令人不安的水平，通胀将受到支出或经济可用资金数量微小下调的控制。此外，通货膨胀只有在实现充分就业之后才会发生，而这是由于需求超过了经济在充分就业时所能产生的需求。因此，需求的任何减少都会降低价格，但不会降低就业，至少在理论上是这样的。在政策方面，自由增长议程基于三大支柱。

目前的生产必须与现有的生产能力相平衡。这是通过肯尼迪—约翰逊减税政策扩大需求实现的。成本与工资—价格指南保持一致，并利用总统的权力说服工会领导人调解他们的工资要求。这被称为"强烈呼吁"。最后，鼓励投资刺激了增长。政策工具包括加速折旧和肯尼迪著名的投资税收抵免。20 世纪 60 年代，他们的政策取得了令人印象深刻的成果。到 1966 年，失业率不到 4%，实际国民生产总值（经通货膨胀调整后）以每年 5% 的速度增长，通货膨胀率仍然很低。美国贫困人口比例从 1960 年的 22.4% 下降到 1966 年的 14.7%。投资的增长推动了这一繁荣，经通胀调整后的私人固定投资总额从 1959 年的 2700 亿美元升至 1966 年的 391 美元。唯一顽固的矛盾是不平等程度，美国的收入分配不平等程度是瑞典的四倍多，是苏联的两倍。但是，增长政策必须优先于分配政策。林登·约翰逊总统认为，再分配政策注定会失败，因为它们违背了清教徒的职业道德，将是一场政治灾难，也违背了增长议程。因此，向贫困宣战的方向是提高穷人的生产力，而不是维持收入。尽管不平等依然存在，但许多传统上被排除在繁荣之外的人的生活条件确实开始随着经济增长而改善。战前，黑人男性的收入仅占白人男性的 41%，黑人女性的收入仅占白人女性的 36%。到 1960 年，这一数字一直在上升，黑人男性的收入占白人男性的 67%，黑人女性的收入占白人女性的 70%。战后的繁荣是建立在与有组织的劳工、民权运动和妇女运动的一系列增长联盟的基础上的，这些增长联盟的战略是以经济扩张为基础达到顶峰的，经济扩张的程度足以容纳这些组织。在那个时代，更大一部分人口相信政府的明智行为会使他们受益，而在 21 世纪早期，人们认为这只是普遍做法[27]。

只要繁荣的物质条件、国际霸权、劳动和平与生产力的提高、廉价的石油以及国内激烈竞争的限制仍然存在，扩张性的货币和财政政策就能在价格稳定的情况下实现增长。然而，到了 20 世纪 70 年代，早期行动的成功导致了战后社会积累结构的消亡。到了 20 世纪 70 年代，国内石油产量达到顶峰，欧洲和日本在生产率方面赶上了美国，通货膨胀与失业率一起上升，工资开始下降，随着经济变得全球化和更具竞争性，就业岗位开始流失。

10.3.5 石油峰值和滞胀

关于滞胀时代已经写了很多文章，本章将对其中一些进行回顾。然而，在主要关注社会力量和积累与增长的内部限制的经济学文献中，往往缺少的是外部生物物理限制的出现。正是在 20 世纪 70 年代，以石油峰值为形式的生物物理极限开始影响世界经济和政治。正如 M. 金·哈伯特的预测，国内石油产量在 1970 年达到顶峰。然而，对石油的运输、取暖需求继续以每年约 3% 的速度增长。以廉价石油为基础的经济持续快速增长的时代暂时结束，在美国和其他地方引发了长达十年的萎靡不振，其特征不仅是经济停滞和高失业率，而且物价也在上涨。石油危机并不是突然发生的，但在 1973 年发生的一系列事件，是在整个战后时期形成的，在严重影响美国的第一次能源危机中达到高潮。

20 世纪 50 年代，世界石油工业的不稳定与美国石油工业历史上的不稳定有着同样的原因：新发现的大量石油、市场供过于求、价格不断下跌。非社会主义世界的原油产量从 1948 年的 870 万桶/天上升到 1972 年的 4200 万桶/天，主要是由于波斯湾地区石油的发现。因此，尽管美国的总产量增加了，但同期美国产量占比从 64% 降至 22%。除社会主义国家外，世界探明储量从 620 亿桶增加到 5340 亿桶。此外，更多的苏联石油进入了世界市场。到 1960 年，苏联的石油产量几乎占中东的 60%。这超过了国内需求，石油进入了世界市场，给市场价格带来了额外的下行压力。1959 年 4 月，利比亚发现了大量高质量低硫原油（轻质低硫原油），到 1965 年，利比亚已成为世界第六大产油国。结果是更加激烈的竞争和价格下跌。但石油公司必须根据官方公布的价格向产油国支付特许权使用费，而官方公布的价格并没有随着供给的增加而下降。结果，他们的利润率下降了。1960 年 8 月，新泽西标准石油公司单方面公布将价格下调 7%，激怒了石油生产国。在沙特阿拉伯和委内瑞拉石油部长的推动下，石油生产商打算成立一个类似得克萨斯铁路委员会的机构，按货运比例分配，并允许它们控制油价下跌。

9 月，石油输出国组织（OPEC）诞生[28]。

　　政治动荡在 20 世纪 60 年代末袭击了中东。1967 年，以色列入侵埃及。沙特阿拉伯从世界市场上撤出他们的石油，企图在欧洲和美国的以色列支持者中制造短缺和经济不和。然而，这一战略是无效的，主要导致了沙特的收入下降。世界石油生产和美国仍有足够的闲置产能来弥补差额。这种情况很快就改变了。此外，在 1969 年的一次政变中，上校穆阿迈尔·艾尔—卡扎菲推翻了伊德里斯国王。新政府要求大幅提高石油标价，并命令石油公司减产。由于苏伊士运河仍处于停运状态，穿越地中海的快速航行增强了利比亚的实力。此外，横贯阿拉伯的油管线（或塔线）被推土机破坏，使石油运输更加困难。这为发展中国家之间竞争性的价格上涨创造了条件。伊朗在 1970 年提高了石油价格，委内瑞拉和利比亚紧随其后。谈判结束时，公布的价格已经上涨到 90 美分/桶。到 1970 年，美国基本上已无力控制局势，因为它已不再拥有克服中东事件的多余能力。美国石油产量在 1970 年达到顶峰，每天略高于 1100 万桶，尽管钻探活动增加、新石油的发现和巨大的政治压力，美国的石油产量再也没有增加过。

10.3.6　决定性的 1973 年

　　1973 年 9 月，上校卡扎菲对在原来的政变中未被征用的剩余公司进行了国有化，比例达到 51%。他并不担心会遭到报复，因为已经没有多余的能力来克服他的行动。欧洲对利比亚轻质低硫原油实在是太饥渴了。但与接下来一个月发生的事件相比，这一努力显得微不足道。在伊斯兰世界的斋月期间，以及以色列最高的宗教节日赎罪日，埃及新总统安瓦尔萨达特与叙利亚一道，对以色列发动了突然袭击。萨达特的部队即将击败以色列人，因为以色列人的弹药和物资已经所剩无几。如果不补给他们，他们就会在军事上失败。美国试图保持补给工作的低调，但冷战逻辑要求补给，因为苏联已经为埃及和叙利亚军队提供了武器，而且正在再补给。计划是在黑暗的掩护下让他们的大型运输船着陆。然而，亚述尔群岛加油站的恶劣天气推迟了行动，美国飞机在光天化日之下降落。以色列重新集结，避免了失败。但事件的规模很快就扩大了。沙特阿拉伯对美国的再供应努力感到愤怒，呼吁对以色列的支持者（尤其是美国和荷兰）进行石油抵制。沙特呼吁全世界每月减产 5%，完全切断美国和荷兰的石油供应。他们威胁沙特阿拉伯国家石油公司的合作伙伴，如果把一滴石油运回家，就会失去特许权。有趣的是，是美国石油公司自己实施了抵制机制，而不是沙特政府。就在 1967 年，把石油从世界市场上清除出去，这一事件还没有成为阿拉伯国家的政治武器，因为世界市场上有足够的闲置能力来克服它们的努力。一旦世界上主要的无拘束产油国——美国的产量达到顶峰，情况就不再是这样了。沙特每天从全球石油供应中撤出约 1600 万桶，其他产油国的闲置产能不足，无法弥补缺口。伊朗增加了约 60 万桶石油出口，但他们和其他一些国家无法弥补沙特的撤离。总而言之，全球石油供应下降了约 14%。

在美国，由于沙特阿拉伯的抵制行动取得成功，世界石油价格上涨，汽油价格上涨了三倍。首先，当 1970 年国内石油产量达到峰值时，美国的石油进口量从 320 万桶/天增加了近一倍，至 1973 年的 620 万桶/天。在 1973 年 10 月战争之前，公布的价格是每桶 5.40 美元。到同年 12 月，油价已高达每桶 22 美元。汽油长队成了美国人生活的一个特色，因为开车的人常常要等好几个小时才能买到汽油，而当他们到达加油站时，却发现加油站的汽油已经卖完了。来自全国各地的呼声要求采取行动增加供给。然而，石油公司不再只是美国的企业家，而是跨国公司，他们试图在不同的市场中平均分配困难。对任何特定的国家都不会有特别待遇，特别是美国。爱国主义并不包括阿美石油公司的美国合作伙伴在沙特失去特许权的潜在损失。由于水门事件的曝光，美国总统理查德·尼克松被卷入其中，失去了工作。然而，油价上涨的影响对他的新经济政策造成了严重破坏，他的新经济政策旨在打破多年来一直出现的滞胀幽灵，而能源价格上涨严重助长了滞胀[29]。

10.3.7 自由增长议程的终结

自由主义的增长议程基于这样一种理念：政府应该刺激经济增长，但也有能力"微调"经济，以管理失业和通胀。这种意识形态和一系列政策在 20 世纪 70 年代分崩离析。1973 年的能源危机并不是削弱美国经济的唯一力量。事实上，战后繁荣的支柱都在崩溃。石油生产国的崛起只是"美式和平"终结的一个标志。还有很多其他的。欧洲和日本，这两个曾经饱受战争蹂躏、处于冲击状态的地区，在工业产出方面赶上甚至超过了美国。贸易条件，即出口价格与进口价格之比，从接近平价的水平升至 1972 年的 1.3:1。到 1979 年，这一比例跌至不足 1.1:1。尽管进口成本不断上升，但进口从 1948 年占国民生产总值的 4% 上升到 1972 年的 10%。1955 年，美国占世界出口总额的 32%。1972 年这一比例仅为 18%。战后的货币体系是以法定货币为基础的，一国货币的价值取决于其生产力和政治稳定。美国的生产力增长，在 20 世纪 50 年代的年平均增长率为 2.7%，到了 70 年代下降到 0.3%。随着石油价格的上涨，可以证明美国不再在买方市场买进，也不再在卖方市场卖出。此外，冷战时期军费开支的扩大，加上流向外国直接投资的资金外流，加剧了美国的国际收支状况的恶化。布雷顿森林协定授权美国以每益司 35 美元的价格将外汇储备转换为黄金。到 1973 年，未偿债权超过了美国的黄金储备。理查德·尼克松"关上了黄金之窗"，布雷顿森林协定随之崩溃，从而终结了美元的主导地位及其所有好处。不久，全球寡头竞争空前加剧。美国企业处于孤立的寡头垄断地位的日子即将结束，企业利润的下降反映了这种状况的终结。非金融行业的税后企业利润在 1965 年平均为 10%，到 1973 年下降到不足 3%。

随着生产率的下降和国际主导地位的削弱，美国公司再也"负担不起"为支持资本—劳工协议而建立的昂贵的劳资和平机制。获得能源的机会减少是生产率增长下降的一个主要因素，而资本—劳动力协议依赖生产率的增长。20 世纪 80 年代，住房建设领域开始了一场"开放商店运动"，无数专门从事"无工会管理"的咨询公司也出现了。结果，工资开始下降。在 1948～1966 年的长期扩张中，小时收入以每年 2.2% 的速度增长，而在 1966～1973 年抵制石油运动期间，小时收入仅以每年 1.5% 的速度增长。失业率从 1968 年的 3.6% 开始上升，到 1972 年达到 5.6%。自长期繁荣以来，美国经济承受的压力一直在增加，表现为经典的凯恩斯主义的"需求拉动型通胀"。随着经济接近充分就业，军事开支以及消费和投资的增加，开始增加对国民产出的要求，使其超过了生产能力。联邦预算赤字从 1970 年的 28 亿美元增加到 1973 年的 234 亿美元。美国联邦储备系统通过保持低利率和随时可获得的信贷，为蓬勃发展的经济提供了便利。政府还降低了营业税，以保持经济扩张和刺激进一步投资。当时只是"太多的钱追逐太少的商品"，通货膨胀率从 1964 年的 1.3% 上升到 1966 年的 3%。1965 年，林登·约翰逊总统的顾问建议要么增加税收，要么减少开支。这两种策略都不符合约翰逊的政治或经济目标。美国联邦储备理事会确实短暂收紧了信贷，但在"信贷紧缩"重创汽车、建筑行业和房屋建筑等依赖信贷的行业后，该策略很快被放弃。

根据菲利普斯曲线，理查德·尼克松当选总统后，开始策划一场温和的衰退，以降低通胀，失业率开始上升。然而，经济衰退是短暂的。由于有其他问题要处理（例如，国际金融的麻烦和迫在眉睫的石油危机），尼克松再次推行扩张性财政政策。政府赤字从 1971 年的 113 亿美元上升到 1972 年大选前的一个季度的 236 亿美元。失业率下降，尼克松再次当选，宣布他现在是一个凯恩斯主义者，这让他的保守派支持者懊恼不已。然而，短暂而温和的衰退并没有从经济中消除通胀压力。物价继续上涨，但一种新现象即将出现：高失业率背景下的物价上涨。1974 年接替理查德·尼克松成为美国总统后，杰拉尔德·福特和他的顾问打着"立即遏制通胀"的旗号，推行了一项紧缩政策。减少开支，增加税收，以产生预算盈余，对总需求产生了下行压力。此外，油价上涨（通常被称为石油输出国组织的税收）又从经济中削减了 26 亿美元的购买力。尽管支出减少，物价继续上涨，到 1974 年通货膨胀率平均为 11%。美联储也收紧了信贷。通货膨胀率略有下降，1975 年为 9.2%，到 1978 年进一步下降到 7.8%。但 1976 年，由于紧缩政策的影响，失业率上升到 7.7%[30]。

传统的需求管理实践已不再有效。如果政府扩张，经济通胀将恶化，但无法实现充分就业。如果政府实施紧缩政策，失业率就会飙升，而不会消除通胀。政治经济学家的结论是，美国经济正遭受一种完全不同形式的通胀，即所谓的"成本推动"的通货膨胀。在这种通胀中，价格上涨导致企业成本上升，而企业成本上升又以价格上涨的形式转嫁给消费者。寡头垄断势力依然强大，企业能够将不断上涨的能源成本转嫁到更高的价格上。资本—劳工协议的最后残余以生活成本调整（COLA）条款的形式出现在工会合同中。当企业以更高的价格转嫁成本时，工人的工资就会自动上涨。此外，寡头垄断早已不再依赖市场来决定价格。相反，他们设定了一个目标利润率，并提高了成本，试图实现他们的目标。当国家的货币当局提高利率时，企业就可以简单地提高价格。因此，限制性货币政策和高利率加剧了通胀螺旋，而不是降低了通胀[31]。20 世纪 70 年代的十年仍然是停滞不前的十年。新经济学家政策的无效并没有随着 1976 年民主党总统吉米·卡特的当选而改变。1978 年，失业率下降到 6.1%，但这一周期性峰值的失业率高于 20 世纪 50 年代和 60 年代衰退低谷时期的失业率。卡特试图通过解除对航空业的管制来解决结构性通货膨胀的问题，希望释放竞争的力量。然而，直到 1978 年，通胀率一直在 5.75%~7.6% 波动，而 1978 年的通胀率本身就处于战后历史高位。但在 1979 年，情况发生了迅速的变化，通货膨胀再次受到油价的推动。

10.3.8　决定性的 1979 年

1953 年，美国中央情报局帮助策划推翻了伊朗总理穆罕默德·摩萨德的统治，伊朗国王进行了快速的现代化计划。这种现代化导致了许多与快速增长相关的经济问题：交通堵塞、物价上涨、城市污染和收入不平等。1979 年，国王的帝国瓦解了。最初出现了一种温和的社会民主政府形式，但很快被富有魅力的神职人员鲁霍拉·霍梅尼所取代，后者随后宣布成立伊朗伊斯兰共和国。在沙阿政权的最后日子里，伊朗石油工人罢工，使生产陷于瘫痪。出口从每天 450 万桶下降到不足 100 万桶。到 1978 年圣诞节，石油出口完全停止。油价上涨了 150%，引发了恐慌，导致投机活动进一步增加。沙特阿拉伯和其他 OPEC 国家增加了自己的石油产量，但石油短缺确是真实的[32]。当沙特担心增产会损害油井、降低产量时，油价再次飙升。伊朗学生占领了美国大使馆。救援失败的责任落在了卡特总统身上，他试图在实施紧缩计划的同时，以中间立场执政。他对美国人民说，"生活是不公平的"，在白宫屋顶安装了太阳能电池板，调低了恒温器的温度，并敦促他的同胞也这样做。许多人没有心情听。1979 年早些时候，在三里岛，宾夕法尼亚州的哈里斯堡郊区，卡特不得不处理萨斯奎哈纳河的一座核电站的部分核心熔毁事故。美国能源的未来充满了不确定性，经济正处于又一次"油被价驱动"的衰退的边缘。卡特只担任了一届总统，就从中吸取了惨痛的教训：在紧缩时期，中间派会向右翼靠拢。1980 年的选举中，现任总统卡特与前演员、加州州长罗纳德·里根展开竞争。里根以压倒性的优势获胜，他承诺"早安美国"将回归。他的经济计划旨在恢复失去的美国霸权，控制劳动力和能源成本，提高企业利润。

10.3.9　供给派经济学的出现

里根时代的经济计划旨在提高公司利润，降低通货膨胀，恢复美国在世界上的力量。他们的记录好坏参半。利润从未增加，其代价是公共和私人债务激增，不平等加剧。政策重点是经济平衡的供给方面。仅刺激总需求就导致了通货膨胀，而没有减少失业。当时的想法是，如果降低企业成本，增加获得资本的渠道，总供给的增加将扩大产出，同时降低价格。为了实现这一目标，里根政府推出了一个相互关联的五点计划。保守的社会计划，加上最近的油价上涨，触发了1981～1982 年大萧条以来最严重的经济衰退。供给侧方案的内容包括：

使用限制性货币政策来产生高利率并引发另一场衰退，主要是为了提高失业率来约束劳动力。

进一步恐吓或消除工会，以减少以工资为基础的通货膨胀，提高企业挪用生产力收益的能力。

放松对商业，特别是金融的管制，以恢复竞争。这还需要废除环境法和工人安全法，以进一步降低企业成本。

增加不平等程度，以便将收入和财富重新分配给富人和公司。这是通过修改税法实现的。

重新军事化和恢复侵略性的、单方面的军事政策。

美国前总统吉米·卡特任命保守派央行行长保罗·沃尔克担任美联储主席，试图抑制通胀，并支撑美元汇率。1978 年，银行间隔夜拆借利率（称为联邦基金利率）为7.9%。例如，其他总统曾尝试过紧缩的货币政策（也被称为紧缩货币），但在失业率上升时放弃了这一尝试。但在里根时代，紧缩货币并未被抛弃。1981 年，联邦基金利率上升到16.4%，住房抵押贷款利率上升到近20%。失业率从1979 年的5.8%上升到1982 年的9.5%。同一时期，每10000 家企业的倒闭率从 27.8% 上升到 89.0%。经济学家塞缪尔·鲍尔斯、大卫·戈登和托马斯·韦斯柯夫将这种政策称为"货币主义者的冷水浴"。

里根政府还延续了卡特时代放松管制的实验，发起了一场公众运动，让美国公民相信，监管已经过时，而且烦琐。正如我们在前一章中看到的，较老的监管机构，如州际商务委员会，是在企业的要求下成立的，目的是控制残酷的竞争。在大萧条时期，美国的银行受到监管，试图遏制金融危机。里根政府转向解散较新的监管机构，如环境保护局（EPA）和职业安全与健康管理局（OSHA），他们认为这是企业成本增加的主要原因。他们的工作人员被裁减，里根任命詹姆斯·瓦特领导内政部。瓦特认为环保主义是"危险的激进主义"。1981～1983年，监管支出下降了 7%，员工减少了 14%。货币主义"冷水浴"导致的高利率带来了"金融去中介化"问题。在大萧条时期，储蓄和贷款等储蓄机构被允许支付比商业银行更高的存款利率（法规 Q），作为回报，它们只能贷款购买房屋和公寓。但利率的上调使法规 Q 的监管变得无关紧要，因为存款离开储蓄银行在其他金融市场寻找更有利可图的回报。1982 年的甘恩·圣哲曼储蓄机构法允许储蓄银行支付市场利率，并将资金投资于投机性住房项目。因为需要数十亿美元的救助资金，在里根的继任者乔治·H. W. 布什担任总统期间，该体系戛然而止。此外，到 1986 年，银行业的兼并比其他任何行业都多。

作为一名候选人，罗纳德·里根站在新罕布什尔州康科得州议会大厦的台阶上，宣布美国要变得更富有，富人就必须变得更富有。实现这一目标的方法是降低税法的累进性，累进性指富人按比例缴纳更多的所得税。有效公司税税率从 1980 年的 54% 下降到 1986 年的 33%。1981 年的《经济复苏法案》，也就是著名的肯普—罗斯减税法案，将高收入者的最高边际税率从 70% 降低到了 50%，并在三年内将总税率降低了 23%。它还降低了遗产税，允许加速折旧，并降低了约 1500 亿美元的公司税。政府收入减少了 2000 亿美元。结果，美国的收入分配发生了变化，更加有利于上层社会。衡量总体收入不平等的基尼系数在里根政府执政期间从 0.406 升至 0.426。系数越大，不平等程度越大。收入最高的 1% 人口所占的比例从 1981 年的 8.03% 上升到 1988 年的 13.17%。收入最高的 0.01% 的人所占的比例从 0.65% 上升到 1.99%。这本来是为了在刚刚放松管制的经济中释放投资资金。不幸的是，投资的激增并没有到来。

最后，供给派议程的最后一项内容是增加军事开支。这几乎不是供给派经济学，而是通过增加政府支出来扩大需求的老派做法。麻省理工学院经济学家、《新闻周刊》专栏作家莱斯特·索罗甚至称里根为"终极凯恩斯主义者"。军事开支占国民生产总值的比例在越南战争最激烈时达到 9.2% 的峰值，但此后有所下降。但在 1979～1987 年，经通胀调整后的军费开支增加了 57%。里根政府有明确的冷战目标。他们认为苏联为了跟上美国的开支会破产，他们是正确的。军费开支的增加加上石油收入的下降是里根总统任期结束时苏联解体的主要经济原因。但军事开支的增加也意在增强美国在日益好战的世界中的实力。例如，美国在格林纳达进行了军事行动，选出了一位温和的社会主义总统（莫里斯·毕晓普）。人们希望，军事力量的增强将恢复"美式和平"的时代，并将强势美元和低原材料价格带来的好处带回该国[33]。因此，尽管经济在20世纪80年代扩张，但不可能将其归因于减少富人的税收负担或凯恩斯主义。相反，通往繁荣的道路是由低油价铺成的。

鉴于这些目标，里根时代的宏观经济表现产生了好坏参半的结果。通货膨胀率下降，从1980年13.6%的高位下降到20世纪80年代中期的每年3%~4%。自"洗冷水澡"政策达到顶峰以来，针对工会的攻击在降低工资增长率和利率下降方面效果显著。很少被提及，但相当重要的是，油价下跌在控制成本推动型通胀和导致苏联解体方面发挥了作用。20世纪70年代中期，在墨西哥和英国、挪威之间的北海发现了更多的石油资源，这些都超出了欧佩克的控制。1975年，北海的第一批石油流入英国。1972~1974年，在墨西哥东部沿海的坎佩切湾发现了石油。这些油井产量充足，足以满足墨西哥自己的需求，并开始向世界市场出口石油。自20世纪60年代末以来一直被搁置的跨阿拉斯加输油管道于1977年完工。随着阿拉斯加石油管道的建成，石油产量从1976年的每天20万桶飙升到1988年的每天200多万桶。自1988年阿拉斯加石油产量达到峰值以来，到2008年，阿拉斯加的石油日产量已降至70万桶。价格进一步下降的压力来自可替代能源的发展：欧洲的核能、天然气和煤炭，以及能源价格上涨带来的节约。到20世纪80年代中期，日产能已达到1000万桶。这些力量促使欧佩克降低了石油价格。到1985年，油价已跌至每桶10美元，降低了成本推动型通胀的压力[34]。苏联的石油收入占其总收入的1/3，被剥夺的石油收入再也无法维持军费开支，尤其是在阿富汗战争失败后。苏联体系很快就结束了。

由于收入支持的减少和反工会的氛围，工人工资的增长率确实下降了，1979~1990年平均每年下降0.6%。不幸的是，生产率增长（或工人每小时产出的增长）也几乎同样缓慢，同期的年增长率仅为1%。因此，尽管企业利润从1981年的低谷反弹，但在里根政府末期，企业利润基本上并不比停滞的20世纪70年代初高。真正的利润增长将不得不等到比尔·克林顿执政时期[35]。也许里根时代经济政策最消极的后果就是债务的激增。

在20世纪80年代，联邦预算赤字大幅增加，原因是税收减少、与货币主义"冷水浴"相关的高利率以及联邦支出的扩张。1981年，康普罗斯减税成为法律，以及1988年（里根执政的最后一年）当税收收入占国民生产总值的比例从

15.7%下降到14%，在同一时期内，军费开支从占国民生产总值的5.3%提高到6.1%，而利息承付款项从2.3%上升到3.2%。联邦政府在教育和基础设施方面的支出下降。考虑到军费和利息支出的增加，联邦政府的规模并没有像新自由主义目标那样下降。相反，它从1979年占国民生产总值的20%上升到1981年的22%，一直持续到1987年。赤字从1981年的790亿美元增加到1990年的2210亿美元，现在仅占国民生产总值的2.5%[36]。此外，放松金融管制的努力使银行和其他金融机构得以增加自己的债务，尽管里根政府的结构性改革让位于21世纪初规模大得多的金融爆炸。反托拉斯法的放松、通货膨胀的下降和利率的下降，一旦"冷水浴"冲击疗法完成，就为20世纪80年代的另一场并购运动提供了动力。1970~1977年，并购活动达到了平均每年160亿美元。合并活动的值在1981~1983年增加到每年700亿美元，1985~1987年增加到1770亿美元。在前25宗并购交易中，有11宗涉及石油公司，这些石油公司要么是买家，要么是卖家。事实上，过去10年最大的5宗并购案是石油公司并购案，其中最大的并购案是1984年以134亿美元收购加州标准石油公司，以及同年德士古以101亿美元收购盖蒂石油公司。其他兼并集中在食品工业、零售贸易和保险业。跨境并购在数量和规模上都有所增加，法国石油巨头埃尔夫收购得克萨斯海湾公司就是一个例证[37]。总的来说，经济，特别是石油工业，从20世纪80年代开始作为一个更加集中的经济出现，在不过分牺牲当前和未来盈利能力的情况下，能够更好地承受价格下跌带来的竞争压力。

里根的继任者老布什也试图推行同样的政策，尤其是在保持低税率方面。然而，赤字不断攀升，1985年通过的《格拉姆－鲁德曼－霍林斯平衡预算和紧急赤字控制法案》进一步限制了这位新总统。该法案对联邦开支施加了有约束力的限制，并限制了进一步赤字的产生。布什竞选时承诺不征收新税，但在石油资源丰富的伊拉克发动战争所需的军费开支，有可能使赤字扩大到超出格拉姆－鲁德曼－霍林斯的限制。布什不情愿地同意增税，结果共和党的保守派抛弃了他。这不仅为民主党人比尔·克林顿的当选奠定了基础，也为保守派对共和党影响力的复苏奠定了基础。克林顿注定要继承里根革命的遗产。作为一个自由主义者，克林顿竞选的基础是通过增加劳动生产率的供给侧措施来恢复经济增长。其中最主要的是对教育和基础设施的公共投资。不过，克林顿的顾问们有一个相互矛盾的议程，那就是削减预算赤字的规模，以保护美国金融市场的完整性。美国的金融市场越来越容易受到国际要求和压力的影响。赤字鹰派人士辩称，巨额赤字限制了长期增长，占用了稀缺的国际资本，并导致利率上升，联邦预算中有更大一部分用于支付利息。赤字鹰派赢得了胜利。不会有任何大规模财政刺激措施通过公共投资出台。虽然克林顿竞选小册子的标题是"把人民放在首位"，但他的政策把债券市场的需求放在首位。经济增长路径将仅靠货币政策来微调，美联储奉行的实质上是"适应性"的扩张性"宽松货币"政策。

在克林顿的第二个任期内，赤字转为预算盈余，盈余从 1998 年的 693 亿美元上升到 2000 年的 2362 亿美元。1999 年，克林顿还签署了金融服务现代化法案，废除了 1933 年的格拉斯－斯蒂格尔法案。商业银行不再与投资银行分离。该法案为另一场合并运动提供了动力，这次运动涉及金融服务的合并。花旗银行与旅行者保险公司合并成立花旗集团。富国银行与西北银行合并，提供无数金融服务，美国运通将其产品线扩展到几乎所有的理财领域。该法案还保证了对冲基金将永远不受监管。由于放松了对银行和金融服务的管制，债务开始扩大。工资增长仍然很低，整个 20 世纪 90 年代平均每年只有 0.5%。此外，由于计算机化和互联网早期带来的技术变革，也就是通常所说的"互联网"泡沫，经济正在扩张。大多数科技股都是在全美证券交易商协会自动报价指数（或 NASDAQ）上交易的。1994 年纳斯达克指数低于 1000 点。到 2000 年，这个数字已经攀升到5000 多。

然而，始于里根时代的债务扩张仍在继续攀升。当绝大多数人的工资和收入增长缓慢时，增加支出的唯一途径就是增加获得信贷的机会。1990～2000 年，国内生产总值从 5.8 万亿美元增加到 9.8 万亿美元。然而，未偿债务从 13.5 万亿美元增加到 26.3 万亿美元。在此期间，美国家庭债务几乎翻了一番，从 3.6 万亿美元增至 7 万亿美元，但金融公司债务从 2.6 万亿美元增至 8.1 万亿美元，增长了两倍多。经济似乎是在金融投机的推动下运行的，如信贷的容易获得，以及相对便宜的石油。在克林顿执政期间，油价总体上保持稳定，而且相对便宜，使财政收入可以用于削减赤字，而不是增加石油成本。克林顿上任时，油价不到每桶 20 美元，卸任时，油价仍维持在每桶 30 美元的水平。石油产量也保持高位，每天在 2500 万～3000 万桶。克林顿执政期间，既没有出现汽油价格飙升，也没有出现能源危机。

克林顿还承诺结束"我们所知道的福利"，并签署了 1996 年的《个人责任和工作机会和解法案》。作为一项应得权益计划，该法案基本上终止了福利（或对有子女需要抚养的家庭的援助）。AFDC 被贫困家庭临时助理人员（TANF）所取代，受助人需要工作才能挣到他们的支票。这项新法律旨在恢复美国的职业道德，并有助于减少赤字。用 2006 年美元计算的，经通货膨胀调整后的平均每月福利金（AFDC 或 TANF）从 1977 年的每月 238 美元下降到 2000 年的每月 154 美元。不出意料的是，随着金融并购的增加、股市的科技泡沫、举债机会的增加、福利收益的减少以及工资的缓慢增长，不平等程度也在加剧。2015 年，基尼指数从 0.454 升至 0.479。这意味着克林顿执政的每一年都比里根执政的每一年表现出更大的收入不平等。与此同时，收入最高的5%人群在总收入中所占的比例从21%升至22.4%，而收入最高的1%人群所占的比例也从克林顿开始任期时的1.74%升至他离任时的2.4%。收入不平等加剧已成为一种趋势。在小布什政府执政的每一年，不平等程度都高于克林顿政府的任何一年。此外，在奥巴马政府执政的大多数年份，不平等现象比布什政府时期更严重。

2001年，克林顿卸任后不久，受计算机行业产能过剩的累积和随后纳斯达克市值下跌（即众所周知的互联网泡沫破裂）的推动，美国经济开始衰退。在乔治·W.布什的第一届任期内，失业率从2000年的4%升至2003年的6%。

10.3.10　21世纪初的警告信号

21世纪的经济在增长，尽管速度比20世纪非萧条时期要慢。如果没有廉价石油作为经济增长的基础，就必须用其他因素来解释经济表现。我们认为，经济增长的主要驱动力是通过广告创造需求，以及不断增加的债务水平，这得益于央行的低利率和放松金融管制的政策，廉价的天然气和煤炭，以及高水平的军费开支。这一策略的局限性在2008年变得十分明显，当时金融体系实际上已经崩溃，只有向摇摇欲坠的金融业注入数万亿美元才得以拯救，这就是问题资产救助计划（TARP），该计划基于大萧条时期的重建金融公司。金融恐慌影响到了实体经济，失业率上升到10%的范围，产能利用率从2007年的81.3%下降到2009年的70.0%，2010年"恢复"到74.2%，到2016年底上升到76%[39]（见图10-1）。

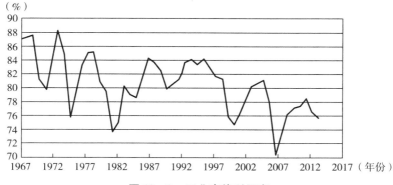

图10-1　工业产能利用率

就像大萧条时期一样，房地产行业受到的打击尤其严重。特别是在投机市场，如拉斯维加斯、迈阿密和南加州的主要城市，房价暴跌高达40%。建筑业的失业率上升到20%。危机的第三阶段始于2010年，可以在各州之间的财政危机中找到。大多数州的宪法都有一个平衡的预算条款，而房价下跌和金融资产税收的下降使削减成本成为必要。公共部门雇员的失业人数正在飙升，五大湖地区的一些州，如威斯康辛州、俄亥俄州和密歇根州，已经采取政策，取消公共部门雇员的集体谈判权。未来可能还会有更多类似的尝试，以降低州和地方政府的成本，并逐步提高让员工为经济低迷的影响买单的"灵活性"。

10.3.11　房地产泡沫、投机融资和债务爆炸

2008 年的经济衰退是自大萧条以来最严重的一次经济衰退，它的开始与 20世纪 30 年代的大萧条大致相同：伴随着一场大飓风和投机性住房的崩溃。虽然20 世纪 20 年代末的事件主要发生在佛罗里达州，但 2008 年危机的前因后果却是全球性的。在 20 世纪后半叶，从基于石油利润的主权财富基金，到中国的贸易顺差，再到高储蓄国家的个人积累，全球资金池或储蓄过剩的来源五花八门。到20 世纪头十年的中期，该基金已增长到 70 万亿美元左右。传统上，这些基金一直投资于美国国债等安全资产。然而，到 2004 年，美国联邦储备委员会通过从银行购买国债将利率压低至 1%，从而在高科技泡沫破灭后向金融体系释放了更多的资金。投资者被迫转向别处寻求更高的回报率。他们发现的一个地方是美国的房地产市场，以及其他房地产市场。价格在上涨，大萧条时期创造的结构，如有保险的长期、摊销抵押贷款，以及二级市场的创建，使抵押贷款可以打包成短期证券出售，使市场看起来不存在风险。5%～7% 的抵押贷款利率远比 1% 的国债收益率更具吸引力。来自全球投资者的需求足以使资格标准系统性地降低，这些标准基于收入、资产和就业稳定性。然而，当所有符合严格传统标准的合格潜在买家都被耗尽时，这些标准只是被进一步降低以寻找更多的客户，满足全球过剩储蓄池不断增长的需求。到 2008 年，抵押贷款经纪人不再要求提供收入、就业或其他资产的证明文件。著名的忍者贷款，或说谎者的贷款诞生了：没有收入，没有工作或资产[38]。到 2006 年，44% 的抵押贷款不需要任何证明文件。此外，由于无首付（100% 融资）抵押贷款的数量从 2001 年的 2% 上升到 2006 年的32%，到 2006 年，平均贷款价值比上升到 89%[40]。

20 世纪 80 年代以来，美国经济的特点就是金融管制放松，这种大环境助长了这一进程。在银行的坚持下，二级市场在大萧条时期创建，允许将抵押贷款汇集成抵押贷款支持证券。只要违约的可能性较低，因为合格标准较高，就像过去一样，这些证券就无风险。然而，新兴的、不受监管的金融安全行业创造了更奇特的工具来为住房融资。抵押贷款支持的证券集团本身被捆绑成债务抵押债券（CDOs），并被进一步分割成小块。评级机构根据历史数据宣布这些 CDOs 为投

资级（AAA）。根据投资级别评级，针对可能的违约，抵押贷款证券投资者能够购买相应的保单，即信用违约互换。2007～2008 年放松管制的环境下，人们甚至不需要拥有资产就能购买保单。全球储蓄盈余的存在，以及监管宽松的环境，促使抵押贷款经纪人立即出售贷款，向更多根本没有收入支付贷款的人提供更多抵押贷款。但风险将由地区银行和全球金融区的货币中心银行进一步管理。美国的中央银行家们（如艾伦·格林斯潘、本·伯南克、蒂莫西·盖特纳）向公众保证，新的金融创新将降低系统性风险。然而，在表面之下，一个问题正在酝酿，那就是不可持续的债务水平问题。

从创新的金融工具到大量贷款的购买都是高度杠杆化的，也就是说，用借来的钱购买，比率通常为 20∶1。只要房价继续上涨，这个体系就仍有偿付能力。消费者可以把他们的房子当作自动取款机。2004～2005 年，美国人每年撤出 8000 亿美元的股本。这使人们可以消费更多的家居改善用品、汽车、异国情调的假期，以及日常生活中的日常用品。为了满足不断增长的需求，建造了 7000 多家沃尔玛和 30000 多家麦当劳。新的电视节目，如"翻转这所房子"，向潜在的房地产投机者提供了建议，告诉他们哪些改进会轻松带来财务利润。沃顿商学院高级战略规划师詹姆斯·奎因估计，如果没有这些资金撤出，2001～2007 年的经济年增长率将不会超过 1%。房屋建筑商紧随其后，2005 年建造了 850 万套房屋，比历史趋势所能证明的多出 350 万套[41]。然而，到 2006 年，房价开始下跌。这触发了典型的正反馈循环的向下级串联。当房主发现自己"资不抵债"，或者抵押贷款超过房屋价值时，抵押贷款违约开始增加。有线新闻网估计，到 2010 年第四季度，27% 的房主处于这种情况。随着违约率的上升，2008～2009 年增加了 23%，由这些看似安全的投资级证券组合而成的证券开始贬值。由于其中很多都是高杠杆，房价的下跌和抵押贷款的捆绑造成了恐慌。由于金融工具如此复杂，就连银行也无法计算出它们的投资组合的价值。因此，抵押贷款危机不能孤立于风险更高的"次级"市场，而蔓延至整个经济，主要投资银行也陷入困境。贝尔·斯登的两只对冲基金倒闭，引发了普遍的金融恐慌，雷曼兄弟破产，美林在美国财政部的巨大压力下被美国银行吞并。

无论债务问题多么严重，都不限于住房。如表 10-2 中的数据所示，所有经济部门的债务都在扩大。到 2008 年，包括抵押贷款债务和消费信贷在内的家庭债务达到 13.8 万亿美元，相当于美国国内生产总值，远远超过支持其的能源。到 2005 年，消费者债务超过税后收入，达到可支配收入的 127%。随着危机的逼近，债务还本付息比率（即可支配收入中用于支付合同贷款本金和利息的比例）从 1980 年的 11% 左右升至 2005 年的近 14%。人们感到这负担极不平衡。到 2004 年，收入分配前 1/5 的人只支付了 9.3% 的收入用于偿债，而中间 2/5 的人支付了 18.5% ~ 19.4% 的债务[42]。1970 ~ 2007 年，非金融公司的债务增加了 20 倍，而金融公司（银行、保险公司、抵押贷款经纪人等）的债务增加了 160 倍（见图 10 - 2）。

表 10 - 2　　国内债务和 GDP　　　　　　单位：万亿美元

年份	国内生产总值	总债务	不同部门债务			
			家庭	金融公司	非金融业务	政府（当地，州和联邦）
1976	1.8	2.5	0.8	0.3	0.9	0.3
1980	2.8	3.5	1.4	0.6	1.5	0.4
1985	4.2	7.3	2.3	1.3	2.6	0.7
1990	5.8	11.2	3.6	2.7	3.8	1.0
1995	7.4	14.3	4.9	4.4	4.3	1.0
2000	9.95	19.1	7.2	8.7	6.6	1.2
2005	12.6	28.2	11.9	13.7	8.2	2.6
2010	14.7	37.1	13.5	15.3	10	3.0
2015	17.9	45.2	14.2	15.2	12.8	3.0

资料来源：https：//www.federalreserve.gov/releases/z1/current/coded/coded - 2.pdf。

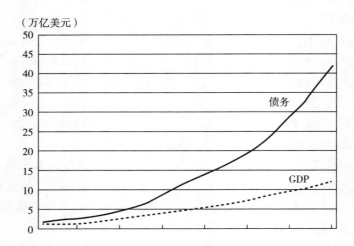

图 10 - 2　GDP 和总债务

　　长期以来，银行一直被视为存款的接收方和资金的出借方，它们的前景既安全又保守。但在金融放松管制的新世界，金融服务业成为经济中最大的借贷者。正是这种杠杆改变了金融结构，使其容易受到破坏。约翰·梅纳德·凯恩斯曾断言："将投机作为企业的一小部分没有害处。然而，一旦投机的数量超过了企业，这个头寸的风险就会变得严重。"[43]

10.3.12　赤字和国家债务

　　联邦政府也未能幸免于债务的增加。预算赤字从 1970 年的每年 30 亿美元攀升到 2009 年的 1.414 万亿美元。这些赤字增加的主要原因是减税，特别是在收入分配的顶层减税，以及政府开支的扩大，政府开支主要用于军事和社会保障、医疗保险和医疗补助等福利项目。1970 年是国内石油生产达到顶峰的一年，也是滞胀时代的开始，在这一年的军费开支中，政府带来了 1928 亿美元的收入，支出了 1956 亿美元，赤字为 28 亿美元。里根政府的经济政策是建立在增加军费开支和减税的基础上的，在里根政府的最后一年，年度赤字飙升至历史上前所未有的 1552 亿美元。在克林顿政府的最后两年，由于军费开支的增长率下降，税收随着高科技的繁荣而增加，预算盈余实际上并不大。随着布什第二届政府的上台，赤字开始再次攀升，2008 年升至 4586 亿美元。到 2009 年，收入和支出之间的年度差额为 1.4 万亿美元。由于布什政府在刺激经济方面的努力失败而减税，所得税收入从 2007 年的 1635 万亿美元下降到 2010 年的 8980 亿美元。布什政府执政时，军费开支为每年 2940 亿美元，2008 年上升到 6168 亿美元。在奥巴马执政期间，这一数字继续攀升，2010 年达到 6936 亿美元。截至 2017 年，国会准备为军费开支提供的资金甚至将超过五角大楼的要求。美国管理和预算办公室估计，2011 年的军费开支将超过 7680 亿美元。1970 年，在越南战争最激烈的时候，军事开支占国内生产总值的 8.1%，而政府总开支为 19.3%。到克林顿政府末期，军事开支下降到 3%，而总开支保持在 18.5% 的水平。2010 年，军费开支占国内生产总值的 4.8%，总开支上升到近 24%。强制性支出，如卫生保健（为老年人提供的医疗保险和为穷人提供的医疗补助），以及其他社会保障和收入支持计划（残疾人失业保险、附加保障收入、食品券等）增加到 609 亿美元，相当于 GDP 的 6%，1970 年超过 2 万亿美元，或在 2009 年占 GDP 的 14.7%[44]。尽管针对福利项目的强制性支出有所增加，但收入分配却变得更加不平衡，这在很大程度上是由于股市繁荣和随后的救助政策，以及对收入分配顶层的减税和底层工资停滞不前。1980 年，在新自由主义经济战略开始时，基尼系数为 0.403，收入分配前 20% 的人占总收入的 16.5%。最富有的 1% 的人获得了 8% 的收入，而最富有的 0.01% 获得了 0.065% 的收入。在布什的第二个任期结束时，基尼系数增加到 0.466，表明了更大程度的总体不平等，20% 获得了总收入的 21.7%，而收入前 0.01% 的人群，约 14000 个家庭的 3 亿人口，他们的收入占比上升到 3.34%[45]。

在 2010 年的国会选举中，有相当大一部分人表达了对民主党被保守派活动人士取代的担忧。保守派活动人士将削减预算赤字和恢复 20 世纪 80 年代新自由主义议程的光辉岁月视为他们的首要议程。在这本书的第一版中，我们问道，我们是否正在达到债务和石油的峰值？当时，信贷体系基本上处于冻结状态，发放的贷款很少。不足为奇的是，未偿债务总额下降了。我们想知道这种情况是否会是永久性的。看一下图 10-2 就会发现，它不是。2010 年之后，债务开始再次增长，到 2017 年 9 月达到历史高点，再次显示出债务作为经济增长驱动力的作用。美国国内扩大更多债务的政治意愿明显在减弱，其他经济体和投资者购买美国国债的意愿也在下降。但政府对经济参与度下降的潜在影响是什么？如果有人相信市场经济具有弹性和自我调节能力，那么政府支出的减少就会释放出用于私营部门支出的资金，经济就会繁荣起来。另外，如果有人相信金融投机和债务的爆发是由于投资者，在原本停滞的实体经济中寻求金融利润，一个停滞的实体经济的表现是工业产能利用率的下降，然后是政府支出的减少，再加上不平等的上升，这些可能会通过减少需求的整体水平削弱经济。第二种情况的可能性要大得多。不平等的加剧很可能是过去几十年增长放缓的一个重要因素。理论上，如果资本回报率超过经济增长率，收入集中在收入水平较高的群体[46]。石油峰值时期很可能也是经济衰退时期。这可能会变成一个紧缩的时代。

10.4   总   结

20 世纪 30 年代，世界经济陷入萧条。政府几乎没有出路：法西斯主义、共产主义或社会民主主义。约翰·梅纳德·凯恩斯撰写了他的经典著作《就业、利息和货币通论》，作为"拯救资本主义"的指南，以避免他厌恶的其他结果。在美国，该计划采取了"新政"的形式。尽管富兰克林·罗斯福能够在支离破碎中让民众恢复信心，让数百万人重返工作岗位，但新政并没有推动经济复苏。这是第二次世界大战才做到的。美国以明显的经济和军事实力退出了这场战争。被压抑的消费需求、低廉的汽油价格以及高效的工厂体系保证了经济盈余能够被消化。美国的公司扩展到前殖民地，贸易条件是积极的，前景是光明的，公司可以与工人分享生产率提高带来的收益，确保了工人有足够的收入购买他们的产品，同时增加利润。石油既便宜又充足，美国消费者可以利用不断增加的廉价和可用石油来实现美国人的梦想：在郊区拥有一所房子、良好的学校、稳定的工作和丰富的消费品。

所有这些都在 20 世纪 70 年代发生了改变。美国国内石油产量达到顶峰，不再拥有缓冲世界石油市场事件的闲置产能。20 世纪 70 年代出现了两次石油供应中断，分别是 1973 年和 1979 年，而发达国家的公民则看到了价格上涨和供应紧缩。与此同时，滞胀时代开始了，主流凯恩斯主义政策不再奏效。扩大经济的努力导致通货膨胀上升，而控制通货膨胀的努力使失业率上升到政治上不能接受的水平。经过一段时间的僵局，"新自由主义"议程在里根执政期间得到了巩固，包括相信规模更小的政府、放松管制、低税收和强大的军队，尽管里根言辞激烈，但其创造的赤字支出远远超过富兰克林·罗斯福。事实上，20 世纪 80 年代末，经济确实复苏了，但代价是不平等程度不断加剧，债务负担不断加重。新自由主义政策隐藏了大量凯恩斯主义的政府支出，并在比尔·克林顿的民主党政府中得以延续，在那里得到了进一步巩固。由于债务负担的飙升和宽松的监管环境导致全球金融结构几近崩溃，该法案在布什第二届政府任期结束时到期。正是在这一时期，"起伏的高原"开始崭露头角。经济衰退降低了总需求，降低了油价。经济复苏推高了油价，而垄断的经济结构使企业可以将更高的成本转嫁给消费者。这有助于降低经济活动的总体水平，也是经济增长缓慢和下一次衰退的主要原因（见图 10 – 3）。

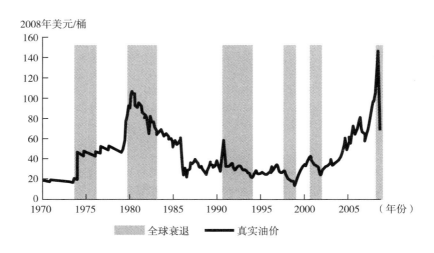

图 10 – 3 过去的经济衰退和油价飙升

资料来源：汉密尔顿（2009）。

对战后社会秩序的解释，大多集中在世界经济体系的内部动态：总体需求、技术和收入分配。这些因素如何影响世界人民对体面收入和有意义生活的期望？但是，我们认为，世界经济体系不仅受到其内部动力的限制，而且受到能源的可得性和使用能源的后果所构成的外部生物物理条件的限制。当本书第一版出版时，中东正被民主运动点燃。不幸的是，阿拉伯之春的希望变成了独裁和无休止战争的噩梦。2009 年油价曾攀升至每桶近 150 美元，如今跌至每桶 50 美元左右。我们认为，油价下跌是美国经济复苏以及中东和北非产油地区贫困的主要原因。2011 年 3 月 11 日，日本北部海岸发生里氏 8.9 级地震，这是有史以来最强烈的一次地震。地震和随后的海啸摧毁了这个国家。由于电力短缺，福岛核电站的冷却系统关闭。来自燃料棒的潜热将水烧干，导致部分核心熔毁。高温还将氢气从氧气中释放出来，导致可燃氢气的形成。2011 年 3 月 14 日，第二座反应堆爆炸。第三种方法的可行性尚存疑问。如果日本放弃核能，转而使用石油或天然气，将对世界市场产生什么影响？一个停滞了 20 年的经济能够复苏吗？如果日本听从美国顾问的建议，增加消费以摆脱经济灾难，世界化石燃料资源和大气质量将会发生什么？

奥巴马执政期间，油价低，并承诺实施刺激政策。美国联邦储备银行在整个时期都将短期利率维持在接近零的水平，政府支出依然居高不下。根据美国经济分析局的数据，2012 年初，美国政府支出接近 5.6 万亿美元，到 2016 年底增至 6.256 万亿美元。由于布什时代减税政策的延长，财政收入低于支出，从而增加了联邦预算赤字。与普遍观点相反，奥巴马执政期间赤字并没有持续增长，2016 年（−8730 亿美元）低于 2012 年（−1.3 万亿美元）。对战争和自由贸易的新自由主义政策的承诺并没有随着一个民主政府的就职而结束。美国继续在中东和中亚产油国拥有军事存在。基于奥巴马的竞争对手米特在担任马萨诸塞州共和党州长期间实施的一项计划，在奥巴马执政的第一年，一项医疗改革法案（平价医疗法案）在没有共和党人投票的情况下获得通过。失业率从奥巴马总统任期开始时的近 10% 下降到任期结束时的不到 5%，尽管实施了货币和财政刺激措施，通货膨胀率仍然可以忽略不计。不幸的是，这个好消息并没有在人群中均匀传播开来。美国中部地区的失业人数仍高于平均水平，因为 20 世纪 70 年代失去的工作岗位从未恢复。

事实证明，这种怨恨是长期存在的，而且好几代人都有。2016 年 10 月，共和党候选人唐纳德·特朗普在"让美国再次伟大起来"的竞选讲台上出人意料地赢得了胜利，特朗普的"让美国再次强大起来"主要通过：限制移民；补贴能源工业；撤销法规，特别是环境法规；鼓励扩大化石燃料的使用。早期迹象表明，环境的完整性将是特朗普政府的一个非常低的优先事项。总统任命斯科特·

普鲁伊特为美国环境保护署署长。普鲁伊特因起诉美国环保署在温室气体监管方面"过分"而闻名于世，曾任俄克拉荷马州总检察长。埃克森美孚前总裁雷克斯·蒂勒森现在是国务卿。此外，最近一次旨在执行巴黎气候协议的缔约方会议，参加的美国代表团由煤炭公司高管率领。对这一计划的抵制是否会带来对地球生物物理系统的动员和更大关注，还有待观察。

在某一时刻，全球石油产量将达到顶峰，并开始下降。不稳定和物价上涨的问题将不再只是周期性和政治性的，而是长期性和地域性的。这对经济体系意味着什么？正如巴兰和斯威齐所言，石油峰值会加剧垄断经济固有的滞涨倾向吗？我们如何创造就业、减少贫困、倡导民主，并在能源基础正在下降的情况下进行自然灾害后的重建？如果每一项科学测量，从生态足迹到生物多样性丧失，从石油峰值到大气中的二氧化碳浓度，都表明人类已经超出了地球的承载能力，那么我们如何才能实现可持续发展呢？我们不能这样做，但是我们如何处理一个非繁荣经济的后果呢？从历史上看，这种经济表现为周期性的萧条。我们将在本书的最后一节回到这些问题上。

问题

1. 什么是"底特律条约"？它是如何影响美国战后的劳动关系的？

2. 战后繁荣的四大支柱是什么？解释它们是如何为 20 世纪 50 年代和 60 年代的长期经济扩张奠定基础的。

3. 新政是什么？它试图解决哪些问题？它的主要立法成就是什么？新政在恢复美国繁荣方面有多成功？

4. 第二次世界大战对美国经济转型的作用是什么？

5. 第二次世界大战后，世界石油工业以及美国在其中的角色发生了怎样的变化？

6. 为什么第二次世界大战结束后的这段时期可以被称为经济增长时期？

7. 为什么 20 世纪 60 年代的"新经济学"能够成功地刺激经济增长？

8. 滞胀是什么？石油峰值在美国引发滞胀的过程中扮演了什么角色？

9. 还有什么其他因素导致战后繁荣支柱的衰落？

10. 为什么"新经济学"在消除滞胀方面不成功？

11. 保守的增长议程（也称为新自由主义）的主要参与者是谁？

12. 里根时代的新自由主义计划在多大程度上是成功的？这种成功的经济和社会代价是什么？

13. 克林顿政府是如何推行新自由主义议程的？20 世纪 90 年代的低油价是

如何影响美国经济表现的?

14. 在 21 世纪的头十年，债务增加了多少? 经济结果如何?

15. 随着我们进入石油时代的后半期，生物物理极限将如何影响经济表现?

在 20 世纪 50 年代和 60 年代，经济增长是由廉价石油推动的，随着石油不再那么便宜，必须有其他东西来推动经济增长——廉价资金和债务扩张。

参考文献

［1］ Chandler, Michael, Judith Ehrlich, Rick Goldsmith, and Lawrence Lerew. 2009. *The most dangerous man in America*：*Daniel Ellsberg and the Pentagon Papers*. San Francisco：Kovno Communications.

［2］ Editors of Business Week. 1979. *The decline of U. S. Power. Business Week*. March 19. pp. 37 – 96.

［3］ Bowles, Samuel, David Gordon, and Thomas Weisskopf. 1990. *After the Wasteland*. Armonk：M. E. Sharpe.

［4］ Kennedy, David. 1999. *Freedom from fear*, 77. London：Oxford University Press.

［5］ *Business Week quoted in Kennedy*. 1999, 84.

［6］ Franklin D. Roosevelt quoted in Kennedy 1999, p. 123Collins, Robert M. 2000. *More*：*The politics of economic growth in postwar America*, 5. New York：Oxford University Press.

［7］ Dighe, Ranjit. 2011. Saving private capitalism：The U. S. bank holiday of 1933. *Essays in Economic and Business History* 29：41. Kennedy. 1999. p. 136.

［8］ Klitgaard, Kent A. 1987. The Organization of Work in Residential Construction. (Unpublished Ph. D. Dissertation) University of New Hampshire.

［9］ Kennedy, David. 1999. *Freedom from fear*, 131 – 159. London：Oxford University Press. Ch. 5.

［10］ Yergin, Daniel. 1991. *The prize*：*The epic quest for oil, money, and power*, 244 – 259. New York：Simon and Schuster. Ch. 13.

［11］ Deffeyes, Kenneth S. 2001. *Hubbert's peak*：*The impending world oil shortage*, 4 – 5. Princeton：Princeton University Press.

［12］ Kennedy, David. 1999. *Freedom from fear*, 252 – 253. London：Oxford University Press.

［13］ ——. 1999. *Freedom from fear*, 249 – 287. London: Oxford University Press. Ch. 9.

［14］ ——. 1999. *Freedom from fear*, 641. London: Oxford University Press.

［15］ Yergin, Daniel. 1991. *The prize: The epic quest for oil, money, and power*, 368 – 388. New York: Simon and Schuster. Ch. 19.

［16］ ——. 1991. *The prize: The epic quest for oil, money, and power*, 381. New York: Simon and Schuster.

［17］ Kennedy, David. 1999. *Freedom from Fear*, 624 – 626. London: Oxford University Press.

［18］ DuBoff, Richard. 1989. *Accumulation and power*, 150 – 155. Armonk: M. E. Sharpe.

［19］ Bowles, Samuel, David Gordon, and Thomas Weisskopf. 1990. *After the Wasteland*, 109. Armonk: M. E. Sharpe.

［20］ US Bureau of the Census. 1975. *Historical statistics of the United States, colonial times to the present*. Bicentennial Edition. Series G 416 – 469, N 156 – 169, P 68 – 73, 148 – 162.

［21］ InflationData. com July 21, 2010.

［22］ Yergin, Daniel. 1991. *The prize: The epic quest for oil, money, and power*, 409 – 430. New York: Simon and Schuster. Ch. 21.

［23］ ——. 1991. *The prize: The epic quest for oil, money, and power*, 431 – 449. New York: Simon and Schuster. Ch. 22.

［24］ Cleveland, C. , R. Costanza, C. A. S. Hall, and R. Kaufmann. 1984. *Energy and the U. S. economy: A biophysical approach. Science* 211: 576 – 579.

［25］ Bowles, Samuel, David Gordon, and Thomas Weisskopf. 1990. *After the Wasteland*, 27. Armonk: M. E. Sharpe.

［26］ Collins, Robert M. 2000. *More: The politics of economic growth in postwar America*, 21. New York: Oxford University Press.

［27］ ——. 2000. *More: The politics of economic growth in postwar America*, 40 – 67. New York: Oxford University Press. Ch. 2.

［28］ Yergin, Daniel. 1991. *The prize: The epic quest for oil, money, and power*, 499 – 540. New York: Simon and Schuster. Ch. 25 – 26.

［29］ ——. 1991. *The prize: The epic quest for oil, money, and power*, 588 – 652. New York: Simon and Schuster. Ch. 29 – 31.

［30］ Bowles. 1991. *Bureau of labor statistics*, inflationdata. com.

[31] Wachtel, H. , and P. Adelsheim. 1977. *How recession feeds inflation*: *Price markups in a concentrated economy Challenge.* 20 (4): 6 – 13.

[32] Yergin, Daniel. 1991. *The prize*: *The epic quest for oil*, *money*, *and power*, 674 – 698. New York: Simon and Schuster. Ch. 33.

[33] Bowles, Samuel, David Gordon, and Thomas Weisskopf. 1990. *After the Wasteland*, 121 – 135. Armonk: M. E. Sharpe. Ch. 8.

[34] Yergin, Daniel. 1991. *The prize*: *The epic quest for oil*, *money*, *and power*, 745 – 768. New York: Simon and Schuster. Ch. 36.

[35] Kotz, David, and Terry McDonough. 2010. Global neoliberalism and the contemporary social structure of accumulation. In *Contemporary capitalism and its crises*, ed. Terry McDonough, Michael Reich, and David Kotz, 93 – 120. Mishel, Lawrence, Bernstein, Jared, and Schmitt, John. 1999. *The state of working America* 1998 – 1999.

[36] Bowles, Samuel, David Gordon, and Thomas Weisskopf. 1990. *After the Wasteland.* Armonk: M. E. Sharpe. Ch 10: 146 – 169, Ch 13: 199 – 216.

[37] DuBoff, Richard. 1989. *Accumulation and power*, 134 – 235. Armonk: M. E. Sharpe.

[38] Davidson, Adam and Blumberg, Alex. 2009. *The giant pool of money. This American life*, Program #355. National Public Radio.

[39] *Economic Report of the President.* 2011. "Capacity utilization rates, 1962 – 2010. " Table B – 54.

[40] Quinn, James. 2008. *The great consumer crash of* 2009. New York: Seeking Alpha.

[41] ——. 2008. *The great consumer crash of* 2009, 6. New York: Seeking Alpha.

[42] Foster, John Bellamy, and Fred Magdoff. 2010. *The great financial crisis*, 30 – 31. New York: Monthly Review Press.

[43] Keynes, John Maynard. 1964. *The general theory of employment*, *interest*, *and money*, 159. New York: Harcourt Brace.

[44] *Economic report of the president.* Table B – 79. Congressional budget office. "Historical budget data. Tables F 10 and F 11.

[45] U. S. Bureau of the Census. 2014. *Historical income data*, *and top incomes database.* Paris: Paris School of Economics.

[46] Piketty, T. 2014. *Capital in the twentyfirst century.* Cambridge, MA: The Belknap Press of Harvard University.

11　全球化、发展和能源

　　今天的年轻人成长在一个全球化无处不在的现实世界里，在这个世界里，我们的大多数政客接受了全球化的优点，或者直到最近才接受它。有激烈的讨论或更多的职位关于是否或如何全球化正在让我们失去（或获得）工作，或者我们是否全球化得太多或不够。但对大多数人来说，这只是一个事实，由来自世界各地的生产或制造的衣服或电子设备上的标签所代表。当本书的作者还年轻时，情况并非如此——那时我们吃的、穿的、用的几乎所有东西都是"美国制造"的。来自海外的任何东西——除了专业的奢侈品——通常都受到极大的怀疑。因此，全球化，至少就我们今天所看到的规模而言，是一个相对较新的现象。因此，理解全球化为何变得如此重要，理解全球化的实际收益和成本是什么，以及这些收益和成本与能源使用之间的关系是非常有用和重要的[1]。

　　然而，在我们从现代的角度考虑这个问题之前，我们认为有必要强调的是，贸易的重要性至少与人类书面记载的历史一样重要，而且早在数万年前的考古发掘中发现的许多外国文物就表明了这一点。长期以来，人们一直想从国外购买奢侈品，并一直在寻找当地没有的有趣而不同的工具、娱乐、食物和体验。长期贸易最明显的例子之一是连接欧洲和中东到亚洲所有地区的"香料路线"（见图 11-1）。香料在古代非常重要，不仅是由于它们自身的缘故，也是由于在以前没有冷藏的日子里它可以隐藏食物腐烂的气味和味道。香料是很好的贸易项目，因为它们具有异国情调，相对较轻，而且体积不大，可以用骆驼和驴运送数千英里，而且还能赚钱。在瑞典斯德哥尔摩附近的一次考古挖掘中，我们看到古代维京人遗址的挖掘人员兴奋不已，因为他们发现了一枚来自遥远的君士坦丁堡的硬币。显然，维京人通常是商人而不是强盗，他们在欧洲的河流上跋涉了数千英里。例如，许多美国原住民的考古发掘发现了由数百或数千英里外开采的石头制成的箭头。随着欧洲殖民主义和帝国主义在非洲、亚洲和美洲的出现，贸易呈现出一个全新的层面。正如我们在第 2 章中所看到的重商主义者（15 世纪到 18 世纪），他们认为财富是用黄金和白银来衡量的，并通过贸易和帝国主义来获取这些金属。尽管如此，包括欧洲人在内的大多数人的日常生活仍然是建立在物质基础上的，在它们的生长或开采过程中，这些物质很少穿越几十公里或几百公里以上。

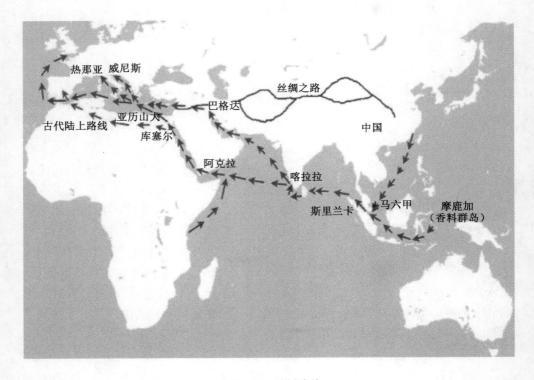

图 11 - 1　香料路线

资料来源：戴伏德·罗伊德·埃文斯。

当亚当·斯密强调自由贸易的好处和"完美的自由体系"时，他的继任者大卫·李嘉图发展了第一个正式阐明的贸易理论。这一理论被称为比较优势，它认为每个人都能从国际化和贸易中受益。仔细阅读历史就会发现，"比较优势"一词并非源自李嘉图。他在 1817 年的著作《政治经济学与税收原理》中著名的"外贸"一章中谈到了比较成本和货币的比较价值，并谈到了更有利的就业机会，但他从未写下"比较优势"这个词[2]。李嘉图的论证是在他与托马斯·马尔萨斯关于废除《谷物法》的辩论中形成的。《谷物法》禁止从欧洲大陆进口更便宜的谷物。随着英国人口的增加，额外的低质量土地不得不投入生产以满足人们的生存需要。地主们从这项政策中受益，因为当较贫瘠的土地开始生产时，他们可以收取额外的租金。此外，由于在质量较差、营养不良的土地上种植粮食需要更多的劳动力，粮食变得更加昂贵。李嘉图认为，由于租金上涨和工资上涨都降低了利润，资本家受到了双重挤压。

李嘉图是一位精明的政治家、国会议员，也是一位杰出的政治经济学家。他认为，如果国际贸易不受《谷物法》等限制，每个人都会过得更好。他创造了一个高度抽象、历史上不切实际的例子，即英格兰和葡萄牙之间葡萄酒和布料的生产和贸易。在他的例子中，葡萄牙拥有绝对的成本优势。他们可以用更少的劳动时间生产葡萄酒和布料。然而，英国生产布料的成本相对较低，或者生产布料与生产葡萄酒的劳动时间比例较低。李嘉图认为，生产的国际专业化将导致更多的商品以更少的劳动时间生产出来。通过贸易自由化，每个人都会变得更好。李嘉图还坚称，只有成品商品才能进行国际交易。资本和劳动力是固定不变的。如果不是这样，那么资本就会流向劳动力更便宜的地方。英格兰和葡萄牙之间的贸易就像伦敦和约克郡之间的贸易一样。

这个例子对历史的关注很少。葡萄牙在与西班牙的战争中得到了英国的帮助。这项援助的代价是葡萄牙对英国的布料进口开放经济。由于水力发电在大规模纺织品生产上的应用使英国的布料更加便宜，新兴的葡萄牙纺织业萎缩了，葡萄牙的资本流向了葡萄园。英国对布的进口远远超过葡萄牙对葡萄酒的出口，贸易的不平衡由巴西奴隶工生产的黄金来支付。

"比较优势"一词源于 20 世纪 30 年代埃里·赫克舍尔和伯蒂尔·欧林对李嘉图学说的处理。从一般均衡理论（或新瓦拉斯经济学）的框架出发，赫克舍尔和欧林用机会成本比率取代了劳动时间比率，这是对放弃的最好的选择的主观估值。通常情况下，机会成本增加，而增加的机会成本等于递减的边际收益。在赫克舍尔和欧林的模型中，机会成本保持不变。所以李嘉图最伟大的理论贡献——劳动价值论和边际收益递减论，在现代比较优势理论中是缺失的。现在，比较优势取决于"资源禀赋"。富国应继续专注于金融和研究，而穷国应专注于矿物开采、劳动密集型农业以及服装和电子产品等大规模生产产品的制造。此外，在该模型中，所有行业都是完全竞争的，没有一个国家拥有任何技术优势。从这组假设出发，这是一个简单的数学练习，源于贸易中的相互收益。尽管实证记录了，随着对贸易关系的限制越来越少，世界上的贫困地区变得更加贫穷，贸易条件对那些已经富裕的国家有利，它们通过供应链获取了最高的附加值[3]。

11.1 贸易和帝国主义

贸易的好处常常与野蛮剥削他人以及帝国主义的好处混为一谈。在 16 ~ 19 世纪，大多数欧洲列强都声称在非洲和美洲拥有领土。我们已经讨论过西班牙人在这些地区对当地居民的野蛮剥削，因为他们在这些地区寻找金银，英国人从印度和锡兰搜寻茶叶，特别是从巴巴多斯搜寻糖等。生产这些产品的大部分劳动力来自于实际的或事实上的奴隶。1860 年的棉质服装或 1900 年的橡胶轮胎（甚至今天的一些服装、钻石或手机材料）的消费者中，很少有人了解生产他们所购买的产品的人类奴隶制度，很少有人了解原材料从何而来，也很少有人了解这些实体的人力成本。在霍克希尔德的《国王利奥波德的鬼魂》一书中我们发现了一个特别恐怖的描述，这个描述是关于随着比利时和其他欧洲国家"开发"非洲内部以获取象牙（在塑料可以使用之前，象牙多被用于从假牙到钢琴键的一切事物）和橡胶（轮胎和许多其他事物），1000 万非洲人被残忍地使用和杀害。利奥波德用谎言为他对刚果盆地人民的可怕虐待辩护，这提醒人们，政府和媒体是如何粉饰许多经济行为的。

无论全球化的优点或缺点是什么，很明显，这是一个事实，在过去的几十年里，世界已经极大地国际化了（见图 11 – 2）。基本上，在特朗普之前的历届美国总统都呼吁要么继续"自由贸易"，要么更多地"自由贸易"，这意味着国际化的继续。反对自由贸易的理由往往是，许多美国工厂的工作岗位被转移到海外，导致美国经济陷入困境。一个明显的例子是汽车，美国在 1950 年生产了99% 的汽车，但现在进口了大约一半。因此，底特律市和密歇根州这两个曾经拥有相对优势的城市（通过大湖航运）相对容易获得明尼苏达州的铁矿石和宾夕法尼亚州的煤炭，加上亨利·福特早期大规模生产汽车的发展，已经遭受了巨大的经济影响。今天越来越不明显的是，至少发达国家的安慰是，增加贸易的国际化意味着对自然和对制造业的剥削过程，这些过程都需要大量的劳动力，世界上其他地方的工作环境都比美国的保障措施要少。这种滥用他人获得低生产价格的尝试甚至扩展到实质上的奴隶制的存在，正如我们最近看到的在审判和给杰克·阿布拉莫夫定罪期间，关岛上使用"美国制造"的血汗工厂劳工，以及延续至今的像国际特赦组织这样的团体的记录。

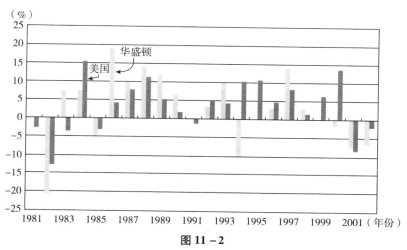

图 11 - 2

无论国际化的优点或缺点是什么，很明显，这是一个事实，在过去的几十年里，世界已经变得非常国际化。

11.2　发展的概念及其与贸易的关系

当今世界大部分地区都相当贫穷，至少相对于富裕国家来说是如此，地球上70 多亿人口中有 10 亿人每天仅靠 1 美元生活，约 30 亿人每天生活费不足 2.5 美元[4]。一个非常一般的概念是，有非常大压力的较贫穷国家，为了变得不那么贫穷而进行发展，这样的发展通常是按照比较优势的概念，也就是说，在其本国内搜寻可能生产得好的某些商品。李嘉图最初是围绕各种增长条件提出比较优势的概念，而贫穷的发展中国家几乎总是拥有一种比较优势，那就是廉价劳动力。由于工业化进程继续需要非熟练工人，而不是熟练工人，似乎总有一些新领域的工资如此之低，以至于人们愿意在恶劣的条件下努力工作，只为了在全球经济蛋糕上分得一小块。当然，每个地区都想分得更大的蛋糕。因此，世界各地的人民都不希望保持贫穷，结果是各国面临着"发展"的极端压力，这通常意味着增加经济活动。尽管如果要成功的话，发展实际上需要土地、资本、其他生物物理资源，通常使用的方法与新古典主义模型一致。发展的压力有许多来源，包括政府试图帮助或安抚选民，理想主义的外国援助或来自发达国家的非政府组织，以及各种业务和经济利益——他们对减少有希望增加的活动感兴趣，当然，人本身可能很厌倦一个受经济限制的生活。很少被提及的是，许多或也许大多数发展背后的真正力量只是随着时间的推移人口数量的增加（生物物理方面），因此，如果某种发展不跟上步伐，人们就会变穷，这是没有人想要的。这种经济活动及其变化通常用国民生产总值或国内总产值来衡量，有时也用人均国民生产总值或国内总产值来衡量。

指导发展的主要工具，或者更准确地说，一套工具，正如当今（或者至少直到最近）的大多数经济事务一样，是新古典主义（或者自由市场、新自由主义或"芝加哥大学"）经济学。由于经济学家试图生成一个"科学""中性"的模型，专注于改善整体经济福利，将财富分配的问题（在他们看来）留给政府，因此使经济学家免于与这个问题相关的任何责任，新自由主义模型于20世纪上半叶崛起。帕利[5]、戈蒂和埃里克森[6]很好地总结了这一逻辑：自由市场将导致"帕累托优化"，由于来自供应商的低价市场压力，各种生产要素（即土地、劳动力、资本等）正被如此"有效"地利用，以至于它们无法以任何其他方式结合起来，从而产生更大的人类满足感。逻辑仍在继续，如果市场在生产链的每一步是完全"自由"（如从政府干预）的，每一个生产者将寻求最低的价格，以及每一个潜在的供应商将寻求削减他或她的成本（理想的是通过"有效"利用资源）。因此，总净效应就是经济（意味着不断加强的全球经济）中尽可能地产生便宜的最终需求产品。这应该会导致尽可能低的价格，这是许多经济学家的目标。这也将导致较贫穷国家的人们享受更低的价格。大多数经济学家认为，这一过程非常有效，并产生了巨大的净效益（如巴格瓦蒂[7]）。同样地，大多数经济学家对自由市场体系充满热情，因为至少在理论上，它是有效的，也就是说，经济资源从其有限的资源中产生了尽可能多的个人福祉。

这其中的一个重要组成部分就是应该有贸易，以及贸易的一个重要组成部分是，应该有更多的贸易伙伴，包括欠发达地区，他们的资源是发达国家越来越需要的，欠发达地区有对工业国家商品"未满足的需求"[8]。这是大多数新古典主义经济学家的口号声，在20世纪后半叶，它指导着我们如何开展贸易，如何处理与欠发达国家的关系，以及如何越来越多地处理与政府的关系。因此，发展应导致更多的财富，为国家变得发达以及使发达国家越来越多地与它进行贸易。从理论上讲，这应该会带来效率，也就是说，考虑到消费者可以支配的资源，经济的所有部门都在以最大的速度生产消费者所希望的产品。因此，至少在理论上，发展应导致正在发展的国家和通过外国援助为发展提供资金的发达国家的条件得到改善。然而，从对实体经济行为的客观分析来看，这种情况发生的程度根本不清楚，反之往往成立[4][9]。

11.2.1　债务杠杆

特别是在拉丁美洲和非洲，发达国家的发展机构、国内精英、外国非政府组织和世界银行几十年来一直在推动发展。这些努力的动机是真正的人道主义关切，也（往往）是发展机构本身的自私愿望。根据外部实体，特别是世界银行和国际货币基金组织（IMF）的新自由主义模型，最近有巨大的压力要求偿还与发展（以及其他原因）相关的债务，并要求修正经济学的运作方式。压力来自这些机构的杠杆作用，因为拉丁美洲和其他许多国家的国际债务尚未偿还。由于贫困人口和不断增长的人口对政府提出的要求几乎是不可能的，而且从通常与执政政府相同的富裕精英阶层那里征税也很困难，因此，简单的解决办法一直是债务，而且将继续是债务，这是对未来公民的一种税收。当政府无力偿还债务时，往往超过国民生产总值（GNP）的 10% ~ 25%，也许超过了其所有的税收收入，一个不令人惊讶的结果就是政府时不时地违约。违约通常意味着银行及其代理人能够实施有时严厉的"结构调整"计划，这基本上意味着减少政府支出，取消保护国内产业（如农业）的关税，并基本向全球化开放国家。其基础通常是新古典主义经济学，如《华盛顿共识》所述。结果最好是喜忧参半，但往往是可怕的，克勒格尔和蒙塔利耶对此进行了富有洞察力的评论[10]。

大多数结构调整方案还包括促进发展的政策和奖励措施，这些政策和奖励措施通常针对能够产生外汇的行业（毕竟银行进行结构调整的目标是获得美元或欧元来偿还欠它们的债务）。例如，作为 20 世纪 90 年代中期哥斯达黎加实施的结构调整计划的一部分，政府出台了大量激励措施，鼓励发展"非传统"农业作物，从澳洲坚果到切花①，无所不有。由于这些作物往往像香蕉一样依赖昂贵的进口农药，因此它们在解决债务方面没有任何显著效果也就不足为奇了。与此同时，不断上涨的石油成本给大多数经济体增加了更大的国际收支压力。在哥斯达黎加，人口增长意味着更多的粮食进口和国内作物需要更多的农用化学品，也使债务的解决更加困难[11]。过去的许多发展问题通常是由新古典主义的增长经济概念所引起的，它们未能处理人口增长的问题，使发展中国家不得不追求经济增长，不论是否可能实现真正的增长。

11.2.2 经济自由化的逻辑

在美国，特别是在里根和布什当政期间，保守党领导人非常成功地说服许多过去不关心政治甚至是工会的人坚信，他们自己的保守主义问题，如家庭、社会、宗教、枪支所有权等可以通过与经济和政治团体结盟，得到很好的满足，而这些经济和政治团体的议程又截然不同。这些团体及其在政府中的代表非常反对

---

① 译者注：切花常指从植物体上剪切下来的花朵、花枝、叶片等的总称，它们为插花的素材，也被称为花材，用于插花或制作花束、花篮、花圈等花卉装饰。

政府对个人"自由"的任何干预，特别是对市场的干预。例如，他们反对政府开发替代能源的计划（如太阳能或石油的合成替代品），认为市场力量在指导能源和其他一切投资方面更有优势。他们还倾向于反对基于环境考虑而限制经济活动，甚至发起运动诋毁对全球变暖等环境问题的科学调查。

作者希望指出，他们使用术语"自由"和"保守"，往往是美国经常轻率地使用，用来指政府的角色——通常民主党所指的角色更大，共和党（至少在理论上——数据相当混杂）所指的角色更小。这些术语本身就具有误导性——如许多保守人士对自然保护和需要自由主义者提倡的自由贸易的概念也非常感兴趣——事实上正如我们前面指出的，在许多国家如阿根廷，"自由"意味着自由贸易，并通常与商业利益有关。

这些新的保守派或新自由主义势力倾向于反对政府限制自由贸易的政策。这种观点促使许多美国公司或其生产设施迁往海外，因为那里劳动力更便宜，污染标准往往不那么严格。正如第7章所述，到2000年，美国似乎已经从停滞的20世纪70年代以及80年代初和90年代初的衰退中复苏。股票价值开始稳步增长，许多美国人的总体经济状况使他们对市场机制普遍感到满意。东欧和俄罗斯共产主义的终结有效地结束了冷战，自由市场经济学成为经济学领域唯一的游戏。共和党人乔治·H. W. 布什和民主党人比尔·克林顿的总统政府都曾推动自由贸易议程。这些计划包括为许多外国土地减少社会项目支出，减少政府所有权，促进国际贸易。随着市场"自由化"，美国的贸易条件大大改善，从咖啡、棉花到石油等基本商品的价格下降了100%以上。不幸的是，非洲和中美洲的贫困率因此经常飙升。例如，1980 ~ 2005年，哥斯达黎加农民购买一磅咖啡的价格（大约每磅一美元）基本没有变化。这些问题由安尼斯[12]和贝罗[13]等进行了深入的讨论，并进行了回顾[11]。从根本上说，这些论点可以追溯到比较优势的"李嘉图"概念（如前所述），以及自由贸易将带来效率的概念。那些支持国际贸易的人，以及那些本应从中受益的人，隐含着这样一种假设：面对本应是中性的市场，参与者拥有同等的权力。当然，这显然是荒谬的——面对美国大型连锁超市的咖啡买家，哥斯达黎加的一个小咖啡种植者并没有同等的权力。

11.2.3 我们需要检验关于全球化、发展和效率的经济理论

本书一个反复出现的主题是，如果经济学要被接受为一门真正的科学，我们就必须把主要思想暴露给实证检验。例如，戈蒂通过使用科学方法"人们不得不对现代社会科学家的严谨印象深刻"，回顾了那些遵循我们占主导地位的经济范

式基本原则的人的工作，从而实现了这一目标[14]。迫切需要对我们的经济理论进行更广泛、公正和彻底的评估，以确定它们是否兑现了自己的承诺（布罗姆利[15]，金蒂斯[16]，霍尔等[17]，色克拉[18]）。在经济学中，或许没有哪个概念比"效率"更需要这种检验，因为效率是用来促进新自由主义模式及其在国际发展和无限制国际贸易的应用的主要论据。经济学家自己也越来越质疑他们的发展模式的有效性。威廉·伊斯特利的著作《难以捉摸的增长追求：经济学家在热带地区的冒险与不幸》就是一个特别好的例子。伊斯特利回顾了经济理论（基本上是新古典主义）在发展中的应用，特别是在热带地区的发展。伊斯特利做了很少有经济学家会做的事：他实际上测试了作为数十亿美元援助的支柱的经济学家模型是否达到了他们的预期效果。伊斯特利特别问道，当代新自由主义发展经济学家使用的主要发展模型哈罗德—多玛模型，是否像"李嘉图"比较优势模型一样经过了净化。该模型从产生不稳定性的心理倾向中抽象出哈罗德的储蓄和资本劳动比率方程。多玛的"投资的双重性"概念被完全忽略。因此，收入增长率是国家储蓄率和投资率的函数。因此，挨饿国家的政府应增加强制储蓄，并使其公民进一步贫困，以实现经济增长这一压倒一切的目标。哈罗德—多玛投资模型在应用后，如预期的那样，国民生产总值出现了明显的增长。他的回答是，在88个试点案例中，只有4个案例的GDP出现了明显增长。换句话说，当测试时，这些模型对于实现它们的目标来说是一场灾难。勒克莱尔[19]在测试应用于发展得更广泛的经济模型时得出了类似的结论。同样，色克拉[18]在美国的许多例子中发现，私营实体并没有比它们取代的政府机构更有效地提供服务，而私营实体以提高效率的名义取代了政府机构。任何涉足投资经济学广泛世界的人都应该读一读这三项研究。

有时，亲自测试某些经济模型并不十分困难，尽管人们经常说，实体经济过于复杂，进行适当的测试和控制的难度非常大，因此不应该期望经济概念是明确可测试的。作为一个例子，霍尔的前学生唐·蒙塔耶提出的疑问是，美国国际开发署（USAID）在20世纪90年代初强加于哥斯达黎加的（新自由主义）结构调整模式，在对随后的经济行为进行检验时，是否达到了它自己明确规定的目标[20]。这似乎是一件直截了当、合情合理的事情，尽管奇怪的是，美国国际开发署似乎并没有这么做。在他们的六个主要目标中，有两个项目的结果是"是"，四个项目的结果是"否"。此外，甚至在达到目标的情况下，也发生了一些相当重要但没有预料到的"坏事"。事实上，如果理论和应用之间存在着如此巨大的空白，那么人们不禁要问，是否应该有那么多关于如何运行实际国民经济的例行声明，这些例行声明是否基于传统的理论和模型[19]。

如果效率是新古典经济学得到推广的主要原因，而且据我们所知，这种效率几乎没有得到检验，或者根本没有得到检验，那么我们该如何检验效率呢？人们可以争辩说，大约从 1990 年到 2005 年，根据新自由主义的"华盛顿共识"模型，为"自由化"其经济，许多拉丁美洲国家一直承受着巨大的压力，特别是像哥斯达黎加等国受到结构性调整，急需贷款的负债累累的国家，它们必须转向"最后贷款人"（世界银行，特别是国际货币基金组织），这样的项目经常被强加给他们。那么，从结构调整前后的数据比较来看，如果结构调整确实带来了效率，这一点应该是显而易见的。尽管没有观察到这一点（智利可以说是例外），但在我们看来，似乎很难证明结构调整和新古典主义经济学确实带来了经济效率。

11.2.4 效率的一些定义

关于"效率"这个词，首先要考虑的是它经常与"效力"混淆，后者的意思是"完成工作"，而与效率无关。工程师对效率的定义衡量的是产出大于投入。但关于效率的第二个困难是，很难找到一个"是什么的产出"的一致定义，以及"是什么的投入"。经济学家通常认为（如一个经济的）效率是所有理想的商品和服务的产出超过所有可用于生产的资源的投入，通常指的是货币、资本或劳动力。也许解释效率的最好方法，正如经济学家使用的这个词，是通过给出经济学的反例，这个反例被认为是无效的。这是因为经济学家对帕累托效率和配置效率的定义在本质上是不可测量的。帕累托效率指的是交易到这样一个点，即除了牺牲另一个人的利益外，没有人可以变得更好。但富裕完全是主观的。配置效率只能发生在价格＝边际成本的产出水平。这只能发生在完全竞争的市场结构中，而在现实世界中是不存在的。在东欧和苏联的社会主义国家中，大约从 1920 年到 1990 年，决定一种商品和服务的产量（即生产资源的分配）在很大程度上是由中央计划决定的，也就是说，由政府经济学家来决定需要多少拖拉机、胡萝卜、鸡或其他商品。有一些著名的惨败由此（或者至少是好故事）产生，例如，20 世纪 50 年代在俄罗斯和波兰，中央计划委员会定制了过多的拖拉机和过少的冰箱，所以有大量未使用的拖拉机，然而人们很不高兴，因为他们需要冰箱。对大多数西方经济学家来说，这是一个悲剧性的例子，说明把生产什么的决定留给市场（如亚当·斯密的看不见的供需之手）要好得多。换句话说，在中央计划经济中，国家的生产资源，钢铁厂、劳动力和工厂本身，都没有得到有效利用，也就是说，它们生产了太多一种不需要的东西，而另一种需要的东西却生产得不够。此外，它还需要一个庞大的、或许成本高昂的政府官僚机构来做分配决策。新古典主义经济学家在主张自由市场和自由贸易时，最常使用的就是这种关于效率的论证。集中规划大型工业经济是一项艰巨的任务，在大规模电子计算时代到来之前，这项任务甚至更加艰巨。这就是为什么大多数中央计划经济没有尝试计划经济的各个方面。相反，他们把重点放在最重要的部分，即"制高点"。

用这种方法估计效率的一个问题是，由于经济非常复杂，很难确定应该把哪些投入视为特定经济活动的投入。尽管经济学家不断使用效率这个词，你会很难找到这些效率在哪里被明确度量或测试（除了一些量化术语，如"金融发展水平"和"效率的改善"，经常被非常普遍的国际比较相当随意地定义，如金和莱文[21]）。

工程师们经常使用一种非常明确的效率衡量方法：简单地说，就是一个过程中产出的能量与投入的能量之比。例如，在现代发电厂中，煤转化为电能的效率约为40%，汽油转化为公路运输的效率约为20%。人类也以大约20%的效率工作。一些能量损失是不可避免的，热力学第二定律的能量损失，一些与需要以更快的速度运行进程，而不是产生最高的效率有关，还有一些是由蹩脚的设计或可怜的后勤（即保持轮胎不正常膨胀）导致的。

在生物物理经济学中，经常使用一种综合比率来衡量经济的效率：通常是一个国家的GDP产出除以能源投入。我们称之为生物物理经济效率。要比较不同年份的通货膨胀率，必须修正经济产出。这个比率并没有什么明确的意义（就像工程学那样），而是一种相对明确的方法，我们可以用它来衡量一个经济体的效率。正如我们上文所说，经济学家通常会给出更为模糊的"生产资源"视角，但这是不可能实现的。它主要用于比较目的——无论是对不同的国家，还是对一个国家——正如我们在这里所做的那样。其理念是，由于许多国家的经济在20世纪90年代和21世纪初（通过新古典主义经济概念的普遍传播）或明或暗地"转变"为至少部分地减少政府限制、增加市场自由，那么，我们的假设仅是为了测试总体上的国家经济（尤其是像哥斯达黎加和智利这样的国家，受到了与新古典主义经济学相一致的明确的结构调整）在20世纪90年代是否变得更有效率。如果效率在提高，那么这将倾向于支持假设，反之亦然。

11.2.5　检验自由贸易带来经济效率的假设

新古典主义经济学在拉丁美洲和其他地区的实现被予以极大的热情进行执行，有些人会无情地说，通过一个叫作"华盛顿共识"的项目被执行，特别地，这些国家无法向世界银行或国际货币基金组织（IMF）支付债务利息[22]。这些自由贸易的增加和政府开支减少的计划（"稳定、自由化和私有化"）被认为是债务国的良方和良药。它们应该带来经济效率。由于我们无法从经济学家那里找到关于经济在自由化之后是否实际上变得更有效率的任何数据，我们自己通过研究生物物理经济效率的简单时间趋势来进行这项工作。

我们的方法非常简单：为发展中国家绘制生物物理效率图（即不同国家的真实 GDP/使用的能源，每单位肥料的农业产出等）看看是否有提高效率的趋势。我们明确地检验了这样一种假设，即随着新自由主义政策的实施（无论是在1990 年以后的国家，还是在更广泛的世界范围内），各国的生物物理效率将随之提高。我们对每个"发展中"大陆的4 个国家和最近的133 个国家明确执行了这一点[23]。

11.2.6　自由化后生物物理效率的测试结果

我们在这两项研究中发现，当能源使用和世界上所有国家的 GDP 绘制在同一个图中，结果基本上线性的，表明能源是必需的，或者至少对基本上所有的国家来说能源与 GDP 的产量增加是相关的（见图 11 - 3）。我们还发现，在人均财富不断增加的国家，能源消耗的增长速度与 GDP 的增长速度大致相同（见图 11 - 4）。

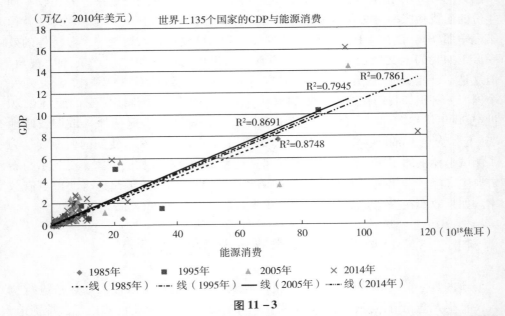

图 11 - 3

1985 年、1995 年、2005 年和 2014 年 127 个国家能源使用与 GDP 的关系。基本的线性结果表明，能源是所有国家提高国内生产总值（GDP）所必需的，或至少与之相关，而且无论（微小的）效率提高了多少（如直线斜率的提高），通常在 20 世纪 90 年代增加的全球自由化发生前，这都可能发生。相对于化石燃料，初级电力乘以 2.6 以反映其质量。

资料来源：阿杰伊·古普塔。

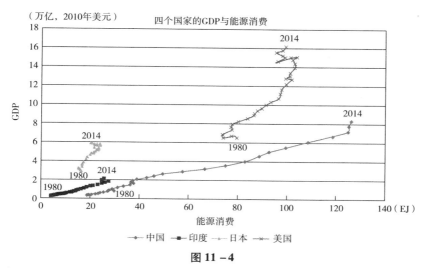

图 11－4

四个国家的 GDP 与能源使用的关系。包括中国和印度在内的快速发展中国家，其能源使用量的增长往往与其国内生产总值（GDP）有着很强的相关性，这意味着经济发展需要能源。对于日本和美国等发达国家来说，这种相关性似乎没有那么强烈了，这些国家的官方 GDP 有所增长，而能源使用量却几乎或根本没有增加。

资料来源：阿杰伊·古普塔。

今天不同国民经济的财富有一个巨大的变化，从最贫穷的国家——那里的人们倾向于每天靠 38 美分（或一年 140 美元）来生活，到最富有的发达国家——2008 年其年平均收入从 50000 到 87070 美元不等（2009 年世界银行）。毫不奇怪，从我们的角度来看，2005 年这些不同国家的人均能源消费量从 0.32 GJ 左右到近 800 GJ 之间的变化与收入的变化是相似的（见图 11－5）。此外，随着国家的发展、时间的推移，它们倾向于使用更多的能源，一般与它们财富的增长大致成比例（见图 11－4）。当我们检查在非洲和拉丁美洲的发展中国家（尤其是该地区受"自由市场"影响）的 GDP 和能源使用的关系，对应于 20 世纪 90 年代和 21 世纪初期的自由化趋势，我们发现完全没有证据表明，生物物理效率在这些国家增加了。当考虑到所有的国家，1970 年和 1990 年以来，生物物理效率往往保持不变或下降（见图 11－6）。相对不受新自由主义政策影响的哥伦比亚可能是个例外。在其他许多国家也发现了类似的结果[11][24][25]。因此，本章中在 20 世纪的最后十年，发展中国家"自由""自由市场""新古典主义"或"华盛顿共识"的经济学方法不断增加的使用，将必然带来经济效率的提高，结果并不支持这一假设。除了提高的效率（正如来自新古典主义政策或任何其他），我们必须寻求一些其他对经济增长的解释。这些结果与许多发展经济学家自己与日俱增的观点是一致的[25]。

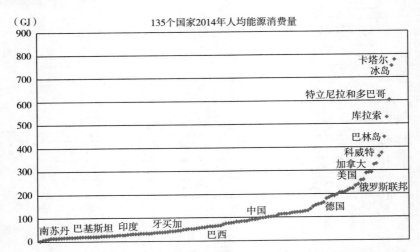

图 11 - 5 世界上 135 个国家按人均能源使用量的增长进行排名

资料来源：阿杰伊·古普塔。

然而，我们的结果确实表明，许多发达国家的效率有所提高（见图 11 - 4 和图 11 - 7）。这是由于高度发达的国家能够通过纯技术提高效率，还是因为它们基本上向世界其他地区出口了它们经常造成污染和能源密集型的重工业，这是另一个问题。对于一些国家，许多能源出口国效率较低（见图 11 - 8）。在进一步的分析中，将方程中与进口和出口有关的蕴藏能量从能源使用（分母）中加上或减去，结果表明，当这样做时，数值往往变得更加相似，即不同国家之间差距的主要结果是，每个国家在多大程度上与为其他国家承担"重任"联系在一起[26]。

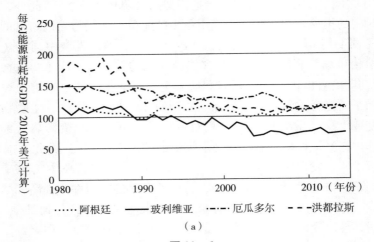

（a）

图 11 - 6

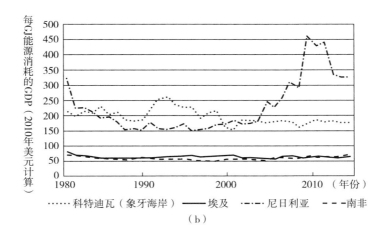

（b）

图 11 - 6（续）

（a）1971~2001 年，拉丁美洲四个国家 GDP 与能源消耗的比例。1980 年以后所有国家平缓的或下降的曲线与市场自由化提高效率的假设不一致。（b）1971~2001 年，四个非洲国家的 GDP 与能源消耗的比例。1980 年以后所有国家平缓的或下降的曲线与市场自由化提高效率的假设不一致。

资料来源：阿杰伊·古普塔。

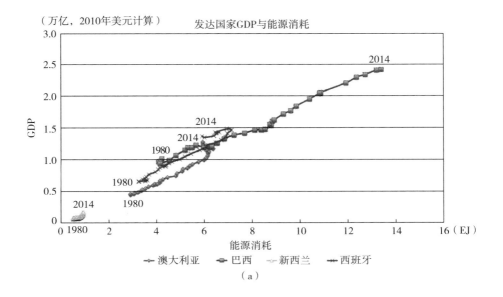

（a）

图 11 - 7

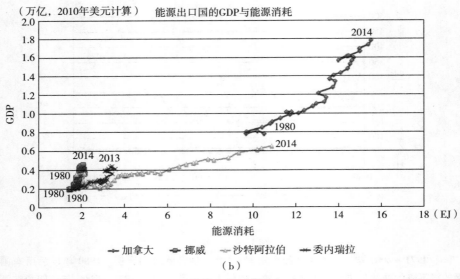

（万亿，2010年美元计算）　能源出口国的GDP与能源消耗

图 11 –7（续）

图 11 –4 到图 11 –7 是关于几个发达国家（如美国和日本）和快速发展中国家（如中国和印度）的能源使用和 GDP 之间的关系。请注意美国和日本相对较高的表观效率。大多数相对发达但仍在增长的国家，能源消耗与经济增长成正比。与图 11 –6（a）所示的关系相同，图 11 –6（a）为能源生产大国，其单位 GDP 能耗要高得多。这一数字表明，美国和日本等国的效率明显提高（见图 11 –4），这在很大程度上是由于经济中进口了能源密集型的组件（如能源本身）。

资料来源：阿杰伊·古普塔。

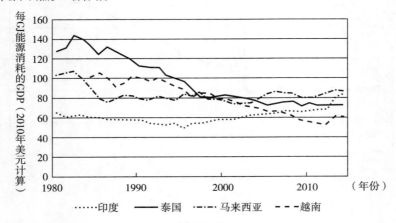

图 11 –8

在一些亚洲国家，如印度，效率有所提高，而在其他国家，如马来西亚和越南，效率则有所下降。

资料来源：阿杰伊·古普塔。

在我们的原创论文中，我们还研究了 GDP 与使用的水和森林产品的效率以及农业产出与肥料投入使用的关系，我们发现经济发展之间总有一个强烈的关系，正如 GDP 所表明的，而且没有迹象表明效率随时间有提高[24]。

11.2.7　随着能源使用的增加而发展

我们从这些和许多其他结果中得出的主要结论是，对绝大多数国家来说，自经济"自由化"以来，以单位能源或其他资源的国内生产总值衡量的效率并没有提高。相反，很明显的是，不管是什么样的经济增长，都是由于（或至少与之高度相关）能源和其他资源开发速度的提高而出现的。我们的结论是，新古典主义经济学并没有通过提高效率来增加财富，而是仅通过提高资源开发的速度，这是科学家或工程师可以意识到的，至少通过我们使用的相对粗糙的评估可以意识到。这些资源可以是国内的，也可以是进口的，如果有其他资源，包括专门的人力资源，使人能够支付这些资源。如果财富来自资源开发而不是效率，那么发展的概念就必须与土壤、气候、农业潜力、矿物资源和其他在传统经济分析中往往被忽视的生物物理资源紧密地联系在一起。如果要像哥斯达黎加的情况那样改善人类的状况，显然需要同样重视生物物理以及政治和货币环境，而且必须在生物物理的可能性之内。

如果新自由主义经济学似乎并没有与实证测试结果相一致，此外还违反了基本的物理定律，而且与自己的假设也不相一致（第 3 章），那么我们有没有替代选项去指导发展，或者至少在宏观意义以上运营我们的经济？

我们的部分答案是生物物理经济学，这是一种相当不完善但不断发展的经济学方法，其基础是认识到财富从根本上是通过开发自然资源产生的，认识到经济政策主要是指导能源如何投资于这种开发。生物物理经济学的基本方法可以在我们的书中找到（霍尔[11]，勒克莱尔和霍尔[11]），当然，还有本书。对于如何改善世界贫困人口的平均经济困境，这种方法产生了一些相当不同的观点。发展的生物物理模型特别把一项真正的责任放在可负担得起的能源供应上，以便成功地进行发展。

有许多发展模式，包括哈罗德—多玛模式（着重于储蓄的重要性）、罗斯托模式（着重于"发展阶段"）和其他模式。这些都在勒克莱尔[19]中进行了回顾，支持它们在生成甚至解释发展方面的重要性的数据非常少，这不是什么秘密。我们提出了另一种模型，特别是生物物理模型的发展说，只有当能源资源/人数这一比例增加时，真正的物质发展（即财富的增加）才会发生。如图 11 - 4 所示，人均财富仅在人均能源消耗增加的国家（如中国和印度）才有所增加。

尽管有许多发展理论（参见勒克莱尔[11]研究的综述），但很少有理论能够非常有力地预测发展的成功或失败，而且毫不奇怪，很少有理论将发展直接与能源使用联系起来。霍尔[11]发现了许多发展（至少以人均实际 GDP 表示）与人均能源使用量密切相关的例子。在能源消耗增长速度超过人口增长速度的地方，人们变得更加富有；在能源消耗增长速度不及人口增长速度的地方，人们会变得更贫穷。

确实，根据罗伯特·考夫曼（私人沟通），美国和一些其他的发达国家（见图 11 – 9）[11]在将能源转化为 GDP 方面变得更高效，已更有效地将能量转化为 GDP，一半是由于增加使用高质量的投入，另一半是由于经济中由工业生产（其中大部分已经出口）转向服务（甚至消费）的变化。这种情况在多大程度上可能发生在其他国家尚不清楚。将世界作为一个整体，每单位能源产生的 GDP 几乎不变或略有增加，这表明在发达国家增加的收益对应着欠发达国家的收益减少，这些欠发达国家通常是为发达国家从事更多的重工业[23]。因此，我们对经济活动增加的解释是，如果能够开发更多的资源，明确地说，开发更多的能源，经济活动就能够发生。这种能量被用来为生产过程提供燃料，而在当今世界，相对于资本或劳动力，生产过程更依赖能源[11]。尽管对大多数能源科学家来说，这算不上什么新闻，但在很大程度上，这是一个经济学家不熟悉的概念。财富来自自然和对自然的开发，很少来自市场或对市场的操纵。

公平地说，应该提到的是，似乎不仅是新古典主义模型难以实现经济增长。

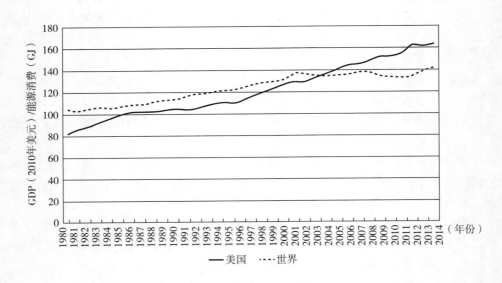

图 11 – 9　美国和世界的效率

虽然在一些高度发达的国家，如美国，效率（**GDP/单位能源**）已经明显增加，而整个世界的效率很少或几乎没有增加，这表明高度发达国家用于创造财富使用的大部分能源已经外包。

根据一项基于网络的回顾（cepa. newschool 2004），随着时间的推移，有各种各样的模式来促进发展，但每一种模式基本上都被抛弃了，因为它不能产生很多想要的发展方式。这与勒克莱尔的观点一致。更紧密经贸关系的安排（CEPA）的审查以及我们自己的审查得出的结论是，目前主导新自由主义模式的任何理由，以及其有效性的证据，充其量都是"矛盾的"，但这种观点仍被灌入许多发展中国家的"喉咙"里。

如果不清楚新自由主义政策是否已解决了发展中国家长期存在的经济问题，为什么还要继续推行这些政策？持怀疑态度的人认为，通过维持发达国家银行及其股东的现金流，它们能相当好地服务于那些强加于它们的国家利益。事实上，净收益是否总是甚至是普遍地产生，或者以一种导致所有受影响的人的净福利的方式产生，是一个在更广泛的世界中争议更大的问题，在那些考虑这些问题的人当中，争议比大多数经济学家可能同意的要大得多。例如，如果在最微不足道的水平上，一个人可以通过支付尽可能少的工资或支付尽可能少的环境清理费用来产生低价格，那么就会有强大的压力迫使这种情况发生。尽管有些人认为，通过将发达国家的劳动待遇和污染控制标准引入发展中国家，也能产生净效益，但这种压力在很大程度上推动了全球化的发展。除了布朗等和卡皮林斯基[27,28]之外，我们对系统导向的详尽的案例历史研究方法知之甚少，这些案例历史研究旨在检验这一理论是否正确。

11.2.8　更详细的发展：哥斯达黎加的可持续性评估

我们当然认识到，尽管我们认为结果是基本的和重要的，上述评估可以被批评为肤浅。但是，我们和同事在过去进行过更详细的分析。这些研究中最重要的是哥斯达黎加的经济，我们从生物物理和传统经济学的视角进行了详细的检查（如霍尔[11]出版于 2000 年的一本书的第 761 页，有明确的数据密集型的章节，关于经济的每个主要的部分）。我们进行这项分析的最初目的是确定如何发展一个可持续的社会和经济。随后，我们把这本书看作从事生物物理经济学的一个模型。但令我们惊讶的是，我们的研究（也由勒克莱尔和霍尔给出）发现，哥斯达黎加（往往是可持续发展的典范）不可能被认为是可持续的，至少有 19 个原因。其中许多原因是由于能源和资源使用的相互作用造成了效率下降的情况（如本文所定义的）。这些原因包括：

（1）难以承受的债务负担，自 20 世纪 70 年代以来几乎一直保持不变，每年消耗掉政府大量宝贵的收入。

（2）人口太多，特别是农业没有化肥和其他工业投入，这些在哥斯达黎加几乎无法完成。即使有这些，哥斯达黎加现在也需要进口大约一半的粮食，这就需要更多的外汇。

（3）需要为必要的农业和粮食投入创造外汇。

（4）即使投入增加，由于土壤侵蚀、营养物质耗竭和肥料反应饱和，大多数作物的每公顷产量自1985年以来没有增加。

（5）哥斯达黎加是一个没有化石燃料的国家，过去是，现在仍然是。尽管它为利用其在许多可再生资源方面所具有的自然优势：水力、风能和地热，作出了巨大的努力，但几乎可以肯定的是，哥斯达黎加会更加依赖进口的化石燃料，情况也确实如此。所有这些都是其延绵高峻的山脉带来的结果。

（6）因此，哥斯达黎加极易受到油价上涨和最终石油枯竭的影响。所有石油进口国都很容易受到未来石油供应减少的影响。持续的人口增长使这个问题一年比一年严重。经济增长的尝试大多被人口增长所抵消，其中大部分来自移民。

（7）尽管作出了巨大的努力，却没有"银弹"（即解决问题的神奇办法），很可能的是，至少到目前为止，可持续发展的概念除了让用户感觉良好和吸引游客之外，没有任何用处。

（8）然而，哥斯达黎加以相对较小的资源基础产生了一个极为良好的社会。世界其他国家可以从哥斯达黎加相对较小的货币和资源基础上产生良好政府服务的效率中学到很多东西。

11.2.9 讨 论

我们从这些和许多其他结果中得出的主要结论是，自经济"自由化"以来，以这些标准衡量的效率并没有提高。已经发生的这种经济增长通常是通过继续普遍增加资源开发和利用的速度，特别是能源。新古典经济学在任何科学家和工程师的意义上，都不会通过提高效率来增加财富，至少如我们所看到的，但是只有通过增加经济中真正完成的工作，包括燃料使用和资源开发的速度，当然这些资源可以进口（如果有其他资源，包括专门的人力资源，能够用于支付其他资源）。如果财富来自资源开发，而不是来自经济学家关于自由市场效率的观点，那么发展的概念必须与土壤、气候、农业潜力、矿产资源和其他生物物理资源紧密联系在一起，而这些资源在传统的经济分析中往往被忽视。如果要使人类的条件得到改善，正如条件想要得到改善，像哥斯达黎加的情况一样，显然需要像重视经济环境一样重视政治环境，但这一切都必须在生物物理的可能性之内。

因此，总而言之，如果我们要寻求有效的经济发展，我们必须做什么？

（1）以怀疑的眼光审视新古典主义经济学。

（2）使用科学的方法。

（3）根据一个国家的实际资源和人口水平，建立一个真实的生物物理模型，来描述实际的经济可能性。

（4）考虑通过如人口控制来减少需求，作为至少同样可行的发展战略，以增加经济活动，从而增加对矿物燃料的需求。

问题

1. 为什么世界经济如此全球化？

2. 哪位早期经济学家可能对全球化的程度特别感兴趣？

3. 什么是"香料路线"？是什么取代了它的部分功能？你能给出一个能量论证吗？

4. 帝国主义和对外贸易之间有什么关系？

5. "发展"是什么意思？现在有哪些鼓励发展的组织？（我指的是政府对外援助、非政府组织和当地投资者）

6. 许多人说，经济全球化是一把双刃剑，有积极的一面，也有消极的一面。有哪些是积极的，哪些是消极的？

7. 大多数发展模型都经过测试了吗？为什么？如果是这样，发现了什么结果？

8. 你认为测试经济模式是否有效？总是困难的吗？为什么？

9. 效率和效力有何不同？

10. 定义与全球问题相关的"效率"一词的几种用法。

参考文献

［1］Hall，C. A. S.，and J. Y. Ko. 2004. *The myth of efficiency through market economics：A biophysical analysis of tropical economies，especially with respect to energy，forests and water.* In Forests，water and people in the humid：Past，present and future hydrological research for integrated land and water management，ed. M. Bon-nell and L. A. Bruijnzeel，40 – 58. UNESCO：Cambridge University Press.

［2］Ricardo，D. 1970. *Principles of political economy and taxation.* Cambridge：Cambridge University Press.

［3］Klitgaard，K. 2006. Comparative advantage in the age of globalization. *The International Journal of Environmental，Cultural，Economic and Social Sustainability* 1 (3)：123 – 129.

［4］ United Nations. 2010. http：//www. un. org/esa/socdev/rwss/docs/2010/chapter2. pdf.

［5］ Palley, T. I. 2004. From Keynesianism to neo-liberalism：Shifting paradigms in economics. In *Neoliberalism-A critical reader*, ed. D. Johnston and Shad Filho. London/Ann Arbor：Pluto Press. tpalley@ osi-dc. org.

［6］ Gowdy, J. , and J. Erickson. 2005. The approach of ecological economics. *Cambridge Journal of economics* 29（2）：207 – 222.

［7］ Bhagwati, J. 2004. In *defense of globalization.* New York：Oxford University Press.

［8］ Stiglitz, J. 2002. *This perspective is a near mantra for many in both political parties in the US.* In *Globalization and its discontents.* London：W. W. Norton, Ltd.

［9］ Bromely, D. 1990. The ideology of efficiency. *Journal of Environmental Economics and Management* 19：86 – 107.

［10］ Kroeger, T. , and D. Montanye. 2000. Effectiveness of structural development policies. In *Quantifying sustainable development：The future of tropical economies*, ed. C. A. S. Hall, 665 – 694. San Diego：Academic Press.

［11］ Hall, C. A. S. 2000. *Quantifying sustainable development：The future of tropical economies.* San Diego：Academic Press ; LeClerc, G. , and C. A. S. Hall, eds. 2008. Making development work：A new Role for science. Albuquerque：University of New Mexico Press.

［12］ Annis, S. 1990. Debt and wrong way resource flow in Costa Rica. *Ethics and International Affairs* 4：105 – 121.

［13］ Bello, W. 1994. Dark victory：*The U. S. , structural adjustment and global poverty.* London：Pluto Press.

［14］ Gowdy, J. 2005. Toward a new welfare foundation for sustainability. *Ecological Economics* 53：211 – 222; Gowdy, J. M. 2004. The revolution in welfare economics and its implications for environmental valuation and policy. *Land Economics* 80：239 – 257.

［15］ Easterly, W. 2001. In The elusive quest for growth：*Economists' adventures and misadventures in the tropics.* Cambridge：MIT Press. We cannot emphasize enough that anyone who wants to understand economic efficiency should read the paper by Bromley, 9 above.

［16］ Gintis, H. 2000. Beyond Homo economicus：Evidence from experimental economics. *Ecological Economics* 35：311 – 322.

［17］ Hall, C. A. S., P. D. Matossian, C. Ghersa, J. Calvo, and C. Olmeda. 2001b. Is the Argentine National Economy being destroyed by the department of economics of the University of Chicago? *In Advances in energy stud- ies*, ed. S. Ulgaldi, M. Giampietro, R. A. Herendeen, and K. Mayumi, 483 – 498. Padua, Italy: Servizi Grafici Edito-riali.

［18］ Sekera, J. 2016. The public economy in crisis: *A call for a new public economics*. New York: Springer.

［19］ LeClerc, G. 2008. Chapter 2. In *Making development* work: A new role for science, ed. G. LeClerc and Charles Hall. Albuquerque: University of New Mexico Press.

［20］ Montanye, D. 1994. Examining sustainability: An evaluation USAID's agricultural export-led growth in Costa Rica. Master's Thesis. State University of New York, College of Environmental Science and Forestry.

［21］ King, R. G., and R. Levine. 1993. Finance and growth: Schumpeter might be right. *The Quarterly Journal of Economics* 108 (3): 717 –737.

［22］ Williamson, J. 1989. What Washington means by policy reform. In *Latin American readjustment: How much has happened*, ed. John Williamson. Institute for International Economics: Washington.

［23］ Gupta, A. J. et al. Estimating biophysical economic efficiency for 134 countries (in preparation).

［24］ Ko, J. Y., C. A. S. Hall, and L. L. Lemus. 1998. Resource use rates and efficiency as indicators of regional sustainability: An examination of five countries. *Environmental Monitoring and Assessment* 51: 571 –593.

［25］ Tharakan, P., T. Kroeger, and C. A. S. Hall. 2001. 25 years of industrial development: A study of resource use rates and macro-efficiency indicators for five Asian countries. *Environmental Science and Policy* 4: 319 – 332.

［26］ Wiedman, T. O., H. Schandl, M. Lenzen, S. Suh, J. West, and K. Kanemotoc. 2012. The material footprint of nations. *Proceedings of the national academy of sciences of the United States of America* 112 (10): 6271 –6276.

［27］ Brown, M. T., H. T. Odum, R. C. Murphy, R. A. Christianson, S. J. Doherty, T. R. McClanahan, and S. E. Tennenbaum. 1995. Rediscovery of the world: Developing an interface of ecology and economics. In *Maximum power*, ed. C. A. S. Hall, 216 –250. P. O. Box 849, Niwot, CO 80544: University Press of Colorado Press.

［28］ Kaplinsky, R. 2005. *Globalization, poverty, and inequality: Between a rock and a hard place*. Maldin, AAA: Polity Press.

12 增长有极限吗？检验证据

近几十年来，学术界和媒体对人类活动的环境影响，特别是与气候变化和生物多样性有关的环境影响进行了大量的讨论。对人类日益减少的资源基础的关注则少得多。尽管我们注意到，资源枯竭和人口增长仍在无情地继续。这些问题中最直接的似乎是石油产量的下降，这一现象通常被称为"石油峰值"，因为全球传统石油的产量似乎已达到最高，现在可能正在下降。然而，一系列相关的资源和经济问题正在不断地以越来越多的数量回归家园，并对水、木材、土壤、鱼类、黄金和铜等造成如此之大的影响，以至于作家理查德·海因伯格[1][2]谈到了"一切都达到顶峰"。我们认为，这些问题是 20 世纪中叶由一系列科学家提出的，基本上是准确的，事件表明，他们的最初想法基本上是合理的。在 1972 年出版的一本名为《增长的极限》的里程碑式著作中，明确阐述了其中的许多观点[3]。在 20 世纪六七十年代，我们成长的岁月都在大学和研究生期间，我们的课程和我们的思想强有力地受到生态学家和计算机科学家的影响，他们的著作清晰而雄辩地谈到了不断增长的人口和他们日益增长的物质需求以及地球的有限资源之间不断增强的碰撞。20 世纪 70 年代的油价冲击和加油站排长队现象，在许多人的心目中证实了这些研究人员的基本观点是正确的，人类正面临着某种程度的增长限制。对我们来说非常清楚的是，1970 年，美国经济的增长文化被自然施加了限制，如此，第一作者根据他的估计，即就在他预计退休的 2008 年，我们将经历石油峰值的影响，作者做了非常保守的退休计划。事实上，这是一个明智的决定，因为许多不那么保守的计划在 2008 年的崩盘中损失了 1/3 到一半的价值。

这些想法一直伴随着我们，尽管它们在很大程度上已经从大多数公开讨论、报纸分析和大学课程中消失了。我们的普遍感觉是，今天很少有人思考这些问题，但即使是那些思考这些问题的大多数人也认为，技术和市场经济已经解决了这些问题。《增长的极限》中的警告，甚至更普遍的增长极限概念被认为是无效的。即使是生态学家也在很大程度上把他们的注意力从资源转移到对生物圈和生物多样性的各种威胁上，这当然不是不恰当的。他们很少提到早期生态学家关注的基本资源/人口数量的方程。例如，2005 年 2 月出版的《生态与环境前沿》杂志致力于"生态可持续未来的愿景"，但"能源"一词只出现在个人的"创造性能源"中——"资源"和"人类人口"几乎没有被提及。但增长受限理论失败了吗？甚至在 2008 年金融危机爆发之前，报纸上就充斥着关于能源和食品价格上涨、许多城市普遍的饥饿和相关骚乱以及各种物资短缺的报道。随后，头条新闻转向了银行体系的崩溃、不断上升的失业率和通胀以及总体经济萎缩。许多人认为，当前经济混乱至少在很大程度上要归咎于 2008 年早些时候油价的上涨。虽然许多人继续排斥 20 世纪 70 年代那些研究人员写的东西，但有越来越多的证据表明，如果不总是纠结于细节或具体时间，关于人类人口的持续增长和人类日益增长的消费水平，世界正在接近其非常真实的物质限制的危险，由最初的"预言家"所做的综合评估是正确的。鉴于新的信息，尤其是关于石油峰值的信息，是时候重新考虑这些论点了。图 12-1 至图 12-5 给出了对这些问题在地方一级如何发挥作用的一个生动的看法。

图 12-1

　　过去 40 年，全球人口翻了一番，印度这个拥挤的市场就是例证。尽管一些地区遭受贫困，但世界主要通过增加使用化石燃料避免了大范围的饥荒，因为化石燃料可以提高粮食产量。但是当我们用完了廉价的石油会发生什么呢？20 世纪 70 年代的预测在很大程度上被忽视了，因为到目前为止还没有出现任何严重的燃料短缺。然而，对 35 年前的模型进行重新审视后发现，它们的预测基本上是正确的。

　　资料来源：《美国科学家》。

图 12 - 2

1991 年，孟加拉国沿海岛屿上的一个村庄被飓风摧毁，造成 12.5 万余人死亡。1970 年的大风暴造成了破坏，2006 年又再次造成破坏。尽管这些地区的人们意识到了这种风险，但过度拥挤往往会阻止他们搬到更安全的地区。

资料来源：《美国科学家》。

图 12 - 3

1979 年，在油价震荡和减产期间，驾车者被迫排队购买定量汽油。这些事件有力地支持了这样一种观点，即世界人口可能受到有限自然资源的限制。

资料来源：《美国科学家》。

图 12 - 4

在遭受旱灾的埃塞俄比亚东南部，流离失所的人们等待官方分发捐赠的水。那些试图在约定时间前几小时偷走资源的孩子会被赶出去。这些事件表明，水是另一种资源，通常只有有限的数量。

资料来源：《美国科学家》。

图 12 - 5

石油并不是唯一可能达到峰值的资源，其使用量超过了地球支持消费水平的能力。在意大利海岸外的撒丁岛，商业渔民的捕鱼量与他们父辈过去的捕鱼量相比下降了 **80%**。

资料来源：《美国科学家》。

12.1　早期示警

关于资源/人口问题的讨论总是从托马斯·马尔萨斯及其 1798 年发表的第一篇关于人口的论文开始：

我想我可以提出两个假设。首先，食物是人类生存所必需的。其次，两性之间的激情是必要的，而且几乎将保持现在的状态……那么，假设我的假设是理所当然的，我说，人口的力量永远大于地球上人类生存所需的力量。如果不加以控制，人口会以几何比例增长。生存只在算术比率上增加。稍微熟悉一些数字，就能看出与第二种力量相比，第一种力量的巨大。

马尔萨斯继续对这种情况的后果进行了非常悲观的评估，甚至提出了更悲观、更不人道的建议，即应该采取什么措施——基本上就是让穷人挨饿。大多数人，包括我们自己，都同意 1800 年到现在马尔萨斯的假设是不成立的，因为人类人口增长了大约 7 倍，伴随着营养和普遍富裕的激增——尽管只是最近。保罗·罗伯茨在《食物》[4] 一书中指出，在整个 19 世纪营养不良都很普遍。直到 20 世纪，廉价的化石能源才使农业生产足以避免饥荒。这一论点以前已经被提出过许多次——我们能源使用的指数级增长，是我们产生粮食的供应以几何级数增长的主要原因，而人类人口继续以几何级数增长。因此，自马尔萨斯时代以来，我们已经避免了地球上大多数人的大规模饥荒，因为化石燃料的使用也呈几何级数增长。

生态学家加勒特·哈丁和保罗·埃利希是 20 世纪第一个再次提出马尔萨斯对人口和资源问题担忧的科学家。哈丁在 20 世纪 60 年代发表的关于人口过剩影响的文章包括著名的《公地的悲剧》[5]，他在文中讨论了个人如何倾向于为了自己的利益而过度使用公共财产，即使这对所有相关方都不利。哈丁还写过其他关于人口的文章，创造了"繁衍自由毁灭一切"和"没有人曾死于人口过剩"这样的短语，后者的意思是，拥挤很少是死亡的直接来源，而是导致疾病或饥饿，然后导致死亡。这个短语出现在一篇文章中，反映了孟加拉国沿海地区成千上万的人在台风中淹死。哈丁认为，这些人非常清楚，这个地区每隔几十年就会被淹没，但无论如何，他们还是留在了那里，因为在这个非常拥挤的国家里，他们没有其他地方可住。这种模式在 1991 年和 2006 年再次出现。

生态学家保罗·埃利希[6]在《人口爆炸》中认为人口的持续增长将对食品供应、人类健康和自然造成严重破坏，以及马尔萨斯进程（战争、饥荒、瘟疫和死亡）迟早会使人类数量"受控"，下降到世界的承载能力范围内。同时，农学家大卫·皮曼特尔[7]、生态学家霍华德·奥德姆[8]和环境科学家约翰·斯坦哈特[9]量化了现代农业对能源的依赖程度，并表明技术发展几乎总是与化石燃料使用量的增加有关。其他生态学家，包括乔治·伍德维尔和肯尼斯·瓦特，讨论了人类对生态系统的负面影响。肯尼思·博尔丁赫尔曼·戴利和其他一些经济学家开始质疑经济学的根基，包括其与支持它的生物圈的分离，特别是，它专注于增长和无限可替代性——即认为总是会出现对更稀缺资源的替代的观点。这些作家是 20 世纪 60 年代末生态学研究生教育的重要组成部分。最近，莱斯特·布朗等[10]提供了令人信服的证据，表明粮食安全正在下降，部分原因是分配问题，部分原因是土壤肥力下降、荒漠化和化石燃料衍生的肥料供应减少。

与此同时，计算机随机存取存储器的发明者杰伊·弗雷斯特开始开发一系列跨学科的分析和思维过程，他称之为系统动力学。在他写的关于这些模型的书和论文中，他提出了在有限的世界中，人口持续增长将带来的困难[11]。后一种模式很快被称为"有限增长模式"（或"罗马俱乐部"模式，由委托出版该书的组织命名）。弗雷斯特的学生多内拉·梅多斯、丹尼斯·梅多斯和他们的同事对这些计算机模型进行了改进，并向全世界展示[3]。他们指出，人口的指数增长和资源的使用，加上资源的有限性质和污染的同化，将导致全球基本经济条件的严重不稳定，最终导致生活的物质质量，甚至人类的数量大幅度下降。与此同时，地质学家 M. 金·哈伯特在 1956 年和 1968 年两次预测，美国的石油产量将在 1970 年达到顶峰。尽管他的预测当时被驳回，但美国石油产量实际上在 1970 年达到峰值，天然气产量在 1973 年达到峰值。

1973 年，在第一次能源危机期间，石油价格从每桶 3.5 美元上涨到 12 美元以上，这些关于增长极限的各种观点似乎得到了实现。汽油价格在几周内从每加仑不到 0.30 美元涨到了 0.65 美元，而由于供应与预期需求之间的暂时缺口只有 5% 左右，可用供应量有所下降。美国人第一次受制于汽油管道、其他能源价格的大幅上涨、两位数的通货膨胀以及与此同时出现的总体经济活动萎缩。经济学家曾认为，同时出现通胀和经济停滞是不可能的，因为根据菲利普斯曲线，这两者应该是反向关联的。家庭取暖用油、电、食品和煤也变得更加昂贵。然后事情又发生了：1979 年，油价升至每桶 35 美元，汽油升至每加仑 1.60 美元。

1974 年的一些经济弊病，如大萧条以来的最高失业率、高利率和物价上涨，在 20 世纪 80 年代初又卷土重来。与此同时，关于各种各样环境问题的新的科学报告层出不穷：酸雨、全球变暖、污染、生物多样性的丧失以及保护地球的臭氧层的损耗。20 世纪 70 年代和 80 年代初的石油短缺、汽油长队，甚至一些电力短缺，似乎都使人们相信我们的人口和经济在许多方面已经超出了地球支撑他们的能力。对许多人来说，世界似乎正在分崩离析，而对那些熟悉增长极限的人来说，这个模型的预测似乎开始成为现实，而且是正确的。学术界和全世界都在热烈讨论能源和人口问题。

我们自己对这项工作的贡献集中在评估资源和环境管理的许多方面的能源成本，包括粮食供应、河流管理，特别是获得能源本身[12]。我们论文的一个主要焦点是在美国境内获取石油和天然气的能源投资回报（EROI），从 20 世纪 30 年代到 70 年代，这一比例大幅下降。很明显，大多数可能的替代能源的 EROI 甚至更低。不断下降的 EROI 意味着越来越多的能源产出将被用于获取经济运行所需的能源。

12.2　逆　转

然而，所有这些兴趣都开始消退，因为来自美国以外的大量先前发现但未被使用的石油和天然气被开发出来，以应对油价上涨，然后涌入美国。大多数主流经济学家，以及其他许多人，都不喜欢这样的概念，即经济增长可能存在极限，或者更广泛地说，人类活动可能受到自然的制约。他们认为，他们的观点得到了事态的发展和新的汽油资源的证实。主流（或新古典主义）经济学家主要从"效率"的角度提出了一个概念，即不受限制的市场力量在技术创新的帮助下，在每一个关键时刻寻求"最有效的"（通常指最低价格）。其净效果将是以尽可能低的价格继续满足消费者的需求。这还将使包括技术在内的所有生产力得到最优配置，至少在理论上是这样。

经济学家们尤其不喜欢资源绝对匮乏的观点，他们写了一系列针对上述科学家的严厉报告，尤其是那些与增长极限关系最为密切的科学家。核聚变被认为是下一个丰富、廉价能源的竞争者。他们也没有发现稀缺性的证据，说产量每年增长 1.5% ~ 3%。最重要的是，他们表示，各经济体拥有内在的、与市场相关的机制（亚当·斯密的"看不见的手"）来应对稀缺。经济学家哈罗德·J. 巴内特和钱德勒·莫尔斯在 1963 年进行的一项重要实证研究[13]似乎表明，经通货膨胀修正后，所有基本资源的价格（林产品除外）在过去 90 年里没有上涨。因此，虽然几乎没有人认为高质量的资源正在枯竭，但在市场刺激的推动下，技术革新和资源替代似乎已经并将无限期地继续解决长期问题。这就好像市场可以增加地球上物质资源的数量。

整体经济的新表现似乎支持了他们的观点。到 20 世纪 80 年代中期，汽油价格大幅下跌。尽管美国使用的石油越来越多是进口的，但阿拉斯加普拉德霍湾巨大的新油田投产，在一定程度上缓解了美国其他地区石油产量的下降。能源作为一个话题从媒体和大多数人的谈话中消失了。不受监管的市场理应带来效率，而日本和美国单位经济产出能耗的下降似乎为这一理论提供了证据。我们还把电力生产从石油转向煤炭、天然气和铀。

1980 年，生物学界为资源问题执着和雄辩的发言人保罗·埃利希，"陷入了精算师朱利安·西蒙的圈套"，与他就五种矿产品的未来价格进行打赌。朱利安·西蒙极力倡导人类的聪明才智和市场的力量，不相信任何"增长的极限"。在接下来的 10 年里，这五家公司的股价都下跌了，所以埃利希（和他的两位同事）输掉了赌注，不得不付给西蒙 576 美元。这一事件通过重要媒体得到了广泛报道，包括《纽约时报》周日杂志上一篇贬低性的文章[14]。那些主张资源限制的人基本上受到了怀疑，甚至羞辱。

因此，在许多人看来，经济似乎已通过价格信号和替代品，以市场力量这只看不见的手做出了反应。尽管 20 世纪 70 年代经济停滞的一些影响在世界大部分地区一直持续到 1990 年左右（由于 20 世纪 70 年代末偿还的债务，一些人仍生活在像哥斯达黎加这样的地方[15]），经济学家们认为自己的观点是正确的，而对资源持悲观态度的人则放弃了自己的观点。到 20 世纪 90 年代初，世界和美国经济基本上回到了 1973 年以前的模式，即在相对较低的通胀率下，每年至少增长 2% 或 3%。对大多数人来说，通货膨胀修正后的汽油价格是能源短缺最重要的晴雨表，由于外国石油大量涌入，汽油价格稳定下来，甚至大幅下降。关于稀缺的讨论就这样消失了。

市场作为价值的最终客观决定者和产生几乎所有决定的最佳手段的观念得到越来越多的信任，部分是回应专家或立法机构所作决定的主观性的争论。决策越来越多地转向经济的成本收益分析，在这种分析中，所有人的民主集体偏好应该反映在他们的经济选择中。对于那些仍然关心资源稀缺问题的很少的科学家，没有任何特定的地方申请国家科学基金会的资助，所以我们的大部分最好的能源分析师在周末、退休后或作为公益性服务研究这些问题。除了极少数例外，能源分析或增长极限方面的研究生培训都出现了萎缩。限制的概念确实存在于各种环境问题中，如消失的雨林和珊瑚礁以及全球气候变化。但这些问题通常被视为它们自己的具体问题，而不是关于人口与资源之间关系的更普遍的问题。

12.3　对争论的进一步审视

对于包括我们在内的少数科学家来说，毫无疑问，经济学家们在辩论中取得的胜利充其量只是一种幻觉，而且基本上是基于不完整的信息。例如，卡特勒·J. 克利夫兰——波士顿大学的环境科学家，重新分析巴内特和莫尔斯在 1991 年的研究，发现大宗商品的价格并没有提高的唯一原因——即使他们的最高优质股票被耗尽，在最初的研究分析的时间段中，能源的实际价格在下降，是由于成倍增加使用石油、天然气和煤炭，而这些能源的实际价格也在同时下降[16]。因此，即使赢得每一单位资源需要越来越多的能源，但资源的价格并没有因为能源价格的下降而上涨。

同样，20 世纪 80 年代初，当石油危机引发经济衰退时，埃利希和西蒙下了赌注，对所有资源的需求放松将导致开采的资源价格下降，甚至质量有所提高，因为只有品位最高的矿山仍在开采。但近年来，能源价格再度上涨，亚洲对原材料的需求飙升，多数矿产的价格也大幅上涨。如果埃利希在过去 10 年里与西蒙打赌，他本可以赚到一笔小钱，因为大多数原材料的价格，包括他们押注的那些，已经上涨了 2 ~ 10 倍，以应对来自中国的巨大需求和不断下降的资源等级。

另一个问题是，经济上对效率的定义并不一致。包括作者在内的几位研究人员发现，在解释美国、日本和德国工业生产增加的原因时，能源使用——经济学家的生产等式中从未使用过的一个因素——远比资本、劳动力或技术重要得多。瓦克拉夫·斯米尔最近的分析发现，在过去的十年里，日本经济的能源效率实际上下降了 10%。许多分析表明，大多数农业技术都是极度能源密集型的[17]。换句话说，当进行更详细和面向系统的分析时，争论将变得更加复杂和模糊，并且表明技术很少单独工作，而是倾向于需要更多的资源使用。

正如哈伯特预测的那样，美国的石油产量下降了 50%。市场没有为美国石油解决这个问题，因为尽管有巨大的价格上涨和20世纪七八十年代末的钻井，石油和天然气生产更少了，而且因为我们对美国石油、天然气的开采强度和生产率之间没有必然的联系（见图12－6）。

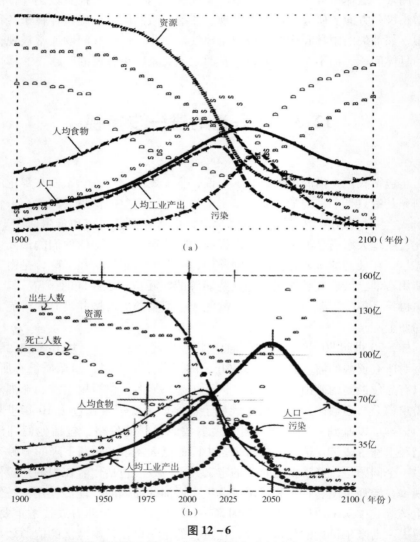

图 12－6

（a）增长极限模型的最初预测考察了人口增长与资源和污染之间的关系，但没有包括1900～2100年的时间尺度。（b）如果加上2000年的中点，到目前为止的预测基本上是准确的，尽管将来会告诉我们接下来几年预测的剧烈振荡。

资料来源：哈伯特（1968）和参考文献［3］。

　　即使在知识渊博的环境科学家中，也有一种普遍的看法，即增长受限模型是一个巨大的失败，因为它对极端污染和人口下降的预测显然没有成为现实，至少对整个世界来说是这样。但不为人知的是，基于当时计算机技术的原始输出有一个非常误导人的特点：图中没有 1900~2100 年的时期（见表 12－1）。如果沿着图的底部绘制 2000 年中途点的时间轴，那么模型的结果在大约 35 年后的 2008 年几乎完全正确（带有一些关于"资源"含义的适当假设）（见表 12－1）。当然，当模型行为变得更加动态时，它在未来的表现如何还不清楚。虽然我们不一定主张现有的增长限制模型结构足以完成它所承担的任务，但重要的是要认识到，它的预测并没有被证明是无效的，事实上似乎是正确的。我们不知道有哪个经济学家的模型能在如此长的时间跨度内如此精确（见图 12－7）。

表 12－1

参数	预测的	实际的
人口（亿）	69	67
每 1000 人的出生率	29	20
每 1000 人的死亡率	11	8.3

与 1970 年水平的比较（设置为 1.0）

参数	预测的	实际的
资源	0.53	
铜		0.5
石油		0.5
土壤		0.7
鱼		0.3
人口	3.0	
二氧化碳		2.1
氮		2
人均工业产出	1.8	1.9

　　注：增长极限模型预测的数值与 2008 年的实际数据非常接近。该模型使用了资源和污染的一般术语，但给出了几个具体例子的近似值进行比较。长期以来的数据很难获得，许多污染物，如污水，可能比数据显示的增长要多得更多。此外，像硫这样的污染物在许多国家已经得到了很大程度的控制。

　　资料来源：《美国科学家》。

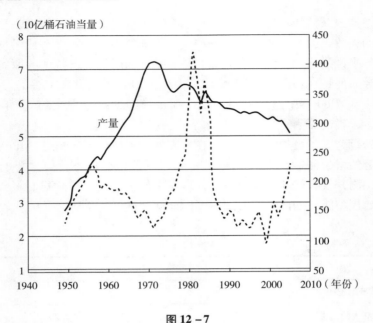

（10亿桶石油当量）

图 12－7

1949～2005 年，美国石油和天然气的年总开采率与同期的产量一起显示。如果所有其他因素保持不变，由于石油勘探和钻井是能源密集型活动，当钻井速度高时，**EROI** 较低。发现新油田的 **EROI** 现在可能接近 **1∶1**。

资料来源：《美国科学家》。

12.4　避免马尔萨斯

显然，即使是最狂热的资源限制支持者也不得不承认，马尔萨斯写这篇文章以来，人类人口增长了大约 7 倍，在世界许多地方，人口继续增长，只有零星的和广泛分布的饥荒（尽管经常有相当多的营养不良和贫困）。这怎么可能呢？最普遍的答案是，技术与市场经济或其他社会激励机制相结合，极大地提高了地球承载人类的能力。马尔萨斯的预测并没有在整个地球上成为现实。

然而，技术是一把双刃剑，它的好处可以大大削弱杰文斯的悖论，增加效率的概念往往会导致更低的价格。杰文斯发现，在 19 世纪中期，更有效率的蒸汽机运行起来更便宜，因此人们使用更多的蒸汽机——正如今天，燃油效率高的汽车一年里可以开更远的距离，因此带来了更大的资源消费[18]。

技术也不是免费的。在 20 世纪 70 年代，最初由奥德姆和皮门特尔[7][8][19]指出，增加的农业产出主要是通过耕作、化肥、农药、干燥等增加对化石燃料的使用所实现的，因此生产 1 卡路里我们吃的食物需要花费 10 卡路里的石油。所使用的燃料几乎平均地分配给了农场、运输和加工以及准备工作。最终的结果是，美国大约 19% 的能源用于食品系统。

马尔萨斯没有预见到通过石油生产粮食会有如此巨大的增长。事实上，马尔萨斯，与地主贵族有联系，并得到他们的支持，他认为机器一般不会控制冲突而是威胁地主阶级的地位。

同样，化石燃料对许多国家的经济增长至关重要，过去两个世纪在美国和欧洲发生的情况以及今天在中国和印度发生的情况都是如此。大多数发展中国家的经济增长几乎与能源使用呈线性关系，当这些能源被抽离时，经济就会相应收缩，就像 1988 年古巴的情况一样（然而，1980 年以来，美国经济出现了一些严重扩张，但能源使用量却没有随之增长）。这是一个例外，可能是因为与世界其他大多数地区相比，美国将其大部分重工业外包出去。因此，大部分财富是通过使用越来越多的石油和其他燃料而产生的。实际上，在美国和欧洲，每个人平均有 30 ~ 60 个或更多的"能源奴隶"，这些机器"砍柴和取水"，它们的能量输出相当于许多身体强壮的人。

因此，未来的一个关键问题是，化石燃料和其他燃料将在多大程度上继续丰富和廉价。全球近 2/3 的能源来自石油和天然气，另外 20% 来自煤炭。我们生活的时代不是信息时代，不是后工业时代，也不是太阳时代，而是石油时代。不幸的是，这种情况很快就会结束：石油和天然气的生产似乎已经达到或即将达到最大限度。1970 年，美国的石油产量达到了这一水平，现在，在 50 个最重要的产油州中，至少有 18 个州的石油产量达到了这一水平，而且可能是大多数州。关于石油峰值其余的重要问题不是它是否存在，而是，当它在全球范围内发生时，峰值的形状将会是什么，以及曲线的斜率将会有多陡。关于石油的另一个大问题不是地下还剩多少（答案是很多），而是能开采多少才能获得可观的能源利润。美国石油的 EROI 从 1930 年的 100∶1 下降到 1970 年的 30∶1，再到 2006 年的 10∶1。即使这些数字与在美国发现全新石油的 EROI 相比也相对乐观。根据可获得的有限信息，EROI 在未来几十年内可能会接近 1∶1。

从历史上看，世界上大部分的石油供应都是通过勘探新的石油产区而获得的。非常大的油藏被发现是很快的，世界上大部分的石油都是在 1980 年左右发现的。地质学家、石油峰值倡导者科林·坎贝尔[20]说："现在整个世界都被地毯式地搜索和开采过。在过去的 30 年里，地质学知识有了很大的提高，现在还没有发现主要的油田，这几乎是不可想象的。"因此，增加钻井似乎不是获得更多石油的可行办法，因为在美国，石油的发现和生产至少不受钻井量的影响。与此同时，世界消耗的石油是它发现的石油的 2~4 倍，而大多数替代能源的 EROI 比我们过去使用化石燃料的 EROI 要少得多（见图 12-8）。

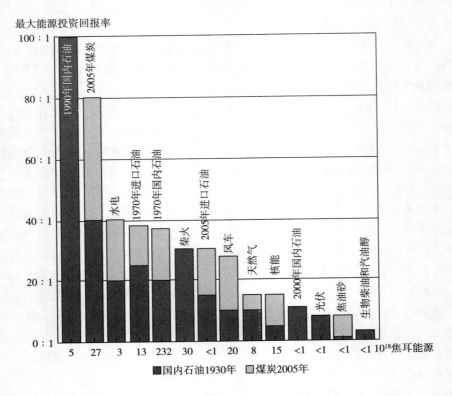

图 12-8

能源投资回报率（EROI）的近似值是指某项能源投资所获得的能源；这样做的目标之一就是获得比投入更多的回报。美国每年的资源规模在条形图下面。按已探明储量计算，美国国内石油产量的 EROI 已从 1930 年的约 100:1，降至 1970 年的 30:1，再到近期的 10:1，后两个为产量的 EROI。大多数"绿色"能源，如光伏，目前的 EROI 很低。较浅的颜色表示由于不同的条件和不确定的数据下，可能的 EROI 范围。EROI 并不一定对应每一种资源所产生的总能量，能量由 10^{18} 焦耳度量。更新后数值包括了对电能与热能输出的讨论[21]。

资料来源：《美国科学家》。

12.5　能源稀缺性

当今世界面临着与人口和资源有关的巨大问题。20 世纪中叶的许多论文都明智地、在很大程度上准确地讨论了资源的物理可得性以及使用资源的不利影响可能会"限制增长"的观点。最终，它们在很大程度上从科学和公众讨论中消失了，部分原因是由于对这些早期论文的内容和许多预测的正确性的不准确理解。一个重要的问题是时机：如果这些概念是正确的，但只是被以下因素推迟了，例如，开发低品位资源方法的发展或经济下滑？大多数环境科学教科书更多地关注化石燃料的负面影响，而不是我们对化石燃料的巨大经济甚至营养依赖所带来的影响。我们认为，今天未能将石油峰值（实际上是万物峰值）的潜在现实和影响纳入科学论述和教学，在我们看来，是对工业社会构成了严重威胁。工业文明的某些重要部分有可能发生大规模、多方面的失败，这一概念完全超出了我们领导人的理解范围，我们几乎完全没有为此做好准备。对于新奥尔良的从烟尘到洪水等重大环境和健康问题，在公众普遍接受和采取政策行动之前，有关负面影响的科学证据已经存在了几十年。

除了皮鞋和自行车，几乎没有任何现存的交通工具是不以石油为基础的，甚至我们的鞋和自行车轮胎现在也常常是由石油制成的。食品生产是非常能源密集型的，服装和家具以及大多数药品都是用石油制成的，而且如果没有石油，大多数工作岗位将不复存在。在我们的大学校园里，除了抱怨不断上涨的汽油价格外，人们很难意识到这一点。大多数美国人认为，新技术已经产生了大量的石油过剩，而实际上，我们使用的石油有近一半仍是进口的，而我们大部分开采石油的省份的石油产量已经超过了峰值。

目前还没有开发出任何与所需规模相当的石油替代品，而且大多数替代品的净能源表现都非常糟糕。尽管可再生能源（水电或传统木材以外）有相当大的潜力，但美国和世界目前使用的可再生能源提供的能量不到2%，而且大部分化石能源使用的年增加量通常来说比用风力涡轮机和光伏带来的电力增加量要大。我们的"绿色"能源的新来源只是与所有的传统能源一同增加（而不是取代）。

如果我们要解决这些问题，包括重要的气候变化，以任何有意义的方式，我们需要让它们再次成为我们从大学到辩论的各个层面的中心，甚至坚决抵抗那些否定它们重要性的人，因为今天在这些问题上，我们有几个伟大的知识分子领导人。我们必须从生物物理和社会的角度来教授经济学。只有这样，我们才有机会理解或解决这些问题。

问题

1. 什么是"增长的极限"？给出两个解释。
2. 托马斯·马尔萨斯是谁？他基本上说了什么？

3. 马尔萨斯的预言成立吗？什么时间？为什么？

4. 在 20 世纪 60 年代之前，关于马尔萨斯思想的学术著作相对较少，直到 20 世纪 60 年代，一些人再次对其给予了大量关注。你能说出重新发现马尔萨斯思想的人的名字吗？他们来自什么领域？你认为为什么会这样？

5. 罗马俱乐部是什么？

6. 20 世纪 70 年代发生的事情似乎支持了"增长可能存在极限"的观点吗？

7. 这与经济问题有何关联？为什么有如此广泛的影响？

8. 20 世纪 80 年代发生的事情彻底改变了许多人对增长极限的看法？

9. 讨论与这种不断变化的观念相关的市场概念。

10. 卡特·克利夫兰对巴尼特和莫尔斯的影响深远的作品又有了怎样的见解呢？

11. 为什么许多人认为有限增长模式失败了？你认为呢？

12. 为什么许多人认为技术能解决资源问题？

13. 什么是杰文斯悖论？

14. 能源供应与增长限制之间的一般关系是什么？你认为技术进步会改变这种关系吗？

参考文献

[1] Hall, C. A. S., and J. W. Day Jr. 2009. Revisiting the limits to growth after peak oil. *American Scientist* 97: 230 – 237. See also Turner, Graham M. 2008. A comparison of the limits to growth with 30 years of reality. *Global Environmental Change* 18: 397 – 411, which arrives at much the same conclusions.

[2] Heinberg, R. 2007. Peak everything: *Waking up to the century of declines.* Gabriola Island B. C: New Society Publishers.

[3] Meadows, D. H., D. L. Meadows, J. Rander, and W. W. Behrens III. 1972. *The limits to growth.* Washington, DC: Potomac Associates.

[4] Roberts, P. 2008. *The end of food.* New York: Houghton Mifflin.

[5] Hardin, G. 1968. The tragedy of the commons. *Science* 162: 1243 – 1248.

[6] Ehrlich, P. 1968. *The population bomb.* New York: Ballantine Books.

[7] Pimentel, D., L. E. Hurd, A. C. Bellotti, M. J. Forster, I. N. Oka, O. D. Sholes, and R. J. Whitman. 1973. Food production and the energy crisis. *Science* 182: 443 – 449.

[8] Odum, H. T. 1973. *Environment, power and society.* New York: Wiley Inter

science.

[9] Steinhart, J. S. , and C. Steinhart. 1974. Energy use in the US food system. Science 184: 307 - 316.

[10] Brown, Lester R. 2009. Could food shortages bring down civilization? *Scientific American* 300 (5): 50 - 57.

[11] Forrester, J. W. 1971. *World dynamics*. Cambridge: Wright-Allen Press.

[12] Charles Hall. Webpage: http: //www. esf. edu/efb/hall/.

[13] Barnett, H. , and C. Morse. 1963. *Scarcity and growth: The economics of natural resource availability*. Baltimore: Johns Hopkins University Press.

[14] Tierney, J. 1990. Betting the planet. *New York Times Magazine*. December 2: 79 - 81. See also Passell, P. , M. Roberts, and L. Ross. 2 April 1972 "Review of limits to growth". New York Times Book Review.

[15] Hall, C. A. S. 2000. *Quantifying sustainable development: The future of tropical Economies*. San Diego: Academic.

[16] Cleveland, C. J. 1991. Natural resource scarcity and economic growth revisited: Economic and biophysical perspectives. In *Ecological economics: The science and management of sustainability*, ed. R. Costanza. New York: Columbia University Press.

[17] Smil, V. 2007. Light behind the fall: Japan's electricity consumption, the environment, and economic growth. *Japan Focus*, April 2.

[18] Hall, C. 2004. The myth of sustainable development: Personal reflections on energy, its relation to neoclassical economics, and Stanley Jevons. *Journal of Energy Resources Technology* 126: 86 - 89.

[19] Hamilton, A. , S. B. Balogh, A. Maxwell, and C. A. S. Hall. 2013. Efficiency of edible agriculture in Canada and the U. S. over the past 3 and 4 decades. *Energies* 6: 1764 - 1793.

[20] Campbell, C. , and J. Laherrere. 1998. The end of cheap oil. *Scientific American*. 78 - 83.

[21] Hall, C. A. S. , J. G. Lambert, S. B. Balogh. 2014. EROI of different fuels and their implications for society. *Energy Policy* 64: 141 - 152.

13 石油革命Ⅲ：技术发展怎么样

　　这本书的一个主要问题是，鉴于大多数当代社会和经济对能源和化石燃料的有限性的极端依赖，如果我们的经济需求和期望面临未来化石燃料可得性的严重限制，本书的年轻读者可以期待一个怎样的未来呢？正如我们之前在本书第8章和其他地方所频繁提出的，我们关于未来化石能源的可获得性和可支付性的两个主要担忧，一直都是绝对供应（如"石油峰值"，认为石油生产将达到一个峰值，然后不可避免地下降）和 EROI 下降。但是，如果这些问题不会发生，或者只是在遥远的将来发生，对今天活着的任何人都没有任何意义，那会怎么样呢？当然，也有经济学家认为，技术和替代品将无限期地延缓损耗的影响[1]。他们可能是对的吗？

　　在撰写本章时（2017 年年中），石油行业的资源限制，以及更普遍的能源限制，是否正在对经济活动造成任何严重制约，至少对世界上相对富裕的地区而言，是不明确的。汽油并不便宜，但也不像许多人预测的那样，像过去那样昂贵。按通货膨胀修正后的价格计算，现在的物价比过去高，这可能与经济影响有关。也不存在短缺，如果有钱，想买多少就买多少。造成这一现象的主要原因有两个：1970 年以来一直在下降的美国石油产量（正如 M. 金·哈伯特预测的那样），在 2008 年又开始上升，导致全球石油产量的增加，否则全球石油产量将持平（见图 13 - 1）。消费的增长，在美国，尤其是世界，已经持续了 150 年，开始趋于平稳。我们在这里详细分析第一个原因。

　　大约 2008 年开始，已经有大量关于"非常规"石油的争论，这些"非常规"石油来自诸如北达科他的贝肯岩层和得克萨斯州的鹰福特油田或来自页岩的天然气，如马塞勒斯页岩，这可以提供或正在为美国提供一个能源复兴。在这些构造中的油量是巨大的，这些岩石（可能是像页岩一样的砂岩、石灰岩）具有低孔隙度（孔隙）和渗透率（石油穿过这些构造的能力），因此即使有新的能

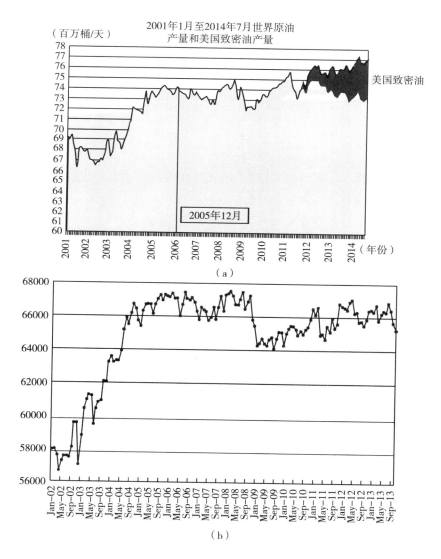

图 13－1

（a）1983 ~ 2017 年美国石油生产时间序列。美国石油日产量达到 1050 万桶的峰值发生在 1970 年。（b）不包括美国石油在内的世界传统原油的生产。

资料来源：美国能源情报署；http：//www. eia. gov/dnav/pet/hist/LeafHandler. ashx？ n = PET&s = WCR FPUS2&f = W；http：//www. eia. gov/cfapps/ipdbproject/iedindex3. cfm。

源密集型的"英勇"努力，也只能提取地质储量的5%。相比之下，传统油田的这一比例平均为38%。这需要新的技术，包括水平钻井，在水平管道上打入一系列孔，以及用高压水破碎或"水力压裂"岩石。然后加入特殊的沙子使地层分开，然后水被抽走，让石油从岩石中滴出来，通过管道回到最初垂直孔的收集点（见图13-2）。这显然是一个非常复杂的过程，它需要非常复杂和昂贵的设备。现在通常使用长达2英里的横向延伸。

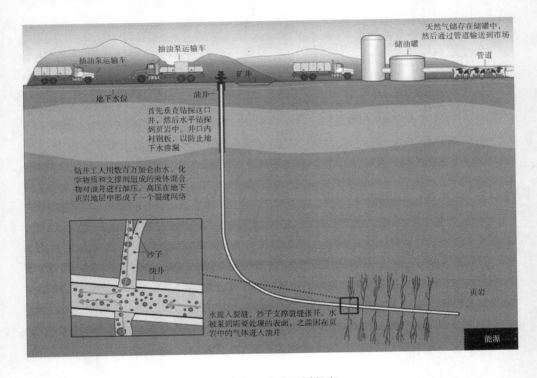

图 13 – 2　水力压裂程序

资料来源：考夫曼和克利夫兰（2016）。

　　水力压裂法其实是一个古老的概念，最初是用硝化甘油进行的，有时会产生致命的后果。早在1930年左右，硝化甘油就偶尔被用来提高石油产量。同样，水平钻井已经存在很长时间了。新技术是它们的结合，同时使用特殊的沙子来支撑井下高压水产生的裂缝。这项新技术已被用于得克萨斯州、北达科他州和其他地方开采广泛的水平油层（见图13-2和图13-3）。虽然这些地层中含有大量的石油，而且往往质量较好，但低孔隙度和渗透率是问题所在。因此，与常规油井相比，这些油井的产量往往下降得非常快。有利的一面是，这里几乎没有干井，因为石油是在大规模的、相对均匀的"源岩"地层中形成的，而不是在更集中的"圈闭岩"油藏中。

图 13 – 3 水力压裂石油和天然气的最重要地点（按县划分）

其结果是美国和世界石油产量长期下降的趋势发生了戏剧性的逆转（见图 13 – 1）。2015 年石油产量达到了接近 1970 年峰值的水平，尽管此后产量有所下降，但随后又有上升趋势。至于产量的下降是由于"黄金地段"的枯竭，还是由于油价低导致产量下降，目前还不太确定。2016 年，美国再次开始进口大约一半的石油。对使用水力压裂的头几个县，如贝肯和鹰福特的分析显示平均生产力已开始下降（见图 13 – 4），这意味着最佳位置已经用尽，油井可能受到相互干扰（来自于"加密钻井"——被钻的井离得太近——"拆东墙补西墙"）。拥有许多经验和信誉的地质学家大卫·休斯分析了水力压裂的石油和天然气资源，他估计，从这些"水力压裂"油田中恢复的石油总量将总共不超过剩余传统石油的约 25%——数量很大但不是一个真正的游戏规则改变者[2]。

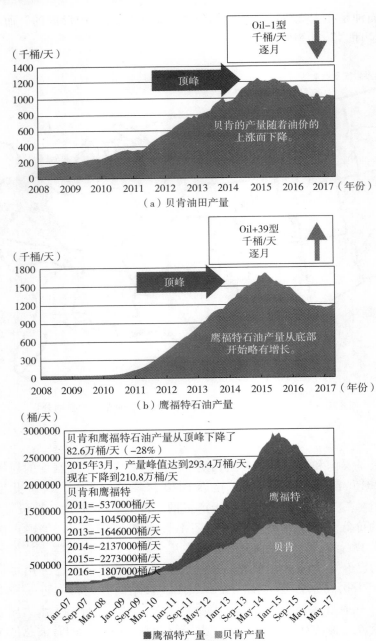

（a）贝肯油田产量

（b）鹰福特石油产量

（c）鹰福特和贝肯油田总的石油产量

图 13-4 美国主要页岩油储量的增减

资料来源：SRSrocco Report，2017 年 4 月 20 日。图表来自 EIA 钻井产能报告。

根据阿特·伯曼[3]，奇怪的是，几乎没有投资水力压裂的公司有盈利，并至少在每桶 50 美元左右，大多数公司继续进行水力压裂的最主要原因是为了保持业务，并获得足够的收入来偿还开始钻井带来的债务，而不是为了盈利（正如我们在第 10 章中看到的，美国在石油的早期历史中）。关于"提高效率"，人们做了很多工作，但事实证明，效率的提高主要是因为减少了向油田服务公司支付的费用。投资者（以及服务公司）为何继续投资于那些不赚钱的公司，这相当令人好奇。

水平钻井—水力压裂技术在中国和英国已得到应用，但效果不确定，在波兰也因产量过低和成本过高而被放弃。水力压裂法除了将美国不可避免的峰值和衰退推迟大约 10 年之外，不太可能有别的效果。另外，到目前为止，似乎每次美国石油产量即将出现灾难性下降时，总会有某种东西至少会暂时缓解我们的压力：1975 年的阿拉斯加和 2008 年的水力压裂法。这样的奇迹，我们能指望到何时呢？如果相对便宜的石油仍然存在，世界会转向非碳能源吗？尽管我们几乎没有线索预测未知的技术，但下一个 25～50 年的能源可能会非常有趣。

与此同时，美国的常规天然气产量已经见顶并下降到峰值的一半以下，而各种非常规天然气基本上弥补了常规天然气产量的下降，同时产量略有增加[4]。美国继续从国外进口大量石油和一些天然气。因此，尽管随着常规石油产量的下降，水力压裂开采的石油和天然气可能会变得非常重要，但常规资源的减少情况应该与此同等重要。

13.1　新的哈伯特峰值？

石油和其他化石燃料的生产也发生了巨大的变化。在过去的 50 年里，我们这些一直在思考"石油峰值"的人会认为，石油将首先达到峰值，然后是 10 年或 20 年后的天然气，然后是更晚的煤炭[5]。在我们看来，煤炭的储量非常大，足以弥补石油和天然气的减少，比如到 2025 年。但从 2012 年开始，新的评估显示，尽管石油峰值可能需要更长的时间才能显现，但煤炭峰值可能会更早出现。三种不同的独立评估得出结论，所有化石燃料的峰值最早可能在 2025 年出现[6][7][8]。

13.2　新技术来拯救？

根据人类减少二氧化碳排放量的努力，产量峰值可能出现得更早[9]。一些作者对未来相对"无碳"的可能性非常热心[10][11]。但这并不容易。

能源权威人士瓦克拉夫·斯米尔[12]总结了主要使用化石燃料的挑战：

从化石燃料供应向非化石燃料供应的转变将比人们普遍认识到的困难得多，主要有五个原因：转变的规模；降低替代燃料的能源密度；大幅降低可再生能源开采的功率密度；可再生流动的间歇性；可再生能源分布不平衡。

泰恩特[13]同样发现，美国可再生能源（包括木材和水电）的成本非常高。

是否可再生能源，如风能、生物能、太阳能光伏，可能在很大程度上很快取代化石燃料？这似乎不太可能，尽管支持者在《我们的可再生能源的未来》中表明有可能，海因伯格和弗里德利认为，尽管可再生能源所蕴含的成本巨大，但避免气候灾难的需要将使这项投资值得（相当于几十年来所有在可再生能源上投资的 20 倍）。

大卫·麦凯[14]总结道："我们不能对以下这些抱有幻想：需要大规模太阳能发电的区域；关于远距离传输能量的挑战；关于间歇处理的额外费用；不仅需要在光伏发电的整个系统成本方面取得突破，还需要在储存能源的系统成本方面取得突破。CSP（聚光太阳能）电厂需要建在安全的位置，必须建立超高压直流输电（UHVDC）系统，以便将电力输送到最终使用点。例如，目前这在北非是不可行的。"

给出一个具有困难的例子，今天大多数可再生能源来自水力发电和生物质能，并且生物质能的贡献在下降，因此，所有可再生能源在美国的总贡献勉强增长，从 2010 年的 11% 增加到 2016 年的 12.6%，预计到 2040 年为 16.1%（EIA 美国环境影响评价）。与此同时，EIA 预测，所有化石燃料的绝对值将继续增长。一些太阳能倡导者预计，随着 PV 发电等电力的价格下降，太阳能的转化率将大幅提高，这与这些作者所认为的必要情况相符。我们将看到，无论发生什么，向太阳能过渡的化石能源成本将是巨大的。仅考虑没有石油的运输就几乎是不能想象的[15]。

13.3　EROI

　　也许比石油和其他能源的数量更令人担忧的是它们不断下降的 EROI。世界不会耗尽碳氢化合物。相反，它已经而且将越来越难以获得廉价的石油，因为剩下的是大量的低品位碳氢化合物，它们在财政、能源、政治和环境方面可能要昂贵得多。随着传统石油变得越来越难获得，社会可能会对不同的能源来源进行投资，提高能源使用效率，在理论上减少我们对碳氢化合物的依赖，但也可能降低我们整体燃料结构的 EROI。与此同时，世界经济的大部分基本上已经停止增长，这也许是对日益增加的资源限制做出的反应，这意味着一个非常不同的未来，可能会极大地改变我们的预测和选择（见图 13-5）。

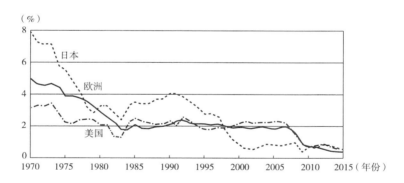

图 13-5　美国、欧洲和日本的经济增长率
所有的增长都去哪儿了？发达经济体的长期经济增长都出现了下滑。

13.4　总　结

　　未来能源生产的可能非常多。一些人表明能源供应将出现大幅下降；其他人则认为可再生能源可以填补这一空缺。我们的评估是，一旦石油产量开始大幅下跌，我们不太可能足够快地建立替代能源，来填补石油减产的缺口，而且可能还会出现其他化石燃料减产的局面，而这似乎是不可避免的[16]。

参考文献

［1］ Adelman, M. A. , and M. C. Lynch. 1997. Fixed view of resource limits creates undue pessimism. *Oil & Gas Journal* 95: 56 – 60.

［2］ Hughes, David. December 12, 2016 Revisiting the U. S. Department of Energy Play-by-Play Forecasts through 2040 from Annual Energy Outlook 2016.

［3］ Berman, Art. Personal communication and website.

［4］ US EIA weekly reports.

［5］ Hall, C. A. S. 1975. The Biosphere, the industriosphere and their interactions. *The Bulletin of the Atomic Scientists* 31: 11 – 21.

［6］ Mohr, S. H. , J. Wang, G. Ellem, J. Ward, and D. Giurco. 2015. Projection of world fossil fuels by country. *Fuel* 141: 120 – 135.

［7］ Laherrere, Jean. ASPPO France website.

［8］ McGlade, C. , and P. Ekins. 2015. The geographical distribution of fossil fuels unused when limiting global warming to 2℃. *Nat* 517 (7533): 187 – 190.

［9］ Jacobson, M. Z. , M. A. Delucchi, G. Bazouin, Z. A. Bauer, C. C. Heavey, E. Fisher, S. B. Morris, D. J. Piekutowski.

［10］ T. A. Vencill, and T. W. Yeskoo. 2015. 100% clean and renewable wind, water, and sunlight (WWS) all-sector energy roadmaps for the 50 United States. *Energy and Environmental Science* 8 (7): 2093 – 2117.

［11］ Heinberg, R. , and D. Fridley. 2016. Our renewable future: Laying the path for one hundred percent clean energy. Richard: Island Press. see Hall 2016. Review in BioScience 66: 1080 – 1081.

［12］ Smil, V. 2011. Global energy: The latest infatuations. American Scientist 99: 212 – 219.

［13］ Trainer, T. 2013. Can Europe run on renewable energy? A negative case. Energy Policy 63: 845 – 850. Trainer, T. 2012a. A critique of Jacobson and Delucchi's proposals for a world renewable energy supply. Energy Policy 44: 476 – 481.

［14］ MacKay, D. 2010. Sustainable energy without the hot air. Cambridge: UIT Cambridge.

［15］ Friedemann, A. J. 2016. When trucks stop running: Energy and the future of transportation. New York: Springer.

［16］ See web site of Matt Mushalik in Australia for intelli-gent update of fossil fuel and other data.

能源与经济：科学基础

我们在本书的第一部分中已经提出了这样的观点，那就是把更多的科学，包括自然科学，也包括社会科学，以及所有在科学方法的羽翼下的科学引入经济学是很重要的。本部分旨在回顾科学方法，并作为从生物物理角度正确理解经济学所必需的基本信息（主要来自自然科学）。我们从有关能源的必要历史和事实开始，然后将其与经济学联系起来，之后介绍基本的数学技能，最后发问，今天的经济学是否可以被恰当地视为一门科学。

14 什么是能源？能源与财富产生有什么关系？

14.1 能源：看不见的推动者

对当代大多数人来说，能源充其量只是一个抽象的实体。能源进入我们的集体意识只有很少的次数，通常是在那些相对罕见的时候——当电力或汽油出现特别短缺或价格急剧上涨时。事实上，本书将演示能源及其影响是普遍、无情、全方面的，不仅负责每个流程、自然中的实体和我们自己的经济生活，还负责我们心理的基本性质的许多方面和许多世界历史的打开方式。很少有人理解或承认这一点，因为本书所展示的能源方面的普遍影响通常不会进入我们的集体培训和教育，也不会进入我们的教育课程。为什么会这样？如果能源像我们所相信的那样重要，那么为什么没有更多的人知道和欣赏它呢？答案很复杂。其中一个重要的原因是，能源被用来支持我们自己、家人，或我们的经济活动，通常是在其他位置被他人使用，常常为了减少环境对人的影响，或由安静的自动机器使用，他们的燃料会相对便宜。毕竟，我们主要的能源——煤、石油和天然气基本上是一种脏乱、难闻、危险和令人不快的材料。我们需要从食物中获取能量来为自己提供能量，这些能量丰富地围绕着我们大多数人，而且很容易获得，而且相对便宜。我们的食物、舒适、交通和经济都依赖能源，而社会竭尽全力将我们大多数人在身体和智力上与能源隔绝。忽略能源是很方便的，因为很多关于能源的事实让人不舒服。

也许我们未能理解能源的普遍作用的一个更重要原因是，大多数能源的使用都是间接的。无论是在进化上还是在社会教育中，人类都习惯于想要和需要由能源提供的商品或服务，而不是能源本身。事实上，除了食物能量和冬天的温暖之外，能源本身几乎从来就不是人们想要的或者直接有用的。然而，这种条件作用并没有减少我们所做的几乎每件事对能源的需求，也没有补偿我们在当代生活中对能源的大量使用。今天，每一个普通的美国人都有大约 60~80 个"奴隶"不知疲倦地工作，以保持我们在合适的温度吃喝玩乐等。这些"奴隶"在哪里？我们可以看到汽车发动机、炉子或空调，但谁会意识到电泵在提供水或运行冰箱，或巨大的电力和化石燃料设备在挖掘土壤，为我们提供运行这些设备所需的能源。谁会想到制造汽车里的金属和塑料所需要的能源，我们家里、办公室和学校里的木材和混凝土，或者书里的纸张都需要能源，而且需要很多。

我们没有过多考虑能源的另一个原因是，今天的能源相对于其价值而言仍然非常便宜。如果我们想把水送到家里，我们可以雇一个人来做这项工作。一个非常强壮的人可以以 100 瓦的速度工作，所以一天 10 小时可以做 1000 瓦小时（1 千瓦小时）的工作，如把水从井里拖到我们的水槽或淋浴间。如果我们付给那个强壮的人最低工资，他或她 10 个小时的工作大约要 80 美元。但是如果我们安装一个电泵，我们可以用每千瓦时 10 美分来完成同样的工作。由于人类的工作效率约为 20%，而电动泵的效率约为 60%，这种关系更倾向于电动泵。所以，用泵可以做的同样的物理工作由一个人来做，与电动马达相比，将花费 800 乘以 3 或 2400 倍的成本。因此，这是一个主要的原因，今天一个普通的美国或欧洲人远比古代最富有的国王富有，我们有廉价的能源为我们供应生活的必需品和奢侈品。问题是，我们在许多方面已经变得依赖这种廉价能源及其提供的商品和服务。这种能源的价值远远超过我们为此付出的代价，因为能源所提供的服务远比其货币成本更有价值。此外，它潜在的丰富程度远比我们对它的依赖更加有限。

14.2 我们对能源理解的历史

200 年前，没有人把能源理解为一个概念，尽管他们当然理解许多实际的后果，如植物需要阳光来生长，需要木材来做许多经济上的事情，如做饭、制造金属或水泥。任何能源的概念都与能源使用的实际结果相混淆，而且往往是神秘的，因为能源是看不见或摸不到的，只有它的效果才能被观察到。火被认为是一种基本物质（如地球、空气、火和水），而不是光合作用早期产生的化学键破坏和与氧形成新键所释放的能量。如果没有化学键、氧或化学转化的概念，人们怎么可能理解能源呢?

人们怎么可能理解植物的生长、马的劳动、水的侵蚀、火产生的热量以及它们自己的劳动，这些都有某种共同的东西把它们联系在一起呢？对人类来说，它们是独立的实体。受过教育的人未能全面理解当时正在发展的经济学原理，主要原因可能是经济学作为一门社会科学而不是一门更强大的生物物理科学发展。

正如他们不理解生活中的大多数其他东西，古人将能源，或至少能源的某些方面归因于上帝或神：太阳当然被很多文化所崇拜，这些文化非常清楚地明白太阳在为他们提供食物和温暖的重要性，但也有许多其他能量神或特殊的与能量相关的实体：举一些例子，如普罗米修斯、赫菲斯托斯、贝利、维斯塔、赫斯提、布里吉德、阿格尼和伏尔甘等。这些人可能没有办法看到，有连接太阳和燃烧木材的火的共同概念，他们也无法理解，他们归因于不同的神（风、雨、农业、野生动物的存在等）的很多其他进程也与太阳有关联。如今一个聪明的六年级学生所掌握的关于能源和科学的知识，远远超过 400 年前甚至 200 年前最有学问的人所能理解的。通过科学，我们已经了解了世界是如何运转的。然而，即使在今天，我们也不能直接测量能量，而只能测量它的影响。但我们已经在这方面做得更好了，以及在理解所有这些是如何联系在一起的这方面。

1650 ~ 1850 年的 200 年间，一系列重大的发现和实验，主要来自法国、苏格兰和英国的科学家，使我们能够全面了解能源的本质。其中最重要的是艾萨克·牛顿的重大发现。牛顿发现了运动的三大定律，从那以后的 350 多年里，再也没有发现过第四定律。他还推导出万有引力定律，并写了一些非常重要的光学书籍。然而，据他自己承认，他不懂经济学，而且他的大部分钱都输在了一个不明智的投资计划上。他说："我能计算天体的运动，但不能计算群众的疯狂。"

14.3　牛顿运动定律

任何物体都要保持匀速直线运动或静止状态，直到外力迫使它改变运动状态为止。这完全违反直觉，因为大多数移动的东西都会停下来。但是牛顿意识到是外力摩擦力使它们停止，如果没有摩擦力，它们就会无限地继续前进。第一定律解释了我们所经历的许多事情——当我们踩下离合器时汽车的动量、棒球的轨迹（尽管我们需要包括重力），甚至离心力。

牛顿第二定律表示，物体的加速度，如被击中的棒球，等于物体所受的力除以物体的质量。它的写法很熟悉：

$F = Ma$

可被改写为：

$a = F/M$

因此，一个强大的棒球击球手，如传奇人物贝比·鲁斯，能够用他的球棒对棒球施加巨大的力量（F），使其大大加速（a），并使其有足够的速度（有时）穿过球场。他施加的力可以通过测量棒球的质量（M）和球被加速的量来测量。如果一个人能用铅芯使一个棒球的重量增加一倍，那么在其他条件相同的情况下，它的加速度只有原来的一半。

牛顿第三运动定律表示，对于每一个力，都有一个相等的和相反的力。这是显而易见的，当你在一条小船上，你的身体向一个方向移动，而船向相反的方向移动。任何一个开过枪的人都知道，当子弹加速前进时，枪会向后靠着你的肩膀。早期舰载火炮的设计者也很清楚，如果不作适当的安排，炮的后坐力会对射击它的舰船造成比击中目标更大的伤害。

牛顿还发现了"万有引力定律"，即任何物体之间都有相互吸引力，这个力的大小与各个物体的质量成正比，而与它们之间的距离的平方成反比。这个定律是如此的强大，以至于它可以用来完美地解释行星围绕太阳的轨道、一个被击中的棒球的运动，或者电子与原子核的关系。

也许牛顿工作的最重要的结果是，它表明了物理世界遵循明确的定律，这些定律无论在什么地方或什么时候应用，似乎（现在仍然）永远不会被打破，而且其中许多定律可以用简单的数学方程来表达。虽然牛顿还不知道能量的概念，但我们现在知道，能量是通过力与质量的关系与物质相联系的。在随后几百年的科学研究中，许多人试图找到简单、优雅的数学定律，这些定律和牛顿定律一样强大，但除了阿尔伯特·爱因斯坦和詹姆斯·克拉克·麦克斯韦尔，几乎没有人成功。

"力"的本质是什么，它从何而来，以及随着时间的推移它是如何变化的，仍然难以捉摸。我们理解的下一个重要步骤是理解物理能量与热量的关系。很明显，随着时间的推移，任何主要生产过程都需要大量的燃料木材。而且，对于观察者来说，很明显，许多物理行为都与热有关，如转动车轮、辛勤工作的马或人，或大炮上的钻孔的变热。但为什么会这样，或者这意味着什么，仍然难以捉摸。

14.4　热的机械当量

许多早期的科学家和工程师看到并理解了水加热形成蒸汽时所产生的巨大力

量，他们对制造发动机来做机械工作很感兴趣。托马斯·萨维利早在1697年就制造了第一台热机。虽然它和其他早期的发动机同样粗糙低效，但它们可以做很多工作，并引起了当时主要科学家的注意。我们现在所知道的经典热力学是在19世纪早期发展起来的，它关注的是日常物质的状态和性质，包括能量、功和热。

1824年，"热力学之父"萨迪·卡诺发表了一篇论文，标志着热力学作为一门现代科学的开端。它的题目是"谈谈火的动力和能发动这种动力的机器"，文章概述了卡诺发动机、卡诺循环和动力之间的基本能量关系。该论文第一次给出了输入能量和必要的转换之间的基本关系。它还推导出一种计算机器所能获得的最大效率的方法，该方法是将投入能量的温度与最终排热的环境水槽的温度联系起来：

$$W = (Ts - Te)/Ts$$

卡诺效率描绘了理想热机的热—功转换。理想：热机从热源（如熔炉）接受绝对高温的热量，Ts，并将较低温度 $Te < Ts$ 的热量排出到水槽（如河流）。根据定义，它不能超过1。这个方程解释了为什么尽管储存了大量的热量，举个例子，但夏天北海的表面没有什么功可做，原因是表面温度（30℃）与最深水的温度（2℃）温差太小，再如烧油发电厂的温差，在涡轮入口处的温度可以达到817℃，而冷却水在冬季6℃，在夏季17℃。这也解释了为什么发电厂在冬天的效率稍高。

刊载卡诺论文的书只出版了几百本，卡诺去世前认为他的作品没有任何影响。但是，其他人发现了一些副本，他们进一步发展了这些概念。热动力学一词是由詹姆斯·焦耳于1849年创造的，用来描述热与动力之间的关系。到1858年，"热力学"作为一个函数术语，在威廉·汤姆森的论文《卡诺热动力理论的解释》中被使用[1]。1859年，威廉·兰金编写了第一本热力学教科书，他最初是格拉斯哥大学的一名物理学家和土木机械工程学教授。焦耳和本杰明·汤普森（也称为拉姆福德伯爵）进一步进行了热量和机械之间关系的定量研究工作，本杰明·汤普森吃惊的是，当把新铸造的黄铜大炮浸入水中，同时用马驱动的力量在黄铜大炮上钻孔，居然可以让水沸腾。他和其他旁观者都很惊讶，不用火也能产生热量。只要马不停地转动钻子，水就会沸腾，这一事实扼杀了早期占主导地位的"燃烬"理论，即热量是一种物质，从一个物体流向另一个物体——因为它永远不会耗尽。在理解能量关系方面，朱利叶斯·冯·梅耶和詹姆斯焦耳取得了巨大的进展，焦耳通过滑轮和绳索测量了"热的机械当量"，通过将一个重量加在绳子的一端，另一端裹在传动轴上，将该传动轴放入绝缘水箱，在水箱中运作桨轮（见图14－1）。随着重量的下降，可以测量出舱内温度的升高。通过这样做，焦耳发现 1 牛顿米英尺磅的功（或 7.2 牛顿米英尺磅）等于 1 焦耳的热能。我们现在用焦耳作为首选的能量单位。1 焦耳相当于拿起一张报纸。

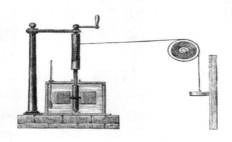

图 14 - 1

焦耳测量热的机械当量的机器，或者更好的说法是每单位所做的机械功释放的热量。

资料来源：2009 年 citizendia. org。

更常见的是，我们使用更大的单位。千焦耳（kJ）等于一千焦耳。地球表面每平方米每秒平均接收到的太阳能是 239 焦耳（即太阳常数 ± 反照率（反射率）除以 4，即地球表面与地球横截面之比）。因此，一千焦耳大约是地球每平方米在 4 秒内接收到的太阳辐射量。兆焦耳（MJ）等于一百万焦耳，或者大约是一吨重的汽车以 160 公里/时（100 英里/时）的速度行驶时的动能。GJ 等于 10 亿焦耳，10 亿焦耳大约是 7 加仑油的化学能。一桶石油约含有 6.1GJ 化学能。

同样在英国和法国，另一个非常重要的发现是在 18 世纪 70 年代——氧的发现。也许英国的约瑟夫·普利斯特利比法国的安托万·拉瓦锡发现氧气的时间要早一点，尽管拉瓦锡在量化氧气的丰富程度和化学反应方面可能更能理解氧气的重要性（见图 14 - 2）。两者都是通过加热汞的氧化物来获得氧气的。拉瓦锡发现，空气中含有氧气或"非常容易呼吸的空气"，这表明动物在纯氧容器中生存的时间比在空气容器中更长。他还阐明了氧在燃烧和金属生锈中的作用，以及氧在动物呼吸中的作用，认识到呼吸是"缓慢燃烧"的。他还提出了物质守恒定律的基础，即在化学反应后，元素的重量总是与反应前相同。

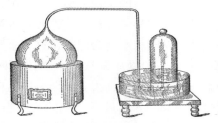

图 14 - 2 拉瓦锡测量大气含氧量的实验方法

资料来源：佛罗里达教学技术中心。

这些早期的能源研究人员把一个未解的谜变成了一门可以被很好地理解和量化的科学，我们在很大程度上归功于他们的工作。除了爱因斯坦方程的发现，将质量转化为能量（反之亦然，就如在大爆炸中）和量子物理学的发展，也许可以说，没有任何发现能够与能量的基本物理学相媲美，尤其是它们可以很容易通过简单的方程来表示。然而，正如我们将要看到的，也许最重要的发现来自将基本的能量定律和思想应用于更复杂的系统，包括生态学和经济学。

14.5　什么是能量

定义能量比我们想象的要困难得多。高中物理对"做功的能力"的定义并没有让我们走得太远。罗伯特·罗默写了一本很好的物理教科书，是关于用能量概念来理解所有传统的物理材料，因为"所有的物理都是关于能量的"。然而，就连他也承认自己无法给出一个令人满意的能量定义。他说，我们可以看到它的影响，我们可以测量它，但我们并不真正知道它是什么。通常我们检测能量的使用是因为某物被移动，一辆车、一个篮球运动员等。对于我们的日常生活而言，能量主要是来自太阳的光子或化学还原的光子（通常是富氢的）材料，如木头或油，在空间和时间的某一点可被氧化以产生功（即移动某物），也就是燃烧过程。一般来说，减少的意味着多氢和少氧，所以燃料通常是像石油这样的碳氢化合物或酒精（尾部的"ate"指的是氧气的存在，因此碳水化合物在某种程度上比每克的碳氢化合物拥有更少的能量，但这也足以用作燃料）。当还原的燃料被氧化时，能量被释放，氢被释放为水（H_2O），碳被释放为二氧化碳（CO_2）。碳氢化合物混合的一般方程为：

$C_nH_2n + O_2 \rightarrow H_2O + CO_2$

平衡这个等式所需要的确切数字取决于燃烧的碳氢化合物的确切形式，但对于普通生物食品的氧化作用有：

$C_nH_2n + O_2 \rightarrow 6CO_2 + 6H_2O + 能量$

光合作用的方程式是一样的，只是从右到左。

我们的大部分能量最初是以来自太阳的光子通量的形式进入地球的。其中一小部分能量被植物以化学键捕获，然后经由食物链。因此，通过在体内消化汉堡包，用动物组织氧化减少的物质，我们得以利用汉堡包的能量。这种能量最初是由牛获得的，当它吃草的时候，草反过来又从光子中吸收了这种能量，然后以化学键的形式传递给牛，然后传递给我们。即使当我们开车时，我们也在氧化以前减少的植物物质（油），这些物质是由高能量化学键构成的，而这些化学键最初是由藻类从太阳中捕获的能量构成的。所有的生命都是由生物体提供能量的，它们通过光合作用（电子被激活）获取能量，或者吃掉最初来自太阳的能量，然后将这些被激活的电子沿着营养（食物）路径传递，利用其中的一些能量来运行生命过程，到达终端电子受体，通常是氧。它类似于由发电机或电池激活的电子，这些电子沿着电线运行到终端电子受体（地面或电池的极）。

功率是指能量的使用速度。例如，一个灯泡的额定功率是千瓦，千瓦是一个功率单位，所以一个 100 瓦的灯泡每小时使用 360 千焦耳，相当于 10 毫升油的能量。汽车发动机的额定功率是马力，大致是马做功的速度，用来估计早期蒸汽机的功率。由于今天的汽车通常有 100~200 马力的发动机，我们能看到化石燃料发动机在多大程度上提高了人类的工作能力。如果我们想知道所使用的总能量，我们用一种功率（如 100 瓦）乘以使用时间（如 10 小时）来得到总能量消耗（在本例中是 1000 瓦特小时或 1 千瓦小时）。

用不同的术语来描述能量（如卡路里、千卡、英热、瓦特、焦耳、色姆）可能看起来很令人困惑，但它们都衡量一件事：当所有的能量都转化为热量时所产生的热量的数量或速率。表 14 – 1 给出了许多能量转换以及确定大小的度量前缀。

表 14 –1　能量转换以及确定大小的度量前缀

1 卡路里	4.1868 焦耳
1 英热	1.055 千焦
1 千瓦时	3.6 兆焦耳
1 色姆	105.5 兆焦耳
1 升油	37.8 兆焦耳
1 加仑油	145.66 兆焦耳
1 桶油	6.118 十亿焦耳
1 吨油	41.9 十亿焦耳 = 6.84 桶

14.6　能源的质量

当以一般方式考虑能源作为一种资源时，有几件重要的事情需要考虑。首先，有多少可供物种或人类社会使用。例如，世界上的煤比石油多好几倍。其次是能源的质量，也就是说，能源的形式，对能源的效用有很大的影响。最明显的例子是食物。玉米中的能量对我们有明显的效用，而木头或煤炭中的能量则没有。质量还有很多其他方面。玉米，是一种非常高产的作物，所以在土地拥挤的地方，人们通常只吃玉米（或小麦、大米），因为它每公顷能提供最多的粮食产量。但是玉米缺少一个对人类绝对必需的关键因素：氨基酸赖氨酸。如果把玉米喂给牛，那么玉米中的能量键就会转移到牛肉中的能量键上。这种动物蛋白含有丰富的氨基酸，因此是一种高质量的食物，至少从这个角度来看是这样的。在拉丁美洲（和其他地方），许多相对贫穷的人主要吃大米和豆类。这其实是一种很好的饮食，因为大米和豆类很便宜，而且它们是互补的：大米中缺少氨基酸赖氨酸，但在豆类中含量丰富，而大米基本上是碳水化合物，一种良好的能源，豆类富含蛋白质。因此，大米和豆类为人类提供了极好的饮食，尽管它仍然缺少一个关键的成分：维生素 C。幸运的是，辣椒中含有丰富的维生素 C，经常被吃米饭和豆类的人用作调味品。因此，文化选择似乎常常与真正的饮食需求有关，所有这些都确保了人类所需的能量具有其所需的品质。

我们经常说，蛋白质丰富的豆类，或喂米饭的鸡，所含的能量要比大米高，因为动物食品含有更多的蛋白质，他们是人类绝对必需的食物类型，大多数动物都存在植物性食物供应不足。很多人会说动物食物尝起来也更好。因此，人们可以用大米或其他谷物喂养动物，以获得少量的优质鸡肉。同样，煤或石油也可以燃烧来产生更少的电量（通过加热能力来衡量）。但是这种电有更高的质量，因为它可以用来做一些事情，如点亮一个灯泡或运行一台电脑，而这是用石油或煤炭做不到的。我们愿意用大约三个热单位的煤或石油把它变成一个热单位的电，因为它对我们更有用，也就是说，它可以做更多的功，因此在这种形式下更经济。我们说，电力的质量更高，一个特殊的术语叫作能值，能值被用来以一个全面的方式代表能源质量[2]。

能量的另一个相关方面是，它能以一种非常谨慎、具体的方式做物理学家定义的功。这里用到的术语是火用，它是能量的一个组成部分，它实际上可以做功，而不是因为热力学第二定律的最小要求而转换成热。在正式的第二定律分析以及物理及某些工程的技术热力学中，用火用和熵来测量质量[3]。

能源还有第三个组成部分，也与它的质量有关，质量与获得燃料所需的能源有关。我们通常用 EROI 来衡量这个属性，或者说是投资的能源回报，这个问题将在第 18 章进行更详细的探讨。我们经常听到非常乐观的说法——我们周围有大量的能源正等着我们开采。但这里有一个陷阱。能源必须有足够高的质量，使其值得开发，而真正的燃料必须有非常高的 EROI。例如，我们通常只能从油田获得大约 1/3 的能量，因为剩余的油紧紧地粘在基质上。如果我们真的想要石油，可以挖一个 2 英里深的洞，把它从地下挖出来，放在一个巨大的锅里加热。

但显然，这需要的能源远远超过从石油中获得的能源。事实上，我们使用蒸汽、加压化学品和泵送，在某种程度上，这是可行的。但在某些情况下，简直是花费了太多的钱购买能源来获取更多的剩余石油，这样的油井被关闭了。还原碳，一个潜在的燃料，在全世界的页岩岩石中是极其丰富的，因此，有人说，它代表了一个巨大的能量来源。在某些含碳量很高的岩石中，开采石油或天然气有可能获得可观的能源利润。但是对于大多数岩石来说，从岩石中提取这种稀碳所需要的能量比岩石中所含的能量要多，因此岩石不能被认为是燃料。同样，在水分子中发现的氢含有巨大的能量势能。但是氢不是燃料，因为它需要更多的能量把它从与之结合的氧中分离出来，而这些能量在燃烧后是无法回收的。当我们检查我们常用的燃料时，EROI 发挥了更广泛的作用。例如，从斯宾托流出的石油的 EROI 值可能远远大于 100∶1。所有石油和天然气产量的 EROI 最初很低，大约是20∶1，然后在 20 世纪 50 年代增加到 30∶1 左右，下降到如今的 10∶1 左右。对于发现的 3~5 桶石油来说，发现并开发一桶全新的石油（与开采现有的石油相比），可能需要一桶石油。随着时间的推移，类似的模式也适用于其他燃料，如煤，尽管煤的数量在减少，但这一比例要高得多。因此，一般来说，随着时间的推移，最高质量的燃料首先被使用，并且 EROI 下降。尽管确实偶尔会发现全新的、非常优质的石油资源，但我们对大多数主要资源来说，这种可能性却微乎其微，因为按照科林·坎贝尔的说法，整个世界几十年来一直在进行地震勘探和其他方式的勘探和开采。

同样，我们也用完了我们最高品位的铜矿，因此开采的平均品位①从 1900 年的 4% 左右下降到 2000 年的 0.4%。这种低品位的铜需要更多的能源才能产出一公斤纯铜，我们可以说，它的物质能源投资回报率（RoE）正在下降。人类通常不是经济上的傻瓜，倾向于先使用高级资源，高级意味着更集中或更容易获得。这个重要的概念被称为最佳第一原则，当我们考虑我们面前的可能性时，它是非常重要的。两个世纪前，大卫·李嘉图在经济学中也非常明确地提出了这一原则。

14.7　什么是燃料

燃料通常是高能量的，还原了的氢和碳的化合物，如果它们也含有一些氧

---

① 译者注：矿石品位为单位体积或单位重量矿石中有用组分或有用矿物的含量。一般以重量百分比表示。

气，我们称之为碳水化合物，如果不含氧气就被称为碳氢化合物。我们经常认为燃料是能源的载体，因为它们储存并允许能源从它的来源转移到我们希望使用它的地方。地底的油，甚至油箱里的油都没有用。当它从还原态转换成氧化态的过程中释放能量时，它就变得有用了。因此，燃料的效用取决于燃料和最终电子受体之间的氧化还原梯度。生物体进化方式的一个关键是，生命往往把这个过程分解成一系列微小的步骤，一步一步地捕捉或释放其中的一些能量。因此，电子从能量捕获装置中传递，能量捕获装置如膜或整个过剩的氧化还原化合物，这些化合物从高能量的还原态循环到低能量的氧化态，并在适当的情况下进行相反的循环。在某种程度上，这种通过生物食物链的能量流与我们称之为电的电线中的电子流没有什么不同。有些能源，如生物用的太阳，或者由下落的水或化石燃料燃烧提供燃料的发电机，给了电子一个推力。在电力中，电线为电子提供了穿行的电路，激发的能量可以通过汽车或灯泡等设备来使用，这些设备被放在电子流经的路径中，电子从其源头流向我们所说的水槽，水槽代表了低能电子可以返回的地方，低能电子一般再被"踢"回到高能状态。由"踢"的动作所提供的能量被简单地移动到它被用于照明、发动机或其他地方。类似地，在光合作用中受到太阳"踢"的电子，会穿过复杂的"电线"，这些"电线"是由生物回路构成的，它们将光子产生的能量传递给植物中还原的碳化合物，然后通过食物链传递给各种动物和分解者。所以，当你吃玉米片或汉堡包时，请记住，通过光合作用的魔力，让你奔跑、跳跃或生存的能量来自太阳。

14.8　为什么能量如此重要：对抗熵

当我们想到能量的时候，通常是从去某个地方，或冬天保暖，或某个朋友的高能量水平的角度来考虑的。但能量的影响范围要广泛得多。主要原因是通常所说的熵。熵经常被不准确或含糊地使用。在物理上，它基本上描述了一个物理系统的组成部分在空间和所有运动状态下尽可能均匀分布的趋势。熵是无序的物理度量，也就是随机性。分子按一定模式排列的概念（如在建筑物或动物中）与那些随机分布的分子是相反的。分子的自然倾向是随机排列的，也就是说，具有高熵。有些人把这个性质称为"熵定律"。虽然这个概念似乎远离我们的日常生活，我们的生活被有序结构（如电脑，我正在使用它写这篇文章）包围，它实际上是至关重要的，我们所做的一切交易都受熵的影响，随着时间的推移，我们所拥有的一切都倾向于退化（即变得更加混乱）：我们的汽车（这就是为什么我们需要把它带到商店）、我们的家庭（这就是为什么我们需要火灾保险、装修、水管工、白蚁控制器等）、我们的食物（这就是为什么我们需要冰箱）、我们的壁橱，甚至我们自己（这就是为什么我们需要吃，以及在我们一生中的不同时期，我们大多数人需要医疗）。所有这些东西——汽车、房子、电脑和我们自己——都是一片片负熵，这是分子的有序结构，而靠它本身是极不可能实现的。生命的存在必须是非随机的，也就是说，生命由非常特殊的分子聚合体组成，分子与它所处的一般环境完全不同。但是，尽管仅是偶然的负熵是极其不可能的，但事实上它在我们周围是很常见的，这主要是由于自然选择产生了生命计划，这些生命计划从环境中提取能量，并将这些能量投资于创造、维持和复制生命形式。

因此，负熵的产生需要能量来集中和组织分子，同时也需要一个重组工作的计划。对于生命来说，这个计划是一个物种的 DNA，类似地，对于一个机械师或水管工来说，是线路或管道图、商店手册等，或者让汽车或房子继续存在的他或她的训练和经验。但是如果没有能源，这个计划就毫无用处了，因为它需要从地下和空气中提取金属或其他材料来制造新的生物质或新的制动鼓或衬垫、缸体、管道、水龙头等。它甚至需要我们个人的能量消耗来减少我们衣柜每天的熵。更普遍地说，生命，包括文明，是关于非常具体的结构，或根据计划建造，然后维护那个结构。这两件事都需要能量，其程度取决于计划的复杂性、规模和组成。这就是为什么我们要吃东西，为什么植物要进行光合作用，为什么现代文明需要煤、天然气和石油：为了获得维持和在某些情况下建立我们所特有的结构所必需的能源，这些结构是所有生命和我们经济的特征。一个生物体的 DNA 为其特定的结构、生理机能和行为提供了模式或计划，这些结构、生理机能和行为在其形成的环境中运行良好，或者至少在目前为止运行良好。那些在过去起作用的模式在未来可能起作用，也可能不起作用，这取决于是否有环境变化，或者其他物种是否找到了利用环境的新方法。但是，从某种意义上说，所有的生物体都在打赌，他们所拥有的一切，将会对生命的未来起到足够好的推动作用——推动基因进入未来。这是一个奇妙的过程，结果是辉煌的。

一个简单的例子将有助于思考这个问题。一个火腿三明治和你自己，都极不可能是非随机的碳、氮、磷等的分子结构，这些分子通过利用大自然的元素和材料发展而成，最初或多或少地随机分散在地球表面，集中这些元素及其化合物的结构将是极其不可能的——除非形成能源投资计划，首先是我们自己，然后是小麦植物、猪，后两样都被放进火腿三明治。结构一旦形成，就必须不断投入能量，否则组成它的材料就会自动地返回到熵的方向，也就是说，能量会不断地回到熵的方向，即一个更随机的组合，并且结构将崩溃。一个简单的例子是火腿三明治。如果把三明治放进冰箱——一种利用能量来维持食物结构的装置，三明治的完整性就能保持一段时间。拔下电冰箱的插头（即切断能源），三明治开始进入一个更随机的组合，先是有臭味的有机残留物，最后是二氧化碳和简单的氮化合物，如氨。通过不吃东西拔掉在你身上的能源插头，同样的事情最终也会发生在你身上。同样，一辆汽车如果没有燃料和修理所需要的能源，就不能行驶；一个城市的运转离不开它的燃料供应、发电厂和各种各样的维修人员，或者整个文明的运转离不开这些基本每天都要供应的东西。过去大多数失去主要能源供应的文明都已灭绝，这些我们将在后面探讨。

这句话的实际意义是，无论我们拥有什么建筑，包括房屋、汽车、文明和我们自己，都必须找到新的能源来建造和维护。这对我们来说是很熟悉的，我们必须支付商店花费、医疗账单和税收来维护我们的汽车、我们自己、我们的道路和桥梁，以对抗熵的自然力量，否则最后会导致破裂的和损坏的道路以及锈成碎片的桥梁。奇怪的是，需要产生额外的熵来维持负熵区域。冰箱必须使用高等级的电力，并将其转化为较低等级（更多熵）的热量，以保持火腿三明治所需的结构，我们每个人都必须采取低熵的食物，并将其转化为高熵的热量和废物产品，以维持我们自己。即使是这本书的创作，我们希望它能代表高度有序的信息，也需要在我们周围产生额外的熵，看看我们的办公室就知道了。

14.9　热力学定律

热意味着热量（或能量），动力学意味着变化。热力学是研究当能量或燃料被用来做功时所发生的转变。做功是指某物被移动，包括一块石头或你的腿被抬起，一辆汽车被驾驶，水在大气中蒸发或上升，化学物质被浓缩，或者二氧化碳从大气中转化为绿色植物。热力学有两个基本定律，即热力学第一定律和热力学第二定律。很简单，第一定律是，能量（或某些特殊的考虑，能量物质）永远不能被创造或摧毁，只能以形式改变。因此，一加仑汽油的势能一旦被发现然后用于驱动一辆车，如爬20英里的一座小山，汽车被发现仍然在某处，作为汽车的动力，热量通过散热器或轮胎与地面接触的地方消散，或作为在山顶汽车增加的势能。作为热量散失到环境中，大部分的原始能量将被发现，在这样的环境中基本上不可能得到任何额外的功（从技术上讲，你可以捕捉这些余热并利用其中一部分，但这需要消耗更多的能量）。但是所做的部分功可以再次使用，例如，汽车可以利用重力滚回原来的下坡位置。第二定律是，所有真实的过程都会产生熵。在每一次能量转换时，一些初始的高级能量（即具有做功潜力的能量）将转化为仅高于周围环境温度的低品位热。换句话说，第一定律说能量的数量总是保持不变的，但是第二定律说质量会随着时间的推移而降低。它的实际意义是，除了来自太阳的可靠的能量输入外，总是有必要寻找新的能源来建造和维护我们所拥有的任何结构，包括房屋、汽车、文明和我们自己。这一影响对所有人类企业和历史产生了压倒性的影响，并构成本书的其余部分。

据我们所知，在地球上或其他任何地方，没有任何例子不受热力学定律的约束。唯一可能的例外是，在本章第一部分中给出的是，当考虑核反应（在一颗恒星、核弹或核电站中）时，需要将能量守恒定律扩展到质能守恒定律。这是因为根据爱因斯坦著名的方程 $E = MC^2$，质量可以转化为能量（反之亦然）。该方程说，在特殊情况下，产生的能量等于质量乘以光速的平方。换句话说，在核转换中，少量的质量可以转化为大量的能量，尽管这只能在非常特殊的条件下发生。这是科学如何经常向前发展的一个例子。当我们了解了核反应时，热力学第一定律似乎已经被违背了，但在爱因斯坦的帮助下，我们了解，虽然在我们的日常生活条件下，第一定律运作得很好，但对于恒星这样非常特殊的情况下，我们必须将第一定律扩大到包含恒星质量。

14.10　能源的种类

虽然能量对我们所有的日常活动都是至关重要的，但正如我们所说，我们很难得到一个确切的定义。能量通常被定义为做功的能力，做功意味着某种东西被移动（岩石或动物从这里移动到那里、化学物质被浓缩）。在人类领域内发生的最重要的日常工作活动是由太阳（太阳能）驱动的。这些活动包括：水的蒸发和从大海中提水，为我们提供了降水和来自山脉的河流；通过光合作用，将大气中聚合的低能碳转化成高能的植物组织；通过食物链（如鹿或牛吃植物）的能量传递；风的产生，使来自海洋的大气水分移动到陆地，清洁了当地天空中的污染物；通过森林和草原的复杂过程产生土壤；在自然生态系统中运行许多复杂过程；等等（见图 14-3）。我们也越来越多地使用化石燃料，如煤、石油和天然气。那个时候用来做功的能量叫作动能，有可能做功但现在没有做功的能量叫作势能。势能的例子包括山顶的一块岩石、一堆木柴中的能量、手电筒电池中未使用的集中能量，以及油箱中一加仑汽油中的化学能。当汽油被用来驱动汽车时，汽油的势能被转化为汽车的动能以及热量。现在和过去我们使用的大部分能源都直接来自太阳。现在如风、干燥空气的蒸发能力等，过去如汽油，汽油来自石油，而石油曾经是漂浮在海上的微小植物（浮游植物）所捕获的太阳能。除了太阳，其他能量来源还包括行星运动（引发潮汐）、地质过程（如火山和地壳运动）以及核衰变（导致地球内部变热）的能量。

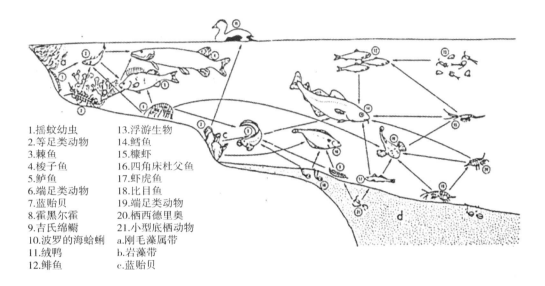

1.摇蚊幼虫　　13.浮游生物
2.等足类动物　14.鳕鱼
3.棘鱼　　　　15.糠虾
4.梭子鱼　　　16.四角床杜父鱼
5.鲈鱼　　　　17.虾虎鱼
6.端足类动物　18.比目鱼
7.蓝贻贝　　　19.端足类动物
8.霍黑尔霍　　20.栖西德里奥
9.吉氏绵鳚　　21.小型底栖动物
10.波罗的海蛤蜊　a.刚毛藻属带
11.绒鸭　　　　b.岩藻带
12.鲱鱼　　　　c.蓝贻贝

图14－3　流经波罗的海生态系统的能源
来自太阳的能量被绿色植物捕获，然后通过食物链（有时称为食物网）传递给食草动物和食肉动物。

资料来源：本特－奥夫·扬森。

太阳能尤其重要，因为它运行着地球的整个"热机"。它还影响当地天气，例如，当稳定的风被路径上的一座山强迫向上吹时，气团变冷，在迎风面形成一个多雨的区域（想想华盛顿州的西雅图），在背风面形成一个干燥甚至是沙漠的区域（想想华盛顿州的亚基马）。因此，太阳能在地球表面不同部分被不对等地拦截产生了世界上的风，地球的干湿地区，更普遍的是它的气候带。太阳能还能蒸发海洋表面的水，在这个过程中提升和净化海水，将其转移到陆地上，同时导致降雨，因为太阳能风将气团吹到山上，从而产生了世界上的雨水和河流。虽然我们可能不欣赏某一个特定的雨天，但雨水对我们的纯净水供应以及包括我们自己在内的所有动物赖以生存的植物的生长是必不可少的。了解和欣赏世界水循环以及能源在其中的关键作用，也许是我们能够了解地球以及我们的经济如何运行的最基本的事情之一。奇怪的是，这个过程并不被视为最经济的一部分，虽然它可能是世界经济中最重要的一步，那就是，水的净化以及将其带到陆地和山脉去，以供应世界上大多数用于农业、经济活动和生命本身的水。它不被传统经济学所考虑，因为它是免费的，即它不进入市场。但是，免费和不可或缺使它对我们的经济更有价值，而不是更没价值，我们需要这样考虑，尤其是在我们必须付出更多的代价来补偿污染和其他滥用水资源的情况下，水正日益成为水循环的一部分。

14.11 能源和生命的细节

生命，在它所有的表现形式中，主要靠同时期的阳光运营，这些阳光以大约每平方米 1400 瓦（1.4 千瓦或 5.04 兆焦每小时）垂直于太阳光线的点进入我们的大气层顶部。其中大约 1/4 到达了地球表面。这种阳光做了大量的工作，这是能量输入的热力学结果，对所有生命都是必要的，包括人类生命，即使人类生命在城市和建筑中与自然隔绝。阳光照射在地球表面的主要作用是蒸发地表（蒸发）或植物组织（蒸腾作用）中的水分，而植物组织（蒸腾作用）反过来产生上升的水，最终以雨水的形式落回地球表面，尤其是在高海拔地区。雨水反过来产生河流、湖泊和河口，并提供滋养动植物的水。地球表面的差温加热会产生风，使蒸发的水在世界各地循环，阳光当然会维持适宜居住的温度，是自然生态系统和人类主导的生态系统进行光合作用的基础。自从人类进化以来，这些基本资源几乎没有改变过（除了冰河时代的影响），因此前工业化时代的人类基本上是依赖于这种有限的，或者更准确地说，是分散的，尽管是可预测的能源基础。

在光合作用中，来自太阳的能量被绿色植物利用叶绿素捕获，叶绿素是一种非常特殊的化合物，其结构类似于我们血液中的血红蛋白。叶绿素在我们看来是绿色的，因为它使用（即吸收）来自太阳的较短的红色和较长的蓝色波长，并反射回它不实用的绿色波长。地球上温度适中、水分充足的地方都覆盖着一层厚厚的绿色植物。光合作用所蕴含的能量是巨大的，大约每年 3000 艾焦耳，是所有人类活动所消耗能量的 6 倍（每年 488 艾焦耳）。第一步发生在叶绿素分子中心，电子在分子中心围绕着镁氮化合物，由来自太阳的光子"击中"并"推"到一个更大的轨道，这个轨道可以储存更多的能量，然后将其传递给特殊的化合物。这类似于专业滑冰运动员用她伸出的双臂中储存能量的方式，当她的搭档给了她一个目标明确的推力，然后她利用这些储存的能量将她的手臂拉回两侧来加速她的旋转。自由电子通常从还原的化合物中获得，并通过生物回路为生物过程提供燃料。这些能量首先被暂时储存在植物的还原性化合物中，如 NADP，然后被用来分裂水以得到氢和一个被激发的电子，分裂二氧化碳以得到碳。然后，植物把碳和氢结合起来，制造出还原的、能量丰富的化合物，如糖。最终，电子被传递给电子受体，通常是氧，但偶尔也有硫或其他元素。当来自太阳的光子再次驱动光合作用时，绿色植物给电子注入新的活力，这些电子就会重新获得能量。因此这个过程还在继续，来自太阳的光子的能量驱动着每一种生物活动，包括我的指尖在键盘上的运动。这是难以置信的。

光合作用的化学基础是光子的能量，光子被用来分裂二氧化碳和水，以获得或固定还原的碳和氢，然后这些碳和氢被用来生成糖，而氧是一种废物：

$$6CO_2 + 6H_2O \rightarrow C_6H_{12}O_6 + 6O_2$$

然后糖被合成更复杂的生命化合物。这些物质包括纤维素（木材的基本结构材料，它是由许多糖相互连接成一个称为聚合物的相同材料网络），外加氮，以及动物和许多植物组织的蛋白质。同样的方程式被动物和使用这种化合物的分解者"倒推"了。当绿色植物首次进化时，大约 30 亿年前，尤其是 10 亿年前，当植物在陆地上繁衍生息时，它们把大气从厌氧的变成了好氧的。这可以在冰川国家公园的岩石中看到，那里有绿色的含铁岩层，它们是在大气氧化之前形成的，类似的"生锈的"红色岩石是在大气氧化之后形成的。

动物呢？看看大多数野生或家养动物。通常它们在吃东西，也就是说，获取能量或试图让自己这么做（见图 14-4）。如果它们不吃东西，它们就倾向于休息，保存能量。在繁殖季节，事情显然变得有点复杂。植物也把大部分时间花在处理能源上：例如，它们在阳光明媚的任何时候进行光合作用，并以各种方式试图通过制造天然杀虫剂来保护自己免受能量损失。人类有点不同，因为食物能量（在我们的历史上的这个时候）是如此丰富和廉价，至少对人类中较富裕的一半人来说，我们不得不投入相对较少的时间或个人能量来养活自己。我们现在也不同了，因为我们的能量需求只有我们更活跃时的一半左右。例如，早期的新英格兰农民每天要吃（或喝，尤其是麦芽酒）大约 7000 千卡（30 兆焦）来为他们繁重的农业工作提供能量，尽管许多更加贫穷国家的体力劳动者只靠那些的一半来度过。今天我们中任何一个吃了那么多卡路里的人都会变得非常胖。

生物学的研究，从生物化学到生态系统生物学，很大程度上是关于能量如何从一个化学实体传递到另一个化学实体的研究。生物化学家经常关注能源存储材料 NADPH 和 ATP 的重要性，在一个有机体的水平进行研究的科学家通常会考虑喂养行为以及能量在肠道壁内部和之间传递的生理机能，而生态系统生物学家则谈论从食草动物到食肉动物，来自植物的能量转移。能量在生物功能中的重要性引起了许多伟大的生物学家的注意，如阿尔弗雷德·洛特卡、哈罗德·莫洛维茨、

图 14 – 4　肯尼亚食草动物

资料来源：凯西·伍斯特。

马克斯·克赖伯、霍华德·奥德姆等。他们得出了什么结论？基本上，生命，或者更确切地说个体有机体和构成各种生命的物种，是关于用每单位收益尽可能少的开支或投资获取尽可能多的能量，用获得的净能量获取更多的能源和其他资源，并用其创建结构体并为这些行为提供燃料来推动他们的基因向未来发展。

据我们所知，这完全是自然选择过程中不经意的结果，那些在这种模式中成功的生物体，以及最终在这种模式中成功的基因，都是那些倾向于生存、繁荣，并最终在地球表面相对占主导地位的生物。在讨论这些问题时，有些人更喜欢使用更通用的术语"资源"，而不仅是"能源"，而且有时有很好的理由说明这一点。很明显，水是植物生长的关键资源，尽管在亚利桑那州的沙漠中水非常有限，但植物所需的所有太阳能都可以获得。在其他情况下，某些特定的养分，如磷或氮，可能会受到限制，但这些限制可以得到缓解，植物通过将更多的能量投入生长来长出更长的根以利用更多的土壤或在细根间转移分子。因此，对地球上的大部分地区来说，关键问题是能源，而生命似乎非常善于扩张，尽可能多地捕捉周围的可用能源。

这里的两个重要概念是能源投资和能源机会成本。前者意味着生命必须始终投入精力与熵做斗争，以获取其他资源，繁殖后代等。第二种解释是，由于每个生物体在任何时候的能量供应都是有限的，而对某一过程的任何特定投资都意味着可以用于投资其他地方的能量要少得多。如果一棵树在长根上投入更多的能量来获得更多的水或营养，那么长得高就会消耗更少的能量，它可能会被竞争对手遮盖或被昆虫吃掉。如果更多的能量被用于制造天然杀虫剂（如咖啡因、芥子油或各种生物碱），那么用于植物根系生长的能量就会减少等。同样地，如果一个文明国家把更多的精力投入军事活动、扩大办公空间、建造豪华住宅或寻找石油上，那么用于修桥或教育的精力就会减少。政治就是关于如何做出能源投资决策，尽管它是通过决定在哪里花钱来实现的。在树木和政治领域，都有一种趋势，即投资于一种能够捕获更多能源的方式（通过植物或经济增长），但只有当有额外的能源资源可以利用时，这种投资才会奏效。如果能源资源受到限制，那么投资于增长可能会弄巧成拙，这是许多世界经济体目前所面临的局面。

14. 12 能量储存

生命当然不仅是简单地获取和利用能量，因为生命必须在需要能量的时间和地点使用能量，以帮助生物体适应不断变化的环境。正如电动机或电灯需要开关一样，生活也必须有开关。举个简单的例子，如果我们的肌肉一直在燃烧，那它们就没用了，事实上这种情况是一种叫作破伤风的病理。因此，生命进化出了一系列复杂的控制和开关，这些控制和开关利用来自太阳或食物的可用能量，并根据需要储存和释放这些能量，这些控制和开关通过非常复杂的生物化学作用，由激素和神经系统控制。对于储存和开关问题的一般解决办法是通过使用各种储存池。这些储存池通过光合作用或摄取食物使获取、储存、运输和释放有机体可用的能量成为可能。短期储存最常见的这种化合物是三磷酸腺苷（ATP）及其能量较低的形式 ADP。当身体需要能量的时候，它就会迅速唤起 ATP 来提供能量。这些化合物在生命中无处不在，对生物体的所有活动都至关重要。中期储存是我们肝脏中的糖原，长期储存对我们来说再熟悉不过了，如身体脂肪。

14. 13 地球的生命能源供应大幅增加

因此，随着陆地植物的首次大规模增加，作为其光合作用的废产物自由氧也随之增加。光合作用将水和二氧化碳分解，生成所需的碳和氢，以产生碳水化合物，如糖。对于地球上所有现存的动植物和微生物来说，这种自由氧本身具有极强的活性，最初是一种严重的有毒威胁，一种广泛存在的危险污染物。有人说，释放氧气的绿色植物的进化是地球所面临的最大的环境影响。有些人认为，线粒体最初是进化而来的（或者正如我们上面所说的"捕获"），在危险的氧气破坏生物体的其他部分之前，将其隔离，直到后来才发展出增强宿主细胞代谢活动的能力。随着时间的推移，自然选择创造了具有保护性皮肤的生物体（包括人类），这些生物体需要氧气才能生存，并完全利用它们的食物。但即使在今天，仍有许多环境中没有氧气。对我们来说，硫化氢的气味，如沼泽的泥浆，通常是明显的。这不会是一个有氧气的好地方，因为在氧气对我们产生任何好处之前，我们食物中的能量会被用完。在这些环境中，氧气对许多有机体来说仍然是一种毒药。

因此，进化似乎以许多复杂的方式运作，如结合使用氧气的细胞器（即线粒体），这些细胞器存在于所有生活在富氧环境中的动物，以获得更有效利用能量的方法。显然，主要的方法在很久以前的生命进化中就已经找到了，因为几乎所有的生命都有相同的内部能量结构，并且使用相同的以磷为基础的化学物质来储存和快速释放能量。生物化学家保罗·法尔科夫斯基提出了一个优雅的论点：在许多方面，生命现在所依赖的生物化学，并不适合我们现有的氧化环境。它只能被理解为生命过去的一种"遗留"——也就是说，过去起作用的厌氧机制已经深深地扎根于生命的过程中，以至于生命无法抛弃，因此即使不完全适合新的好氧环境，也被保留和修改了。虽然利用线粒体对食物进行完全氧化可以使食物得到最充分的利用，但已经进化出许多利用食物能量的不同方法，而且这些不同的途径仍然被不同的物种使用，并对不同的环境条件作出反应。如果没有氧气，我们仍然可以使用一种不那么彻底但相当充分的能量释放过程，即发酵，这个过程会产生能量中介——酒精残留物，我们已经利用它来生产啤酒和葡萄酒。将谷物或水果向可用能量的部分转化留下了酒精和二氧化碳的残留物，因此二氧化碳在啤酒中产生气泡。

更普遍的观点是，能量通过一系列复杂的氧化还原（还原—氧化）反应在生物体之间传递，直到全部食物价值被提取出来，部分或全部的碳基转化为二氧化碳。能量通过食物链和食物网从一个有机体传递到另一个有机体。植物从太阳中获取能量，并将其中一部分转化为它们自己的组织、叶子、茎、根等。然后一部分能量传递给食草动物（吃植物的），然后是食肉动物（吃肉的）和分解者。"营养的"这个词意味着食物，营养动力学是生态学中关于能量如何在生态系统中沿着食物链传递以及能量会发生什么变化的研究。发生的一件重要的事情是，根据热力学第二定律，在每个步骤能量都在损失（实际上变成了热量）。失去的大部分能量实际上被生物体本身用于维持自身的新陈代谢。这是由于每个生物体都必须通过能量投资来"对抗熵"，以及热力学第二定律导致的热量损失。通常只有一小部分，大约10%，从一个营养水平（如植物）传递到下一个营养水平

（食草动物）。这是顶级食肉动物很少的原因之一——如果有四个或更多的营养水平，每个只传递 10% 的能量，那么光合作用只能捕获到非常少的原始能量，然后传递给顶级食肉动物。

虽然很明显，一个有机体必须获得足够的能量来维持自己的生命活动，但它也必须获得足够的能量质量。大多数情况下，人类或其他动物营养物质中缺少的成分是足够的蛋白质。夸希奥科病是一种常见的蛋白质饮食不足的人的疾病，其特点是肉桂色的头发和突出的腹部，以及许多个人代谢问题，这些限制了人们的工作能力。20 世纪 50 年代，善意的营养学家曾大力提高某些人群的蛋白质生产，例如，用现有的谷物喂鸡和鱼，试图增加这些人的可用蛋白质。但是这个项目适得其反，因为人们实际上缺乏能量，他们的身体燃烧蛋白质作为燃料，而不是把它们用于结构发展。换句话说，我们的身体对能量的需求比结构性建设和修复更大。所以，给动物喂食富含能量的谷物来产生数量更少的蛋白质，实际上是通过减少人类可利用的能量而加剧了这个问题，即使他们获得了更多的蛋白质，他们绝望的身体也不得不将其用作燃料，而不是维持或生长新的组织。但是在卡路里充足的地方，蛋白质对于正常的健康发展是至关重要的，因此能量的质量往往和数量一样重要。很明显，在我们的食物中，质量是一个比简单的蛋白质问题复杂得多的问题。蛋白质是由以氮和碳为基础的氨基酸组成的食物。你可以想象一个汉堡包：小圆面包是由碳、氢和氧组成的碳水化合物，而牛肉是蛋白质，蛋白质中含有这些元素和大量的氮。虽然我们通常认为蛋白质是肉，但还有许多其他来源。例如，生态学家发现，河口或森林中的许多动物都依赖碎屑食物链，也就是说，食物在被食用相对较长时间之前已经死亡（而不是吃活的物质）。死的植物物质主要是碳，因此只含有很少的氮，而氮对以其为食的动物的蛋白质需求至关重要。但在河口和森林地面，这种物质的大部分分解都是由细菌进行的，而某些细菌可以做一些其他大多数生物体做不到的事情：它们可以固定空气中的氮并将其转化为蛋白质。因此，吃微生物介导食物的动物获得了更好的营养，因为往往有更多的蛋白质。这可能听起来让人反感，但如果你想想我们吃的微生物介导的食物：面包、奶酪、啤酒、葡萄酒、意大利腊肠、酸奶油等，也许就不会那么反感了。事实上，我们大多数的派对食品都是由微生物介导的。

14. 14　关于能源和进化的更多研究

自然界的动植物一直承受着巨大的选择性压力，要它们积极地做"正确的事情",也就是说,无论它们从事什么主要活动,都要保证它们获得的能量超过成本,而且通常比其他活动获得更大的能源净回报。20 世纪的生物学主要关注的是适应性,也就是生物体生存和繁殖的能力,换句话说,就是把它们的基因推向未来。如猎豹,从猎物身上获取的能量要大于扑倒猎物耗费的能量,并且需要更多的能量让它度过脂肪少的时间段以及进行繁殖。唐纳德·托马斯和他的同事等[4]出于喜好开发了双标记同位素,并进行了精细的实验程序,以证明净能量对健康的控制有多么强大。他们研究了法国和科西嘉岛的山雀,发现为了与大毛毛虫的季节可得性相一致,那些鸟儿定时迁移、筑巢和生育年青一代,反过来,这些毛毛虫依赖供养它们的橡树叶的生长时间,这些鸟类比它们错过毛毛虫的对手拥有更多的盈余能量。它们羽化得更多,体型更大,因此更有可能在幼年时期存活下来,同时也大大增加了它们明年再回来繁殖的可能性。那些继承了迁徙和筑巢"日历"的后代则更有可能成功交配。托马斯等还展示了自然进化模式是如何被气候变化所破坏的,因此山雀往往在到达筑巢地点时为时已晚,无法充分利用毛毛虫。由于叶子出现得更早,毛毛虫也出现得更早。据推测,如果气候变暖持续下去,自然选择将有利于那些碰巧拥有基因告诉它们早些向北迁移的山雀。

14. 15   最大功率

霍华德·奥德姆将这些概念又向前推进了一步,他认为,关键不只是获得的净能量,还有功率,即单位时间内的有用能量。奥德姆认为,一般情况下,对任何给定的过程来说,速度和效率之间存在着一种平衡;也就是说,一个过程发生得越快,它的效率就越低,反之亦然。在给定的一组环境条件下,以开采率为代价而达到极高的效率,以效率为代价而达到极高的速度,都是不利的[5][6]。例如,史密斯和李[5]在一系列讲究的观察和实验中发现,在快速流动的小溪中,以漂流食物为食的鳟鱼会获得大量漂流而过的食物,但净效率较低;消耗这么多食物所产生的能量盈余,大部分都被用于鳟鱼的肌肉收缩,以便它能对抗更快的水流。同样地,在慢水中的鳟鱼非常有效率,因为它的游泳成本更低,但慢水带来的食物更少,因此整体的能量盈余将受到食物供应速度较低的限制。优势鳟鱼会选择一个最佳的中间流速,这将导致更快的生长和更多的后代。亚优势鳟鱼会在水中游动得更快或更慢。在一些实验中,没有竞争力的鳟鱼会被发现漫无目的地漂浮在静止的水中,慢慢饿死。

当然,生活在所有的多样性中也选择了能源生活方式的多样性——树懒在进化上和猎豹一样成功，而温血动物为它们在寒冷天气中出色的觅食能力付出了更高的能量成本，以维持较高的体温——这样的例子不胜枚举。

然而，每一种生活方式都必须能够产生足够的能量利润来生存、繁殖和渡过艰难时期。现存的物种中，很少有例子能说明它们几乎没有能源利润，因为每一个物种不仅要为维持他们的新陈代谢买单，还要为它们的"贬值"和"研发"买单。正如企业必须从当前收入中获利一样。因此，它们的能量利润必须足够交配、养育后代、"支付"捕食者和病原体，并通过充足的过剩繁殖来适应环境变化，从而允许其进化。

只有那些净产量和功率（即每单位时间获得的有用能量）充足的有机体才能够通过进化时间进行这个过程，实际上有超过99%曾经生活在地球上的物种都不再与我们共存——他们的"技术"不足，或者不能够随着环境变化足够灵活地提供足够的净能量来平衡收益与损失。由于捕食的损失，筑巢的失败，以及许多其他事情对能量的需求，物种需要大量的能量盈余长时间生存。

14.16 大自然的经济

当然，在自然界中，植物和动物并不是孤立存在的，而是以我们称为生态系统的复杂排列组合在一起的，它们通过能量和物质从一个物种到另一个物种的流动而联系在一起，这通常被称为食物链或食物网。我们把捕获太阳能的绿色植物称为初级生产者，把吃草的动物称为食草动物，把吃其他动物的称为食肉动物。最终，所有植物和动物物质都变成了无生命的有机物，通常被称为碎屑，然后这些物质被细菌和其他分解者分解成非常简单的物质甚至元素。我们称这些关系的研究为营养性（即食物）分析，并且每个连续的步骤都来自太阳的营养级。令人惊奇的是，所有的动物和所有的分解者所需要的能量，甚至植物在夜间和非生长季节所需要的能量，都来自生长季节白天的光合作用。

我们可以把所有这些营养的相互作用统称为大自然的经济。换句话说，自然也像人类的经济系统一样，都是关于生产、物种内部和物种之间的交换以及最终的退化。当然，自然生态系统与现代人类经济的不同之处在于没有钱——但是没有钱经济照样好好地存在，正如可以想象的我们的这样（即许多经济体仅以物物交换为基础）。自然也有经济的观点是一个非常强大的观点，因为它让我们能够关注，当我们把人类的附加物——钱、债务、信贷等都剔除后，一个经济的本质特征是什么。

14. 17　到目前为止的总结：盈余能量和生物进化

生物进化和盈余能量之间的相互作用更为普遍，正如半个世纪前克莱伯[7]、墨洛维茨[8]、奥德姆等[9]所强调的那样。植物和动物受到强烈的选择压力，要积极地做"正确的事情"；也就是说，确保他们从事的任何主要活动所获得的能量都超过其成本，并获得比替代活动或竞争对手更大的能量净回报。以猎豹为例，很明显，猎豹必须从猎物身上获取比跟踪和追捕猎物更多的能量，而且在渡过困难时期和繁殖后代时也需要更多的能量。植物也必须产生一个能量盈余为其生长和繁殖提供净资源，在常绿森林的大部分空地上都可以很容易地看到，在这些空地上，树木上较空一侧的活树枝通常比树木茂密的树荫一侧要低。如果树枝没有精力充沛地承载它的重量，也就是说，如果它的光合作用不大于支持那根树枝的呼吸的维持代谢，那么树枝就会死亡（甚至可能被树的其他部分削掉）。

每一种植物和每一种动物都必须遵守这个"进化能量定律"：如果想生存，必须生产或捕获比你获得它所使用的更多能量；如果要繁殖，必须有大量的盈余，超过新陈代谢的需要；如果物种想要在进化的过程中繁荣昌盛，必须有一个非常大的盈余来补偿大多数人口的巨大损失。换句话说，每一个存活下来的个体和物种都需要做一些事情，获得比成本更多的能量，而那些在进化意义上成功的物种是那些产生大量盈余能量的物种，这些盈余能量使它们富足并得以传播。

虽然大多数生物学家可能默认这一定律（如果他们考虑过这个问题），但在生物学教学中并没有特别强调这一定律。相反，20 世纪的生物学主要关注的是适应性，即生物体通过物种数量的延续和扩张将基因推向未来的能力。但事实上，能量学是关于"什么是适应的，什么是不适应"的一个基本考虑，许多人认为，生物体的总能量平衡是理解适应性的关键。

14. 18　早期和当代人类经济中的能源和经济学

人类和自然界的其他物种没有什么不同，人类完全依赖阳光和食物链来满足自身的能量需求和营养，人类也是非常复杂的食物链之间复杂互动的一部分。与其他物种一样，人类种群必须获得足够的净能量来生存、繁殖和适应所生活地区不断变化的条件。在处理其他问题之前，人类必须先喂饱自己。在我们被认为是人类的百万年中，至少98%的时间里，我们人类赖以养活自己的主要技术，也就是我们获取生命所需能量的技术，是狩猎和采集技术。当代的猎人聚集地——如我们在第7章中介绍的非洲南部喀拉哈里沙漠的阿贡人——很有可能与我们的长期祖先接近，只要我们有能力去理解。大多数狩猎采集型的人类可能与其他物种相似，因为他们的主要经济重点是获取足够的剩余能量，就像直接从他们的环境中获取食物一样。李[10]和拉帕波特[11]等人类学家研究证实，现在（或者至少是最近）的猎人、采集者和移动的耕种者的行为方式，似乎是在最大化他们自己的能源投资回报，也许每投资1焦耳，就能获得10焦耳的回报。安吉尔发现，农业实际上降低了人类的平均身体健康水平[12]。

　　人类的进化，拓宽了定义，包括了社会进化，这不同于其他物种，因为人类的大脑，以及语言和文字已经允许了更快速的文化进化。其中最重要的变化，正如在第6章提到的，是与能源相关的：集中能量的矛尖和刀片的发展，农业作为一种手段集中太阳能为人类使用，以及最近利用风和水的力量，当然，还有化石燃料。从我们的角度来看，重要的是，每一种文化适应都是一个统一体的一部分，在这个统一体中，人类投入了一些能量，以提高从自然中开发额外资源的速度，包括能源和非能源资源。

　　一个很好的例子是，在陆地上从自然生态系统的不同物种到几个人类能够而且愿意吃的植物（栽培品种），或者到人类控制的食草动物，农业的发展重新导向了陆地上捕获的光合作用能量。它还允许城市、官僚制度、等级制度、艺术、更强大的战争等的发展，也就是我们所说的文明，正如贾里德·戴蒙德在他的著作《枪炮、病菌和钢铁》中所描述的那样。

　　人像机器那样工作的效率约为20%，即人的功率输出（他/她的肌肉工作）大约是投入机器的食物能量的20%。因此，在一天10个小时内，一个人可以提供大约1～1.5个马力小时，或者一匹马所能做的事情的5%～10%（以及大约5%～10%的食物）[13]。换句话说，一个人在静止状态下的功率输出约为60瓦，在最高性能时，一个强壮的工人可能会产生约300瓦的可用功率，尽管这个速度不能维持很长时间。在一天10小时，一个非常强壮的人可能能够提供100瓦或1千瓦时（3.6兆焦）。如果温度在20℃～25℃以上，人力机器就无法提供这种能量，所以在其他条件相同的情况下，在炎热的热带地区，产生剩余财富的难度更大[14]。一匹马能产生大约3千瓦的电。相比之下，四缸标准汽车发动机的发电量约为1000千瓦，喷气涡轮发动机约为100万千瓦。显然，与过去相比，世界现在拥有巨大的力量（见表14-2、表14-3、表14-4）。

表 14 – 2 各种东西的能源成本

能源占 GDP 的比例每年都在变化，这主要是因为作为
通货膨胀的一个函数，但也与经济似乎变得更有效率有关

2016 年 GDP 为 18.569 万亿美元时，美国单位经济活动的能源使用量大约为：

$$能源/\$ GDP = -\frac{90.6 \times 10^{18} 焦耳}{18.569 \times 10^{12} 美元} = \frac{4.88 \times 10^6 焦耳}{dollar} = 4.88 \times 10^6 焦耳/美元$$

1 美元经济活动所需要的	4.88×10^6 焦耳 = 0.03 加仑油
1000 美元经济活动所需要的	4.88×10^9 焦耳（0.79BOE）
100 万美元经济活动所需要的	4.88×10^{12} 焦耳（790BOE）
10 亿美元经济活动所需要的	4.88×10^{15} 焦耳（790×10^3 BOE）
10000 亿美元经济活动所需要的	4.88×10^{18} 焦耳（790×10^6 BOE）
18.57 万亿美元经济活动所需要的	$18.57 \times 10^{12} \times 4.88 \times 10^6$ 焦耳/美元 = 90.6×10^{18} 焦耳（14.8×10^9 BOE）

注：BOE = 每桶石油能源当量。
资料来源：美国商务部，美国环境影响评价。

表 14 – 3 选定的燃料及其热当量

燃料	热当量（兆焦）
残油（1 桶）	6626.5
原油（1 桶）	6163.8
馏出油（1 桶）	6139.6
汽油（1 加仑）	131.8
电力（1 千瓦时）	3.6
天然气（1 立方英尺）	1.1

资料来源：俄勒冈州能源部。

表 14 – 4 特定经济部分每美元（以 2005 年计算）使用的能量

部门	兆焦
油气田机械设备	7.36
石油润滑油及润滑脂制造	61.30
水泥制造	68.4
型钢制造	15.60
预制管道和管件制造	9.84
水运	48.80

续表

部门	兆焦
其他杂项化工产品制造	16. 30
其他基本有机化工制造	21. 70
炸药生产	22. 70
手表、钟表等测量仪器制造	5. 65
油气开采	9. 26
油气井钻探	9. 87
支持油气业务活动	6. 98

资料来源：卡内基梅隆大学绿色设计学院开发的经济投入产出生命周期评估模型（我们不知道这些数据是如何计算出来的，所以只是把它们传递下去。我们还怀疑所使用的名义精度没有反映现实）。

人类学家莱斯利·怀特曾指出，第二次世界大战期间，一架轰炸机飞越欧洲的单程飞行中消耗的能量要比所有在旧石器时代时生活的欧洲人消耗的能量更多，旧石器时代，人们完全靠狩猎和采集野生食物生存[15]。怀特估计，这样的社会每人只能产生约 1/20 马力——即使在今天，这个数字也不足以满足工业生活中短暂的片刻。随着时间的推移，人类通过技术加强了对能源的控制，尽管数千年来人类使用的大部分能源是动物——人或牲畜，以及近代的太阳能。第二种非常重要的能量来源是木头，在庞亭[16]、斯米尔[17]，尤其是佩林[18]的工作中有详细的描述。佩林估计，到 1880 年，全世界每年使用的木材约有 1.4 亿根。地球表面的大片地区——伯罗奔尼撒、印度、中国、英国的部分地区，以及其他许多地方——已经被砍伐了三次或更多次，原因是人类文明砍伐树木作为燃料或材料，从新开垦的农田中繁荣起来，然后随着燃料和土壤的枯竭而崩溃。考古学家约瑟夫·泰恩特[19]叙述了人类建立文明的普遍趋势，文明的范围越来越广，基础设施越来越复杂，最终一次又一次地超过了那个社会所能获得的能量。

几千年来，人们已经知道如何从风或溪流中获取能量，例如，磨谷物，但从 1750 年左右开始，磨谷物的技术和动机迅速增加。弗雷德·科特雷尔[13]对文明增加能源使用的重要性作了全面的回顾，我们认为，他把文明的大多数其他进步都归因于这一点是正确的。水力发电在早期的新英格兰尤其重要。但真正推动"现代"文明发展的是学习如何烧煤做许多事情，尤其是用来炼钢和开蒸汽机车。有了这些发明，19 世纪在英国大部分地区，工业发展真正起飞了，这导致了大多数人所说的"工业革命"。这不仅是煤炭使用的发展，更是一整套金融、化学、冶金和其他发展相互促进，并导致了 19 世纪英格兰、苏格兰和德国的巨大财富生产。例如，詹姆斯·瓦特在他的朋友威廉·威尔金森完善了炼铁和钻井技术之前，无法开发出他著名的蒸汽机。甚至他们之间的相互交流也需要苏格兰启蒙运动的社会环境，使他们的思想得以发展，并成为社会的实际组成部分。当时大多数有思想的人认为这些都是伟大的发明，最终将人们从日常生活的苦差事中解放出来，让他们通过理性的思考来建设一个更好的社会。

与此同时，许多英国浪漫主义诗人，尤其是威廉·华兹华斯，被工业革命的烟雾、污浊和重复性的工作所震惊，并对前工业化时代的田园式的英国怀念不已。我们今天的社会需要如此大量的能源，以至于我们通过开采数十亿年前的太阳能库存，并将其转化为煤炭、天然气和石油，来提供这些能源。没有这些库存，我们的人口就会少得多，我们就不能像现在这样生活。显然，与过去相比，世界现在拥有了巨大的力量。

综上所述，很明显，自然生物系统既受自然选择的制约，又受文化的制约，并且在人类文明之前的文明高度依赖的获得的能源盈余不止一点点，而是允许支持整个有关系统的大量能源盈余，这些能源盈余来自有机来源——无论是进化中的自然人口还是一种文明。大多数早期文明留下了我们现在参观和惊叹的人工制品——金字塔、古城、美丽的建筑和房间、纪念碑等——必须有巨大的能源盈余才会发生这种情况，尽管我们很难计算出那是什么。当然，过去的大量工作代表了成千上万的人的小额净盈余，人们被精心组织或被残酷地强迫从事这项工作。考古学家和历史学家约瑟夫·泰恩特精心地写了一篇文章，论述了过剩的能量在建造和维护古代帝国——玛雅帝国、罗马帝国等中的作用[19]。泰恩特认为，随着帝国的变大，他们可以花更多的钱和更多的能量让潜在对手钦佩，令人印象深刻的首都城市建设本身向潜在竞争者显示，帝国那么多过剩的财富，他们屈服成为一部分，缴纳贡品，要比对抗帝国更有意义。然而，不断扩大的疆域，以及随着从越来越遥远的省份引进食物和资源的距离需要，对剩余能源的需求也越来越多，日益减少了向中心提供的净能源。最终，这个帝国自取灭亡了，因为它需要复杂的系统和能源成本来产生必要的剩余能源。这种情况在古代一次又一次地发生，最近随着德国第三帝国、大英帝国和苏联的解体，也发生了同样的事情。今天的一个重要问题是，尽管现在能源盈余很可能受到了威胁，但数量仍然巨大，过剩能源的极端重要性在多大程度上适用于当代文明从什么时候开始，我们发展了如此多的基础设施，仅维持他们的新陈代谢就需要我们所能获得的所有剩余能量，以至于增长是不可能的。

现代工业文明除了依赖化石燃料，还依赖太阳。今天，化石燃料在世界各地开采、提炼，并送往消费中心。对许多工业国家来说，化石燃料的原始来源是它们自己的国内资源。美国、墨西哥和加拿大就是很好的例子。然而，由于这些工业国家中有许多长期从事能源开采业务，它们往往拥有最先进的技术和最所剩无几的燃料资源，至少相对于许多燃料资源较新开发的国家来说是这样。例如，2010年美国，最初具有一些世界上最大的石油省，在1970年的峰值年只生产了整个石油产量的40%；加拿大在常规石油生产上已经开始严重下滑，2006年墨西哥吃惊地发现其坎塔雷利大油田——曾经是世界第二大油田，产量也开始急剧下滑，比预计时间提前至少十年。霍华德·奥德姆的"最大功率"假说是思考自然和人类社会进化的一种非常有力和深刻的方式。例如，奥德姆解释说，石油储量丰富的国家是如何在以太阳能为基础的社会中获得优势的——至少在他们的石油存在的时间内。但这也表明，那些浪费能源或无法抓住优质能源的有限本质的国家将不会被选中获得优势。一种很可怕的想法是，战争不需要大量的能源——第二次世界大战期间，5000万人丧生，超过十亿人受到严重拖累，战斗使用了70亿桶石油，大约是美国在相对和平时期1年使用的数量。

因此，随着我们面对我们最重要燃料在可用性方面不可避免地收缩时，以及随着我们在所需要的规模上产生替代能源的难度看起来在日复一日增加，我们必须面对的是，我们自己的经济和文明，几乎普遍地建立在所有事物持续增长的概念上，我们可能需要对未来计划的一个巨大反思——换言之一个新的经济学。本书旨在为您提供开始这个过程的概念工具[20]。

问题

1. 如果能源如此重要，为什么大多数人不知道他们所使用的大部分能源？

2. "热的机械当量"是什么意思？这是如何证明的？

3. 你能解释一下卡诺方程 $W = (Ts - Te)/Ts$ 吗？这对我们将燃料转化为工作的极限意味着什么？

4. 如果北海表面储存的能量如此之多，为什么不可能提取这些能量供社会使用呢？

5. 氧气是什么？如果氧的反应性很强，为什么大气中会有氧呢？

6. 物质守恒定律是什么？

7. 能量是什么？你认为它被充分定义了吗？

8. 燃烧是什么？你能举个燃烧方程的例子吗？

9. 能量和功之间的关系是什么？

10. 能量通常以不同的单位提供，如热、千瓦时、焦耳、卡路里等。这些单位有什么不同？你应该用哪个单位？为什么？

11. 明确能源数量与能源质量之间的关系。你能举个重要的例子吗？

12. 解释能量、火用和能值的区别。

13. 什么是燃料？

14. 熵是什么？负熵是什么？你能举个日常生活中的例子吗？能量和熵之间的关系是什么？

15. 负熵和计划之间有什么关系？你能举几个例子吗？

16. 负熵与生物进化有何关系？

17. 为什么负熵的保持会产生熵？

18. 热力学第一定律是什么？

19. 热力学第二定律是什么？

20. 你能用数量和质量这两个词来定义热力学第一和第二定律吗？

21. 什么可以被认为是热力学定律的例外？在你看来，这真的是个例外吗？

22. 动能和势能有什么不同？它们之间有什么关系？

23. 地球表面如何成为一个热机？

24. 给出光合作用的基本方程。

25. 能源投资与能源机会成本之间的关系是什么？

26. 能量储存在哪些生物化合物中？

27. 讨论好氧和厌氧这两个术语与地球进化史的关系。

28. 根据保罗·法尔科夫斯基的观点，为什么生物体内携带着不适应于当今环境的化学物质？

29. 如果一个代谢过程产生了酒精或醋，这是否告诉你关于原始植物材料的使用效率？

30. 氧化还原是什么意思？

31. 定义营养动力学并给出一个例子。这告诉了我们什么关于生态系统过程的效率？

32. 是什么元素使蛋白质具有与碳水化合物不同的特性？

33. 将能量与进化联系起来。

34. 关于生物或物理过程的效率，最大功率原理告诉了我们什么？

35. 自然有经济吗？你认为这样描述自然准确吗？

36. 什么是"进化能量学的铁律"？

37. 将本章前半部分所学到的原则与人类社会联系起来。

38. 在工业革命之前，木材是如何使用的？

39. 总结你对自然和人类社会如何利用能源来生存和繁荣的观点。

40. 你认为技术会让石油时代的终结变得无足轻重吗？为什么？

参考文献

［1］ Kelvin，W. T. 1849. "An Account of Carnot's Theory of the Motive Power of Heat-With Numerical Results Deduced from Renault's Experiments on Steam". Transactions of the Edinburg Royal Society，XVI. January 2.

［2］ Odum，H. T. 1996. *Environmental accounting：Emergy and environmental decision making*. New York：Wiley.

［3］ Gaudreault，K.，R. A. Fraser，and S. Murphy. 2009. The tenuous use of exergy as a measure of resource value or waste impact. *Sustainability* 1：1444 – 1463.

［4］ Thomas，D. W.，J. Blondell，P. Perret，M. M. Lambrechts，and J. R. Speakman. 2001. Energetic and fitness costs of mismatching resource supply and demand in seasonally breeding birds. *Science* 291：2598 – 2600.

［5］ Smith，J. J.，and H. W. Li. 1983. Energetic factors influencing foraging tactics in juvenile steelhead trout，Salmo gairdneri. In Predators and prey in fishes，ed. D. G. Lindquist，G. S. Helaman，and J. A. Ward，173 – 180. The Hague：Dr. W. Junk Publishers.

［6］ Curzon，F. L.，and B. Ahlborn. 1975. Efficiency of a Carnot Engine at maximum power output. M. Phils. 43：22 – 24.

［7］ Kleber，M. 1962. The fire of life：An introduction to animal energetics. New York：Wiley.

［8］ Morowitz，H. 1961. *Energy flow in biology*. New York：Wiley.

［9］ Odum，H. T. 1972. Environment，power and society. New York：Wiley-nterscience.

［10］ Lee，R. 1969. Kung bushmen subsistence：An input-output analysis. In Environment and cultural behavior；ecological studies in cultural anthropology，ed. A. P. Vada，47 – 79. Garden City，NY：Published for American Museum of Natural History by Natural History Press.

［11］ Rappaport，Roy A. 1967. *Pigs for the Ancestors*. New Haven：Yale University Press.

［12］ Angel，J. L. 1975. Paleoecology，paleo demography and health. In *Population ecology and social evolution*，ed. S. Polar，667 – 679. The Hague，Mouton.

［13］ Cottrell，F. 1955. *Energy and Society*. New York，NY：McGraw Hill.

［14］ Sundberg，U.，and C. R. Silversides. 1988. *Operational efficiency in forestry*. Dordrecht：Kluwer.

[15] I thank Joe Tainter for bringing this quote to my attention. Leslie White was a great believer in the importance of energy for human affairs and is well worth reading today.

[16] Ponting, C. 1991. *A green history of the world*. London: The Environment and the Collapse of Great Civiliza-tions. Sinclair Stevenson.

[17] Smil, V. 1994. *Energy in world history*. Boulder: West-view Press.

[18] Perlin, J. 1989. A forest journey: The role of wood in the development of civilization, 1989. New York: W. W. Norton.

[19] Tainter, J. A. 1988. The collapse of complex societies. Cambridge, Cambridge shire, New York: Cambridge University Press.

[20] For more comprehensive treatments of energy itself and its relation to economics written by physicists.

参见: Kummel, R. 2011. The second law of economics: Energy, entropy and the origin of wealth. Springer, New York and Ayers, R. 2017. Energy, Entropy and wealth maximization. Springer N. Y. ; Hall, C. A. S. 2017. Energy Return on Investment: A unifying principle for Biology, Economics and sustainability.

15 理解能源与经济关系所需要的基础科学

问题的根本原因是，在现代世界，愚蠢的人自以为是，而聪明的人充满怀疑。

——波特兰·罗塞尔

本章的目的是提供一个非常基本的、充分的科学体系，对于在科学上没有广泛背景的读者或者只是想在关于理解真实的经济系统的科学上有一个回顾的读者也能够阅读。本章的内容分为五个主要部分："了解自然""科学方法""物理世界""生物世界""经济学是科学吗"。

15.1 了解自然

15.1.1 什么是自然

我们从思考什么是自然和自然世界开始。在最普遍的观点中，自然界是整个世界，而不是人类或人类主导的世界。在写这篇文章的可爱的落基山乡村环境中，自然是什么似乎很明显：去一个国家公园，徒步旅行，徒步到几乎没有人类影响的地方。自然显然是岩石、溪流、云彩和动物。但在这里也很难找到纯粹的大自然，因为通常你的脚下有一条小径，由其他徒步旅行者和公园管理局维护；许多植物，包括可爱的花朵，都是外来的有害品种；所有的植物都生长在受人类活动增加的二氧化碳影响的环境中；我们可能看到的冰川正在缩小；你可能看到的彩虹鳟鱼、棕色鳟鱼、小溪鳟鱼都是从不列颠哥伦比亚省、欧洲，或美国东部的原始种群中引进的。另外，人类是自然环境中自然选择的产物，就像鹿或鳟鱼一样是动物，在许多方面受到自身遗传和生理能力的限制，就像野生动植物一样。和其他动物一样，人类也可能死于过热或过冷，他们几乎每天都需要水和食物，否则就会死亡。但人类与大多数其他动物的不同之处在于，他们可以显著地改变环境。此外，人类可以通过文化进化快速适应。本书的目的是，我们并不非常关心细微差别，并且通常表示，虽然人类来自自然并且是自然的一部分，文化是人类主导的，但自然不是，自然包括所有这些地方的土地、海洋、河流和湖泊、土壤、岩石和矿藏、自然植物和动物，从亚原子到宇宙甚至宇宙之外的规模。自然也是一种自然力量，它约束着所有这些东西，并允许它们发挥作用。当然，人类总是为了自身的生存，常常为了财富的生产，而寻求（实际上也需要）利用自然。为了做到这一点，有必要在一定程度上了解自然。那么人类是如何理解自然的呢？

15.1.2　人类对自然的解释

人类的存在总是充满了不确定性，在理解和预测事件方面存在着巨大的困难。我们的经济生活尤其如此。早期人类对自然有足够的了解，能够采集植物，猎取动物，以供食用，并预测植物生长和动物迁徙的通常季节模式。早期农民当然对植物、土壤、水、肥料等有很多了解。但是，人类总是寻求对周围的自然事件做出更广泛或至少更全面的解释，并寻求在预测或影响某项特定的冒险活动是否会成功方面拥有更大的权力。早期的希腊人和罗马人，甚至是大多数有先见之明的民族，都相信是一个神或一系列的神控制着他们生活中的日常事务，包括天气、庄稼长势等。很多时候，古人会做出某种牺牲——通常是人类的牺牲——作为取悦神的一种投资，并帮助确保种植、军事行动或其他任何事情的成功。类似的做法似乎是世界上许多其他文化的特点。这些做法让人们感觉到，他们可以做一些事情来影响他们生活中的重要事件。但是，我们如何知道这些不同的方法，或其他方法，是否比随机方法更有效呢？换句话说，几乎任何人类的努力总会有成功的机会，也总会有失败的机会，这与任何神圣、政府或政策干预无关，甚至与努力本身是否是一个特别好的主意无关。我们怎样才能增加做对事情的概率呢？答案是使用科学的方法。但首先，我们需要更多地思考为什么预测如此困难，即使是用科学的方法。

我们大多数人都经历过好的和坏的事情发生在自己身上，而且这些事情经常超出我们的控制。为什么生活中的事情总是成败参半呢？这仅仅是宇宙的随机或至少不可预测的性质吗？也许是因为自然选择本身必须建立在失败和成功的基础上。换句话说，进化必须有成功来推动基因在时间上向前发展，又必须有失败帮助产生最合适的基因。这对达尔文来说是显而易见的[1]。但是，我们如何确定当好事发生时是我们做出的正确决定或行动的结果，而不是偶然发生的呢？这就是科学发挥作用的地方，因为它可以帮助我们确定某样东西是否真的有效，或者仅是靠偶然。当然科学不能解决所有问题，例如，科学几乎没有说什么价值是一个人或一个国家应该追求的（尽管它可以帮助理解实现某些价值的影响），但我们相信科学的领域可以而且应该扩大，确实，这包括扩大到经济和我们对生活的一般理解。

15.1.3　因果关系

通常在科学中，我们为它们之间的联系寻找因果关系和原因。因此，如果我们观察到一种效应，如苹果从树上掉下来，我们会像伟大的早期物理学家艾萨克·牛顿那样问"为什么"吗？牛顿发现是地球对苹果的吸引力导致这种情况发生，他把这种概念用美丽优雅的数学表达了出来：两个物体之间的力与它们的质量乘积除以它们之间距离的平方成比例。这个简单的定律，同样适用于分子，也适用于太阳和太阳系中的行星，已经被其他人一次又一次地证实了。我们说力是自变量，也就是说，不管苹果掉不掉它都存在，当力在正确的方向和正确的距离上被施加时苹果掉下来是因变量。同样，在经济中，只有当自变量发生时，也就是农民播种时，才会发生因变事件（如某些玉米的产量）。当然，玉米生产只有在其他条件也发生的情况下才会进行：太阳必须发光提供能量，降雨或灌溉用水必须提供，土壤中必须有足够的施肥元素或施用到土壤上等。在这种情况下，我们可以说玉米的生产是一个多参数问题，即因变量是由许多自变量组成的。不同的自变量反过来可能是其他自变量的结果，如气候变化或农民提供肥料的经济能力或努力工作的意愿。这些因素共同作用形成一个系统，即一系列相互关联的因果关系。因此，揭开经济因果关系并不总是容易的。这就是为什么我们在后面的章节中提倡用一种系统的方法来理解真正的能源和经济问题。对读者来说，这似乎是难以想象的复杂，但事实上，通过适当的培训，这是可以做到的。

能源研究应以科学为基础很少受到质疑，因为能源分析在许多方面构成了科学的基础。此外，能源的大多数方面似乎都遵循已知的科学规律。然而，一个重要的问题是，经济学在多大程度上应该是一门科学，对此我们没有一个简单的答案。虽然经济学通常被认为是一门社会科学，但它的基本假设在多大程度上是用科学方法给出的，并受到这种方法的制约，就不那么清楚了。经济学入门书籍并没有把它们的基本经济学原理作为有待检验的假设，而是作为需要学习的常识。此外，通常没有特别地努力去问，就像我们在这里做的，经济原则是否或在多大程度上符合基本的科学规律。这些问题在经济学中之所以重要，是因为现实经济体系必须在现实的物质世界中运行，在这个世界中，科学定律总是适用的，无论我们或某些经济学家是否希望它们不适用。

15.2　科学方法

15.2.1　正式化我们对不确定中真理的寻求

人类是如何认识事物的？我们怎么能确定呢？答案在一定程度上是，我们不可能绝对肯定地知道任何事情，一句常见的格言是，知道得很少的人往往能确定地知道它，而知道很多的人往往带着极大的不确定性和谦卑去接近知识。因此，我们确实不能最终永远相信那些即使来自好的科学的东西，因为可能会有一些特殊的情况或新信息使我们改变主意，或至少使我们明白我们认为正确的东西是如何有一些限制的。例如，我们曾经认为物质不能被创造或毁灭，尽管可以在形式上改变。但伟大的物理学家阿尔伯特·爱因斯坦发现，在特殊条件下，物质可以根据他著名的方程 $E = mc^2$ 转化为能量。在这种情况下，科学的进步告诉我们，早期的能量守恒定律在通常情况下是有效的，但也有例外。这一观点丰富了我们对物质守恒定律的理解，该定律现在被认为是物质和能量守恒定律。安吉尔[2]写了一本有用的书，以一种通俗易懂的方式总结了我们从科学方法中学到的很多东西，以及我们是如何学习科学方法的。

我们坚信，即使科学的力量有许多重要的例外，但如果有任何我们可以信任的知识，它必须来自科学，或者至少与科学方法相一致。我们认为，由于经济必须在现实世界中运行，它不能像永动机一样，而永动机实际上是经济学入门教材中描述经济系统最常见的方式。更普遍地说，从自然科学学科中获得的大量信息可能对理解实际的经济有很大价值，但这些信息很少被写入经济教科书。此外，正如我们在引言中所说的，我们不认为我们对年轻人的教育应该进行划分，即人们在化学、物理学、地质学、生物课堂只学习自然科学或你永远不会在经济学课程中听到科学。

但是什么是科学呢？"科学真理"与其他类型的真理（包括逻辑真理、经济真理、宗教真理等）是有何一致或不同的？在我们给出更多的经济学之前，我们将把重点放在更多的科学上，通过发展一些理解能源和经济学所需的基础科学，超越理解经济学所需的基本能源。

15.2.2　需要科学来理解经济是如何运作的

我们对世界科学的了解越多，我们就越有能力理解什么是好的经济学以及什么应该是好的经济学。这一点与做医疗是一样的，随着我们对人体、人类环境、疾病预防和控制技术以及卫生保健提供者与病人之间的社会互动有了更深入的了解，我们的医疗能力也随之提高。换句话说，除了最简单的问题外，我们相信对所有问题都采用全面的系统方法。我们列出了关于科学需要学习的最重要的事情，特别是科学方法和与自然有关的最基本的概念，包括物质、能量、生命，以及所有这些在生物圈内的基本相互作用。经济学要成为一门真正的科学，就必须与这些科学原则保持一致，并受到这些原则的制约，因为我们知道没有例外。人类可以想做很多事情，但他们只能做在自然法则和实际可用资源范围内可能的事情，如果这些概念不被理解，人类的努力很容易适得其反（有些人可能会说继续适得其反）。

15.2.3　科学方法的步骤

科学方法通常作为一系列的实验来教授给本科生，科学家在获取新知识的过程中要遵循假设、测试和控制。科学方法的形式化过程通常包括对现象的观察，作为现象的假设的形成，用来解释这些现象的假设的形成，以及拒绝那些没有得到适当实验支持的假设。通常，这个过程需要一个"测试"和一个"控制"，除了被测试的一个因素外，其他方面都是相同的。因此，为了验证植物生长需要磷的假设，一个人可以在花盆里种两棵植物，花盆里的土壤是一样的，除了一棵含有磷，而另一棵不含磷。控制的使用通常对识别诱因非常重要。

事实上，科学的过程往往更加复杂和混乱，有许多通向新的科学理解的不同途径。艾萨克·牛顿和查尔斯·达尔文，可能是有史以来最重要和最有创造力的两位科学家，都没有特别遵循上面提到的科学方法。相反，他们是极其敏锐的观察者和思考者，知道他们所观察到的背后可能隐藏着什么。今天，判断科学的基本标准是，这些机制与已知的科学是一致的，科学产生的结果是有效的，"工作"被定义为产生可预测的结果，其他人可以重复。例如，当我们把人类送上月球时，我们能够仅根据牛顿运动定律来确定太空舱的目标。牛顿运动定律非常有效，甚至不需要在中途进行小小的修正——尽管我们以前从未在地球环境之外测试过它们。当然，我们希望在经济学中拥有这样的预测能力。然而，正如任何一位优秀的经济学家或科学家都会告诉你的那样，在一个多参数的世界中，很难做出预测，也就是说，除了你感兴趣的因素或你能控制的因素外，还有许多因素可能会影响结果。由于实体经济有许多投入和产出，确定哪些因素可能是最重要的，可能是相当困难的（请参阅下一章，我们将展示如何做好这一点，如果不是完美的）。

这也是其他科学领域面临的一个问题，而且常常在为此目的而设计的统计分析的帮助下得以克服。但首先，我们需要更多地思考我们如何利用科学来寻找和发现真理。正如科学方法论家格里摩尔[3]所定义的那样，"科学"是一个智力研究领域，它服从科学方法。究竟是什么构成了科学方法当然是有争议的。大多数从事实践的科学家都会同意，大多数优秀的科学家，无论是自然科学家还是社会科学家，都追求严谨。一般来说，严谨性意味着在使用概念模型时，理智上是可以拥护的，这些模型既能捕捉现实本身，也能捕捉决定因果关系的机制。人们通常认为数学上的严谨意味着科学上的严谨，但正如我们将看到的，事实往往并非如此。

在自然科学中，严格通常至少意味着所使用的概念、描述或模型：①是明确而不含糊地定义的；②与第一原则相一致（即我们所知道的事情总是维持不变）；③使用某种形式的科学方法（这是可能的），在试验中得到了充分的控制并在测试中幸存下来；④很好地解释了一组适当的和重要的观察现象；⑤是可重复的，其他人也遵循上述规则。如果所有这些标准，以及视情况而定，其他的没有得到满足，那么我们必须考虑将正在谈论的理论和方法当作一个理论、一个假设、一个误解或别的东西，在任何意义上都尚未成为一个科学定律甚至是科学支持的概念或理论。或许，作为科学的标志，最有力的标准是，观察和/或实验是可以被其他人重复的，这些人遵循的是推广该假设的人（他们通常试图让该假设失败）的适当方向。虽然很难说一些使用科学方法的事情是明确正确的，以及一些科学哲学家（特别是卡尔·波普尔[4]）提出的这一点，我们只能在证明假设不成立上失败，科学的真正力量来自理论所具有的这样的能力，理论能够经受住非常明确的证伪尝试，以及能够预测重要的结果。

自然科学中有许多非常令人兴奋的新概念，当它们不能满足上面给出的所有观点时，它们就失败了。此外，有一些非常强大的科学理论，如板块构造学和自然选择，它们解释了大量的观测结果，但只能用有限的方法进行实验。所以并不总是需要满足上面列出的所有标准，但是如果它们不满足，那么我们需要做一些非常仔细的解释。例如，查尔斯·达尔文认为我们永远不会看到自然选择起作用，或者能够明确地检验它，因为他认为时间尺度太长，实验操作极其困难，部分原因是由于自然界复杂的、多参数的现实。然而，所有其他的信息，如化石记录，都是如此令人信服，以至于几乎所有的生物学家在没有实验验证的情况下就接受了达尔文的理论。然而，最近，像彼得、罗斯玛丽、格兰特[5]和多尔夫·施吕特[6]这样的生物学家设计出了非常聪明的观察方法，甚至是实验，让我们能够观察甚至操纵自然选择，其工作原理与达尔文的假设基本一致。因此，只要对科学方法论和所讨论的系统非常关注，就有可能进行实验来检验我们的假设，即使人们最初认为这是不可能的。令人惊讶的是，随着我们对生命如何与我们所有的新分子生物学合作的机制了解得越来越多，我们证实，事实上，大自然的行为非常符合达尔文在 150 年前写下的基本原则。

接下来，我们来看看一些基本的物理、生物定律和原理，这些定律和原理是通过科学方法推导出来的，我们认为这些科学方法是最可靠的，也是对更好地理解实体经济和生物物理经济学最重要的。最根本的是，我们问"它是如何工作的"，无论我们的答案是什么，它必须与科学相一致，并由科学方法推导出来；否则，我们不能接受它的有效性。

15.3　物理世界

物理世界的两个基本划分是能量和物质。因此，我们从能源开始科学知识之旅，然后我们来看材料。

15.3.1　能量来源

地球的主要能源是太阳，太阳和月球相对地球的运动以及地球内部的放射性衰变。太阳和月球的运动引起潮汐，也可能引起地球固体部分的大规模运动。地球内部放射性元素的衰变（加上早期地球历史遗留下来的热量）导致地球内部温度高于地表温度。这些因素也导致火山和大陆漂移。基本上所有其他能源，包括风能、石油、天然气和煤炭，我们的食物，以及所有的自然能源，都直接或间接地来自太阳。太阳是一个巨大的热核炉，由氢转化为氦为其提供能量。我们并不确切知道来自太阳的能量是多少，但其影响是显而易见的。科学家们或多或少地把阳光称为"光子通量"和把它的数量称为"光子通量密度"。阳光往往是相对较短的波长（见图15－1），因为这有很高的能量，可以做大量的工作。太阳常数，也就是在大气层顶部从太阳接收到的阳光量，大约是1367瓦特每平方米垂直于太阳，等于4.9千焦每平方米每小时。其中大约1/4，通过大气层转移到地球表面。图15－2给出了入射太阳能的处理。其中一些会立即重新辐射到太空中，一些会蒸发掉水分，而大多数会转化为波长更长、能量更低的波，我们称之为可感知的（即我们能感觉到它）热。当你光着脚在阳光明媚的黑色路面上行走时，这种变化是非常明显的。阳光有一个广泛的光谱分布，这意味着当被棱镜分开时，它有许多不同的颜色。植物吸收和利用光合作用的红光和蓝光，而不是绿光，因此反射绿光。天空是蓝色的，因为悬浮在大气中的小颗粒与蓝色波长大致相同，所以其他颜色直接穿过大气，而一些蓝光从大气反射（散射）到你的眼睛。

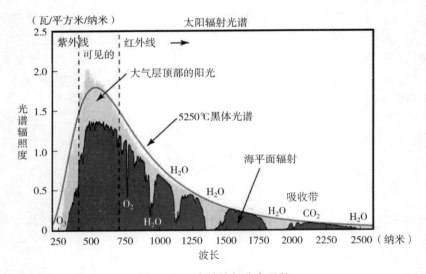

图15－1　光的波长分布函数

资料来源：维基共享。

当太阳能照射到地球表面时，没有反射的那部分做了相当大的工作。我们能感觉到黑暗表面受热的影响。地球上阳光所做的最大的工作就是蒸发水。风和更普遍的天气是由太阳不均匀地加热地球表面造成的。这运行着大气循环的巨大热机。最重要的是，太阳对地球赤道的加热比对两极的加热要多，因为陆地垂直于光子通量。这进而导致赤道上空的空气上升。当空气上升时，它就会冷却，而相关的能量损失意味着大气中所含的水分子会越来越少——随着时间的推移，这些水分子会以雨的形式析出。因此，赤道是一个非常潮湿的地区，热带雨林就是在这里发现的。雨量最大的确切地点随着季节的变化而南北变化，但它总是在太阳

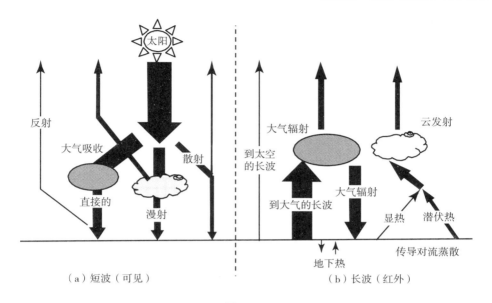

图 15 - 2

射入的太阳辐射处理。短波辐射是高能入射光子，长波辐射是出射光子。

资料来源：艾米·陈。

的直射下，即在太阳光线最接近垂直的地方。上升的空气最终会受到重力的限制，在赤道上空约 5 ~ 10 英里的高度聚集。这就形成了一个高压带，由于气团向上移动，赤道表面形成了一个低压带。这种高气压在高空确实会把空气推向南北，直到它冷却到足以在南北 30℃ 左右下降。当空气下降时，它再次变暖，因此有能量容纳越来越多的水，所以当它与地球表面接触时，它从土壤和植被中吸走水分，形成了地球上最大的沙漠。它还在那里产生了另一个高压区域（在地球表面 30°南北向），在地球自转（科里奥利力）的作用下，北半球的空气向右弯曲，南半球的空气向左弯曲，从而将空气推向赤道的低压空气。这就导致了热带地区特有的信风在接近赤道时变得越来越潮湿。约 30°的高压也将气团推向极地，这些受科里奥利力影响的风在北半球为西风。这些对于生活在温带地区的人们来说是很熟悉的，因为他们看到风暴系统从西向东移动（见图 15 - 3）。最终的结果是热带地区有非常稳定的信风。英国气象学家乔治·哈德利在 1735 年发现了第一个以他名字命名的赤道单元格。他所做的是解释风模式，从哥伦布时期具有实际知识的船长就知道了这些：使用信风这一恰当的名称是因为，信风从欧洲向美洲移动，西风带向更北的方向，从美洲向欧洲移动，同时尽可能避免赤道和30°纬度的低气压，那里的气团垂直移动，而不是水平移动。这是一个早期的例子，说明科学知识对了解它的人的经济状况有很大帮助。

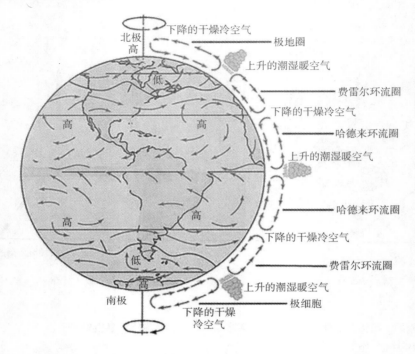

图 15 - 3

地球的基本热机。电磁辐射通常被认为是光子以"捆"的形式从太阳传播进入地球大气层。由于地球表面与赤道附近的入口路径更接近垂直，所以它们往往更集中在赤道附近，从而使地球表面受热，尤其是在赤道处。这导致暖气团在赤道上升，然后如文中所述向南北扩散。当气团上升时，它们就会变冷，而较冷的空气保持水分子悬浮的能量更少，因此在（热的）赤道上经常下雨，赤道在夏天向北移动，冬天向南移动。上升的气团在赤道上方制造高压，将气团向北和向南推进，直到它们在30°下降。

资料来源：考夫曼 & 克利夫兰（2008）。

15.3.2　热力学基础

热力学的基本定律在前一章已经给出。它们的重要性包括这样一个概念：虽然材料可以回收，但能源不能。一旦我们使用了能源，它基本上就永远不再是一种有用的资源了。随着文明对其剩余的化石燃料资源的挖掘，这将产生巨大的影响。

15.3.3　熵及其与人类经济的关系

当我们想到能量的时候，通常是从我们个人能力的角度来考虑的，我们可以完成一些事情，去某个地方，或者在冬天或夏天保持温暖或凉爽。但是能量的作用范围和重要性要广泛得多，主要是因为熵，我们在前一章已经讲过了。在经济体中买卖的东西，汽车、房子和食物，都是一些负熵，这是一种高度组织化或专业化的结构，靠物质本身是极不可能实现的。一个国家、文明或经济必须不断地在维护上投入金钱和精力；否则，建筑物、桥梁甚至整个文明都会倒塌。此外，如果要实现增长，就需要额外的能源。

　　一个简单的例子将有助于考虑熵。金枪鱼三明治、你自己和一辆汽车、非随机结构，这些结构通过使用大自然的元素和材料进行开发，大自然的元素和物质最初或多或少地随机分散在地球表面，并利用能量集中到这些元素及其化合物形成非常具体的结构。一旦结构形成（即小麦、金枪鱼、你自己、桥梁、城市），必须不断地投入能量，否则构成能量的物质就会倾向于自己返回到熵的方向——也就是一个更随机的组合，并且结构将崩溃。如果把三明治放进冰箱——一种利用能量来维持食物结构的装置，三明治的完整性就能保持一段时间。拔下插头，三明治就变成了一个更随机的组合，先是有臭味的有机残留物，最后是二氧化碳和简单的氮化合物。同样，你自己、一辆汽车，或一个现代化的城市，如果没有修复所需要的能量，就无法长时间运行，这有时被称为"对抗熵"。如果高质量的能源变得越来越难获得，那么我们可能不得不在维护我们的基础设施、建设更多的能源，或像开车这样的其他消费之间做出选择。虽然这听起来有点牵强，但截至 2017 年，美国大多数州都面临着严重的债务和预算（以及由此带来的能源）短缺，不得不就维持哪些项目和基础设施做出痛苦的决定。

　　大多数失去主要能源供应的文明已经崩溃，正如泰恩特[7]和戴蒙德[8]所研究的那样。尽管墨西哥的主要油田产量在下降，但墨西哥的石油资源仍然十分丰富，而且大部分石油被用来维持墨西哥城 2000 万人口的生活。我们曾经清楚地认识到，需要不断地向墨西哥城提供能源。当时，我们遇上了一场 10 英里长的交通堵塞，大卡车一辆接一辆地每晚向墨西哥城运送食物和燃料。墨西哥到处是巨大的早期城市和文明的废墟，有人说，这些城市和文明的发展超出了它们提供其广大人口所需的能源资源的能力。当石油变得不那么丰富时，同样的命运会降临到现代墨西哥城吗？

15.3.4　一点地质学知识对经济学的重要性

　　我们现在把注意力转向材料。经济学是关于商品和服务的。所有的商品都以某种方式来自于自然（包括矿物质、土壤和大气），所以了解它们来自哪里是很有用的。服务也通常来自自然，例如，运行运输服务的燃料或公共汽车上的金属。我们在经济生活中使用的大部分材料来自植物或地下开采，其中植物也就是农业（食品或化学原料），或森林（纸张、木材），地下开采如岩石、砂、水泥和铁、铜、铝等矿物，化石燃料如煤、天然气和石油。大多数塑料来自化石燃料，尤其是天然气。这些物质的发现条件通常被认为是地质、农学或林业的领域。

关于地球的第一个重要地质事实是它非常古老，大约有 45 亿年的历史。在这很长一段时间里，火山或构造活动造就了山脉，大陆漂洋过海，生命进化，在这个过程中改变了地球本身。某种简单的生命只存在了大约一半到 3/4 的时间，但是鱼类和陆地上的原始生命只存在了大约 5 亿年。从还原到氧化，陆地植物进化并改变了大气[9]。人类作为一个可识别的物种已经存在了大约 100 万年，不到地球上生命存在时间的 1‰。人们认为，每隔几亿年，来自外层空间的非常大的小行星就会撞击地球，并极大地改变一些事情，例如，通过消灭恐龙和为哺乳动物的进化创造环境。

岩石的基本类型有三种：火成岩（由火山活动形成）、沉积岩（由海底或大型湖泊的沙、淤泥或海相骨架沉积形成）和变质岩，它们都是由地壳运动和压力改变的岩石。沉积岩进一步分为砂岩、页岩和石灰岩，它们是由沙子、淤泥和海洋生物特别形成的。在曾经被海洋覆盖的地区，如纽约州中部，经常有交替的砂岩和页岩层，代表着连续的地质时代。为什么有时会有页岩，有时会有砂岩，有时会有石灰岩，有时还会交替出现？这是因为在过去，在大陆架上距原始物质的不同距离发现了过去不同类型的沉积物。由于沙从流动的水中相对迅速地滴出，砂岩的存在意味着沉积物的来源最初不是很远或者洋流很强。构成页岩的更细的淤泥在脱落之前可能会从它们的大陆起源处经过更远的地方，而石灰石则代表了由碳酸钙制成外壳的活跃动物种群的遗迹。每一种材料都含有一定量的有机物质（即动植物材料的残留物），这可能是化石燃料形成的基础。

如果你从地质时间的角度来考虑，地球是一个非常动态的地方，它的表面有巨大的地壳板块在移动。例如，南美洲正日益从它曾经加入的非洲分离出去。一个板块撞击另一个板块的活动中心，如南美洲的安第斯山脉，以山脉、火山和频繁的地震为特征。大陆的移动是对地质能量（深的"热点"）的反应，这些能量有时会出现在海洋中央，经常导致火山（如冰岛和夏威夷）和大陆漂移。这些热点形成了像夏威夷这样的岛屿，在那里，一个板块漂移到一个热点上，形成了这些岛屿，这些岛屿是由火山活动形成的，而火山活动仍在最南端岛屿的南端继续。在其他地方，地球被撕裂，造成了裂谷。东非就是一个很好的例子，那里有一系列的大湖形成于陆地被撕裂的盆地中。最终，这些边缘会移动到足够远的地方，以至于海水会翻滚进来，这些湖泊就会变成内海。这种情况已经发生在红海，埃及在那里与阿拉伯半岛分离，马达加斯加在那里与非洲分离。另一个例子是苏格兰与挪威渐行渐远。我们将在下面看到，这些裂谷区域对石油的形成非常重要。

15.3.5　集聚、消耗和"最佳"原则

有关经济学最重要的地质问题是经济学所基于的物质，不管这些物质是古代的还是今天的，都没有发现在地球上随机分布（如我们从讨论熵中可能预期到），而是不同纯度和质量的浓聚物，其中最集中的叫作矿石或沉积物。这是由于过去的地质能量，包括火山作用、构造作用、河流运输、微生物作用或其他过程往往把不同的元素（和某些化合物）集中在可能是数量级的特定位置，这种数量级比一般背景的"地壳平均"更为丰富。几千年来，这种差异对人类来说是显而易见的，因为人类往往首先开发和消耗最高级别的材料。克里特岛是人类开始开采和冶炼金属的地方，那里最初的铜和锡矿床浓度非常高，以至于金属大量地以纯粹的溪流形式从炉边岩石中流出。当这些岩石全部枯竭时，人类不得不发明采矿和更复杂的冶金来供应金属。今天，地球是一个被充分开发的地方——除了少数例外，几十年来，对非常重要的材料的重大发现相对较少。现在，丰富的矿藏仅是一种记忆，我们大部分的金属要么来自回收（大约一半），要么来自巨大的、相对低级的矿床，这些矿床需要巨大的机器和大量的能源才能从矿石中提取金属。

美国的铜就是一个很好的例子。随着时间的推移，最好等级的铜首先被开采出来，因为将这些材料加工成社会认为有用的形式需要更少的能源（以及劳动力、设备和资金）。例如，如果你走到蒙大拿巴特大街的尽头，你会看到一个几英里宽、近半英里深的洞。这曾经是一座小山，被称为"地球上最富有的山"。这座山含有高达50%的铜矿，一旦合适的机器就位，开采这座山就相对容易，利润也很高。大约200亿磅的铜，加上金、银、锌和其他矿物被从这座山上开采出来。一些古老的地质过程，我们不确定具体是什么，但它似乎涉及对水侵入进行冷却，这些水是富含矿物质的，并由岩浆加热。集中在那里的铜，在那里一直"躺"着，直到矿工把它挖出来。现在，那个丰富的铜矿消失了，这个巨大的洞慢慢被水填满，水变成了硫酸，因为与铜有关的硫沉积。它太酸了以至于如果有迁徙的水鸟降落在湖上的那个洞里，它们立刻就会死亡。

今天，从美国开采出来的铜矿平均含有大约0.4%的铜[10]，换句话说，仅为20世纪之交从布特开采出的铜的1%左右（见图15-4）。因此，每千克交付给社会的铜，需要挖掘、粉碎和加工的矿石数量是当时的100倍左右。因此，一个影响经济学的重要地质问题是，随着时间的推移，最好的沉积物往往首先被利

用，以至于获得纯化产品的能源、美元和环境成本往往会增加。当然，技术往往会随着时间的推移而改进，从而降低成本，并常常减少能源的使用。技术是一场与消耗的竞赛，有时一方"获胜"，有时另一方"获胜"。以铜为例，似乎一开始，获得一千克纯铜的能源成本降低了，随后又增加了[10]。对大多数材料来说，能源成本似乎在上升，但需要更好的逐案审查。铜的耗尽有可能限制太阳能光伏发电的发展[11]。

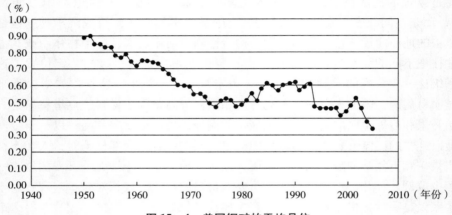

图15-4 美国铜矿的平均品位

资料来源：美国矿务局和美国地质调查局。

这一"最佳优先"原则在经济文献中很少被提及（尽管它似乎符合收益递减规律）。这个概念也适用于人类的许多其他方面，实际上也适用于其他有机体的行为。这一原则具有巨大的经济影响，因为我们消耗了我们所依赖的那么多资源，特别是因为我们不能再指望有更多的能源可用于开采越来越低级别的资源。

15.3.6 化石燃料的形成

由于石油和天然气对我们的经济生活如此重要，而且对于剩余的可开采储量存在如此多的争议，因此，有必要详细考虑一下形成它们所需的非常特殊的环境。石油和天然气是有机材料，也就是说，它们是植物和动物的遗骸，主要由碳（和氢）组成，就像所有生命一样（"有机"一词在技术上是指以碳为基础的；有机化学是关于碳的化学，与"低碳"一词的普遍使用没有多大关系）。随着生命的进化，形成了大量的有机物质，其中大部分在相对较短的时间内被氧化并在大气中转化为二氧化碳，为新的植物生长提供了条件。但其中一些有机物质进入了厌氧盆地（即无氧盆地）。例如，煤形成于现在的宾夕法尼亚、俄亥俄和怀俄明的淡水沼泽。

石油主要形成于两个地方：裂谷盆地，如苏格兰与挪威或沙特阿拉伯之间曾经存在的裂谷盆地，以及密西西比河或尼日尔河附近的三角洲形成的裂谷盆地。裂谷盆地是在一方或双方的陆地分开时形成的（就像今天东非湖泊的情况一样），产生了称为地堑的深盆地，通常内部有湖泊或侵入的海水（见图15－5）。浮游植物，微小的海洋或淡水植物会在水中生长，并落到一些深裂谷盆地的底部，那里没有氧气，因此很少被分解。当水不能充分混合时，即这是一种很多人都很熟悉的现象。因此，一般的要求是，形成石油的盆地位于热带地区，并且在气候变暖期间是活跃的。温暖的地表水和深水混合起来非常困难。在热带地区，湖泊和海洋一年四季都有强烈的分层现象，因此，较深的部分往往会耗尽所有的氧气并保持无氧状态。

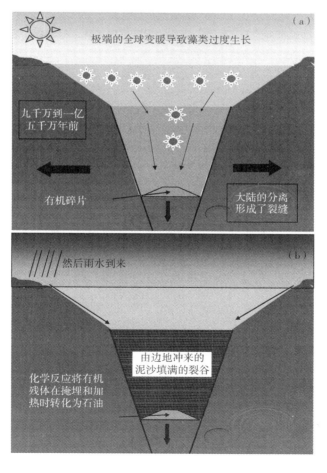

图15－5　石油的典型形成

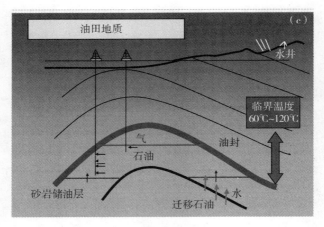

图 15 – 5 石油的典型形成（续）

石油不是经常或在很多地方形成的，需要非常特殊的条件才能形成。它是在大约 9000 万年前和大约 1.5 亿年前的两个普通地质时代在地球上形成的。为了使石油形成，一系列的步骤必须按顺序发生。（a）首先，必须形成一个非常深的湖或海沟，如在气候变暖期间，地壳分开形成地堑。温暖的环境促进了浮游植物的生长，它们会沉入厌氧的深水中。（b）有必要有一个广泛的降雨周期，冲刷沉积物进入盆地，覆盖有机材料与数千米的沉积物。然后，有机物质被压力煮数千万年，把复杂的分子分解成简单的分子。（c）相对较轻的碳氢化合物最终从烃源岩向上移动。大部分气体逃到大气中，但也有一小部分被不透水的"圈闭岩石"所捕获。这形成了我们开采的石油和天然气矿床。

资料来源：科林坎贝尔。

在极其罕见的情况下，下沉的浮游植物在深层非混合的厌氧水底长期受到保护，不受氧化，时间是几千年到几百万年，这种情况往往与大量蒸发的气候变暖有关。随着时间的推移，如果气候碰巧由干变湿，沉积物就会从周围的山上冲刷下来，覆盖在有机物上的是一层一层的沙子和淤泥，随着时间的推移，这些沙子和淤泥就变成了岩石（见图 15 – 5（b））。如果有足够多的沉积岩（如 3 ~ 5 千米）覆盖了盆地，这种压力将加热有机物质，并经过数百万年的进化，古老的浮游植物将被以"沸水的温度"进行"压力煮"，打破了典型的由数以百计的碳原子捆在一起的长植物转变成短植物，从而形成了石油和天然气。我们熟悉的"辛烷值"指的是由 8 个碳原子组成的环状油。辛烷值是汽油的最佳配方，因为它不容易燃烧，因此不会引起提前点火或爆震。当碳链断裂成只有一两个碳原子长度时，剩下的就是天然气。

这些非常稀有和特殊的岩石在石油地质学中被称为母岩。这样形成的石油和天然气会随着地质时间的推移而上升，因为它们的密度小于地球沉积物的密度。从烃源岩向上运移的石油和天然气中，有一小部分（也许是 1%）找到了不受其运动渗透的特定岩层，如盐穹或砂岩，它们被困在那里。这些岩石可能远高于母岩，被称为圈闭岩，这通常是人类开采的地点（见图 15-5（c））。发生这一切的一个很好的例子是裂谷——大约 1 亿～2 亿年前苏格兰和英格兰离开挪威的地方。我们现在从北海开采的石油是由一系列地堑形成并被水淹没而形成的。大型浮游植物生长在多产水域中，进入深水盆地，最终被厚厚的沉积物覆盖。其中一些地层，特别是由石灰石构成的地层，有时也由砂岩构成，形成了储集层和圈闭层。

类似的浮游植物或其他有机物的埋藏有时也发生在三角洲内或三角洲外，在这些三角洲内或三角洲外，如密西西比河、尼日尔河和奥里诺科河等高产河口系统产生大量有机物质，周期性沉积物覆盖在厌氧盆地上。来自这些描述的一般教训是，创建可开采的石油和天然气所需要的特殊条件在地质学的过去（主要是1.5 亿年前发生在非常特殊的和有限的环境）非常少见，制成石油和天然气的时间非常长。其结果是，在地球表面相对较少的区域发现了重要的可商业开采的石油和天然气。煤炭生产也需要类似的条件，但条件要宽松得多，这种情况要普遍得多。天然气也分布广泛，但主要储层相对稀少。另外，天然气广泛存在于"致密"页岩和砂岩中，浓度较低。随着早期发现的大型真气田面临严重的枯竭，开发这些分散的资源变得越来越重要。目前尚不清楚这些较新的"非常规"气田能否使美国天然气产量长期保持在当前水平。

就像铜和另一个"最佳优先"原则的例子一样，人类倾向于先开采储量大、质量高、易开采的石油。他们已经开发了越来越深的近海区域，主要在密西西比河附近，那里有 4000 多个非常昂贵的近海平台，这些平台构成了美国剩余的石油和天然气的大部分生产。在写这篇文章时，人们对在墨西哥湾发现可能是大型的新台伯油田感到相当兴奋。但该油田位于墨西哥湾水下 3.5 万英尺（6 英里）处，开发过程中能源消耗非常高，可能会让人望而却步。此外，那里的高压可能迫使石油浮到地面，而不需要昂贵的泵送或加压。对于美国来说，我们在 20 世纪 30 年代发现的石油最多，而对于世界来说，我们在 20 世纪 60 年代发现的石油最多。所有这些因素对 EROI 都有非常重要的影响（见第 18 章）。

15.3.7　一点化学知识对经济学的重要性

世界和其中的一切，包括自己和周围的环境，都是由化学物质组成的。经济体通常开采或以其他方式获取化学品的原材料（称为给料），对其进行精炼或改造，常常将它们与其他化学品结合起来，并使用或销售这些产品。最基本的化学品，不能转化为其他化学品，称为元素；这些物质包括我们熟悉的化学物质，如氢、氧和碳。当两种或两种以上的元素结合时，它们就会生成化合物，其中包括日常生活中最常见的物质：氢和氧结合生成水，氢和碳结合生成天然气或石油。世界的化学和我们的经济是极其复杂的，但通常主要是基于大约20或30种元素及其化合物。

15.3.8 物质守恒：投入物的供应

对于经济学来说，也许化学物质，或者更广泛地说所有物质，最重要的方面是物质守恒定律。这条定律说，虽然物质（也称为质量）可以以多种方式转化，但它既不能被创造，也不能被毁灭。还有一个例外，就是在非常特殊的条件下（核反应）物质可以转化为能量。这个定律对经济学至关重要的原因有两个。第一个原因与经济所需的材料供应有关，第二个问题与废物的处理有关。换句话说，作为消费者或经济学家感兴趣的商品，来自从自然中"借来的"元素。汽车是由铁、铜、沙子（用于玻璃）、天然气（用于塑料）和许多其他材料制成的；鱼来自大海；许多房屋、书籍和报纸都来自树木；用动植物制成的衣服，或越来越多的石油；计算机是由塑料、铜、铝、金和硅等材料制成的。从本质上说，每一件好东西都是从某个地方的自然中提炼出来的某种物质开始的。制成最终商品的步骤需要能量。

以塑料为例，它是由碳氢化合物制成的一套材料。塑料无处不在，非常有用，它们可以被制成许多形状，而且它们很便宜。一个普通的番茄酱瓶子可能有七层不同的塑料来保护里面的番茄酱。化学家已经学会了非常巧妙地操纵元素和分子，但塑料中的碳和氢原子仍然必须从原料（通常是天然气，有时是石油或煤炭）开始。越来越多的塑料被回收，但它们可能会污染环境1000年。随着化石燃料变得越来越昂贵，这些分子可能来自生物质，如树木或作物残渣。

15.3.9 碳化学

我们的大多数食物、燃料、塑料和许多其他东西都是以碳为基础的。碳可以有许多不同寻常的形式，而且可以相对容易地从一种形式转化为另一种形式：碳可以作为二氧化碳气体存在于大气中；铅笔"芯"或钻石中的是纯碳；与碳氢化合物（如煤、天然气和石油）中的氢结合；与碳水化合物中的氢和氧结合，碳水化合物包括了我们吃的大部分燃料；与石灰石中的钙元素（我们用它来制造水泥）结合；等等。一般来说，含有大量氢和少量或没有氧的化合物，如碳氢化合物，被称为还原性化合物，可作为优良的燃料；含有大量氧的化合物（如二氧化碳）被称为氧化性化合物，属于劣质燃料。碳水化合物大多被还原，但有轻微的氧化，因此每克碳水化合物不能像碳氢化合物那样成为很好的燃料。

　　人体主要是由碳构成的，有相当多的氢，一些氧，还有一些氮。自然选择碳作为生命的基本骨架，因为它有可能在四个方向上与其他原子结合（也就是说，它的外层或活性环上有 4 个电子），这使它能够合成生命所需的相当复杂的化合物，如碳水化合物和脂肪。由于碳元素与生命密切相关，所以碳的化学物质，无论是否存在，都被称为有机化学。碳水化合物、脂肪和蛋白质是基本的生物化合物，也是基本的食物种类。氮也是一种非常重要的元素，它的外层有 5 个电子，有 3 个键的空间，而且还能制造非常复杂的化合物，通常是蛋白质。氮的单质形式占大气的 78%。在这种状态下，它是非常惰性的，这意味着除非在非常特殊的条件下，它不会与大多数其他元素发生反应。但是氮也可以与氧和氢结合，在这些状态下（硝酸盐和氨），它对生命非常重要，因为生物体可以从这些化合物中吸收氮，并（与碳）合成蛋白质。蛋白质很重要，因为它们允许非常大的特异性，也就是说，非常精确的分子种类。氮对经济至关重要，因为它是农业中使用的最重要的肥料，因为植物需要它来制造自己的蛋白质，而农业通常是大多数国家经济中最重要的部门之一。

15.3.10　氮化学和哈伯—波希过程

　　虽然氮是地球表面最丰富的元素之一（如同空气中的 N_2），但它以"固定"的形式（即与氢或氧结合）相对较少。固定在自然界中是不常见的，因为它需要大量的能量来打破三个化学键，这三个化学键把 N_2 的两个氮原子连接在一起。只有当大量能源应用于大气中（如一道闪电）或者当特殊有机体（只是某些细菌和蓝藻）利用自身的光合作用获得的大量能量，有意地将两个氮原子分开，这样它们就可以得到氮而达到自己的目的，主要是制造蛋白质。直到 1909 年，农业植物氮的主要来源是粪肥，而本书第一作者的父亲还记得他童年的大部分时光，就像许多人在 1920 年一样，把牛粪从谷仓拖到田里。这本书的许多读者也会这么做，除了一个伟大的化学发现。

　　氨（NH_3）是一种非常有价值的化学物质，因为它在染料工业中长期使用，而且它是炸药和肥料的基础。然而，直到 1908 年，氨只能由某些细菌和蓝藻或大气中闪电的自然过程产生。因此，它的供应是有限的。尽管合成氨的原理很简单，而且在大约 100 年前就为人所知，但许多重要的化学家一直未能弄清实际的合成过程。方程很简单：

$$N_2 + 3H_2 \rightarrow 2NH_3$$

氮气作为大气的主要成分很容易得到，尽管它极不活泼，而氢气很容易从煤或天然气中得到。1909 年，德国化学家弗里茨·哈伯在几次早期尝试失败后，发现了如何通过向氨气中添加大量能量来工业化地分解空气中的氮分子。他通过加热一个注入空气（氮的来源）和天然气（氢的来源）的圆筒，同时压缩气体和使用一种特殊的催化剂（最初是锇）[11]来实现这一目标。结果产生了氨（NH_3）的输出流，这是一种对植物和工业化学非常有用的化学物质。哈伯在大学里的同事们都不明白他为什么如此兴奋地在校园里跑来跑去，大喊着他做了别人没有做过的事——从大气中的氮中创造出"固定"氮。他们也不像哈伯那样明白这为什么如此重要。

哈伯与德国工业公司巴斯夫签订了一项合同，帮助哈伯将其机制迅速扩大到商业规模。在卡尔·博世的领导下，哈伯很快建立了巨大的工厂。这些工厂需要大量的能源来运行这个过程。虽然早期的尝试产生了一些壮观的爆炸，但一旦完善，它也产生了大量的商业氨气，这至少潜在地保证了所有人都有足够的食物，并使我们大多数人不用再往田里运送肥料。它也有一些相当不同的结果，因为工业生产的硝酸铵曾经是现在也是火药和其他炸药的基础。1914 年，第一次世界大战开始时，德国人只有 6 个月的火药——来自智利的鸟粪。如果没有哈伯—博世工业生产的火药，战争很快就会结束[12]。因此，哈伯—博世对火药的工业固定被认为是使第一次世界大战又悲惨地持续了 4 年的原因，而且，有人可能会补充说，这使第二次世界大战的破坏力与过去一样大。即使是今天的恐怖分子也是用硝酸铵炸药炸毁了巴格达的市场和俄克拉荷马城的建筑物。

15.3.11 磷

植物的生存和生长需要的不仅是氮肥，磷、钾，少量的硫、钼，也许还有其他十几种化学物质都是植物必需的营养物质。当核科学家戈勒和温伯格[13]检查整个元素周期表时，他们发现，对于那时文明所必需的所有元素，都有一种替代品：铝丝可以代替铜，能量可以通过哈伯过程有效地代替氮等。但他们发现了一个例外——磷。磷是植物生长和生命所必需的，没有替代品。用地球化学家爱德华·迪维[14]大约 50 年前的原话来说，"今天地球上的地球化学有一些奇特之处，生命如此依赖磷，但现在磷供应如此短缺。"换句话说，似乎生命是在磷含量更高的时候进化而来的。今天，大多数磷来自佛罗里达州和摩洛哥的矿山，其中大部分都是单向运输，从矿山到农作物、动物、人类、厕所、水路到海洋。因此，磷的化学性质对现代经济至关重要，因为磷对植物生长至关重要，并且不可替代，而且磷的主要来源（在佛罗里达和摩洛哥）正日益枯竭。因此，化肥生产需要更多的能源，因为磷作为一种废弃物，它会在我们的水体中引起非常不受欢迎的藻类生长。

15.3.12　物质守恒：废弃物

物质守恒定律的第二个含义是，在不断需要新的供应之外，从地球上开采出来并被带入经济体的所有材料中的所有元素，最终都必须在某个地方终结：作为产品或副产品，作为可回收物质，或作为废弃物倾倒到环境中。所以如果我们制造一种产品，如一种清洁化学品，这种材料，或者至少是它的元素，将会以某种形式无限期地存在。在过去和现在的许多情况下，人类使用完某样东西后剩下的任何东西都被简单地扔进河里、垃圾填埋场和环境中。此外，使用化学品的每一步都意味着在采矿、浓缩、加工、制造、运输、使用和处理过程中每一步的损失。在每一个步骤中，原始产品的某些部分，或大或小，都会丢失到一般环境中。当人类的经济主要是基于直接自然的产品，他们的废物（如食品废物、伐木废弃物）通常是简单的日常废弃物，也是生态系统的一部分，可以像任何其他东西一样被处理——数十亿年的自然选择所产生的金龟子、细菌等利用这些资源（对他们来说），这样做就"打扫干净"了。在过去的几百年里，人类极大地扩大了农业、矿业、经济和自身在城市中的规模，并最终通过工业和科学过程实现了这一目标。人类还产生了数千种新的化学物质，这些化学物质是生物体以前从未接触过的，而且通常很少有生物体能够处理这些化学物质。其净效应是使许多以前能够适应人类的生态系统超负荷运转。例如，哈伯的合成肥料生成过程，从某些地点挖掘磷和钾，这些地点往往比当地的自然数量更丰富，因此冲入河流和湖泊中，在那里通常造成严重污染，尽管这些元素一直是自然的一部分。磷和氮是所有植物生命的必要需求，水路中磷和氮过多导致这种原本稀有的元素在许多地方都很丰富，特别是地球的表层水，地球表层水产生了不需要的藻类生长和低氧条件，低氧条件被称为富营养化。

随着时间的推移，自然倾向于将人类制造的化学物质加工成更加无害的形式，但在此过程中往往会产生非常严重的污染。近年来，人类在回收材料方面做得越来越好，这种回收往往大大减少了进入环境的废物量。但是回收并不总是像人们想象的那样减少对环境的影响，我们需要再次考虑使用系统方法。例如，回收报纸，也就是把旧报纸变成新报纸，对环境无疑是有好处的。但是，如果报纸要回收，首先需要脱墨，然后将纤维从其他材料中分离出来。总而言之，与原始材料相比，用回收材料制造一吨报纸需要更多的能量，而且产生更多的废物，其中大部分来自旧墨水。这是一个很好的例子，在这个例子中，理解质量守恒定律（墨水中的物质）有助于我们理解一项最初看似明确的好政策的含义。回收报纸仍然是有意义的，例如，在垃圾填埋场节省空间，有更容易处理的大豆油墨，但不进行相当复杂的系统研究就很难做出那样的判断。可能最有意义的东西是减少纸张使用，例如，一个非常大的部分的使用是广告，人们甚至不看，或者即使人们看，对产品来说也是非常不必要的，在制造过程中也产生污染物。事实上，互联网越来越多地发挥了报纸曾经发挥的作用，这种情况正在发生。但是，这样做的一个代价是，报纸的收入下降了，因此它们维持调查记者等工作人员更加困难，在我们看来，调查记者是社会的重要组成部分。

因此，化学对经济极为重要，因为我们越来越依赖化学品的使用。自然界充满了复杂的化合物，其中大多数是相对无害的，但也有一些是非常有毒的。事实上，许多天然化合物的毒性都很强。所有的植物材料都是病毒、细菌和昆虫的潜在食物来源，更不用说像鹿这样的食草动物了。一种反应是，随着时间的推移，植物会生成各种各样的化学防御，让自己变得不好吃，甚至杀死潜在的消费者。常见的例子包括芥子油、咖啡因、松节油，对一些人来说，还有四氢大麻碱。虽然少量的这些物质可以制成有趣的膳食补充剂，但如果饮食中只有一种或多种这种物质，就会丧命。这是昆虫遇到的一个问题，当它们落在一株芥菜上时，吃完就会丧命。不出意料，大多数昆虫会选择到别的地方吃午餐，而这种植物是受保护的。反过来，动物也进化出了肾脏和肝脏来为这些化学物质排毒，这样它们就可以吃掉其中的一些物质。因此，在进化的过程中，有一种猫捉老鼠的防御和进攻游戏，几乎没有明显的赢家，但有很多明显的输家——考虑到99.9%左右的以前的物种已经灭绝了。

通过对工业化学的快速理解和应用，人类在许多方面改变了他们周围的世界。其中一个最重要的例子是DDT，它是第一种合成农药。DDT是在第二次世界大战中发展起来的，它被认为是对士兵的天赐之物，因为它便宜，对人类无毒，消除了许多有害和刺激性的害虫，如只有简单薄薄一层的身体虱子。不久，它就被用于农业作物，在减少昆虫损失方面也取得了类似的惊人效果。这似乎好得令人难以置信，事实也的确如此。蕾切尔·卡森，一位海洋生物学家和有天赋的作家，写了有史以来最重要的一本书《寂静的春天》[15]，它记录了DDT对鸟类繁殖的巨大影响。这本书帮助发起了环保运动，并首次怀疑并非所有的新发明或进步本身都是可取的。DDT是一个特别的问题，因为它在自然界中不会分解——把它放在环境中，然后它就一直待在那里，在食物链中循环，当一个有机体吃掉另一个有机体时，DDT就会集中起来。当发现这些昆虫不仅对DDT产生了抗药性，而且有些昆虫甚至需要DDT才能生存时，针对DDT的案例就更加深入了。自然选择可以如此强大和快速。为了解决这些问题，化学家开发了新的杀虫剂，这些杀虫剂通常对人类有更大的直接毒性，但在几周内就会分解成相对无害的化合物，这样长期的毒性问题似乎就解决了——只要使用好的化学物质。但害虫仍然会对此进行进化，随着时间的推移，杀虫剂失去了效力。农学家大卫·皮门特尔认为，即使我们使用了更多的杀虫剂，我们仍然会将食物中同样比例的农药残留在害虫身上，就像我们在使用杀虫剂之前所做的那样。

从数量上来说，除了直接杀死人类的病原体外，世界范围内最重要的污染物可能是各种碳质废弃物，特别包括人类和家畜的粪便废物，尤其是当它们被倾倒到水体中时。当添加了太多的污染物质时，问题就出现了。然后，水体的氧化能力被淹没，所有或大部分的氧气被耗尽，导致难闻的气味、鱼类死亡和水体的普遍退化。正如上文所述，当过多的磷被添加到水体中时，也会发生类似的过程。磷化合物是非常有效的洗涤剂的基础，但它们也鼓励水生植物过度生长，然后死亡，并在一个称为富营养化的过程中耗尽氧气。幸运的是，这些问题可以通过在污水处理厂的相对适度的公共支出和在洗涤剂中使用其他化学品得到改善或消除。在减少环境影响方面取得的成功是很好的例子，说明如何能够通过良好的化学、良好的工程、良好的经济，特别是良好的公共政策执行，成功地解决严重的外部问题。但是与此同时，污水处理使用了大量的能源，不断增长的人口的总影响和他们不断增长的材料使用导致了整个地球污染的增加。

15.3.13 化学和物理

虽然化学通常被认为是独立于物理的，但事实上，两者在许多方面相互作用。这里有几个简单的例子：

（1）基本上任何化学反应都是通过提高温度来加速的。例如，要使食物颗粒从盘子中分离出来需要做一些工作，因为你通过擦洗动作和在肥皂或洗涤剂中乳化食物颗粒的化学反应来增加物理能量。用热水洗碗会增加额外的能量，加快清洗速度。或首先在水池里填满干净的水，这使你可以使用清水（水分子有正负电极，将粘在你的盘子上的物质吸走）的化学能来工作，否则你得自己做。污染水的能量更少，因为充电端已经被占用。因此，洁净水在经济上比污水更有价值，因为它可以在工业或其他经济过程中做更多的工作，如清洁工作。

（2）化学反应通常通过增加表面体积比来大大加速，这通常是通过使反应粒子变小来实现的。这是我们大多数人所熟悉的，当我们生篝火：我们必须从小的干树枝甚至是纸开始，它们有非常高的表面体积比，因此暴露于空气中的氧气，一旦我们有好的煤热层，再逐步加大树枝和原木。在工业燃烧过程中，一些碳氢化合物（如石油或煤炭）与氧气结合产生能量，然后用于某些经济过程。氧与燃料中的碳和氢结合的效率取决于每个氧分子与每个燃料分子接触的紧密程度。人类燃烧煤炭已经有很长一段时间了，大多数人都熟悉工厂或机车向空中喷出黑烟的老照片。那些黑烟，以及其中的烟尘和其他污染物，都是不完全燃烧的产物。我们已经学会了在燃烧前粉碎煤炭，这样碳几乎完全被氧化，提供了更多的能量和更少的污染——尽管这并没有减少二氧化碳的排放量。在更多的个人层面，很明显，如果你想用冷却器快速完全地冷却你的食物，将用到碎冰，但如果想让食物冷却相当长一段时间，则用一块冰。所有这些例子都与表面体积比有关，也就是说，反应（冷却或燃烧）发生的材料表面与材料的总体积之比。当然，优秀的工程师很早就学会了这些和许多更基本的科学原理，他们能够以更智能和更有效的方式使用资源。这些概念对经济学的意义在于，有很多方法可以利用简单的科学来产生更高效、更少污染的经济活动，即使有时成本更高。

15.3.14 气候与水文循环

本书的一个基本观点是，对经济的基本投入不仅是劳动力和投资，还有自然资源，尤其是能源和适当的作业环境。在后者中，最重要的是土壤和水以及适当的温度和气候的其他属性。气候是指地球表面某一地点或区域的平均温度、降雨量、湿度、云量等，包括人们可能预期的正常变化。每个物种都有自己理想的温度，人类也不例外。也许你不会经常想到它，但是一个合适的温度对我们所有人来说都是至关重要的。如果教室偏离了 68 ~ 78 华氏度的范围会发生什么？学生将添衣或脱衣，打开窗户，打开恒温器或以其他方式调节温度。我们不怎么去想它，部分原因是它看起来很自然，也因为我们生活在一个受气候控制的世界里，人们经常使用复杂的服装和大量的化石能源来操纵我们所处空间的气候。然而，如果温度远远低于我们所期望的温度，人们就会做出强烈的反应，变得焦躁不安，工作效率降低，变得非常不开心，并会极大地增加他们试图变得舒适的努力。在极端情况下，他们会死去，就像 21 世纪初芝加哥和法国的许多老年人在炎热的夏天所经历的那样。同样，其他植物和动物也有一个相当有限的温度范围，通常是它们能承受的其他环境条件。生态学中有一门相当发达的科学，该科学就生物体对温度梯度（即范围）和其他因素的反应进行了大量的分析。例如，图 15－6 显示了哥斯达黎加咖啡和香蕉的产量对当地气候变化的反应。这对经济学来说意味着，每一种栽培植物在一个国家都有一个最佳的生长地点，而一旦这些地区被种植，在次优土地上获得良好利润的难度就大得多。从经济学的角度来看，这意味着世界上有可能从一种农作物中获得丰厚利润的地区，比一种农作物可能生长的所有地区受到的限制要多得多。这里的教训是，物理环境可以在许多方面影响经济。

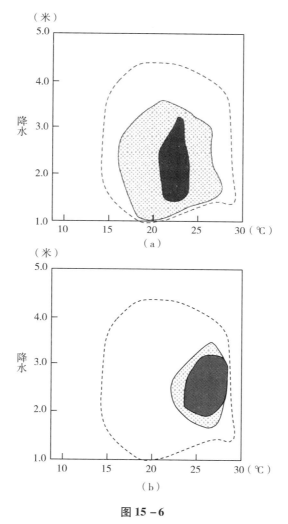

图 15 – 6

　　哥斯达黎加咖啡和香蕉的生产是对当地气候变化的反应。纵轴是降水，横轴是温度。虽然咖啡和香蕉基本上可以在哥斯达黎加的任何地方种植，但咖啡（a）的产量只有在中心圈才有足够的经济价值，香蕉（b）的产量也是如此。

　　资料来源：霍尔（2000）。

　　地球上的气候千差万别，对于那些没有走多远，或者只是从一个有空调的机场跳到另一个有空调的度假胜地的人来说，这一点可能不那么明显。最明显的是热带和亚热带更温暖，或者至少是在低海拔地区。更重要的是，对于生命来说，那里的温度一年比一年变化少，而且大部分地区不会结冰，这对许多植物来说是一个关键问题。不那么明显的是，热带地区有很多地区非常寒冷。这些都是在高海拔地区，因为在热带或亚热带有许多山（包括安第斯山脉、喜马拉雅山脉和许多其他高山），有大片的热带地区并不温暖。例如，肯尼亚山和乞力马扎罗山几乎位于赤道，但它们至少目前拥有永久冰川。尽管在任何一个位置的热带地区，全年的气温变化往往很小，但降雨量的变化往往要大得多，尤其是在亚热带地区（见图 15－7）。温带地区通常有更规律的降雨，但一年的温度更极端。当你向两

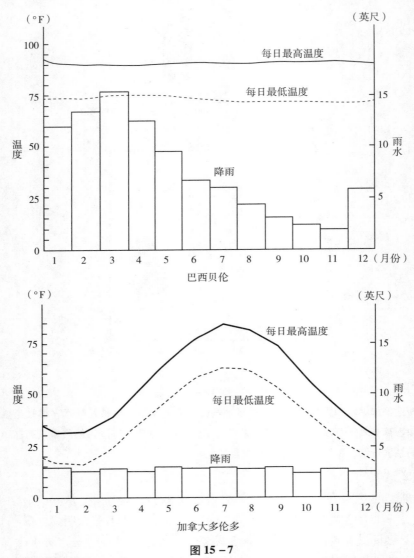

图 15－7

典型热带地区（巴西贝伦）和温带地区（加拿大多伦多）气温和降雨量的变化。

资料来源：麦克阿瑟（1972）。

极移动时，很明显，它会变得更冷，温度的季节变化会更加极端。一般来说，水，特别是海洋，比陆地更难加热。我们说水有很大的热质量。远离海洋或五大湖的陆地地区往往具有大陆性气候，也就是说，它们在夏季变暖、冬季变冷，而靠近水域的陆地地区则具有我们所说的海洋性气候。美国西海岸的温度变化小于东海岸，因为风往往从西部吹来，给陆地带来海洋的影响。同样地，从大湖的下风处或靠近大湖的地方温度极值较小，因此，许多酿酒厂与大湖有关。

15.3.15　水文循环

水文或水循环与气候密切相关，就像地球上的大多数事物一样，它依赖太阳。太阳能进入我们的大气层，大约一半到达地球表面，其中大部分最终转化为热能。但首先，它做了大量的工作，其中最重要或至少最大的部分是蒸发水。我们将不时地谈到，水文循环的适当运作可能是经济的最重要组成部分，尽管在大多数经济分析中几乎没有提到。由于地下水枯竭、森林砍伐、污染和全球气候变化等人类活动导致水质和水量不断变化和减少，这一问题将越来越引起学术界的关注。

淡水循环始于海洋，地球上大部分的水都存在于海洋中，大部分的蒸发都发生在海洋中（见图 15 – 8）。蒸发是一个真正神奇的过程，它可以净化水（因为盐和污染物基本上不会蒸发），并把水提升到大气中，通常比最高的山脉还要高。然后，这些非常纯净的水降落到地球表面，尤其是在陆地上，最重要的是在山上，为土壤、河流、湖泊、生态系统和人类提供干净的水。所有这些都是能量密集型的工作，完全由太阳的能量完成。读者可以思考一下，如果不是太阳为纽约市的人们提供了清洁的水源，他们将不得不做些什么来获得干净的水，这些思考帮助我们了解大自然在水循环过程中为我们做了多少工作。他们必须去大西洋，如琼斯海滩，提出两桶水，然后设法除去盐。可能最简单的方法是生火、煮水、收集和冷凝释放的蒸气。然后纯净水必须放回桶里，你将不得不开始徒步旅行，然后到卡茨基尔山顶端，在那里的溪流将你的桶清空。即使所有住在纽约市的人都这样做，与实际河流的流量相比，这也只是涓涓细流。大自然为我们和我们的经济做了大量的工作，我们必须尊重这一点。然而，这项工作很少进入《经济学家》的计算，因为它不涉及资金。

水循环的基本原理如图 15 – 8 所示。水主要从海洋蒸发，以云的形式在地球上流动，在大气中也以看不见的形式，在风的推动下，然后落到地球上、落在土壤中，如果水不蒸发，就会在地下流向河流，然后回到大海。由于地形的影响，海洋附近的雨水更丰富，尤其是顺风处，海拔更高的地方。当气团被抬升到山上，

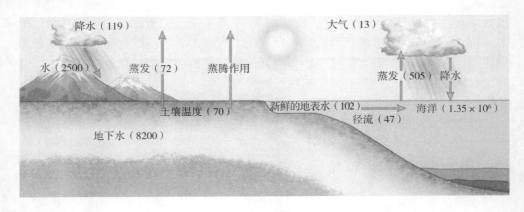

图 15 - 8　水文循环

水通过太阳能从陆地上蒸发，（尤其是）海洋，通过风带到陆地上，在那里，如果温度下降，水就会沉积在陆地上。从那里，它被蒸发或流入河流汇入大海。

资料来源：考夫曼 & 克利夫兰（2008）。

或者更常见的是被风吹起时，空气会冷却（见图 15 - 9）。冷空气的能量更少，所以能做的工作也更少，包括保持水分子悬浮的工作。最终的结果是更多的水从山上的大气中落下，尤其是高山。当气团在山的另一边移动并下降时，它们会变暖并能容纳更多的水，特别是当气团中曾经存在的大部分水在迎风的一边流失时。因此，山的下风处往往会出现雨影。大部分的雨水，无论是在山上还是其他地方，都落在地面上，然后慢慢地渗透到地下。一般来说，我们脚下的所有土壤都含有水，这些水大部分非常缓慢地流向大海。有些土壤可以保持相当多的水分，因为土壤颗粒之间有相当大的空间。沙砾和沙子比淤泥或黏土更耐水。任何地下蓄水层都称为含水层。土壤含水的深度叫作地下水位，如果你在这个深度以下挖一个洞，就可以有一口井。水从地下蓄水层截留的地方自然流出，我们称之为泉水。更一般地说，在地表低于地下水位的地方，我们会发现一条河流。在河流被一些自然过程筑坝的地方，如冰川碎片、火山流或海狸，会有一个池塘或湖泊。当这种堵塞是由人类活动造成时，我们称之为蓄水池。

河流做了大量的工作。由于流动的水有相当大的能量，它可以腐蚀和保持许多粒子悬浮。非常快的水可以移动巨石，快的水可以移动砾石，中速的水可以移动沙子，但是缓慢的水只能移动淤泥。河流侵蚀地貌，在发生洪水和部分河水在河道外流速减缓时，会形成山谷，并在河边沉积颗粒。当某物被河流移动时，它被称为冲积物，而表示河流附近区域的一般被称为河岸。陡峭的高地地区被称为侵蚀区，因为河流的作用侵蚀了那里的岩石。当河流在较平坦的河段（通常是下游）减速时，我们会发现沉积环境。因此，河岸或溪边的土壤对自然植被和农业都特别肥沃，因为新的土壤往往来自洪水，而且它们对野生动物也特别重要，甚至是许多鱼类的食物来源。雨水驱动着河流的水位，雨水变化很大。因此，河流的水位、宽度和流量变化很大。小洪水每年发生一次，中等洪水每十年发生一次，大洪水发生的频率较低。相对较小的洪水是十年一遇，较大的洪水是百年一遇。明年有可能发生千年一遇的洪水，但可能性很小，概率只有 0.001。一千万年一次的洪水可以帮助封堵形成石油的有机物质沉积。当你从正确的地方看地形图或河流，河流流经泛滥平原，这是显而易见的。随着时间的推移，河流在泛滥平原上来回蜿蜒，经常会完全改变它们的位置。我们的许多社会基础设施每年都遭到破坏，因为人们不尊重自然，河流最终会淹没泛滥平原。误导的联邦洪水保险鼓励人们住在不应该住的地方。弥斯奇等提出了一个有趣的、全面的计划，重新考虑我们如何管理密西西比河的泛滥平原[16]。

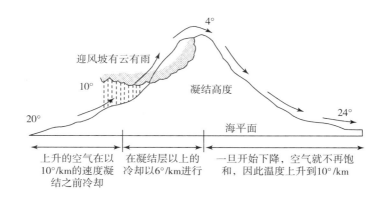

图 15 - 9　地形效应

当气团被推到山上时，空气冷却并失去能量，因此它不能再将水分子保持在悬浮状态，于是就发生了降雨。当空气从山的背风面下降时，干燥的空气形成了沙漠。

资料来源：麦克阿瑟（1972）。

水文循环各部分的经济价值是巨大的，甚至是无法计算的。最重要的是，它为我们的农业文化和河流提供了雨水，为城市、工业和灌溉提供了水源。我们做的大多数东西都需要大量的水。当河流在春季泛滥时，也会形成土壤，而较慢水流的能量减少，使悬浮颗粒可以落在泛滥平原上。人类农业最早起源于今天伊拉克的底格里斯河—幼发拉底河、印度的印度河、中国的长江和埃及的尼罗河等富饶的河岸地区，这并非偶然。河岸土壤在过去和今天的另一个特别的优点是，尽管随着时间的推移，大多数土壤往往会由于侵蚀和养分耗尽而磨损，但大多数天然河流每年的洪水都会形成新的肥沃土壤。当河流筑坝时，有许多明显的收益

（水电、灌溉用水），但也有许多成本。费用包括把肥沃的土壤埋在水库下面，以及停止大坝下面的土壤再生过程，因为这些颗粒往往会沉入水库中静止的低能水中，从而从河里流失。

自然生态系统，如覆盖卡茨基尔山分水岭的森林，该分水岭是纽约市的供水系统，也对人类经济起作用，因为它们清洁和净化了水，并调节了河流的流量，减少了洪水的可能性。森林、草原土壤和含水层吸收了暴雨多余的水分，然后随着时间的推移慢慢释放出来。在森林被砍伐的地方，水循环往往会被打乱，人类必须使用更多的能源和资金来解决这些问题，河流污染也是如此。河流最终总会流向大自然的力量所支配的地方。人类投入了大量的金钱和精力试图让河流保持在他们想要的地方，但这永远是暂时的。聪明的经济学家和更聪明的人通常会理解自然最终会做什么，并据此进行构建。傲慢的人在不该建的地方盖了许多房子。如果你想住在河边或海边，那是你的事，但记住，这可能是有代价的。美国联邦政府认识到这一点，明智地取消了不属于人类建筑的洪水保险。

人类倾向于开采，而且常常过度开采他们能找到的任何水源。当一个地区的人口很少时，水是从小溪或井中抽取的，但如果随着时间的推移，更多的人搬进来，河流往往受到污染或井被抽干。后来，人们不得不追求更昂贵的水。洛杉矶就是一个很好的例子。早期的探险家约翰·弗里蒙特在谈到南加州时说，那是一个可爱的地方，但那里永远不会有很多欧洲裔美国人，因为那里太干燥了（尽管许多印第安人利用相对较小的天然河流在那里生活得很好）。然而，当北加州较大的河流被改道通过运河一直流到南加州时，这种情况发生了改变，洛杉矶这座大城市得以在沙漠附近发展起来。水也从欧文斯河被转移到遥远的东部加利福尼亚，最终甚至转移到几个州之外的科罗拉多河。所有这些水不仅使洛杉矶得以存在，而且使南加州的农业得以大量生产。然而，谈论得少的是水转移的成本，例如，破坏加州北部曾经非常大的鲑鱼渔业，使旧金山湾变得更加盐碱化，产生了许多不利影响，使科罗拉多河完全枯竭，因此它从来没有汇入海洋。我们如何衡量成本和收益？这个一会儿再谈。很明显，通常不同的人会得到好处，也会付出代价。

人类不断地勘探、开发、管理、污染和以其他方式影响着自然水的供应。目前，水对世界上的大多数人来说是一个极其严重的问题。两个特别困难的问题是，在水资源最缺乏的地方（如中东），人口增长往往是最多的，并且会有气候变化的潜在灾难性影响。一般来说，这些极其重要的问题，或者实际上是一个运作良好的水文循环所产生的经济效益，并没有很好地包括在经济分析中，或者常常根本没有包括在内。这是因为我们在市场上不为自然的工作付费，而只是为我们开发自然的成本付费。水通常被认为是一种"免费的商品"，对于那些用价格来衡量事物价值的人来说，水几乎没有价值。

15.3.16　气候变化

这些气候问题对经济有着非常大的影响，包括可以种植或不可种植的作物，可以种植的作物的产量，维持人们舒适生活所需的能源量、一年到头的可用水资源等。人们日益关注的是气候变化或可能变化的程度。所以第一个问题可能是：气候会变化吗？答案很简单，当然是的，因为它总是在变化。尽管气候总是改变，并且可能总是由于自然原因，自然选择使人类和他们重要的动植物为以下方面做好准备——相对较小的可能温度变化范围、土壤湿度、水位等，这些问题未来存在或可能存在于地球上。读者可能已经接触到关于气候是否正在变化以及可能产生的影响的各种观点。所以我们的第二个问题是：地球变暖了吗？在大多数环境科学家中，这几乎没有分歧：地球确实在变暖，冰川消融，第一作者用自己的眼睛看到了一次又一次，极地冰很可能在萎缩，海洋和土地的温度在变暖，许多地区似乎变得更干燥。

我们的第三个问题要困难得多：目前的气候变化是人类活动的结果吗？如向大气中排放越来越多的二氧化碳。答案是很可能，在很多科学家的脑海中也是肯定的。特别是，上面提到的许多变化都归因于"温室效应"，即燃烧含碳矿物燃料带来大气的二氧化碳增加正在导致大气中二氧化碳增加。什么是温室效应？在这个过程中，大气中的气体，主要是水蒸气和二氧化碳（CO_2），也包括甲烷、一氧化二氮和其他气体，作为一个单向的"毯子"，允许高能量、短波辐射（即来自太阳的光子）穿过地球大气层，这要比低能量的穿透地球大气层的程度更大，长波热就会离开。当光子撞击地球表面时，它们转化为热量（根据热力学第二定律）。由于这种热量在一定程度上受到温室效应的限制，地球变暖了。

认为地球可能因人类经济活动而变暖的最初论点是理论上的，可以追溯到19世纪80年代伟大的瑞典化学家斯凡特·阿伦尼乌斯，他在实验室里注意到二氧化碳吸收热能的特性。他推断，由于燃烧化石燃料会产生二氧化碳，这将不可避免地导致地球表面变暖。进一步的逻辑证据来自行星科学家，他们发现，地球相对金星和火星的位置，其温度"应该"比这样的位置决定的"应该"温度高30℃左右。换句话说，地球离太阳太远了，不应该像我们现在这样温暖（基于我们的邻居行星）。

至少有四条经验性论证的主线表明气候正在变化：①如温度计所示，地球表面正在变暖，例如，卫星对温度和极地冰盖调查，最严重的是高温深井和海洋本身的（很难热）。②世界各地的冰川和冻土正在融化。③许多动植物正在向两极移动，植物和岩石出现在南极大陆，这在以前，人类从未观察到过。④上层大气失去了地球表面的部分热量，正在降温，这是气候模型在观测到这一现象之前就预测到的。最初，温度变化的真实测量是很难解释的，在20世纪60年代，温度行为似乎在下降。我们现在所了解的是，工业燃料加工过程至少对大气做了两件事：它们增加了二氧化碳的含量，并释放出灰尘，尤其是硫酸盐颗粒，这些颗粒会反射阳光，导致气温下降。但尘埃在大约两周内就会消散，而二氧化碳是累积的，也就是说，一旦进入空气，它就会停留很长一段时间。到20世纪80年代，二氧化碳效应（在模型和现实中都是如此）变得比尘埃冷却效应更强大，因此地球的温度持续创造新的纪录，年复一年，大多数气候科学家将地球变暖的这些迹象归因于大气中二氧化碳（和水蒸气）的吸热效应。大约从20世纪70年代开始，计算机开始变得足够大、足够快，可以运行全球气候模型，这些模型一次又一次地表明，如果我们不断增加二氧化碳，气温就会上升。许多困难仍然存在，如了解水蒸气和云层可能如何变化，但趋势是明确的。

从事这一问题研究的大多数科学家认为，我们所观察到的全球变暖是人为排放的二氧化碳和其他"温室气体"造成的。但是，由于地球在12000年前从最后一个冰河时代开始变暖（没有人类释放二氧化碳的助力），有些人说，我们今天看到的变暖只是这个过程的延续。也许，地球仍然在对引起这些变化的原因做出反应。在这个长期的冰川循环过程中，重要的驱动因素被认为是米兰科维奇循环，它与地球到太阳的距离和倾角有关，这往往在三个非常长的时间尺度上重复出现，太阳输出的变化（与太阳黑子活动有关），或其他一些东西。这两组人之间的争论常常非常激烈。因此，我们的立场是，所观察到的气候变化是由工业活动造成的，但我们承认，情况并不像许多人所希望的那样是无懈可击的。

15.3.17　气候变化如何影响人类经济

事实上，如果全球变暖继续下去，其影响并不都是坏的，例如，北半球许多鱼类物种向北迁徙的好处，如阿拉斯加的鲑鱼渔民牺牲了俄勒冈的鲑鱼渔民。但总体而言，预计全球多数经济体将受到压倒性的负面影响。例如，林德[17]预测，热带的大片地区将遭受严重的土壤干燥。大量资料表明，许多热带和温暖气候的疾病和害虫正在美国向北移动。大西洋正在明显变暖，而且，由于海洋中的热量是飓风的能量来源，海洋（很可能）越暖，飓风的强度和频繁程度就越强，飓风的强度越大，对许多沿海经济体的破坏就越大。树皮甲虫正在落基山脉向北移动，对森林造成了毁灭性的后果，因为冬天不再寒冷，许多鸟类和海洋鱼类正在向北移动，澳大利亚和非洲正在经历漫长而罕见的干旱。这种气候变化可以通过多种方式对整个地区和国家产生巨大影响：海平面随着冰川融化和海洋热膨胀而上升，整个城市和岛国，如塞舌尔群岛和马尔代夫，可能会消失在海浪之下。这将使数以百万计的内陆人口迁移到已经因人口过剩而紧张的地区。在南美洲和亚洲，世界上许多大城市完全依赖夏季冰川的融化来提供一年中这一时段的水，而冰川以及它们的流量正在下降。例如，为玻利维亚拉巴斯市提供温暖天气用水的冰川，最终在 2009 年消失了。这些不同的影响现在显然正在发生，在这个时候有一些严重的经济影响。阻止或逆转全球变暖的经济效益是极其巨大的，但不加以处理的后果可能更为严重[18]。如果大多数人的观点是正确的，那么我们必须在用太阳能或核能取代碳质燃料方面进行巨额投资，否则将承担后果。另外，如果少数人的观点是正确的，或者更复杂的是，如果向平流层抛撒灰尘的火山的数量和严重程度大大增加，太阳产出减少，气候可能会变得更冷。这种情况发生的可能性很小，但其影响可能非常重要。那么，将我们的资源如此迅速地转变为昂贵且时断时续的太阳能资源，将是对我们资源的不良利用，可以说进退两难。显然，气候是一个非常复杂和重要的问题。

我们的观点是，让我们在进行太阳能新能源投资，而不是化石燃料，出于其他原因这很可能是合理的，包括长期能源可用性、经济和国家安全问题，在家工作而不是在国外工作，让社区更加自力更生，保护海洋免于酸化和保护土地免于汞（汞是燃烧煤炭释放出来的）。但我们也认为，向主要是可再生资源的转变将是极其困难的，将需要我们剩余化石燃料的很大一部分，并可能大大减少社会的 EROI。完整的核算工作尚未完成，这是应用生物物理经济学的一个关键领域（见第 23 章）。

15.4　生物世界

15.4.1　自然选择和进化

现在，我们开始探索从物理世界到生物世界理解经济学所需的基础科学。我们从对自然选择和进化的进一步考虑开始。所有的生命都是无情的自然选择的产物，这种选择在我们的祖先身上持续了数百万年甚至数十亿年。这一进化是一个复杂的过程，导致了我们所知道的生命的巨大多样性，以及我们自己的基因组成。它有很大的偶然因素：流星的轨迹是由宇宙力决定的，可能在一百万或十亿年前，也可能在光年之外，它会不会拦截地球的轨道？那颗流星大到足以引发海啸，摧毁半个东京，还是更严重的——可能摧毁生命的主要组成部分？这几乎肯定发生在5500万年前，当时一颗巨大的小行星撞击了地球，很可能就在尤卡坦半岛附近，很多物种灭绝了。这些偶然因素在许多方面起了作用，而且往往是在非常特殊的情况下起作用的。人类用对生拇指把电脑拿到桌子上，人类使用立体视觉阅读屏幕上的文字，几乎可以肯定的是这是我们祖先在大约400万~2000万年前树栖生活的产物。

但是进化也不是随机的，因为我们知道一个叫作适应性趋同的过程会产生相似的外表和适应性相似的植物和动物物种，例如，在世界上不同的沙漠中，即使是从完全不同的原始遗传物质开始。在地球上的每一个环境中，都有一些问题需要解决，而解决这些问题的方法也就那么多（厚厚的角质层、多刺的水源防御系统，以及沙漠等），而且可以被做好。因此，许多不同的物种在解决特定环境带来的问题的方式上"趋同"。例如，在非洲南部和美洲南部出现的相似的沙漠植物分别来自非常不同的遗传种群，分别是非洲仙人掌科和南美仙人掌科。

这种生命形态的相似性和相似环境中功能的相似性，部分原因是在自然界几乎到处都是的可用的物质构建模块往往是相同的：元素碳特别有用，因为它的结构是在其外壳上有四个位置可以连接其他原子。只有富含元素的二氧化硅才有这种可能性。生物之所以选择碳，是因为它储量丰富、重量更轻，因此作为一种基本结构材料，能源密集度更低。氮也极其丰富，约占大气的70%，约占除水以外的大多数生命的3%~7%。它的丰富性和特殊性已被生物体利用，通过进化的时间来构建蛋白质。蛋白质对生命尤其重要，因为它们具有特异性，这意味着它们外层电子上的可用位置允许构建许多复杂且非常特殊的化合物。但有一个问题：大气中的氮以 N_2 的形式存在，N_2 的特征是由三个化学键将两个原子结合在一起（例如，二氧化碳就没有这种特性）。因此，只有很少的生物群体，本质上是"固氮者"，这种"固氮者"只在"原始"群体细菌和蓝藻中发现，它们进化出了能量密集型的手段来分裂三键，使氮可供这些生物使用。所有其他生物，每一种都需要相对大量的氮，都间接地从这两组生物的活动中获得氮。因此，进化趋同的部分原因是用于构建的原材料相对有限，部分原因是在相似的环境中所有生命必须解决的问题是相似的。

例如，在世界各地，树木必须挺立、扎根，从土壤中开采矿物资源，并通过光合作用固定碳。这导致我们观察到，世界各地的树木看起来基本上都是一样的：它们有树干、根和叶子来解决上述问题。水越少，草类生物的方法就越有效，以此类推。虽然进化是不可预测的，由于随机环境事件和随机突变的重要性，在某种程度上，对经验丰富的生物学家的安慰是，生命在不同的甚至是相同的环境面，有许多常见的问题，并且有许多常见的方法来解决这些问题。

进化中的随机性很大一部分是由于环境变化的随机性造成的，至少从受影响生物体的角度来看是随机的。从时间和空间来考虑，几代人看起来或多或少是稳定的，地球实际上是一个极其动态的和不可预知的地方，如果你等待的时间足够长，气候频繁变化，这对在地球上的生物体施加了非常困难的压力，这些生物体在地球上的每一个位置都需要适应先前的正常情况。所谓的米兰科维奇周期是由于地球轨道相对太阳的偏心和摆动而产生的，但它只是主要的强制作用之一。重点是生态"剧院"，即进化"戏剧"发生的环境背景，是一个动态的和不断变化的地方，需要生物体适应这些变化、迁移或死亡。

15.4.2　自然选择是如何运作的？生态剧场和进化剧

查尔斯·达尔文曾做过一个基本的观察，即繁殖生物体的种群往往会产生大量的后代，远远多于取代双亲所必需的数量。世界有三个性质，如果是真的，必然会导致一个自然选择必须运作的世界。这三个特性是：首先，一个特定物种的基因组之间存在变异（你可以看到，对于我们自己的物种来说，这是真的，只要乘坐公共汽车或上课，尤其是在美国的任何大都市地区）；其次，这些变异至少在一定程度上是代代相传的（你可以简单地观察到，人类的孩子往往看起来很合理，但并不完美，就像他们的遗传父母一样）；最后，这种变异导致了不同的生存和繁殖，也就是说，从变异中，生物体的某些特性无论多么微小，有可能导致生物体更容易繁殖。后者在今天很难观察到，因为今天儿童的死亡率相对较低，特别是与一百或几百多年前大多数儿童死亡的情况相比。然而，很明显，即使在今天，一个有缺陷的免疫系统或一个不那么强健的体格或生理机能也肯定会对人类的生存和最终的繁殖产生不利影响，如果医疗干预措施不那么普遍，并通常会成功，这将会更加重要。它在很大程度上确实对野生动植物有效。

我们将为下面的第三个命题研究一些额外的证据。但这个论点的逻辑是压倒性的：如果世界的这三个属性是正确的，那么自然选择就必须发生。对大多数生物学家的头脑和我们的头脑来说，证据是压倒性的并且每年在积累，我们发现越来越多的"缺失的环节"的化石记录，随着农业害虫和人类病原体获得抵抗我们曾经信任的农药和抗生素工具，我们看到了自然选择在我们眼前运作，这种方式由简单的达尔文的自然选择论进行了直截了当的解释，研究自然界中生物体的设计和行为的科学家发现，这些设计和行为始终符合达尔文的预言。自然选择的最终结果是生命随着时间的推移而进化，正如我们今天所观察到的自然世界，包括我们自己。如果神已经以某种方式负责所有这些（和科学本身不具备判断这样或那样的方式），那么很明显，神至少大部分时间都通过自然选择或与自然选择保持一致进行运作，或者他或她陷入了许多麻烦，留下化石记录，调整放射性碳年代测定等，并按照达尔文原则让它出现进化。如果是这样，人们会想知道为什么。对我们自己和大多数科学家来说，简单地接受达尔文的解释更有意义。但我们认识到，我们的潜在读者和许多朋友都是虔诚的宗教信徒，我们不希望他们现在就结束阅读本书。虽然我们个人并不特别虔诚，至少在传统的欧美方式中是这样，但没有什么是与我们的宗教信仰和对宇宙的科学解释相矛盾的。事实上，《创世纪》中给出的世界创造的轮廓与我们从科学上理解的非常接近。是时候停止这些争论了，我们继续处理世界面临的巨大问题。

自然选择作用于生物体的三个特征是形态（形状）、生理（功能、化学等）和行为。每一个特征都是由生物体父母捐赠的基因计划和环境条件决定的（如剧烈运动将使肌肉更大更强壮）。但基因的表达并不是很简单，因为，孟德尔显示，任何特征的表达可能取决于基因如何一起来自父亲和母亲，包括许多显性和隐性问题，因为许多基因可以确定诸如眼睛或皮肤的颜色，最大程度的是个性，这些任何特定的特征。我们把有机体的基因组成称为基因型，把它的实际表现称为表现型。表现型即向外表达的基因组成，这是我们观察到的，也是自然选择作用的基础。因此，一个重要的问题是，自然选择不能简单而直接地作用于基因，而只能通过基因的集体和环境偶然性表型表达更间接地作用于基因。生物学中一个重要的新发现是，我们发现特征不仅是由基因决定的特质，也由其他"调节器"基因决定，打开和关闭特定的"表达"基因。这些基因也经受自然选择，但净效应是比我们先前想的产生了更多快速进化的可能性。

在整个进化过程中，进化通过消除那些不适合生存和繁殖的基因，使生物体很好地适应环境。但什么是合适的不是不变的，因为自然选择是在追逐一个移动的目标。例如，吉姆·布朗[19]和他的学生们揭开了科罗拉多州和内华达州的气候和老鼠大小之间的相互作用，他们发现，随着长时间的气候周期循环，在更冷的地质时期老鼠较大，在更温暖的时期老鼠较小。虽然很清楚为什么体型大是有利的（例如，在争夺配偶的竞赛中），但为什么体型小是有利的就不那么清楚了。这些研究人员发现，在温暖时期，较大的表面积体积比，即较小的生物体特征，对散热很重要，因此，当气候变暖时，大鼠会变得过于暖和。这可能不会直接杀死老鼠，但会使老鼠更难觅食，从而难以获得足够的食物。如果没有食物能量过剩，雌性将很难获得足够的能量来繁殖并哺乳后代。

15.4.3 对生物制剂的适应

在决定有机体的自然选择力时，环境中的生物成分，包括捕食者、病原体，或许还有竞争对手，可能比生物物理成分（如气候）更为重要。这些也与能源成本有关。最后一个例子当然是捕食者的损失，这代表了所有能源储备的完全损失。其他的相互作用更加微妙，在整个进化过程中，不同物种之间存在着能量损失和投资的猫鼠游戏。例如，树木是许多昆虫的食物。由于大多数树木在景观中都很明显，它们几乎无法躲避想要吃掉它们的昆虫，这当然会剥夺它们的能量储备，剥夺它们产生能量利润的能力，能量利润允许它们得以繁殖。树木的进化反应是产生所谓的次生化合物，如橡树叶中的单宁酸，可以保护树木免受大多数昆虫的侵害。但是对于树来说，制造这些次生化合物的能量成本很高，所以在进化的过程中，在更多还是更少自然杀虫剂之间存在着权衡。对于橡树来说，"正确"的单宁含量似乎是叶片干物质的 20% 左右。

即使病原体没有杀死生物体，它们也会造成能量损失。莫雷特和施密特－亨佩尔[20]做了一项特别好的研究，他们训练大黄蜂以小玻璃球为食，这些小玻璃球被蜜蜂误认为是花粉。当蜜蜂被喂食这种食物时，它们会在 5 天内因缺乏能量而死亡。当研究人员将大黄蜂感染病原体时，如果有真正的食物，大黄蜂就能存活，但如果喂食玻璃球，大黄蜂只会在 3 天内死亡。这表明，当受到病原体的挑战时，大黄蜂需要利用自己的能量储备来对抗它们。

最后，竞争对手通过迫使生物体对有毒物质做出反应，要么投入能量，要么损失可开发的资源，从而减少生物体的能量流和固存（黄油核桃树就是这样做的）。更常见的是，它们减少了竞争对手可获得的光、营养或食物，或者增加了隔离它们的能源成本。这样的例子在任何森林中都很常见。例如，很容易看到常绿树木生长在路径或空地旁边，有树荫的树枝比没有树荫的树枝死得快（或掉得快）。如果一个树枝没有通过足够的光合作用来支付维持新陈代谢的能量成本，它就会被砍掉。

15.4.4　自然选择过去的幽灵

在每一个物种中，都存在着一种平衡，既要很好地适应今天的特殊条件，又要为更极端但更罕见的事件维持不可预见费用。生活在更北纬地区的人就是一个例子。显然，生活在这些地方的树木必须很好地适应今天那里的条件。每棵成树每年平均会产生数百到数千个后代，而其中能存活下来的远远少于一棵。这些年轻人之间往往会有一些基因变异，如果该地区更干燥、更潮湿、更温暖或更冷，或多或少会受到某种食草动物的影响，那么未来几年，一些基因特性可能会更为常见。在任何情况下，这棵树都有基因选择，可以把装备精良的种子送到这个世界上，因为在其他条件相同的情况下，拥有大量食物储备的幼树（如橡子或山毛榉坚果）更有可能在这个世界上"成功"。但是有一个代价——太重的种子往往走不了多远。

但与此同时，所有这些树"记住"了冰河时代，只有那些有远程迁移能力（例如，小种子可以乘风行进得更好，或者至少趁着大风能够从父母身上落得更远）的树能够迁移，从而更好地生存。这种迁移能力在新英格兰的树木中得到了很好的体现，因为该地区在 12000 年前完全处于冰层之下，数千英里内没有发现树木。而且，由于至少有过 5 次大冰期，所以相对于那些"忘记"如何迁徙的基因群体，它们有很强的优势。因此，今天的生物可能没有那么大的选择性压力来分散它们的种子，但是许多树保留了这种能力，因为这种能力曾经是非常宝贵的。还有一个例子，常见的盐沼草，在温带地区的大多数海岸上都能找到，每年秋天，这种植物以巨大的能量消耗产生数百万颗种子。然而，植物很少通过这些种子繁殖，而是通过使用地下茎或根茎。那么，植物为什么要产生种子呢？答案是，这些种子是殖民新地区所必需的，在过去的冰期结束后，随着海平面上升，新的地区不断形成。因此，那些不产生种子的斯巴达植物在海平面上升时被淹没了，而那些产生种子的斯巴达植物则能够在新的地区定居。随着气候变化再次增加海平面，这些"迁徙"基因可能会再次成为优势。

15.4.5 选择的单位

自然选择对个体的作用最为明显，因为个体能否存活以及活着的个体显然是对后代有贡献的唯一群体。或许更准确的说法是，那些存活下来并留下最多存活后代的生物体，更有可能在未来得到代表。生物体被选择去做任何事情来推动它们的基因进入未来。但情况要更复杂一些，因为我们越来越多地发现进化是以复杂的方式进行的。在一个极端，理查德·道金斯[21]谈到自私的基因，即在较长一段时间内存活或不存活的不是物种（毕竟地球上大多数物种已经灭绝），而是基因。在道金斯看来，这些基因是"自私的"，因为它们"利用"有机体和物种作为它们的临时容器，在进化时期推动它们前进。再次强调，并不是它们故意通过某种认知过程来做这件事，而是它们会选择导致这种情况发生的模式。也许更准确的说法是，从这个角度来看，基因是具有繁殖能力的分子，它们存在于种群中，达到了可以成功繁殖的程度。

在另一个极端，有许多人认为选择的单位比有机体大。最简单和最清楚的例子是，父母往往会为他们的后代冒生命危险：这显然是一种极力被选择的行为。已故的威廉·D. 汉密尔顿认为，有一种选择让生物体照顾它们的近亲而不是后代，如表亲，因为鉴于一个后代有来自一个特定父母的一半基因，而表亲有 1/4

基因。汉密尔顿认为，在其他条件相同的情况下，有机体应该愿意平均承担帮助自己后代的一半的风险来帮助侄子或侄女。其观点是，这完全符合达尔文的观点，即把一个人的基因推向未来。罗伯特·特里弗斯[22]提出了一个更为复杂的情况。互惠利他主义是这样一种情况：一个有机体为了帮助一个不相干的有机体，会做一些似乎会让它付出代价的事情（因此降低了它自身的舒适度），但同时期望被帮助的那个人在未来某个时候会回报这个恩惠。一个明显的例子是，一群有蹄类动物保护另一种不相关动物的幼崽免受捕食者的侵害。同样，这似乎有一个明确的达尔文遗传基础，即对进行这种活动的有机体的基因进行直接补偿，事实上，所有这些都可能以相对较小的成本受益。

随着物种间的相互作用，它变得更加复杂，但这是非常常见的，通常被称为共同进化。这种观点认为，物种间的密切互动往往对两个物种都有利。最常见的例子是蜜蜂和苹果树：蜜蜂得到食物，苹果树得到授粉服务。更复杂的例子是，捕食者在控制猎物数量方面的作用可以防止猎物过度利用食物资源。这种例子很多，但很重要的一点是，这并不是通过有机体所做出的纯粹的利他主义发生的，但显然只能通过一个以牙还牙的相互作用，无论多么复杂，总是对参与活动的生物体直接（或偶尔间接）有益。

最后，最复杂的问题是，在整个生态系统的层次上，共同进化在多大程度上发生。任何人研究生态系统都对系统的明显"和谐"印象深刻：尽管在人口或整体结构上会有重要的波动，人们获得的感知是，年复一年，系统继续"保持在一起"，适应并从即将到来的压力源反弹回来，这些压力源如在多变的气候或有风暴时同时维护甚至增加它的基本结构。草食动物倾向于控制植物，但不会导致它们的灭绝，无生命物质被降解成土壤，增加了对其他物种的效用，营养物质在系统中得以保持，捕食者和猎物不断增加和减少，但不会达到它们可能达到的极限等。这种"自然的平衡"在多大程度上是许多复杂的共同进化的例子还是简单的"每个有机体都为自己"的例子？

或者，也许生态系统是受勒夏特列原理控制的：

$$(A + B \leftrightarrow B + C)$$

这一原理源于化学，简单地说，随着化学（或其他）反应的进行，它最终往往会受到最初使其发生的原料消耗或产物积累的限制。例如，植物的生物量不断增长，直到它耗尽了所有的营养物质，然后进一步的增长必须等待早期植物的死亡、腐烂和矿化。我们现在还不能很好地回答生态系统层面的调控问题，但有一件事是清楚的：自然生态系统是一个奇妙的，基本上是自我调节的东西，不管控制它的机制是什么。它们依靠太阳的能量自由地奔跑。以人类为主导的生态系统，如农业，需要我们以我们希望的形式不断干预和管理。

15.4.6　能源与所有生物

看看大多数野生或家养动物，它们在做什么？大多数时候，它们只是简单地吃，如果有能力，或者试图让自己处于吃的位置。如果它们不吃东西，则倾向于休息，当它们必须利用能量来维持自己的新陈代谢来对抗熵的时候——至少在繁殖季节，很明显，事情会变得更加复杂。换句话说，动物往往要么试图获得能量，同时使用它进行必要的维护，要么试图减少能量损失，或使用过去的能量过剩繁殖。植物也把大部分时间花在处理能量上，例如，它们在阳光充足、温度足够高的任何时候进行光合作用，而在晚上，它们必须利用部分能量储备来维持新陈代谢。因此，这个星球上的所有生物每天每分钟都在消耗能量。人类是有点不同的，因为食物能量（在我们历史上的这个时候）是如此丰富，也因为我们今天更常见的久坐生活方式所需的能量只有我们更活跃时的一半左右。

15.4.7　生态学

生态学和经济学都源于希腊语"oikos"，意思是属于家庭的。这是非常合适的，因为从概念上讲，在本书中，我们讨论的是管理我们当前的和更大的家庭，我们相信，从长远来看，适当的管理对生态和经济都有好处。生态学具体指一门学科，"研究自然或人为主导的环境中的植物、动物及其物理环境之间的相互作用"或"环境系统的研究"[23]。词尾"－logy"源于希腊语中的"理性"，意指话语。这一定义与流行的或报纸上对生态学的定义大不相同，后者强调规范的或充满价值的"保护环境"或"关心人类健康"的观点，并包括价值观的观点。虽然大多数专业生态学家当然不介意生态这个词被用来指环保问题，他们可能实际上是专业关注保护环境，大多数人都会同意，对于活动家或保护主义或其他价值相关的视角，"环保"或"环境"这个词可能是一个比"生态学家"或"生态"更好的词。这保留了"生态"作为更学术或技术的一个词。最后，环境科学家这个词指的是许多不同的人——水文学家、大气科学家、生态学家、经济学家、活动家和其他人，他们用科学的方法从多个角度研究环境。它可能指的是一个纯粹的科学家，或一个倾向于倡导政策的人。我们认为这非常重要，所有人参与学习环境和做出政策判断是基于这样的研究，使用定期和明确的，或者至少是非常清楚的科学方法，因为我们发现很多人对环境有很强的看法，事实上并不被迄今为止的研究所支持。

我们喜欢生态学作为经济学思考的基础，因为生态学是关于地球表面某一区域的许多物理和生物成分之间的相互作用，通常是自然的，但也包括所有受人类影响程度不同的系统，包括城市在内。此外，真正的生态系统受到自然规律及其环境的能源投入和物质环境的制约，最终也受到经济系统的制约。我们认为，学术生态学由于过于频繁地被教授为一门生物学而受到了一定程度的损害，这门科学的重点几乎完全集中在自然植物和动物上，而人类却常常被忽视，除非学术生态学是对自然生态系统的一种侮辱。更准确地说，生态学是关于所有环境关系和相互作用的科学，包括生物的和非生物的，在适当的时候，包括作为这些系统一部分的人类。它是关于环境系统如何工作的，主要是自然系统，但也包括城市、县和其他人为主导的系统。经济系统非常类似自然系统，由于必须使用能源利用来自地球和大气的资源，通过系统移动和回收材料以建造结构，并且为维护新陈代谢提供能量对抗熵并繁殖个体、城市和所有系统。人类依赖许多自然、经济能量和物质流之间复杂的相互作用。

经济学家要想成为一名优秀的经济学家，需要知道的重要生态概念是相当广泛的，超出了我们所提供的有限范围。但是我们可以总结一些重要问题。生态学家倾向于在许多层次上研究生态学，在个体有机体的层次上，或在个体种群的层次上，或在不同种群（即所有物种）的群落层次上。最后是生态系统，生态系统包括陆地景观或水景的所有生物和非生物成分，无论是自然的还是受人类影响的。生态系统视角对理解经济学最有帮助。在这些层次中，生态学家倾向于研究生态系统的结构、功能和控制。结构可能包括生态系统的物理性质（即植物个体大小）、不同物种的丰度（或动植物种类）（统称为多样性）、一个物种的个体数量（如每平方英里白尾鹿的数量），或生物量，意思是某一物种或所有物种的总生存重量，通常以单位面积来表示。功能可以指从太阳获取能量的速率、各种成分对能量的利用、能量从一组转移到另一组、分解速率、营养物质回收的方式。控制包括外部控制或气候控制（温度、降雨、灾难性事件等）和内部控制（自我调节的人口控制、营养限制等）。生态学家在研究他们的学科时往往把重点放在这几个层次上。

因此，对单个生物体感兴趣的生态学家可以研究单个生物体如何与当地环境相互作用，如温度、光照或植物养分对单个植物生长的影响。因此，我们发现每个物种都倾向于沿不同条件梯度或多或少地做好（即生长，丰富，或其他一些因素）[24]（见图15-6）。正如我们已经讨论过的，这种气候依赖性对限制能够或不能生活在不同地区的生物体类型有非常大的影响，例如，只有在气候条件相当有利的情况下，才能种植不同的农作物以获得良好的利润。另一个结果是，地球上的每一个普通区域只能生活相对较少的物种（至少占所有物种的比例）。一个实际的结果是，由于世界各地为了经济利益而遭到破坏，许多物种往往因为在其他地方找不到而灭绝。使用第二种方法（称为种群动力学）的生态学家可能会研究种群如何随时间变化以及控制可能是什么。在整个生态学的历史上，关于密度制约（受到考虑的人口密度的影响，即自我调节）和非密度制约（即主要受外部因素影响）的相对重要性一直有长时间的激烈争论，这场争论一直持续到今天。对群落生态学感兴趣的生态学家可以研究生态系统中所有不同物种和种群之间的相互作用。群落方法经常询问是什么决定了某一特定地点的物种数量，以及这些不同的物种如何控制该生态系统的运行。最后，对生态系统方法感兴趣的生态学家往往把重点放在能量流或营养（即食品）事物上。例如，我们可以通过一个生态系统的食物链跟踪来自太阳的能量流动。初级生产者（主要是绿色植物）能够捕获太阳能，并利用太阳能将二氧化碳和水（在矿物质施肥元素的帮助下）转化为生物量。食草动物（如鹿或蚱蜢）以植物为食；食肉动物，如狼或以昆虫为食的鸟类，吃其他动物；而顶级食肉动物，如老虎，吃包括食肉动物在内的其他动物。碎屑是死去的植物或动物物质，食碎屑者会吃掉碎屑，碎屑是指死去的有机物质和其中的微生物。这个概念可能听起来很恶心，但是记住，每次你吃面包、奶酪、饼干、意大利香肠，喝啤酒或葡萄酒时，你本质上就是一个食碎屑者。因为生态系统科学往往比其他方法更关注能源，我们将在这里更深入地探讨它。从概念上讲，从系统的角度基于能量的方法对于考虑进化非常有用[25][26]。

在能量从一个营养层转移到另一个营养层的过程中，大约80%或90%的能量以热能的形式损失掉，主要是为了维持生物体和每个营养层的生长所需的能量。金枪鱼至少需要7种营养水平才能将微小的浮游植物的能量集中到包裹中，如这些沙丁鱼或飞鱼等的包裹大到足以成为金枪鱼的食物。从一个营养级到下一个营养级的低效率（10%左右）通常被认为是热力学第二定律的表现，尽管它也反映了在每个营养级维持代谢的需要。杂食动物，如熊和人类，既吃植物也吃动物。这对经济学的影响主要与食物链长度有关。在人口密度相对较小或农业生产相对人数或人口较高的地方，人们就能负担得起每餐吃肉。在人口拥挤、贫穷或农业产量低的地方，人们必须只吃植物。因此，举例来说，虽然印度或中国的富人可能在他们的饮食中有很多肉类，但那里和许多其他国家的穷人必须主要吃大米或其他植物材料。如果把食物转化成另一种营养物质，那么就没有足够的植物材料来承担80%或90%的热量损失。能源也常常是理解更全面的进化问题的基础，因为似乎自然选择的所有方面在本质上都至少在一定程度上与能源成本和收益有关[24][25]。生态学家经常被要求通过研究生态系统各部分之间的重要环境关系，包括一个物种与其他物种之间的关系，或不同化学物质（如氮或磷）在生态系统中的运动，来帮助了解和减轻特定的环境问题。这些在许多不同的方面已经成为重要的经济问题。例如，如上所述，过多的磷（来自化肥或洗衣粉）往往会使许多水体富营养化，这意味着富营养化程度过高。也许大多数读者都熟悉的水体应该是蓝色和诱人的，但取而代之的是绿色和恶臭。强烈的藻类爆发往往与人类活动有关，并且仍然是一个巨大而重要的问题，而且往往是非常昂贵的经济问题。酸雨是另一个与经济相关的重要问题。由于经济运行所需的大部分能源来自化石燃料，而许多化石燃料的含硫量约为1%，燃烧化石燃料会产生硫酸，这就产生了酸雨，导致许多植物和鱼类死亡。当空气被用来为燃烧提供氧气时，空气中的氮也能产生酸雨。有时这些问题会引发严重的地区问题。例如，酸雨在俄亥俄州的发电厂产生，已经涉及鱼的死亡、纽约州的阿迪朗达克山脉的旅游及相关经济损失等，在英格兰也引起相同的问题；在瑞典则对瑞典小龙虾产生了巨大的损失，小龙虾是瑞典传统饮食中的重要一项。换句话说，这项活动的生态和经济成本落在那些没有从燃烧燃料中获得经济收益的人身上。这被称为外部性，也就是说，成本不包括在价格中。幸运的是，稳定甚至减少酸雨是可能的，但这又是一个昂贵的过程。由于酸雨本身会造成很多环境成本，因此我们可以说，不减少酸雨会带来很大的成本。因为我们已经成功地减少了酸雨，至少在美国和欧洲，我们可以说这是一个内部化外部效应的相当成功的例子。

我们在这里讨论的一个重要的生态学应用领域是生物多样性的损失，更普遍的是所谓的保护生物学。几乎所有的人类经济活动都破坏了至少一些自然生态系统，而且往往破坏了生活在其中的有机体甚至物种。大约在1980年，一群不同的生态学家、自然保护主义者和博物学家聚在一起，用他们不同的方法来解决他们所认为的全球危机：很多物种的全球损失，或者他们所说的生物多样性的丧失。自那以来，人们做出了很大的努力，试图了解和减少这种损失。由于许多物种对人类非常重要（例如，对食物、植物授粉、来自热带雨林的许多不同药物以及对许多生态系统的管理方面），已经有许多关于这些问题的经济重要性的研究。

15.4.8 生态稳定性

我们以一个不那么精确但非常重要的生态学方面来结束我们对生态学的讨论，那就是稳定和控制。年复一年，未受干扰的自然生态系统大致相同。当它们受到气候变化、山体滑坡、入侵和人类的巨大影响时，它们往往具有巨大的恢复力，或者一旦这些影响得到缓解，它们就能恢复原状。当我们研究俄勒冈州圣海伦斯山山坡上的植被时，我们发现森林正在相对快速地重建。同样，当人类砍伐热带雨林时，如果有机会（如果土壤不被破坏），新的森林将在几年或几十年内形成。我们一次又一次地发现，即使许多生态系统受到自然或人为过程的影响，它们也具有一定的稳定性。我们可能认为大自然具有很强的韧性。这有时被称为"自然平衡",虽然"平衡"并不完全正确,因为有很多波动。但波动往往在一定范围内,如果不受影响,生态系统往往会恢复其基本状态,至少在人类寿命的范围内是这样。一个例外是,当引入与原始物种非常不同的新物种时,如关岛的棕色蛇或夏威夷的椋鸟。由于原始物种从未遇到过类似的物种,生态系统可能会受到严重影响。

相比之下,人类社会的复原能力似乎要差得多,正如泰恩特[7]和戴蒙德[8]所指出的那样,历史和史前记录充满了曾经自豪和占主导地位的文化和经济的崩溃。这些与更加稳定的自然生态系统有何不同?至少与人类系统相比,这种弹性很大程度上在于,在自然系统中,能源(主要是太阳,但也有来自其他生态系统的输入)往往是恒定的、可预测的。因此,如果随着物种的变化,初级生产力的数量往往会受到太阳和气候的限制,而这两者在未来 1 年、10 年甚至 100 年都几乎没有变化。营养物质是植物生长的潜在限制因素,但由于它们在未受干扰的生态系统中被严格回收,它们很少限制自然生态系统。甚至洪水和干旱也往往在生态系统适应的长期范围内来来回回。人类,通过技术和他们自己过于聪明的头脑,倾向于开发并且过度开发他们所依赖的基本能源和其他资源。当然,这就引出了当今人类面临的一个重大问题:我们开发地球的程度是否超出了地球所能提供的水平?如果是这样,我们是否有能力像自然系统那样具有弹性?

虽然这种对生态学的思考,就像本章关于科学的其他部分一样,非常简短,但我们认为它将帮助读者理解许多当代经济问题,并且我们希望,理解经济学需要一个生态基础。还有很多需要学习,我们鼓励您学习额外的生态学课程,甚至是总体的科学课程,这不仅提升了自己的专业理解,而且也像艺术和音乐那样丰富了你的生活,帮助你理解周围的世界。

15.5　经济学是科学吗

这一章回顾了我们所认为的自然科学的基础,以及我们认为对理解现实经济体系很重要的科学原理。许多读者心中一定有这样一个问题:"现有经济学在多大程度上遵循这些科学规则?"我们将在接下来的章节中讨论这个问题。

问题

1. 人类传统上是如何解释和预测事件的?

2. 人类是自然的一部分吗？

3. 解释独立变量和因变量之间的区别。

4. 多参数是什么意思？你能举个例子吗？

5. 你会如何重新表述这个问题："科学方法通向真理吗？"

6. 给出科学方法的步骤。

7. 我们如何知道科学何时"起作用"？

8. 科学严谨是什么意思？你能给出科学严谨的五个特征吗？

9. 有可能检验自然选择理论吗？

10. 地球的能源是什么？

11. 太阳能在地球上做什么工作？

12. 什么是哈德利圈？它是如何工作的？

13. 什么是大陆漂移？发生在哪里？

14. 什么是最佳第一原则？

15. 从技术上讲，"有机"是什么意思？

16. 你能给出通常与石油形成有关的地质步骤吗？

17. 母岩和圈闭岩的区别是什么？

18. 我们倾向于首先发现和开采的石油矿床有哪些特征？

19. 物质守恒定律是什么？

20. "还原"是什么意思？这和所谓的"氧化"有什么不同？

21. 为什么植物获取氮如此困难？

22. 弗里茨·哈伯是谁？他做了什么？

23. 为什么磷很重要？

24. 解释富营养化。

25. 什么是污染？

26. 讨论提高化学反应速率的一些环境特征。

27. 为什么美国西海岸的温度比东海岸更规律？

28. 绘制水文循环的基础。

29. 定义和解释地形效应和雨影的原因。

30. 举例说明自然生态系统如何为城市提供服务。

31. 气候会变化吗？为什么？

32. 给出四个与"世界正在变暖"观点相一致的观察结果。还有哪些其他的过程可能导致地球变冷？

33. 哪三个观察结果，如果是正确的，一定会导致有机进化？你认为这些适用于人类吗？

34. 自然选择影响有机体的三个一般特征是什么？

35. 讨论选择的单位。

36. 勒夏特列原理是什么？它将如何影响生态系统？

37. "生态"一词的一般公共用途与学术意义有何区别？

38. 为什么生态学是思考经济学的良好基础？

39. 讨论生态系统的结构、功能和控制。

40. 营养这个词是什么意思？

41. 什么是外部性？举几个例子。

参考文献

［1］ Darwin，C. 1859. *The origin of species.* John Murray，London.

［2］ Angier，N. 2007. *The canon. A whirligig tour of the beautiful basics of science.* New York：Houghton Mifflin.

［3］ Glymore，C. 1980. *Scientific evidence.* Princeton：Princeton University Press.

［4］ Popper，Karl. 1934. *Logik der Forschung.* Vienna：Springer. Amplified English edition，Popper（1959）.

［5］ Grant，Peter. 1986. *Ecology and evolution of Darwin's finches.* Princeton：Princeton University Press.

［6］ Schluter，D. 2000. *The ecology of adaptive radiation.* Oxford：Oxford University Press.

［7］ Tainter，J. A. 1988. *The collapse of complex societies.* Cambridge：Cambridge University Press.

［8］ Diamond，J. 2005. Collapse：*How societies choose to fail or succeed.* New York：Viking.

［9］ Falkowski，P. 2006. Evolution：Tracing oxygen's imprint on earth's metabolic evolution. Science 311：1724 – 1725.

［10］ Hall，C. A. S.，C. J. Cleveland，and R. Kaufmann. 1986. *Energy and resource quality：The ecology of the economic process.* New York：Wiley Interscience.

［11］ Smil，V. 2001. *Enriching the earth：Fritz Haber，Carl Bosch and the transformation of world food production.* Cambridge：The MIT Press.

［12］ Tuchman，B. 1962. *The guns of August.* New York：MacMillen.

［13］ Goeller，H. E.，and A. M. Weinberg. 1976. The age of substitutability. *Science* 191：683 – 689.

［14］ Deevey, E. S. , Jr. 1970. Mineral cycles. *Scientific American* September：148 – 158.

［15］ Carson, R. 1962. *Silent spring*. Boston：Houghton Mifflin.

［16］ Mitsch, W. J. , J. W. Day, J. W. Gilliam, P. M. Groffman, D. L. Hey, G. W. Randall, and N. Wang. 2001. Reducing nitrogen loading to the Gulf Mexico from the Mississippi River Basin：Strategies to counter a persistent ecological problem. *Bioscience* 51：373 – 388.

［17］ Rind, D. , R. Goldberg, J. Hansen, C. Rosenzweig, and R. Ruedy. 1990. Potential evapotranspiration and the likelihood of future drought. *Journal of Geophysical Research* 95：9983 – 10004.

［18］ Stern, N. 2007. The economics of climate change. *The Stern review*. Cambridge：Cambridge University Press.

［19］ Smith, J. , J. L. Betancourt, and J. H. Brown. 1995. Evolution of Body Size in the Woodrat over the Past 25000 Years of Climate Change. *Science* 270：2012 – 2014.

［20］ Moret, Y. , and P. Schmid-Hempel. 2000. Survival for immunity：The price of immune system activation for bumblebee workers. *Science* 290：1166 – 1168.

［21］ Dawkins, R. 1976. *The selfish gene*. New York：Oxford University Press.

［22］ Trivers, R. L. 1971. The evolution of reciprocal altruism. *Quarterly Review of Biology* 46：35 – 57.

［23］ Any basic textbook on ecology.

［24］ Hall, C. A. S. , J. A. Stanford, and F. R. Hauer. 1992. The distri-bution and abundance of organisms as a consequence of energy balances along multiple environmental gradients. *OIKOS* 65：377 – 390.

［25］ Thomas, D. W. , J. Blondel, P. Perret, M. M. Lambrechts, and J. R. Speakman. 2001. Energetic and fitness costs of mismatching resource supply and demand in seasonally breeding birds. *Science* 291：2598 – 2600.

［26］ Brown, J. H. , C. A. S. Hall, and R. M. Sibley. 2018. Equal fitness paradigm explained by a trade-off between generation time and energy production rate. *Nature* (January 8, 2018) .

16 所需要的数量分析技能

16.1 了解经济学需要掌握的基本数学知识

如果你浏览一本高级经济学杂志，你会发现很多页都是密集的数学方程式。很多时候，这些方程被作为一些经济思想的"证明"提出。这真的是一个非常可怕的经历，即使对我们这些具有很好的定量分析背景的人。如果你的数学能力有限，如何才能成为一名经济学家，或者至少能够理解他人的经济结论？我们不确定，但你也许还有希望。这是因为，尽管我们相信，对经济体系有一个良好的定量理解至关重要，但我们不太确定非常强大的数学分析和技能是否有用，除非我们可能理解其他人使用它们的工作。正如杰出的经济学家琼·罗宾逊所言，我们不应该被那些把简单甚至可笑的想法隐藏在晦涩难懂的数学背后的人所迷惑。经过深思熟虑，如果你们对这句话感到困惑，这里定量的意思是指使用数字和基本的算术，算术通常与某种数据与数据之间的关系有关。数学有许多含义，但在这种情况下，通常意味着使用高级数学的能力，通常称为"数学分析""分析"或"推导封闭形式的解"，通常用于与定量分析松散相关的理论工作。我们认为，经济学已经遭受了过度使用复杂数学的痛苦，这些数学有时与表述不当的问题有关——有时存在误导的假设，即大多数经济学教科书中对经济学的基本理解总是对实体经济的准确表述。我们认为，太多的优秀人才花了太多时间从事这种工作，而我们应该更仔细地审视我们的基本假设，即经济学家应该做什么，以及从经验上——看实际经济是如何运作的。持这种观点的并不只有我们。例如，诸贝尔经济学奖得主、非常有思想和富有成效的经济学家保罗·克鲁格曼在2009年谈到2008年的巨大金融危机时（并暗指约翰·济慈的名诗《希腊瓮颂》）曾说：

　　经济学专业误入歧途，是因为经济学家作为一个整体，把披着令人印象深刻的数学外衣的美误认为真理。经济学家失败的主要原因是他们渴望一种包罗万象、理性优雅的方法，这也给了他们一个展示数学才能的机会。

　　我们在经济学中使用了太多的数学而没有足够的定量实证分析，我们这么认为是有很多原因的，下面我们给出其中的一些。然而，我们也相信，在经济学中有许多种数学的合理运用，尽管我们在构思好的分析时遇到了不小的困难，而且没有使用定量分析和数据。这看起来像是我们在用嘴说话，但是请忍耐，我们可以展现给你看。

　　一般来说，所有的科学家和经济学家都同意，他们的分析应该是严格的，这意味着，根据那些通常进行类似分析的人的标准，他们的分析应该是调查彻底的并且是做得好的。然而，这里至少有两种截然不同的严格要求，科学严谨性和数学严谨性。他们之间经常有混淆。科学的严谨性是指一个问题的提法，如方程的提法，是否符合已知的自然规律和过程。这个问题很好理解，包括哪些因素影响哪些其他因素，以及实际现象在多大程度上由所使用的方程精确地表示出来。数学的严谨性通常意味着方程是否被正确地解出来，而不那么频繁地意味着方程是否被很好地表达出来，或者用工程师的话来说，用分析的方法（铅笔和纸）"恰当地说明"。虽然许多问题都要求科学和数学的严谨性，但我们经常发现，人们对数学的严谨性关注过多，而对科学的严谨性关注不足。霍尔（1988）的《生态学》[1]和第五章中涉及的经济学都给出了这样的例子。

　　在过去，在高速计算机的发明和现成可用之前，分析方法通常是需要的，因为没有其他方法（除了用令人难以置信的单调重复的纸和铅笔计算）来解决即使是中等复杂的数学关系。因此，艾萨克·牛顿不得不发明微积分，也许是大多数分析方法的基础，来解决行星绕太阳运动的问题。对于某些特定的数学关系，它们的函数是光滑的（即规律的）并且不是太复杂，如行星的运动，一个人通过运用分析数学有很多的分析和预测能力。这是因为分析方法准确地代表了真实的现象，并且它们的行为常常被很好地理解。不幸的是，今天过度使用数学的大部分原因是，对大多数人来说，数学是非常困难和可怕的，所以使用复杂数学的人看起来非常聪明（因此他或她的分析必须是正确的）。此外，在分析方法的使用中常常有一些优雅之处，许多人，包括我们自己，都很欣赏。因此，那些对方程进行复杂分析的助理教授经常被授予终身教职，他们对真实经济系统关系的了解很少，甚至是相当荒谬的，这样的助理教授甚至超过了那些对一些真实而重要的问题或数据进行不那么优雅的定量分析的其他助理教授。至少我们听说过。

事实上，大多数实际问题不能用复杂的数学分析来解决[1][2][3][4]。原因是经济学是关于，或者应该是关于，同时发生的许多过程。解析数学通常可以同时解多个方程。当方程为非线性时，问题变得更加困难。当需要偏微分方程时，基本因子不是用直线表示的，而是用曲线表示的。事实上，大多数实体经济都是关于同时发生和相互作用的许多非线性事件。如果一种主要商品（如石油）的价格发生变化，很可能会影响经济的许多其他方面，而不仅是一两个方面。因此，许多看起来很奇妙的数学必须将这些复杂的实际问题简化成更简单的"分析上容易处理"的形式，以便通过分析手段找到奇妙的解决方案。结果可能看起来令人印象深刻（实际上经常如此），但是我们必须非常仔细地询问，数学解决方案实际上是真实解决方案的代表，还是某种简化的、"分析上容易处理"的公式。答案有时是肯定的，有时是否定的。好消息是，最近已经在计算机模型甚至电子表格中开发出了非常强大的定量工具，使具有良好直觉但数学能力相对较弱的人能够对经济进行定量的分析。但是没有电子表格可以测试概念是否准确地表示了所分析的现象。

16.1.1　什么数学是最有用的

要对经济学的定量方面有一个基本的了解，基本数学可以用以下几个词来概括：函数、线性、非线性、指数增长和衰减、限制、年龄结构、强迫函数、统计和微积分，我们确信我们忘了添加其他一些单词。当然这些需要一个或多个完整的数学课程的真正理解，对于很多人来说，我们提供了一个简单但重要的概述来提供充足的了解，以帮助初学的学生理解——如果他们想成为一名经济学家或资源分析师，他们为什么希望继续学习数学课程，并为一些人提供复习？如果你擅长数学，当然，这一章对你来说太初级了，可以跳过它。

16.1.2　数学函数和强迫函数

首先有几个定义：数学通常是关于常量和变量的。常数永远不会改变，如 π（3.14159）的值，平均每桶石油的近似能量含量（6.118 GJ ± 少量），或者我们定义为常数。随着时间的推移，变量可以取不同的值，例如，美国的 GDP、失业人数、一年捕捞的三文鱼数量，以及传统上使用的 x 和 y。应用数学通常处理从自然界或人类经济中测量出来的数字。我们把系统的可测特性称为参数，这包括上面提到的常数和变量。这可能会令人困惑，因为我们还将方程中的系数

（$y = a + bx + cx^2$ 中的 a、b 和 c）称为参数。它们只是同一个单词的两种用法，没有特定的或至少没有必要的联系。

　　也许开始思考数学最基本的方法就是学习函数。当我们使用"function"这个词时，我们说"y 是一个对 x 的函数"。因此，植物生长（y）是阳光（x）的函数，利润（y）是投资（x）的函数……当我们用数学表达这种关系时，我们通常这样做，我们说的是数学函数。我们说的独立因子，通常画在 x（水平）轴上，它独立于其他项而变化，因变量随自变量而变化。或许所有经济分析的基本问题都是基于个案的：y 真的是 x 的函数吗？什么样的函数？它是线性的还是非线性的？我所测量的功能在未来还能继续保持吗？我能指望吗？y 还可以是什么函数？

　　因此最普遍地：

$y = f(x)$

　　这个方程最简单的应用是对于一条平坦的直线（见图 16 - 1），其中 a 表示一个常数：

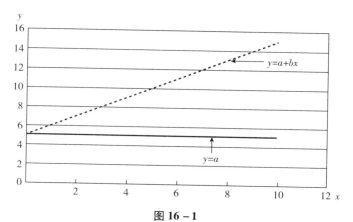

图 16 - 1

水平线：y = 一个常数（本例中为 **5**）；斜线：y = 常数加上 x 的线性项。

$y = a$

　　我们可以通过使 x 变量成为 x 变量的函数来给直线增加斜率：

$y = a + bx$

　　其中 y 是因变量，x 是自变量，a 和 b 是方程的参数。在这种情况下，y 是作为 x 的线性（直线函数）方程的值，该方程的参数为 a，y 为截距，b 为斜率（或水平运行的垂直上升量，有时使用 m）。一个更复杂的关系是非线性的（即不是直线），有很多种类（图 16 - 2 是生成非线性曲线的一种方法）：

$y = a + bx^2$

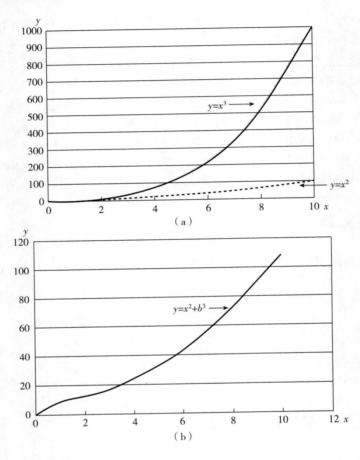

图 16 – 2

（a）增长曲线，$y = x^2$ 和 $y = x^3$。（b）增长曲线，$y = x^2 +$ 一个三次方函数。

更加复杂的等式（见图 16 – 3）是：

$$y = a + bx + cx^2$$

其中，y 是因变量，x 是独立变量，a、b 和 c 是参数。带有平方项的方程通常称为二次方程，它生成的曲线称为抛物线（见图 16 – 4）。另一种常见的非线性曲线是功率曲线，参数为 a 和 b（见图 16 – 4）：

$$y = a^x + b$$

更复杂方程的可能性列表本质上是无限的。这些函数关系通常是通过对这两个变量在过去是如何关联的进行统计分析而推导出来的。因此，如果植物在更多的阳光下生长得更快，我们通常可以假设这种关系在未来也会成立。这种功能关系对物理系统（通常几乎是完美的）最有效，如行星引力或导线中的电子流动，对生物系统非常有效，有时对经济系统也非常有效，但有时完全无效。由于许多人对预测金融未来很感兴趣，所以经常使用各种数学方程。

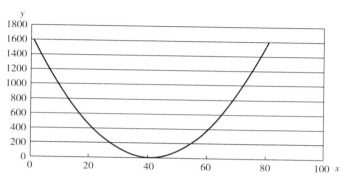

图 16 – 3

$y = ax^2 + bx + c$ 生成的抛物线

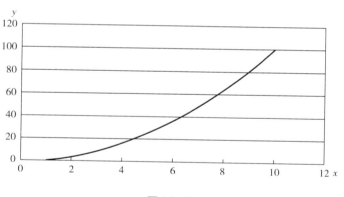

图 16 – 4

幂曲线，其中 $y = x^a + b$，$a = 2$，$b = 0$。

　　用数学方法来研究经济学可能会有很多问题，因为我们并不总是清楚，所使用的数学方法能否很好地表示货币、生产或其他因变量。但"数学函数"方法确实经常奏效，以至于许多人对它着迷。例如，在经济学中，人们常常假设，如果进行了投资，那么企业或产出或任何东西都会增长。没有投资就没有增长。现在，这种增长可能会发生，也可能不会发生（这可能是一项糟糕甚至愚蠢的投资），但很明显，如果你不投资于新的生产设备，这种增长就不会发生。

　　例如，如果你发现过去在你的企业中，企业增长与投资成正比，那么两倍的年度投资将带来两倍的企业增长，那么我们就会说这种关系是线性的。

但如果市场饱和，也就是说，没有足够的潜在买家来购买你生产的所有产品，或者根本不可能找到或开采这些资源，会发生什么？那么这种关系就不是线性的，它可能会饱和，这意味着更多的输入不会产生更多的输出（见图 16 – 5）。

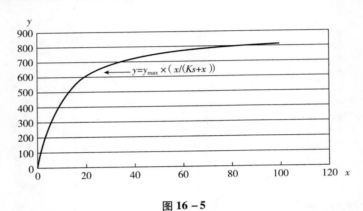

图 16 – 5

饱和曲线（米凯利斯—门滕）其中 $y = y_{max} \times (x/(Ks + x))$，在本例中 $y_{max} = 900$，$Ks = 5$。

对于这种类型的曲线，另一个重要的词是对输入的响应变得渐近，或水平。一个很好的例子是，美国经济在 20 世纪 70 年代末和 80 年代初投入了大量美元寻找石油。早些时候，增加的投资实际上增加了石油产量；然而，1970 年以后，石油产量实际上每年都在下降（传统石油的产量仍在下降，但不是"非常规"石油）。认为投资将产生更多石油的假设并非如此（或至少要复杂得多），因为这种关系是由原始经济方程中没有包括的地质过程决定的。

16.1.3 增长：线性与非线性

西方经济学中第一个正式的真实数学分析是基于线性增长与指数增长的概念。英国早期经济学家罗伯特·马尔萨斯表示，由于"两性之间的激情"持续存在，人类人口将呈指数增长，而受良田供应限制的农业生产只能随着时间呈线性增长。在我们讨论数学函数的类型时，我们也会从这两种类型的数学函数开始。我们将用 Q 表示农业用地数量，用变量 N 表示人口数量。

线性（直线）增长，或大多数线性的东西，可以用直线或下面的简单方程来表示：

$$Q_{new} = Q_0 + t \times k$$

在这种情况下，Q_{new} 是某物的新数量，如马尔萨斯论证中的耕地数量只是时间的函数，而且仅是时间的函数。Q_{new} 也被称为一个变量，它的意思是一个数值可以在方程解的过程中改变它的值，而不是一个常数，常数是指一个永远不会改变的数值（如 π）。k 是增长率，如每年 8 公顷。变量 t 表示时间，从 1 到 2 再到 3，就像方程被解了 1 年、2 年或 3 年（或更长时间）一样。Q_0 表示所考虑耕地的原始数量，即分析前的值。这是线性方程的关键所在——我们每年在农场面积上不断增加相同的面积。如果我们有 100 公顷，那么 1 年后，我们会有 108 公顷，2 年后是 116 公顷，依此类推。当这个方程随着时间的推移被求解，也就是说，当我们求解多年后，结果将如图 16-1 所示，也就是说，它将是一条直线。

指数增长意味着每个增量（Q_{new} 或 N_{new} 代表人口数量）都被添加到先前确定的总量中，由于新的增量依赖于该总量，所以每个新的依赖值都会随着时间的推移而增加。这是银行延期付款的普遍情况——理论上，它通过复利呈指数级增长。在这种情况下，随着加入量的增加和时间的推移，解 Q_{new} 将以递增的速度增长。方程可以递归求解（即在计算机中求解）：

$$N_{new} = k \times t \times N_{t-1}$$

或者可以通过分析来解决：

$$N_t = N_0 e^{rt}$$

在本例中，N_{new} 表示某事物的新数量，例如，人数是一个变量，（通常）随着时间的推移而增加。e 是自然对数（2.71828）的底数，k 是一个生长函数或系数。t 表示时间，1，2，3，…，N_{t-1} 表示求解前一次的种群数，与方程第一次求解前的原始值不相同。当这个特殊的方程随着时间的推移而解出来，也就是说，当我们解了很多年，结果如图 16-2 所示，也就是说，它会是一条递增的曲线。在这两种情况下，我们都可以用解析法或更常用的数值法来解这些方程。为此，我们编写了一个算法（一系列数学步骤）并用数值方法求解。今天，大多数复杂的数学方程通常用计算机模型来求解，我们将在下面介绍。

这两个方程之差，即线性与指数之差，如图 16-6 所示。这些差异本质上就是马尔萨斯所说的：粮食产量将呈线性增长，而只要平均每个家庭至少有三个幸存的孩子，人口就会呈指数增长。随着时间的推移，这种不变的增长率将适用于越来越多的家庭总数。事实上，自马尔萨斯的时代以来，人类人口和粮食产量都呈指数级增长，（可以说）粮食产量的增长甚至略高于人类人口的增长。粮食产量的增加通常归因于技术，这意味着植物育种和更好的管理，但特别是化肥、拖拉机等的使用增加。当然，所有这些投入基本上都是基于石油使用量的增加。因此，马尔萨斯方程所缺少的是石油农业的发明和大规模扩张的因素。当然，如果石油供应严重受限，找不到好的替代品，那么从长远来看，马尔萨斯的方程可能自始至终是正确的。

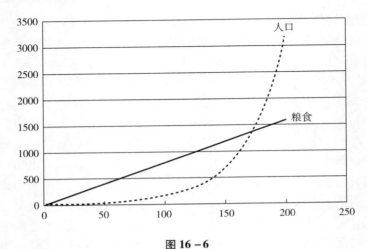

图 16 – 6

马尔萨斯：用马尔萨斯时期英国的近似值求解马尔萨斯线性与指数方程的解（1800 年）。

指数增长在经济学中非常重要，至少有两个原因。第一个是人口的潜在指数增长（因此，以一种近似的方式，经济活动），随着时间急剧增长。第二个是投资时资金的指数增长。这个概念让很多想赚大钱的人兴奋不已，因为潜力是巨大的。然而，我们可以从找到一个发人深省的事实检验：如果我们把 30 块银元（如果它们的大小相当于今天的 500 美元）在 2000 年前以 2% 的价格投资，那么它们就值：

$$X = 500e^{0.02 \times 2000}$$

这个简单方程的答案大约是 500 万亿美元，比世界银行估计的 41 万亿美元要多得多。由此得出的一个发人深省的结论是，地球上的平均投资回报率远低于 2%，低于通胀率。当然，这并不意味着你不能在股市做得很好，只要经济增长就可以。但在地球的历史上，投资失败的情况可能至少和投资成功的可能性一样多。

16.2　统　计

也许经济学中最常用的数学工具是统计学。统计数据在很多方面都很有用，但最重要的是：

（1）以帮助理解与数字相关的不确定性程度；

（2）不同的事物是否相关的程度，也就是说，不管以何种形式，y 是否确实

是 x 的函数以及以何种方式。

对于上面两个例子，我们可能想知道：经济增长与投资有关吗？工人的数量有多少？消耗的能源？技术创新？是否有对资源的开发？哪些资源？显然，答案并不简单。在经济关系方面，这是非常困难的。当一个人试图在实验室里理解一种化学物质的溶液时，化学家通常可以在混合物中加入或不加入某种特定物质的情况下进行实验，从而得到一个非常有力的答案，即什么对某种特定的最终产品有贡献，什么没有贡献。

这相对容易，因为测试和控制只差一个潜在的原因变量。对于经济学来说，通常进行这样的实验要困难得多，因为你要处理的是一个不受实验室控制的系统，而且许多事情可能同时发生。然而，阐明因果关系并不是不可能的，尽管这是困难的，而且越来越多的人正在解决一些问题。因此，由于实验往往是困难的或不可能的，经济学家经常分析现有的经济随着时间的推移，或比较许多不同的经济，例如，国家之间。要做到这一点，通常认为最有用的工具是统计，尽管这个词涵盖了各种方法、哲学和工具。

16.2.1 相关性

也许最基本的统计工具是相关性。相关性检验变量 a 变大时，变量 b 是否变大？经济增长是否依赖美国能源使用量的增加？在这种情况下，我们可以认为经济增长是因变量，能源使用是自变量，独立意味着它的变化不受因变量的影响。绘制 1900 ~ 1984 年的数据，我们会回答"是的，看起来是这样"。相对较高的 R^2 意味着这两者密切相关（见图 16 - 7），或者至少倾向于强烈地同时发生。但是如果我们仔细想想，我们会发现至少有两个问题。第一个问题是，我们不能从逻辑上说经济增长取决于能源使用还是能源使用取决于经济增长，这是一个没有明确答案的先有鸡还是先有蛋的问题。我们能说的是，经济活动和能源使用是相互关联的，也就是说，当一个值高的时候，另一个值就会高，反之亦然。因此，这是统计相关性的一个优势（也是一个弱点）。它不会告诉你一些不正确的东西，但它不会像你想的那样帮助你确定哪个是自变量，哪个是因变量，或者即使这是一个合适的问题。

第二个问题是，如果我们看看 1984 ~ 2005 年的关系，似乎有相当大的经济增长，而能源使用的增长相对较小。这向你展示了统计学的另一个特征：过去发生的事情是否会延续到未来。或者，正如我们相信，我们没有完全指定的问题，也就是说，有一些迹象表明，相对于过去通胀修正的 GDP 被夸大了（参见 shadowstatistics. org），当然，美国自 1984 年以来外包了大量的重工业。

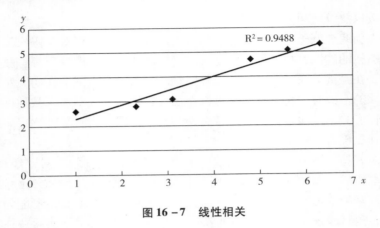

图 16－7 线性相关

跟踪统计分析的另一个问题是协方差：两个参数可能同时增加或减少，但实际上它们之间几乎没有关系。这种相关性表明，它们正在对彼此做出反应，但事实上，两者都可能对第三个因素做出反应。例如，田间植物的温度和光合作用都倾向于在一天的前半天增加，其中可能会得出一个相关联的结论。但事实上，它们每一个都对阳光的增加做出独立的反应。

这个问题被多参数问题进一步混淆。理想情况下，我们希望能够研究一个自变量和一个因变量。如果幸运，我们会发现一个简单的关系，类似于图 16－7 所示。但如果有其他因素影响因变量呢？例如，我们知道植物也需要足够的水和营养。因此，如果我们想要了解或建立一个植物生长的模型，我们需要厘清这些因素的可能影响。如果我们测量的发展天然植物或农田里的一种植物的生长，我们需要收集大量的气象和土壤数据，并可能进行一些谨慎的田间试验，来揭示这些影响，我们将需要使用多因子的统计试图去理解其中每一个影响。

16.2.2 计量经济学

计量经济学被广泛定义为经济学统计，但它越来越多地关系到分析变量如何随时间变化以及检验因果关系。这些分析大多试图解释处理时间序列变量时出现的统计偏差，如今计量经济学是一个拥有自己的教科书、期刊等的大型学术领域。这些技术通常是理解真实经济中真正发生的事情的很好的方法——只要在等式中加入适当的因素。例如，我们对罗伯特·考夫曼的计量经济学印象深刻，他的计量经济学考察了美国对燃料[5]的依赖程度，以及温室气体[6]的去向。

16.3 微积分

微积分是一种复杂的定量分析方法，它关注事物的动态或随时间的变化：动力学、微分学以及随着时间变化的累积效应的积分学。微积分显然是由英国的牛顿和德国的莱布尼茨同时发明的，特别是牛顿，需要理解如何用数学理解开普勒行星运动定律，并且发明了微积分对行星的运动进行整合，来展示在相等的时间间隔，行星如何拦截弧线，但非常不同的椭圆轨道部位拦截了同一区域。

虽然在很多数学课上你都可以学到很多关于微积分的知识，但是关于这本经济学书你需要知道的关于微积分的知识可以在下面的两段中找到。你可能会说，这怎么可能呢？因为经济学专业有微积分课程，而大学里有微积分Ⅰ、微积分Ⅱ、微积分Ⅳ等。这是对的，如果你还没有学过微积分，我们不想阻止你学习两到四个学期。但是我们一次又一次地发现，即使我们的学生已经学了两个学期的微积分，即使他们在学习微积分的时候能够解决很多家庭作业中的问题，他们也不知道或者至少不记得微积分的本质是什么。我们通过给学过微积分的高年级学生做一个简单的微积分测试就知道了这一点，也就是画一条对我们在黑板上画的一条曲线进行积分的曲线，然后对第一条进行微分。我们还要求他们用微积分写出汽车里的速度表和里程表之间的关系。学生们在考试中的平均成绩约为 25 分（满分 100 分），与我们之前任教的常春藤盟校相同。我们大多数理科生都不能回答这些关于微积分的基本问题，尽管他们最近通过了这门课。有些人当然能做到，而且远不止这些，但他们并不是平均水平。学生们一直在为考试而学习，但在这样做的过程中并没有学到微积分最基本的方面。如果你属于这一类，那么要思考微积分中什么是最重要的。

想想汽车上的里程表（速度表内的小里程计数器）。在微积分上，里程表对速度表积分，速度表是里程表的一阶导数（见图 16－8）。它们互为反函数。所以如果你以 40 英里每小时的速度开 1 小时，以 60 英里每小时的速度开 1 小时，2 小时后，你的积分就是 100 英里，也就是说，你已经走了 100 英里。同样，如果你工作 1 小时，每小时 10 美元，3 小时是每小时 12 美元，4 小时结束时，你的综合工资是 46 美元。这个关系式的一半积分是，如果你在 2 小时内走了 100 英里，那么通过求一阶导数（假设速度不变），你的速度就是 50 英里每小时。如果你改变速度，那么速度的一阶导数，也就是速度的变化率就不是常数了，由于变化率在改变，你在推导积分时会遇到一些困难。简单地说，这就是微积分的全

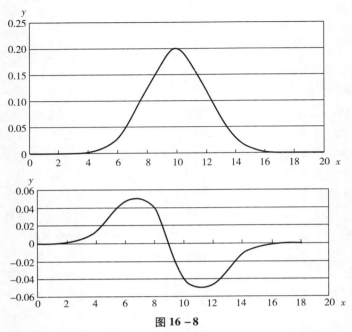

图 16-8

微积分的本质是：上一条线是下一条线的一阶导数，即瞬时变化率；反之，下线是上线的积分，或效果的总和。

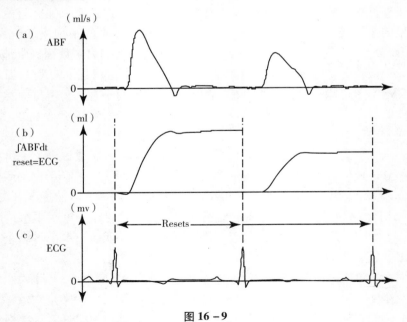

图 16-9

图（a）是图（b）与周期重置图（c）的积分。

部内容，尽管其本质是微积分在"无穷小"的时间周期内进行这些计算。这并不难掌握，因为一个好的里程表是每秒钟（或更少）对速度表进行积分，而速度表显示的是积分的瞬时一阶导数。当然，数学和问题可能会变得无限复杂，但这是你需要了解微积分的最重要的东西，以便理解生物物理经济学的本质（见图16-8和图16-9）。

因此，如果你将在银行的复利加起来，5年后你的100美元（10%的利息）值多少钱？全球变暖导致海平面在未来100年上升的综合成本是多少？不过，我们鼓励您学习更多关于微积分的知识，因为这个概念非常简洁和有用。在实际应用中，上述例子可以用"有限差分"或时间步长算法在计算机上很容易地求解。但是答案仍然应该考虑对某个东西随时间积分，这就是微积分的内容。记住，微积分是由艾萨克·牛顿发明的，用来解决一个非常实际的问题：如何理解和预测行星围绕太阳的运动。微积分很重要，因为它帮助我们不仅关注系统的当前状态，还关注它是如何变化的，以及这种变化的最终结果是什么。

16.3.1　数学在经济学和自然科学中的正确运用是什么

在大多数人（包括科学家自己）的心目中，科学被定义为科学的部分原因是使用数学和数学模型来定义和解决问题。数学的力量（广义上）是使预测的结果在数量上显式，从而在数量上可预测。检查模型是否正确或至少充分的过程称为验证。敏感性分析是对模型制定中的不确定性（结构如何）或参数化（分配了哪些数值系数）程度的检查，这些不确定性允许人们相信你的结果或得出某些结论。正是通过验证和敏感性分析，模型产生了（有时）在解决甚至预测真相方面的巨大力量，如人类思维是可能的和可访问的。

但读者现在已经看到我们对许多数学模型的极大不信任。那么，如果数学在科学过程中经常是错误的，那么它在科学过程中应该扮演什么样的角色呢？首先，有必要区分数学的和定量的。定量指的是在分析中以一种重要的方式使用数字：3条鱼还是7条鱼。这并不需要任何特殊的数学技能，尽管获得准确的数字可能需要另一种巨大的技能。数学是利用复杂的定量分析工具来处理这些数字或研究它们之间的关系。它包括代数、几何、微积分等。我们在这里强调，我们相信，学习好的定量方法，包括正确理解真实世界和你试图使用的方程之间的关系，要比成为解决与现实脱节的问题的数学天才好得多。

16.3.2　解析的和数值的

正如我们说过的，有两种主要方法，其中的任何一种可用来操纵数字：解析

（或封闭形式）和数值（或模拟）。这基本上就是纸、铅笔和计算机数学的区别。解析方法为特定时间点的有限方程组或条件集提供显式和精确的解，通常使用相当复杂和困难的分析，通常应用于相当简单的（必要的）方程组。因此，使解析数学模型起作用所需要的是非常简单的系统。这在物理学中有时被描述为二体系统（容易解）和三体系统（很难解）。真实的大气系统或真实的经济系统并没有那么简单，把真实的系统装进一个足够小的"盒子"里，并进行分析，这不是科学。在我们看来，经济学中很少有真正的问题可以用这种简单的关系来充分地表示出来，而用复杂的解析分析所做的经济学的大部分工作是给出数学结果，而不是经济结果。然而，使用分析数学确实有一个主要的好处。通过对方程的处理，您可以将因果关系转换为可理解的输出，并派生出需要理解的模式。换句话说，有时解析方法可以帮助您清晰地可视化您试图理解的概念。

第二种方法是数值解法，它利用复杂算法（或数值公式）中的复杂方程，在计算机中逐步求解，给出了更广泛的可能方程的近似解。从理论上讲，这两种方法都可以用来解决许多特定的定量问题，有时也可以这样做。在实践中，可以用解析方法解决的数学问题的类别受到严格限制，往往需要一系列有时不切实际的假设才能将问题转化为数学上可处理的格式，而进行这种分析过程所需的数学训练使许多人无法使用这种方法。幸运的是，如果一个人学会了计算机编程，甚至能熟练地使用电子表格，就能解出有关定量关系的复杂的、多重的方程，这是早期最优秀的数学家做不到的。

解析数学的应用在 20 世纪早期物理学的发展中尤为重要，原子弹的发明为纯数学与实际应用相结合的许多力量提供了实实在在的证据。即便如此，制造核弹所需的复杂流体动力学方程也不可能用解析方法求解。1944 年夏天，多达一半的美国数学家在新墨西哥州的洛斯阿拉莫斯度过，许多人用手摇计算器求解流体动力学方程数值，这是一个优秀的计算机本科学生现在可以在一个下午就解决的问题[8]！数学物理的成功，包括分析和数值，导致许多其他学科的实践者，包括生态学和经济学，试图模仿，至少表现出，物理学家的数学严谨性和复杂性。这反过来又导致生态学家玛丽·威尔逊谴责他们的许多努力，她说这些努力是为了她所谓的"物理嫉妒"（弗洛伊德双宾语）[9]。然而，即使是爱因斯坦也喜欢在没有数学的情况下解决问题。数学模型特别重要的其他科学包括天文学、化学某些方面、生物学某方面、人口统计学，在某些情况下还有流行病学。数学对于大多数生物学的重要性是很难确定的。当然，生物学中最重要的发现是查尔斯·达尔文的发现，他在自然选择理论的发展过程中基本上没有使用任何数学知识，除了生物体具有指数增长潜力这一概念。同样，数学本身与细胞理论、DNA 的结构和性质以及大多数现代分子生物学的发展几乎没有什么关系。另外，遗传学，从孟德尔到当代人口遗传学，以及流行病学都深受数学的影响，有时甚至倾向适应于数学。

图 16 - 10　汽车里程表

外圈数字表示速度，中间的数字是里程表，它对速度表随时间的变化进行积分。速度表是里程表的一阶导数。这就是积分和微分学的本质。

但在生物学的许多领域，数学的结果也参差不齐。人口生物学本质上是一门定量科学，在数据充足的地方（如美国保险公司的精算表），真正好的数学预测是可能的。在实验室条件下，相当好的数学预测，例如，在一个均匀环境的种群（面粉甲虫或水蚤）或一个捕食者和一个猎物（捕食螨和猎物螨），也可以做。将这些结果外推到自然界的野生种群中一直充满了困难，而且与误解制造有关[1]。从根本上说，在自然界中，决定种群数量的因素，与其说是构成种群生物学基础的简单种群方程，不如说是决定温度、湿度、食物供应等因素的环境条件，而这些因素是无法用模型轻易预测的。生物学的其他大部分领域（行为、生理学等）虽然肯定是定量的，但却抵制任何范式模型的发展。

模型的最后一个问题是，数学证明和科学证明之间经常混淆。数学可以相对容易地生成真实的证明，因为你是在一个定义好的宇宙中工作（通过假设和使用的方程）。如果你把直线定义为两点之间最短的距离，那么你就可以解决很多需要直线的问题。但是，大自然交给我们的世界既不是那么笔直，也没有那么清晰的定义，我们必须不断努力用我们的方程式来表示它。因此，只有在相对罕见的情况下，当方程确实抓住了问题的本质时，数学证明才成为科学证明。我们都在追寻牛顿的足迹，但牛顿可能已经从大自然所能提供的东西中撤去了精华。

16.3.3　为什么经济学如此复杂、如此善于分析

尽管如此，在学术界仍然存在着许多对物理学的嫉妒，渴望模仿简单解析方程在物理学中成功应用的力量和声望。数学的严谨性有时对解一个方程非常有用，但至少对给同事和院长留下深刻印象同样重要，不管分析是否与现实有确信的联系。在某些情况下，它带来了人类所有知识中最辉煌和最重要的进步，如牛顿或麦克斯韦的方程。然而，数学的严谨性虽然在其本身和某些应用中是有用的，但就其本身而言却很难成为一种可接受的科学标准，尽管它经常被这样提倡。因此，高级经济学家常常沦于把相当复杂的经济问题简化成一种可分析的、可处理的形式——也就是说，可以用解析的方法来解决。这是一个可爱的想法，需要大量的技巧和注意力，有时会产生非常有用的结果。然而，我们常常认为它生成的结果只代表数学，而不是真实的系统。在极端情况下，克鲁格曼[7]曾表示，2008 年金融危机的主要原因是，华尔街将其分析从具有金融敏锐头脑的人转向了具有极强数学技能的人。我们在本书中举了一些例子，在第 20 章中明确地给出了。

16.3.4　现在我们似乎自相矛盾

尽管建模有很多问题，但我们不理解如何使用科学的方法，即在不使用正式建模的情况下，对复杂的问题生成和测试假设。这对于管理和政策相关的问题以及理论问题都是如此。我们认为，在复杂的经济学（和环境科学）世界中，定量（或偶尔非定量）模型是必要的，因为它允许人们将科学方法应用于复杂的真实的自然系统、人与自然系统。但关键是要使用正确的模型。实现这一点的方法非常简单：试着表示您正在处理的真实系统，而不是一些碰巧在分析上是可处理的抽象概念。很简单，大多数实际问题需要计算机建模，而不是解析建模。模型的力量在于使我们的假设显式，通常是定量的，因此是可测试的。我们将在本书后面给出一些我们认为非常好的模型示例。

在这一点上，可能许多读者对我们在这一章中对数学的模糊处理感到困惑或不高兴。这是因为用数学世界来理解现实世界中的自然和经济问题，就像本章所描述的那样，是模糊和混乱的。我们希望我们的快速浏览已经帮助你们中的任何可能成为或已经成为数学实践者的人，帮助你们分清良莠。此外，我们还为所有人提供了工具，帮助他们看穿那些用花哨数学修饰的糟糕想法。

问题

1. 数学分析和定量分析的区别是什么？

2. 在什么情况下科学严谨等同于数学严谨？

3. 解析数学在什么情况下最有用？

4. 常数和变量之间的区别是什么？

5. "其中一项功能"是什么意思？

6. 线性是什么意思？举出线性的例子。

7. 给出三个非线性函数或关系的例子。

8. 什么是算法？

9. 相关性与函数有何不同？

10. 定义计量经济学。

11. 用日常生活中熟悉的东西来定义微积分。

12. "有限差分"与微积分有什么关系？

13. 验证是什么意思？敏感性分析呢？

14. 区分解析法和数值法求解数学方程。

15. 解析技术最适合解决什么样的科学问题？

16. 如果经济学的方程式往往是复杂的，为什么它们经常被用解析方法描述？

参考文献

［1］ Hall，C. A. S. 1988. An assessment of several of the historically most influential theoretical models used in ecology and of the data provided in their support. *Ecological Modeling* 43：5 - 31.

［2］ Hall，C. A. S. , and J. W. Day，eds. 1977. *Ecosystem modeling in theory and practice. An introduction with case histories*. New York：Wiley Interscience.

［3］ Hall，C. 1991. An idiosyncratic assessment of the role of mathematical models in environmental sciences. *Environment International* 17：507 - 517.

［4］ Gowdy，J. 2004. The revolution in welfare economics and its implications for environmental valuation. *Land Economics* 80：239 - 257.

［5］ Kaufmann，R. K. 1992. A biophysical analysis of the energy/real GDP ratio：implications for substitution and technical change. *Ecological Economics* 6：35 - 56.

［6］ Kaufmann，R. K. , and D. I. Stern. 1997. Evidence of human influence on climate from hemispheric temperature relations. *Nature* 388: 40 – 44.

[7] Krugman, P. 2009. How did economists get it so wrong? *Editorial New York Times Sept.* 2: 2009.

[8] John G. Kemeny. BASIC and DTSS: Everyone a programmer (Obituary). http://www.columbia.edu/~jrh29/kemeny.html.

[9] Mary Williston Ecological Bulletin, Personal Communication.

17　经济学是一门科学吗

——社会或生物物理的

引言：早期的经济学大多是生物物理学

我们首先回顾一些重要经济学家的基本观点，如第 2 章所述。经济独立于我们如何看待或选择研究它们而存在。由于或多或少的偶然原因，我们在过去 140 年里选择把经济学作为一门社会科学来考虑和研究。然而，当前的社会科学关注焦点与 1880 年以前的经济学家并非特别一致，以前的经济学家更有可能问 "财富从何而来"，比当今大多数主流经济学家的观点都要正确。总的来说，这些早期的经济学家从自然生物物理世界开始他们的经济分析，可能只是因为他们有常识，也因为他们认为早期重商主义者的观点不充分，重商主义者强调财富的来源是 "宝藏"（如贵金属），来自采矿、贸易或掠夺。在第一个正式的经济学派中，法国重农主义者（如魁奈（1758），见克里斯滕森[1][2]）专注于土地作为创造财富的基础。

托马斯·马尔萨斯关于人口（其中有六篇）的著名论文认为人类会指数式增长——因为人们似乎不太可能控制性别之间的 "激情" ——除非在某种程度上 "审查" 因素，减少了出生率或增加了死亡率。由于马尔萨斯不相信工人阶级的 "道德约束"，认为节育是一种 "罪恶"，他建议采取一种相当严厉的社会政策来提高穷人的死亡率。马尔萨斯认为，满足人口指数增长所需的农业生产只能线性增长，即农业生产增长的速度比人类要慢。他还反对向英国进口更便宜的大陆性谷物，因为有限的粮食供应保证了他的主顾——拥有土地的贵族的租金不断上涨，并挤压了竞争对手资本家的利润。正是这种观点——人类的前景受到食品供应不足的限制，阶级冲突不可避免——导致维多利亚时代的哲学家托马斯·卡莱尔给经济学贴上了"沉闷科学"的标签。这是因为，在马尔萨斯和其他古典政治经济学家看来，有限的肥沃土地（一种固定的生产要素）确保了工资将趋向于微薄的生存水平。亚当·斯密和其他古典经济学家关注土地，尤其是劳动力，将自然世界产生的资源转化为我们认为的拥有财富的物质。后来，大卫·李嘉图对随着人口（以及农业总产量）的扩大，普遍需要使用质量越来越差的土地的问题进行了重要的观察。即使是马克思，在他的著作《资本论》第三卷关于地租的章节中，也对大规模农业对土壤质量的长期不利影响产生了浓厚的兴趣，并对土壤的退化做了大量的论述。他坚信资本主义剥削土地的方式和剥削劳动力的方式是一样的。马克思是农业化学突破的狂热追随者，尤斯图斯·冯·李比希的著作给马克思留下了特别深刻的印象，他认为英国的"高级农业"是一种广义的抢劫体系。与传统农业不同的是，早期的工业化农业将粮食运回城市，在那里，粮食废料变成了污染，而不是肥料。重要的是，早期所有重要的经济学家都明确地以生物物理学为基础，并且至少与他们所试图理解的经济的社会或人类方面同样重要。

但在 19 世纪 70 年代，这些至少部分基于生物物理学的经济学观点被威廉·斯坦利·杰文斯、卡尔·门格尔和莱昂·瓦尔拉斯的边际主义革命所取代。他们的观点是基于"主观效用"这样的抽象概念，在经济学中本质上第一次忽视了物质或能量的可度量的物理投入和产出。这种新的经济学研究方法被称为新古典主义，边际革命者的思想至今仍占主导地位。用早期边际主义者弗雷德里克·巴斯夏的话来说："交换就是政治经济。"因此，与以市场为基础的人类偏好相比，生产——一个需要自然科学知识的生物物理视角——对经济学家来说变得不那么重要，甚至不存在。经济分析的常识性生物物理基础在智力上被扼杀了，尽管在实体经济中不是这样。到 20 世纪初，新古典主义的生产函数完全忽略了土地（代表所有的自然），以及能源（从未被考虑过）。后来，一代又一代的经济学家都是从与生物物理现实脱节的角度接受训练的，除了偶尔影响价格时，他们的世界观往往是极端数学的、理论的，甚至是教条主义的。另外，有人可能会说，新古典主义经济学很好地反映了人类渴望得到更多东西的特点，以及经济学中发生的许多事情确实发生在我们可以称之为市场的地方。但是，整个运动偏离了以物质现实为基础的经济学，因此服从于自然科学的工具，服从于侧重于人类或社会视角的工具；换句话说，经济学的知识基础从一个对自然科学相当熟悉的基础，变成了一个仅被视为一门社会科学并加以研究的基础。

虽然概念经济学脱离了生物物理现实，但至少在理论上，在一个方面并非如此，这就是关于基础数学理论的发展。在 20 世纪之交，经济学家选择物理学（更明确地说，是经典力学的解析数学形式）作为捕捉其学科本质的模型。这反映在我们熟悉的商品价值、成本与数量的关系图和方程中，价格决定于向下的需求曲线（由效用曲线推导而来）与向上的供给曲线的成本趋势的交点。虽然物理学作为其模范，知识普及作为动机，由此产生的经济模式按自然法则是不现实的，因为它代表了一个动态的、不可逆过程与静态和可逆的一组方程作为物理约束方程的守恒原则，是不符合资本积累的，事实上，不符合增长甚至是经济学家模型里的生产[3]。因此，具有讽刺意味的是，如果不是所有的经济学家都没有注意到，经济学家试图通过模仿物理来为自己的努力增加严谨和体面的做法，实际上违反了热力学第二定律，这一定律在物理学中很快就会失效。

经济学是一门社会科学吗

到目前为止，我们关注的重点是，在考虑将"社会科学"作为经济学的一个描述词时，我们是否应该使用"社会科学"（而不是"自然科学"）这个词。现在我们要关注在描述符号中"科学"一词的使用。银行家德利斯勒·沃洛说过（我们也同意）[3]：

经济学中没有定律。正如拜因霍克提醒我们的那样，物理科学中的定律是一种普遍规律，没有已知的例外。经济学中没有任何东西符合这个标准。我们所拥有的是理论：解释为什么规律存在以及它们如何工作。我们需要停止写"证明"理论的论文；它们往往是一些没有实际意义的数学练习，对经济的实际运行没有任何洞见。在我们的实证工作中，我们必须接受这样一个现实：模型规格、测量误差、代理变量选择等方面的限制是如此巨大，以至于我们永远无法通过诉诸数字来"证明"经济学中的任何东西。

所以如果我们要站在这个立场上，并且我们就站在这样的立场上，我们必须问，为什么经济学被称为社会科学，或者任何一种科学，如果它没有能力产生我们可以依赖的规则？为什么这么多重要的华尔街金融机构把他们的分析交给高度数学化（但几乎没有财务知识）的"定量分析师"，而他们却普遍把自己的机构和投资者拉下了悬崖？

这重新介绍了我们书中最基本的信息。经济学应该像大多数经济学教科书所说的那样，主要是关于社会科学，关于人类的需求和欲望，以及市场以最佳方式满足这些需求的能力，还是应该是关于财富产生甚至是分配背后的生物学和物理学（即生物物理的）条件。我们相信，当然应该是一些综合，但是我们也相信，通过几乎完全聚焦在社会科学方面的经济学同时基本忽略，甚至对生物物理方面不予考虑，传统经济学在很多方面没有理解的过程实际上是经济学的本质。因此，以外汇为基础的主流经济学完全不足以应对石油峰值给世界带来的新现实，以及与一个实质上"在一个相对不拥挤的星球上资源对所有人免费"终结相关的许多问题。但是地球现在非常拥挤，对我们许多人来说，可能是大多数人来说，资源枯竭越来越重要。经济理论和概念对于缓解这些基本问题只能产生很小的影响。因此，我们需要一种全新的经济学方法，这种方法不仅要认识到资源本身，而且要以资源本身为基础，而不是以资源的价格为基础。我们把这种新方法称为生物物理经济学，本书是它的第一个综合。

目前人们所认为的经济学可能是美国高等教育中最广泛、最一贯和最不连贯的一门课程，在其他大多数国家也可能是如此。广泛地说，我们的意思是，选修经济学入门课程的年轻人可能比大学里几乎任何一门单独的课程都要多，也许生物学、大学代数或大学作文除外。在准备写这本书的过程中，我们回顾了大约24 本经济学基础书籍，发现它们惊人地相似，并且都建立了一个与新古典主义基本框架相一致的经济学体系。这构成了对实体经济的一种讽刺，即企业和家庭只是通过市场进行互动，关注人、他们的欲望和需求，以及他们的独立性，这种独立性通过在市场中的个人决策来决定什么对他们有利。换句话说，有一个统一的理论体系，被称为新古典经济学，基本上被所有经济学家所接受或颁布，至少在他们的基础教科书中有所体现。我们假定这本书的读者至少对这种传统经济学略有了解。

我们所说的不连贯，指的是传统经济学家必须做出的许多假设，以产生他们的理论经济学世界，相关的方程式，以及它们的应用，与在自然科学中训练有素的人的逻辑不符，甚至可能与常识不符。传统的新古典经济学有三种方式无法通过这些测试：行为经济学、生物物理学和道德经济学。虽然这些概念已经在前面介绍过，但是我们将在下面逐一回顾。

行为的

"经济人"的典型假设（不满足性、利己行为、严格理性决策）是用来准确预测人们如何做出经济决策的。因此，新古典主义的基本模型假定人们是"理性的"，即自私或至少以自我为中心，因此他们根据自己的利益做出市场决策。事实上，正如第 3 章所总结的那样，用科学方法和非常聪明的行为经济学实验来测试人类基本经济行为的程度已经有了很大的提高。研究结果往往表明，"经济人"的观点是错误的，或者至少预测能力很差。例如，亨里希等[5]在研究了从坦桑尼亚和巴拉圭的狩猎采集者到蒙古的游牧者等 15 个小规模社会的行为实验结果后得出结论："经典模型（即'经济人'）在任何研究的社会中都不受支持。"

生物物理的

霍尔等[6]总结了，基本的新古典模型的主要方法不符合甚至违反自然科学中最小的真实性标准：基本模型违反热力学定律，并且有不正确的边界，没有生成和测试假说来形成前提假设，而是通过给定的逻辑。大多数基本模型都不符合热力学定律，甚至大多数经济学家也不考虑这些定律[7]。仅凭这一点就足以使自然科学中的任何模型失去资格，但这似乎并没有困扰经济学家。戈蒂等[8]提供了许多新古典主义模型违反基础科学的方式。预测能力是任何一种经济模型的关键标准，这种经济模型将被用来影响政策，进而影响许多人的生活。

我们可以在《经济学》杂志上找到一些假说的产生和检验。例如，霍尔[9]研究了领先经济学杂志《美国经济评论》上的约 127 篇文章，发现在这部分文章中，约 10% 的文章确实检验了明确的假设，这是好事。然而，只有 3% 可以被解释为对基本经济理论的检验。这些论文发现，在特定应用中测试的基本经济理论往往比相反的理论更不可能得到支持。所以我们可以说在此基础上研究的经济学是一门很好的科学，因为其想法受制于科学方法，或者可能是不好的，因为这样的结果没有影响传统经济学的重心，是由著名经济学家自己明确表示的（如克鲁格曼（2008）[4]）。

许多经济学家的一个核心信念是，好的模型能够做出好的预测，这比模型是否符合已知的机制更为重要[10]。但事实上，我们发现，经济学家使用的核心模型（经济人模型和完全竞争模型）始终未能通过"良好预测"测试。例如，基本上所有经济学家都未能预测到 2008 年的市场崩盘。

道德的

我们的大多数学生，可能比一般人更理想主义，也因为科学和道德上的原因，对基本的自私非常反感，而这种自私在经济学入门教科书的基本经济学理论中被接受，甚至被推崇。我们的同事、犹他州杨百翰大学非常受欢迎的思维缜密的经济学和金融学教授唐纳德·阿道夫森对我们提出了更为强烈的观点。他对我们说：

杨百翰大学的学生几乎都是摩门教徒（摩门教是基督教的一个教派，也被称为"末世圣徒教会"，在犹他州和邻近的州尤其盛行）。他们在家里接受训练，首先考虑他们与上帝的关系，然后是家庭，之后是社区，最后是世界社区。大多数人在青少年晚期去国外旅行，作为他们为生活做准备的一部分。当他们学习经济学入门课程时，课本上告诉他们，新古典主义的基本理论……始于人类是"理性的"的假设，理性的意思完全是自私的，或者至少是自私的，主要是唯物主义的。在他们看来，这是错误的，他们拒绝接受基本的经济学教科书。

我们也认为这是错误的。它也打击了我们纽约北部的大多数学生，认为他们在道德和动机方面是错误的。尤其在我们大多数学生看来，这似乎是错误的，因为他们对自然和他人抱有高度的理想主义，他们都不希望看到牺牲这些理想来换取自私的、往往是多余的经济商品和服务。尤其是当他们认为周围的世界充满了以巨大的环境代价换来的超级富裕，以及贫富之间的巨大差异时。他们想要别的东西，而且在很大程度上，他们已经找到了，通过我们教授经济学课程的生物物理方法。但是，还没有一个凝聚点，没有一个对理解现实经济所需的广泛文献的综合中心，也没有一个真正理解经济学和人类与世界的基本经济关系所需的综合信息来源。我们试着在本书中做到这一点。我们不能把经济学当作任何一门科学来接受，因为它不遵循我们在第 15 章中总结的科学规律。这对人类的行为方面（即他们实际上与他人如何互动以及基本的新古典主义模型是如何假设他们是这样做的）和该模型在多大程度上与第 3 章和第 15 章总结的自然规律不一致，都是正确的。

其他赞同我们的经济学家

在本书出版的时候，大多数知识渊博的经济学家，至少会承认其中的一些，经济学作为一门学科，年复一年地向前发展，我们的年轻人被灌输这种令人敬畏的方式，该方式几乎没有真正的改变。这种观点不仅是我们的，而且对我们的大多数学生（尤其是那些关注自然科学的学生，或者至少有合理的自然科学经验的学生）来说是显而易见的。虽然我们的学生确实可以在第一门经济学课程中学习经济学原理，并且能够通过甚至在考试中取得好成绩，但他们通常不相信，或者几乎不相信他们在那里学到的概念。因为许多原则在他们看来是不切实际的，所以他们常常感到非常无聊。他们有时用非常刺耳的话来描述他们对所教内容的怀疑。我们同意他们的观点，并且相信仅在美国我们一年总共就教了 100 万年轻人，有些事情也许是被合理考虑的，最糟糕的情况是对现实和思想的丰富的完全捏造，最多也就是一个不完整的视角，这可以用在经济问题上。

作为对这一观点的一些支持，我们注意到，截至 2006 年，最近获得诺贝尔经济学奖的 8 位获奖者中，有 6 位的作品以各种非常基本的方式挑战了现有的新古典主义范式。

我们发现，有许多其他科学家和经济学家基本上与我们持同样的观点：新古典主义经济学的核心是智力腐败。经济学在很大程度上把自己与较难的科学隔离开来，依靠 19 世纪所熟知的物理学定律，把自己完全困在一门社会科学之中。这种观点有时被称为"封闭的"，因为经济学是完全自我封闭在它自己狭窄的世界里的。

如戈蒂所述[8]：

▶著名的经济思想史学家马克·布洛格曾指出，经济学越来越成为一种为自身利益而进行的智力游戏（布洛格，1998 年 8 月）。戴维·科兰德和阿尔戈·卡默在 20 世纪 80 年代对经济学研究生进行的一项调查发现，他们对学习当前的经济问题或经济学文献缺乏兴趣，这令人震惊。科兰德和卡默推测，可悲的是，在他们看来，这可能是经济学研究生的理性行为。作为一名学术经济学家，取得成功的最快方法是专注于数学，而不是学习实际经济是如何运作的。前克林顿总统经济顾问委员会成员艾伦·布林德将经济学培训描述为"越来越冷漠和自我参照"。

其他现代批评家包括麦克默特里[11]、考克斯[12]、塔拉布[13]、约翰逊[14]、萨特和佩斯基[15]、霍尔等[16]、米罗斯基[17]，特别是伊斯特利[18]和皮凯蒂[19]。他们的出版物中有许多都强调了，对新古典主义经济学抽象概念的信仰给人们尤其是发展中国家的穷人所造成的人身伤害。

目前，经济领域是否正在发生根本性的转变，以建立更加科学的基础，这是有争议的。也许，正如生物学在 20 世纪成为一门真正的科学一样，经济学在 21 世纪也将成为一门真正的科学。但与此同时，经济学家们似乎大多都在原地打转，捍卫自己的假设，抵御外界的一切攻击，或者更常见的情况是，干脆无视它们，退回到他们精心构建的假设和难以理解的方程式的幻想世界。

经济学是一门科学吗

我们对这一章题目提出的问题的回答是，"不，经济学在这个时候不是一门科学"。它的基本模型违反了太多的科学原则，包括任何真实模型都必须遵循的首要原则：热力学定律、物质守恒定律、人们根据经验研究的行为方式等。此外，即使经济学似乎是在"借用"物理学中的方程式，它的做法也是错误的，甚至违反了它试图模仿的物理学。新古典主义经济学没有遵循所有自然科学都遵循的原则，也没有冒着被同行排斥或羞辱的风险，而是创造了自己的世界，一个仅以最基本和人为的方式反映现实世界的世界。虽然在理论上有一个物理模型在背后，均衡模型只是一个复制的方程形式，没有任何对实际物理的理解——事实上，它违反了热力学第二定律[6][17]。此外，使这个模型工作所需的"理性参与者"的假设与人类实际上如何相互作用是不一致的。理论的生成是基于完全信息和相互作用的买者卖者力量相同的市场概念，这样的买卖双方自耕地时期的英格兰就不存在了，如果他们真的存在过，结合制定和测试假说的失败，他们接受了基本的新古典模型作为一个信条，也不是合理的。奇怪的是，市场理论和利己主义倡导者的优势和力量已经蔓延到我们的公众和政治生活中。这摧毁了许多欠发达国家的经济[16][18]，同时彻底改变了许多美国人的政治观点，从社区、公民责任、财富分配的公平和对他人的关心，变成了肆无忌惮的贪婪和自我关注，同时在某种程度上，从训练有素、充满爱心的教授把学生培养成符合自己高标准的学习共同体，到学生购买教育产品、期望用很少的工作就能得到高分的商品型大学，不一而足。这也给那些拥有巨大金融权力来购买和操纵我们政治体系的人开了绿灯，同时也让许多人相信，"大政府"，他们对抗大财团的唯一防御手段，也是必须避免的。其净效应是对我们的公共机构的攻击，我们的公共机构是唯一有足够权力对抗规模越来越大、权力越来越大的公司及其超级富有的董事们的实体[20]。这是一个理论对现实的巨大影响，而这个理论的核心在科学上是站不住脚的。我们的结论是迫切需要一种新的、基于生物物理学的经济学[21]。

问题

1. 为什么经济学通常被认为是一门社会科学而不是一门生物物理科学？你怎么看？

2. 根据你自己的经验，你是否同意人类本质上是自私的，或者至少是自私的？还是取决于具体情况？

3. 关于前一个问题，世界上所有的文化中都存在这种自私的基本模式吗？

4. 是什么特征的努力使它成为一门科学？你认为传统经济学是一门科学吗？为什么？或在哪里是和哪里不是？

5. 在传统经济学的世界里，理性意味着什么？这对你意味着什么？

6. 传统经济学通常被归类为一门社会科学。在你看来，经济学有资格成为一门科学吗？为什么？

参考文献

[1] Christensen, P. 1994. Fire, motion and productivity: The proto-energetics of nature and economy in Francois Quesnay. In *Natural images in economic thought*, ed.

P. Mirowski, 249 – 288. Cambridge：Cambridge University Press.

［2］ 1984. Hobbes and the physiological origins of economic science. *History of Political Economy* 21：4.

［3］ Worrell, Delisle. 2010. Governor of the Central Bank of Barbados, in an address to the Barbados Economic Society (BES) AGM, Bridgetown, 30 June 2010.

［4］ Krugman, P. 2009. How did economists get it so wrong? *Editorial New York Times* 2：2009.

［5］ Henrich, J. , et al. 2001. Cooperation, reciprocity and punishment in fifteen small-scale societies. *American Economic Review* 91：73 – 78.

［6］ Hall, C. , D. Lindenberger, R. Kummel, T. Kroeger, and W. Eichhorn. 2001. The need to reintegrate the natural sciences with economics. *Bioscience* 51 (6)：663 – 673.

［7］ Hall, C. , and J. Gowdy. 2007. Does the emperor have any clothes? An overview of the scientific critiques of neoclassical economics. *In Making world development work：Scientific alternatives to neoclassical economics*, ed. G. LeClerc and C. A. S. Hall, pp 3 – 12. Albuquerque：University of New Mexico Press.

［8］ Gowdy, J. 2001. "Economics Interactions with Other Disciplines," theme article Encyclopedia of Life Support Systems, UNESCO, Paris.

［9］ Hall, C. 1991. An idiosyncratic assessment of the role of mathematical models in environmental sciences. *Environment International* 17：507 – 517.

［10］ Friedman, M. 1955. *Essays in positive economics.* Chicago：University of Chicago Press.

［11］ John McMurtry, J. 1999. *The cancer stage of capitalism.* London：Pluto Books.

［12］ Cox, Adam. 2010. Blame Nobel for crisis, says author of "Black Swan", Reuters (2010 – 09 – 28) .

［13］ Taleb, N. N. 2007. The pseudo-science hurting markets (PDF) .

［14］ Johansson, D. 2004. Economics without entrepreneurship or institutions：A vocabulary analysis of graduate textbooks (PDF) . *Economic Journal Watch* 1 (3)：515 – 538.

［15］ Sutter, D. , and R. Pjesky. 2007. Where would Adam Smith publish today? The near absence of math-free research in top journals. *Economic Journal Watch* 4 (2)：230 – 240.

［16］ Hall, C. A. S. , P. D. Matossian, C. Ghersa, J. Calvo, and C. Olmeda. 2001. Is the Argentine National Economy being destroyed by the department of economics of the

University of Chicago? *In Advances in energy studies*, ed. S. Ulgaldi, M. Giampietro, R. A. Herendeen, and K. Mayumi, pp 483 – 498. Padova: Argentine Economy.

[17] Mirowski, P. 1984. *More heat than light.* Cambridge: Cambridge University Press.

[18] Easterly, W. 2001. *The elusive quest for growth: Economists' adventures and misadventures in the tropics.* Cambridge: The MIT Press.

[19] Piketty, T. 2013. Capital in the twenty first century. (English edition, 2014, Cambridge, MA: Harvard University Press).

[20] Sekera, J. 2016. *The public economy in crisis: A call for a new public economics.* New York: Springer.

[21] Hall, C. A. S., and K. Klitgaard. 2006. The need for a new, biophysical-based paradigm in economics for the second half of the age of oil. *Journal of Transdisciplinary Research* 1 (1): 4 – 22.

真实经济运行背后的科学

　　到目前为止，我们的书已经回顾了经济学，作为一门科学，以及历史上和今天的经济，是如何通过对能源所起作用的认识来更好地理解的。我们还研究了经济学这门学科在历史上是如何看待经济的，并发展了我们对经济学家所使用方法的极端局限性的看法。然后，我们发展了理解经济学所需的基础科学，这是大多数经济学家教育中缺失的一种培训。在这一篇中，我们将应用早期发展起来的科学概念来理解一些新的和重要的方法，这些方法是关于实体经济是如何运作的，以及在未来可能是如何运作的。我们关注石油峰值、能源投资回报（EROI）的生物物理概念，以及概念和数学模型的作用。

18 投资的能源回报

18.1 引 言[1]

　　许多早期的重要作家，包括社会学家莱斯利·怀特和弗雷德·科特雷尔，以及生态学家霍华德·奥德姆，都强调了净能源和能源过剩作为人类文化决定因素的重要性[2][3][4]。人类农民或其他食物采集者必须有能源利润才能生存，并获得可观的回报，才能有专家、军事行动和城市，更重要的是，才能有今天的艺术、文化和其他便利设施。生产（提取、生长）一单位的当前能源需要多少能源，对此进行校正后，净能源分析是检验能源获得过程中有多少能源剩下的一般术语。净能源分析的具体程序使用对能源盈余的评估、能源平衡，或能源投资回报或 EROI。为了进行这种分析，我们从更熟悉的货币评估开始，然后研究这与经济过程背后的能源之间的关系。在参考文献[5]和我们所引用的论文中可以找到更多的技术分析。

能源的经济成本

　　在实际经济中，能源有很多来源——来自运行生态系统的太阳，来自进口和国内的石油、煤炭、天然气、水力发电和核能，以及可再生能源——其中大部分是木柴和水力发电，但越来越多的是风能和光伏发电。这些能源中有许多单位能源的价格比石油便宜，有些则要贵得多。

　　我们已经多次说过，能源在 20 世纪变得便宜了。有多便宜？这样的分析在美国是不可用的，但是凯里·金早在 1300 年就为英格兰做过这样的分析。他发现，维持经济运行的能源成本（在当时意味着人类的食物、动物的饲料和各种各样的木材）通常占 GDP 的 30%～40%。另一种看待他的数据的方式是，在过去的几个世纪里，大约 1/3 的经济活动是为了获得能源来运行经济的其他部分。当煤炭被引入经济时，这一比例降到了 15%～20%，石油则降到了 5%～10%。换句话说，随着化石燃料被添加到经济，少得多的经济活动需要得到燃料（和更有效的燃料），这允许一些人富裕，很大程度上是因为他们可以占用工人的额外工作，这些额外工作通过大多数工人使用化石燃料驱动的机器产生。

因此，让我们来看看能源成本（来自所有能源，按其重要性来衡量）与能源效益的实际比率是多少：

$$能源的经济成本 = \frac{购买能源的美元}{GDP}$$

这样一来，以美元为单位的比例能量成本与以焦耳为单位的比例能量成本之间的关系就类似了。2017 年，大约 6%（1 万亿美元）的美国 GDP 被美国经济对各种能源的最终需求所消耗，从而产生了 17 万亿美元的 GDP 总值（见图 18－1）。

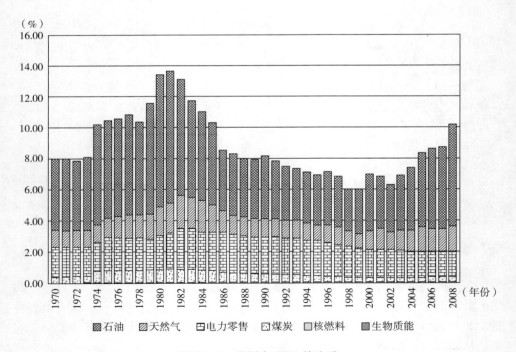

图 18－1　能源占 GDP 的比重

　　随着油价突破每桶 140 美元，这一比例在 2008 年上半年有所上升，随后又再次下降。这种模式以前也见过。在 20 世纪 70 年代的"石油危机"能源价格突然上升，1984 ~ 2000 年这个值随后下降，2008 年中的上升对可自由支配开支影响很大，也就是说，人们可以把钱花在他们想要的东西上的数量和他们需要的东西上的数量，因为 5% ~ 10% 的能源总成本的变化主要来自经济的 25% 左右。因此，我们认为能源价格的变化具有非常大的经济影响，这一观点得到了詹姆斯·汉密尔顿[6] 的分析的支持。未来的能源价格怎么样是任何人的猜测，但 21 世纪第一个十年后期经济崩溃，随后停止增长或增长非常缓慢，有大量的信息暗示，因此推测能源、燃料的美元成本大幅增加。我们的理论是，它们将在很大程度上由于 EROI 的下降而发生，并将在未来造成巨大的经济损失。本章阐述了这一论点。

18.2　什么是 EROI

　　投资的能源回报（EROI 或有时是 EROEI，分母上的第二个 E 指能源的使用）是从一项能源收集活动中回收的能源与该过程中使用的能源的比率。原则上，这个想法是为了看看社会投入了多少能源来获得更多的能源。通常这些能源要么"已经进入社会"并被转移（如制造钻头），要么很容易进入社会，但被转移到获取更多能源（如用于给油田加压的天然气）。EROI 是从下面这个简单的方程中计算出来的，虽然细节很复杂：

$$EROI = \frac{重返社会的能源}{获得那种能源所需的能源}$$

　　由于分子和分母通常在相同的单位中进行评估（我们稍后处理的一个例外是在进行质量校正时），因此得到的比值是无量纲的，如 20：1，可以表示为"20 比 1"。这意味着一个特定的过程，在 1 焦耳（或者每千卡或每桶）的投资下产生 20 焦耳。EROI 通常最精确地应用于矿井口、井口、农场大门等，也就是它离开生产设施的地方。我们将其更明确地称为 EROImm，并且不要将其与转换效率混淆，即从一种能源形式转向另一种能源形式，如炼油厂的石油升级或将煤炭转化为电力。金[7] 推导出了更明确的比率。

　　这本书的作者和其他的 EROI 支持者相信净能量分析提供了这样一种方法的可能性，能够看到给定燃料的优缺点，同时提供展望未来的可能性，这似乎是市场无法做的事。它的支持者还认为，市场价格迟早会近似反映全面的 EROIs，至少在对质量做出适当修正和取消补贴的情况下是如此。然而，我们必须补充指出，我们不认为 EROI 本身必然是做出判断的充分标准。然而，这是我们最支持的一个，尤其是当它表明一种燃料的 EROI 比其他燃料高或低得多。此外，重要的是要考虑燃料的目前和将来的潜在量，以及 EROI 如何随着燃料的消耗或扩大使用而改变。

18.3 EROI 与货币成本的关系

对许多人来说，能源最重要的是它的货币成本。虽然早期对 EROI 的研究主要集中在它的物理意义上，以及它对特定燃料是增加还是减少，但总是有这样的假设，即每焦耳的高 EROI 燃料可能更便宜，因为获得它们所需的努力更少。所以通常具有高 EROI 的煤很便宜，而石油要贵得多。这是有道理的，因为与操作复杂的油井相比，从地下开采煤炭需要的能源要少得多。看起来，随着时间的推移，EROI 趋于减少，预计最终能源将变得昂贵得多。这在某种程度上适用于石油，但不适用于天然气。金和霍尔[8]发现，随着时间的推移，特定能量的成本随着 EROI 的变化而增加或减少（见图 18－2）。当 EROI 较低时（部分原因是钻井速度增加），价格往往会上涨，反之亦然。但有时，由于与 EROI 无关的供需问题，价格会下跌（如 2015～2017 年）。尤安·莫恩斯提出了"EROI 悬崖"的概念，当接近较低的值时，EROI 递减的影响要大得多（见图 18－3）。我们最大的担忧是美国和全世界的高级燃料的 EROI 下降，尽管越来越难以获得所需的数据，但这种情况似乎正在发生。然而，生产成本的大幅度增加意味着主要燃料的 EROI 继续下降。当与"石油峰值"相结合时，这可能意味着我们最重要的燃料的生产将面临非常艰难的时期（请参阅霍尔[5]的评论）。

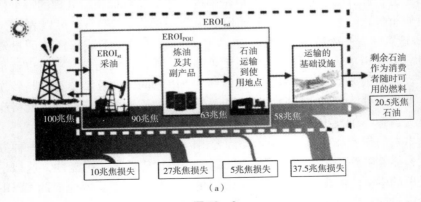

（a）

图 18－2

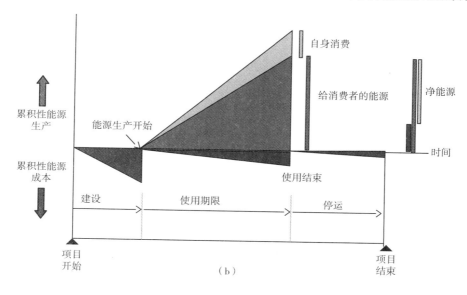

图 18 - 2（续）

（a）井口与石油使用之间的能量损失图。（b）能源项目使用的能源和随时间增长的能源示意图。**EROI** 是上面蓝色三角形的最终值除以下面三个棕色三角形的最终值之和。这些用右边的条形图表示。

资料来源：参考文献 [16]。

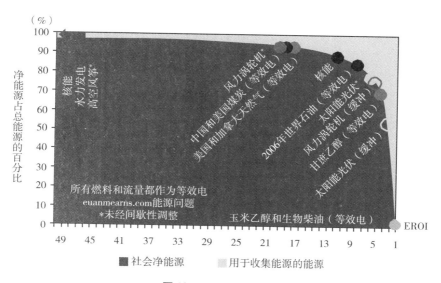

图 18 - 3　EROI 悬崖

"缓冲"是指包括处理间歇性的估计成本。

资料来源：尤安·莫恩斯。

历史

EROI 的概念来自霍华德·奥德姆关于净能量[2]的学说，正如人类学家和社会学家在第 6 章中发展的早期工作，明确来自霍尔关于洄游鱼类[9]的能量成本和收益的博士论文。在霍尔和克利夫兰 1981 年关于单位产量石油的论文[10]中这个概念是隐含的，尽管使用了净能源这个术语。第一个使用 EROI 这个名字的出版物是 1979 年的[11]，它受到了《科学》杂志[12]上一篇论文的更多关注。一些关于 EROI 文献的详细摘要被收录在一本书[13]中。这一概念在 1984 ~ 2005 年的"能源停滞期"有所搁浅，但在 2005 年之后随着能源价格的上涨被重新拾起。现在有大量的新报纸可供选择[14][15][16][17][18]。2011 年，在线杂志《可持续性》发表了一整期关于 EROI 的文章，其中包含了许多有趣的分析[15]。本章最后总结了近年来[5]出现的一些争议。

很少有关于过去能源生产系统的实际 EROIs 的数量信息，这并不奇怪，因为我们直到 1850 年才理解能源的概念。但至少有一个例子，第 6 章中提到，在瑞典早些时候，松德贝里，已经做了一个相当详细的能源成本评估[18]。1560 ~ 1720 年，瑞典是北欧最强大的国家，这主要是基于其非常高产的金属矿山，但也有高质量武器支持的侵略性外交政策。这些矿山的生产需要大量的能源用于采矿，特别是冶炼。这种能量的来源是来自瑞典森林的木材，尤其是木炭（获得所需的高温钢材）。乌尔夫·松德贝里详细计算了一个典型的林农和他的家庭是如何在 2 公顷的农田、8 公顷的牧场和 40 公顷的森林上自给自足的（总共吸收了 1500 万亿焦耳的阳光），在一年里为金属工业生产了 760 亿焦耳的木炭。要做到这一点，需要大约 5 千焦耳的人类能量，如果算上动物的体力劳动，需要 3500 焦耳。所以我们可以计算出人类投资的 EROI 高达 1500∶1，或者 250∶1，如果包括动物。但这仅是直接的能量，因为需要 105 吉焦来喂养、温暖和支持农民和他的家庭（包括他的替代者），而且可能至少是支持动物。如果包括直接和间接能量，EROI 大概是 4∶1。只要森林不被过度砍伐，这个系统就可以持续下去。直到 19 世纪中叶，情况都是如此，但后来森林被严重过度砍伐，许多瑞典人移居美国。

21 世纪头十年，许多关于净能源的文献倾向于讨论一个给定的项目是否存在净盈余，也就是说，如从玉米[19]中生产乙醇的过程中，是否存在能源的增加或损失。目前辩论中使用的标准主要集中在"能源收支平衡"问题上，即作为燃料返回的能源是否大于用于增长或以其他方式获得的能源，即 EROI 是否大于 1∶1。一般的观点似乎是，如果返回的能量大于投入的能量，那么燃料或项目

"应该去做"，如果没有，那么就不应该去做。

　　在当前关于玉米提取乙醇的辩论中，有几位参与者（在参考文献[20]中进行了总结）认为，从玉米中提炼的乙醇是一种明显的能源过剩，每单位投资产出1.2～1.6单位的能源。这个论点的其他方面围绕着分子的边界，即是否应该包括一些非燃料副产品的能源信用（如剩余的动物饲料）。使用和生产的燃料的质量（例如，液体——可能更有价值——相对于固体和气体）以及分母的边界（即是否包括补偿未来环境影响所需的能源，如恢复土壤肥力所需的肥料，以应付玉米生产造成的严重土壤侵蚀）。这样的争论在未来可能会更重要，因为随着其他相对劣质的燃料（如油砂或低质量的页岩油）越来越多地被考虑或开发来替代传统的石油和天然气，这两种可能是更昂贵的，并且可能在不太遥远的未来减少。当然，如果替代能源的生产需要大量的石油和（或）天然气，这是经常发生的情况，那么石油价格的上涨并不一定会使替代能源作为燃料更便宜且更容易获得。我们认为，对于大多数燃料，特别是替代燃料来说，能源收益是相当容易理解的，但是分母的界限，特别是在环境问题方面，却没有得到很好的理解，甚至没有得到很好的量化。因此，我们认为大多数计算和发布的EROIs，包括我们在这里考虑的那些，都是较高的。如果我们有完整的信息，他们就不会这么做了。一项研究分析了不同研究中产生差异的原因，并得出结论，EROIs比通常认为的要少得多[19]。最近的研究普遍倾向于得出这样的结论：玉米乙醇的EROI比例太接近1∶1，以至于不能得出结论：它们是一种重要的净能源，尤其是如果将种植玉米的地理位置考虑在内[21]。尽管如此，根据法律，美国10%的汽油是由乙醇组成的，因为这个项目在政治势力强大的玉米州非常受欢迎。

　　最近，关于太阳能光伏发电的EROI有非常激烈的争论，支持者声称至少是10∶1，而批评者则认为接近3∶1[22]。目前，这个问题还没有得到解决，尽管分析师们一致同意采取措施，使他们的结果更接近[23]。

18.4　寻求可接受的 EROI 协议

　　考虑到有时从不同的分析中得出的相当不同的定量反应（如上面给出的以玉米为基础的乙醇例子），我们需要一些好的、一致的方式来思考各种燃料的各种EROIs的意义。我们认为，到目前为止，EROI的许多论点都过于简单，或者至少是不完整的，因为"能源盈亏平衡点"虽然通常足以使一种候选燃料失去信誉，但不应成为唯一使用的标准。此外，在我们看来，"外面"的许多EROI分析都是从击败或捍卫某一特定燃料的角度出发，而不是客观地评估各种可能的替代燃料。也许我们需要一些方法来理解整体 EROI 的大小和意义，通过将所有从燃料中获得的收益和获得燃料的所有成本加起来，我们最终可能得出一个国家或社会的所有燃料的总 EROI（即社会 EROI）：

$$EROI^{soc} = \frac{所有燃料所含能量的总和}{得到这些燃料的所有能源成本总和}$$

这已经在英国[7]进行了。这也显示了先是煤炭然后是石油成为主要的能源供应后在很长的一段时期内，能源投资回报有了大幅增长，最近的小幅增加可能意味着随着英格兰煤矿和北海石油资源的日益枯竭，能源回报更低。

我们需要以一种直接和普遍接受的方法来确定 EROI，即使是在容纳不同的方法或哲学的时候。最令人担忧的是分析的边界：副产品（如从葵花籽中提取生物柴油，用于喂养动物，从而产生的生物柴油的外壳），还是我们应该包括支持劳动者工资的能源成本？另一个重要的问题是，这个分子是否应该乘以 3 来计算产生这么多电能所需要燃烧的化石能源，这也是造成 PV 的 EROI 估计值差异的主要原因。由于这些问题没有清楚和明确的答案，墨菲等[24]提倡一种基本的 EROI 方法——使用简单的标准化能量输出除以直接的（即现场的）以及间接的（例如，用于制造现场使用的钢材的场外能源）——生成标准 EROI，EROIst。这种方法允许比较不同的燃料，即使分析人员不同意使用这种方法。墨菲等提倡使用其他补充的 EROI，包括允许作者自行决定特别考虑该 EROI 的其他方面的新方法。我们认为这既允许了标准化，也允许了灵活性：

$$EROI_{st} = \frac{回报社会的能源}{获取能源所需的直接能源和间接能源}$$

18.5　对能源成本的最佳分析

确定 EROI 方程分子的能量含量通常很简单：乘以单位能量含量所产生的量。确定分母的能量通常要困难得多。通常一种能源包括直接使用的能源，即现场使用的能源，这包括旋转钻头、给田地加压、操作农用拖拉机等所使用的能源。一种通常还包括间接使用的能源，即用来制造钻头和相关材料、拖拉机等。不幸的是，公司通常不记录他们的能源支出，而只记录他们的美元支出。40 年前，伊利诺伊大学的一个杰出团队，包括布拉德、汉农、赫伦登[25]和科斯坦萨[26]，对美国经济的每一个领域进行了这样的计算。这些让我们获得了对当时非常详细的评估，关于美国经济中能源的使用地点和方式，以及获取能源的能源成本。

　　这些分析还表明（除了能源本身），由于我们经济复杂的相互依赖关系，在最终需求范围内把钱花在哪里并不重要（即消费者购买的最终产品相对于整体GDP/能源效率而言并不重要，因为两者之间存在着太多的相互依赖，即每个部门都从我国经济的许多其他部门采购，虽然这并不适用于制造商购买的中间产品）。根据科斯坦萨[26]的说法，市场选择在整个经济"食物链"中，以每单位能源产生相同数量的财富，从而导致最终需求。虽然这并不完全正确，但对于我们目前的目标来说，它已经足够接近了，而且对于所有经济活动的平均水平来说，它当然是正确的，除了能源本身的购买。这是因为能源购买包括了与社会平均水平相当的每一美元所消耗的具体能源，但还包括燃料的化学能。不幸的是，自这些开创性的工作以来，对这种"部门间相互依赖"的分析很少，因此今天很难做出这样的评估。（据我们所知）目前可用的最接近的评估是卡内基梅隆大学不同人士进行的分析（绿色能源，可在他们的网站上找到）。

　　接下来，我们将展示一个EROI分析如何产生一些非常有趣的结果，这些结果可以帮助我们理解EROI对实际经济运行的重要性。

18.6　"完成工作"需要多少能量：计算使用点的EROI

　　从事某些活动（如驾驶卡车）所需要的EROI，远远不只是将燃料从地下开采出来所需要的东西。霍尔等[1]在2008年对此进行了评估。本着我们在前面几节中介绍的灵活性的精神，我们在这里介绍了一些新的概念，这些概念以EROImm开始，即矿井口（或农场大门等）的标准EROI，然后沿着使用"食物链"进一步发展。虽然从技术上讲，在矿井口计算EROI可能更好，然后看看使用它的效率，但我们也可以沿着使用路径计算总EROI。我们称下一步的EROI为"使用点"的EROI或EROIpou：

$$EROI = \frac{使用点回报社会的能源}{获得和递送能源所需要的能源}$$

当我们将从井口获得燃料的能源成本扩大到最终消费者时，所提供的能源就会下降，而达到这一点的能源成本就会上升，这两者都减少了EROI。这就开始分析什么可能是社会所需的最低EROI。我们用标准的EROI（即$EROI_{mm}$），然后在分母中加上使燃料到达使用点所需的能量（即$EROI_{pou}$），然后是生成$EROI_{ext}$所需的能量，即扩展的EROI。如前所述，根据到井口考虑的EROI可能更加准确，然后是到达使用点的"食物链效率"，但这到目前还没有做到。

霍尔、巴洛格和墨菲[1]对驾驶卡车所需的 EROI 进行了更全面的分析，包括在"食物链"中所使用的所有能源。成本（按 2005 年价格及比率计算）包括：

炼油厂的损失和成本：炼油厂使用大约 10% 的燃料能源来提炼成我们使用的燃料形式。此外，每桶原油中大约 17% 的原料最终会变成其他石油产品，如润滑油和沥青，而不是燃料。因此，每 100 桶原油进入炼油厂，只有 73 桶原油可用。天然气不需要如此大规模的提炼，尽管需要使用未知的量来将天然气分离成不同的成分，而且可能有多达 25% 的天然气由于管道泄漏而损失，从而维持管道压力。煤通常以 35% ~ 40% 的平均效率被用来发电。然而，这意味着，例如，石油资源在井口投资的每兆焦能源回报的有 1.1 兆焦，这样的 EROI 不能为社会提供能源盈余，因为它不仅需要花费所获得能源的 10% 将能源从地下取出，而且只有 73% 的剩余能源递送回社会。因此，这种情况是无法维持的。我们需要更高的 EROI。

运输成本：石油每桶重约 0.136 吨。卡车运输大约使用 3400 英热/吨英里或 3.58 兆焦/吨英里。燃料管道运输需要 500 英热/吨英里或 0.52 兆焦/吨英里。我们假设石油从港口或油田到市场的平均距离约为 600 英里。因此，一桶油包含约 6.2×10^9 焦耳化学能，平均需要 600 英里的运输路程，则由 600 英里乘以 0.136 吨/桶乘以 3.58×10^6 焦耳/吨英里计算出 292.128×10^6 焦耳/桶需要耗费在运输上，或者说一桶油总能量的 5% 被用于将其运输到使用它的地方（见表 18 – 1）。如果石油是通过管道输送的（更常见的情况），这个比例就会变成 1% 左右。我们假设煤移动平均 1500 英里，主要火车运送大约 1720 英热/吨英里约合 1.81 兆焦/吨英里，所以将有 32 兆焦耳每千克的一吨沥青煤运送至其平均目的地的能源成本是 1500 英里 × 1.81 兆焦/吨英里 = 每吨 2715 兆焦，或每吨煤 2.715 吉焦，这大约是能源总量的 8%（见表 18 – 1）。作为电力运输的线路损失大致相同。因此，将燃料的能源价值的 1% ~ 8% 用于运输成本似乎并非不合理。天然气中大约有 25% 的能量用于将天然气输送到管道下方，而建造和维护这条管道所需的能量虽然未知，但却相当可观。我们假设，将这些能源输送到用户手中的成本保守估计将使所有的 EROIs 下降约 5%；换句话说，燃料必须具有至少 1.05:1 的 EROI 来支付燃料的运送。

表 18 – 1　运输石油和煤炭的能源成本

	能源成本（兆焦/吨英里）	穿越的英里数	能源成本（兆焦）	输送每单位能源的能源成本（%）
油槽汽车	3.58^2	600	292	5
输油管	0.52^2	600	42	1

	能源成本 （兆焦/吨英里）	穿越的英里数	能源成本（兆焦）	输送每单位能源的 能源成本（%）
煤炭列车	1.81[2]	1500	2715	8

资料来源：①输送的单位能源：油＝1 桶＝6.2 吉焦/桶；煤＝1 吨＝32 吉焦/吨。②参考文献［1］。

因此，我们发现我们的 EROIpou 大约比 EROImm 少 32%（17% 的非燃料损失加上 10% 的炼油厂运营和 5% 的运输损失），这表明至少对石油来说，为了让这些能源到达最终使用点，在井口需要的 EROI 大约有 1.5∶1（即 1.0/0.68）。

18.7 扩展的 EROI：在使用点计算的 EROI，修正了创建和维护基础设施所需的能量

我们必须记住，通常我们想要的是能源服务，而不是能源本身，而能源本身通常没有什么内在的经济价值，例如，我们想要行驶几公里，而不只是完成这个的燃料。这意味着我们不仅需要计算方程里的"上游"能源成本，还要计算输送服务（在这种情况下是运输）所需的"下游"能源，包括建立和维护车辆、制造和维护使用的道路、包含车辆的折旧、合并的成本保险等。至少在现代社会，所有这些东西都和汽油一样，是行驶一英里所必需的。出于同样的原因，当一辆私家车用于商务用途时，企业每英里要支付 55 或 60 美分，而不仅是每英里 10 美分左右的汽油成本。因此，从某种意义上说，提供这项服务（行驶一英里）所需的能源大约是直接燃料成本的四到五倍，这还不包括用于维护大部分道路和桥梁的税收。现在，很多这些成本，尤其是保险，每一美元所消耗的能源比燃料本身要少，也比建造或修理汽车或道路所消耗的能源要少，当然，在这些操作中用于运送燃料的资金本身所使用的资金情况并非如此。

另外，一美元燃料的能源强度比一美元基础设施成本高 8 倍左右。表 18－2 给出了我们对创建和维护整个基础设施所需的能源成本的估计，这些基础设施是使用美国所有运输燃料所必需的。能源强度是对用于从事任何经济活动的能源的粗略估计，这些能源来自美国国内生产总值（GDP）与能源的平均比率（约 8.7 兆焦耳/美元）、卡内基梅隆大学能源计算器网站以及罗伯特·赫伦登的数据（个人交流）。具体来说，赫伦登估计，2005 年，重型建筑使用约 14 兆焦耳/美元。20 世纪 70 年代以来，保险业和其他金融服务业的能源密集度约为重工业的

一半，我们的估计是，2005 年整个美国基础设施更换和维护所需能源相当于作为燃料所使用能源的 38% 左右。

表 18 - 2　提炼、运输和使用一桶石油的下游能源成本的细目

流程	能源成本（%）	能源成本（吉焦）[a]
非燃油炼油厂产品[b]	17.0	1.11
炼油使用的能源[c]	10.0	0.51
运输给消费者[d]	5.0	0.23
运输体系的能源成本[e]	37.5	2.36
递送给消费者的最终能源	30.5	1.99

注：a 为 1 桶原油开始有 6.2 吉焦。b 为美国能源情报署 2007 年通道（http：//www. eia. doe. gov/book-shelf/brochures/gasoline/index. html）。c 为 Szklo 和 Schaeffer[26]。d 为 Mudge 等[28]。e 见表 18 - 3。

我们的计算是，把燃料以可用的形式提供给消费者的能源成本，加上使用燃料所需的基础设施的能源成本，分别等于 0.32、0.375，或总共 0.695。因此，提供原油运输所需的井口 EROI 为 3.3：1（1/0.305）。因此，要提供与一加仑汽车或卡车燃料有关的运输服务，就需要在井口生产三加仑以上的燃料，其他类型的燃料可能也需要类似的比例。

未来的研究已经将我们的 EROI 扩展到包括所有人的能源和经济活动在内的直接和间接提供能源。这将在下一章中介绍。此前，正如我们已经表明的，大约 10% 的经济与获得能源（这甚至包括种植粮食的农民或修建飞机场的劳工用来养活劳动力或让工程师到现场的间接能源成本）相关联，我们可能会说，作为一个国家，分母部分的 EROIext 将占据 10% 的能源消耗。

这里的一个重要问题是 EROI 与转换效率。从技术上讲，EROI 测量的仅是社会中某一点的能量，通常是井口。但是如果我们对消费者说，我们必须包括炼油厂的损失和能源成本，以及向最终消费者提供燃料的成本。它还可能包括维护使用这些燃料的基础设施的能源成本。这实际上是一种能源消耗，或者是将一桶石油转化为运输服务的效率。所以我们是否应该说"最低 EROI 是 3.3：1"，或者更准确地说，将一桶燃料输送给最终消费者然后使用它需要从地里提取三桶多的燃料也是有些武断，尽管第二种方法在技术上是正确的。因此，考虑到我们的国家目标是为我们的司机提供 360 亿加仑的玉米乙醇，如果我们把获得和使用这些乙醇的所有成本计算在内，大约需要提取 1000 亿加仑乙醇。因此，乙醇的使用是由石油、税收和补贴等支付的交通基础设施补贴的。

因此，这里是由经济（见图 18 - 1）和能源（即假设 EROI 为 10：1）方法计算的，目前看来，大约我们经济的 10% 需要用来获取能源来运行另外的 90%，所以在总体意义上（包括整个炼油、转换和交付链），我们社会的平均 EROI 大约为 10：1，如果分子和分母用美元或能源来衡量似乎是真的。我们使用相对便宜的煤炭和水力发电，两者的 EROI 都相对较高，这提高了"井口"的实际比例，因此向社会（而非消费者）提供的能源的 EROI 约为 20：1。考虑到整个能源输送系统的更大视角，当能源输送到消费者手中时，这一比例已降至 10：1 左右。上面的分析表明，当能量传递给消费者时，EROI 大约减少了 2/3（0.695）。因此，当一种 EROI 为 3.3：1 的酒精燃料被交付给消费者时，也就是说，在计入精炼和混合、运输等能源成本后，它可能不再产生能源盈余。最终用户的 EROI 减少的原因是，需要的是能源服务，而不是能源本身，而要创建这些能源服务，就需要能源转换，而这种转换至少会带来较大的熵（转换效率）损失。

因此，我们得到了 $EROI_{ext}$ "扩展的 EROI"，它修改了这个等式，使之不仅包含获得能源所需的能源，还包含使用能源所需的能源。我们将其正式定义为：

$$EROI_{ext} = \frac{回报社会的能源}{获得、输送、使用能源所需的能源}$$

表 18 - 3 总结了这一概念。

表 18 - 3　各种燃料来源和地区公布的 EROI 值

资源	年份	国家	EROI (X：1)[a]	参考
化石燃料（石油和天然气）				
石油和天然气生产	1999	全球	35	盖格衣（2009）
石油和天然气生产	2006	全球	18	盖格衣（2009）
石油和天然气（国内）	1970	美国	30	克里夫兰等[12]，霍尔等[13]
发现	1970	美国	8	克里夫兰等[12]，霍尔等[13]
生产	1970	美国	20	克里夫兰等[12]，霍尔等[13]
石油和天然气（国内）	2007	美国	11	吉尔福德等[27]
石油和天然气（进口）	2007	美国	12	吉尔福德等[27]
石油和天然气生产	1970	加拿大	65	弗雷斯（2011）
石油和天然气生产	2010	加拿大	15	弗雷斯（2011）
石油、天然气和焦油砂的生产	2010	加拿大	11	泊松和霍尔（2011）
石油和天然气生产	2008	挪威	40	格兰戴尔（2011）
石油生产	2008	挪威	21	格兰戴尔（2011）
石油和天然气生产	2009	墨西哥	45	拉米雷斯，在准备中

续表

资源	年份	国家	EROI (X：1)[a]	参考
石油和天然气生产	2010	中国	10	胡等（2013）
化石燃料（其他）				
天然气	2005	美国	67	塞尔等（2011）
天然气	1993	加拿大	38	弗雷斯（2011）
天然气	2000	加拿大	26	弗雷斯（2011）
天然气	2009	加拿大	20	弗雷斯（2011）
煤炭（井口）	1950	美国	80	克里夫兰等[12]
煤炭（井口）	2000	美国	80	霍尔和戴伊（2009）
煤炭（井口）	2007	美国	60	巴洛格等，未出版
煤炭（井口）	1995	中国	35	胡等（2013）
煤炭（井口）	2010	中国	27	胡等（2013）
其他不可再生资源				
核能	n/a	美国	5 to 15	霍尔和戴伊（2009），伦曾（2008）
可再生资源[b]				
水力发电	n/a	n/a	>100	克里夫兰等[12]
风力涡轮机	n/a	n/a	18	库比谢夫斯基等（2010）
地热	n/a	n/a	n/a	古普塔和霍尔（2011）
波能	n/a	n/a	n/a	古普塔和霍尔（2011）
太阳能集热器[b]				
平板	n/a	n/a	1.9	克里夫兰等[12]
聚光〔型〕集热器	n/a	n/a	1.6	克里夫兰等[12]
光伏	n/a	n/a	6 to 12	库比谢夫斯基等（2009）
被动式太阳能	n/a	n/a	n/a	克里夫兰等[12]
被动式光伏	2008	西班牙	3 to 4	普列托和霍尔等（2013）
被动式光伏	2008	n/a	10 to 15	罗格等（2012）
玉米乙醇	n/a	美国	0.8 to 1.6	帕泽克（2004），法雷尔等（2006）
生物柴油	n/a	美国	1.3	皮门特尔和帕泽克等（2005）

注：a 为 EROI 值超过 5：1，四舍五入为最接近的整数。b 为 EROI 值是假定根据地理和气候而变化的，而不是归因于特定的区域/国家。请参阅参考文献［5］和［16］，以获得继续演变的更全面的分析。

资料来源：参考文献［16］。

18.8 为什么 EROI 会随着时间而改变

——技术与损耗

关于石油（和其他不可再生资源）生产效率的长期趋势，有两种基本观点，有两种截然不同的追随者群体。许多资源分析人士强调，随着人类的开发，最终将耗尽更高等级的能源（即来自更加容易获取的矿藏的集中资源）。此外，许多资源分析家对燃料和其他资源的长期耗竭表示严重关切。为什么会这样？本质上，任何企业，如矿业企业，都对最大化利润感兴趣。最佳第一原则指出，人类首先使用最高质量的自然资源，因为这将带来更高的利润。古典经济学家李嘉图对这一概念也很感兴趣。如果可以选择，人类将在更肥沃的土壤上种植农作物，开采 10 英尺（而不是 1000 英尺）深的铜，从离公路和锯木厂更近的森林中获取木材，捕捞更大的鱼类，靠近沿海地区等。当高质量的资源被耗尽时，低质量的资源被使用。根据大卫·李嘉图 200 年前的研究，这一原则在经济学中得到了很好的理解，被称为收益递减原则。

EROI 对美国和北美国内资源的影响及其对"最低 EROI"的含义

我们开始于历史、生态和进化的考虑，因为在这些问题上我们能阐明自己的观点，还因为，在这样一个进化运行的未受资助的世界，没有救助或明确的补贴，这种情形与我们人类社会的运行是完全不同的。

过去，查尔斯·霍尔曾与卡特勒·克利夫兰和罗伯特·考夫曼合作，他们定义和计算了美国经济中最重要燃料的能源投资回报率（EROI）[12][13]。从那时起，克利夫兰和霍尔（以及他们的同事）对美国石油和天然气行业进行额外的和更新的分析[14][15][16][17][27]；盖格农和霍尔[28]对私营企业的世界平均水平（没有分析师可以从像沙特阿拉伯这样的国家石油公司获得所需的信息）做了这样的分析。我们的研究结果表明，化石燃料仍然有很大的能量盈余——当代全球石油和天然气的各种各样的 EROI 估计（即 $EROI_{mm}$）从也许 80∶1（国内煤炭和一些天然气）到 11~18∶1（美国）再到 20∶1（世界）（见表 18-2）。换句话说，在全球范围内，每投资一桶或同等数量的石油以寻找和生产更多的石油，就有大约 10~20 桶石油供应给社会。因此，化石燃料仍然提供非常大的能源盈余，显然足以维持和扩大世界各地的人口和非常庞大、复杂的工业社会。投资于获得能源的每单位能源投入产生的回报大约有 10~20 或更多单位的能源盈余，加上化石燃料农业产生的巨大农业产出，使包括粮食能源在内的大量能源盈余能够交付给社会。这反过来又使大多数人和资本可以被用在其他地方，而不是在能源行业。换句话说，这些巨大的能源盈余促进了我们文明各个方面的发展，包括好的和坏的方面。

但目前化石燃料替代品的问题是，在所有可用的替代品中，似乎没有一种具有化石燃料的可取特性。这些包括：①足够的能量密度；②可运输性；③每单位交付给社会的净环境影响相对较低；④相对较高的 EROI；⑤可以在社会目前需要的规模上获得；⑥具有所需的存储质量。所有这些可能会大大减少可再生燃料的 EROI，如太阳能光伏和风能，但还没有进行必要的计算。当然，风能可以做出重要贡献，但它能否利用必要的备份或存储来产生社会能源的很大一部分？目前还没有一个好的答案。

因此，无论是美国还是世界社会，其燃料的数量和 EROI 似乎都将面临下降。我们的下一个问题是"这意味着什么"。

18.9　运行经济其他部分的可用盈余

我们首先在日常单元中生成一个简单的经济视图，试图为读者解释一个经济如何获得其自身功能所需的能量，以及 EROI 的差异如何影响这些能源。假设目前美国经济 100% 依赖国内石油，而能源本身不是最终消费者所需要的，而是来自整体经济的商品和服务。2016 年，美国国内生产总值约为 17 万亿美元，使用了约 97.4 万亿 BTUs（称为 quads，等于 10^{15} BTUs），相当于 103EJ（1 EJ 等于 10^{18} 焦耳）。除以这两项，我们发现我们在 2017 年平均使用了大约 6 兆焦耳（1 兆焦耳等于 10^6 焦耳）来生产平均价值为 1 美元的商品和服务。相比之下，汽油每加仑 2.50 美元，每一美元提供了 52 兆焦耳（每加仑汽油 131 兆焦），加上获得汽油（开采和炼油成本等于 10 兆焦）额外的约 20%，所以如果你直接在能源上花一美元和在总体经济活动上花上亿美元，你会消耗大约 62/10 或 10 倍更多的能量。

在上述例子中，相对于每个实体的总经济活动，石油对国家（无论是国内的还是进口的）的"能源"价格和对消费者——每个实体的总经济活动的能源"价格"是多少？我们可以做一些简单的数学运算。一桶 42 加仑的标准石油中大约含有 6.1 吉焦能量，因此，美国一年用于经济运行的 97.4 亿吨工业能源大约需要 170 亿桶石油。每桶石油 50 美元，那样的数量将花费 8500 亿美元来购买（或以每加仑 2.50 美元，消费者要花 1.8 万亿美元），约占 GDP 的 5% 或 1/10，如果我们从消费者的角度考虑（两个估计值的区别在于石油公司，在生产经过分配和利润或到炼油厂、加油站的服务员等，如投入、利润、工资、运输成本等）。因此，提供给消费者的能源价格大约是井口价格的两倍（如果转换成电能，价格大约是井口价格的三倍）。但在 2017 年，我们必须得出结论，我们社会运行的能源成本是低廉的。

现在，假设真实的石油价格，也就是说，石油的价格相对于其他商品和服务增加了三倍，用今天的美元计算，每桶 140 美元（2008 年也短暂这样），并且经济的总规模保持一样——也就是说，经济的其他部分为石油进行了转移支付。如果发生这种情况，那么大约（170 亿乘以 140 美元等于 2.38 万亿美元）或 15% 的经济将被用于购买石油，以满足剩下 85% 的需求（即这部分不包括能源提取系统本身）。如果石油价格上升到每桶 250 美元，大约所有经济活动的 1/3 需要运行其余的 2/3，在每桶 1000 美元的价格上，然后整个经济的产出，也就是 17 万亿美元，需要产生这么多金钱来购买运行经济所需的能源，即将不会有净产出。事实上在实体经济中会有许多调整，替代燃料和细微差别，这个分析至少概述了总体与净经济活动的关系，高 EROI 能源的重要性和经济条目对其余经济利润的重要性。随着燃料价格的上涨（即 EROI 的下降），经济的其他领域将受到巨大影响。这些影响可能尤其具有影响力，因为能源价格的变化往往会影响可自由支配的支出，而不是基本支出。下一章将探讨其中的含义。

当然，我们的大多数能源成本都低于石油，所以我们在上面的例子中使用的 50 美元一桶石油——在实际经济中，在来源上相当于 35 美元一桶的石油当量，或者当消费者获得能源时，相当于 70 美元一桶。因此，我们可以假设，在这种情况下，平均约 5% 的美元经济（即 50 美元乘以 170 亿桶石油，也就是 17 万亿美元中的 8000 亿美元）仅被用来购买能源，以保证经济的其他部分正常运转，从而生产出我们想要的最终产品。这 5% 的总经济活动意味着大约所有工人时间的 5%，他们的工作中使用了 5% 的能源，消耗的总物质中的 5% 在某种意义上用于获得给最终消费者的能源，以使其他经济领域工作。根据美国能源情报署 2017 年的官方统计数据，消费者的能源成本约占总收入的 5%（见图 18－1），所以我们的数据平均起来看似乎是正确的。

18.10 通过贸易获取的能源的 EROI

现在让我们假设美国经济 100% 依赖进口石油（许多小国都是如此）。一个没有足够的国内化石燃料的经济体必须进口燃料，并用某种过剩的经济活动来支付。购买迫切需要的能源的能力取决于它还能生产什么来卖给世界，以及生产这种材料所需的燃料。例如，哥斯达黎加在很大程度上用出口香蕉和咖啡来支付进口石油。这些商品在世界上价值很高，因此很容易出售。然而，它们的生产也需要相当高的能源消耗，尤其是以发达国家销售的优良品生产的时候。例如，香蕉需要大约相当于其购买价一半的钱来支付生产所需的燃料和石油化学品，包括它们的化妆品质量。所以在这个例子和其他类似的例子中，进口燃料的 EROI 是用美元或欧元购买的燃料量和通过出口商品和服务获得的美元或欧元利润之间的关系。为获得一桶石油而出口的商品或服务的数量取决于燃料相对于出口商品的相对价格。

考夫曼[29]估计了从大约 1950 年到 20 世纪 80 年代初，美国主要出口产品（如小麦、商用客机等）产生一美元的能源成本，以及一美元进口石油中所含的化学能。其概念是，进口石油的 EROI 取决于你需要用进口石油的美元价值的多少来生产商品，以及因此从净意义上说，从海外销售中获得的多少钱是为了购买石油。他得出的结论是，在 20 世纪 70 年代，石油价格上涨之前，进口石油的 EROI 是 25∶1，非常有利于美国，但 1973 年第一次石油涨价后，降至约 9∶1，然后在 1979 年第二次油价上涨，下降到 3∶1。从那时起，由于通货膨胀，出口商品的价格比石油价格增长得更快，这一比例已恢复到更有利的水平（从美国的角度来看）。在这十年中，石油价格再次上涨，然而，随着更多的剩余的常规石油集中在越来越少的国家和它们自己内部使用的增加，未来丰富的传统石油供应是成问题的，估计在不久的将来通过贸易获得的能源的 EROI 在预测经济脆弱性方面是非常有用的（见图 18 - 4）。截至 2017 年年中，美国近一半的石油依赖进口。

现在让我们回顾一下之前的例子，假设 2007 年美国经济完全依赖进口石油，而不是国内石油。忽视目前债务和某些金融交易，如运输成本和外国人对我们的银行进行投资，从净意义上来说，举石油的例子，我们将它投资于经济中，销售一些产品到国外来产生外汇，然后用这些外汇从别人那里购买石油——然后我们在经济中使用这些使用产生更多的商品和服务。为了获得 1.2 万亿美元的石油

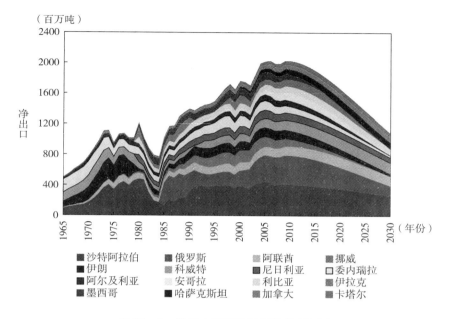

（百万吨）

净出口

沙特阿拉伯　俄罗斯　阿联酋　挪威
伊朗　科威特　尼日利亚　委内瑞拉
阿尔及利亚　安哥拉　利比亚　伊拉克
墨西哥　哈萨克斯坦　加拿大　卡塔尔

图 18 - 4　发展中国家进口石油的 EROI

资料来源：参考文献 [17]。

（170 亿桶乘以 $ 70/桶），我们会在这种情况下进口，我们将不得不出售至少 1.2 万亿美元价值的产品到国外，这将要求经济中产生的 1.2 万亿美元乘以平均一美元使用的 8.7 兆焦，或者使用平均 10.4EJ 我们自己的能源。因此，大约有 1/10（105EJ 中的 10.4EJ）的总能源消耗，并且和我们总体经济活动大致相同数量的能源要被仅用于获得所需的能源来运行经济的其余部分，这个部分生产了我们想要的商品和服务。因此 EROI 大约是 10∶1。这仍然是一个非常有利的回报，但在 1970 年只有大约 40% 的能源像这样有利，甚至在 1980 年是 25∶1。在某种程度上，我们通过债务（主要来自日本和中国）成功地继续做到了这一点，这让我们获得了暂时较高的 EROI。如果我们在将来还清这些债务，获得这些美元的人希望将它变成真实的商品和服务（这似乎是一个合理的假设），那么我们将不得不从地底将我们剩余能源的很大一部分转换为鱼、大米、牛肉、福特等，这些人能够从我们这里购买。

　　投资的美元回报是相似的：假设我们只依靠进口石油，那么购买石油（能源）将需要 1.2 万亿外汇，这样的石油（能源）可以在经济中产生 17 万亿美元。但如果石油价格迅速膨胀，比对石油进行贸易的商品和服务的价格膨胀得还要快，那么为获得石油而致力于提高外汇的一部分经济活动必须增加，除非经济变得更有效率，我们在这里回避了这样一个复杂但可能超出范围的问题。克利夫兰等[12]发现，1904~1984年，经过质量校正的能源使用与GDP之间存在非常高的相关性。从那以后，美国经济的增长速度超过了能源使用的增长速度——尽管如果使用前克林顿时代计算CPI的通货膨胀率（如 www. shadowstatistics. com 提供的），GDP会下降，GDP与能源使用回报之间的紧密关系重新出现。尽管如此，我们相信，进口石油价格的大幅上涨（或下跌）可能会给我们的经济带来一系列结构性变化，而大多数人并不会特别希望看到这些变化。事实上，很难忽视2008年夏季石油实际价格上涨达到顶峰和随后的2008年夏秋末金融崩溃之间的巧合。

EROI 与产生"文明"所使用的总能量之间的权衡

我们所渴望和需要的基本商品和服务，也就是我们所说的现代文明，高度依赖向社会提供净能源。这是作者在本章引言中反复引用的观点。但供我们支配的总净能量，也就是说大约90%（或105 EJ），将减少到80%，如果能源成本翻倍（如发生在2008年的第一部分）或下降到60%，如果再翻一番……这是非常可能的。从这个角度来看，我们认为EROI很有可能成为定义我们未来经济和生活质量的一个极其重要的问题。

18.11　总　结

我们有根据的猜测是，如果将运送和使用这些燃料所需的所有额外能源都适当地计算在内，那么向消费者提供给定服务（即行驶的英里数、温暖的屋子）所需的燃料的最低EROI大约是3：1。如果把支持劳动力的能源成本（经济学家普遍认为是消费，但这里绝对是生产的一部分）或补偿环境破坏的成本计算在内，这一比例将大幅上升。虽然可以想象，一个国家可能会使用大量的燃料，以较低的EROI（约2：1）来运行一个经济体，但这意味着，所有经济活动的一半需要用来产生另一半，而我们将非常贫穷。即使是这样，也不足以做任何具有经济效用的事情，如开卡车。因此，我们引入了"扩展EROI"的概念，它不仅包括获取燃料的能源，还包括运输和使用燃料的能源。这个过程大约是使用从地下获取燃料所需的EROI的三倍。任何低于社会平均水平（约为10：1）的燃料实际上都可以得到一般石油经济的补贴。例如，像玉米乙醇这样的燃料有少量的正EROIs（1.3：1），这将得到由基础设施支持（即道路和车辆的建设和维护）的补贴，这些由主要经济体进行的基础设施的 2/3 是基于石油和天然气的。这些问题可能比燃料本身的精确数学更重要，尽管它们都很重要。

最后，未来的分析甚至可能包括支持和替代石油工人的资金/能源。我们认为，这一点很重要，因为对于是否需要摊销石油井架的维修和折旧几乎没有什么争议，那么，为什么不按比例为工人提供医疗保健或为其子女提供教育，以最终取代疲惫不堪的工人呢？主流经济学家对这一推理有一些困惑，因为他们认为，例如，工人或他们的孩子的医疗保健是消费，而不是生产。但是，就像能源本身一样，一定量的消耗对于生产是必不可少的，也许我们需要重新思考何时以及如何在它们之间划清界限。也许从上面两段的角度进行了最好的考虑：作为燃料的 EROI 到未来可能下降，那么我们中其余的将会支持能源产业中越来越多的工人，将会有越来越少的净美元和能量传递给其余的社会。如果我们要支持所有的基础设施来培训社会所需的工程师、医生和熟练工人，我们将需要比我们的初级燃料高得多的 EROI。这将在下一章进行探讨。

问题

1. 定义净能量、能量剩余和 EROI。它们只是表达同一件事的不同方式吗？
2. 谁是一些关于净能源的先驱思想家？
3. 为什么他们认为净能量是"人类文化的决定因素"？你同意吗？
4. 定义能源的经济成本。
5. 导致 EROI 概念发展的一些先例是什么？鱼的角色是什么？
6. EROI 可以在不同的点计算，从井口或农场大门开始。在能源使用的"食物链"中给出一些额外的位置，在哪里计算 EROI 可能是有用的？
7. 你认为是否应该将维护使用燃料所需的基础设施所需的能源包括在 EROI 评估中？为什么？
8. 你认为是否应该将维护使用燃料所需的基础设施所需的能源包括在 EROI 评估中？为什么？
9. 为什么环境因素会改变对 EROI 的估计？
10. 能源成本在我国经济中所占的比例大约是多少？
11. 解释一个没有能源资源的国家如何投资能源来获得能源。
12. 一个社会所能承受的教育、医疗和文化的数量与 EROI 之间有什么关系？

参考文献

［1］ Modified from Hall，C. A. S. ，S. Balogh，and D. J. R. Murphy. 2009. What is the minimum EROI that a sustainable society must have? *Energies* 2: 25 – 47. which contains additional supporting references. SEE Hall, C. A. S. 2017. Energy return on investment (Springer) for a more thorough treatment of EROI.

[2] Odum, H. T. 1972. *Environment, power and society.* New York: Wiley-Interscience; Odum, H. T. 1973. Energy, ecology and economics. Royal Swedish Academy of Science. *AMBIO* 2 (6): 220 – 227.

[3] White, L. A. 1943. Energy and the evolution of culture. *American Anthropologist* 45: 335 – 356.

[4] Cottrell, F. 1955. *Energy and society.* New York: McGraw-Hill.

[5] Hall, C. A. S. 2017. *Energy return on investment: A unifying principle for biology, economics and development.* New York: Springer.

[6] Hamilton, J. D. 2009. Causes and consequences of the oil shock of 2007 – 08. Brookings Papers on Economic Activity, 1, Spring, 215 – 261.; Hamilton, J. D. 2011. Nonlinearities and the Macroeconomic Effects of Oil Prices. *Macroeconomic Dynamics* 15: 472 – 497.

[7] King, C. W. 2015. Comparing world economic and net energy metrics, Part 3: Macroeconomic Historical and Future Perspectives, *Energies* 8: 12997 – 13020.

[8] King, C., and Hall, C. A. S. 2011. *Relating financial and energy return on investment: Sustainability: Special Issue on EROI*, 3: 810 – 1832.

[9] Hall, C. A. S. 1972. Migration and metabolism in a temperate stream ecosystem. *Ecology* 53: 585 – 604.

[10] Hall, C. A. S., and C. J. Cleveland. 1981. Petroleum drilling and production in the United States: Yield per effort and net energy analysis. *Science* 211: 576 – 579.

[11] Hall, C. A. S., C. Cleveland, and M. Berger. 1981. Energy return on investment for United States Petroleum, Coal and Uranium. In Energy and ecological modeling, ed. W. Mitsch, 715 – 724. Symp. Proc., Elsevier Publishing Co.; Hall, C. A. S., M. Lavine and J. Sloane. 1979. Efficiency of energy delivery systems: Part I. An economic and energy analysis. *Environment.* 3: 493 – 504.

[12] Cleveland, C. J., R. Costanza, C. A. S. Hall, and R. Kaufmann. 1984. Energy and the United States economy: A biophysical perspective. *Science* 225: 890 – 897.

[13] Hall, C. A. S., C. J. Cleveland, and R. Kaufmann. 1986. Energy and resource quality: The ecology of the economic process, 1986. New York: Wiley.

[14] Cleveland, C. J. 2005. Net energy from the extraction of oil and gas in the United States. *Energy: The International Journal* 30 (5): 769 – 782.

［15］ Hall, C. A. S. , and D. Hanson, eds. 2011. Sustainability: Special Issue on EROI. *Sustainability 3*: *1 − 393*.

［16］ Hall, C. A. S. , J. G. Lambert, and S. B. Balogh. 2014. EROI of different fuels and the implications for society. *Energy Policy 64*: 141 − 152.

［17］ Lambert, J. , C. A. S. Hall, S. Balogh, A. Gupta, and M. Arnold. 2014. Energy, EROI and quality of life. *Energy Policy 64*: 153 − 167.

［18］ Sundberg, U. 1992. Ecological economics of the Swedish Baltic Empire: An essay on energy and power, 1560 − 1720. *Ecological Economics 5*: 51 − 72.

［19］ See review by Farrell et al. . 2006, ［Farrell, A. E. , R. J. Plevin, B. T. Turner, A. D. Jones, M. O'Hare, D. M. Kammen. 2006. Ethanol can contribute to energy and environmental goals. Science 311: 506 − 508.］ as well as the many responses in the June 23, 2006 issue of Science Magazine for a fairly thorough discussion of this issue.

［20］ Hall, C. A. S. , B. Dale, and D. Pimentel. Seeking to understand the reasons for the different EROIs of biofuels. *Sustainability* 2011: 2433 − 2442.

［21］ Murphy, D. J. , C. A. S. Hall, and R. Powers. 2011. New perspectives on the energy return on investment of corn based ethanol. *Environment, Development and Sustainability* 13（1）: 179 − 202.

［22］ Prieto, P. , and C. A. S. Hall. 2012. *Spain's photovoltaic revolution: The energy return on investment.* New York: Springer. Prieto and Hall; Raugei, M. , Pere Fullana-i-Palmer, and Vasilis Fthenakis. 2012. *The Energy Return on Energy Investment（EROI）of photovoltaics: Methodology and comparisons with fossil fuel life cycles. Energy Policy 45:* 576 − 582.

［23］ Raugei, M. Personal communication.

［24］ Murphy, D. , Hall, C. A. S. , Cleveland, C. , P. O'Conner. 2011. Order from chaos: A preliminary protocol for determining EROI for fuels. Sustainability: Special Issue on EROI, 1888 − 1907.

［25］ Bullard, C. W. , B. Hannon, and R. A. Herendeen. 1975. *Energy flow through the US economy.* Urbana: University of Illinois Press. Hannon, B. 1981. *Analysis of the energy cost of economic activities:* 1963 − 2000. Energy Research Group Doc. No. 316. Urbana: University of Illinois. ; Herendeen, R. , and C. Bullard. 1975. The energy costs of goods and services. 1963 and 1967. *Energy Policy* 3: 268.

［26］ Costanza, R. 1980. Embodied energy and economic valuation. *Science* 210: 1219 − 1224.

［27］ Guilford, M. , C. A. S. , Hall, P. , O'Conner, and C. J. , Cleve-land. 2011. *A new long term assessment of EROI for U. S. oil and gas*: *Sustainability*: *Special Issue on EROI*. Pages 3: 1866 – 1887. ; The Oil Drum: search for "Hall EROI" .

[28] Gagnon, N. C. , A. S. Hall, and L. Brinker. 2009. A preliminary investigation of energy return on energy investment for global oil and gas production. *Energies* 2 (3): 490 – 503.

[29] Kauffman. 1986. Energy return on investment for imported petroleum. *In Energy and resource quality*: *The ecology of the economic process*, ed. C. A. S. Hall, C. J. Cleveland, and R. Kaufmann. New York: Wiley.

19　石油峰值、EROI、投资和我们的财务前景

19.1　引　言

在过去 100 年里，美国和许多其他国家的人口和经济的巨大增长得益于化石燃料使用的相应扩大[1]。对许多能源分析师来说，廉价燃料能源的扩张远比商业头脑、经济政策或意识形态重要得多，尽管它们也可能很重要[1-15]。虽然我们习惯用货币来思考经济，但我们这些受过自然科学训练的人认为，从经济运行所需要的能量的角度来思考经济，是同样有效的。当一个人花了一美元时，我们不会仅想到这张钞票离开我们的钱包，转到别人的钱包里。相反，我们认为，为了使交易达成，也就是说，产生购买的商品或服务，必需提取平均约 5000 千焦的能量（大约一半的油量可以填满一个标准的咖啡杯），并且转变成了约半公斤的二氧化碳。把钱从经济中拿出来，它可以继续通过易货交易发挥作用，尽管是以一种极其笨拙、有限和低效的方式。如果没有能源，经济就会立即萎缩或停止。古巴在 1991 年发现了这一点，当时苏联面临自己的石油生产和政治问题，切断了古巴的石油补贴供应。古巴的能源消耗和 GDP 立即下降了约 1/3，食品杂货在一周内从市场上消失，很快古巴人的平均体重下降了 20 磅[16]。古巴后来在某种程度上学会了像以前一样靠大约一半的石油生活，但影响是巨大的。最近几十年，美国已在能源使用方面变得更有效率，这是由于大多数人使用高质量的燃料，出口重工业，转变我们所谓的经济活动[17]，而包括效率领先的日本在内的许多其他国家的效率正在显著降低[18-20]。

19.2　石油时代

　　美国和世界经济仍然主要基于"常规"石油，即石油、天然气和天然气液体（见图 19–1）。常规是指从地质沉积物中提取的燃料，通常是利用钻头技术发现和开采的。传统的石油和天然气由于自身的压力或通过向储层中注入天然气、水或偶尔注入其他物质提供的泵送或附加压力而流向地表。非常规石油包括页岩油、油砂和其他通常以固体形式开采并转化为液体的沥青，以及来自煤层和/或"致密"矿床的天然气。对于美国和全世界的经济来说，我们能源的一半到 2/3 来自常规石油，大约 30% ~40% 来自液态石油，另外 20% ~25% 来自气态石油（见图 19–1）。煤炭、水电和核能为我们提供了大部分剩余的能源。水力发电和木材都是可再生能源，由当前的太阳能投入产生，提供了美国和世界使用的 5% 的能源，包括风车和光伏发电在内的"新可再生能源"大约产生 2% 的能源。近年来，石油和天然气的年使用量增长超过了新可再生能源的发电量，甚至超过了它们的总产量，因此它们基本上没有取代化石燃料，而只是增加了这一

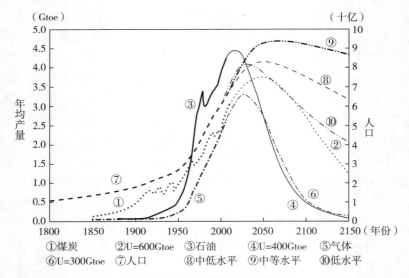

　　①煤炭　　　②U=600Gtoe　③石油　　　④U=400Gtoe　⑤气体
　　⑥U=300Gtoe　⑦人口　　　　⑧中低水平　⑨中等水平　⑩低水平

注：全球煤炭、石油、天然气产量预测（无需求限制）来自联合国。2003 年的最终人口预测为低至中等水平。Gtoe = 千兆吨级石油当量。

图 19–1
过去世界化石能源使用和人口的格局，包括预测。

资料来源：让·推赫雷（2006）。

比例。20 世纪 70 年代以来,所有这些比例在美国或世界上都没有太大变化。我们认为,把我们生活的时代看作石油时代是最准确的,因为石油是我们经济和生活的基础。

石油是特别重要的,因为它具有重要和独特的属性,导致高经济效用,包括非常高的能源密度和运输性[20]、大规模的可用性和相对较低的价格。然而,其未来的供应令人担忧[21-23]。问题不在于供给和潜在需求之间的关系。除非出现大规模的全球经济衰退,否则随着人口增长、以石油为基础的农业以及经济(尤其是亚洲)的持续增长,需求将继续增长,或许会比较缓慢。1900 年以来,石油供应一直在以每年大约 4~5 个百分点的速度增长,但最近增长到了每年 2% 到 1%。虽然大多数国家的政府都在努力使经济增长更快,但许多观察人士认为,一个趋势是高增长率不太可能很快再次出现[23-24]。石油峰值是指一个油田、一个国家或整个世界的石油产量达到最大,然后下降的时间。这不是理论科学家或忧心忡忡的公民所争论的抽象问题,而是 1970 年美国以及此后 95 个产油国中约 60 个国家所面临的现实[25-28]。几位著名地质学家认为,这种情况可能已经发生在世界范围内,尽管目前还不清楚,部分原因是官方统计数据包括了越来越多的其他液态碳氢化合物,如"石油"项下的天然气液体和生物燃料[29-31]。据推测,在某个时候,无论技术或价格如何,都不可能继续增加石油供应,甚至维持目前的供应水平。此时,我们将进入(或已经进入)"石油时代的后半期"[31]。上半期是逐年增长的,下半期将逐年下降,可能在峰值附近出现"波浪形高原"。天然气作为主要燃料来源的寿命可能比石油长 10 年或 20 年。我们认为,它将不可能在所需的规模上替代传统石油,填补日益增长的需求和供给之间的差距[32],即使那是可能的,所需要投资的钱、能源和时间就意味着我们需要几十年前就开始[33]。当全球石油产量开始下降时或随着全球石油产量开始下降,我们将看到"廉价石油的终结"和一种截然不同的经济气候。

在美国,化石燃料的大量使用意味着我们每个人都有相当于 60~80 名辛勤工作的劳动者来"砍伐我们的木材和运输我们的水",以及种植、运输和烹饪我们的食物,生产、运输和进口我们的消费品,并提供完善的医疗卫生服务。这些能量奴隶产生的能量甚至可以让我们拜访亲戚,在遥远的地方乃至相对较近的地方度假。只是种植我们的食物需要的能量大约是每人每天一加仑的石油,如果一个北美人在早上洗了个热水澡,他或她已经使用的能量将远远大于地球上 2/3 的人口在一天中使用的能量。

19.3　我们能开采多少石油

　　所以下一个重要的问题，是世界上还有多少石油和天然气？答案是很多，尽管相对于我们日益增长的需求可能不是很多，也可能我们能够在经济上或精力上负担得起的高质量能源不是很多。尽管我们可能永远都有足够的石油来润滑自行车链条，但问题是，我们是否会拥有像现在这样的产量，以及我们所习惯拥有的这样的价格，还有增长是否有可能。在全球范围内，我们已经消耗了大约 1.3 万亿桶石油，主要是在过去的 25 年里。目前的争论基本上是关于是否还有 1 万亿、2 万亿甚至 3.5 万亿桶经济上可开采的石油。这场争论的基础是对资金、运营和环境成本的理解，然而这多半被忽视，从资金和能源的角度来看，发现、开采和使用任何尚待发现的新石油资源以及产生我们可能能够开发的任何替代能源是必须的。从资金和能源的角度来看，这些投资问题将变得越来越重要。

　　在这个问题上有两个截然不同的阵营。一个阵营是"技术财富主义者"，主要由经济学家如迈克尔・林奇[34][35]领导，他们相信在不确定的未来，市场力量和技术将继续（以一定的价格）供应我们所需要的任何石油。他们认为，我们现在只能从一块油田中开采出 35% 的石油，而世界上的大片地区（深海、格陵兰岛、南极洲）还没有被勘探过，而且可能有大量的石油供应，而诸如油页岩和油砂之类的替代品比比皆是。他们受到以下事件的提振：许多早期终止预言或石油产量峰值预言的失败；由美国地质调查局和剑桥能源研究协会进行的最近的两项著名分析倾向于表明剩余可开采的石油数量位于 3.5 万亿桶附近；最近在墨西哥湾的深水杰克 2 油井的发现；阿尔伯塔省油砂的发展。

　　另一个阵营是"石油峰值论者"，由以下人群组成，受 M. 金・哈伯特[25]开创性工作的启发的来自不同领域的科学家，一些非常有见识的政治家如马里兰州美国前国会议员罗斯科・巴特利特；来自各界的私人公民；越来越多的投资团体的成员。其中一些每年在国际生物物理经济学协会的赞助下聚会一次。他们所有人都认为，可开采的常规石油只剩下大约 1 万亿桶左右，全球石油峰值——或者说"起伏的高原"——将很快出现，或者可能已经出现了（见图 19 - 2）。这些人以及他们的组织——石油峰值研究协会（ASPO）的观点是由地质学家科林・坎贝尔和让・拉海尔的分析和著作提出的。和他们意见一致的许多其他地质学家支持他们，很多产油国已经出现了众多峰值，我们一些最重要的油田产量最近坍塌，我们每发现一桶新的石油需要提取和使用 2 ~ 4 桶石油。他们还认为，从本质上讲，地球上所有有利于石油生产的地区都已被很好地勘探过，可能除了那些几乎不可能开采的地区之外，几乎没有什么令人惊讶的地方了。

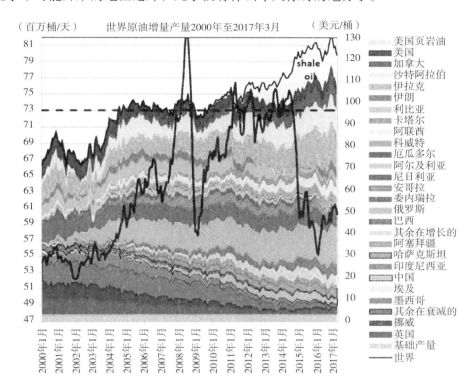

图 19－2

世界常规石油的生产。这并不包括最近在"石油"数据中增加的天然气液体或生物燃料，而只包括传统石油。

资料来源：马特·穆斯利克。EIA 国际能源统计。

有几个问题往往会使石油峰值问题更加混乱。首先，有些人对石油峰值的推算包含了天然气液体或凝析油（从天然气中冷凝出来的液态碳氢化合物），而有些人没有包含。它们可以很容易地提炼成汽车燃料和其他用途，因此许多研究人员认为，它们应该简单地与石油放在一起，而通常情况下，它们是与石油放在一起的。由于全球天然气产量峰值被认为可能比全球石油产量峰值晚 10～20 年，因此，无论石油产量峰值已经出现或可能正在出现，液化天然气的加入都会延长石油产量峰值的时间或持续时间。其次，什么特点的峰值会造成最大的经济影响？是峰值本身，还是下降的生产速度与潜在消费速度之比？石油和天然气的产量和消费量在 1970 年之前以每年 4% 的速度增长，到 2005 年逐渐下降到 2%，从那时起就下降到1%，甚至没有增长。中国和印度经济的巨大扩张，最近已经超过了对世界其他地区一些减少使用的补偿。与此同时，人口的持续增长，使"人均石油峰值"很可能已经发生，也许早在1978年[36]。未来可能更多的是限制碳排放，而不是降低实际产量。无论何时我们开始看到全球哈伯特曲线不可避免的下行趋势，价格都会上涨。

石油和天然气的产量（更准确地说是开采）和石油峰值的出现取决于相互作用的地质、经济和政治因素。地质限制是最绝对的，并取决于世界上作业井的数量和物理能力。在大多数油田，石油并不以人们熟悉的液态存在，而是以一种更复杂的浸油砖的形式存在。石油通过这些"含水层"的速度主要取决于石油本身和地质基质的物理性质，以及迫使石油通过基质进入集水井的自然压力。越来越多的天然气或水进入建筑物，取代了自然压力。清洁剂、二氧化碳和蒸汽可以提高产量，但是过快的开采会导致"含水层"的压实或水流的破碎，从而降低产量。

因此，我们生产石油的实际能力取决于我们是否有能力在我们能够合理进入的地区不断发现大型油田，我们是否愿意投资于勘探和开发，以及我们是否愿意不过快地生产石油。通常的经济学观点是，如果石油供应相对于需求减少，那么价格就会上涨，这就意味着石油公司会开采更多的石油，从而发现更多的石油，进而增加供应。虽然这听起来合乎逻辑，但经验记录显示，石油和天然气的发现速度与钻井速度几乎没有关系。最近的经验可能正在改变"致密"石油和天然气的情况，可以通过钻探许多低产量井来获得更少量的（与过去相比）石油和天然气。

最后，产量可能受到限制，或者（至少在过去）由于政治原因而增加——这比地质限制更难预测。当然，2011年的"阿拉伯之春"事件是完全无法预测的。从经验上看，有相当多的证据表明，在石油开采达到峰值后的国家（如美国），当最终可开采石油的一半左右被开采出来时，物理限制就变得非常重要。但为什么会这样呢？在美国，这当然不是由于缺乏投资，因为大多数地质学家认为美国的钻探已经过度。在我们得到更多的数据之前，我们可能不会知道，并且大部分数据都是受到严密保护的行业或国家机密。但无论世界是否已经达到石油峰值，大多数产油国都已经达到了[36][37]。据一位分析人士说，如果考察一下石油峰值后的60个左右产油国，峰值平均出现在可开采石油总量的54%被开采出来的时候[37]。最后，石油生产国往往拥有高人口和经济增长，并正在使用自己生产的越来越多的比例，留给出口的更少[38]。

美国显然在1970年经历了"石油峰值"（尽管这之后可能会或不会出现基于非常规石油的第二个峰值）。20世纪70年代，随着石油价格上涨10倍，从

3.5 美元/桶升至 35 美元/桶，美国在石油发现和生产方面投入了大量资金。钻井速度从 1970 年的每年 9500 万英尺增加到 1985 年的每年 2.5 亿英尺。然而，在同一时期，即使加上阿拉斯加的产量，原油产量从 1970 年 35.2 亿桶/年的峰值下降到 1985 年的 3.27 亿桶/年，并继续下降到 2005 年的 1.89 亿桶/年（2017 年可能出现第二次峰值）。天然气产量也已见顶并有所下降，不过降幅较小。因此，尽管石油发现和生产技术取得了巨大进步，尽管投入了大量资金，但自 1970 年以来，美国的常规石油产量几乎每年都在继续下降，美国使用的石油仍有近一半是进口的。当钻井速度高时，平均而言，钻井的前景明显较差。技术乐观主义者认为技术进步是重要的，这是正确的。但是这里有两种基本的和相互矛盾的力量在起作用——技术进步和消耗。在美国传统石油行业，随着石油产量不断下降，石油生产成本越来越高，石油枯竭显然正压倒技术进步。由于石油勘探和开发是绝对能源密集的，它可以导致更少的净石油被交付给社会。截至 2017 年，有大量的钻井和生产正在进行，但即使按照以历史标准衡量的高油价，几乎没有一家石油公司盈利。

19.4 在下降的能源投资回报

投资的能源回报（EROI 或 EROEI）就是与产生该能量所需的能源相比，一个人从一项活动中获得的能源。尽管数据可能很难获得，边界也不确定，但计算通常是直截了当的（参见前一章）。当分子和分母以相同的单位导出时（单位可以是每桶多少桶、每千克多少千克或每焦耳多少焦耳），结果是无单位比的。美国常规石油开采的平均可采储量已从 1919 年投资的每千焦耳获得 300 千焦耳以上，降至今天的每千焦耳 5 千焦耳左右。生产石油的 EROI 从 20 世纪 70 年代的 30∶1 降至现在的 10∶1 左右。这说明，随着石油储藏日益枯竭，以及随着勘探和开发日益深入和在近海进行，能源成本不断增加，能源收益不断下降[13][21][39]。即便是这个比例，也主要反映出开采的油田都是 50 年或更长历史的老油田，因为我们发现的重要新油田寥寥无几。一个新的，或最新分析的，令人不安的趋势是"大象"，除了它们的产量下降，它们的 EROI（即仍然生产我们石油大部分的最大油田）也一直在定期下降[40]。额外增加的一桶石油或天然气的能源成本不断上升，是其背后美元成本不断上升的原因之一。不过，如果将总体通胀因素考虑在内，1970 年以来，石油价格只上涨了温和的幅度。

同样的能源投资回报率下降的模式似乎也适用于全球石油生产，但获取这类信息非常困难。在大量金融数据库对"上游"（即试验性生产）的帮助下，在约翰·H. 哈罗德公司、盖格农及其同事[41]的维护下，"上游"能够为全球新的石油和天然气（综合考虑）生产的 EROI 产生一个近似的值。他们的结果表明，1992 年全球石油和天然气（至少是公开交易的石油和天然气）的 EROI 约为 23：1，1999年增加到大约 33：1，从那时起下降到 2005 年的大约 18：1。在 20 世纪 90 年代后期，EROI 的明显增加反映了减少的钻井努力，正如美国的石油和天然气所见（见图 19 - 3 和图 19 - 4）。

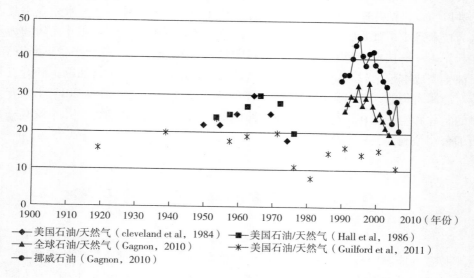

——◆—— 美国石油/天然气（cleveland et al，1984）　　——■—— 美国石油/天然气（Hall et al，1986）
——▲—— 全球石油/天然气（Gagnon，2010）　　　　——＊—— 美国石油/天然气（Guilford et al，2011）
——●—— 挪威石油（Gagnon，2010）

图 19 - 3　美国和其他国家石油 EROI

资料来源：美国石油和天然气的 EROI，根据三个或多或少独立的研究，但都是基于美国人口普查局的数据（克里夫兰等，1984；霍尔等，1986；吉尔福德等，2011）。全球上市公司的 EROI 来自盖格农等[41]。挪威石油的 EROI 来自格兰戴尔等（2011）。

如果油价的直线下降趋势持续几十年，最终将需要一桶石油的能量才能生产出一桶新的石油。虽然我们不知道这种推断是否准确，但基本上对我们主要化石燃料的所有 EROI 研究都表明，它们的 EROI 随时间而下降，而且随着开采（如钻井）率的增加，EROI 下降得尤其迅速。这种下降似乎反映在经济结果中。2004 年 11 月，《纽约时报》报道称，在过去的 3 年里，世界各地的石油勘探公司花在勘探上的钱，超过了发现的储量的美元价值上所收回的钱。2016 年发现的石油量仅为我们生产和燃烧量的 10% 左右[42]。这说明，尽管全球油气生产的EROI 可能仍在 15：1 左右，但已经接近寻找新石油的能源盈亏平衡点。无论我们是否达到了这一点，EROI 下降到 1：1 的概念使一些石油分析师的报告变得无

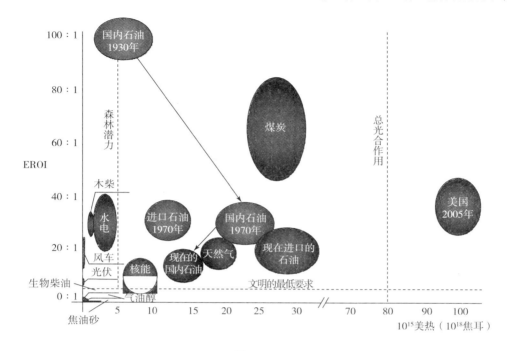

图 19 − 4

"气球图"表示美国经济中不同时期不同燃料的质量（y 轴）和数量（x 轴）。箭头连接不同时间的燃料（即 1930 年、1970 年和 2005 年的国内石油），"气球"的大小代表了与 EROI 估算相关的部分不确定性。2017 年补充说明：1930 年的高石油 EROI 值代表的是石油的发现而非生产的 EROI，虽然在某种意义上是准确的，但也有轻微的误导。最好使用 30：1 作为 1970 年 EROI 生产的峰值。

资料来源：美国能源信息署，库特勒·克里夫兰，霍尔的 EROI 作品以及吉尔福德等（2011）的更新。

关紧要，他们认为我们可能在世界上还有更多的石油。当开采石油所需要的能源比所提取的石油中所含的能源还要多的时候，开采石油根本就没有意义，至少对于燃料来说是这样。

我们如何度过这场即将到来的风暴将在很大程度上取决于我们现在如何管理我们的投资。我们在社会上进行的投资有三种类型。第一种是对获取能源本身的投资，第二种是对维护和替换现有基础设施的投资，第三种是可自由支配的扩张。换句话说，在我们考虑扩大经济之前，我们必须首先进行投资，以获得维持现有经济所需的能源，并维护基础设施，由于熵驱动的现有资源退化，我们必须弥补我们的基础设施。对第二类，特别是其中的第一类别的必要投资很可能越来越限制第三类的可用资金。从历史上看，为使经济的其他部分得以运转和增长而需要的美元和能源投资非常少，但这种情况可能会发生巨大变化。无论我们是寻求继续依赖日益稀少的石油，还是试图开发某种替代能源，情况都是如此。技术进步（如果确实有可能）极不可能恢复我们已经习惯了的对能源的低投资。

我们面临的主要问题是"最佳第一"原则的后果。很简单，人类的特点就是首先使用最高质量的资源，无论是木材、鱼类、土壤、铜矿还是化石燃料。经济动机是首先开发质量最高、成本最低（用能源和美元衡量）的资源（正如经济学家大卫·李嘉图在 1891 年指出的[43]）。我们开发化石燃料已经有很长时间了。发现新石油的高峰出现在 20 世纪 30 年代的美国和 60 年代的世界其他地区。自那以来，这两项指标都大幅下降。我们发现石油的效率下降得更厉害，也就是说，相对于我们在寻找和开采石油上所投入的能源量，我们发现的能源量下降得更厉害。

首先开发和消耗最好资源的模式也出现在天然气上。天然气曾被认为是石油开发过程中产生的一种危险废物，并在井口燃烧。但在 20 世纪中期，在美国和欧洲大型天然气管道系统得以开发，使气体被送到无数用户那里，至少相对于煤炭，这些用户赞赏天然的易用性和清洁，包括其相对较低的二氧化碳排放[44]。美国天然气最初来自路易斯安那州、得克萨斯州和俄克拉荷马州的大型油田，通常与油田有关。它的生产越来越多地转移到分布在阿巴拉契亚和落基山脉的较小的油田。1973 年，随着传统上供应国家的最大油田数量达到顶峰并出现下降，全国性的产量峰值出现了。后来，随着"非常规"油田的开发，第二个稍小一些的峰值出现在 21 世纪头 10 年。天然气产量从峰值下降了约 6%，一些调查人员预测，随着常规气田的日益枯竭，以及让规模较小的非常规气田投产以取代枯竭的大型气田变得越来越困难，将出现"天然气悬崖"。然而，由于水平钻井和水力压裂等新技术的出现，这种"悬崖"至少在几十年内都不太可能发生。在撰写本章之际，这些新技术正以传统天然气供应下降的速度带来新的"非常规"天然气。由于水平井钻井和水力压裂存在诸多经济、环境和社会问题，天然气的发展前景难以预测。

19.5 气球图

除了驱动生态系统进程的自由太阳能外，经济中使用的所有能源都有能源成本，而且所有这些能源对社会的重要性都不同。获取煤炭、石油或光伏电力的能源成本即使难以计算，却直截了当，但还需要其他来源和其他支付方式。例如，我们用能源和美元来购买进口石油，因为我们需要能源来种植、生产或收获我们销售到国外的商品和服务，以获得购买石油的美元（或者如果我们今天用债务来偿还，我们将来也必须这样做）。1970 年，每生产 1 兆焦耳的农作物、喷气式飞机等我们出口的商品和服务，我们就能获得大约 30 兆焦耳的能量[39]。但随着进口石油价格的上涨，进口石油的 EROI 下降。到 1974 年，这一比例降至 9∶1，到 1980 年降至 3∶1。由于出口产品的通货膨胀，随后的石油价格下降，最终返回类似 1970 年的能源贸易条件，至少在 2000 年之后石油价格又开始增加，再次降低了进口石油的 EROI。图 19−4 粗略估计了美国每年使用的各种主要燃料的数量和 EROI，包括可能的替代燃料。这张图的一个明显的方面是，在定性和定量上，化石燃料的替代品要发挥化石燃料的作用还有很长的路要走。当我们考虑到石油和天然气的其他特性，包括能源密度、运输便利和使用方便时，这一点尤其正确。我们今天可用的石油替代品的特点是侵蚀率更低，限制了它们的经济效益。对于首席执行官和政府官员来说，关键是要明白，最好的石油和天然气已经不复存在，而且没有容易的替代品。

如果我们要以美国近几十年来消耗的速度向未来供应石油，更不用说增加了，我们将需要在额外的非常规资源或向外国供应商支付方面进行巨额投资。这意味着我们的经济产出将从其他用途转向获得同样多的能源，以维持现有的经济。换句话说，从国家的角度来看，我们将越来越需要投资，只为了维持现有的经济，而不是创造新的实际增长。如果我们不进行这些投资，我们的能源供应就会动摇，如果我们这样做，对国家的回报可能很小，尽管对个人投资者的回报可能很大。此外，如果这个问题像我们认为的那样重要，那么我们必须更加关注我们获得的数据质量，这些数据关于我们所做的所有事情的能源成本——包括获取能源。最后，增加钻探以回收更多燃料的努力失败，令人对以下基本经济假设产生了质疑：由稀缺导致的价格上涨，将通过鼓励增产来解决稀缺问题。的确，稀缺性鼓励更多的勘探和开发活动，但这种活动不一定产生更多的资源。石油短缺还将鼓励开发替代性的液体燃料，但它们的 EROI 通常非常低。

19.6 石油峰值对经济的影响和 EROI 的减少

无论全球石油峰值是已经出现，还是在未来几年内不会出现，或者可能是几十年内不会出现，其经济影响都将是巨大的，因为我们无法以所需的规模和所需的 EROI 来替代它。任何替代品都将需要在资金和能源上进行巨额投资，而这两项投资都可能出现短缺。尽管预计将在相对几年内对我们的经济和商业生活产生影响，但政府和商界都没有准备好应对这些变化的影响或投资战略所需的新思维。有很多原因，但其中包括经济学家的淡化经济资源重要性的角色，不感兴趣的媒体，政府基金对资助好的关于各种能源选择的分析工作的失败，在贸易和能源部门好的能源记录的流失，媒体把焦点放在微不足道的"灵丹妙药"上，尽管其中任何一种（除了经济收缩和少数情况下的节约）都无法对总能源结构做出1%的贡献。

或许更令人担忧的是，我们所熟悉的前十位左右的能源分析师中，没有一位得到了政府的支持，或者说，基本上没有任何资金支持。在美国国家科学基金会或能源部甚至没有一个有针对性的项目，如果一个人希望实现良好的目标，他可以申请这些项目，仔细评估EROI分析来看看什么样的选择实际上能够产生巨大的贡献。因此，很多关于能源的文章都是可悲的错误信息，或者仅是由各种团体资助的宣传，这些团体希望从各种可替代能源中获得好处。有关结束廉价石油的问题将是西方社会所面临的最重要挑战，特别是在考虑到我们需要同时处理气候变化和其他与能源有关的环境问题时。任何不理解廉价石油终结的必然性、严重性和影响的商业或政治领导人，或者为了减轻其影响而做出错误决定的人，都可能因此受到巨大的负面影响——我们其他人也一样。与此同时，我们将在未来10年或20年做出的投资决定，将决定人类文明是否能够完成从石油向非石油的转型。

如果获取石油的能源和美元成本大幅增加，或者石油供应受到任何限制，会有什么影响？尽管做出任何可靠的预测都是极其困难的，但我们确实有20世纪70年代油价大幅上涨的影响记录，可以作为一种可能的指引。这些供应限制或"石油冲击"对我们的经济产生了非常严重的影响，我们在过去的出版物中对其进行了实证研究[10]。当时，许多经济学家并不认为能源价格的大幅上涨会对经济产生显著影响，因为能源成本仅占GDP的3%～6%。但到1980年，在20世纪70年代的两次"石油价格冲击"之后，能源成本急剧上升，直到占GDP的14%。当我们的工业或企业无法以任何价格获得足够的石油供应时，实际的短缺会产生额外的影响。其他影响包括随着越来越多的收入转移到海外，贸易失衡的恶化，增加了外国持有的我们的债务，以及随着更多的钱转向了获取能源，是否通过更高的进口价格和更多的石油勘探，或者低EROI替代燃料的发展，可自由支配的收入减少。随着EROI在未来不可避免地下降，越来越多的经济产出将不得不转向获取能源来运行经济。这进而将影响到那些不重要的经济部门。可自由支配的消费支出可能会大幅下降，对旅游业和整体经济等非必要行业产生重大影响。

19.7　"奶酪切片机"模型

我们试图将概念模型和计算机模型结合起来，以帮助我们了解改变 EROI 对美国经济活动可能产生的最基本影响。当我们研究美国经济如何应对 20 世纪 70 年代的"石油危机"时，这个模型被概念化了。根本的基础是，经济作为一个整体需要能源（和其他来自自然的自然资源）来运行，如果没有这些最基本的组成部分，它将停止运行。这个模型的另一个前提是，作为一个整体，经济面临着如何分配其产出以维持自身和做其他事情的选择。本质上，经济（以及经济中的集体决策者）所做的每一个决策都有机会成本。图 19－5 显示了我们在 1949 年和 1970 年石油危机之前参数化的基本概念模型。大正方形代表了整个经济结构，我们把它放在地球生物圈/地圈的符号中，以反映经济必须在生物圈中运行的事实[45]。此外，当然，经济必须从经济之外，即从自然（生物圈/地圈）获得能源和原料。以 GDP 衡量的经济产出，用右边的大箭头表示，箭头的深度代表 GDP 的 100%。为了发展我们的概念，就目前而言，我们认为经济是一个庞大的乳制品行业，奶酪是产品，从右边出来，向右边移动。这个输出（即整个箭头）可以表示为金钱或具体的能源。我们在分析中使用金钱，但结果可能与使用能源没有太大的不同。因此，我们最重要的问题是"我们如何切奶酪"，也就是说，我们如何，以及我们将如何，用最少的令人反感的机会成本，来分配经济的产出。大多数主流经济学家的回答可能是"根据市场的决定"，即根据消费者的品位和购买习惯。但是我们想用不同的方式来思考，因为我们认为在未来可能会有很大的不同[43]。

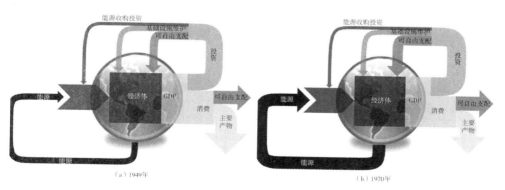

图 19－5

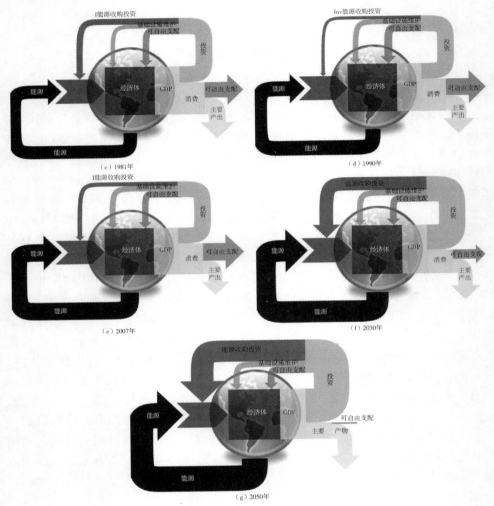

图 19 – 5（续）

"奶酪切片机"图解模型，是美国经济产出命运的基本表征。

注：（a）1949 年和（b）1970 年。方框代表美国经济，左边的输入箭头代表运行经济所需的能源，方框左边的大箭头代表模型的输出（即 GDP），然后再细分，用向右的输出箭头表示，首先是投资（获得能源、维护，然后是自由支配），之后是消费（最低限度的食物、住所和衣服的基本需求，或者自由支配）。换句话说，经济产出根据经济/社会的需求和愿望被"分割"成不同的用途。（c）同（a）和（b）一样，但 1981 年石油价格大幅上涨。注意可自由支配投资的变化。（d）同（a）和（b）一样，但 1990 年石油价格大幅上涨。注意可自由支配投资的变化。（e）同（a）和（b）一样，但 2007 年石油价格先大幅下跌后小幅上涨。注意可自由支配投资的变化。（f）同（a）和（b）一样，但是对 2030 年的预测，预测假设 EROI 由 20∶1（平均）下降到 10∶1。（g）同（a）和（b）一样，但是对 2050 年的预测，预测假设 EROI 下降到 5∶1。

资料来源：美国商务部和安德烈·巴斯。

通常模型（和经济）的产出有两个目标：投资或消费。所需支出（没有这些支出，经济将停止运行）包括：①蓝色的顶线是对能源的投资或支付（即用于保障和购买经济所需的国内和进口能源的经济产出）；②维持社会基础设施的投资（即应对贬值：修复和重建桥梁、道路、机器、工厂和汽车——以顶部中间的箭头为代表，箭头从经济产出反馈到经济本身）；③为了维持社会上所有人的最低生活水平，必须为人民提供某种最低限度的食物、住所和衣物（右下角的箭头表示）。这种能源对经济的运行绝对是至关重要的，必须通过适当的支付和投资来支付——我们把这些都看作获得能源的投资。没有能源投资，就没有经济产出。这种"能源投资"反馈用最上面的箭头表示，箭头从经济产出的上游回到"工作门"符号[44]。这条线的宽度表示投入能源得到更多的能源。这里最重要的是，随着我国经济总的综合燃料来源的 EROI 下降，如果经济要保持同样的规模，就必须将越来越多的经济产出重新用于获得运行经济所需的能源。

一旦这些必需品得到解决，剩下的就被认为是经济的可自由支配产出。这可以是可自由支配的消费（图中右上角的箭头表示的假期或相对需求更奢华的饭菜、汽车或房子），也可以是可自由支配的投资（即在佛罗里达州或加勒比海地区建设一个新的旅游目的地），更低的箭头代表着回到经济的回馈更低。在过去的 100 年里，美国经济创造的巨大财富意味着我们有大量的可支配收入。这在很大程度上是由于图 19 - 5 所示的能源开支在过去相对较小。

对美国经济来说，构建上述经济划分所需的信息相当容易获得，至少如果我们愿意做出一些重大假设，并接受相当大的误差幅度。经通货膨胀修正的国内生产总值，即经济产出的规模，由美国商务部定期公布。维护美国经济的总投资可用"固定资本折旧"（美国商务部，不同年份）表示。食物、住所和衣服的最低需求可以作为"个人消费支出"（或要求高于贫困的最低需求），这是我们多年来从美国商务部挑选出来的。购买能源的投资是美国所有能源生产部门的所有资本成本加上购买外国燃料的支出之和。这些经济组成部分的经验值如图 19 - 5 所示。当维持经济、能源投资和支付、基础设施维护和人员维护这三项需求从 GDP 中减去时，剩下的就是可自由支配收入。

我们模拟了两种基本数据流：1949 ~ 1970 年的美国经济（代表 1973 年和 1979 年"石油危机"之前的经济增长），以及石油危机的影响，以及 20 世纪 90 年代中期的复苏。然后，我们通过线性外推 2005 年以前的数据，以及假设社会的 EROI 从 2005 年的平均 20：1 下降到 2050 年的 5：1，来预测未来的数据流。随着我们进入"石油时代的下半期"，这一时期可用性下降，价格上涨，当越来越多的社会产出需要转移（见图 19 - 5）顶部的箭头，这是一个任意的场景，但可能代表了我们的商店为我们准备了什么。

19.8　模拟结果

我们的模拟结果表明，可自由支配的收入，包括可自由支配投资和可自由支配消费，将从 2005 年的 50% 左右，到 2050 年的 10%，或当（或如果）我们所有燃料的综合 EROI 达到 5∶1 左右的其他时候（见图 19 - 5）。

19.9　探　讨

随着人们的收入越来越多地用于能源，燃料成本的上升，以及对许多企业而言，产品需求的下降，都将影响到个体企业。这种同时发生的通货膨胀和经济衰退发生在 20 世纪 70 年代，预计在未来随着初级燃料的 EROI 下降而发生。根据被称为菲利普斯曲线的经济学理论，20 世纪 70 年代发生的"滞胀"本不应该发生。根据凯恩斯主义经济学，只有当经济的总需求超过其生产能力时，通货膨胀才会发生。失业是总需求过低的结果。同时发生的通货膨胀和失业动摇了凯恩斯主义分析的基础。但是基于能源的解释很简单[46]。随着更多的资金被用于获取经济运行所需的能源，可支配收入和对许多非必需品的需求下降，导致经济停滞。与此同时，能源成本的上升导致了通货膨胀，因为更高的价格并没有带来更多的生产。20 世纪 70 年代，失业率上升，但不如需求下降得那么多，因为相对于日益昂贵的能源，劳动力在边际上变得相对有用。个别行业可能会受到更大的影响，就像 2005 年发生的那样，当时路易斯安那州的许多石化企业在天然气价格上涨时被迫关闭或迁往海外。另外，替代能源企业，从林业经营和伐木到太阳能设备，可能会做得很好。

当油价上涨时，投资于能源密集型消费似乎不符合国家或企业的利益，正如福特汽车公司在 2008 年发现的那样（尽管 2016 年能源价格再次下跌时，大卡车又回来了）。当石油价格低廉时，我们过度投资于偏远的第二套住房、游轮和加勒比地区的半豪华酒店，因此房地产价值大幅缩水。这被称为"坎昆效应"——此类酒店需要美国中产阶级的大量可支配收入和廉价能源的存在。如果 EROI 下降，这些可使用的能源可能不得不转移到能源部门，给整个经济带来机会成本。理解投资游戏规则不断变化的投资者，从长远来看可能会做得更好，但从经济中撤出廉价石油"地毯"的后果，将在很长一段时间内影响我们。

那么科学家能对投资者说些什么呢？这些选择并不容易。如上所述，近年来全球范围内的石油投资回报率非常低。许多替代能源投资的表现也好不到哪里去。对个人投资者来说，从玉米项目中提取乙醇可能是有利可图的，因为它们得到了政府的高度补贴，但对美国来说，这是一项非常糟糕的投资。目前还不清楚乙醇是否能带来很大的能源利润，根据用于分析的研究，乙醇的 EROI 最多为 1.6，最坏的情况下还不到 $1:1^{[32][47]}$。生物柴油的 EROI 可能是 3:1。这是一项好的投资吗？显然，这与剩余石油无关。然而，真正的燃料没有石油或煤炭在许多方面的补贴，必须有 5 或 10 或以上的投资回报，如使用他们的汽车和道路的建设。其他生物质，如木材，在用作固体燃料时可以有良好的 EROIs，但在转化为液体燃料时却面临着真正的困难，而且这项技术几乎没有得到开发。这个问题的严重程度可以从以下事实看出：我们目前在美国使用的化石能源是所有绿色植物生产所确定（包括我们所有的农田和我们所有的森林）的能源的几倍。生物质燃料在生物质能非常丰富的国家可能更有意义，更重要的是，这些国家目前对石油的使用比美国少得多。或者，有人可能会说，如果我们能把美国对液体燃料的使用减少到目前的 20%，那么来自生物质的液体燃料就能满足这一需求的很大一部分。我们应该记住，从历史上看，我们美国人使用能源生产食物和纤维，而不是反过来，因为我们更重视食物和纤维。这种情况会改变吗？

来自煤炭和可能的天然气的能源投资回报相对于替代能源目前是相当大的（从提取点的 50:1 到 100:1），但是有一个大的能源溢价，或许当能源以一种形式递交给社会的时候，EROI 减半也足以让社会接受。环境代价可能是不可接受的，因为燃烧煤炭衍生了全球变暖和污染物这种情况。向一些地下水库注入二氧化碳似乎对我们可能建造的所有燃煤电厂都不可行，但许多推广煤炭的人正在大力推动这一计划。核能有一个有争议的适度的能源投资回报（5:1 至 15:1，一些未发表的研究说得更多）。需要进行更新的分析。核能对大气的影响相对较小，但在我们这个日益困难的政治世界里，公众的接受程度，或许还有安全方面存在着巨大的问题。

风力涡轮机的投资回报率至少为 15～20 倍，但这还不包括风力不吹时备份或"储存"电力的能源成本。如果它们能与附近的水电大坝相关联，那就说得通了。水电大坝能在有风的时候蓄水，在没有风的时候放水，但断断续续地放水会造成环境问题。光伏发电的成本和能源相对于它们的回报来说都是昂贵的，但是光伏和存储技术都在改进。

人们在接受所有关于提高效率的主张时必须谨慎，因为许多要求使用非常昂贵的"稀土"掺杂材料，而如果由于材料短缺而大量使用这些材料，即使是铜，其价格也可能高得令人望而却步[48][49]。一位精明的承包商表示，收集器每平方英尺的能源回收效率一直在提高，但随着高端设备价格的上涨，每美元投资的能源回收效率一直保持不变。如果我们要保护大气，风力涡轮机、光伏发电和其他形式的太阳能似乎是一个不错的选择，但与化石燃料相比，前期的投资成本将是巨大的，而后备问题也将是巨大的。与此同时，过去 10 年化石燃料的使用量相对于所有太阳能的使用量大幅增加。能源和资金不是发展替代能源的唯一关键方面。赫希和他的同事[33]最近的工作集中在时间上的投资，产生某种石油替代品需要时间。他们研究了他们认为可能为美国提供液体燃料或低液体燃料替代品的主要替代品，包括油砂、油页岩、深水石油、生物柴油、每加仑高油耗的汽车和卡车等。他们认为这些技术将会奏效（这是一个大胆的假设），而且可以获得相当于"许多曼哈顿项目"（制造第一颗原子弹的巨大项目）的投资资金。他们发现关键的资源是时间。一旦我们决定弥补石油供应下降的影响，这些项目将需要在石油供应达到峰值前 10 年或 20 年启动，以避免美国经济出现严重混乱。考虑到我们目前对石油的依赖，许多可用替代能源相当缺乏吸引力的方面，以及改变我们的能源战略需要很长时间，投资选择并不明显。我们认为，这可能是美国目前面临的最重要的问题：我们应该把剩余的高质量石油（和煤炭）投向何处，以确保我们能够满足未来的能源需求。我们不相信市场能够单独或根本解决这个问题。与这个或那个"解决方案"无关的良好能源分析的研究经费根本无法获得。

人类历史一直是关于前进式发展和越来越高质量燃料的使用，从人类的肌肉力量到役畜、水力、煤炭到石油。核能似乎一度是这一趋势的延续，但在今天，这是一个很难论证的问题。也许我们的主要问题是，石油究竟只是高质量燃料来源这一持续进程的一个步骤，还是我们将大规模拥有的最高质量燃料。下一种主要燃料有许多可能的候选者，但在数量和质量上都缺乏吸引力。我们认为，如果要解决未来的气候或石油峰值问题，我们不能把这些决定留给市场。看待这个问题的一个可能的方式是，可能不受投资者或政府欢迎，通过一项法案，将能源投资限定在"碳中性"，移除对玉米乙醇等低 EROI 的燃料补贴，然后也许可以允许市场的可能性依然存在。还是应该尽可能客观地进行大规模的科学研究，对所有燃料进行评估并提出建议？

一个艰难的决定将是我们是否应该补贴某些"绿色"燃料。目前来自玉米的酒精补贴了四次：在天然气中做燃料，玉米本身通过农业部的 1000 亿美元的农业补贴项目，每升乙醇额外补贴 50 美分，每加仑进口酒精征收 50 美分的关税。很明显，如果没有这些补贴，这种以玉米为原料的酒精在经济上是无法生存的，因为它只有微小的（如果有）能源回报。在酒精中产生大约等量的能量，我们实际上是在补贴产生这些等量的能源所需的石油和天然气（以及土壤）的消耗吗？我们是这样认为的。尽管相对备用技术，当风不吹时，还有额外的能源成本没有得到很好的计算，但风能似乎有一个相对较高的 EROI，足以使其成为一个合理的候选。那么，风能应该得到补贴，还是应该被允许与其他"零排放"能源竞争？一个问题可能是最终市场价格将在多大程度上由 EROI 决定，或者至少与 EROI 保持一致，因为所有的能源投入（包括支持劳动力工资的投入）都必须是成本的一部分。否则，这些能源将由社会使用的主要燃料补贴。

19.10　我们需要什么水平的 EROI

我们已经指出，一些调查人员对"可接受的"EROI 所使用的标准只是它是正值，即高于投资一倍获得一倍。但事实上，正如我们在上一章中所述，如果我们把燃料运送到卡车上的成本和使用它的基础设施的折旧计算在内的 EROI 成本，我们至少需要 3∶1 来驾驶一辆卡车。但是，我们还需要为工人的"折旧"买单，这意味着教育他或她的孩子、提供医疗保健和一般支持家庭所需的能源，更不用说让生活变得美好的各种文化设施了。我们已经在其他部分[50]详细地发展了这个概念，图 19 –6 提供了总结。

图 19 –6

"EROI 金字塔"作为社会平均 EROI 的函数，其支持经济活动的能力不断增强。这些数值从提取能源的 1.1∶1，到提供运输的 3∶1，到提供文明的复杂设施的也许 12∶1 或 15∶1。通过运输而上升的价值是基于霍尔等 2008 年的数据，而且相当可靠，较高的价值在数量上越来越具有投机性。

资料来源：受马斯洛的人类需求金字塔的启发，兰伯特等（2014）绘制此图。

19.11 总 结

在我们看来，很明显，美国经济非常容易受到主要燃料 EROI 下降的影响。增加的影响将来自海外支出的增加，进口石油的价格上涨速度远高于我们的贸易。随着储量日益耗竭，新的储量越来越难找到，我们转向低 EROI 的替代品，如生物柴油和/或光电，国内石油和天然气的成本增加。我们的"奶酪切片机"模型表明，随着获取能源的经济需求增加，一个主要影响将是可支配收入占 GDP 的比例下降。由于运行同样数量的经济活动需要更多的燃料，因此环境影响增加的可能性非常大。另外，保护我们大力支持的环境，可能意味着从一些较高的 EROI 燃料转向一些较低的。我们认为所有这些问题都是非常重要的，但几乎没有在我们的社会，甚至在经济或科学界被客观地讨论。

问题

1. 古巴的经历是什么，让我们能够更好地理解能源在经济中的作用？
2. "石油时代的后半期"是什么意思？
3. 支持或反对以下问题：重要的问题是"我们什么时候会用完石油"。
4. 我们每燃烧一桶石油能发现多少石油？
5. 随着油田的成熟，压力会发生什么变化？为什么？
6. 什么是"奶酪切片机"模型？
7. 解释投资和消费之间的区别？
8. 什么是可自由支配消费？
9. 什么是"坎昆效应"？
10. 赫希和他的同事们认为什么资源对适应后石油峰值社会特别重要？

鸣谢

感谢我们伟大的老师霍华德·奥德姆，多年来教授了众多学生，包括安德里亚·巴斯、约翰·高迪、安迪·格罗特、让·拉海尔在内的许多校友和朋友帮助我试图理解这些问题。杰西卡·兰伯特制作了图 19－4 和图 19－6。纳特·哈根斯写了许多有用的文章。圣巴巴拉家庭基金会、美国反虐待动物组织、企业责任跨信仰中心和一些不愿透露姓名的个人提供了非常令人感激的财务帮助。

参考文献

［1］　Hall, Charles A. S. , Robert C. Powers, and William Schoenberg. 2008. Peak oil, EROI, investments and the economy in an uncertain future. In *Renewable energy systems*：*Environmental and energetic issues*, ed. C. Pimentel, 113 – 136. London：Elsevier.

［2］　Soddy, F. 1926. *Wealth, virtual wealth and debt*. New York：E. P. Dutton and Co.

［3］　Tryon, F. G. 1927. An index of consumption of fuels and water power. *Journal of the American Statistical Association* 22：271 – 282.

［4］　Cottrell, F. 1955. *Energy and society*. Dutton：Greenwood Press.

［5］　Georgescu-Roegen, N. 1971. *The entropy law and the economic process*. Cambridge：Harvard University Press.

［6］　Odum, H. T. 1972. *Environment, power and society*. New York：Wiley-Interscience.

［7］　Kümmel, R. 1982. The impact of energy on industrial growth. *Energy—The International Journal* 7：189 – 203.

［8］　——. 1989. Energy as a factor of production and entropy as a pollution indicator in macroeconomic modelling. *Ecological Economics* 1：161 – 180.

［9］　Jorgenson, D. W. 1984. The role of energy in productivity growth. *The American Economic Review* 74 (2)：26 – 30.

［10］　——. 1988. Productivity and economic growth in Japan and the United States. *The American Economic Review* 78：217 – 222.

［11］　Daly, H. E. 1977. *Steady-state economics*. San Francisco：W. H. Freeman.

［12］　Dung, T. H. 1992. Consumption, production and technological progress：A unified entropic approach. *Ecological Economics* 6：195 – 210.

［13］　Hall, C. A. S. , C. J. Cleveland, and R. K. Kaufmann. 1986. *Energy and resource quality：The ecology of the economic process*. New York：Wiley-Interscience.

［14］　Ayres, R. U. 1996. Limits to the growth paradigm. *Eco-logical Economics* 19：117 – 134.

［15］　Ayres, Robert U. , and Benjamin Warr. 2009. *The economic growth engine：How energy and work drive material prosperity*. Northhampton Mass：Edward Elger.

［16］　Quinn, M. 2006. The power of community：How Cuba survived peak oil. Text and film. Published on 25 Feb 2006 by Permaculture Activist. Archived on 25

Feb 2006. Can be reached at megan@ communitysolution. org.

[17] Kaufmann, R. 2004. The mechanisms for autonomous energy efficiency increases: A cointegration analysis of the US energy/GDP ratio. *The Energy Journal* 25: 63 – 86.

[18] Hall, C. A. S. , and J. Y. Ko. 2006. The myth of efficiency through market economics: A biophysical analysis of tropical economies, especially with respect to energy, forests and water. In *Forests, water and people in the humid tropics: Past, present and future hydrological research for integrated land and water management*, e-d. M. Bonnell and L. A. Bruijnzeel, 40 – 58. Cambridge University Press: UNESCO.

[19] LeClerc, Grégoire, and C. A. S. Hall, eds. 2006. *Making world development work: Scientific alternatives to neoclassical economic theory*. Albuquerque: University of New Mexico Press.

[20] Smil, V. 2007. Light behind the fall: Japan's electricity consumption, the environment, and economic growth. *Japan Focus*, April 2; EIA. (2009) . U. S. Energy Information Agency website. Accessed June 2009.

[21] Cleveland, C. J. 2005. Net energy from the extraction of oil and gas in the United States. *Energy. The International Journal* 30 (5): 769 – 782.

[22] Campbell, C. , and J. Laherrere. 1998. The end of cheap oil. *Scientific American* (March): 78 – 83.

[23] Heinberg, R. 2003. *The Party's over: Oil, war and the fate of industrial societies*. Gabriella Island, B. C. Canada: New Society Publishers.

[24] Galbraith, J. K. 2014. The end of normal. Simon and Shuster, N. Y.

[25] Hubbert, M. K. 1969. Energy resources. In *Resources and man*. National Academy of Sciences, 157 – 242. San Francisco: W. H. Freeman.

[26] Strahan, D. 2007. *The last oil shock: A survival guide to the imminent extinction of petroleum man*. London: Hachette Publisher.

[27] Energyfiles. com. Accessed August 2007. www. energyfiles. com.

[28] Deffeyes, K. 2005. *Beyond oil: The view from Hubbert's peak*. New York: Farrar, Straus and Giroux.

[29] EIA. 2007. U. S. Energy Information Agency Website. Accessed June 2007.

[30] IEA. 2007. European Energy Agency, web page. Accessed August 2007.

[31] Campbell, C. 2005. *The 2nd half of the age of oil*. Paper presented at the 5th ASPO Conference, Lisbon Portugal. See also. In *The first half of the age of oil: An exploration of the work of Colin Campbell and Jean Laherrere*, ed. C. A. S. Hall and

R. C. Pascualli. New York：Springer. 2012.

［32］ Murphy，D. J.，C. A. S. Hall，and Bobby Powers. 2011. New perspectives on the energy return on investment of corn based ethanol. *Environment*，*Development and Sustainability* 13（1）：179 – 202.

［33］ Hirsch，R.，Bezdec，R. and Wending，R. 2005. Peaking of world oil production：Impacts，mitigation and risk management. U. S. Department of Energy. National Energy Technology Laboratory. Unpublished Report.

［34］ Lynch，M. C. 1996. The analysis and forecasting of petroleum supply：Sources of error and bias. In *Energy watchers VII*，ed. D. H. E. Mallakh. Boulder：International Research Center for Energy and Economic Development.

［35］ Adelman，M. A.，and M. C. Lynch. 1997. Fixed view of resource limits creates undue pessimism. *Oil and Gas Journal* 95：56 – 60.

［36］ Duncan，R. C. 2000. *Peak oil production and the road to the Olduvai Gorge.* Keynote paper presented at the Pardee Keynote Symposia. Geological Society of America，Summit 2000.

［37］ Brandt，A. R. 2007. Testing Hubbert. *Energy Policy* 35：3074 – 3088.

［38］ Hallock，J.，P. Tharkan，C. Hall，M. Jefferson，and W. Wu. 2004. Forecasting the limits to the availability and diversity of global conventional oil supplies. *Energy* 29：1673 – 1696；Hallock，J.，Jr.，W. Wu，C. A. S. Hall，and M. Jefferson. 2014. Forecasting the limits to the availability and diversity of global conventional oil supply：Validation. *Energy* 64：130 – 153.

［39］ Cleveland，C. J.，R. Costanza，C. A. S. Hall，and R. K. Kaufmann. 1984. Energy and the US economy：A biophysical perspective. *Science* 225：890 – 897.

［40］ Musnadi，M.，and A. Brandt. 2017. Energetic productivity dynamics of global supergiant oilfields. *Energy and Environmental Science* 10：1493 – 1504.

［41］ Gagnon，N.，C. A. S. Hall，and L. Brinker. 2009. A preliminary investigation of energy return on energy investment for global oil and gas production. *Energies* 2（3）：490 – 503.

［42］ Holter，M. 2016. Oil discoveries at a 70 year low signal supply shortfall ahead. Bloomberg the year ahead. August 30.

［43］ Ricardo，David. 1891. *The principles of political economy and taxation.* London：G. Bell and Sons.（Reprint of 3rd edition，originally pub 1821）.

［44］ Hughes，D. 2011. Will natural gas fuel America in the 21st century? Post Carbon Institute. There are a number of other very good reports on oil and gas resources by Hughes available from the Post Carbon Institute.

[45] Odum, H. T. 1994. *Ecological and general systems*: *An introduction to systems ecology*. Niwot: University Press of Colorado. Millennium Institute. 2007. Data principally from the U. S. Department of Commerce. Extrapolations via the Millennium Institute's T - 21 model courtesy of Andrea Bassi.

[46] Hall, C. , D. Lindenberger, R. Kummel, T. Kroeger, and W. Eichhorn. 2001. The need to reintegrate the natural sciences with economics. *Bioscience* 51: 663 - 673; Hall, C. A. S. 1992. Economic development or developing economics? In *Ecosystem rehabilitation in theory and practice*, *VolI*. Policy issues, ed. M. Wali, 101 - 126. The Hague, Netherlands: SPB Publishing.

[47] Farrell, A. E. , R. J. Plevin, B. T. Turner, A. D. Jones, M. O'Hare, and D. M. Kammen. 2006. Ethanol can contribute to energy and environmental goals. *Science* 311 (5760): 506 - 508. and also the many letters on that article in Science Magazine, June 23, 2006.

[48] Andersson, B. A. , C. Azar, J. Holmerg, and S. Karlsson. 1998. Material constraints for thin-film solar cells. *Energy* 23: 407 - 411.

[49] Gupta, A. J. in press. *Materials*: *Abundance*, *purification*, *and the energy cost associated with the manufacture of Si*, *CdTe*, *and CIGS PV*. Amsterdam: Elsevier.

[50] Lambert, J. , C. A. S. Hall, S. Balogh, A. Gupta, and M. Arnold. 2014. Energy, EROI and quality of life. *Energy Policy* 64: 153 - 167.

20　好与坏的榜样角色

　　"模型"和"建模"这两个词越来越多地出现在经济学中，甚至在一般的科学中。因此，重要的是，我们在这里考虑这些词和概念的一些最重要的特点，并向读者介绍如何在能源研究和经济学中使用它们。通常，"模型"一词意味着简化。例如，我们都研究人类行为的模型，一个人会以特定的方式行事，因为他或她是一个青少年、一个男人、一个女人，富有的、贫穷的，黑人、白人……当然，成长的一个重要方面是要认识到，这样的模型经常是错误的，它们本质上是无用的，我们需要通过一次见一个人来判断一个人。所以，关于任何一种模型，你能学到的最重要的一点就是，它们往往是错误的。通常，即使不正确，它们也可以通过我们正式地生成和测试假设而发挥作用。因此，带着合理的怀疑态度，我们可以继续看看模型到底是什么。本章在某些方面是第 16 章关于数学工具和我们在生态学方面早期工作的延续[1]。

20.1　定义：模型和分析与模拟模型

　　"模型"这个词有很多定义。上面给出的一个例子是有目的简化的，如模型飞机。第二种是"一种通过已知部分的运作来预测复杂整体的装置"。霍尔和戴[1]给出的我们最为赞同的定义是"我们对一个系统的假设的形式化"。"无论我们是否将它们正式化，我们都在不断地使用模型：科学成果的模型、经济决策的模型、你自己或他人行为的模型。在我们看来，在复杂的生态和经济学世界中，定量（或偶尔非定量）模型是必要的，因为它们允许人们将科学方法应用于复杂的实际系统。尽管建模有许多问题，但我们不了解，没有正式模型的使用，人们如何为任何合理复杂的系统使用科学的方法（即产生和测试假设）。这对于管理和政策相关的问题以及理论问题都是如此。

模型的强大功能是使我们的假设显式，因此是可测试的。数学（广义上）和数学模型的力量在于使预测的结果在数量上明确，从而在数量上可预测。一般来说，我们寻求的是一个解，即对某一变量在不同地点或时间的值进行定量预测。检查模型是否正确或至少足够的过程称为验证。对模型表达或（更普遍地）参数化的不确定程度进行检验，能够使你相信你的结果，或者得到确信的结论，这个过程叫作敏感性分析。正是通过验证和敏感性分析，模型产生了它们（偶尔）在解决真相方面的巨大力量，如人类大脑可以理解的真相。

那么数学在这个过程中扮演什么角色呢？有必要先区分数学的和定量的。定量指的是在分析中简单地使用适当的数字：3 条三文鱼还是 7 条三文鱼。这并不一定需要任何特定的数学技能（尽管获得准确的数字可能需要另一种巨大的技能）。数学意味着使用复杂的定量分析工具来操纵这些数字，通常是为了做出预测，也就是说，对建模的事物（如石油产量或 GDP）的价值进行有根据的猜测。这些工具包括代数、几何、微积分、模拟等。操纵或求解数字有两种主要方法：解析（或封闭形式）和数值（或模拟）。第一种方法通常使用纸和铅笔，对特定时间点或一组条件下相对简单的方程给出明确和精确的解，通常使用相当复杂和困难的方程（见第 16 章）。第二种方法是用（通常）更简单的方程以复杂的形式组合在一起，然后在计算机中逐步求解，从而给出更广泛的可能方程的近似答案。从理论上讲，这两种方法都可以用来解决许多特定的定量问题，有时也可以这样做。在实践中，进行分析方法所需的数学训练使许多人无法使用它。此外，可以用分析方法解决的数学问题的类别也有严格的限制，通常需要一系列有时不切实际的假设才能将问题转化为数学上可处理的格式。另外，模拟允许人们用相对简单的数学来解决非常复杂的问题。因此，有一个奇怪的悖论：最复杂的数学实际上需要最简单的基本方程作为起点。

最后一个问题是，经常混淆数学和科学间的严谨性或证明。数学可以相对容易地生成真实的证明，因为你是在一个定义好的宇宙中工作（通过假设和使用的方程）。如果你将直线定义为两点之间最短的距离，就可以解决很多需要直线的问题。但是，大自然交给我们的世界并不是这样定义的，我们必须不断努力用我们的方程式来表示它。因此，数学证明只有在相对罕见的情况下才成为科学证明，如当方程确实抓住了问题的本质。

20.2　模型与现实

事实是，人类经常发现现实模型在概念和操作上比现实本身更容易处理，而现实本身往往非常混乱。历史上有很长一段时间，模型阻碍了真理的发展，今天仍在继续。关于模型的力量和潜在的谬误，或许最清楚、最古老的例子是那些与我们对天文学的理解有关的例子。大多数受过教育的古人对天文学非常感兴趣，因为他们相信天体的运动对他们的日常事务（这在今天叫作占星学）非常重要。有时原因是清楚和科学的。随着农业变得越来越重要，变得清晰的是，与气温相比，了解太阳南北随季节的运动是判断何时播种的更可靠的指标。气温无论如何是无法测量的，它的变化比太阳每天庄严地运行变化要大得多。因此，古人建造了完整的建筑物，甚至是城市来帮助测量太阳和其他天体的运动，就像安东尼·阿韦尼[2]等考古学家所说的那样。在铜管乐器发明之前，这些古代天文学家需要非常大的仪器，这样，与仪器的尺寸相比，结构上的误差关系就不会太大。因此，他们建造了整个城市来跟踪太阳和其他天体的四季运动。按照作为天文学家的牧师的时间规划进行播种往往能够收获更大、更可靠的作物，政治权力也随之流向牧师。巨石阵、埃及金字塔、墨西哥金字塔，以及许多不太为人所知的古代城市，至少在一定程度上，都是作为巨大的天文观测站而建造的。

这些古老的天文学家认为，太阳、月亮和行星绕地球运行（毕竟这是显而易见的），所有天体按照完美的圆圈运行，因为这反映了上帝的完美——以及上帝把人类放在一切事物的中心。也许这些古代天文学家中最伟大的是希腊—埃及的托勒密，今天我们必须把他理解为一个具有高超数学和建模技巧的人。托勒密能够非常精确地预测季节，甚至行星的运动，甚至预测尼罗河何时会泛滥，即使导致这一现象发生的降雨是在几千英里以南。他们能够用相对简单的数学方法做到这一点——只有一个例外。为了解释对内部行星（金星和水星）的观测，托勒密和他的同事们不得不提出一系列的圆形"本轮"，这些行星围绕着太阳运转，太阳围绕着地球运转。这是一种非常成功的天文学方法，可以将观测到的数据解释到百分之几以内。

我们现在知道，托勒密是一个非常聪明的人、一个天才的数学家，却大错特错了。经过一千多年的时间，波兰天文学家哥白尼才出现，通过对第谷·布雷极其精确的观测，他发现地球不仅围绕太阳旋转，而且地球的轨道不是圆形的，而是椭圆的。一千多年来对圆形完美的探索阻碍了对现实的理解——地球绕着太阳的轨道是椭圆的。或者我们可能会说，过于相信宗教的完美阻碍了科学的发展。但长期以来，托勒密模型的错误发展比哥白尼模型的正确构建更能预测未来，因为托勒密是一位优秀的数学家。今天，有许多科学家和经济学家不希望放弃数学上的"完美"解决方案，转而寻求更精确但不那么优雅的解释。

在其他学科中寻求完美和简化的模型也妨碍了对真理和现实的理解。事实上，这可能更多的是规则而不是例外。来自《物种起源圣经》的创世模型可能和其他解释一样有意义，直到查尔斯·达尔文出现，他给了我们一个模型，这个模型更符合我们的观察和化石记录。上帝可能确实存在（这个问题远远超出了科学的范畴），但进化论也是如此。只要问问医院管理人员或农业害虫管理人员，他们必须处理医院和农业病原体的常规演变。这很难用仁慈的上帝的行为来解释。与此同时，显然更多的美国人相信天使的存在，而不是进化论。

另一个例子：渔业科学失去理解力几十年，因为渔业科学家受到鱼类数量年际变化压倒性的复杂性的阻碍，选择相信雷克曲线，而不是更仔细地查看他们的数据，最终导致了世界上大多数重要渔业的毁灭。在渔业科学中，很长一段时间以来，人们都认为种群（即不列颠哥伦比亚的红大麻哈鱼）中鱼的数量主要取决于亲本的数量，有可能亲本数量过多或过少都无法最大限度地繁殖后代。这种想法"允许"管理人员让渔民捕捞大量被认为"过剩"的三文鱼。最近的研究表明，鲑鱼种群的主要决定因素是气候和其他环境因素，尽管亲本的数量可能也很重要，但不一定像最初提出的那样[3][4]。更普遍地说，在种群生物学中，曾经主导种群研究的简单、优雅的数学模型，在没有完全错误的情况下，几乎肯定是不完整的[5]。但我们已经学会了，现在的情况通常是，我们使用渔业本身的持续数据来设定季节，并通过"适应性管理"（在这种情况下，政治或太多的贪婪不会成为障碍）来管理鱼类。同样，生态学家和游戏经理长期以来一直相信简单、"完美"的数理逻辑，但这样的逻辑几乎总是错误的，人口动态逻辑和洛特卡—沃尔泰拉数学模型忽视了通常对实际人口具有更强大预测能力的环境因素。关键是，在所有这些问题中，人们都倾向于相信完美的模型，而不是我们周围混乱的现实，尽管通常情况下，通过正确的科学运用，即使很慢，也能理解这一点。

20.3 范例的重要性

模型远不止是生活在数学书籍或计算机中的复杂数学实体。更普遍的模型是概念性的，也就是说，对一个系统的结构和/或功能，或某物如何运行的心理图像。当这些概念模型变得广泛和通用时，它们通常被称为范例。几乎所有的学科，包括经济学，都是从通常所说的范例或一组范例中工作的。范例（有时称为"分析前视野"）是概念结构，它综合了学科的主要思想，解释了广泛的观察，并允许将新思想定位到现有的知识结构中。例如，生物学中的进化论和地质学中的板块构造学。在 1859 年查尔斯·达尔文的综合之前，有许多对自然的观察根本没有意义，或者至少彼此没有联系。这些观测的事实是，生物体倾向于有比所需要的更多的后代来取代自己，动物育种者能够改变它们的动物特征，这些特征传递给后代，而岩石中存在着对过去生活的巨大记录，在某些情况下显示了正常的发展变化是从一层到另一层。在那个时候，对于大多数欧洲人来说，关于生命从何而来的主要观点是圣经中的创世故事。他那个时代受过教育的人知道，圣经对创世的解释就是我们所需要知道的一切。但是达尔文也从早期地质学家赫顿和莱尔的工作中知道，地球非常古老，过去塑造地球的过程现在仍然经常发生。最后，他知道这些过程（如景观的侵蚀）可能非常强大，即使它们非常缓慢，因为它们在如此长的时间内完成。达尔文在他的《物种起源》一书中巧妙地综合了所有这些不同的观察结果，甚至更多。从那时起，他关于通过自然选择进化的概念已经成为所有生物逻辑世界的一个范例。他的天才之处在于提出了一种机制——自然选择，可以解释进化的过程。随着我们获得新的信息，我们对他的基本思想进行了补充和修改，但这个思想本身却经受住了时间的考验。例如，在过去的几十年里，我们在理解 DNA 的本质以及它在细胞和分子水平上的许多工作方式方面取得了惊人的进展。然而，所有这些极其详细和强大的新信息并没有改变我们理解进化如何运作的基本方式，事实上，它们增加了相当多的额外洞见和支持。进化论本质上是生物学的范例。

同样，在 20 世纪 50 年代，地质学是一门相当枯燥的科学，它对地球进行了一系列完全不相干的观察：火山出现在特定的区域，地震与这些区域以及山脉有关联。也许每个学生在无聊的课堂上盯着世界地图时都会想到，非洲西海岸的形状与南美非常贴合，等等。此外，他们还知道，生物学家已经发现了一种特殊的树——南方山毛榉，在南美洲南部、澳大利亚、新西兰和南非也发现了非常相似但并不完全相同的形态。尽管像菲利普·达灵顿这样的生物学家很长一段时间以来一直认为大陆一定是移动了，但地质学家并不买账，或者更常见的情况是，他们甚至连想都没想过，因为他们对大陆移动的机制一无所知。记住，理论是解释我们观察背后机制的工具。大陆太大了，哪里来的能量能做这么多的工作，他们对这个没有概念，而且这个概念太奇怪了。但是在 20 世纪 50 年代，一群地质学家，其中许多人是普林斯顿大学的，开始把这些点联系起来[6]。令人惊讶的是，最重要的知识来自海底。海洋学家已经开始用新的强大的声纳绘制海底地图，他们发现一个令人惊讶的事件——大西洋中部的（和其他）海洋有一系列海底火山，从冰岛北部延伸（冰岛本身就是一系列的火山）到低于南美的尖端。进一步的研究表明，其中一些火山实际上是活跃的，在水下喷出熔岩和热量，而且火山两侧的海底相互远离。这就是解释大陆漂移所需要的机制。是来自地球深处的能量，在这些海洋裂谷地带向上移动，把大陆分开了。很快，地质学就充满了兴奋，许多新概念涌现出来，所有这些都得益于这种大陆漂移范例。例如，我们现在可以看到甚至用激光测量红海正在分裂，东非美丽的裂谷湖可以被看作大陆分裂的第一个阶段。随着时间的推移，像坦噶尼喀湖和马拉维湖这样的湖泊将完全分裂，海水将涌入现在的非洲中部——就像红海和非洲与马达加斯加之间的区域一样。

20.4　范例与模型

在这些例子和其他例子中，科学家通常最满意的是他们能够将范例正式化，或者将其作为模型的某种派生形式。如前所述，我们最喜欢的模型的定义是"我们对系统的假设的形式化"。从这个角度来看，模型的美妙之处在于，本质上说，一个模型是一个关于世界如何运转的有效假设，因此它可以得到明确的检验。它使人们能够将相当复杂的问题，如大陆漂移问题，以一种可以对其进行定量测试的形式提出。虽然大多数思考过模型的人可能认为它们是某种数学或计算机实体，但实际上模型有五种主要类型或类别：概念模型、物理模型、图表模型（或图形模型）、数学模型和计算机模型。在某种程度上，它们都试图以一种正式但简化的方式捕捉问题或情况的本质。当然，模型可以是好的或坏的、正确的或不正确的、完整的或不完整的。但是，它们应该符合第 15 章开头概述的科学的一般原则，它们应该包含适当的机制，它们应该解释相当多的经验观察。一个好的范例符合所有这些标准，可以被认为是一种超级模型，它将知识巩固在整个学科中。上述两种范例——自然选择和大陆漂移，都符合这些标准。但令人遗憾的是，许多其他模型，甚至一些范例都被发现缺乏这样的标准。

显然，我们必须非常谨慎地构建我们的模型和范例。科学和科学方法的美妙之处在于，它允许人们构建世界如何运转的试探性模型。随后可能会通过实证（即与观察和数据有关）观察，测试用于构建模型的假设是好是坏。然后模型可以调整或放弃。构建一个被证明是错误的模型并不是什么丢脸的事。这就是科学进步的方式。在科学中，当一个模型或范例被证明是错误的，通常会有另一个模型来代替它，或者有时我们不得不得出结论，一个好的模型是不可能的，或者可能永远都不可能。

模型是一种很好的工具，它可以将那些过大或过小的问题带到人类能够理解和概念化的范围内。试图想象像大气或世界经济这么大的东西，或像氢原子这么小的东西，可能是一项相当艰巨的任务。但通过使用模型，我们可以把它们都写在一张笔记本纸上，或者用数据棒随身携带。大多数人都是视觉动物。从进化的角度来看，视觉支配着我们的大多数其他感官。想想看，如果你像蝾螈一样，主要通过气味的化学反应来感知世界，你会容忍现在的污染程度吗？

模型必须比它试图解释的世界更简单。如果不是，它将是一个描述，而不是一个模型。我们所说的简化是指模型包含的变量比我们试图用模型来解释的世界要少。此外，自变量应尽可能独立。如果没有，就很难分清因果。最后，如果模型开始时变量是线性排列的，那么模型会更简单。我们想给尚未完成建模的学生一个警告。请不要把简单和容易混淆。简单意味着只有几个自变量是线性的，它们之间没有很强的相互作用。简单并不意味着通过随意的观察就能立即显现出来。即使是简单的模型也常常需要大量的工作才能与现实世界建立良好的关系。

但问题就在这儿。仅因为一个模型是简单的，或者甚至仅因为它可能具有相当大的直观意义，并不意味着这个模型已经正确地捕获了系统的本质或当时所问问题所需的本质。令人惊讶的是，这个问题被问得如此之少。在我们广泛而又截然不同的建模经验中，我们不认为我们所见过的10%的模型在任何方面都构建得足够好，足以适合他们所面临的问题。哈伯特石油产量模型是否足以预测未来？如果是，我们需要什么数据来参数化它？当然，简单的公司和家庭模型完全不适用于解决有关国家债务、污染、气候变化或其他许多问题，而这些简单的模型或其表现形式一直被用于解决这样的问题。

为什么会这样？是因为经济学家们没有其他地方可以求助吗？不管他们有没有一个好的模型，经济学家都需要一个模型来完成工作？从勒克莱尔[7]对开发模型的回顾中，我们可以得到这样的印象。有些人很穷，其他人很富有并想要提供帮助，资金被投入用于援助，经济学家应该拿出一个好的发展计划和模型来证明它。当然，有时这是行得通的，但更普遍的情况似乎是行不通的。或者，如果人口不同时增长，吞噬掉创造的任何新财富，这或许会奏效。

20.5　为什么经济学如此复杂，又如此善于分析

然而，学术界仍然存在着大量我们可以称之为"物理嫉妒"的东西，也就

是说，一种想要模仿简单方程在物理学中成功应用的力量和声望的愿望。无论分析是否与现实有确信的联系，数学的严谨性往往很重要，因为它给同事留下了深刻印象。在某些情况下，数学的严谨性导致了人类所有知识中最辉煌和最重要的进步。然而，数学的严谨性虽然在其本身和某些应用中很有用，但就其本身而言却很难成为一种可接受的科学标准，尽管它经常被这样提倡。因此，高级经济学家常常沦为将相当复杂的经济问题简化为一种可分析处理的格式，即可以使用分析手段解决，有时还可以使用诸如"自由市场产生资源的最佳利用"等基本意识形态概念。这是一个可爱的想法，需要极大的技巧和专注力，有时会产生非常有用的结果。然而，我们常常认为它生成的结果只代表数学，而不是真实的系统。我们在本书中给出了一些例子，尤其是在第 4 章和第 11 章。当然，我们也使用模型，所以读者应该问"他们是否验证了他们的模型"。我们认为是这样的，并以哈洛克等的工作为例，我们预测了 46 个国家的石油产量，然后在 10 年后回过头来看看我们是如何验证的[8]。答案是"对大多数国家来说还不错，但对少数国家来说就糟糕了"。

要使分析数学模型起作用，你需要的是非常简单的系统，通常被描述为两体系统。真实的大气系统或真实的经济系统并没有那么简单，它们把真实的系统踢进一个足够小的盒子里（即足够少的方程），并使它们在分析上可驾驭，这不是科学。在我们看来，经济学中很少有真正的问题可以用这种简单的关系来充分地表达出来，而大多数经济学是使用复杂解析的分析来完成的，得出的是数学结果，而不是经济结果。但是使用解析数学确实有一个主要的好处。通过对方程的处理，你可以把一个迟钝的因果关系转化成一种你有时可以看到、推导和测试模式的方式。

20.6 模型实际上是如何在经济学中应用的

我们认为，模型很少在经济学中发挥其应有的作用，应有的作用也就是说，将我们的假设正式化，从而可以检验其中方程所表示的假说。相反，模型大多被用作概念上的快捷键来处理真实经济，而真实经济是由非常复杂的生物物理和社会实体构成的，这些模型被表示为要求接受（或拒绝）而不是测试的可笑样式。当然，任何模型在某种意义上都需要进行简化，但重要的问题是，这种简化必须代表所建模的基本现实。但事实上，我们在第 3 章中已经表明，经济学中最重要的模型，如公司—家庭模型，并不代表构成实体经济的基本生物物理现实。为什么要让这种荒谬而简单的模型在经济学入门教科书中反复出现？几乎没有经济学家（除了里昂提夫）敢于发言说国王没穿衣服。

的确，在经济学中存在着基于经验的复杂模型。宾夕法尼亚大学的沃顿商模型就是一个例子，沃顿商模型是一个庞大的、数据丰富的计算机模拟，模拟了整个经济体中的关联经济交易。它对经济的每个部分都给出了非常详细的预测，尽管它未能预测到 2008 年的市场崩盘[9]。因此，它是一个有用的预测工具，可以用来产生和测试假设。但它不是建立在一系列关于经济如何运作的假设之上，也不是要求我们去检验经济学的基本假设。相反，经济结构被指定（给定），然后大量的信息被输入模型的校准阶段。在一个被称为参数化的过程中，计算机巧妙地将所有实际数据与所有方程结合起来。净效果是，由于模型的"不能失败结构"，在某种程度上是无谓的重复，该模型能够很好地预测小的变化，如从这一年到下一年。但就我们所知，这个模型并没有检验新古典主义经济现实模型的基本概念基础。我们喜欢克鲁格曼在《纽约时报》上发表的一篇文章："经济学家是如何把它弄得这么错的：把美错当成了真理。"[10]这让我们想起托勒密的太阳系模型：当你重现已知的事物时，它运转得非常好，但如果机制不正确，你就没有机会改变强迫函数。

20.7 标准新古典模型的一些问题

因此，尽管新古典主义的基本供需市场模型有一些优点，但也存在一些极端问题，正如读者现在可能已经猜到的那样。第一个问题是外部性，任何经济学家都很清楚这一点。外部性是指与市场转型（通常是第三方）相关的未在市场价格中表示的收益或（更普遍地）损失。典型的例子是污染影响下游渔业，或工人的赔偿。例如，在 1850 年，当一个产业工人制造椅子，由于器械（如机械锯子或车床）失去了一条胳膊，这在经济上和生理上都是灾难性的，因为如果他失去了手臂，他将不再能够做他的工作，所以就被解雇了，这通常会让他的家人没有任何赖以生存的手段。如果他运气好，厂主可能会同情他，允许他以较低的工资做保洁，但这很难保证。然而，失去的肢体和收入实际上是生产这把椅子的一部分费用。联邦法律强制规定的工人补偿制度认识到，如果某种保险的成本可以计入正在生产的商品的价格，就会形成一个名为"工人补偿"的基金，它是为偶尔发生的灾难而准备的。受伤的工人得到了医疗费和抚恤金，以弥补工资损失。这笔资金是由制造商支付的，制造商将其以产品的价格转嫁给消费者。然后我们可以说成本（失去的一条腿和收入）已经内部化到产品的价格中。单靠市场是做不到这一点的，也不应该指望市场会做到这一点。它需要政府干预的影响（通常在州一级），虽然起初的想法受到早期的制造商抵制，但现在所有制造商已经很好地接受了，实际上政府干预对创造更安全的工作条件也是负部分责任的，例如，通过简单而非常有效的实践，在皮带和齿轮放置覆盖物，以避免工人滑落和被咀嚼的可能性。来自[11]："外部效应是根据需要引入的特殊修正，以保存外观，如托勒密天文学的'本轮'……只要外部因素涉及较小的细节，这可能是一个合理的过程。但是，当重要的问题（如地球维持生命的能力）必须被归类为外部性时，是时候重新构建基本概念，从一套不同的抽象概念开始，这些抽象概念可以包含以前是外部的东西。"

　　许多提倡使用"纯"新古典经济学的人士呼吁减少政府对经济的干预。一个经典的例子是他们对 1933 年通过的《格拉斯—斯蒂格尔法案》的回应，该法案的主要目标是保持投资银行（如高盛）与商业银行的分离，这类银行存在于大街小巷，可能主要关注的是发放住房贷款。人们认为，这是导致 1929 年股市大崩盘的糟糕银行流程的一部分。这个想法是为了保护那些把钱存在商业银行的人（这大概是在保护他们的钱）免受投资银行用普通大众的现金发放高风险贷款的可能影响。因此，事实上，经过十几次尝试，华尔街的大型机构在 1999 年终于废除了《格拉斯—斯蒂格尔法案》，这让金融机构在从事业务时享有更大的自由。许多人将 2008 年的股市大崩盘归咎于该法案的废除以及其他类似金融管制的废除。

20.8　如果新古典主义的基本模型是不现实的，为什么经济学家还要继续使用它

　　正如第 6 章所指出的，所有文化都至少部分地生活在误解之中，误解是一套根深蒂固的、有时是真实的信念，它们证实了日常经验，并传播与至少部分成员的社会和经济福祉相适应的行为思维模式。今天，当我们研究古代文化时，我们常常对那些（对我们来说）引导他们活动的奇怪而愚蠢的误解感到惊奇。古玛雅人显然相信牺牲处女会带来雨水和繁荣；复活节岛的人们显然认为（或者他们的牧师和领导人哄骗他们），建造巨大的雕像将确保他们早期的经济福祉得以延续，并在后来补偿他们因过度开发鸟类、森林和土壤而导致的生活质量下降；古埃及人认为，对拉的崇拜会使尼罗河适度泛滥；中世纪的欧洲人认为瘟疫是由他

们的罪恶引起的，当代的社会保守派也认为艾滋病的流行是"不道德的生活方式选择"造成的。贾里德·戴蒙德在其重要著作《崩溃》中，令人惊讶地阐述了人类将误解与经济福祉挂钩的一些方式，以及其他一些方式（格陵兰岛的故事尤其令人心酸）。在许多情况下，我们今天所说的"古老的误解"，对那些追随它们的人来说，曾经是，现在有时仍然是非常严重的宗教问题。毕竟，对一个群体来说，误解通常是其他人的宗教或文化价值观。在科学给我们更强大的工具之前，今天大部分的这些古老的误解或多或少地以无害的方式来理解或控制世界，但也有一些，如牺牲处女或给病人放血以"流失不好的体液"，以今天的标准来看，是非常具有破坏性的，显然，他们有时也会导致对他们文化的破坏。当代西方社会也遵循着一些有时相互矛盾的误解，这些误解体现在各种既定的习俗、宗教信条、民间智慧以及我们认为的经济"真理"中。例如，未来可能会告诉我们，市场资本主义的基本原则包括个人主动性的主导地位和/或美德、适用的经济、对经济增长的需要、开发特定资源的无限可能性、物质消费作为幸福的道路、无限的替换、技术将解决任何经济短缺、自然利用我们的愿望等，就像复活节岛上的雕像一样充满了误解。也有可能不是。或者它们可能被认为是一种极其有效的方式，通过这种方式，人们可以在某一时期过得很好，但以他们的后代为代价。传统经济学的应用无论是一系列误解，还是通往现实的渠道（或某种混合体），都给富裕的北方居民带来了前所未有的物质生活水平和巨大的技术成就。然而，我们确实相信，这些误解（或现实）现在正威胁着他们帮助建立的富裕社会，而不一定会产生它理应产生的纯粹的幸福，同时，很明显，它会给全球南方的许多人带来巨大的痛苦（有时也会带来幸福）。

我们相信误解与现实的区别在于科学方法的明智运用。当然，科学本身已经，而且仍然很难不受误解的需要和使用的影响。在自然科学中，我们熟悉大规模的"范例转变"，即被广泛接受并得到良好发展的基本科学思想突然被发现是完全错误的，从而导致一门学科的整个概念基础被替换。一些例子包括：我们的一名新生问我们："你的意思是，资本主义鼓励尽可能快地破坏其资源基础，实际上是在鼓励它自我毁灭吗？""唔，"我们回答说："这个假设与数据相符。"我们不能说他的说法是不真实的，但确切地说这是世界上富裕地区的一个长期过程。我们相信16世纪取代地球中心论的托勒密理论与哥白尼的太阳中心说观点，正在进行的用更加复杂的生态系统观点的种群内在概念取代商业渔业的种群动态概念，仅在50年以前用动态板块构造观点取代大陆的静态观点，这些都是很好的范例转变。主要问题是：我们是否需要、是否准备好迎接经济模式的这种范式转变？如果我们为这一任务做好了智力上的准备，考虑到新古典主义经济学在世界各地的应用所带来的巨大智力和金融投资，我们有可能实现它吗？我们对第一个问题的答案是，对大多数沉浸在新古典主义理论的年长的经济学家来说，这可能太晚了，但有许多更年轻的经济学家，这些年轻的经济学家，当然也有大量的环境、地质和物理科学家都已经准备好学习和帮助创建一个新的经济学，这样新的经济学更符合以他们自己的经验为基础的世界观。第二个问题的答案是，要真正实施一种新的经济学政策方法，将是一项极其困难和艰巨的任务，即使就应该是什么达成一致都很困难。然而，硬币的另一面是，不这样做可能会更糟，特别是如果第三世界的困境大幅恶化，我们认为这种情况并非不可能发生，因为石油和其他关键材料在未来几十年将变得越来越稀缺。

我们可以通过一些程序来做到这一点，它被称为科学方法，因为它被应用于生物物理科学。在这个框架内，你可以提出任何你想要的关于真相的假设。但如果你与已知的现实不一致，很可能会被同事们否决。例如，在 20 世纪 50 年代初，几位科学家正在接近 DNA 结构（"A"代表酸），伟大的生物化学家莱纳斯·鲍林提出了一个他认为代表 DNA 的化学模型。但是沃森和克里克后来提出了正确的结构，他们注意到鲍林的结构不是酸，于是立即否定了鲍林的模型——这与已知的科学不相符。同样，所有用于产生能量的机械装置都被证明是错误的，因为它们在热力学上是不正确的。我们认为，必须有更多这样的分析适用于所有的经济模型。

我们预计，老牌经济学家对我们在这里推进的东西会有很大阻力。过去对新古典主义福利经济学的批评几乎总是被经济学家斥为对"稻草人"的攻击。经济学家的这种反应如此普遍，值得我们详细探讨。从某种意义上说，经济学家正确地指出，当今许多经济学家的理论已经远远超出了如"经济人"和"完全竞争"的限制性和非科学性假设。越来越多的经济学家，特别是这个领域中最受尊敬的理论家，已经放弃了我们在第 3 章中批评的人类行为模型。然而，大多数经济学家的实际工作和政策建议仍然基于这些模型。大多数经济学家仍然认为，当代行为经济学和博弈论的工作可以纳入标准福利模型。这只是一厢情愿。如果放松对经济人的限制性假设，纳入当前关于人类实际行为的知识，就不能满足市场有效配置资源的条件（帕累托效率）。

经济学家应对批评的另一个策略是声称福利理论是建立在非常普遍、合理的假设之上的——忽略了他们对这些假设无法支持的解释。例如，经济学家赫伯特·金蒂斯对"理性行为者模型"的定义是："认为个人选择可以被建模为受信息和物质约束的目标函数的最大化。"换句话说，人们尽其所能，用有限的手段做到最好。他们的目标是广义上的"效用"或"幸福"。这些似乎是合理而无害的假设。但在经济学文本和应用工作中，"幸福"仅等同于市场商品的消费，这些市场商品选择的方式符合约束下最优化的数学要求。我们要求读者思考你自己生活中最重要的因素是什么。对我们大多数人来说，家庭、朋友、健康、正义、公平、干净、不堕落、不拥挤的环境、精神追求和良好的伙伴关系都在市场上可以买卖的问题之前。但经济理论的每一篇主要文本都遵循着以消费为基础的模式。例如，著名经济学家平戴克和鲁本菲尔德[12]写道：

▶在日常语言中，效用这个词有相当广泛的含义，大致意思是"利益"或"幸福"。的确，人们通过得到给他们带来快乐的东西和避免给他们带来痛苦的东西来获得"效用"。在经济学的语言中，效用的概念是指代表消费者从市场篮子中获得的满意度的数字分数。

因此，个人效用的复杂问题就减少到只消费市场商品的集合。对市场选择的分析是通过三个基本假设来进行的，即完全性、传递性和多总比少好。直到最近，经济学家才拒绝对这些假设进行实证检验。没有这些假设，瓦尔拉斯（新古典主义）分析就无法奏效。正如一篇主要的微观经济学文章所指出的，其中一个假设是："如果不能假定经济主体具有传递性偏好，那么……经济理论的相当一部分将不复存在。"因此，我们相信，通过尝试"修复"指标模型，例如，内化外部效应（如通过在现有的以市场为基础的评价方案中，为自然必要的属性或服务添加美元价值）丢失了某一点（在我们看来）主要的任务，这一点就是从头开始我们的经济概念化方式，这种方式代表了实体经济真实发生了什么。本质上，我们必须把我们的概念经济模型置于自然必须存在的地方（见图20-1），而不是试图通过内部化外部性将自然纳入经济框架（见图20-2）。我们认为这是必要的，原因有二：首先，我们认为，新古典主义经济学的基本结构存在缺陷，以至于不可能迅速恢复其可信性；其次，由于这个原因和其他原因，使用NCE的实际后果导致了不道德和自我挫败的行为。虽然我们认识到，可能大多数年长的经济学家不会同意我们的评估，但我们确实认为，是时候把这个问题公开讨论了，这样我们就可以对我们应该构建什么样的经济学进行更实质性的讨论。

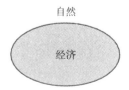

自然

经济

图 20-1

经济必须存在于自然之中，因为它不能以任何其他方式存在。

经济

自然

图 20－2

在生态经济学中，自然常常被置于经济的"内部"，自然的功能被赋予最初在经济中评估的货币价值。

20.9 关于正确运用数学的最后思考

在大多数人（包括科学家自己）的心目中，科学被定义为科学的部分原因是数学的使用，并用数学模型来定义和解决问题。数学的力量（广义上）是使预测的结果在数量上显式，从而在数量上可预测。检查模型是否正确或至少足够的过程称为验证。对模型制定中的不确定性（结构如何）或参数化（分配什么数值系数）的检查，可以让人相信你的结果或得出某些结论，这种检查称为敏感性分析。正是通过验证和敏感性分析，模型产生了它们（偶尔）在解决真相方面的巨大力量，如人类大脑可以理解的真相。

在20世纪早期，数学的应用在物理学的发展中尤为重要，原子弹的发明为纯数学与实际应用相结合的许多力量提供了实实在在的证据。然而，即使是爱因斯坦也喜欢在没有数学的情况下解决问题。数学模型特别重要的其他科学包括天文学、化学的某些方面和生物学的某些方面，如人口统计学，在某些情况下还有流行病学。数学对于大多数生物学的重要性是很难确定的。当然，生物学中最重要的发现是查尔斯·达尔文的发现，他在自然选择理论的发展过程中基本上没有使用任何数学知识，除了生物体具有指数增长潜力这一概念。同样，数学本身与细胞理论、DNA的结构和性质以及大多数现代分子生物学的发展几乎没有什么关系。另外，遗传学，从孟德尔到当代人口遗传学，一直深受数学的影响，有时倾向于很好地运用数学。

最后一个我们之前重复的问题是在数学证明和科学证明之间经常存在混淆。数学可以相对容易地生成真实的证明，因为你是在一个定义好的宇宙中工作（通过假设和使用的方程）。如果你把直线定义为两点之间最短的距离，那么你就可以解决很多需要直线的问题。但是，大自然交给我们的世界既不那么笔直，也不那么清晰，我们必须不断努力用我们的方程式来表示它。因此，数学证明只有在相对罕见的情况下才成为科学证明，即当方程确实抓住了问题的本质。

20.10 现在我们似乎自相矛盾

尽管建模有很多问题，但我们不理解在不使用正式建模的情况下，如何使用科学的方法对复杂的问题生成和测试假设。这对于管理和政策相关的问题以及理论问题都是如此。原因是模型是我们对系统假设的显式形式化，这样就允许显式地测试您认为世界如何工作。我们认为，在复杂的经济学（和环境科学）世界中，至少有足够复杂性的定量（或偶尔非定量）模型是必要的，因为它允许人们将科学方法应用于复杂的自然、人与自然的真实系统，但关键是要使用正确的模型。实现这一点的方法非常简单：试着表示您正在处理的真实系统，而不是一些碰巧在分析上可处理的抽象。很简单，大多数实际问题需要计算机建模，而不是解析建模。模型的力量在于使我们的假设显式，通常是定量的，因此是可测试的。

问题

1. 什么是模型？你在哪里找到模型？

2. 说到模型，我们所说的"解"是什么意思？

3. 数学的和定量的有什么区别？有没有两者都有的？

4. 解析解和数值解的区别是什么？

5. 解释一些城市是如何成为天文仪器的。

6. 给出一个或多个模型的例子，这个模型在概念上是不正确的，但它给出了很好的预测。

7. 给出一个或多个非常常用但可能不正确的模型示例。

8. 什么是范例？给出几个例子。

9. 你能给出五种模型的通常类型吗（提示：其中一个是电脑）？

10. 你能解释一下这个明显的悖论吗：一个人只能在一个相当简单的模型上使用复杂数学？

11. 什么是外部性？

12. 我们怎样才能把误解和现实分开呢？

13. 今天的一些经济学家是如何批判当代经济学的基本模型的?

14. 讨论将我们的经济模型置于我们的自然模型中的概念优势以及与这相反

的概念。

15. 验证是什么？敏感性分析是什么？你将如何在经济学中运用它们？

参考文献

［1］ Hall, C. A. S. , and J. W. Day, eds. 1977. *Ecosystem modeling in theory and practice. An introduction with case histories.* New York: Wiley Interscience.

［2］ Aveni, Anthony F. , ed. 2008. *People and the sky: Our ancestors and the cosmos.* London: Thames and Hudson.

［3］ Pyper, B. J. , F. J. Mueter, and R. M. Peterman. 2005. Across species comparisons of spatial scales of environmental effects on survival rates of Northeast Pacific salmon. *Transactions of the American Fisheries Society* 134: 86 – 104.

［4］ McAllister, M. K. , and R. M. Peterman. 1992. Experimental design in the management of fisheries: A review. *North American Journal of Fisheries Management* 12: 1 – 18.

［5］ Hall, C. A. S. 1988. An assessment of several of the historically most influential theoretical models used in ecology and of the data provided in their support. *Ecological Modeling* 43: 5 – 31.

［6］ Hess, H. H. 1962. History of ocean basins. In *Petrologic studies: A volume in honor of A. F. Buddington*, ed. A. E. J. Engel, Harold L. James, and B. F. Leonard, 599 – 620. New York: Geological Society of America.

［7］ LeClerc, G. 2008. In *Making development work: A new role for science*, ed. G. LeClerc and Charles Hall, 13 – 38. Albuquerque: University of New Mexico Press.

［8］ Hallock, J. , P. Tharkan, C. Hall, M. Jefferson, and W. Wu. 2004. Forecasting the limits to the availability anddiversity of global conventional oil supplies. *Energy* 29: 1673 – 1696. Hallock J. , Jr. , W. Wu, C. A. S. Hall and M. Jefferson. 2014. Forecasting the limits to the availability and diversity of global conventional oil supply: Validation. *Energy* 64: 130 – 153.

［9］ http: //knowledge. wharton. upenn. edu/article. cfm? articleid = 2234.

［10］ Krugman, P. "How did economists get it so wrong: Mistaking beauty for truth". *New York times*. Sept 2, 2009.

［11］ Daly, H. and J. Cobb 1992. *For the Common Good: Redirecting the economy toward Community, the Environment and a sustainable future.* Beacon Press Boston.

［12］ Pyndyck, R. S. , and D. L. Rubinfeld. 2005. *Microeconomics.* Saddle River: Prentice Hall, Inc.

21   将生物物理经济学方法
应用于发展中国家

作为关心人类状况和自然的个人，我们似乎必须创造一种新的方法来从事发展经济学，或许还有一般而言的经济学。这是如此重要，原因已经在前几章回顾了，包括我们对传统经济模型的知识基础的不满，这些传统经济模型用于发展，其使用结果已经发生，许多发展经济学家自己普遍认为传统经济学已经失败了，我们需要做一些有用的事情，最有知识的人所担心的是未来，尤其是大多数发展中国家的未来，将受到"廉价石油时代的终结"以及保护现存自然资源的需要的约束。我们试图在本章中开发这样一个模型，总结过去的某些方法，甚至是成功的经验，并使用生物物理基础来帮助读者。我们不会蠢到相信我们可以一举治愈所有的经济问题，一代又一代的传统经济学家没能做到，但我们相信，我们在这里提供了一个有用的基础来开始这样一个过程，以及现在为实地工作者产生有用的结果。

我们在进行这项分析时充分理解，传统（如新古典主义）经济学，无论其局限性如何，都是一种非常发达和一体化的方法，在这种方法中，参与者一般都是不容易改变的，并就规则达成一致意见。我们承认，即使许多学院派经济学家放弃了纯粹的模型，他们在应用领域的影响力仍在增加。例如，"可计算一般均衡"（CGE）模型是 NCE 的纯应用，在影响数十亿人生活的世界贸易组织谈判回合中得到越来越多的应用。此外，传统经济学是以这样一种方式发展起来的（例如，通过强调金钱而不是像我们这样强调能源、人口统计学和其他资源），以至于似乎是我们都熟悉的日常经济学的逻辑延伸。对于我们这些相信可以发展出更有用和更准确的经济学的人来说，这些都是需要克服的重大障碍。然而，我们认识到这一点的重要性是如此之大，以致需要我们尽最大努力来这样做。对我们有利的一点是，我们知道，在挑战 NCE 方面，我们并不孤单，我们最好的盟友可能是一些经济学家本身，特别是那些把时间花在发展中世界现实中的经济学家。

我们在过去花了相当多的时间为哥斯达黎加的国家制定了一项生物物理评估，以下的大部分是我们在该评估中的经验[1]。本书有 26 章，对哥斯达黎加经济的所有重要方面进行了详细的评估。此外，它还有一个全面的、对用户友好的可视化模型，我们认为这个模型在向其他专业人士和非专业人士传递生物物理信息和评估方面非常重要。主要的可视化模型的基本思想是，有哥斯达黎加的中心的国家图像，哥斯达黎加，在一个三维表现里显示了可见的山脉——在山的边缘有十幅小图像，图像上有许多不同的信息，这些信息随时间绘制，在中心图像中你能看到非常惊人的森林砍伐展现开来，绿色的森林化国家转变为以黄色为代表的农业和牧草，而人类、奶牛、使用和退化的公顷土地等在边缘的图像上几乎呈指数增长。

这些分析的一个特点是（通常）没有试图将各种不同的信息集简化为一个标量（例如，通常目标是基于金钱的经济成本效益分析），这取决于您的观点。这个想法是把所有的动态信息，包括土地利用、人口、环境、经济等，同时放在屏幕上，然后让用户或决策者（或受影响的人们）决定是否他们喜欢现有的发展道路（通过他们选择的任何条件）或可能别的东西。这一方法如果与土地利用等历史模式结合起来，就会特别有效。如今生活在哥斯达黎加的大多数人还太年轻，无法理解他们的国家在一个人的一生中发生了多大变化，但当他们把这看作一个 n 维的可视化时，他们可以清楚地看到这一点，而且常常感到惊讶。因此，本章剩下的大部分内容将讨论您可能希望在这样的可视化或更简单的分析结构（如电子表格）中包含哪些信息。该模型允许政策执行并观察这将如何影响许多参数。当展示这个模型时，哥斯达黎加前总统、诺贝尔奖得主奥斯卡·阿里亚斯对霍尔说："我喜欢它。它迫使决策者看到决定的后果。"我们会为现在的美国和总统建立这样一个模型吗？总统将会关注它吗？

为一个中小规模的发展中国家开发整体的生物物理分析，我们粗略估计了一下成本，大约在 100 万~1000 万美元，假设你正在与有竞争力的但并不贪婪的调查者进行这项分析，并且生物物理和经济数据库构建得不错，就像哥斯达黎加的情况。我们对哥斯达黎加的彻底评估只是其中的一小部分。大部分的工作有霍尔的大学休假薪水补贴，基本上是来自免费的研究生帮助、其他的项目以及数据、兴趣、技能和众多哥斯达黎加人的善意，其他的项目已经资助了勒克莱尔。我们这里给出的大多数例子都是针对这样一个国家层面的，尽管我们所提倡的生物物理方法在理论上适用于研究人员可能选择的任何区域层面。最重要的规模问题是，大多数数据一般在国家一级最容易获得。

21.1　其他一些相关的生物物理方法

在我们提出自己的方法之前，我们认为有必要审查若干其他生物物理方法，这些方法为评价、评估经济活动的具体环境影响或某些其他明确原因而制定。虽然这些方法没有提供我们所提倡的全面和综合的环境和经济分析，但我们认为重要的是审查这些方法，因为它们可以对我们下面所作的分析提供非常有用的补充。

我们还想强调的是，我们建立生物物理评估的努力与在"环境经济学"的支持下所做的大部分工作，甚至是"生态经济学"的大部分活动，只存在微小的关联。虽然环境经济学的目标（和大量生态经济学的一部分）将环境纳入经济分析，事实上，它主要是把美元价格标在各种各样的环境和服务对象上，虽然我们赞赏这种分析，但这不是我们这里的目标。其中一个基本原因是，我们认为美元或其他货币单位基本上是在市场情况下为非必需品定义的，这种需求几乎不能代表人类真正的需求，因为它往往受到广告的巨大影响。此外，美元价值往往提供关于基本资源的极其贫乏的信息：例如，随着野生三文鱼越来越多地消失，对我们的社会价值越来越低，而它们的价格上涨表明，它们比它们便宜和丰富的时候变得更有价值。

因此我们相信，给很多事情一个美元价值通常是对我们最珍贵的东西的可怜估计，包括对我们与亲近的那群人关系的可怜估计，正义在法律面前，维护自然环境和地球的环境，让我们从一开始能够存在在这里。事实上，所有这些都受到我们经济中以美元为基础的方面的攻击，因此，我们认为，以美元为基础的标准不适用于评估自然或我们最基本资源的价值。也就是说，我们当然意识到，我们生活在一个以货币为基础的世界，在这个世界里，许多东西必须以货币单位来衡量日常交易的价值。因此，我们试图在使用和不使用货币估计之间"走钢丝"。

我们审查的第一个评估程序是审查一个特定区域（按照我们的目的，一个社会和经济单位，如一个国家或城市）所需的土地数量，以支持所考虑的该区域的活动。最全面和彻底的分析是由马西斯·威克那格[2]进行的生态足迹。例如，他们发现，支持加拿大温哥华市所需的土地面积大约是该市本身土地面积的18倍。这包括种植作物和生产牛、鱼和其他动物消耗所需的土地面积、种植木材、采矿矿物等（大约占所需面积的一半），以及吸收产生的污水、毒素、二氧化碳和其他废物（另一半）。这样的评估总是表明，实际用于支持人类的区域比人类实际占据的区域要大得多，并揭穿了那些说地球可以无限期地支持更多人口（至少目前的水平）的人的谎言。他们得出的结论是，如果我们要靠收入生活，而不是靠消耗资本，那么今天的人口和富裕水平大约需要三个地球。随着时间的推移，作者令人印象深刻地开发和改进了他们的方法，并使得在他们网站上的使用非常直接和容易。因为他们几乎追溯了不同人群使用的所有主要物质，所以他们所使用的全部物质构成了一个现成的清单，上面列有支撑一个经济所需的生物物理物质。他们尚未做的是将所需的材料与货币活动的水平联系起来，或向发展中国家提出这些问题。一旦做到这一点，我们手边将有一个相当好的生物物理评估。

第二种方法是进行能源分析，它的许多变体基本上意味着进行各种经济活动需要多少能源。这些方法最重要的是由布鲁斯·汉农、克拉克·布拉德和罗伯特·赫伦登于 20 世纪 70 年代在伊利诺伊大学开发的，并应用于我们经济的大部分领域，包括农业、制造业、服务业等[3-5]。这些研究的一个特点是，他们不仅计算了直接使用的能源（如拖拉机厂生产拖拉机所使用的能源），而且还计算了间接能源（如拖拉机厂用于开采和精炼使用的铁、塑料等的能源）。粗略估计，在"最终需求"中，用于制造某些产品的能源大约有一半用于获取和提炼原材料。上述出版物和霍尔等[6]和克里夫兰[7]给出了这些研究结果的总结。这项研究的一个重要方面是，数字是旧的，因为几十年间这样的能源研究几乎没有获得联邦基金，由于能源分析陷入政治失宠，或者更准确地说，漠不关心，因为在许多人（但不是我们）的思想中，市场已经解决了 20 世纪 70 年代的能源问题。然而，卡内基梅隆大学最近的一项研究将这些分析更新到了 2002 年（根据罗伯特·赫伦登的说法，其方法似乎相当站得住脚），可以在他们的网站上轻易找到这些估计数据[8]。意大利那不勒斯大学的塞尔吉奥·乌尔高迪和他的学生正在建立一个基于网络的系统，用来计算许多不同商品（如一栋新建筑）的材料成本，包括相关的环境成本。

霍华德·奥德姆、马克·布朗和其他人认为，虽然上面的能量分析是有用的，但它是不完整的，因为它既没有考虑到制造某种东西所需的环境能量，也没有校正不同类型的能量具有不同的性质这一事实。例如，电力的千焦耳对社会的价值超出其简单地加热水的能力，由于其特殊的属性，因此比千焦耳的煤炭有更多的价值，大约需要发电厂三个加热单元的煤炭生产一个单位的电力，其余不可避免地或多或少被释放到空气和水中。同样，一株植物固定的一千焦耳糖的价值也比制造它的阳光的一千焦耳大，依此类推。奥德姆产生了"内含能量"的概念，或者更明确地说，"能值"（在"能量记忆"中有一个"m"，它是一个类似于"内含劳动"的概念，或者在一件制成品中制造所需的全部能量），作为一个术语来反映能量的各种性质。奥德姆和他的学生马克·布朗开发了一个扩展的会计方案来衡量这一点，并计算出许多事情发生或产生所需的能值[9-12]。"整合性"是用来评价不同类型能量的不同性质的一个词。这种方法的一个优点是，很明显，如果我们想计算，例如，用于制造某种东西的石油，我们就会把制造它所需要的大量环境能源都忽略掉。例如，这些能量包括用于从海洋中提取淡水并将其提到山顶的能量，从而使其形成河流，从而成为植物和人类可利用的能源。同样地，即使我们不向大自然支付水或许多光合作用的产物，太阳主导了光合作用以及由此产生的一切。此外，在分析中还包括了由于讨论中的活动造成的丧失的环境服务的能值评估。虽然这个想法对我们非常有吸引力，而且我们认为它的全面性是必不可少的，但是由于难以估计转换，使它的使用对一些人来说不那么理想。

可能所有这些技术都在测量一些非常相似的东西，并且它们的效用可能会收敛。它们的用途并没有经常被比较。霍尔、布朗和瓦克纳格尔使用一种远远超出市场成本的综合经济方法，以及两种生物物理评估方法：生态足迹和能值分析[13]，对哥斯达黎加的人类承载能力进行了比较。这三种方法的结果非常相似，这给我们带来了希望，即利用生物物理和综合经济分析，我们正在接近一个真实的成本。然而，尽管每一个程序都有助于评估生物物理经济学分析，我们仍然认为对如何进行生物物理经济学作出更明确的总结是有用的。我们期待着有一天，科学家和决策者就一套评估程序达成一致意见，将其纳入一个有用的一揽子措施。我们期待在不久的将来，任何项目或活动的生物物理分析将需要一个网站，这个网站由熟练的专业人员输入数量（某一年的吨或美元度量）来获取所有的材料、能源、能值、足迹、环境恶化等相关的经济活动。朝着这个方向迈出的一步是巴尼·福伦的三重底线方法（经济、能源和环境），有免费软件可以帮助评估[15]。以后也可以为不同的国家或国际公司实体提供更明确的价值。也许有一天，你的早餐麦片上会有一个标签，除了每份麦片含有的卡路里和钠之外，还会给出一份评估，评估制作早餐麦片所需的燃料和太阳能，以及土壤和生物多样性的损失，或许所有这些都可以用能量来概括。

21.2　为一个国家或地区创建生物物理经济分析的明确程序

在我们等待未来基于网络的综合时，我们可以做大量的定量分析，事实上，这可以帮助为这种网络综合提供基础。我们的工作是基于我们之前编写的《可持续发展的量化：热带经济的未来》一书[1]。这一评估包括与贡献者对我们（和其他）的生物物理方法进行广泛的讨论，以及我们在评估土地利用变化方面的广泛经验[15][16]。我们的评估也建立在简单地生活在发展中的热带地区（尤其是勒克莱尔，他想尽一切办法逃离他的祖国加拿大的冬天），以及阅读大量的报纸和科学论文的基础上。霍尔[1]代表了迄今为止开发一个完整的国民经济的生物—物理经济模型的最认真的尝试，我们在本章中对其进行了总结和扩展。

我们将首先认识到，这是一个非常不完美的活动，我们只是在学习如何进行这样的分析，随着时间的推移，还会发生许多变化。然而，我们发现，这种方法在为我们以及我们的同事和学生分析一个国家或地区的许多基本特征时，提供了良好的服务。

我们得出的结论是，有一种方法可以进行例行的生物物理经济分析，包括对发展的迅速评估，并利用这一进程帮助制定更好的发展计划。我们提出一种方法，分五步展开，可以简单地说：

步骤1　（向正确的人，包括你的批评者）陈述你的目标。

步骤2　收集关键的生物物理参数的时间序列数据库。

步骤3　使用尽可能多的过去数据，对关键经济参数进行评估。

步骤4　对未来进行全面的模拟。

步骤5　做出正确的决定。

我们假定，在设计发展计划时考虑到这些步骤后，资金将流向正确的方向；学校将被建造、配备装备和有人口居住；制度也将得到改善。然而，我们也十分清楚，例如，领导人的腐败有可能破坏我们的努力。使用明确和公开的科学是否减少了腐败的可能性？我们是这么想的，但实际上并不知道。必须做的一部分工作是使所有政府机构和人员，包括会计人员专业化。

21.3　陈述你的目标（和合适的人选）

如果你不知道要去哪里（当然，除非你的目标仅是活动本身），那么无论你的交通工具有多复杂，你都不可能踏上一段旅程。所以进行生物物理评估的第一件事就是思考、讨论，然后明确地陈述你的目标。人们经常混淆问题和目标。目标不应该是一系列解决问题的活动，它应该被视为一个长期的期望的未来条件。对于哥斯达黎加的研究[1]，主要目标是确定该国在何种程度上，以及以何种方式能够实现可持续发展。这在逻辑上通向下一个设定的目标，然后确定我们所指的可持续性，进而导致了一些有趣的文献表明，关于可持续性意味着什么，不同的人有不同的观点，而且大部分是相互对立的。

该分析的第二部分是研究人们过去对相关问题有什么目标，以及这些目标是如何实现的。换句话说，审查正在分析的区域的有关文献，以及过去的公共和私人发展项目，它们的目标、程序、成功和失败。其中许多分析使用（或应该使用）时间序列数据，例如，经济、农业或其他数据。除非你对过去的趋势有一个及时的衡量标准，否则你根本不可能理解你正在进行的计划是否成功。一个重要的问题是将目标陈述为假设，然后可以进行测试，这是很少做的事情。虽然通常很难检验假设，但人们可以经常将政策目标重申为假设，然后看看随后的数据是否与该假设相符[17]。

通常，目标将以社会、经济或环境术语来陈述。既然我们同意这个观点，读者可能会好奇为什么我们那么关注分析的生物物理方面。答案很简单：我们认为，社会、经济和环境问题必须得到解决，并在可能的情况下，在它们必须发生的生物物理系统的范围内加以解决。列出你想要的各种东西是很容易的：更高的收入、更公平、更少的污染、更大的福利等。鉴于对发展中国家来说，这些目标和其他目标常常得不到实现，这意味着存在严重的限制。当然，有些是社会性的，我们在这里特别提到了腐败和财富分配的不平等。但是，阻碍实现社会或经济目标的主要因素是生物物理，包括资源的可获得性、气候限制和生物物理管理不善，例如，过度捕捞、土壤侵蚀、燃料限制、产生外汇的能力等。了解这些是什么或可能是什么是很重要的。

尤其是发展的生物物理方面，在几十年的新古典主义经济政策中被忽视了。因此，必须在主流思想中恢复生物物理背景，可能作为考虑社会和经济可能性的框架，因此我们强调生物物理，尽管我们绝不希望削弱社会、政治和经济因素的重要性。事实上，我们相信读者会发现，我们的大多数论文都试图将生物物理和社会科学结合起来，以达到它们的目标。

如果我们不仅对科学的进步感兴趣，而且对它所研究国家的发展产生的影响感兴趣，那么我们就必须找到合适的人来开发这些模型。这些人将在许多方面提供帮助：明确目标，获取数据（在许多发展中国家不容易），提供关键的见解来解释数据和前瞻性分析，并与政策相联系，这样我们可以将其使用扩展到科学论文之外。如果我们从一开始就参与开发分析模型（即"伴随模型"）[19]，这是一个很好的机会，我们互相学习，并最终得到一个模型（或一系列模型），这些模型不仅是更相关的，而且将继续用于决策。艾伦和霍兰德以及博利厄[17]给出了一些关于如何确定应该与谁合作以及如何连接到开发过程的提示。一个好的起点是对利益相关者进行分析，并与合适的人一起为国家或地区的共同愿景而努力。

在这方面，真正的目标将更清楚地呈现在所有人面前，集体学习进程也将在这方面开始。

21.4　组建关键生物物理参数的数据库

进行生物物理分析的第一步（一旦编制了有关数据的过去时间趋势）通常是确定正在分析的国家或地区的物理特征。由于与 20 年前相比，良好的数字摘要的可用性增加了，这样的分析比过去容易得多。在巴雷托等[19]的研究中给出了如何开发这样一个数据库的例子。做到这一点的最好办法是对有关区域的物质资源进行评估。

一项基本要求是对能源资源的概述，包括任何已知的石油、天然气和煤炭矿藏；对未来可能发现的东西进行评估；已开发和潜在的水电、太阳能和风能潜力（需要气象信息）；生物质能的可能性；等等。在所有这些评估中，重要的是要认识到，一般来说，首先开发的是较好的资源，这样，增加开采可能会耗费更多的能源和金钱。对于所有这些都会产生一个使用它们的时间序列。

但是，不同类型的能量有不同的性质或品质，把这一点考虑进去通常是有用的。一般来说，可用的数据将是热量单位（即 BTUs、千瓦时、千卡，或者现在最常用的单位焦耳）的形式。我们所说的热量单位是指能量是通过加热水的能力来测量的，例如，1 千卡是加热 1 千克（约 2.2 磅）水升高 1 摄氏度所需要的能量。这些单元都是内部可相互转换的，它们之间没有真正的区别。当化石燃料与水电和核能发电相比，一般来说，最好把它们乘以 2.6 的因子，以说明它们做功能力的差别，以及它们来源于化石燃料的机会（转换）成本。此外，我们需要对必须为经济正常运转提供的各种环境能源进行评估。如上所述，这可以用能量分析最全面地完成。

非能源的自然资源也需要进行类似的评估，例如：

（1）非燃料矿物资源，如金属矿石。这方面的重要组成部分是储备的规模（以吨为单位）、质量（即目前的和随着开采进程的矿石中的金属百分比）、开采深度和难易程度、不同开采量的能源成本等。一般来说，最好的等级是在过去首先使用的，因此，剩余的资源可能不像过去那样便宜或有利可图地加以利用。由于矿物的开采往往造成严重污染，因此必须在项目开始之前作出任何这种影响及其损害的社会和金钱估计。除了预期的市场价格和其他常规经济因素外，还必须考虑这些问题。

（2）水资源，在数量和质量上，首先是概观，其次是空间。需要生成或总结的一些信息包括降雨和主要河流的流动（包括作为均值年份和干湿年份）、地下水资源及其脆弱性损耗／盐渍化、时间和空间上的蒸发蒸腾和土壤水分、严重污染的水体等。

（3）用来研究农业（及其他）潜力的土地资源，即：①土壤图，最好与土壤单位有关的作物生产力，包括哪里有可能的潜力和实际侵蚀。②数字高程地图。③土地使用地图。

考虑人口因素

我们相信，一个人试图用几乎任何生物物理模型来实现的基本目标，都是对人类人口统计学的恰当描述。幸运的是，欠发达国家存在着优秀的数据集，从每5年或10年一次的全国人口普查数据到基于期间样本的年度估计（注意，由于NCE是基于单个公司的行为，所以它对人口统计学不敏感）。

为了进行前瞻性分析，有必要根据实际的人口数据建立一个人口模型。一个简单的模型是：

$$P_t = P_o e^{rt}$$

其中，P 是人口水平（通常以百万为单位），P_t 是在未来 t 年的人口，P_0 是在初始时间 t 的人口，e 的自然对数大约是 2.718，r 是"内在的增长速度"，人口按照这个速度增长，或者更好，有望增长。r 值（每年现有人口的比例单位）是出生率（b）–死亡率（d），因此 e^{rt} 是一个数字，由于这个因素，随着时间过去人口更大（相对于初始人口）。人口的倍增时间可以用数字 70 除以以百分比表示的增长率来计算，例如，人口以每年 2% 的增长率增长，35 年后将翻倍。这个简单的模型通常是相当准确的，至少在知道 r 值的限制下的几十年来是如此。

但是，也有许多人认为，继续使用指数增长模型是有严重缺陷的，因为人口不可能无限期地指数增长，因为他们将耗尽粮食、资源和／或空间（即承载能力）。一些试图代表这一事实的模型，将假设或模拟某种实证的稳定水平（换句话说，r 值减小）或增长饱和。通常使用逻辑或 S 形曲线来模拟饱和效应。尽管逻辑推理方程很简单，而且背后可能有一些很好的逻辑，但事实上，自然界中很少有种群遵循这种模式，过去试图用这个模型来预测人类种群的尝试失败得很惨。"内爆主义者"和"外爆主义者"之间的争论仍然鲜活（因为数据对两种观点的支持同等有利），而 S 形曲线仍然是欠发达国家进行人口预测（最不发达国家）（见 www.prb.org）最广泛使用的分布，稳定状态的开始可以在 2050 年之后的任何时间。指数和逻辑模型有阻碍事物，包括随着时间的推移，它们对 r 值的变化值不敏感，以及它们对更详细的人口统计资料不敏感，如生育前女性和生育后女性的数量，当然，它们只有一个地理单元。更复杂、更精确，或者至少是更敏感的模型，可以使用莱斯利矩阵来建立。莱斯利矩阵通常在电子表格或计算机程序中求解。表 21 - 1 给出了一个用 FORTRAN 语言编写的简单例子。世界上所有国家的数据都可以从粮农组织或中央情报局的数据库获得。有时，当需要年数时，以五年为间隔给出增长率和死亡率。要使用这些数据，有必要将数据输入电子表格，如 Excel 和 Fit，如可以从数据的二阶或三阶多项式获得一个关系，可以从中生成每年的值以及对未来的预测。

表 21 - 1　FORTRAN 语言中的一个简单的 Leslie 矩阵

```fortran
PROGRAM LESMATRIX

! * * * * * * * * * * * * * * * * * * * * * * * * * * * * * * * * * * * * * * * *

! Dictionary:

! * * * * * * * * * * * * * * * * * * * * * * * * * * * * * * * * * * * * * * * *

! ACLS = Age class of the human population. 1 equals all people before
!           their first birthday, 2 = all people between their first and
!           second birthday and so on.
! PopNum (YR, ACLS) = Population number for each age class for each year
!                          This state variable is updated each year.
! DRate (ACLS)   = Age - specific death rate
! Births (ACLS)  = Number of births per year per female by age class (this may be
!                          known only on average)

! * * * * * * * * * * * * * * * * * * * * * * * * * * * * * * * * * * * * * * * *
! * * * * * * * * * * * * * * * * * * * * * * * * * * * * * * * * * * * * * * * *

! Define variable type:

! * * * * * * * * * * * * * * * * * * * * * * * * * * * * * * * * * * * * * * * *

INTEGER PopNum (100, 100), YR, ACLS

REAL DRate (100), BRate (100)

! * * * * * * * * * * * * * * * * * * * * * * * * * * * * * * * * * * * * * * * *
! * * * * * * * * * * * * * * * * * * * * * * * * * * * * * * * * * * * * * * * *

! Open read and write files:

! * * * * * * * * * * * * * * * * * * * * * * * * * * * * * * * * * * * * * * * *

OPEN (1, FILENAME = "LeslieMat. DAT", Status = "OLD")

OPEN (2, FILENAME = "LeslieMat. OUT", Status = "UNKNOWN")
```

```
! Read in initial population numbers (in thousands or millions) & age - specific death rates
! * * * * * * * * * * * * * * * * * * * * * * * * * * * * * * * * * * * * * * * *
READ (1, 900) (PopNum (1, ACL), ACL = 1, 80)
READ (1, 900) (DRate (ACL), ACL = 1, 80) READ (1, 901) (BRate        (ACL), ACL = 1, 80)
! Write output headers:
! * * * * * * * * * * * * * * * * * * * * * * * * * * * * * * * * * * * * * * * *
WRITE (2, 902) "Table 1, Population levels by age class"
WRITE (2, 903) "Year Age Class >", (ACLS (I), I = 1, 80)
! Solve equations annually for 50 years starting in year 2000
! * * * * * * * * * * * * * * * * * * * * * * * * * * * * * * * * * * * * * * * *
DO YR = 1, 50
        Ryr = 2000 + YR        ! Real Year
        PopNum (Yr, 1) = BirTot        ! Births from end of last year considered age class one
        ! Do for 80 year classes (assume 80 is oldest year people live or at least reproduce
    DO ACLS = 2, 80        ! New members of first age class already added in as
    births Births = RepPop * BRate (ACLS)        ! Sum up number of potentially
    reproducing females
                ! (here age 15 to 50)
                ! Move each year class forward, reduced by their
                ! death rate PopNum (YR, ACLS)
        = PopNum (YR - 1, ACLS - 1) - 1.0 * DRate (ACLS)
        IF (ACLS. GT. 15. AND. ACLS. LT. 50) RepPop = RepPop + Pop (YR, ACLS)
        BirTot = BirTot + Births
    END DO
    WRITE (1, 904) YR, (PopNum (YR, ACLS), ACLS = 1, 80)
END DO

! * * * * * * * * * * * * * * * * * * * * * * * * * * * * * * * * * * * * * * * *
! Format:
! * * * * * * * * * * * * * * * * * * * * * * * * * * * * * * * * * * * * * * * *
900 FORMAT (80I6)
901 FORMAT (F8. 2)
902 FORMAT (A20)
903 FORMAT (A15, 80I6)
904 FORMAT (15X, 80I6)
```

! *
END PROGRAM LESMATRIX
* Source: Charles A. S. Hall, with the assistance of Athena Palmer

开发出更多的人口信息，包括贫困评估、健康和劳动生产率。

需要就已建成的基础设施的位置和范围，包括城市、村庄、运输、工业、港口、机场、保护区、土地保有权（私人和公共）等，发展更多的地理资料。这些地理资料可以构建到其他地理信息系统（GIS）数据层中，从传统的地理信息系统分析中可以很好地理解这些数据层。这些资料有助于了解人口对资源的可获得性，并有助于预测土地利用的变化。通常，我们的总体目标是模拟未来的土地使用、经济和粮食安全场景如何受到人口、侵蚀、政策、气候变化等因素的影响。

21.5　对关键的经济参数进行评估

第一步是对当前经济及其近代史进行评估。有很多地方可以找到这方面的经验信息，但可能最简单的是从网站上获取数据，通常使用谷歌或其他搜索引擎。良好的数据来源是大型多边组织（联合国粮食及农业组织、联合国开发计划署、世界贸易组织、非政府组织、世界资源研究所）和不可避免的世界银行。有几个组织提供国家实况报道，包括美国中央情报局的经济情况书（http：//www.cia.gov/cia/publications/factbook/index.html/）和《经济学人》（www.economist.com/countries/），数字鸿沟越来越窄，越来越多来自不发达国家政府网站的数据可用。这些政府网站往往载有有关政策、可行性研究、法律文本、经济摘要等重要文件。旅游书籍对了解一个国家的特色非常有用。许多场址的一个问题是，没有时间序列数据，这使粮农组织（联合国粮食及农业组织）的数据可能是普遍有用的，因为它们有 1961 年以来的数据。

从这些信息可以得出经济活动的时间序列。我们建议的一些数据可以考虑包括基本货币经济信息的时间序列，包括 GDP 随时间的变化。

尽管对任何原始 GDP 数据的任何分析几乎总是显示，随着时间的推移，GDP 会迅速增长，但这是非常误导人的，因为增长在很大程度上是由通胀造成的。因此，首先要做的是修正通胀数据，通常是用某一年的货币单位表示所有数据，如"2000 美元"或"2004 比索"。这是通过使用"隐性价格平减指数"（最简单的可以在"美国统计摘要"中找到）来实现的。这在以美元进行交易时尤其有用，尽管使用隐含于相关国家的修正更为准确。在美国和许多其他国家，也有针对不同经济部门的更具体的纠正措施，如对能源和粮食。

有时需要第二步，即对购买力平价（PPP）进行额外修正。如果相对于美元来说，一个国家的 GDP 按往常一样对通货膨胀进行修正，它通常也需要对这一事实进行修正，即以美元表示的价格增长并不反映的事实是当地产品、食物比用美元支付的进口电脑和燃料的通货膨胀要低得多。另外，如果你对进口石油（必须以美元或欧元支付）的成本问题感兴趣，那么修正购买力平价是没有用的。由于对许多发展中国家来说，美元的通货膨胀率比当地项目的通货膨胀率要高得多，这可能是一个重要的问题。

为了表示 GDP 变化（如上文所述进行适当的修正）对一般人购买商品和服务能力的影响，需要将上文所修正的全国 GDP 总额修正为人均价值。国民生产总值（GDP）几乎不能反映出该国个人在经济福利或购买力方面的表现。将总财富生产除以人口数量，就得到人均财富，这至少与一般人物质幸福的某些重要方面大致成正比。要做到这一点，只需将 GDP 总量（如上修正）除以当年该国的人口数量，就能得到人均 GDP。这就导致了 GDP 增长效应的下降，在许多情况下，人口增长速度比 GDP 增长速度更快的地区，平均来说，人们会变得更穷。

即使人均变化也不能说明全部问题，因为 GDP 的大部分可能只属于相对较少的人。检验这个问题的一种方法是使用或计算"基尼指数"，该指数以意大利经济学家科拉多·基尼命名。它衡量的是一个社会的不平等程度。如果存在完全相等，则基尼系数为 0。如果除了最富有的人以外没有人有钱，基尼系数将等于1。因此，基尼系数越大，不平等程度越大。1968 年，美国的基尼系数为 0.388，到 2015 年，已升至 0.480，表明不平等程度大幅上升。

可持续发展的一个极其重要的方面是，一个国家是否能够在不背负国际债务的情况下从事任何经济活动，而国际债务往往是发展的致命因素，导致许多原本优秀的发展计划失败。由于对外国产品的需求，包括发展粮食生产的必需品和奢侈品，都需要用外汇支付，即美元或欧元，因此一个国家必须出口足够的商品来支付这些物品。另一种选择是外债，在许多国家，外债或多或少是使经济运转的最大问题。例如，哥斯达黎加需要用其通过销售香蕉、咖啡和旅游服务产生的外汇的 15% 来偿还外债利息。它可能用另外 20% 的外汇收入来支付产生的出口，也就是说，用于制造香蕉所需的化肥、塑料和燃料。因为在哥斯达黎加有对进口物品（从汽车、公共汽车和卡车的燃料运行到电脑，苹果）的巨大需求和一个相当有限的对香蕉和咖啡的国际需求（或者更确切地说是一个巨大的供应过剩），因此使哥斯达黎加等国不欠债真的很艰难。除此之外，政府经常从外部银行借款，例如，发放工资或提供医疗服务。虽然哥斯达黎加在不增加外债方面比许多国家（包括美国）做得好得多，但这是一个非常困难的问题。因此，随着时间的推移，对进口、出口及其差异，以及债务及其积累或减少进行策划是有用的。

造成进出口之间巨大差异的另一个问题是，发展中国家往往迫切需要发展资金，而这些资金在国内很少可用。所以，举例来说，因为哥斯达黎加的经济增长，它需要更多的电力，这可以通过发展更多的水电来提供。但哥斯达黎加政府没有足够的投资资金。因此，日本的电力公司非常乐意建造其所需要的水电站，因为他们乐于从这些电站获得收入。问题解决了，但有新的收入流出了这个国家。重点是，发展项目不仅需要从它们所承诺的收益的角度来审查，而且还需要从它们的成本的角度来审查，当然还包括成本和收益的主体是谁。

21.6　对当前经济进行生物物理评估

下一个主要步骤是研究使经济发挥作用所需要的生物物理资源，并假定在未来做更多同样的事情。由于我们已经发展了经济活动的时间序列和使用的能源的时间序列，我们可以很容易地开发能源强度，即单位经济活动所使用的能源，无论是为整个经济还是为某些方面的利益。这是了解经济运行所需的生物物理资源所必需的第一步。一个类似的概念（实际上是相反的）是评估经济的效率。一般来说，效率是一个过程的输出除以输入。功效，一个听起来很相似但是非常不同的术语，是指某项活动的有效性而不考虑其有效率；换句话说，就是把工作做好。例如，我们可以说美国经济非常有效，也就是说，它生产了大量的商品和服务。但是，与其他许多国家相比，本国的效率，即其产出的总美元价值与用于创造财富的能源数量相比，是相当低的。我们可能想要计算的一个直接的效率指标是经济产出除以能源投入，如果我们有上面得到的信息，我们可以很容易地用电子表格或计算机程序来计算。经济的效率可以用这两者的比值来表示，效率的变化可以用这条线斜率的变化来表示。

一个关键问题是，大多数发展中国家都依赖进口石油，而进口石油不太可能永远便宜，甚至无法获得[19]。因此，需要考虑应急能源供应及其潜在成本。能源价格上涨往往会对最不发达国家造成严重破坏。对于依赖石油收入的产油国来说，石油峰值是不可避免的，往往会导致政治混乱。根据研究的目标，可以使用其他指标，如进口能源与国内能源、每单位水的国民生产总值、每单位能源或使用的肥料的农业生产、每单位外汇增加或减少的国民生产总值，或许多其他指标。当我们在过去做这些分析时，我们经常发现 GDP 的增长或多或少与能源、水、化肥的使用等同步，因此效率不会随着时间发生太大的变化。这对效率的经济方面具有重要的启示，因为如果效率不提高，就意味着创造财富的唯一途径是进一步开发资源，这最终会对环境和供应产生严重的影响。通过使用投入产出分析，可以进行更详细的分析。

生物物理（或任何）评估的一个重要方面是，常常没有明确的方法可以同时实现多个目标，我们需要权衡取舍。本书的几章都集中在这个问题上。最后，曾经非常好的开发项目往往会随着时间的推移而崩溃，野生渔业和水产养殖就是典型的例子。这些崩溃经常，但并不总是，通过渔业科学预测的，但据我们所知，从来没有仅通过市场评估预测过。

21.7 预测社会未来的能源需求

据推测，任何这样的生物物理分析都将表明，该地区的经济由适度的能源密集型转向能源密集型，而且经济的任何扩张可能会更加严重。目前大部分的开发都是基于石油。因此，未来经济扩张的前提是石油或至少其他一些同样有用的能源（我们对此表示怀疑）的物质和经济供应。目前大约有 38 个石油出口国。随着时间的推移，大多数中小型出口国的经济正变得更加能源密集，而且由于国内使用阻碍了它们的生产，大多数出口国将在几十年内成为净进口国[19][20]。因此，现在重要的是要考虑，如果要扩大经济，它们要依赖可能不可靠或至少非常昂贵的未来石油供应，也许才能实现。这是一个传统经济学中通常不会考虑的问题，因为目前的石油市场价格使其看起来是一个有吸引力的选择。但我们觉得重要的是要超越这种心态。截至本章撰写之时（2017 年 7 月），石油价格近期既有大幅上涨，也有大幅下跌，不过经通胀因素调整后，油价往往仍高于过去几十年。我们在英国的一位同事说，他觉得自己站在北海岸边，虽然风暴还没有来，但第一波巨浪已经开始滚滚而来。换句话说，我们最近观察到的油价上涨只是一个小迹象，表明随着世界真正接近廉价石油的终结，未来会发生什么。这对世界意味着什么只能凭猜测，但对非石油生产国的发展中国家来说，影响可能是巨大的，因为以廉价石油为基础的人口和经济扩张，已经在它们的脚下铺上了地毯。这不太可能是一个美丽的景象。

21.8　预测土地用途变化

对一个国家或地区未来提供经济或环境服务能力的许多评估中，有一个重要部分是对不同类别的可用土地数量进行评估（这与生态足迹的概念松散相关）。实现这一目标的主要工具是几个计算机模型，这些模型以某一年的土地利用地图开始，然后根据发展速度和模式对未来的土地利用情况进行评估。比率和模式往往来自现有的模式，这些模式可以从一个或多个现有的土地利用地图中以数字方式提取。毫不奇怪，我们最喜欢的模型之一就是我们自己推导出来的。这个名为GEOMOD 的模型与最新版本的 IDRISI 捆绑在一起，IDRISI 是一个商业软件包，包含用于评估和预测土地使用模式的强大模块[1][16][21][22]。

例如，我们可以从哥斯达黎加森林与非森林地区的地图开始，就像我们在最初的分析中所做的那样。它是基于我们飞越许多热带地区时，向飞机窗外看的经验，特别是当我们飞越热带丘陵和山区时，发展倾向于沿着河流开始，常常在海拔较低的地区，然后随着时间的推移逐步沿着溪流和坡度进行，发展通常从一个已经开发的地区到相邻的森林地区。这与这样一种观点相一致，即农民开发土地的方式，代表了在他们拥有农业产出最大潜力（通常是在平坦土地上靠近河流的土壤）的土地上（在平坦土地上邻近的地产）用最小的努力或能源投资。我们的第一个评估使用 DEM（数字高程模型）来表示地形，最初将土地表示为一个 1公里乘 1 公里单元格的棋盘格，森林的单元格表示为 1，被砍伐的土地表示为 2。我们将向 GEOMOD 提供一个初始或启动地图，其中开发或砍伐的区域用 1 表示，原始森林区域用 2 表示（或展示时采用更多的类别、数字或颜色）。然后，我们使用一个搜索窗口逐行逐列地搜索已经开发的单元格，同时使用一个称为"邻接"的过程检查每个已开发单元格周围的九个（有时更多）单元格，作为可能开发单元格的一个标准。如果在一个已开发的单元格旁边有一个未开发的（森林）单元格，那么我们有一个"边缘"，而这个森林细胞是一个候选的发展。这是为整个地图所做的，同时跟踪每个候选单元的海拔和坡度。然后，足够的最低海拔（和/或最平坦）单元格被开发，以满足该时间步骤（通常 1 年）所预期的受限制的发展速度。随着时间的推移，这一过程将导致发展向上游和上坡扩散，我们模拟了人类利用土地的基本模式。最后一个项目将是人类对未来土地利用的地图。

值得一提的是，有必要定期重新审视我们对农民决策规则的假设。这通常包括实地采访和调查。我们经常发现我们最初所认为的是错误的，即使它看起来是完全合乎逻辑的。例如，尼泊尔卷心菜的主要产地是多岩石的高海拔斜坡，被西方规划人员列为"不适合农业"。

随着时间的推移，GEOMOD 变体被开发（见克拉克大学吉尔·庞休斯的网站），它可以使用许多不同环境的属性（如与公路或城市的距离、土壤类型等），给予选择进行更复杂的评估和对土地利用使用变化的预测。参考文献[1][16]中有一些很好的章节，它们使用地理信息系统和相关的空间分析技术来检查发展的地理方面和发展的可能性，通常特别注意规模问题。所有这些章节都展示了与计算机相联系的地理分析在研究发展问题的各个方面所发挥的不可思议的作用。

21.9 预测净经济产出作为土地类型的函数

并非所有土地都具有相同的经济生产能力，在审查具体用途时尤其如此。例如，哥斯达黎加只有约19%的总土地面积是平坦和足够肥沃的以用于任何用途，包括特别地中耕作物农业，如果将其应用于其他土地类别（换句话说，如果土地太陡峭了，然后在相对短的时间内，侵蚀会破坏生产的潜力），这可能会造成不可挽回的伤害。另外9%的土地适合放牧，16%的土地适合种植咖啡等树木作物，因为咖啡的不断覆盖减少了水土流失。这个国家的其他地区，超过56%，除了可以维持树木覆盖的森林，应该完全没有人类使用。事实上，在1990年左右，这个国家56%以上的土地被开发为农业、牧场或城市地区。最近，随着经济发展的徒劳日益明显，这片陡峭土地的大部分已恢复为森林。

农民和其他许多人都清楚地知道什么土地最适合用于各种用途，并倾向于首先使用最好的土地，正如上面的 GEOMOD 例子中农民的选择所代表的那样。因此，随着时间的推移，可供开发的土地往往质量越来越差，例如，大卫·李嘉图的开创性工作就表明了这一点。这对发展的意义是，例如，作物产量的平均值不能用来预测某些发展项目的产量。例如，咖啡可以在哥斯达黎加的任何地方种植，但是高品质的咖啡（哥斯达黎加有一些最好的），需要非常明确的环境条件（如降水、温度、土壤等）来获得高产量，这往往也意味着可以获得最好的品质咖啡豆。我们发现，1990年哥斯达黎加几乎所有最适合种植咖啡的土地都已经种植了咖啡（或者被城市化区域覆盖），如果要增加咖啡产量，很可能是比已经种植区的平均产出更低，能源密集度更多。这就是不同的投资收益递减或下降的（能源或其他）能源投资回报率的例子，因为最好的资源被使用了。我们发现，相当值得注意的是，对于大多数作物来说，增加种植土地面积时会产生每公顷产出的瞬时减少，因为被用来生产的土地，平均而言，质量更低。然而，在任何土地利用模型中，我们必须确保，我们放入模型的决策规则是农民实际遵守的规则。这通常意味着在实地进行采访和调查。挑战和检验我们假设的最好方法之一就是到田野里去和农民交谈。

21.10　评估一项发展计划的能源和其他成本

如果有一个经济发展计划，那么下一步就是评估这个项目的能源、材料和其他资源需求。虽然这可能是一个极其困难的和全面的问题，还没有一个明确的公式关于如何进行，正如我们上面所讨论的，最近的一个计算机程序导出检查任何开发项目的材料成本，我们认为很好，由意大利锡耶纳大学的塞吉奥·乌尔高迪和其他人开发。因此，如果我们有一个列表，例如，开发项目所需的材料，那么我们可以相当直接地评估它们使用的最重要方面。用户只需根据提供的电子表格输入用于不同开发类别的金额，然后将结果打印出来，这与我们过去手工进行此类计算的日子大不相同。

21.11　纳入社会评估

正如我们在第一步中所说，对关心发展的人来说，许多最重要的问题当然是社会和经济问题。要把生物物理方法和社会经济方法结合起来没有一个简单的公式，尽管可以抱着开放的心态和从事自己学科以外工作的意愿，也许最有用的是，能够找到其他学科的人并与其合作。值得注意的是，经济学家们坚持不懈地尝试以美元来衡量"社会资本"，就像他们对待环境一样（我们认为，这家企业存在严重缺陷，注定会失败）。参考文献[1][16]中的许多章节都特别擅长尝试整合生物物理和社会经济方法，列出具体的章节几乎是不可能的，因为实际上大多数章节都整合了这两门科学。

21.12　全面模拟未来，做出正确的决策

对一个区域的生物物理可能性和限制进行彻底评估的最后一个步骤是，审查可能在其中做出决定的其他未来环境。前瞻性分析对一个国家的发展具有根本性的影响。然而，政策制定者不得不应付太多的参数，被迫使用捷径，这为误解和偏见、对数据的错误解读以及目光短浅的应急措施打开了大门。在《长远眼光的艺术》中，斯沃茨[23]描述了情景分析对于我们正确定位未来的关键作用。情景不是预言或做出预测：它们是"帮助人们学习的工具，是对未来的另一种想象，是改变管理层对现实看法的工具"。

在前瞻性分析的核心，我们可以很容易地想象一个环境来运行和讨论对未来的全面模拟，例如，基于前面的三个步骤。它可以包含上面的部分或所有实体，以及用户认为合适的任何其他元素，包括新古典主义经济分析的元素，并且可以对结果进行比较，甚至可以由合适的人进行整合。同样，我们在参考文献[1]中包含的 CD 给出了这种方法的示例。以上面的 CD 为例，我们尤其相信开发良好的图形和实时模拟来与利益相关者沟通。虽然很多人对任何这样的模拟模型都非常怀疑，但我们认为，通过建模来形式化一个人的知识和假设是一个关键的方法，未来发展中国家的决策者需要更多地采取这种方法。

我们还必须面对这样一个事实，即我们所倡导的方法无论能带来什么好处，都可能像其他任何事情一样，被许多发展中国家（和发达国家）政府的腐败和不作为所破坏。虽然我们对一种中立和透明的科学方法的积极影响充满信心，但我们也没有神奇的解决办法。但是，我们科学家面临的主要问题是，我们不善于向公众传达我们的结果，因此，我们对影响我们社会的决策的影响有限。在这一点上，良好的计算机图形从过去和预测的未来方面，向普通民众展示其经济和环境，并将其作为执行任何政策的函数，这是关键。事实上，我们相信，如果关于未来的政治辩论做得好，就可以借助国家电视台播放的良好计算机模拟和可视化效果来进行。在观看政治辩论时，我们常常认为，如果候选人的承诺受到现实的检验（即测试政治家的假设），看看什么是实际上可能的，并有什么代价。参考文献[16]中的博利厄给出了一个相当成功地将科学应用于政治的例子。

21. 13　做出正确的决策

　　大多数参与这种全面分析的人都对通常称为政策的实施结果感兴趣。当然，这可能是一个极其困难的过程，但如果你从一开始就与正确的人合作，就有可能做出更好的决定。所以从一开始就让决策者参与进来是很重要的。科学家或经济学家可以从他们那里（理想情况下，也可以从受影响的普通大众那里）更清楚地了解期望的结果（这可能与科学家或经济学家的假设大相径庭）。反过来，决策者可以学会对他们的国家有一个系统的、长期的视角。

　　科学家和公民见面交流意见的"混合"论坛是社会技术辩论和各自教育的理想场所。同样，动态图的使用可以将可能的未来作为策略的功能传达给用户，这也是非常有用的。最后，利用以上整个过程中获得的新见解，重新审视传统经济学是否以及在哪些地方失败了，并对基于新古典主义经济学的政策提出修正意见，或在我们上述分析的基础上发展一个全新的视角。发展一种全新的经济学是一项艰巨的任务，但我们认为这是至关重要的，而我们现在拥有的是一个正式的开端。当然，在没有充分考虑生物物理经济评估和计划的整个过程中，必须使用科学方法，必须以符合基本原则的方式提出理论，必须产生和检验假设等。我们分析的正确性的最终仲裁并不是我们努力基础上的这个或那个理论，而是我们的预测和政策处方是否能够实现。这就结束了我们的基本愿望的循环：把科学方法纳入我们的发展经济学。

问题

1. 解释模型输出可视化过程的一些优点（如在哥斯达黎加所做的）。
2. 区分"环境经济学""生态经济学"和"生物物理经济学"。
3. 什么是生态足迹？这与生物物理经济学有什么关系？
4. 什么是能值分析？它与能量分析有何不同？
5. 举一个例子说明生物物理经济学、足迹和能源分析给出了基本相同的答案。
6. 给出发展生物物理分析可以遵循的五个步骤。
7. 如何将社会、政治和经济因素纳入生物物理分析？
8. 在生物物理评估中，什么样的问题可能需要收集数据？

9. 什么是将简单的增长率转化为翻倍时间的简单方法？例如，在 2000 年左右，美国有 3 亿人口以每年 1% 的速度增长。如果这 1% 的年增长率继续下去，美国什么时候会有 6 亿人口？如果你还活着，你会多大？

10. 什么是时间序列数据？它们如何帮助我们理解生物物理经济学？

11. 随着时间的推移，对原始经济数据（如 GDP）需要进行什么样的修正？

12. 基尼系数是什么？这将如何帮助我们以更细致入微的视角看待 GDP 数据等问题？

13. 进口、出口及其差异如何影响我们的经济政策？有哪些重要的考虑因素？

14. 如何用土地利用变化的预测理解可能的经济可能性？这和土地质量有什么关系？

15. 即使是最好的计划也会面临哪些陷阱？公民参与如何协助这一进程？

参考文献

［1］ Hall，C. A. S.（editor，Gregoire Leclerc and Carlos Leon，associate Editers）. 2000. *Quantifying sustainable development*：*The future of topical Economies*. Academic Press，San Diego.

［2］ We refer the reader to the following web sites as good examples of other definitions of ecological economics and how ecological economics can actually be done. http：//www. wordiq. com/definition/Ecological_ economics；http：//www. fs. fed. us/ eco/s21pre. htm；http：// www. anzsee. org/ANZSEE8. html；https：//www. reference. com/science/can-test-ecological-footprint-bf9a91a2c19a45bd? aq = footprint + calculator&qo = cdpArticles.

［3］ World-wide Fund for Nature International（WWF）. 2004. *Living Planet report* 2004. Global Footprint Network，UNEP World Conservation Monitoring Centre，WWF，Gland Switzerland.

［4］ Herendeen，R.，and C. Bullard. 1975. The energy costs of goods and services. 1963 and 1967. *Energy Policy* 3：268.

［5］ Bullard，C. W.，B. Hannon，and R. A. Herendeen. 1975. *Energy flow through the US economy*. Urbana：University of Illinois Press.

［6］ Hannon，B. 1981. *Analysis of the energy cost of economic activities*：1963 － 2000. *Energy research group doc*. No. 316. Urbana：University of Illinois.

［7］ Hall，C. A. S.，C. J. Cleveland，and R. Kaufmann. 1984. *Energy and resource quality*: *The ecology of the economic process*. New York: Wiley Interscience. 577 pp. (Second Edition. University Press of Colorado).

[8] Cleveland, C. J. 2004. The encyclopedia of energy. Elsevier (www. Carnegie-Mellon).

[9] Odum, H. T. 1996. *Environmental accounting emergy and environmental decision making*. New York: John Wiley & Sons.

[10] Brown, M. 2004. Energy quality, emergy, transformity: The contributions of H. T. Odum to quantifying and understanding systems. In *Through the macroscope*: *The legacy of H. T*, eds. M. Brown and C. A. S. Hall. Odum. Ecological Modelling, Elsevier Amsterdam, special issue: Vol. 178.

[11] Brown, M. , and R. Herendeen. 1996. Embodied energy analysis and emergy analysis: A review. *Ecological Economics*: *A Comparative Review* 19: 219 – 236.

[12] Herendeen, R. 2004. Energy analysis and emergy anlysis-a comparison. In *Through the macroscope*: *The legacy of H. T*, Odum, M. Brown and C. A. S. Hall eds. Ecological Modelling, special issue: Volume 178: 227 – 238.

[13] Brown, M. , M. Wackernagel, and C. A. S. Hall. 2000. Comparable estimates of sustainability: Economic, resource base, ecological footprint and Emergy. In *Quantifying sustainable development*: *The future of topical economies*, ed. C. A. S. Hall, 695 – 714. San Diego: Academic Press.

[14] Foran, B. , M. Lenzen, C. Dey, and M. Bilek. 2005. Integrating sustainable chain management with triple bottom line accounting I Integrating sustainable chain management with triple bottom line accounting. *Ecological Economics* 52: 143 – 157. 5.

[15] Detwiler, P. , and C. A. S. Hall. 1988. Tropical forests and the global carbon cycle. *Science* 239: 42 – 47.

[16] LeClerc, G. , and Charles Hall, eds. 2008. *Making development work*: *A new role for science*. Albuquerque: University of New Mexico Press.

[17] Kroeger, T. , and D. Montanye. 2000. An assessment of the effectiveness of structural adjustment policies in Costa Rica. Chpt. 24. In *Quantifying sustainable development*: *The future of topical Economies*, ed. C. A. S. Hall. San Diego: Academic Press.

[18] Barreteau, O, M. Antona, P. d'Aquino, S. Aubert, S. Boissau, F. Bousquet, W. Daré, M. Etienne, C. Le Page, R. Mathevet, G. Trébuil, J. Weber. 2003. *Journal of Artificial Societies and Social Simulation* 6 (1) (http: //jasss. soc. surrey. ac. uk/6/2/1. html).

[19] Hallock, J. , P. Tharakan, C. Hall, M. Jefferson, and W. Wu. 2004. Forecas-

ting the availability and diversity of the geography of oil supplies. *Energy* 30: 2017 −
2201; Hallock Jr., J. L., W. Wu, C. A. S. Hall, M. Jefferson. 2014. Forecasting the limits
to the availability and diversity of global conventional oil supply: Validation. *Energy* 64:
130 − 153.

[20] Ahmed, N. 2017. *Failing states, collapsing systems: Biophysical triggers of
political violence.* Springer, New York.

[21] Hall, C. A. S., H. Tian, Y. Qi, G. Pontius, and J. Cornell. 1995. Modeling
spatial and temporal patterns of tropical land use change. *Journal of Biogeography* 22:
753 − 757.

[22] Pontius, R. G., Jr., J. Cornell, and C. A. S. Hall. 1995. Modeling the spa-
tial pattern of landuse change with GEOMOD2: Application and validation for Costa Ri-
ca. *Agriculture, Ecosystems & Environment* 85: 191 − 203.

[23] Swartz, P. 1996. *The art of the long view: Planning for the future in an uncer-
tain world*, 272p. New York: Doubleday.

了解现实世界的经济是如何运作的

　　许多传统经济学认为"运行"是因为聪明的技术、替代品和明智的投资，事实上，运行只是因为我们有大量廉价的能源来解决这个问题。但如果我们确实正处于或接近"廉价石油时代的终结"和"石油时代的后半期"，更不用说严重的气候破坏了，那么我们需要一种新的方式来思考我们如何进行经济活动。过去解决了许多问题的经济增长现在正在下降，甚至在世界许多地方停滞不前，这与能源供应和使用的类似放缓有关。这些概念也适用于为我们的经济提供燃料所需的更广泛的基本资源和环境条件。虽然许多人被教导并相信技术已经使自然资源变得越来越无关紧要，但是这本书包含了大量的证据来证明相反的观点。我们的国家和全球社会对自然资源的依赖越来越多，而不是越来越少，例如，化石燃料基本上是我们一切经济活动的基础，包括建造它们的"可再生"替代品。此外，在传统经济学中，许多被视为外部性的东西，被认为是次要问题，没有恰当地包括在价格中，而我们认为往往是经济学的主要问题。最优质燃料的耗竭就是这样一个问题。更广泛地说，理解和保护地球的基本系统，如大气层，远不是传统经济分析所指出的奢侈品或"外部性"，而是经济学的关键问题。本节介绍了生物物理经济学在这些重要的当代问题上的一些应用。

22 石油峰值、长期停滞以及
对可持续发展的追求

22.1 引 言[1]

在我们撰写和重写这些最后章节的时候，2010 年和 2017 年，美国国民经济继续陷入困境。十多年来，经通货膨胀校正后，美国经济几乎没有增长，大多数美国人的工资仍然顽固地保持在低位。股市开始于 2007 年的夏天，金融危机期间崩盘。到 2009 年，道琼斯工业股票平均价格指数从当时的历史高点 14198 点跌至 8000 点的低点。然而，股指随后有所回升，危机后时期的表现超过了以往的所有记录。截至 2017 年 11 月 10 日，道琼斯工业平均指数为 23422.21 点，创历史新高。股票价值的激增，加上工资的停滞不前，是第三节中提到的不平等的主要原因。2014 年，经济学家埃马纽埃尔·赛兹和托马斯·皮凯蒂发现，在 2009～2012 年的经济复苏期间，收入最高的 1% 人群获得了全部收入增幅的 95%[12]。其中一半以上来自资本收入和资本收益。由于股票价格又上涨了 58%，没有理由相信 1% 的高收入者所占的份额下降了。我们许多州都面临着严重的预算问题，各地的中小学和大学都面临着严重的预算不足。左派和右派的政治承诺越来越受到怀疑或敌视。富人越来越富，穷人越来越穷。

美国经济最突然的变化始于 2008 年夏天，当时油价创下历史新高（接近每桶 150 美元），其他能源和大多数原材料的价格也处于历史高位。道琼斯工业股票平均价格指数跌至 8000 点的低点，股市每星期都损失 5% 或 10% 的价值。金融市场发生了一系列灾难，截至 2008 年 11 月底，许多规模最大、声望最高、似乎不受影响的公司宣布破产。许多投资者损失了他们股票价值的 1/3 到一半。自那以来，金融市场已经复苏，但实体经济的增长充其量也只是不温不火。欧洲和日本继续增长非常缓慢，这种情况被称为"长期停滞"。很少有人理解能源在长期停滞或作为金融爆炸驱动力方面的作用。在早些年，金融过剩时期会发生在经济增长繁荣期的末期。然而，20世纪70年代以来，即使在经济增长缓慢或衰退时期，金融投机活动也出现了显著增长。主流经济学倾向于把金融部门的崛起和投机看作对经济的一种消耗，因为对实体经济（工厂、矿山、油井）的投资被纯粹的金融投资（对实物资产的账面债权）所取代。然而，如果有人和我们一样认为，垄断经济的正常状态是缓慢增长或停滞，那么实体经济的利润预期就会随着产能过剩的增加而下降。流入金融领域的资金不一定会投资于实体经济。它可能根本不会被投资，而是以现金的形式存在公司的金库中。也许金融投机是为数不多的使经济保持2%温和增长的因素之一，而不是经历永久性的衰退或萧条。金融危机之后，美国的中央银行，或者说美联储，向经济注入了大量的流动性，以避免另一场大萧条。这些资金大部分流入了金融业，支撑起了股价[3]。

更少的人了解能源的潜在作用。北海曾经是英国和挪威大量石油的来源，现在产量已经大大减少。欧洲的经济命脉再次受惠于俄罗斯和中东。2017年的夏天也看到连续12年全球常规石油生产基本上没有上升（尽管"所有液体"有适度增加，经常报道为"石油"，是由于天然气液体增加），导致一些人说长期预测的"石油峰值"——全球石油产量最大的时候，确实来了。美国的总能源使用量近十年来没有增加。2008年初达到峰值以来，石油使用量下降了约8%。世界常规石油产量基本持平。目前还不清楚这是减少使用排放二氧化碳的化石燃料的好迹象，还是我们的经济开始真正陷入困境的迹象。与此同时，在许多发展中国家，特别是印度和中国，人口和他们的愿望继续增长。从主流经济学和企业高管的角度来看，经济增长是所有目标中最重要的。大多数政策都是合理的，其支持者表示，这些政策将带来经济增长。但是，如果推动经济增长所需的能源正在下降，而集中的经济以其本身的条件产生缓慢的增长，那么，即使有政策能够产生经济增长，也可能很少。由于生物物理和内部经济原因，缓慢的增长很可能成为"新常态"。我们所属的一个团体认为，世界已进入一种新的模式，这是一些地质学家、生态学家和经济学家在20世纪60年代和70年代以许多方式预测到的模式。这是一个充满限制的世界，在这个世界里，我们曾经信赖的传统经济学工具，如果它们曾经存在过，单凭它们自己已不足以纠正经济错误，也不足以使我们所有人都能最大限度地提高我们的物质福祉。毫无疑问，在传统经济学的赞助下，西方世界的许多地方，越来越多的亚洲地区，在提高人类物质生活水平方面做得很好，我们提出的视角是，财富的增长是否是由于真正了解我们的经济，我们相信，更多地仅由于我们从地下提取更多廉价石油、天然气和煤炭，这使经济工作增加，而经济工作是我们财富的基础。在某种程度上，过去任何一套经济学理论都必然至少在一定程度上是正确的，因为有越来越多的能量，产生越来越多的财富是可能的，不管一个人的理论前提是什么。

22.2　2008 年金融危机的根源是什么

导致 2008 年金融危机的因素很多——次贷危机、高止赎率以及华尔街出售被称为衍生品的不透明金融产品。在这些问题的背后是贪婪、腐败和渎职的许多方面，更不用说政治监督松懈所造成的道德风险。本书的目的并不是关注这些问题背后的性格和道德缺陷，但是我们相信在 http：//www.informationclear-ing-house.info/article28189.htm 上可以找到关于这些问题的一个很好的和详细的总结。尽管我们不希望淡化这些"道德"问题，但我们也相信，当前经济低迷和我们难以走出衰退的根源，与引发过去五次全球衰退中的四次的原因相同——油价高企[4]。为什么大多数经济学家和金融分析师（以及沃顿商学院的模型）没有预见到这一点？诺贝尔经济学奖得主保罗·克鲁格曼提出的一个假设是，经济学专业"误入歧途，是因为经济学家作为一个群体，把披着令人印象深刻的数学外衣的美丽误认为真理"[5]。我们同意。正如市场崩溃所显示的，经济学中的数学优雅并不能代替科学严谨，这是我们在之前的许多论文[6][7]和第 20 章中讨论过的。如果能源的物理量及其对能源价格的影响是影响经济的关键函数，而它们不在我们的模型中，那么模型的效用是什么？

在撰写本章时，常规石油的全球产量自 2005 年以来几乎持平，所以石油峰值，或者至少之前每年 2% ~ 4% 的可靠增长率停止，似乎开始出现——剩下的争论只是关于是否会有后续峰值，以及我们多久会开始峰值另一端的下滑，即使水力压裂给了我们短暂的喘息。如果我们的石油产量已经超过全球峰值，那么廉价石油的时代确实即将结束，我们增长甚至维持经济的能力可能会下降。由于液体和气态石油对我们所做的一切至关重要，传统的经济和商业或政府政策是否能再次引导我们实现增长，或政府确实能管理一个不再可能实现增长的经济，我们对此持严重保留态度。因此，问题就变成了："我们能否通过使用更多地关注可获得（或不可获得）的能源来进行相关活动的程序，来提高我们进行经济学和金融分析的能力？"换句话说，金融是否受制于物理定律？

我们认为是的。因此，问题变成了：我们能否补充或提高我们的经济能力？在很长一段时间里，资源科学家们已经预测到了这样一场金融危机，或者更准确地说是停止增长[7-11]。任何优秀的物理或生物科学家都知道，自然界或任何地方的所有活动都与能源使用有关。因此，科学界的许多人对此次金融危机或其发生的时机一点也不感到意外。前石油地质学家和石油峰值研究协会的共同创始人科林·坎贝尔预测，2006年我们可能会看到一年年经济增长的终结以及石油生产、价格、经济活动的"起伏高原"，伴随着周期性的高价生油的财政压力和增长停止或减少。这些金融压力反过来又会导致石油使用量的减少，从而导致油价下跌，而油价下跌又会导致新的经济增长和石油使用量的增加，最终导致油价上涨。换句话说，他预见到了石油供应限制以及由此导致的价格上涨对市场的巨大影响。坎贝尔表示："从运营这家公司的成本峰值之后会是多少的角度来看，股市上的每家公司都被高估了。"价值是由基于廉价石油的性能决定的。墨菲和霍尔[9]用这种方法建立了一个模型，它似乎可以很好地预测当前的情况。

许多其他分析人士对石油峰值，或者至少是石油价格上涨对美国和世界财政状况可能产生的影响进行了评论，甚至做出了预测。2008年1月，盖尔·特韦尔伯格在能源博客网站"石油桶"[10]上对石油峰值对美国经济的影响提出了一个深思熟虑、令人心寒且最终正确的观点。我们当时认为她的预测是悲观得令人难以置信的，但她的预测在很大程度上得到了证实。早在20世纪60年代，许多分析人士就预见到了这些问题，包括1972年著名但被傲慢地弃于一边的"增长极限"研究的作者、生态学家加勒特·哈丁和霍华德·奥德姆，以及经济学家肯尼斯·博尔丁、保罗·巴兰、保罗·斯威齐、尼古拉斯·乔治库-罗根、约翰·贝拉米·福斯特等人。但对于那些不厌其烦地阅读和思考这些作者所说的话的人来说，未来是明朗的。1970年，查尔斯·霍尔在做出退休决定时，假设石油峰值和股市崩盘将在2008年左右发生[11]。所有这些人都明白，原因是真正的增长是建立在实际资源增长的基础上的，而这些资源是有限的。近60年前，哈伯特[12][13]就明确提出了石油峰值的理由，他在1955年预测，美国石油产量的峰值将出现在1970年，事实也的确如此。在此期间的半个世纪里，美国一直在努力超过1970年的石油价值，但截至2017年11月还没有达到这一水平，而且美国的石油消耗量仍有近一半来自进口。

尽管许多经济学家非常相信技术的发展，但事实上，技术并不是在一个静态的竞争环境中运行的，而是在不断与一直下降的资源质量竞争。很少或基本没有证据表明，随着时间的推移，技术正在赢得这场游戏，因为能源投资回报不断下降[14-17]。重要的是要理解，至少到目前为止，增长极限模型几乎可以完美地预测我们当前的状况[18]。以资源为基础的分析人士明白并认识到，我们大部分金融结构最近的动荡有许多看似合理的原因。但他们也知道能源是所有这些问题的基础。最根本的困境是：如果作为经济最重要的能源来源的石油经历了不可避免的增长、停滞和最终的衰落（即石油峰值），而金融市场建立在不受约束增长的假设之上，因此必须有所付出。最终，资产、生产和消费无限期增长的愿望和假设，必然与推动实际增长的能源来源日益紧缩的现实相抵触。

金融压力的部分原因是廉价石油的价格上涨。从20世纪90年代初开始，相对便宜的石油、不断下降的利率和全球化都对经济增长和几乎所有资产类别的风险溢价下降做出了贡献。资本在风险曲线上走得更远，以弥补回报率的下降和杠杆率的上升（也就是说，相对于贷款而言，"保险库里的钱"减少了），这成为了新的标准。随着波动性似乎消失，金融体系的杠杆率甚至更高。随着全球信贷市场格局的变化，美国购房者获得了廉价融资。低能源价格也大大增加了可自由支配的收入，这进一步鼓励人们利用这种廉价融资，增加了大规模住宅开发。金融分析师乔治·索罗斯表示，这创造了一个自我强化的"自反性"体系，在这个体系中，不断升值的房屋价值增加了抵押品，这鼓励了家庭部门和消费信贷额度的进一步借贷等[19]。这个体系建立在这样一个前提之上：大量的可自由支配支出总是可以得到的，每个人都有权拥有一座豪宅、一个"律师休息室"和一个家庭影院。由于住房建设远远超过人口增长，大部分增长是由于对这些较大住房的需求。为了得到所需的地区，我们不得不走出城市建设。房地产增长最快的地区是郊区，那里最容易受到油价飙升的影响。

可自由支配的财富——用于非必要投资和购买的财富——对波动的能源价格非常敏感[21]。由于大多数石油的使用不是随意决定的，而是上班或工作所必需的，因此价格相对没有弹性，也就是说，消费者对价格的变化并不是特别敏感。因此，当汽油和其他能源价格从1998年的极低水平攀升至2007~2008年的大幅上涨时，可自由支配收入大幅下降。美国在2006~2008年[20]达到了一个"临界点"，当时油价暂时升至每桶近150美元。郊区生活方式的可持续性成为许多潜在业主心中的一个问题。这种看法似乎是总需求下降的重要诱因，特别是对郊区房地产的需求。它也可能引发了大规模的去杠杆化，而我们现在正在全球经历这种去杠杆化（鲁宾、汉密尔顿等对各种分析进行了很好的总结，他们认为油价上涨是这些衰退以及过去衰退的背后推手[22][23]）。当基础抵押品的价值下降时，巨额家庭债务就无法支撑：这是由能源价格飙升引发的下跌。随着抵押品的消失，过去10年建立的巨额衍生品头寸遭遇了追加保证金的要求。一轮被迫抛售的旋涡进一步打压了所有资产类别，迫使银行业在2008年9月基本上冻结。这种郊区模式的动摇，是否预示着我们最终将对石油峰值做出反应？也许。研究油价上涨的一般规律以及油价继续上涨的可能性，可以帮助我们从更长远的角度更好地理解这些问题。

22.3　能源价格冲击和经济

1973 年初，油价为每桶 3.5 美元。美国仍然是世界上最大的石油生产国。1970 年美国刚刚出现石油峰值，但没有人注意到。在石油进口增加的推动下，经济持续增长。1970～1973 年，随着美国国内石油产量的下降，外国供应商获得了影响力。1973 年晚些时候，引发阿拉伯石油禁运的政治事件和切断中东出口石油管道的事故导致石油价格从每桶 3 美元跃升至 12 美元。在几个月内，这些事件造成了自大萧条以来最大的经济衰退。油价飙升至少对经济产生了四种直接影响：①石油消费量下降；②大部分资本库存和现有技术变得过于昂贵而无法使用；③几乎每一种制成品的边际生产成本都增加了；④运输燃料的成本增加了。

到 1979 年，石油价格上涨了 10 倍，达到每桶 35 美元。用于购买能源的国内生产总值（GDP）比例从 6% 升至 8%，再到 14%，这限制了可自由支配的支出，同时引发了前所未有的"滞胀"。其他能源和大宗商品的价格几乎以同样的速度上涨，部分原因是所有经济活动背后的石油价格上涨。然后，在 20 世纪 80 年代，在全世界范围内，已经发现但尚未开发的石油（因为它以前的价值并不高）突然变得有利可图，这些石油被开发甚至过度开发。到 20 世纪 90 年代，世界石油泛滥，实际价格几乎降到了 1973 年的水平。能源在 GDP 中所占的比重降至 6% 左右，这实际上让每个人都多了 8% 的收入。这对可自由支配收入（或许占总收入的 1/4）的影响是巨大的。许多人投资股市，但后来发现自己成了 2000 年"科技泡沫"的受害者，因为科技行业的产能过剩开始加剧。房地产被认为是一个"安全"的赌注，所以许多人投资于真正过剩的面积。随着房地产因其财务回报而非作为居住场所变得有价值，投机活动变得猖獗起来。有一段时间，房地产投资似乎是一条通往财富的必由之路。正如我们现在所认识到的，财富的增长大多是虚幻的。从 2000 年到 2008 年夏天，随着能源价格的上涨，其带来的额外 5%～10% 的"税收"被加到我们的经济中，就像在 20 世纪 70 年代那样，很多过剩的财富消失了。随着能源成本上升，消费者勒紧裤腰带，房地产投机不再可取，也不再可能。然后房地产市场崩盘。

虽然这一能源观点不能充分解释所发生的一切，但 20 世纪 70 年代和过去 10 年对能源价格上涨做出反应的类似经济模式，使"能源触发"具有相当大的可信度。在系统理论语言中，经济学家所关注的经济的内生方面（美联储利率、货币供应等）变得受制于石油供应和定价的外生强迫功能，而这些功能并不是经济学家通常框架的一部分。

22.4　石油和能源与我们经济的关系

虽然经济学绝大多数是作为一门社会科会来教授的，但事实上，我们的经济完全依赖物质供应和资源流动。具体来说，我们的经济极度依赖石油，在 21 世纪头十年，石油约占美国能源使用量的 40%，其次是天然气和煤炭，各占 25% 左右，核能略低于 5%。水电和木柴的供给量各不超过 4%。风力涡轮机、光伏发电和其他"新太阳能"技术加起来还不到 2%（尽管这个比例可能还在上升）。全球的比例也差不多。我们的经济增长大部分是建立在化石燃料使用量增加的基础上的。直到 2008 年，我们用化石燃料增加的新产能远远超过了用太阳能增加的产能，后者增加了一点化石燃料的总使用量，而不是取代化石燃料。2008 年以来，能源和经济的增长都非常缓慢，尽管美国天然气正在取代煤炭，但剩余的经济活动仍然基于大致相同的能源结构。

由于我们经济的巨大相互依赖性，我们生产的各种商品和服务的能源需求没有很大的差别。无论商品或服务是什么，花在大多数最终需求商品和服务上的一美元所消耗的能量大致相同。一个例外是用于能源本身的钱，包括化学能加上另外 10% 左右的能量，这是获得能源所需要的能量（即内含能量）。2017 年，美国经济中每一美元的平均消费需要约 5 兆焦耳。花在油漆等化学品上的钱可能需要 12 英镑，但对于大多数最终需求商品和服务而言，这个数字更接近平均值。对于石油工业的重型建筑，估计为一美元约 11 兆焦耳，对于重工业，如获得石油和天然气，估计为一美元约 16 兆焦耳。一美元所消耗的能源逐年减少，这主要是由于通货膨胀，但同时也提高了效率，特别是在经济从商品转向服务，制造业转移到海外的时候。随着我们追求更加困难的资源，我们主要燃料的能源投资回报率（EROI）继续下降[15-17]。

22.5　能源和股票市场

我们在这里进行一些初步分析，我们认为这些分析显示了能源对华尔街和更广泛的经济的重要性。首先，华尔街的价格不仅反映了经济的实际运行情况，而且还反映了一个很大的心理因素，通常被称为"信心"。我们的假设是，经济使用的能源在某种程度上代表了实际完成的工作量。因此，随着时间的推移，通胀修正后的道琼斯工业平均指数（DJIA）应该与社会对能源的使用具有相同的基本斜率。它还应该围绕实际完成的工作量，反映出信心、投机等问题。然而，在足够的时间内，DJIA 必须大致恢复到实际的能源使用线。为了验证这一假设，我们绘制了 1915～2008 年的道琼斯工业平均指数，以及美国经济的实际能源使用情况。如果这两条线的斜率在较长时间内是相似的，我们的假设将得到支持。事实上，1915～2010 年，DJIA 的基本斜率与能源的使用相同，并且具有更大的变动性，这与我们的假设一致。我们假设，从长期来看，道琼斯指数将继续在应对非理性繁荣时期和相反时期的总能源消耗方面摇摆不定。如果美国的总能源消耗继续停滞或下降，就像过去 10 年那样，这一假设意味着道琼斯指数不会出现持续的实际增长。投资者和分析师应该质疑，任何投机热潮能否无限期持续下去。未能批判性地评估这种可能性，是导致大萧条之前的金融恐慌和 2008～2009 年金融危机的一个因素。

在过去，我们还假设，美国经济创造的财富应该与燃料能源使用密切相关。克利夫兰等发现，1904～1984 年，美国国民生产总值与经过质量校正的能源使用高度相关（$R^2 = 0.94$）[24]。1984～2008 年，这种高相关性似乎要差得多。在这段时间里，经通胀修正后的 GDP 翻了一番，而能源仅增长了 1/3。这种差异可能不是由于效率的提高，而是由于政府越来越倾向于少报通胀数据（参见 shadowstatistics. com）。如果确实需要，对这一点进行修正，将使能源使用与 GDP 增长的关系在 20 世纪 90 年代和 21 世纪头十年变得更加紧密。此外，很明显，美国重工业的大部分已经转移到海外，尽管我们仍然进口这些产品。

22.6 一位金融分析师表示赞同

CIBC 世界市场经济学家杰夫·鲁宾在最近的一本书中写道，抵押贷款违约只是高油价的一个症状[22]。油价上涨导致日本和欧洲国家甚至在最近的金融危机爆发之前就陷入了衰退。鲁宾认为：石油危机通过将数十亿美元的收入从那些消费者花掉的一分钱的经济体转移到世界上储蓄率最高的经济体，从而造成了全球经济衰退。虽然这些石油美元可能会通过主权财富基金的投资重新回到华尔街，但它们并不都能重新回到全球需求中。当收入转移到储蓄率高达 50% 的国家时，收入的流失使这种收入转移远远不是需求中性的。以任何标准衡量，近期油价上涨的经济成本都令人震惊。石油对经济的影响远比房价暴跌对房屋开工和建筑业就业的影响更令人震惊。据媒体报道，房地产市场崩盘对经济增长的抑制作用最为明显。这些能源成本，与房地产市场崩盘导致的大规模资产减值不同，主要由美国乃至全球的普通民众承担，而非华尔街。油价的大幅上涨导致经合组织国家每年的燃油开支增加了 7000 多亿美元，其中 4000 亿美元流向了欧佩克国家。鲁宾问道："过去，只有今天规模的一小部分资金转移导致了世界经济衰退。为什么今天不能呢？"我们和其他人认为，有充分的证据表明，我们的经济受到能源供应和价格的影响，好的投资者和好的经济学家需要更多地了解能源。这就是为什么我们试图通过发展生物物理经济学来解决这个问题。但是，让经济学家重新思考他们的智力训练将是一项艰巨的工作，无论需要思考多少[23]。

22.7　增长还有可能吗

2004～2015 年左右，美国经通胀修正后的经济增长或能源使用量几乎没有增长。这只是正常商业周期的一部分，还是有什么新的东西？在过去的一个世纪里，人们提出了许多主流理论，试图解释商业周期。每种理论都对衰退的原因和解决方案提供了独特的解释，包括凯恩斯主义理论、货币主义模型、理性预期模型、实际商业周期模型、新凯恩斯主义模型等。然而，尽管这些理论之间存在差异，但它们都有一个隐含的假设：回归增长的经济既是可取的，也是可能的。在美国，GDP 可以无限增长。从历史上看，自美国内战以来，美国经济的平均年增长率相当缓慢，仅为 1.9%。在 19 世纪 90 年代至 20 世纪 30 年代的几十年里，经济出现了大幅下滑。然而，在"二战"结束后的几十年里，直到 20 世纪 70 年代，经济都呈现出持续增长。经济学家开始把这种独特的战后现象视为正常现象。当然，在使用化石燃料之前的那个时代，经济增长还不到 1%。但如果我们正进入石油峰值时代，那么历史上第一次我们可能会被要求在增长经济的同时降低石油消费，而这在美国已经发生了 100 年。石油比任何其他能源对当今的经济都至关重要，因为它作为运输燃料、便携式和灵活的能源载体以及制造业和工业生产的原料，得到了广泛的应用。从历史上看，油价飙升是大多数经济衰退的直接原因[4]。另外，扩张期往往与石油信号相反：较长时期的相对较低的石油价格，增加了总需求和较低的边际生产成本，所有这些都导致或至少与经济增长有关。2008～2017 年，这种情况（温和地）发生了。

从广义上讲，经济要保持真正的增长，就必须增加净能源（和材料）的流动。很简单，经济生产是一个做功过程，做功需要能量。因此，随着时间的推移增加生产，要发展经济，既要增加能源供应，又要提高能源利用效率。这就是所谓的基于能源的经济增长理论。这种逻辑是热力学定律的延伸，热力学定律指出：①能量不能被创造，也不能被消灭；②在任何做功过程中，能量都会发生退化，使初始的能量库存随着时间的推移所做的工作减少。正如戴利和法雷[26]所描述的，第一定律在理论上限制了经济能够提供的商品和服务的供应，而第二定律则限制了物质和能源的实际可用性。换句话说，为了生产商品和服务，必须使用能源，而一旦使用了这种能源，它就会退化到不能再用它来驱动同样的过程。

22.8　以能源为基础的经济增长理论

这种基于能源的经济增长理论得到了数据的支持：19 世纪中期以来，每一种主要能源的消费都随着 GDP 的增长而增长，其增长速度与经济增长的速度基本相同（见图22－1和图22－2）。然而，在整个经济增长时期，在经济增长和

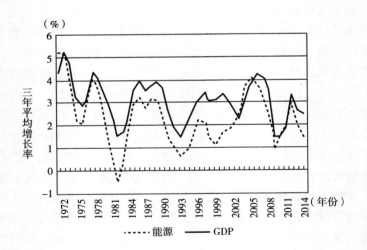

注：世界能源消费和 GDP 增长用 2010 年美元计算。

图 22－1　美国石油消费的年同比变化与实际 GDP 的年同比变化的相关性

资料来源：盖尔·特为伯格。石油消费数据来自英国石油公司统计评论和圣路易斯联邦储备银行的实际 GDP 数据。

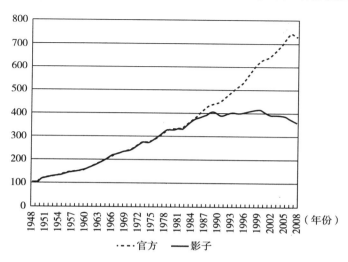

图 22 - 2

　　其中一项尝试是使用 1984 年以来由影子统计小组提供的逐年通货膨胀修正数据，修正国内生产总值"紧缩的"通货膨胀因素。如果使用更大的通货膨胀估计，经济自 1984 年以来几乎没有增长，能源转化为 GDP 的效率可能也没有提高。

　　资料来源：http：//www. leap2020. eu/the - true - us - gdp - is - 30 - lower - than - official - figures_ a5732. html。

　　衰退之间存在着多次波动。美国经济研究局将经济衰退定义为"经济活动在整个经济领域的显著下降，持续数月以上，通常可以在实际 GDP、实际收入、就业、工业生产和批发零售销售中看到"[27]。1970～2007 年，美国经历了五次经济衰退。从能源角度考察这些衰退，可以阐明每次衰退背后的共同机制：经济扩张时期油价较低，石油消费增加，而经济衰退时期石油消费减少，石油价格较高（见图 22 - 3）。油价上涨基本上先于最近所有的衰退。绘制石油消费与实际国内生产总值的年同比增长率图，可以更清楚地说明经济增长与石油消费之间的关系（见图 22 - 1）。但是相关性并不是因果关系，一个重要的问题是，石油消费的增加是否会导致经济增长，或者反过来，经济增长是否会导致石油消费的增加[28]。克里夫兰等[29]分析了这两个因素对能源消费与经济增长因果关系的影响。他们的结果表明，能源消耗的增加导致了经济增长，特别是当他们调整了质量数据并考虑到替代因素时。随后进行的其他经能源质量调整的分析支持这样一种假设，即能源消耗导致经济增长，而不是相反的[30]。

　　综上所述，我们的分析表明，在过去 40 年经济增长的变化中，至少在统计意义上，约有 50% 是单靠石油消费的变化来解释的。此外，克利夫兰等[29]的研究表明，石油消费的变化导致经济增长的变化。这两点支持了能源消费，特别是石油消费对经济增长至关重要的观点。

然而，石油或能源消费的变化很少被新古典主义经济学家用来解释经济增长。例如，克诺普[31]用高油价、高失业率和通货膨胀来描述 1973 年的经济衰退，但是没有提到石油消费在第一年下降了 4%，在第二年下降了 2%。在后来的描述中，克诺普声称，1975 年经济从衰退中复苏，是由于石油价格和通货膨胀的下降以及货币供应的增加。可以肯定的是，这些因素促成了 1975 年的经济扩张，但我们再次忽略了一个简单的事实，即较低的油价导致了石油消费的增加，从而导致了更大的实体经济产出。石油被经济学家视为一种商品，但实际上它是比资本或劳动力更基本的生产要素。因此，我们再次提出一种假设，即油价上涨和石油消费量下降都是衰退的先兆，也预示着衰退。同样，经济增长需要更低的油价，同时增加石油供应。数据支持这些假设：1970 ~ 2008 年的所有扩张性年份，经通胀调整后的平均油价为每桶 37 美元，相较衰退年份的平均每桶 58 美元，与石油消费在扩张性年份平均每年增长 2% 相比，衰退期间每年减少 3%（见图 22 - 1 和图 22 - 3）。

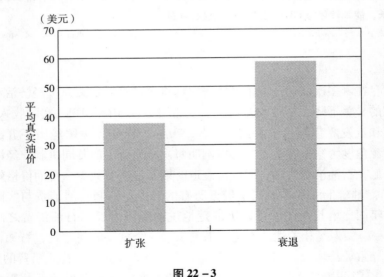

图 22 - 3

1970 ~ 2008 年，实际油价在扩张期和衰退期的平均水平。

尽管这种对衰退和扩张的分析可能看起来像简单的经济学。能源、经济增长、经济周期三者的联动机制更加复杂。霍尔等[21]和墨菲、霍尔[9][32]的报告显示，当能源价格上涨时，支出会从以前增加 GDP 的领域（主要是可自由支配的消费）重新分配到更昂贵的能源上。这样一来，能源价格的上涨只会导致资金从整体经济转向能源，从而导致经济衰退。数据显示，当石油支出占 GDP 的比例超过 5.5% 的临界值时，即当所有能源占经济的比重超过 12% 时，就会出现衰退（见图 22 - 4）。

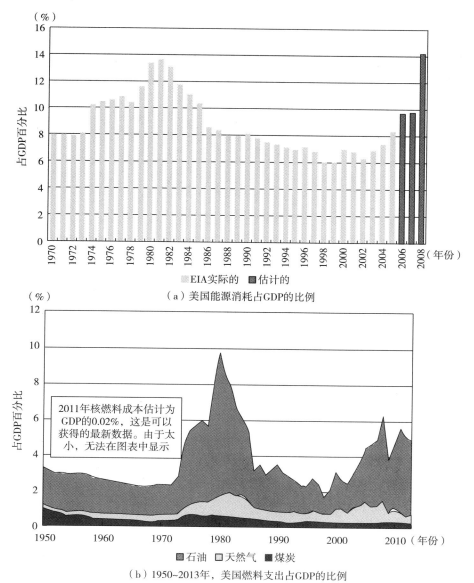

（a）美国能源消耗占GDP的比例

（b）1950~2013年，美国燃料支出占GDP的比例

图 22 - 4　两项关于燃料成本占美国 GDP 百分比的估计

（a）美国经济走向衰退的门槛在 10% ~ 12%。（b）第二个更为保守的估计。

资料来源：美国能源部/EIA 和美国北风经济分析。

22.9　预测未来经济增长

在过去40年里，每次美国经济从衰退中复苏时，即使油价维持在低位，石油使用量也在增加。不幸的是，石油是一种有限的资源。在经济衰退之后，对未来经济增长有什么影响：①石油供应无法随着需求的增加而增加。②石油供应增加，但价格是否上涨？为了进行这项调查，我们必须首先审查石油供应的现状和可能的未来状况；其次我们可以推断未来的石油供应和价格对经济增长意味着什么。由于石油消费会导致经济增长的变化，了解石油峰值和净能源将如何影响石油供应和价格对于了解我国经济未来增长的能力非常重要。为此，我们回顾了与石油供应有关的石油峰值和净能源的理论和现状，并讨论了这两者如何影响石油价格。乐观主义者关于未来石油可获得性通常始于正确的观察，观察认为有大量的油留在地球，可能是我们已经提取的石油的3~10倍，并且通常假设由市场信号驱动的未来技术会把大多数的石油开采出来。这种观点至少存在两个问题。第一个问题是"石油峰值"。很明显，我们从地下开采更多石油的能力已经或即将达到3%~4%的增长速度。2004年以来，全球石油产量几乎没有增长。第二个问题是，留在地下的石油将需要越来越多的能源来开采，在某种程度上，需要的能源与石油中的能源一样多。有一个明显的趋势是，在可以得到数据的每一个区域，石油产量的EROI都在下降。这表明消耗比技术进步更重要。盖格农等[16]的报告指出，全球石油开采的EROI从20世纪90年代的约36∶1下降到2008年的18∶1。这种下降趋势至少有两个原因：首先，越来越多的石油供应必须来自那些本来就更需要能源密集才能生产的资源，原因很简单，企业在开发昂贵的资源之前就开发了更便宜的资源。例如，在1990年，只有2%的发现位于超深水区域，但到2005年，这一数字达到了60%（见图22-5）。其次，诸如注入蒸汽或注入气体等强化采油技术正在日益得到实施。例如，2000年在墨西哥的坎塔雷利油田启动了氮气注入，这使该油田的产量提高持续了4年，但2004年以来，该油田的产量急剧下降。虽然提高采收率技术在短期内增加了产量，但它们也大大增加了生产的能源投入，抵消了社会获得的大部分能源。因此，似乎不太可能获得更多的石油，如果是这样，石油的EROI将会很低，因此价格也会很高。

然而，预测石油价格是一项困难的工作，因为从理论上讲，石油价格既取决于石油的需求，也取决于石油的供应。在2008年的经济"崩溃"之后，世界上大多数经合组织经济体都在收缩，或者至少没有增长。因此，2004年以来的石油

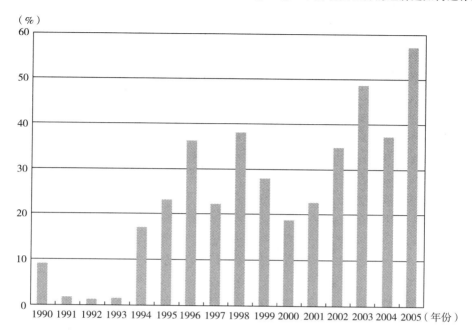

图 22-5　1990～2005 年，深海石油发现量占总发现量的百分比
资料来源：杰克逊（2009）。

产量持平，并没有造成石油价格的持续大幅上涨。我们可以做的一件事是相当准确地检查各种石油来源的生产成本，以计算不同类型的石油资源变得经济时的价格（见图 22-6）。然后我们就可以估算出在给定的价格下可以开采多少石油。如果石油价格低于生产成本，那么大多数石油生产商将停止生产。如果我们研究一下我们目前发现石油的地区的生产成本，也就是那些将提供未来石油供应的地区，我们就可以计算出一个理论最低价格，低于这个价格，石油供应不太可能增加。2005 年大约 60% 的石油发现在深水地区（见图 22-5）。根据剑桥能源研究协会[33]的估计，开发这种石油的成本在每桶 60～85 美元，具体取决于在哪个深水地区。因此，即使是开发最好的深水资源，油价也必须超过每桶 60～90 美元。这些数据表明，如果我们要扩大石油的总使用量，也就是要实现经济增长，那么一个昂贵的石油价格未来是必然的。但这些价格将阻碍这种增长（见图 22-6）。事实上，未来甚至可能难以以经济负担得起的价格生产剩余的石油资源。因此，美国和全球在过去 40 年目睹的经济增长可能已经成为过去。

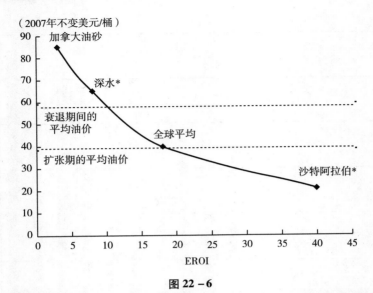

图 22 – 6

石油生产成本来源的 EROI 的函数。虚线表示 1970 ~ 2008 年衰退和扩张期间的实际油价平均值。关于 EROI 的数据来自墨菲和霍尔[32]、盖格农等[24]，关于生产成本的数据来自剑桥能源研究协会[33]。＊是有根据的猜测。

考虑这种情况的一种方法是从系统论中借用一个概念。一个非常普遍的概念是，许多系统寻求平衡点，因为存在抵抗变化的动力。一个例子是碗里的弹珠（见图 22 – 7 和图 22 – 8）。弹珠在碗底寻找它的平衡位置。你可以用手指把弹珠向上推，但弹珠很容易从你的手指上滑下来，回到平衡位置。这可以表示我们经济现在的情况，保持在一个或多或少不变的 GDP 增长，这样的增长是由于快速增长的油价水平阻碍的，我们的消费水平几乎没有高于我们现在的水平，但是，由于石油价格的下跌和紧缩，维持经济免于进一步收缩——这确实是一个保持经济稳定的良方。

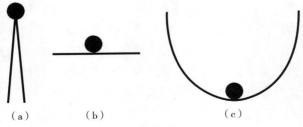

图 22 – 7

三种类型的平衡：（a）不稳定，（b）中立，（c）稳定。第三种情况似乎代表了我们今天在世界上所面临的情况。

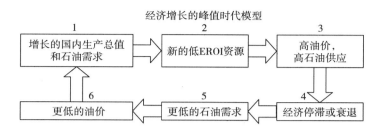

图 22 - 8

石油峰值时代的经济模式。经济增长（或衰退）与油价关系的周期。

22. 10　EROI 和燃料价格

由于 EROI 是衡量我们使用能源的效率，根据这个效率我们从环境中提取能源资源，它可以被用作一个代理，来估计通常特定资源的生产成本是高是低，或者甚至可以估计能源成本本身[34]。例如，加拿大油砂产量的 EROI 约为 4 : 1，而传统原油产量的平均 EROI 约为 10 : 1 至 20 : 1，沙特阿拉伯原油则高得多。油砂的生产成本约为每桶 85 美元，而美国的平均石油成本约为 60 美元，沙特阿拉伯的常规原油成本约为每桶 20 美元。因此，EROI 与价格呈反比关系，说明高 EROI 资源一般开发成本相对较低，低 EROI 资源一般开发成本较高（见图 22 - 6）。随着石油生产的继续，我们可以期待进一步向左上方移动。我们没有看到技术降低了 EROI 的证据，即使它扩展了我们的资源。综上所述，相对较低的 EROI 似乎直接转化为较高的油价，因此，如果未来我们不得不转向 EROI 较低的石油，那么价格很可能会更高，从而限制经济活动和经济增长[35]。在撰写本章时，还不知道光伏发电或风力涡轮机发电等可再生能源是否能取代相当一部分化石燃料。

22. 11　总　　结

本讨论的主要结论如下：

（1）在过去的 40 年里，经济增长需要增加石油消费。

（2）高 EROI 石油的供应在任何较长时期内都不能超过目前的水平。

（3）随着我们在仅存的几个地方——深海、北极和其他恶劣环境——寻找新的石油资源，全球石油产量的平均 EROI 几乎肯定会继续下降。

（4）在全球范围内，以目前的消费速度和 EROIs 计算，我们的传统石油储量不超过 20 ~ 30 年，如果石油消费增加和/或 EROIs 下降，我们的储量就会减少。

（5）未来增加石油供应将需要更高的石油价格，因为大部分只有低 EROI、高成本的资源仍有待开发或开采。

（6）开发这些高成本的资源很可能导致经济收缩，因为石油成本超过了 GDP 的 5%，能源总成本超过了 GDP 的 10%。

（7）从长期来看，将以石油为基础的经济增长作为衰退的解决方案是站不住脚的，因为石油的总供应和净供应在某种程度上已经或即将开始不可逆转的下降。

可以对其他能源资源进行类似的评估。

这种增长悖论导致经济高度不稳定，在增长期和收缩期之间频繁波动，因此，经济活动和石油生产可能会出现许多高峰，但几乎没有趋势。就商业周期而言，石油开采前和石油开采峰值时期的主要区别在于，商业周期表现为石油开采前呈上升趋势时的振荡，而石油开采峰值后呈平稳趋势时的振荡。对于美国经济和大多数其他以增长为基础的经济体来说，未来以石油为基础的经济增长前景黯淡，我们没有另一种能够实现增长的模式。很明显，过去 40 年的经济增长在未来 40 年不会继续下去。如果经济增长不再是目标，就可以解决这些问题。社会必须开始强调节约能源而不是增长，并相应地调整我们的人口数量、就业、生活方式和愿望。

问题

1. 2008 ~ 2011 年的哪些事件可能被解读为表明美国和世界上许多国家此前预期的每年 3% 或 4% 的增长受到了一定的限制？这些新的极限可能与生物物理极限有关，也可能与之无关。你如何评估这种情况？

2. 2011 年末本书出版以来发生的事件是否改变了你对前一个问题的答案？

3. 诺贝尔经济学奖得主保罗·克鲁格曼为 2008 年的市场崩盘提出的主要原因是什么？

4. 你认为资产受物理定律支配吗？为什么？

5. "起伏的高原"与石油峰值有什么关系？

6. 你能谈谈能源和其他资源方面的财务"杠杆"吗？

7. 讨论一些与 20 世纪 70 年代"石油危机"有关的金融问题。

8. 你认为这个价格是否预示着未来能源的可用性？为什么？

9. 如果能源供应确实受到限制，经济增长还有可能吗？有什么要求？

10. 从历史上看，能源价格和可自由支配支出之间有什么关系？

11. 某一年消耗的石油量和石油价格之间有什么关系？这可能是什么原因？

12. 当给定石油来源的 EROI 下降时，这与它的价格有什么关系？

13. 我们如何才能最好地应对未来有限的石油供应？

14. 由于高 EROI 石油的枯竭，从石油净能源而非总能源的角度来看，峰值期的经济模型，即大约 1970～2020 年，大不相同。这是为什么？

参考文献

［1］ Derived in part from：Hall, C. A. S., and A. Groat. 2010. Energy price increases and the 2008 financial crash：A practice run for what's to come? *The Corporate Examiner* 37：19 – 30. and Hall, C. A. S., and D. J. Murphy. Adjusting to the new energy realities in the second half of the age of oil. *Ecological Modeling* 223：67 – 71.

［2］ Saez, E. 2014. Income and wealth inequality：Evidence and policy implications. Neubauer Collegium Lecture. University of Chicago.

［3］ Magdoff, H., and P. Sweezy. 1987. *Stagnation and the financial explosion*. New York：Monthly Review Press.

［4］ Hamilton, J. 2009. Causes and consequences of the oil shock of 2007 – 08. *Brookings Papers on Economic Activity*, *Spring* 2009：215 – 225.

［5］ Krugman, P. 2009. How did economists get it so wrong? *New York Times* Sept 2.

［6］ Hall, 2001, C. A. S. Hall, D. Lindenberger, R. Kummel, T. Kroeger, and W. Eichhorn. 2001. The need to reintegrate the natural sciences with economics. *Bioscience* 51：663 – 673.

［7］ Gowdy, J., C. Hall, K. Klitgaard, and L. Krall. 2010. The End of faith based economics. *The Corporate Examiner* 37：5 – 11. Odum, H. T. 1973. Energy, ecology, and economics. *Ambio* 2：220 – 227；Huang, J., R. Masulis, and H. Stoll. 1996. Energy shocks and financial markets. *Journal of Futures Markets* 16：1 – 27.

［8］ Deffeyes, K. 2001. *Hubbert's peak：The impending world oil shortage*. Princeton：Princeton University Press. Campbell, C., and J. Laherrere. 1998. The end of cheap oil. *Scientific American* 278：78 – 83.

［9］ Murphy, D. J. , and C. A. S. Hall. 2011. Energy return on investment, peak oil, and the end of economic growth. Annals of the New York Academy of Sciences. *Special Issue on Ecological Economics* 1219: 52 – 72.

［10］ Tverberg, G. 2008. Peak oil and the financial markets. A forecast for 2008. The oil Drum. http: //www. theoildrum. com/node/3382.

［11］ Hall, C. 2004. The Myth of sustainable development: Personal reflections on energy, its relation to neoclassical economics, and Stanley Jevons. *Journal of Energy Resources Technology* 126: 86 – 89.

［12］ Hubbert, M. K. 1969. *Energy resources.* In the National Academy of Sciences-National Research Council, Committee on Resources and Man: A Study and Recommendations. W. H. Freeman. San Francisco.

［13］ ——. 1974. *U. S. Energy Resources: A review as of* 1972. Background paper prepared for U. S. Senate Subcommittee on Interior and Insular affairs, 93d Congress, 2nd Session. Serial 93 – 94 (92 – 75) . U. S. Government Printing Office, Washington.

［14］ Hall, C. A. S. , and C. J. Cleveland. 1981. Petroleum drilling and production in the United States: Yield per effort and net energy analysis. *Science* 211: 576 – 579. Cleveland, C. J. 2005. Net energy from the extraction of oil and gas in the United States. *Energy: The International Journal* 30 (5): 769 – 782.

［15］ Cleveland, C. J. 2005. Net energy from the extraction of oil and gas in the United States. *Energy: The International Journal,* 30 (5): 769 – 782.

［16］ Gagnon, N. C. , A. S. Hall, and L. Brinker. 2009. A preliminary investigation of energy return on energy investment for global oil and gas production. *Energies* 2 (3): 490 – 503.

［17］ Guilford, M. , C. A. S. Hall, P. O'Conner, and C. J. Cleveland. 2011. A new long term assessment of EROI for U. S. oil and gas: *Sustainability:* Special Issue on EROI. Pages 1866 – 1887.

［18］ Hall, C. A. S. , and J. W. Day Jr. 2008. Revisiting the limits to growth after peak oil. *American Scientist* 97: 230 – 237.

［19］ Soros, G. 1987. *The Alchemy Furnace. Reading the mind of the market.* New York: Wiley.

［20］ Gladwell, M. 2000. The tipping point: How little things can make a big difference. New York: Little Brown Co.

［21］ Hall, C. A. S. , R. Powers and W. Schoenberg. 2008. Peak Oil, EROI, Investments and the Economy in an Uncertain Future. In *Biofuels, Solar and Wind as Renewable*

Energy Systems：*Benefits and Risks*，ed. D. Pimentel. Springer. The Netherlands.

［22］ Rubin, J. 2008. Just how big is Cleveland. CIBC World markets. http：//research. wibcwm. com/economic_ public/download/soct08. pdf.

［23］ Sauter, R. and S. Awerbuch. 2003. Oil price volatility and economic activity：A survey and literature review. IEA Research Paper IEA, Paris August 2003.

［24］ Cleveland, C. J. , R. Costanza, C. A. S. Hall, and R. Kaufmann. 1984. Energy and the United States economy：A biophysical perspective. *Science* 225：890 – 897.

［25］ 25. Rubin, J. 2012. The end of growth. Random House Canada Toronto；Aucott, M. and Hall C. A. S. 2014. Does a Change in Price of Fuel Effect Affect GDP Growth? An Examination of the U. S. Data from 1950 – 2013. *Energies* 7：6558 – 6570.

［26］ Daley, H. , and J. Farley. 2004. Ecological economics：Principles and applications. Washington, DC：Island Press.

［27］ NBER. 2010. US business cycle expansions and contractions. Washington, DC：National Bureau of Economic Research.

［28］ Karanfil, F. 2009. How many times again will we examine the energy-income nexus using a limited range of traditional econometric tools? *Energy Policy* 37：1191 – 1194.

［29］ Cleveland, C. , R. Kaufmann, and D. Stern. 2000. Aggregation and the role of energy in the economy. *Ecological Economics* 32：301 – 317.

［30］ Stern, D. 2000. A multivariate cointegration analysis of the role of energy in the US macroeconomy. *Energy Economics* 22：267 – 283.

［31］ Knoop, T. A. 2010. Recessions and depressions：*Understanding Business cycles*. New York：Praeger.

［32］ Murphy, D. J. , and C. A. S. Hall. 2010. Year in review-EROI or energy return on (energy) invested. *New York Annals of Science* 1185：102 – 118.

［33］ CERA. 2008. Ratcheting down：*oil and the global credit crisis*. Cambridge, Massachusetts：Cambridge Energy Research Associates.

［34］ King, C. and C. Hall. (2011). *Relating financial and energy return on investment*. Sustainability：Special Issue on EROI. Pages 1810 – 1832.

［35］ Jacobson, M. Z. , Delucchi, M. A. , Cameron, M. A. & Frew, B. A. Proc. Natl Acad. Sci. USA 112, 15060 – 15065 (2015). See also Clack, C. et al. Proc. Natl Acad. Sci. USA 114：6722 – 6727 (2017). And J. Sole, A. García-Olivares, A. Turiel, J. Ballabrera-Poy (2018). Renewable transitions and the net energy from oil liquids：A scenarios study. *Renewable Energy* 116：258 – 271.

23 化石燃料、环境安全界限和地球系统

23.1 引 言

资源质量的下降，部分是通过能源投资回报率的下降来衡量的，这对我们的未来本身就是一个严重的问题。化石燃料的使用使我们许多人的生活更加舒适。手机是无处不在的财产，即使是对于世界上的穷人。化石能源已经减轻了繁重的体力劳动的负担。现在大多数美国人在办公室工作，可以随意使用电子媒体。如果没有电，这些壮举是不可能实现的。许多人大声抱怨商务航空旅行现在有多困难：航班延误、行李超重、没有食物、座位拥挤。但是想象一下乘坐康内斯托加篷车穿越这个国家。作为一项练习，试着想想你日常消费模式中所包含的能量。毫无疑问，人们不愿意失去他们已经获得并习惯了的商品。当环境教育家雷·博瓦迪士在最近的一次研讨会上问他的学生们什么是他们不能放弃的，他们的回答经常是"我的卡车"。

正如我们在前几章所看到的，化石燃料对经济有直接影响。国内生产总值呈指数级增长，化石燃料使用量也出现了类似的增长。1970 年美国国内常规石油产量达到峰值以来，油价的每一次飙升都伴随着美国经济的衰退。墨菲和霍尔[1]阐述了增长悖论。维持经济正常增长需要新的石油或其他高质量能源。由于仅存的资源需要更高的价格才能产生，这有助于降低经济增长的潜力。因此，经济表现出高度的波动性。石油地质学家科林·坎贝尔称这是一个起伏的高原。正如我们在上一章所看到的，长期投资的能源回报下降是长期增长缓慢或长期停滞的一

个因素，也是周期性变化的一个因素。这预示着一个未来，我们不应想当然地认为我们的子孙会比我们过得更好。但是，如果这是我们唯一的问题，我们可以在一段时间内通过转向煤炭来解决这个问题。相对于许多替代燃料，煤炭仍然储量丰富，而且具有较高的能源投资回报。或许我们将能够利用剩余的化石燃料为向太阳能经济转型提供动力，而太阳能经济提供的能源几乎与我们现在所能获得的能源相同。或者我们不能这么做。很明显，石油和煤炭是一次性的自然馈赠，根本没有替代品，主流经济学家对此是无知的并最终感到懊恼。也许我们将不得不放弃我们的"卡车"，尽管这可能很困难。

　　不幸的是，这并不是我们未来能源所面临的唯一问题。在化石燃料消费的推动下，人类经济及其社会体系的增长正对地球系统的正常运转产生巨大影响。我们正在到达赫尔曼·戴利所说的"整个世界"的极限，因为我们已经到达了地球上至少三个边界，并且正在急速地冲向其他边界。在许多方面，人类经济似乎已经强大到其生物物理系统无法支撑的地步，而一个过度增长的系统无法成长为可持续性的[2]。

　　这对我们的经济是一个挑战，至少目前是这样。很明显，我们有一个资本主义经济体系。正如我们在第 5 章中所指出的，资本主义必须发展。经济不增长的时期被称为停滞、衰退，甚至萧条，伴随着失业率上升、企业倒闭、贫困和机会减少而结束。这是我们必须学会接受的"新常态"吗？从最小的企业家到最大跨国公司的董事长，每个人都会告诉你增长的必要性。未能实现增长预期的公司，其股价将下跌。为他们工作的人看到自己的薪水停滞不前，或者在失业办公室里看到彼此，他们往往希望从极端分子那里得到某种经济复苏，这些极端分子在没有证据的情况下承诺，经济会回到"美好的过去"。然而，如果我们已经发展过头了，那么我们必须收缩，以便生活在自然变化的极限之内。经济衰退意味着规模变小，而稳定的经济则意味着规模永远变小。我们必须问的一个问题是："生物物理经济学如何才能提供洞见，帮助我们以及未来的几代人应对或适应大自然的新常态？"

23. 2　一种系统方法

　　让我们暂时回到第 3 章中提出的生物物理经济学模型（见图 3 – 3），该模型显示了从获取太阳能到开采、生产和消费的经济过程。在最底下，右下角是一堆发臭的废弃物。这是系统中我们现在必须考虑的一部分。此外，赫尔曼·戴利的嵌入式经济模型（见图 3 - 2）显示了太阳的能量通过光合作用创造经济潜力的来源，同时也显示了人类可以利用古老的光合作用产物——化石燃料。在嵌入式经济模型的右边是地球的水槽。这些水槽，包括陆地、海洋和大气，是人类事业的废弃物堆积的地方。如果在一个有限的、非不断扩张的生态系统中，开放经济系统继续增长，我们就会使用更多的资源，产生更多的废水。如果我们把更多的垃圾放入我们的水槽中，超过了它们的吸收能力，我们就会面临无数的环境问题，从垃圾到污染再到气候变化。但是我们怎么知道多少算太多呢？这些问题可以用生物物理科学来回答。只有在坚实的科学基础上，我们才能制定一项经济政策来应对我们新的系统级的限制。

有关过度使用我们的水槽的证据继续堆积。垃圾填埋场基本上是地面上的洞，最终填埋并关闭。垃圾驳船环游世界寻找一个倾倒垃圾的地方，却经常被拒绝，这样的故事经常出现在报纸头条上。纽约的手指湖区，是纽约州立大学环境科学与林业学院和威尔斯大学的家乡，激烈的地方政治周期性升级，是关于是否保留当地的垃圾填埋场。当地的填埋场亲切地被称为塞内加的公园，为了收益，对纽约市的垃圾开放，但由于健康、交通拥挤和水质问题，应关闭。《华盛顿邮报》最近报道称，1/3 的塑料从收集系统中逃逸。2015 年，超过 800 万吨，或者说每英尺海岸线上的 5 个垃圾袋，最终流入了世界海洋。《华盛顿邮报》援引世界经济论坛的一项研究预测，到 2050 年，塑料的数量将超过鱼类的数量[3]。大部分塑料都集中在海洋涡旋中，也就是我们所知的环流。漂浮在夏威夷东北部北太平洋环流中的塑料是德克萨斯州的两倍多。塑料被分解成含有大量多氯联苯和 DDT 的小部分。当较大的鱼以较小的鱼为食时，这些毒素就会在这一过程中积累起来，而这一过程在蕾切尔·卡森的《寂静的春天》[4]中闻名。此外，北太平洋垃圾带只是五个垃圾带之一。一艘研究船的大副直言不讳地说，这"只是一个提醒，没有任何地方不受人类影响"[5]。

23.3　环境安全界限

2009 年，斯德哥尔摩恢复力中心[6]的约翰·罗克斯特罗姆领导的一个研究小组在著名期刊《自然》上发表了一篇论文，题为《人类安全的操作空间》。包括诺贝尔奖得主大气化学家保罗·克鲁岑和气候学家詹姆斯·汉森在内的研究小组确定了 9 个"环境安全界限"，这些界限是维持地球生物物理系统正常运转所必需的。清单包括气候变化、海洋酸化、生物多样性丧失、平流层臭氧耗竭、氮和磷循环中断等（见表 23 - 1）。

表 23 - 1 环境安全界限，前工业基准线和目前水平

地球系统过程	参数	建议的边界	目前状况	前工业值
气候变化	大气二氧化碳浓度（百万分之一体积）	350	387	280
	辐射力的变化（瓦特每平方米）	1	1.5	0
生物多样性丧失率	绝灭率（每年每百万种的物种数目）	10	>100	0.1 ~ 1
氮循环（与磷循环边界的一部分）	从大气中除去供人类使用的氮气量（每年百万公吨）	35	121	0
磷循环（与氮循环边界的一部分）	流入海洋的磷的质量（每年百万公吨）	11	8.5 ~ 9.5	-1
平流层臭氧耗竭	臭氧浓度（Dobson 单位）	276	283	290
海洋酸化	表层海水文石的全球平均饱和状态	2.75	2.90	3.44
全球淡水资源利用	人类淡水消耗（km^3/年）	4000	2600	415
土地使用变化	全球土地面积转为耕地的百分比	15	11.7	低
大气气溶胶载量	在区域基础上，大气中颗粒物的总体浓度	待定		
化学污染	例如，全球环境中持久性有机污染物、塑料、内分泌干扰物、重金属和核废料的排放量或浓度，或对生态系统及其地球系统功能的影响	待定		

　　罗克斯卓木和他的团队仔细计算了前工业化时代，或前化石燃料时代的基准线和建议的临界点，这些临界点可能会导致不可逆转的变化，从而影响整个地球系统。在 18 世纪晚期煤被用作蒸汽机驱动机器之前，大气中二氧化碳的浓度是百万分之 280。他们提出的避免临界点的阈值是百万分之 350。目前的浓度超过百万分之 400。关于气候，研究小组还测量了辐射力。如果你还记得，这颗行星在太阳下每平方米接收大约 1400 瓦的能量，尽管有 30% 的能量会被大气层反射。如果你看过阿波罗 11 号宇航员拍摄的"地出"照片，你看到的是光线从大气层反弹回来。这也被称为反照率。地球的大气层对非常小的变化很敏感。人类对地球所接收辐射量的微小改变，可能对地球捕捉热量的能力产生重大影响。在前化石燃料时代，没有人为的辐射强迫，建议的边界是每平方米 1 瓦，当前阈值是1.5。他们用灭绝的速度来衡量生物多样性的丧失。基线数字是每百万物种中有0.1 ~ 1 个物种消失。边界是 10 个，而目前的速度超过每百万中 100 个物种。换

句话说，我们现在看到的是自恐龙时代结束以来最大规模的灭绝，也被称为白垩纪—第三纪界线。

人类的化石燃料活动也在破坏我们的生物地球化学循环。李比希最小定律指出，一个系统的增长是有限的，不是由总资源决定的，而是由最有限的资源决定的。几个世纪以来，限制农业产量的资源是氮肥和磷肥。由于肥料的缺乏，英国人在拿破仑战争期间对战场进行了仔细的搜索，以获取阵亡士兵的浸磷骨头。20世纪初，对氮的需求转向南美海岸，寻找富含磷的鸟粪。但是，对古老储备量的分离超过了新的粪便，资源达到了顶峰。20世纪初，德国化学家弗里茨·哈伯和化学工程师卡尔·博施在第15章中描述了如何用空气制造"面包"。从那时起，氮肥和磷肥的径流就在包括密西西比河在内的主要河流入海口的缺氧"死亡区"积累。这些额外的营养物质会导致藻华，藻华在死亡时消耗掉所有可用的氧气，导致水体无法支持其他形式的生命。在哈伯—博世工艺发明之前，人们从大气中几乎无法分离供人类使用的氮。建议的安全阈值是每年3500万公吨。我们目前每年分离1.21亿吨。这就造成了一个困境。全球发展与环境研究所的农业科学家蒂姆·怀斯直截了当地提出了这个问题。问任何一个第三世界的农民可持续农业是什么，他们都会告诉你——更多的肥料。然而，目前的脱氮水平比建议的安全或可持续水平高出3.5倍。

人类对碳、其他物种和氮的使用已经超出了地球边界的安全运行空间。其他类别则接近边缘。在前工业时代，更多的磷回到海洋中，而不是从捕捞鱼类中取出。罗克斯卓木团队计算出，流入海洋的磷的安全阈值为1100万公吨。目前的水平在8.5~9.5公吨。随着燃烧化石燃料释放到大气中的碳最终被封存在海洋中，海洋的酸性越来越强。在化石燃料使工业农业和郊区住房成为可能之前，人类每年从我们的含水层中抽取了大约415立方千米的水。斯德哥尔摩团队估计安全水平为每年4000立方千米，而我们目前提取的是每年2600立方千米。在工业化之前，把荒地变成农田的变化微乎其微。我们现在转换的土地比12%少一点。建议的边界是15%，所以我们已经超过了土地使用安全水平的80%。发达国家砍伐森林以满足粮食生产、潜在药物和森林产品、牛肉的需求，森林砍伐影响饲料对粮食生产的需求，这些影响正在对世界上剩下的热带森林不断施压，负债累累的政府多是贫穷国家，他们很难抵制将森林转换为土地去安置一个快速增长的城市人口，也很难抵制对外汇的需求。该团队还没有计算出化学污染和大气气溶胶的阈值。气溶胶很难计算，但却是气候科学的重要组成部分。黑色气溶胶，如柴油发动机产生的气溶胶，吸收阳光并加热地球。白色气溶胶，包括燃煤电厂排放的二氧化硫，特别是在缺乏严格的污染控制法律的地区，火山爆发以及汽车尾气排放的氮氧化物，都能反射电磁辐射，使地球降温。1991年皮纳图博火山爆发后，海洋在随后的几年中逐渐变冷。如果我们低估了大气中反射气溶胶的数量，它们可能掩盖了气候强迫的实际程度。得到正确的估计需要时间和精力，但如果不是为了人类的命运，那么这种努力对于科学理解是非常值得的（见图23－1）。

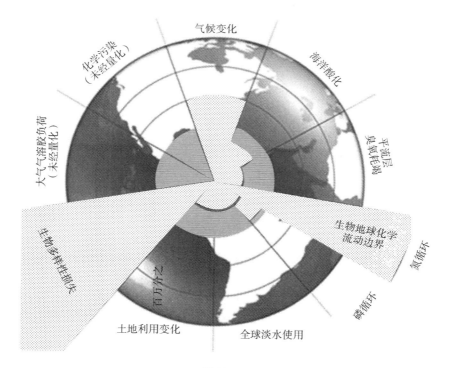

图 23－1

■代表一个安全的操作空间，而▨部分与原点的距离代表该类别相对于地球所能承受的建议最大值的比例。

也许最有趣的例子是平流层臭氧损耗，因为它表明人类有能力采取集体行动来扭转环境破坏。上层大气中含有相对较少的三种氧分子，它们被称为臭氧（O_3）。臭氧是非常罕见的，每 1000 万个氧分子中只有 3 个臭氧分子，它是以 Dobson 为单位测量的，其中一个 DU 的厚度仅为 0.01 毫米。臭氧是通过与紫外线的复杂相互作用而产生的，它吸收紫外线中最短、最有害的波长，即 UV－B 和 UV－C。这些都是阳光中最强大的成分，可以导致皮肤癌和作物减产。1971 年，荷兰大气化学家保罗·克鲁岑发现了氮氧化物和臭氧损耗之间的联系。同年，英国科学家詹姆斯·洛夫洛克发现氯代氟碳化合物（CFCs）分子无处不在地混合在整个大气中。舍伍德·罗兰和他的博士后同事马里奥·莫利纳发现，稳定的 CFC 分子与平流层臭氧相互作用，将臭氧分子分解为氧气（O_2）和一氧化氯（ClO）。臭氧层正在变薄，尤其是在南纬地区，这使更多的紫外线能够照射到地球表面，并对环境造成相当大的危害，如对脊椎动物眼睛的视网膜造成损害。因为他们的努力，克鲁岑、罗兰和莫利纳获得了 1995 年的诺贝尔化学奖。

但是所有的氟利昂是从哪里来的呢？这是一个关于工业生产的意外后果的经典故事。很难说人类的生活没有因为制冷而得到改善。在电气化社会中，现代人患病或死于食源性病原体的可能性要小得多。早期的冰箱使用有毒物质，如氨、氯化甲酯，甚至液体钠（与氧气接触时会爆炸）作为制冷剂，而且其使用受到限制。但是，在 20 世纪 20 年代，美国使用电力的家庭数量从 25%增加到 80%，安全冰箱大规模销售的可能性已接近实现。通用汽车作为富及第冰箱的所有者，委托化学家托马斯·米奇制造一种安全的制冷剂。他发明了一种氟氯化碳，商品名氟利昂，似乎就是答案。它无味、无毒、持久耐用，而且便宜。氟氯化碳进入了无数的推进剂中，从鲜奶油到除臭剂再到发胶。在 20 世纪 50 年代，每年约有 2 万吨进入平流层。到 1970 年，这一数字为 75 万吨[7]。但这一奇迹发明的意外后果正被混合到高层大气中，并参与了臭氧减少反应，这些反应现在正威胁着地球上的生命。人类可以回应吗？

1985 年，世界各国在蒙特利尔举行会议，批准了《关于消耗臭氧层物质的蒙特利尔议定书》。我们发现没有喷雾除臭剂和氟利昂我们可以生活，并且没有氟利昂我们也没有牺牲什么。此外，通过在氯和氟中添加氢这一简单的技术改变使遵守条约变得更加容易。氯化氢氟烃不具有氯氟化碳消耗臭氧的潜力。不幸的是，意想不到的后果仍然存在，因为这些氟利昂是强大的温室气体。

23.4　气候变化

科学家们早就知道大气成分和温度之间的关系。19 世纪 20 年代，让·巴蒂斯特·傅里叶假设大气的厚度和地球表面的条件决定了地球的平均温度。1859 年，约翰·廷德尔得出结论，大气层及其微量气体（主要是二氧化碳）和水蒸气对可见光是透明的，但对能量较低的红外辐射波长是"不透明的"。换句话说，二氧化碳使高能光子能够穿过大气层，但却像温室里的玻璃一样，捕获了逃逸到太空的部分热量。诸如二氧化碳、甲烷、六氟化硫和氟氯烃等吸热气体今天被称为"温室气体"。瑞典化学家斯万特·阿伦尼乌斯证实了廷德尔的假设，并对我们正在通过"将煤矿排入天空"而使地球变暖表示担忧[8]。

今天，科学界普遍认为，观测到的地球温度升高与二氧化碳和其他吸热气体的水平有关，尽管没有一位可敬的气候科学家否认其他原因，或者认为大气动力学是简单而直接的。例如，温度的升高通常先于二氧化碳的升高。此外，最强大的温室气体不是二氧化碳，而是水蒸气。对碳排放与气候之间关系的"辩论"或直接否认，通常出现在政治家、企业高管和失业工人之间，而不是科学家。气候变化是一个难以概念化的问题，即使对许多大气科学家来说也是如此。有许多变量，理论往往远远超前于数据。首先，天气不是气候。天气就是某天的情况，气候则是长期平均值。这是一个很大的区别。今天，在美国马萨诸塞州，气温一天之内上升了 20℉。早上凉爽多雨，下午又热又潮湿。但是世界各地的平均气温不同。气候科学家约翰·安德森和爱丽丝·鲍斯得出结论，我们必须把平均气温的上升幅度控制在 2℃（3.6℉）以内。对于安德森和鲍斯来说，2℃ 不是安全与危险的界限，这是介于危险和极度危险之间的界限。在发达国家，正反馈回路已经形成。随着气温的升高，越来越多的人购买和使用空调。这将消耗更多的电力，并向大气中排放更多的碳，从而地球变暖。空调的普遍使用是最近才出现的现象。当作者之一（克利特·加德）在炎热干旱的西南部长大时，他认识的人中没有一个人有空调。现在，他们是美国大部分地区"中产阶级生活"的一部分。二氧化碳排放量继续增加。

1992 年，联合国召开了气候变化框架公约。从那时起，外交官们就一直在定期召开缔约方会议（COPs），试图就限制温室气体排放达成协议，但收效甚微。贫穷国家看到世界上工业化国家依靠煤炭和其他化石燃料提供的电力变得富有，他们问，为什么现在不能这样做。富裕国家不希望自己的竞争优势输给中国和印度等新兴工业化国家，这些国家的人均收入较低，但总排放量较高。最终，在 2016 年，世界各国签署了《巴黎协定》，承诺制定政策，将气温控制在 2 摄氏度以内。由于美国新总统唐纳德·特朗普誓言要让美国退出该协议，因为它给中国带来了太多竞争优势，因此该协议能否成功，目前还存在疑问。撇开商业不谈，什么是科学问题，什么是证据？

1957 年，罗杰·雷维尔和查尔斯·基林在夏威夷莫纳罗亚的一个观测站开始测量北半球的二氧化碳浓度，采集大气样本持续到今天。1957 年，他们测量了百万分之 315 的浓度（ppmv）。最新读数接近 409 ppmv。如图 23-2 所示，你应该注意到两个关键的细节，锯齿状的图案和趋势。锯齿状的图案是地球的呼吸[11]。在北半球，落叶树的叶子在秋天落叶。随着光合作用的停止和二氧化碳浓度的增加，氧气的产生停止。在春天新叶子形成时，氧气的产生又开始了，随着新叶子的形成，二氧化碳的浓度下降。但令人不安的是增长趋势。这是由于人类和他们燃烧的化石燃料的缘故，还是仅是一种自然变化？大气科学家通过在南极洲采集冰核样本，收集了 35 万多年前的数据。南极洲的冰很少融化。由于灰尘在冬季降雪之间堆积成薄薄的一层，所以可以通过往冰层深处钻探，找到一个清晰的年复一年的记录。冰含有气泡，人们可以使用复杂的机器来测试古代空气的成分。南极洲沃斯托克站是一个主要的采样站。图 23 - 3 显示了沃斯托克冰核数据。可以看出，温度和二氧化碳浓度是紧密相关的。随着二氧化碳浓度的上升，经过一段滞后期，温度也随之上升。当二氧化碳下降时，温度也会下降，历史上某些模式会重复出现。温度上升得很快，冷却得更慢。但看看这张图的最右边，你会看到一些不同寻常的东西——气候稳定。人类进化的时期，被称为全新世，以异常的气候稳定和温暖为标志，这对人类至关重要——至少直到最近。对古代气候的研究被称为古气候学。随着二氧化碳浓度上升到过去 35 万年所观测到的最高水平，这种情况还会继续吗？作为一个物种，我们能够适应吗？我们可能预料到哪些问题？

（百万分率）

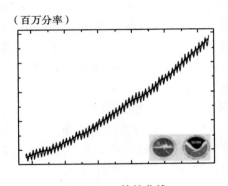

图 23 - 2　基林曲线

资料来源：NOAA 提供。

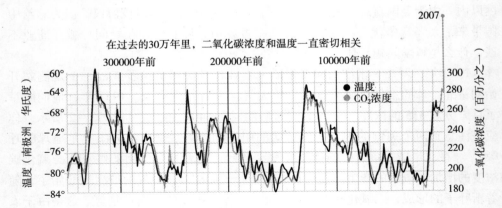

图 23 - 3　沃斯托克冰核数据

　　一个问题是天气波动加剧。计算机模拟预测，随着热带气旋以更温暖的海水为能源，更频繁、更猛烈的风暴将会出现，而更猛烈的雷暴和龙卷风则是由干湿气团的碰撞产生的。蒸发蒸腾量随温度呈指数增长。当气温上升并穿过干旱的西部时，空气变得干燥，从地面寻找所有可用的水分。当同样变暖的气团穿过潮湿的墨西哥湾时，它们吸收了更多的水分。从落基山脉向东流动的凉爽干燥气团与墨西哥湾温暖潮湿的空气相遇的地方被称为龙卷风走廊。在俄克拉荷马州、德克萨斯州和阿肯色州等，风暴造成的破坏日益严重，这已是不争的事实。沿海居民担心更强的海洋风暴会带来风暴潮。美国国家海洋和大气管理局（NOAA）现在开始用飓风的名字来命名冬季风暴。

　　另一个问题可归因于全球变暖的环境变化是海平面上升。水随着变暖而膨胀，所以海平面上升的部分原因是热膨胀。上升的部分原因是一种叫作反照率效应的正反馈机制。反照率测量反射率，反射率的降低会导致吸收更多的太阳辐射。刚刚下的雪反射了99%的辐射，沥青质原料作为热量吸收并再辐射了几乎所有的辐射。物理学家称一个吸收并重新辐射100%的物体为"完美的黑体"。随着地球变暖，充当"减速带"的冰架开始融化。"减速带"阻止冰川流向海洋，以保持冰盖不变。这暴露了吸收更多太阳辐射的黑暗海水。这会提高温度，融化更多的冰。只要海洋继续变暖，这个过程就会继续。如果海洋变暖到足以融化北极冻土带和海洋中冻结的甲烷周围的冰，那么6摄氏度的升温将是一个明显的可能性。海平面也会上升，因为冰架已经融化，移动的冰原增加了海洋的质量。如果你还记得第6章，人类很可能是在冰河时代从亚洲迁徙到美洲的。足够的海水被冰吸收以降低海平面，并创造了一个"陆桥"，我们的祖先可以在上面行走。如果二氧化碳浓度继续上升，就会出现相反的情况。几乎整个佛罗里达州、孟加拉国等国，以及许多沿海城市都有可能被洪水淹没。此外，数十亿亚洲人的饮用水源可以在少数喜马拉雅冰川中找到，这些冰川是恒河、雅鲁藏布江、湄公河、伊拉瓦蒂河和长江的源头。海平面上升和水资源供应减少的结合可能造成一个具有划时代意义的气候难民问题。这些事件很可能与石油短缺同时发生。发达国家的人民被剥夺了舒适和便利的来源，可能面临经济混乱甚至崩溃，他们会张开双臂欢迎数十亿气候难民吗？

　　气候变化也有生物效应。根据气候学家詹姆斯·汉森的说法，1000多项研究表明，不同物种向两极迁移的平均速度约为每十年4英里。然而，被称为等温线的相同温度线正以每十年35英里的速度向极地移动。如果碳排放以目前的速度继续下去，到21世纪末，等温线运动将翻一番，达到每十年70英里[9]。极地和高山的动植物正被推离地球。

　　我们将继续生活在全新世，还是进入一个由人类活动主导的新地质时代，即人类世？地质学家们仍在争论这个问题。国际地圈—生物圈计划（IGBP）主任威尔·斯特芬支持我们现在正处于一个新的地质时代的观点。斯特芬和他的同事在 2004 年的《全球变化和地球系统》[10] 上发表了他们的分析。在那本书中，他们记录了人类从 1750 年（化石燃料时代的开端）到 2000 年的发展轨迹。他们展示了 24 张图，包括地球系统和社会经济系统。结果令人震惊。他们研究的几乎每一个系列都在呈指数级增长，在 1950 年前后急剧增长。他们把这段时期称为"大加速期"。在地球系统方面，二氧化碳排放、热带森林消失、海洋酸化和沿海氮污染等都呈指数级增长。在世界社会经济领域和城市人口中，实际国内生产总值、一次能源使用和外国直接投资呈现出类似的指数形式。该系列如图 23 - 4和图 23 - 5 所示。

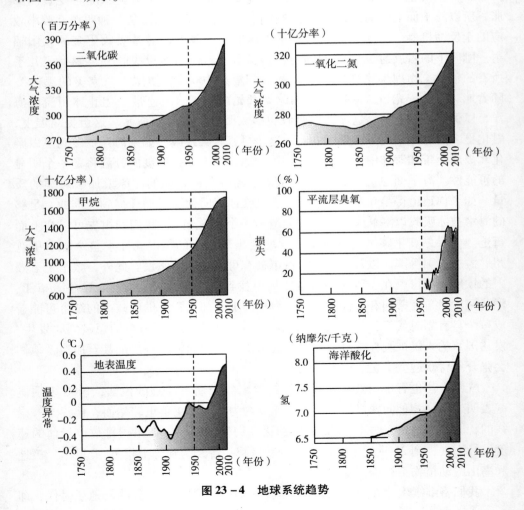

图 23 - 4　地球系统趋势

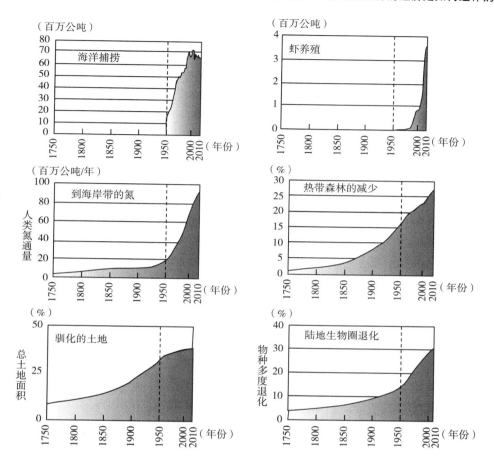

图 23 - 4　地球系统趋势（续）

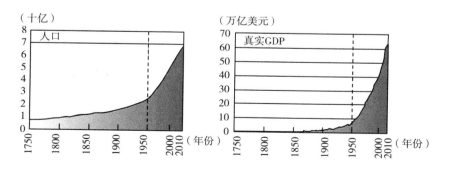

图 23 - 5　社会经济趋势

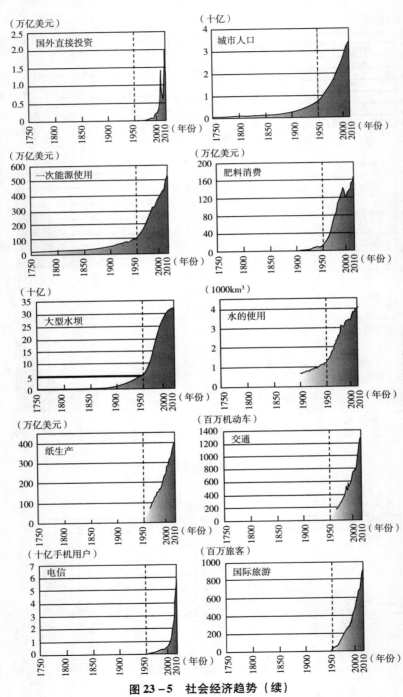

图 23-5 社会经济趋势（续）

人们至少应该问自己几个问题。地球系统和社会经济发展趋势的指数式发展能够与全新世的稳定相兼容吗？在全新世的稳定下，我们的物种进化和发展，或至少40万年来，没有见过二氧化碳的排放如此加速过，这会将我们推进不稳定或混乱的时期吗？人类将如何适应和反应？我们将在最后一章讨论这些以及其他紧迫的问题（见图23-6）。

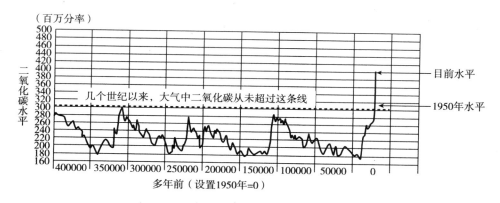

图23-6　从历史角度看碳排放

参考文献

［1］Murphy, D., and C. A. S. Hall. 2011. Energy return on investment, peak oil, and the end of economic growth. In *Ecological economic reviews*, Annals of the New York Academy of Sciences 1219, ed. R. Costanza, K. Limburg, and I. Kubiszewski, 52 – 72. Boston：Blackwell Publishing on behalf of the New York Academy of Sciences.

［2］Klitgaard, K. 2013. Heterodox political economy and the degrowth perspective. *Sustainability*. 5：276 – 297.

［3］Kaplan, S. 2016. By 2050 there will be more plastic than fish in the world's oceans. *Washington Post*. January 20.

［4］Carson, R. 1962. *Silent spring*. Boston：Houghton-Mifflin.

［5］Hoshaw, L. 2009. Afloat in the oceans, expanding islands of trash. *New York Times*. November 9.

［6］Rockström, J., W. Steffan, K. Noone, A. Persson, S. Chapin Ⅲ, E. Lambin, T. M. Lentin, M. Scheffer, C. Folke, H. Joachim, H. J. Schellnhuber, B. Nykvist, C. A. De Wit, T. Hughes, S. van der Leeuw, H. Rodhe, S. Sörlin, P. K. Snyder, R. Costanza, U. Svedin, M. Falkenmark, L. Karlberg, R. W. Corell,

V. J. Fabry, J. Hansen, B. Walker, D. Liverman, K. Richardson, P. Crutzen, and J. A. Foley. 2009. *Nature* 461 (24): 472 –475.

[7] Angus, A. 2016. *Facing the anthropocene.* New York: Monthly Review Press.

[8] Foster, J. B. , B. Clark, and R. York. 2012. *The ecological rift.* New York: Monthly Review Press.

[9] Hansen, J. 2009. *Storms of my grandchildren.* New York: Bloomsbury.

[10] Steffan, W. , A. Anderson, P. D. Tyson, J. Jäger, P. A. Matson, B. Moore Ⅲ, F. Oldfield, K. Richarson, H. J. Schellnhuber, R. L. Turner Ⅱ, and R. J. Wasson. 2004. *Global change and the earth system.* Berlin: Springer.

[11] Hall, C. A. S. , C. Ekdahl, and D. Wartenberg. 1975. A fifteen-year record of biotic metabolism in the Northern hemisphere. *Nature* 255: 136 – 138.

24 在一个更低 EROI 的未来，
过上美好生活可能吗

为了评估在能源短缺、气候恶化的未来过上美好生活的前景，我们需要解决一些问题。新古典主义经济学会让我们相信或者假设，商品和服务消费的增加会无限期地改善我们的福利，选择的增加也会如此。然而，如果一个人看了实证证据或阅读了行为心理学的进展，这种关系的强度是相当弱的。根据心理学家蒂姆·卡塞尔的研究，那些最贪婪和物质至上的人有最高程度的临床抑郁症和最脆弱的人际关系[1]。但即使大众消费和人类幸福间有强烈的正相关关系，继续贪婪生活的前景一直被限制在一小部分的人口中，正如在前一章总结的，由于所需能源及材料的局限性和环境后果，贪婪的生活很有可能在未来受到限制。如果未来的增长如此受限，我们将在哪里寻找幸福？低物质和低能源消耗的生活能幸福吗？

传统上，经济学家认为不会。1996 年，约翰·肯尼斯·加尔布雷斯出版了一本名为《好社会》[2]的短篇小说。对加尔布雷斯来说，良好的社会提供了稳定的就业，没有人被剥夺收入，使他们能够获得基本的营养、住所和安全。它是一个根深蒂固的官僚主义和帝国主义军队最小化的社会，是一个欢迎移民并在保护环境的同时改善地球上穷人命运的社会。这是本书的作者们共有的愿景。但 20 年前，很少有经济学家认识到人类活动的生物物理极限。因此，加尔布雷斯宣称："非常具体地说，一个良好的社会必须有实质性和可靠的经济增长——生产和就业的实质性和可靠的增长逐年递增。"然而，如果生物物理的限制和无法吸收经济盈余导致经济增长缓慢，有时甚至下降，那么问题就变成了我们如何在没有经济增长的情况下过上好日子？虽然我们可能不需要其他品牌的牙膏或除臭剂，但在经济增长乏力的情况下，我们如何提供足够的就业？我们当然没有所有的答案，但我们知道的足够多以致认识到我们必须提出问题，我们必须在生物物理的背景下这样做。

我们不会自然而然地认为这是一个糟糕的未来，这取决于我们如何应对。作为男孩，我们都在20世纪50年代和60年代在海岸对面度过了美好的童年，当时美国的能源使用量只有现在的20%。我们可以骑车去钓鱼和冲浪，也不需要妈妈开着SUV载着我们到处跑。我们总是和邻居朋友一起做运动，去露营和徒步旅行。大自然到处都是丰富的，令人兴奋和迷人的。即使是今天，认为外面有危险的人，必须开车保护儿童到任何地方去的观点没有根据——即使是今天，年轻人在车祸中丧生或受伤的可能性也比被绑架大得多。

郑重声明，作为专业生态学家、经济学家和能源分析师，过去4~5年中我们深入参与这些东西，关于我们的能源和经济未来，我们既不是乐观主义者（这是我们的本性），也不是悲观主义者，因为除了一些简单的和对目前趋势（如人口、可能的石油、可能的气体和可以想的到的煤炭）粗糙的扩展，我们真的没有办法预测未来。最难预测的事情将是人类的行为——我们是否会悄然走向日益衰落的富裕（就像我们现在正在做的那样）？失业或永远不会就业的人会引发骚乱或成为恐怖分子吗？人们会在一个承诺带来好日子的威权政府里投票吗？我们是否能够，以某种我们还不知道的方式，用人类的手做我们现在用化石燃料做的事情？我们能向新能源过渡吗？如果经济蛋糕必须缩小，富人会不会试图保持他们的绝对数量不变，而穷人在缩小的蛋糕中得到更小的份额还是别的什么？社会会支持这样一种提议吗？即把收入中不断下降的不用于获取能源的份额，用于围绕剩余能源的无休止战争？郑重声明，20世纪六七十年代以来，我们作为专业人士和建模者深入参与了这一切，我们既不是乐观主义者，也不是悲观主义者，因为我们无法预测这些事情，也不信任任何说我们能预测的人。我们认为我们必须用以下模型和类似下面的概率（你可以选择自己的百分比）进入未来：我们将在能源上、经济上或环境上大幅下降（25%），我们将过渡到一个新的能源来源，仁慈地取代石油和天然气（25%），或者我们会得过且过，逐渐获得物质上的贫穷但不断适应这样的贫穷（50%）。关键是我们认为没有人知道这些百分比，所以我们必须带着巨大的可能性进入未来。这本身可能相当困难。有些人相信市场会做出调整，有些人则不相信，还有一些人可能认为我们都可以搬到公社种植粮食，或者拥有其他调整机制。许多人一想到这些事情就会退回到掩体思维中，并在他们的乡村房屋中储存食物和弹药。泰勒斯研究所的保罗·拉斯金提出了三种可能的情景：传统世界、野蛮化和巨大的转变。传统世界的设想可以采取市场力量或政治改革的形式。在第一种情况下，我们必须做的是相信市场将产生不仅有效和公平而且可持续的解决办法。在第二种情况下，渐进式改革将带来一个可持续的未来，而不会对金融体系的内部运作构成挑战。一个不那么乐观的情况是野蛮化。在这种情况下，世界上享有特权的人退回到堡垒世界，使他们的边界军事化，并把剩下的资源留给他们自己。这是一个非常压抑的世界，很可能代表崩溃，或野蛮的第二种变体，即完全混乱，或托马斯·霍布斯的"所有人对所有人的战争"。巨大的转变是将当前的体系转变为一个更人性化、更宜居的未来。这些包括生态—社群主义，一群志同道合的人共同生活，在小规模的社区内牧歌般地与自然和文化接触，或作为一个新的可持续发展模式。在这里可持续发展的定义是先进的全球社会进化，并扩展到世界上的穷人，不只是那些足够富裕地和平生活在农村公社的人。与这一观点相关的是对"增长结束""衰退"和稳态经济的呼声[3]。

24.1　向未来过渡的主要问题是什么

我们面临的主要问题是，我们（美国、世界，无论在哪里）将需要对下一个能源来源进行大规模的新投资，而此时大多数公民的购买力将会下降。例如，如果汽油的价格是每加仑 10 美元（而这只是为了从一个老化的、需要能源的油田中开采出每加仑汽油），谁愿意为每加仑额外支付 5 美元，作为对任何燃料或其他技术的投资，以取代每加仑汽油？答案是如果有，也可能很少，这意味着我们只是继续使用越来越低的、越来越昂贵的传统资源，慢慢地陷入越来越严重的贫困。化石燃料价格上涨会使可再生能源技术更具竞争力吗？或者，它们的间歇性和不灵活性会限制它们最终使用吗[4]？这不仅取决于市场结构和大型企业的实力，还取决于替代方案的 EROI 和灵活性。此外，在一个能源价格昂贵、产能过剩的世界，像削减企业税率这样的传统世界场景，极不可能像其支持者所承诺的那样，带来经济增长。

如果有人接受经济学的生物物理基础的重要性，那么我们的分析对经济学和社会都有一些重要的意义。第一个问题涉及经济这块蛋糕，以及我们将如何切开它。正如我们在第 7 章中详细阐述的那样，通过好几代人，"美国梦"也许是人类历史上第一次给广大人民和整个国家带来了重大的、日益繁荣的希望。正如我们所相信的那样，本书清楚地表明，我们根本不清楚这种繁荣是否正在继续、接着继续或能够继续下去。事实上，有大量证据表明，我们已经达到了富裕程度增长的终点：几十年来，美国的 GDP 和工人的平均实得工资几乎没有变化，越来越多的证据表明，从 20 世纪 90 年代中期到 2017 年的这种增长在很大程度上是基于债务或投机。许多州的政府都破产了，或者正在削减以前的福利，如为所有人或许多人提供良好的大学教育。就业不足问题依然居高不下，高校平衡预算的难度越来越大，许多人的退休计划损失了他们的大量净资产，房价再次飙升。当然，这些都不是什么新鲜事，因为美国以前已经经历过多次大萧条和衰退，许多传统世界的思想家认为，如果我们只是等待，我们就会走出目前增长乏力的时期。本书出版的时候，我们还在等待，我们相信我们会等待很长一段时间，因为有足够的证据表明，垄断经济往往会产生停滞而不是快速增长。

如果最近的衰退不是一个周期的一部分，而是一个新的现实呢？在这个新现实中，前所未有的新能源限制加剧了集中经济增长非常缓慢的现有趋势（如果有）。如果能源限制，如大卫·墨菲提出的概念，经济的任何增长都会因为需要使用昂贵得多的石油而走向灭亡，那会怎样？换句话说，如果国家（和全球）的经济蛋糕不能再增长怎么办？

传统上，正如我们在第7章阐述的，"美国梦"的概念是不断增长的馅饼，有一段时间在美国曾解决或化解许多有争议的问题：在它们的工资中，劳动做了更多（至少直到20世纪90年代末），而管理则更多，总财富的大部分被华尔街和其他实体"撤去"，几乎没有人注意到。政府可能腐败或效率低下，但道路仍得到了修复，公立大学得以扩张。每一代人仍然觉得他们比他们的父母更富有等。很少有人抱怨，因为每个人的抱怨都更多，至少多一点。但情况似乎已不再如此。如果任何一组做得更好，它必须以牺牲其他组或钱的其他用处为代价——换句话说，问题是如果馅饼不再是越来越大，确实如果因为能源约束馅饼不能再变大，我们如何分割它？这迫使一些丑陋的辩论重新进入公众视野，为负责任的政客和煽动者提供了素材。的确，如果能源总量和经济总量正在萎缩，那么我们将需要提出一些非常棘手的问题，即我们应该如何分享和消费剩余的能源。

也许，这将迫使个人和我们的国家专注于最重要的事情。一个常用的观点是"马斯洛的人类需求层次理论"。这一理论由亚伯拉罕·马斯洛1943年在他的论文《人类动机理论》[5]中提出，认为人类会尝试或多或少按以下的顺序来满足自己的需求：第一，它们将满足人类生存的生理需求，包括呼吸、营养、水、睡眠、体内平衡、排泄和性活动。这些都需要干净的空气、水、食物、衣服和住所。第二，一旦生理需求得到满足，个体就会试图满足安全需求，试图获得一个可预测的、有序的世界，在这个世界中，感知到的不公平和不一致得到控制，熟悉的很多，不熟悉的罕见。这些包括个人安全、财务安全、健康和福祉、预防事故/疾病及其不利影响的安全保障。例如，在工作世界中，这些安全需要表现在对工作保障的偏好、保护个人不受单方面权威侵害的申诉程序、储蓄帐户、保险政策、合理的残疾安置等方面。第三，一旦上述需求得到满足，人类就会寻求爱和归属感。一般来说，基于情感的关系，如友谊、亲密和家庭。这些包括大型社会团体，如俱乐部、办公室文化、宗教团体、专业组织、运动队、帮派或小型社会关系（家庭成员、亲密伙伴、导师、亲密同事、知己）。他们需要爱和被别人爱。第四，一旦满足了上述条件，人类就会寻求尊重，寻求被尊重，获得自尊自爱，以及他人的尊重。自尊也被称为归属感需求，它表现了人类通过对职业或爱好等方面的贡献感而被他人接受和重视的正常愿望。第五，根据马斯洛的观点，人们寻求自我实现，需要了解一个人的全部潜力是什么，并实现这种潜力，成为一个人能够成为的一切，例如，一个理想的父母、运动员、学者、画家或发明家。

马斯洛的理论从多个角度受到了批评，包括缺乏证据证明人类实际上遵循了那个等级制度，或者任何这样的等级制度，以及他的金字塔可能更能代表个人主义和社会主义社会的人。尽管如此，他的理论在心理学甚至市场营销学中都被广泛接受。

我们自己净能量下降影响的研究，虽然不是有意识地根据马斯洛的理论，但符合他的理论，由于我们认识到，随着人类试图满足他们对食物、庇护所和衣服的需求，我们把这些叫作"基本需求"，可自由支配的支出将越来越多地被放弃。据推测，如果我们社会的净能源量由于经历了石油峰值和 EROI 的下降而下降，人类将越来越多地放弃金字塔上更高的类别，而将越来越多地集中于更基本的需求，包括食物、住所和衣服。这在现代社会可能意味着，如果经济受到越来越大的限制，昂贵的假期、教育和医疗将会被放弃。另外，第一作者的母亲说，在大萧条时期，人们会放弃很多基本的东西去看电影，这是一种对残酷的日常现实的逃避。

24.1.1　劳 动

在过去的四十年里，在成本最小化的压力下，美国、日本和德国的经济被迫用强大、廉价的能源和日益自动化的资本来替代虚弱、昂贵的劳动力。化石燃料相对于其生产能力的低价格往往能产生巨额利润。换句话说，劳动生产率，即劳动者每小时工作的增加值，通过补贴使用更多化石能源的劳动者的劳动而得到了大幅提高，例如，为农民提供一台更大的拖拉机。可能由于各种各样的原因[6]，到这种程度的替代并没有发生，但它却对失业作出了巨大的影响。机器人会让更多的人，如卡车司机或出租车司机失业吗？长期以来，非正统的劳动经济学家都知道，生产率的提高，如果没有随之而来的支出增长，就会表现为失业和产能过剩。新的资源和环境约束可能会进一步阻碍增长，其程度之大，是主流经济学家无法想象的，因为他们的就业模型中不包括能源。相对于劳动力而言，能源价格的上涨是否会大幅增加就业人数？如果劳动力在生产中再次变得更有价值，那么实际工资将不得不下降，因为相对于工资的实际购买力，商品和服务将变得更加昂贵（否则，劳动力将不会变得相对便宜）。让·拉海尔已经展示了油价和失业之间不可思议的关系（见图24-1），这可能是令人担忧的。

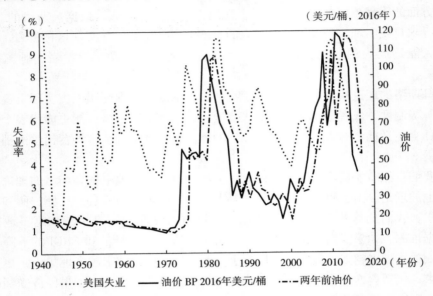

图 24-1　美国石油价格和下一年失业之间的关系

资料来源：让·推赫雷（2017）。

24.1.2　债务

我们未来的一个巨大的，也许是压倒性的方面将是债务。第7章介绍了债务对美国梦的概念和重要性，第4章和第7章介绍了债务与能源的关系。一旦我们能够通过增长摆脱债务，如果增长成为历史，这看起来将越来越困难。债务已经成为一个巨大的政治足球，具有一些非常奇怪的政治层面，因为过去名义上财政保守主义者制造了我们债务的最大部分，至少在目前的情况下是这样。很少有人知道，里根政府产生的债务，甚至是经通胀修正后的债务，都远超富兰克林·罗斯福。鉴于我们认为债务是对未来能源使用的留置权（即如果未来要支付债务，那么一个国家未来的一部分能源必须转向非生产性、非消费性的债务支付利息或本金），然后令人不安的是考虑到在未来当我们需要大量的能源资源投资于新能源技术（包括保护），然后，我们必须考虑到，无论可用的能源有多少，都有相当大的一部分将被浪费在支付债务负担上。当然，我们巨大的债务负担（见图

24－2）可能永远无法偿还，除非我们通过大规模通胀来大幅降低能源与美元的关系。

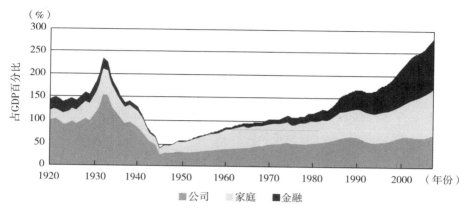

图 24－2　按部门划分的美国未偿债务与国内生产总值（GDP）之比

资料来源：1920～1945 年来自摩根士丹利；1946 年至今来自美国联邦储备委员会。

24.1.3　国际的情况

这本书关注的是美国，显然我们在能源方面有足够的问题。但对其他许多国家来说，情况更糟。例如，美国大约 1/4 的能源依赖进口，而欧洲和亚洲 2/3 的能源依赖进口，这使这些国家更容易受到未来能源形势的影响。巨大的北海油田暂时缓解了欧洲的紧张局势，那里已经开采了近 500 亿桶石油，另外 100 亿～300 亿桶可能来自较小的油田。这一石油富矿让英国在几十年时间里获得了巨大的财富，也让许多人相信，玛格丽特·撒切尔的政治政策在某种程度上挽救了局面。但现在，英国北海部分的石油和天然气储量几乎耗尽。英国正在努力应对这样一个事实：石油基本上是在一场疯狂的狂欢中被消耗掉的。随着政府大幅削减补贴，公务员和学生人数激增，一个新的冷酷无情的现实摆在她面前。在挪威，石油和天然气的开发速度更加慎重，并把大部分的收入放入信托基金来帮助未来的挪威人，我们有的相对较少的一个例子是一个矿产财富被用来帮助所有公民，尽管这也遭受了投资回报率下降[7]。

在极端情况下，许多热带发展中国家尤其容易受到伤害，因为它们日益依赖石油来满足其日益增长的人口、日益增加的化肥和农业所需的其他投入以及旅游业的重要性。本书第一作者有着丰富的经验，试图理解能源与热带地区通常被称为"发展"的关系。许多热带国家很穷，或者至少不富裕，基本上都希望变得更富有。霍尔最初被哥斯达黎加吸引，该国正在宣传自己是"绿色、可持续发展实验室"。不幸的是，他从多年生活在那里的经历并定量研究那里经济的所有主要方面，关于这一主题的细节在两部大型书籍里面[8]，得出的是哥斯达黎加，无论如何开发生态旅游和太阳能（主要是水力发电）行业，至少像其他任何地方一样依赖石油，至少由于 18 种原因远非可持续，并且对于如何在没有石油的情况下继续其适度的生活水平没有真正的计划。从可持续性和政府方面来说，这是一个相对富裕的国家。因此，不幸的是，我认为石油峰值对发展中国家的冲击可能尤其严重。同样，即使是石油价格的小幅上涨也已经对完全发达但高度依赖石油的波多黎各（美国的一个"依赖国"）产生了影响，特别是因为波多黎各最近宣布破产，无力偿还债务。这些地区的经济曾经几乎完全依赖农业生产，没有化石燃料的补贴，它们现在不可能用本土农业养活日益膨胀的人口。他们没有应对石油峰值的应急计划。在飓风"厄玛"和"玛丽亚"过后，情况更是如此。飓风之前，该岛完全依赖柴油发电机发电，而柴油发电机的维护工作也因未经选举产生的财务控制委员会而陷入瘫痪。现在岛上大部分地区都没有电。农业和旅游业已经停滞，基础设施也成了废墟。发展将意味着化石经济的重建，还是新的电力系统将建立在可再生能源的基础上？它可能更多地依赖化石燃料行业和新自由主义政治家的既得利益，而不是替代能源技术。应对不可避免的暴风雨和洪水需要多少净能量？

同样，世界农业生产更普遍地可能非常容易受到石油和天然气峰值（这将限制氮肥的生产）和其他需求峰值的影响。具有讽刺意味的是，这个名为"可持续磷期货"的网站暗示，到 2030 年全球磷将达到峰值[9][10]。灌溉用水大约占美国农作物的 15%，通常依赖深层地下水，随着时间的推移，随着化石水的枯竭，地下水从越来越深的地方抽水，需要更多的能量。更普遍地说，在世界范围内，农业已经转向了在许多方面都是能源密集型的过程，我们预计所有人都会受到石油峰值的各种影响。由于全球人口的增长与化石能源的增长并没有太大的不同，我们不会惊讶于看到这些曲线在能源曲线的下降趋势上继续相关。正如物理学家阿尔伯特·巴特利特所说[11]，毫无疑问，人口数量将会下降，我们所拥有的是一个选择，这种下降是由于我们可能喜欢的程序（即生殖控制）或者是我们不太喜欢的东西，如饥饿、疾病、瘟疫和战争。

24.2 选择一个更好的未来

尽管作者的预测能力尚不完善，但就其预测能力而言，在石油峰值留给我们的处境之外，似乎不太可能出现一种"供应"方式。每一项我们认为是现实的分析都表明，未来石油要么在目前达到峰值，要么在至多几年的时间里处于"起伏的高原"，然后在未来出现石油下降。煤炭和天然气或许能够在未来几十年里填补部分缺口（但液体燃料的填补难度很大），但十年之后，增长甚至稳定的能源经济似乎都不太可能实现。对我们来说，这似乎是不可避免的，因为我们只是没有像我们使用石油那样快速地找到石油。全球 80% 的石油来自 1970 年以前发现的约 400 个大型油田，其中至少有 1/4 目前正面临产量和 EROI 的下降，不久还会有更多的油田加入这一行列。因此，无论我们发现什么新石油（而且我们将发现很多新石油），都将不得不弥补部分下降，而且几乎可以肯定不会增加全球石油供应的任何增长。的确，地下还有大量的低品位化石燃料，但它们的低 EROI 和所需的巨额投资，使它们不太可能取代石油的作用，也不太可能取代即将关闭的 100 座核电站。其他低品位的油类，如焦油砂，正在产生微小的影响，但在全球范围内几乎无关紧要。所有新的石油供应可能比现有的石油生产要昂贵得多。天然气可能几十年内都不会达到峰值，但顶多只能弥补石油价格的下跌。

煤炭更难预测。有很多关于"煤炭峰值"的讨论（如帕泽克[12]，莫尔等[13]），其中很大一部分是基于开采越来越薄的矿层的难度，而对资源总量的估计比一二十年前的情况要小得多[14]。煤炭峰值已经来到了世界上最大的煤炭用户——中国[15]，但显然在美国、俄罗斯和一些其他地区，煤炭仍然非常丰富。仅阿拉斯加就拥有丰富的可开发的优质煤炭资源。美国 2009 年的石油产量约为10 亿吨，仅怀俄明州的粉河就有约 400 亿吨可采储量。据美国能源情报署估计，可开采的煤炭储量约为 5000 亿吨。但基于什么是可回收的，拉特利奇[14]给出了一个更小的数字。因此，似乎如果我们愿意投资，并承担环境后果，在美国至少有一个世纪，煤炭可以像我们希望的那样丰富。但目前煤炭正被天然气所取代，因此很难预测未来的消费模式。

几乎没有任何替代能源，包括节约能源，能够填补预期的石油和天然气的减少。对所有化石燃料的最新估计显示，到 2025 年或 2050 年，预计所有燃料将达到峰值，比之前预计的要早[13][16]。如果可能，替换它们将花费大量的资金、精力和时间。为卡车运输更换机油将特别困难[17]。有一些雄心勃勃的计划是用可再生太阳能替代所有或大部分的化石燃料（如雅各布森[15]），但这种替代的实际能力很难预测，并受到克拉克等的严厉批评[4]。生物量（除了传统的固体形式，如木柴）可以作出一定的贡献，但除非情况发生相当大的变化，否则净差异不大。新太阳能技术（包括风力涡轮机和光电）是未来的巨大希望，但迄今为止贡献不超过 2%，并且其发展的步伐最近放缓。如果把间歇期的条款包括在内，所有这些替代方案的 EROI 都将比我们所习惯的要低得多。因此，我们不一定能预见到一个没有能源的未来美国，而是在提供或替代液体和气态碳氢化合物方面存在着实质性的问题，而这些碳氢化合物一直是我们的生命线和经济快速增长的引擎。

除非作为一个国家，我们决定大量增加我们的煤炭使用，这将是困难的，但肯定不是不可能的，鉴于目前的环境问题和基础设施的限制，未来的能源供应很可能会越来越紧张。这意味着，正如本书中一再阐述的那样，经济增长的结束以及我国公民对一种新的稳定或下降的经济状况所作的一些非常大的调整。如果我们偿还巨额国际债务，这就意味着经济形势更加紧缩。虽然对许多人来说，这似乎是一个非常暗淡的未来，但对我们来说，情况未必如此。鉴于我们在生活中所看到的由于猖獗发展带来的环境破坏，如果是这样，我们不会错过环境破坏的继续。这取决于我们如何调整，包括分配剩余资金的公平性。虽然其他人在这个问题上写得更好或至少更全面，但我们确实希望总结这个问题的几个方面。

24.3　我们需要做的：一个可持续未来的生物物理计划

与拉斯金的传统世界设想相一致的传统观点认为，我们可以在不从根本上改变我们自己或我们的制度的情况下实现可持续发展。富裕的工业化国家仅靠技术变革就能维持其能源密集和较高的消费水平。例如，我们可以继续增长，只要我们使用可再生能源。对于自由市场方法最激昂的拥护者来说，只要扼杀创业创新的监管措施被取消，这一点就能得到保证。大众消费代表人类发展顶峰的观点在美国人的心灵深处根深蒂固，或许沃尔特·惠特曼·罗斯托在《经济增长阶段：非共产主义宣言》（参见索尔斯坦·韦伯伦的评论[19]）中最为明确地阐述了这一观点。这种认为人类有能力主宰自然的观点本身是长久存在的，也许可以追溯到耶和华鼓励古代希伯来人的"要生养众多，征服大地"。从弗朗西斯·培根到今天的马克思主义者，这种普罗米修斯式的观点是西方哲学的一个基本观点。马克思主义者认为，技术变革将足以克服资源质量下降和地球系统退化的问题[20]。

但是，在不产生暴力影响的情况下"征服地球"是一项庞大而艰巨的任务。传统观点认为，渐进式的变革，依赖于对技术的坚定信念，以及相信必要的变革将以某种方式通过折中找到。不幸的是，第23章总结的部分科学使人得出这样一个结论，即这种渐进的步骤将不足以应付复发的和潜在的不稳定危机，这种稳定的危机似乎正在全球系统中加速发生。由于存在着我们目前尚未完全理解的不

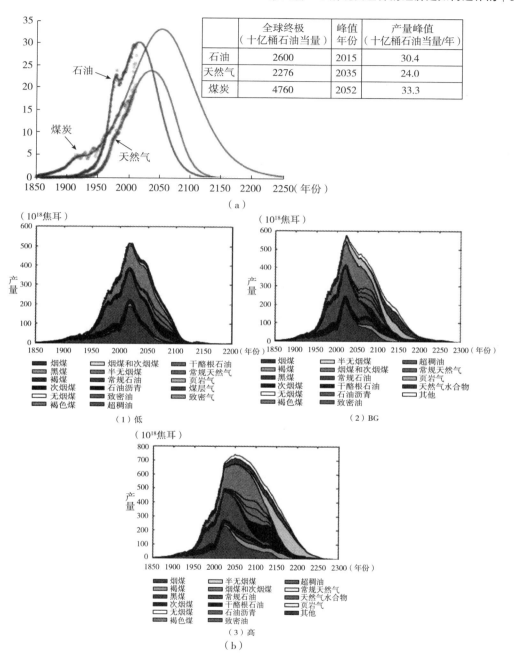

图 24 – 3　对未来化石燃料供应的两项新估计。

资料来源：（a）来自马吉奥和卡乔拉[16]；（b）来自莫尔等的低、中、高估计[13]。

可逆转的临界点，这项任务变得更加困难。到目前为止，自然和社会制度的退化完全压倒了我们在制度内改革的零敲碎打的努力[21]。正如艾哈迈德[22]精辟地阐述那样，我们尤其担忧生物物理过程与社会系统之间的联系，人们对这种联系知之甚少。

科学家，尤其是自然科学家，常常对制定替代政策感到不安。但当我们在一本受人尊敬的杂志上发表一篇文章时，我们的工作并不总是结束了。我们需要面对人类意志的混乱竞技场，以及更有序的受控实验室的世界。为了达到所谓的可持续性，我们所能做的就是提供一些建议。它们来自我们对自然和经济的分析，反映了我们对如何建设一个美好社会的想法。

霍华德·奥德姆是我们的导师和向导，我们尊重他对系统分析、生态建模、生态能量学的贡献，以及对人类与自然和能源关系的理解。他了解世界是如何以如此多的基本方式运转的。因此，选择他最后一本书的书名《繁荣之路》作为我们前进方向的指南是恰当的。

奥德姆认为，随着化石燃料的高峰和低谷，低能源的未来是不可避免的。他没有写太多的细节，因为对他来说这只是一个事实。但他感兴趣的是人类可能会如何反应。他相信一个低能源的未来可能是一个美好的未来，即使它的标题表明了一个繁荣的时代。本书的作者对此表示赞同，因为正如我们所说，我们在美国长大，当时美国的人均能源使用量只有现在的 1/4 或 1/3 左右。我们的童年很美好，父母几乎不带我们去任何地方（除了偶尔的家庭度假），我们想要什么就给自己买什么。如果我们想去别的地方，我们就骑着自行车去。如果我们想做运动（我们几乎每天都做），我们就和我们的邻居朋友们一起，在当地学校的操场或沙地上玩任何应季的游戏。我们有很多步行或骑自行车就能见面的朋友，因为汽车并没有把我们和邻居隔离开来。查理有很多地方可以钓鱼、探险，肯特也有很多地方可以游泳甚至冲浪。查理在他父亲种的新鲜蔬菜和他在当地捕的鱼的陪伴下长大。生活是美好的，甚至是田园诗般的。我们的房子并不豪华，至少可以说，我们父母的车（每户一辆）不是新买的，一年内开不了多少英里，我们度假的唯一地方就是去看住得不远的亲戚。

所以在一个能源有限的世界，这里有一些方面可能会更好，但只有人们已经很好地适应了这里的这个新现实。

首先，用 GDP 衡量财富是否必然会带来幸福？事实上，这一点已经得到了相当多的研究（这并不容易）。答案是肯定的，但还有其他更重要的事情。例如，伦敦经济学院的理查德·莱亚德在 1956 年发现了美国幸福指数的峰值，这与 1977 年非政府组织为"重新定义进步"提出的"真正进步指标"结果并无太大不同，这个指标发现美国幸福指数达到峰值（见图 24-4）。英格尔哈特与克林格曼（和其他人）[17]测量了世界上对幸福的主观估计，发现在给定的最低收入水平之后，收入或长期收入增长与个人幸福之间都没有相关性（见图24-5）。拥有最多快乐人口的国家——爱尔兰、尼日利亚、墨西哥和委内瑞拉——当然不是最富有的国家，而自称快乐人口最少的国家——俄罗斯、亚美尼亚和罗马尼亚也不是最贫穷的国家。相反，幸福似乎在很大程度上取决于个人自由和对生活的掌控。通过"欧洲晴雨表"对幸福指数（幸福程度，即人们享受生活的程度）进行的排名（从0到10）再次发现，幸福指数与GDP几乎没有相关性。以下是这项研究的排名：哥伦比亚8.1、丹麦8、马耳他8、瑞士8、冰岛7.8、爱尔兰7.8、加纳7.7、加拿大7.6、危拉7.6、卢森堡7.6、美国7、法国6.6、尼日利亚6.5、保加利亚4.5、俄罗斯4.4、白俄罗斯4.3、格鲁吉亚4.1、亚美尼亚3.7、

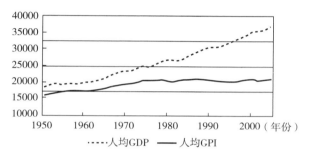

图24-4　1950~2004年生产总值与真正的进步
"真正的进步指标"（GPI）保持不变，而官方对GDP的估计则大幅增长。

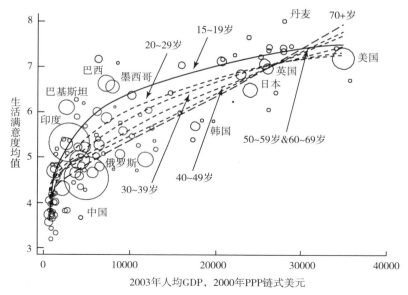

图24-5　幸福与财富的渐近关系

乌克兰3.6、摩尔多瓦3.5、津巴布韦3.3、坦桑尼亚3.2。因此，总的来说，这个问题的答案似乎是，由GDP度量的某种富裕水平是个人幸福的必要组成部分，如果你穷，但高于某种最低水平，这一点也不重要（见图24-5）。我们现在就可以开始教育年轻人这个观点。

其次，有很多迹象表明，低能耗的生活方式可以成为一个更大的社区。这是各种基层组织的明确目标，如"新道路基金会"和"转型演变"组织[18][19]，转型意味着向石油峰值后世界的转型。当然，我们当前这个以成功为导向、追求财富和地位为导向的世界，并不是一个能带来最大幸福和对他人尊重的世界。

最后，我们的经济是如此的浪费，保持非常相似的生活方式，使用只有一半的能源应该很容易。例如，我们的铁路可以电气化，产生更少的能源密集型货物运输[17]。使用一半汽油就能提供基本相同服务的轿车可以很容易地使用，旧建筑可以用隔热材料进行改造（见图24-5）。

另一项分析显示，人类福利渐近于不断增加的财富，或者在本例中能源使用是通过考察人类发展指数（HDI，作为GDP之外的另一种衡量人类福祉的指标）与能源使用指数（见图24-6）提供的。

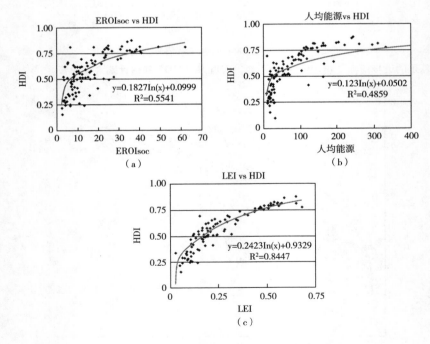

图24-6 三种能源使用指标与人类福利的渐近关系

资料来源：兰伯特等[25]。

24.3.1　如果我们要真正的可持续，我们必须做什么

我们几乎每天都被许多不同的"绿色"计划所包围，这些计划承诺，通常通过某种技术或提高效率、可持续性，或至少在这个方向上取得进展。这些计划有一定的逻辑和吸引力，因为它们提供了不确定的"可持续性"，对地球或其关键资源的供应影响较小。

不幸的是，我们认为，由于杰文斯悖论的某些表现，大多数此类技术实际上适得其反。斯坦利·杰文斯最初认为，考虑到英国煤炭的最终耗竭，有必要提高使用煤炭的机器的效率[24]。但是，事实上，他发现，在过去，这种效率的提高使蒸汽机的使用更加便宜，从而为蒸汽机找到了更多的用途，而旨在节约煤炭的技术变革最终导致了更多的煤炭被使用。最近的例子是，更高效的汽车带来了更多的行驶里程，更高效的冰箱带来了更大的冰箱，更大的房子带来了更多的绝缘材料等。即使是廉价的太阳能，如果能够得到，也会使图 23 – 4 和图 23 – 5 所示的所有全球问题继续恶化。虽然我们确实认为，许多种类的效率改进肯定有其作用，但这些改进必须在全面使用的限制范围内加以实施，否则很可能适得其反。

因此，要继续作为一个有合理前景的物种在未来一百年过上体面生活，人类必须做两件非常困难的事情。我们必须学会与自然、与彼此和谐相处。在一个以人口增长或人类经济增长为目标，甚至允许增长的世界里，这两项目标都不可能实现。为了实现这些目标，需要执行表 24 – 1 中所列的更改。建议 1 ~ 3 涉及终止增长和从根本上改变当前的社会关系，可能是我们最具争议的建议。然而，如果我们不首先做出这些改变，那么其他的改变可能是无效的。建议 4 ~ 5 集中在技术变更上，如果变更 1 ~ 3 是可操作的，那么这将是有效的。建议 6 ~ 9 涉及改造我们自己。

表 24 – 1　真正的可持续性所需要采取的行动

基本的社会变化
1. 稳定人口增长
2. 稳定经济增长
3. 创造一个更公平的收入分配
一些技术上的变化
4. 提高能源效率
5. 转向可再生能源

续表

改变我们自己
6. 提高对蕴含能源的意识
7. 真实的标签应包括所需的能源和资源
8. 恢复有意义工作的尊严
9. 调整我们的期望

我们认为必要的根本社会变革与关于经济和政治宗旨、目标的传统智慧背道而驰。然而，我们认为，其他国家的大多数传统的可持续宗旨如果不能实现这些目标，最终也注定要失败。我们还没有天真到相信世界即将抛弃增长狂热，但我们相信，如果没有这种狂热，任何经济政策都不足以产生一个我们可以生活得很好的社会，而这是在自然的限制下的社会。坦率地说，我们今天已经超越了自然的极限。我们必须收缩以适应它们。与此同时，市场经济必须增长，以维持资本积累。实现这两个目标是困难的，因为我们不可能同时实现经济增长和减少影响。虽然传统的政治进程本身极不可能引起这些变化，但很可能是大自然为我们作出了这些变化，正如可能已经发生的那样。

（1）稳定和减少人口。从图 23-1 至图 23-5 可以看出，人类已经超越了至关重要的环境安全界限，而且正在迅速地接近更多。全新世气候的稳定性很可能无法承受社会经济系统的持续增长和地球系统的指数级退化。此外，养活 70 多亿人的能力在很大程度上依赖化石燃料。绿色革命开始时，地球上只有大约 30 亿人。如果我们每卡路里食物消耗 10 卡路里化石能源的能力消失了，那么我们只能养活世界范围内化石农业投入使用之前的人口。在没有大规模饥荒或种族灭绝的情况下，除非我们自愿控制生育率，否则我们无法达到这个数字。我们认为，自愿控制生育是比马尔萨斯的大规模饥荒和种族灭绝更好的选择。与此同时，我们并不期望这一进程是平稳的。个人生育和抚养子女的权利是最宝贵的人权之一——但它对地球和国民收入用于获取能源，那么在经济增长放缓的情况下，我们将从哪里获得资金来支持老年人？

（2）稳定和减少经济活动。即使我们通过消除最贫穷的一半人口来减少世界人口，对气候和其他环境安全界限的影响也将是微乎其微的。几乎所有的影响都来自已经存在的富裕国家，以及快速工业化的国家，如印度和中国。简而言之：一个过度增长的体系无法实现可持续发展。人类经济的迹象随处可见。富裕国家使用 3~5 个星球的资源来维持他们的生活方式。每一个开发油气的地方都是一个环境牺牲区。正如我们在第 11 章中所看到的，每一项经济活动的增加都要求或多或少地按比例增加能源的使用，最常见的情况是增加排放对气候有影响的气体。到 2050 年，塑料的重量将超过世界海洋中鱼类的重量。我们只能通过缩减经济规模，然后无限期地维持较小的经济规模，才能在自然的范围内生存。必须指出，在不消除投资，即增长的情况下，增长局限的研究也不能创造稳定的未来。

（3）创造更公平的收入分配。满足世界上穷人和退休人员的需要的一个办法是更公平地分配产生的财富。更广泛地说，一个可持续的社会必须是一个公正的社会。在这样一个世界里，一小群富有的精英们过着富裕的生活，就像生活在苦难海洋中的繁荣岛屿一样，不可能无限期地持续下去。试图建立一个堡垒世界将导致社会崩溃和野蛮。我们每天都能看到这种情况。虽然它被称为"恐怖主义"，并被归咎于有着不同的习俗和宗教的"其他"，但我们需要在更大程度上探索不平等获取能源的社会崩溃的基础[22]。

（4）提高能源效率，但限制在一定范围内。我们目前在集中地点燃烧化石燃料和长距离运输的制度正在对我们剩余的燃料来源施加压力，对环境造成破坏，并造成不公正和不公平的能源获取。与此同时，必须建立社会机制，以避免杰文斯悖论，即效率的提高导致更多的资源使用。我们不知道 20 世纪有任何的技术变革没有增加资源和能源的使用，也就没有提高"效率"。

（5）随着效率的提高，我们必须转向可再生能源。如果是这样，未来半个多世纪，我们既不会以合理的成本获得高质量的化石碳氢化合物，也不会有大气的吸收能力来容纳化石经济。此外，由于太阳能经济的建设依赖化石燃料来生产和移动风力涡轮机，依赖混凝土垫块来定位风力涡轮机，依赖光伏电池板来发电，我们需要现在就开始行动，而不是等到化石燃料极度短缺的时候。

（6）提高对蕴含能源的意识。生活在富裕、能源密集的社会里，很少有人会想到日常生活中所蕴含的能源。当一个身体健全的人使用残疾人专用的电动开门器时，或者当一个人晚上不关掉电脑时，会排放多少吨额外的碳？有多少人真正计算过淋浴用水的体积，或水泵运行所需的电量，或用于加热水的燃料？

（7）真实的标签。除了食品标签上的卡路里摄入量，我们还应该包括用于生产食品的卡路里。所有消费品都应明确显示能源投资回报。

（8）恢复有意义工作的尊严，这使每个工人都能把脑力劳动和体力劳动结合起来，创造出一些有价值的东西来改善社会。尽管这将提高消费品价格，但在减少不平等和浪费方面也将大有裨益。很少有心理学家相信，在最低生存限度之上，消费越多会带来更多的幸福。相关生产者之间的有意义的工作社区可以很容易地产生一个更快乐的社会，即使这意味着更长时间的体力劳动。人体不适合长时间坐在屏幕后面。所以，行动起来！

（9）调整我们的期望。我们不能通过消费来获得幸福。在美国，只有 1% ~

2％的能源是由可再生能源生产的。元素周期表上的元素是否有足够的数量，使地球上所有人的产出达到富裕国家公民目前消费的水平？我们对此表示怀疑。也许我们需要认识到，我们的舒适、便利、利润和收入并不像地球生物物理系统的正常运作那么重要。

第23章表明，我们的许多社会经济和地球系统已经过度发展，而一个过度发展的系统根本无法实现可持续发展。然而，我们目前的经济体制需要持续的经济增长来维持就业和提供收入。我们相信，我们不能仅通过更多地回收利用来实现可持续性。我们必须把经济体制从依赖增长的体制转变为能够在没有增长的情况下提供体面生活水平的体制。约翰·贝拉米·福斯特很好地阐述了我们的挑战，他说：

要实现这些目标，我们需要打破"一切照旧"，也就是用当前的资本逻辑，引入一种完全不同的逻辑，旨在创造一种根本不同的社会代谢繁殖体系[20]。

24.3.2 为什么我们不完全乐观

虽然我们相信，相对平稳地过渡到一个低能源、生活方式良好的未来是很有可能的，但我们并不一定对它的实现感到乐观。第一个原因是，美国公众对石油峰值几乎一无所知，而石油峰值正是我们所继承的"能源混乱"困境中最简单的部分[21]。很奇怪的是，无论是新闻界还是国家科学基金（NSF、DOE等）都对这个问题没有任何特别的兴趣，而且，如果有，也试图压制任何相关的研究或讨论[22]。考虑到人们对可能的气候变化给予了如此巨大的关注，这是相当令人惊讶的。我们决不希望贬低新闻和科学界对气候变化关注的重要性，但我们觉得很好奇，至少2017年，这种情况似乎更直接、更确定，或许是更具破坏性的，石油峰值收到基本上零新闻或资金。作为这个问题的一部分，源源不断的广告和承诺绿色清洁能源的项目所充斥于世，而这些贡献的数量本质却从未被提及。同样，从生态旅游景点到LEED建筑，许多"绿色"事物的能源成本也很少被提及。

我们不乐观的第二个原因是，美国人（以及世界上大多数其他国家的人）一生都受到电视和其他广告的制约，这些广告都表明，只有通过源源不断的购买，才有可能获得幸福和满足。这似乎在我们的文化和经济中根深蒂固，很难想象不是这样。我们不能过于乐观的第三个原因是，我们将进行必要的过渡是出于对这一局势的政治反应。当然，这需要人们了解正在发生什么并且能够以合理的方式适应这一新的现实。有许多深思熟虑的论文试图用各种复杂的方法来研究潜在的转变[21][23]。所有人都同意，关键的第一步是质疑对增长的信念，以及试图传播增长的政策。在目前的政治气候下，即使争议小得多的立法也停滞不前，我们无法理解如何才能做到这一点。或许，石油峰值会让选民们的头脑清醒一些，但更有可能的情况是，没有哪个政党能够让一代又一代美国梦实现的好日子重现，而这只是一场互相指责的游戏。如果要有一个新的美国梦，它必须建立在比以往任何时候都富裕的基础之上，而这将是艰难的。但是我们可以开始做一些简单的事情。有两件简单的事情，一是住在你工作的地方附近；二是确保社区提供生活必需品，减少对汽车的依赖。我们喜欢威尔·艾伦（生长力有限公司）和其他人的想法，将农业带进中心城市。

我们不相信仅通过"做简单的事情"就能拯救地球，我们也不相信只有科技能拯救我们。如果我们想让未来的地球和我们人类进化的星球相似，我们就必须做一些大而复杂的事情。如果我们不能实现增长和正义的稳定，那么我们其余的建议就没有多大关系。这些是困难和复杂的变化，需要对经济和社会进行根本的重新排序。

简单的改变或一些神奇的技术本身不会产生可持续性的另一个原因是，资本主义经济需要持续的经济增长来产生利润、避免贫困和减少失业。如果个人生活在地球的自然极限之内，他们的生活，尤其是他们后代的生活，将会更好。然而，消费减少可能会导致经济崩溃。尽管大批经济学教师恳求学生们相信资本主义是关于效率的，但如果没有大量的浪费，就无法吸收足够的经济盈余来维持繁荣。

因此，我们相信，由于经济和政治原因，一个美好的未来甚至是一个繁荣的衰落之路是很有可能的，但由于美国人民对广告、增长和财富作为地位的态度相关的心理和条件问题，这种可能性非常小。我们得出的结论是，我们最需要的是创建一个基于生物物理学的经济学方法和模型，一个至少与当前的公司—家庭—市场模型平等的方法和模型。这是我们的下一个项目，国际生物物理经济学协会年会是一个重要的起点。

24.3.3　为什么我们有理由乐观

首先，有很多非常聪明的人正在解决这些问题。他们的范围从学术界到非政府组织，再到政治活动家。"占领华尔街"运动引发的有关收入分配的问题，比同行评议学术期刊的总和还要多。妇女科学游行只是关于最近的选举是如何使许多人从自满中醒悟过来的一个例子。像权力转移这样的学生组织正在向今天的学生提出他们生活依赖什么的问题，并敦促他们采取行动。像农民之路和卡尤加民族统一委员会这样的组织正在向我们在全球北部的人表明，我们的道路不一定是道路。泰勒斯研究所的保罗·拉斯金说得很好："未来将取决于尚未作出的决定。"全球发展与环境研究所的莱昂蒂夫奖最近的获奖者琼·马丁内斯－阿利尔表示，在这场斗争中会出现其他选择。我们不知道可持续发展会是什么样子，但我们知道它不会是什么样子。一个可持续的社会将不会是新古典主义经济学指导下的全球化垄断金融资本主义的惯常策略：无论后果如何，都要持续增长和资源消耗。这也不会是自上而下的斯大林主义对苏联时代重工业的镇压。但在这两个极点之间或垂直于这两个极点之间有很大的空间，有很多选择。现在是时候开始锻炼了。记住玛格丽特·米德的话可能会有帮助："永远不要怀疑一小群有思想的公民可以改变世界；事实上，这是唯一的东西。"我们希望我们书中的分析能帮助你在这个资源有限的世界里过上最好的生活。

我们可以设想，未来的经济将是稳定的，使用今天一半的资源，但仍足以在保持激励的同时为所有人提供基本的尊严。然而，这不能在传统经济学和我们当前社会秩序的范围内做到。我们在本书中所介绍的生物物理经济学，提供了开始向一个公正和真正可持续的世界过渡的逻辑和工具。

问题

1. 你对未来的态度是乐观还是悲观？为什么？

2. 马斯洛的人类需求层次是什么？你能把它们按顺序列出来吗？

3. 我们有什么办法可以让更多的工作岗位提供给劳动力？有哪些好的方面和坏的方面？

4. 列举五种食品生产依赖石油的方式。

5. 你对煤炭在世界经济中的未来有何看法？哪些因素可能在影响这方面特别重要？

6. 你认为 GDP 是衡量我们财富的足够标准吗？为什么？

7. 低能耗的生活方式可能带来哪些好处？

8. 你们有什么想法可以为所有美国人和全世界人民提供一个更美好的未来？

参考文献

［1］ Kasser，T. 2003. *The high price of materialism*. Cambridge，MA：The MIT Press.

［2］ Galbraith，J. K. 1996. *The good society*. Boston：Houghton Mifflin Company.

［3］ Raskin，P. ，T. Banuri，G. Gallopín，P. Gutman，A. Hammond，R. Kates， and R. Swart. 2002. *Great transition*. Boston, MA: Stockholm Environment Institute.

［4］ Jacobson, M. Z., M. A. Delucchi, M. A. Cameron, and B. A. Frew. 2015. *Proceedings of the National Academy of Sciences of the United States of America* 112: 15060 – 15065. See also Clack, C., et al. （2017）. *Proceedings of the national academy of sciences* USA 114, 6722 – 6727; Sole, J., García-Olivares, A., Turiel, A., Ballabrera-Poy, J. （2018）. Renewable transitions and the net energy from oil liquids: A scenarios Study. *Renewable Energy* 116 （2018）: 258 – 271.

［5］ Maslow, A. 1943. A theory of human motivation. *Psychological Review* 50: 370 – 396.

［6］ Hall, C. A. S., D. Lindenberger, R. Kummel, T. Kroeger, and W. Eichhorn. 2001. The need to reintegrate the natural sciences with economics. *Bioscience* 51: 663 – 673.

［7］ http://www. regjeringen. no/en/dep/fin/Selected-top-ics/the-government-pension-fund. html.

［8］ Hall, C. 2000. Quantifying sustainable development: The future of tropical economies. San Diego: Academic Press. LeClerc, G., & Hall, C, （2008）. Making development work: A new role for science. Albuquerque: University of New Mexico Press.

［9］ Vaccari, D. 2009. Phosphorus famine: The threat to our food supply. *Scientific American* 36: 54 – 59.

［10］ Feiffer, D. A. 2003. *Eating fossil fuels*. Sherman Oaks: Wilderness Publications.

［11］ Bartlett, Albert. 1997 – 1998. Reflections on sustainability, population growth and the environment-revisited. *Renewable Resources Journal* 15 （4）: 6 – 23.

［12］ Patzek, T., and G. Croft. 2010. A global coal production forecast with multi-Hubbert cycle analysis. *Coal Energy* 35: 3109 – 3122.

［13］ Mohr, S. H., J. L. Wang, G. Ellem, J. Ward, and D. Giurco. 2015. Projection of world fossil fuels by country. *Fuel* 141: 120 – 135.

［14］ Rutledge, D. 2010. Estimating long-term world coal production with logit and probit transforms. *International Journal of Coal Geology* 85: 23 – 33.

［15］ http://eclipsenow. wordpress. com/2010/05/06/peak-coal-hits-china-richard-heinbergs-article/l.

［16］ Maggio, G., and G. Cacciola. 2012. When will oil, natural gas, and coal peak? *Fuel* 98: 111 – 123.

［17］ Freidemann, A. 2016. When the trucks stop running: Energy and the future of transportation. New York: Springer.

[18] Jacobsen, M. , and M. A. Delucchi. 2011. Providing all global energy with wind, water, and solar power, part I: Technologies, energy resources, quantities and areas of infrastructure, and materials. *Energy Policy* 39 (2011): 1154 – 1169.

[19] Rostow, W. W. 1963. The stages of economic growth: A non-communist manifesto. Cambridge: Cambridge University Press.

[20] Foster, J. B. 2017. The long ecological revolution. *Monthly Review* 69 (6): 1 – 16.

[21] Raskin, P. 2014. A great transition? Where we stand. Boston: Great Transitions Initiative.

[22] Ahmed, N. 2017. Failing states, collapsing systems. Bio-physical triggers of political violence. Springer.

[23] Klitgaard, K. 2017. The struggle for meaningful work. Boston: Great Transitions Initiative.

[24] Jevons, S. 1865. The coal question. An inquiry concerning the progress of the nation and the probable exhaustion of our coal mines. London: MacMillan and Company.

[25] Lambert, Jessica, Charles A. S. Hall, Stephen Balogh, Ajay Gupta, and Michelle Arnold. 2014. Energy, EROI and quality of life. *Energy Policy* 64: 153 – 167.